Fritz Voit

Lehrbuch der klinischen Untersuchungsmethoden

Fritz Voit

Lehrbuch der klinischen Untersuchungsmethoden

ISBN/EAN: 9783744673006

Hergestellt in Europa, USA, Kanada, Australien, Japan

Cover: Foto ©berggeist007 / pixelio.de

Weitere Bücher finden Sie auf **www.hansebooks.com**

LEHRBUCH

DER

Klinischen Untersuchungsmethoden.

VON

DR. RICHARD GEIGEL und DR. FRITZ VOIT

Docent an der Universität Würzburg.   Docent an der Universität München

MIT 172 IN DEN TEXT EINGEDRUCKTEN ABBILDUNGEN
UND EINER FARBENTAFEL.

STUTTGART.

VERLAG VON FERDINAND ENKE.

1895.

Druck der Union Deutsche Verlagsgesellschaft in Stuttgart.

Vorwort.

Wir haben vom Herrn Verleger die Aufforderung erhalten, ein „Lehrbuch der klinischen Untersuchungsmethoden" zu verfassen. Wir sind derselben nachgekommen und sind, nach Vollendung des Werkes, dem Herrn Verleger für die Sorgfalt, welche er der Ausstattung des Buches widmete und für sein jederzeit bereitwilliges Entgegenkommen zu grossem Danke verpflichtet.

Das Buch ist geschrieben in der Absicht, dem Anfänger im Studium und in der Praxis ein Werkzeug zur Belehrung und Fortbildung an die Hand zu geben. Es soll ihn mit allen wichtigeren Untersuchungsmethoden, welche dem Arzte zur Stellung der Diagnose „innerer Krankheiten" werthvoll sein können, bekannt machen und ihm zugleich zeigen, welche Anhaltspuncte er, wenn er sich derselben bedient, zur Erkennung von Krankheiten von ihnen erwarten kann. Dementsprechend sind hauptsächlich nur diejenigen Methoden angeführt, welche practischen Zwecken dienen und deren Anwendung in der Praxis mit nicht zu grossen Schwierigkeiten verknüpft ist. Solche Methoden, welche als rein wissenschaftliche zwar in der Klinik nicht zu entbehren sind, liegen ausserhalb des Rahmens dieses Buches. Es gilt dies namentlich für die im II. Theil abgehandelten chemischen und mikroskopischen Untersuchungsmethoden.

Wir erachteten es speciell für den Anfänger für bequem und nützlich, die Beschreibung der in neuerer Zeit für den Diagnostiker gleichwerthig gewordenen physikalischen, chemischen und mikroskopischen Untersuchungsmethoden in einem Bande zu vereinigen.

Der Eine von uns durfte dem grossen Material der Würzburger medicinischen Klinik die abgebildeten Temperatur- und Pulscurven entnehmen, fast alle betreffen Eigenbeobachtungen. Herr v. Leube hat in der liberalsten Weise ihre Verwerthung seinem früheren langjährigen Assistenten gestattet und letzteren wiederum zu aufrichtigem Danke verpflichtet.

Möge das Buch dazu beitragen, den angehenden Arzt zu zielbewusstem Handeln am Krankenbette zu befähigen: Qui bene diagnoscit, bene medebit.

Ammerland, September 1895.

Die Verfasser.

Inhaltsverzeichniss.

II. Chemische und mikroskopische Untersuchungsmethoden

von Dr. F. Voit.

PHYSIKALISCHE UNTERSUCHUNGSMETHODEN.

VON

DR. RICHARD GEIGEL.

Einleitung.

Die Aufgabe des Arztes am Krankenbette ist eine dreifache: er soll eine genaue und erschöpfende Diagnose der vorliegenden pathologischen Veränderungen stellen, er soll nach gegebenen Erfahrungssätzen den muthmasslichen weiteren Verlauf beurtheilen, die Prognose formuliren, und endlich den Heilplan entwerfen und kunstgerecht die Therapie leiten. Nur mit dem ersten Theil beschäftigt sich dieses Buch und nicht einmal vollständig. Nur die Hülfsmittel, deren der moderne Arzt sich zur Erkennung innerer Krankheiten bedienen kann und muss, die klinischen Untersuchungsmethoden, finden hier ihre Besprechung, ihre Anwendung und zum Theil auch die Deutung der durch sie erzielten Resultate für die Annahme bestimmter Organveränderungen. Die Stellung der vollständigen Diagnose erfordert mehr, sie ist nur möglich durch den Zusammenhalt aller gefundenen pathologischen Veränderungen, häufig durch längere Beobachtung des Krankheitsverlaufs, durch Auffinden des ätiologischen Moments. Die specielle Pathologie hat als gezeitigte Frucht tausendfältiger Bemühung der Aerzte die Erfahrungssätze sich zu eigen gemacht und lehrt sie, wonach der Diagnostiker sich berechtigt fühlen darf, eine ganz bestimmte Krankheit oder deren mehrere als vorliegend anzunehmen mit einem Grade von Sicherheit und Wahrscheinlichkeit, wofür wieder die specielle Pathologie die Regeln aufstellt. Ganz unumgängliche Voraussetzung, diese Aufgabe genügend zu lösen, bleibt aber allemal die vom Arzte in jedem einzelnen Fall immer und immer wieder selbständig vorgenommene gewissenhafte und umfassende Krankenuntersuchung.

Aufgebaut ist der menschliche Körper und es wirken in ihm die physiologischen Kräfte nach ganz allgemeinen, ewigen, unverbrüchlichen Naturgesetzen, so und nicht anders verhält es sich auch in Krankheiten. Sind wir auch leider noch sehr weit davon entfernt, jeden Vorgang auf ein bestimmtes Gesetz der Physik und Chemie ohne Weiteres zurückzuführen, so bleibt doch dieses Bestreben der Ziel- und Angelpunct jeder diagnostischen Forschung, gleichgültig, ob es jemals völlig erreicht werden kann, nähern wird und muss sich dem Ziel, das Leben mechanisch zu erklären oder auf den Versuch jeder Erklärung vom naturwissenschaftlichen Standpunct aus überhaupt verzichten.

So ist denn der menschliche Körper nichts Anderes als ein gegebener Naturkörper, gegeben für die nüchterne, vorurtheilslose Beobachtung, die das Walten der allgemeinen Gesetze der Physik und Chemie erkennen soll in Form, Lage, Gestalt, Consistenz, Elasticität, Durchsichtigkeit und Farbe der Theile, in ihrem Verhalten zu elektrischen Kräften, in der chemischen Zusammensetzung und Reaction der von ihnen gelieferten Producte, der Se- und Excrete. Das ist die Aufgabe des Diagnostikers, für den Arzt aber freilich ist der kranke Mensch weit mehr! Nimmt schon das Menschengeschlecht in dieser erbärmlichsten Schöpfung eine einzige Ausnahmestellung ein durch den ihm und nur ihm eigenen göttlichen Funken des Mitleids, so ist überdies der Arzt von Berufs und Rechts wegen dazu da, so viel er nur kann. Schäden und Krankheiten zu heilen, Qualen zu lindern und Trost den Unglücklichen zu spenden und auch den Aermsten noch im Todesschauder zu beleben mit dem goldenen Strahl der himmelgeborenen Tochter Hoffnung.

Damit ist nun ein bedauerlicher und tiefer Zwiespalt in den Pflichten des Arztes gegeben, denn leider ist nur allzu oft die Untersuchung des Kranken nothwendig mit Beschwerden, mit Schmerzen, mit Beunruhigung und Aengstigung desselben, wohl gar auch mit Gefährdung des Lebens verbunden. Es ist gar schwer, hier die richtige Mitte stets zu treffen, bei der Diagnose Alles zu thun, was man ohne Schaden für den Kranken nicht lassen darf, und das zu lassen, was man ohne grösseren Schaden nicht thun kann. Wie viel eine schonende Hand, wie viel die ganze Persönlichkeit des Arztes in diesem Widerstreit thun kann, mögen die Leser dieses Buches in ihrer eigenen ärztlichen Thätigkeit immer wieder erfahren, sie werden finden, dass keiner in der hohen, freien Kunst. wie man kranke Menschen behandelt, je auslernt. An die Spitze aber der nachfolgenden Blätter, in denen objectiv und kühl bis ans Herz hinan gelehrt und empfohlen wird, die Organe des Kranken zu untersuchen, wie nur ein Mineraloge die Härte eines Minerals oder Theile desselben vor der Löthrohrflamme prüft, an die Spitze soll trotz alledem der Satz gestellt und den warmen Herzen der Jungen empfohlen werden:

Salus aegroti suprema lex!

I.

Die Anamnese.

Die Kunst, ein Krankenexamen mit ein paar theilnehmenden Worten einzuleiten und es richtig anzustellen, so dass es weder lückenhaft, noch aus dem Kranken mehr herausexaminirt wird, als der Wahrheit entspricht; die Kunst, nichts Wichtiges unerforscht zu lassen und discret in seinen Fragen zu bleiben, den Kranken selbst erzählen und sein Herz ausschütten zu lassen und wieder durch ein paar geschickte Fragen die zögernde Entwicklung in den wesentlichen Theilen zu fördern, mit der eigenen Zeit hauszuhalten und die Kräfte des Kranken nicht über Gebühr anzustrengen: diese schwierige Kunst will gelernt sein, erfordert aber nicht nur viel Uebung, sondern auch viel natürlichen Tact von Seiten des Arztes.

Angenehm ist es immerhin, wenn man, schon bevor man an den Kranken herantritt, von anderer Seite Einiges über dessen persönliche Verhältnisse und seine Krankheit erfahren konnte, weil dadurch Zeit gespart wird und man sein Krankenexamen leichter von vornherein auf die wichtigsten Puncte hinleiten kann. Es ist jedoch oberster Grundsatz, die Aussagen des Kranken selbst, sofern man solche überhaupt erhalten kann, in erster Linie zu verwerthen und so lang als massgebend zu betrachten, bis gegründete Zweifel an ihrer Zuverlässigkeit auftauchen. Man soll schon bei der ersten Untersuchung alles für die Beurtheilung Wesentliche zu erforschen suchen, aber man soll nicht gleich Alles überhaupt wissen wollen. Namentlich Fragen über die sexuelle Sphäre werden ohne zwingende Gründe nicht gleich gestellt, sondern passender auf eine spätere Visite verschoben. Einen Theil seiner Fragen spart man sich unbedingt auf, um sie an die Kranken während der Untersuchung selbst zu richten; man lenkt damit ihre Aufmerksamkeit von der Untersuchung ab, erhält sie unbefangener und bringt sie über manche Unannehmlichkeiten der letzteren, die unumgängliche Entblössung u. s. w. leichter hinweg. So viel über den Modus der Anamnese. Nach der Lage in jedem einzelnen Fall richtet sich die Auswahl aus dem Inhalt, den eine vollständige Anamnese aufweisen soll, jeder Theil derselben kann gelegentlich von der allergrössten

Bedeutung sein, manche müssen absolut in jedem Krankenexamen er-
ledigt werden, so in erster Linie die Generalien: Name, Alter, Wohnort,
Stand und Beruf.

Die Angabe des Alters wird sofort mit dem Gesammteindruck,
den uns der Kranke macht, zu einem Urtheil verwerthet, ob er seinem
Alter entsprechend aussieht und sich benimmt, ob eine Hemmung in der
Entwicklung, oder Frühreife, ob frühzeitige Senescenz vorliegt oder die
Jahre einem ungewöhnlich kräftigen und zähen Organismus kaum ihre
Spuren eingegraben haben. Für die Extreme des Lebensalters sind
gewisse Krankheiten schon von vornherein höchst unwahrscheinlich, so
im jugendlichen: Carcinom, Atherom, ächte Gicht, Arthritis deformans,
progressive Paralyse, Tabes, Schrumpfniere, Apoplexia sanguinea; im
Greisenalter: die acuten Exantheme alle, mit Ausnahme der Pocken,
ferner Rheumatismus artic. acut., Chorea, Chlorose, dann eine Reihe von
chronischen, angeborenen oder in frühester Kindheit erworbenen Ano-
malieen und Krankheiten, die sich mit einem so langen Bestand des
Lebens nicht vertragen, Hydrocephalus chronicus, angeborene Herzfehler u. dgl.

Der Stand und Beruf disponirt eventuell zu gewissen Krankheiten.
so zur Tuberculose und Phthisis pulmonum bei Schreinern, Schlossern,
Feilenhauern, Schleifern, Müllern, Arbeitern in Spinnereien und Webe-
reien, Tabakfabriken; zu Emphysem bei Sängern, Predigern, Lehrern,
Officieren in der Front, Bläsern von musikalischen Instrumenten; zu
chronischer Bleivergiftung bei Schriftsetzern, Töpfern, Lakirern.
Spenglern, Tünchnern, Arbeitern der Schrotfabrikation, in Bleiberg-
werken, Bleiweissfabriken u. s. w. Schnapsbrenner, Bierbrauer, Wirthe
sind von der Gefahr des chronischen Alcoholismus, der chronischen
Nephritis, der Lebercirrhose bedroht. Mit der Faust schwer Arbeitende,
wie Grobschmiede, Maschinenschlosser, Sackträger, Athleten von Beruf,
acquiriren leicht Herzhypertrophie, Fleischer, Hundedresseure thierische
Parasiten, Leute, die mit Thieren oder thierischen Fellen und Haaren
berufsmässig umgehen, sind der Gefahr des Milzbrandes, Thierärzte der
der Rabies und des Malleus ausgesetzt, die Aerzte und Wärter an-
steckenden Krankheiten aller Art. Reiche Schlemmer laboriren an
Obesitas, Herz- und Nierenkrankheiten, Magen- und Darmaffectionen,
ächter Gicht; hungernde arme Teufel an Arthritis deformans, allgemeiner Inanition, Scorbut, Köchinnen leiden häufig an Ulcus ventriculi,
Kaufleute, Officiere, Gelehrte mit anstrengendem Beruf an Neurosen
aller Art und progressiver Paralyse; zu den Hypochondern stellen das
grösste Contingent Leute ohne jeden Beruf, Privatiers, Junggesellen
mehr als Verheirathete, die gebildeten Stände überhaupt, in erster
Linie die Lehrer. Während die Klagen eines Forstmanns von vornherein ernst aufzunehmen sind, fordern Schüler, Militärpflichtige, für
Unfall oder Krankheit Versicherte, bemooste Häupter vor dem Examen
schon grössere Vorsicht in der Beurtheilung ihrer Angaben heraus.

Nun kommt die Erforschung der hereditären Veranlagung
der Kranken. Krankheiten, an denen Blutsverwandte, namentlich Eltern
und Geschwister gestorben sind oder laboriren, sind von grosser
Wichtigkeit, wenn sie Tuberculose, Syphilis, ansteckende Krankheiten
der jüngsten Zeit, Geistes- und Nervenkrankheiten aller Art (namentlich auch Epilepsie, Trunksucht, nicht aber progressive Paralyse) oder

maligne Tumoren, Blutkrankheiten, Gicht, Steinleiden betreffen. Aber auch Atherom, Apoplexie bei den Ascendenten sind nicht ohne Bedeutung, ebenso auffallende Lang- oder Kurzlebigkeit aller Familienglieder, deren sich man entsinnen kann.

Im Falle der Verheirathung kommt die Gesundheit des Ehegatten und der Kinder zur Sprache. Abortus, Todt- und Frühgeburten oder das Sterben mehrerer Kinder gleich oder bald nach der Geburt an „Lebensschwäche" oder unbekannten Affectionen muss den Verdacht auf Syphilis erwecken. Bei verheiratheten Frauen kann man unverweilt nach Geburten und Wochenbetten fragen, bei Mädchen thut man gut, solches auch dann fürs Erste zu unterlassen, wenn „rugis uterum Lucina notavit" (Ovidius). Ebenso ist, wenn nach früher überstandenen Krankheiten gefragt wird, bei erwachsenen Männern die Frage nach venerischer Infection allerwege geboten, bei Frauen nur im Falle dringenden Verdachtes in vorsichtiger Weise erlaubt. Fragen nach gesundheitsschädlichen Gewohnheiten, Excessen in Venere, Missbrauch von Morphium u. dgl. sind auch nur dann zu stellen, wenn sie sich im Verlauf der Untersuchung aufdrängen. Starkes Rauchen und Libationen in Baccho werden vom männlichen Geschlecht anstandslos zugegeben und das Forschen danach wird wohl nie übel aufgenommen.

Von früher schon überstandenen Krankheiten sind manche von Wichtigkeit, weil sie nur sehr selten einen Menschen zum zweiten Mal befallen, wie die acuten Exantheme sammt und sonders, Syphilis, Croup, Pertussis, Typhus, Cholera, andere hingegen desswegen, weil sie zur Wiederacquisition des nämlichen Leidens geradezu prädisponiren, Rheumat. articul. acut., Diphtherie, Erysipelas, Pneumonia crouposa, Typhlitis, Wechselfieber, Bleikolik u. s. w. Andere Krankheiten wieder haben eine zweite Krankheit häufig im Gefolge, so acuter Rheumatismus, Scharlach und Chorea die Endocarditis, jede Infectionskrankheit, besonders aber Scharlach die Nephritis, Chlorose das runde Magengeschwür, letzteres das Carcinoma ventriculi, Malaria Milzvergrösserungen, Neuralgieen, Diphtherie Lähmung peripherer Nerven, Masern Scrophulose, Pertussis die Tuberculose, ebenso eine schleichende Pleuritis, insoweit diese nicht selbst schon Symptom einer latenten Tuberculose darstellt. Auf Gonorrhoe folgt öfter Cystitis, Epididymitis, Gelenksentzündung; Tuberculose, Syphilis, Knocheneiterungen sind die gewöhnliche Grundlage der amyloiden Degeneration und was dergleichen Dinge mehr sind. Anamnestisch sind ferner noch von grosser Bedeutung Rachitis, apoplectiforme und epileptiforme Anfälle, Psychosen.

Es folgt die Frage nach Zeit und Art des Beginns der jetzigen Erkrankung. Kann man hierüber ganz bestimmte Angaben erhalten, so sind sie oft für die Diagnose von ausschlaggebendem Werth. Plötzlicher Beginn mit Frost und Hitze (bei Kindern statt des Frostes häufig mit Erbrechen), Verlust des Appetits, schlechter, durch Träume gestörter Schlaf, vermehrter Durst weisen ohne Weiteres auf eine acute Infectionskrankheit hin. Liegt der Anfang der Krankheit volle 4 Tage zurück und ist kein Ausschlag zu sehen, so sind die acuten Exantheme schon mit grosser Sicherheit alle mit einander ausgeschlossen. Schleppendere, zögernde Entwicklung, Mangel des initialen Frostes, dafür öfteres Frösteln und Schauern, besonders am Abend, sind namentlich dem Ileotyphus, der Pleuritis, acuter Tubercu-

lose eigenthümlich. Auch bei nicht fieberhaften Krankheiten ist stets
die Unterscheidung über plötzlichen oder allmäligen, nicht genau
bestimmbaren Beginn von hohem Werth, oft von fundamentaler Bedeutung für die Diagnose.

Grosse Vorsicht ist geboten bei der Verwerthung der Aussagen
über die muthmassliche Ursache der jetzigen Krankheit. Manchmal freilich, wie bei Traumen, Vergiftungen, Ansteckung, wird durch
glaubwürdige Angaben mit einem Schlage Alles klargestellt. Sehr
schwer ist eine Reihe anderer, häufig angegebener, acut oder chronisch
einwirkender Schädlichkeiten nach ihrem wahren Werthe zu bemessen,
so Schreck, Kummer, Sorgen, Strapazen und die so oft angeschuldigte
Erkältung.

Die Fragen nach den jetzigen subjectiven Beschwerden
und Klagen sind, wo es nur immer angeht, stets vollständig und
vollzählig zu stellen nach: Schmerzen, Appetit, Durst, Stuhlgang und
Urinlassen, Husten und Auswurf, ob Blut zur Ausscheidung kam, nach
Herzklopfen, Kurzathmigkeit, Aufstossen, Erbrechen, Kopfweh und
Schwindel, Schlaf.

Dem schliesst sich mit Nothwendigkeit an die Frage nach dem
bisherigen Verlauf, nach gebrauchten Mitteln und deren Wirkung,
ob ferner bestimmte Ursachen für gelegentliche Besserung oder Verschlimmerung einzelner Symptome namhaft gemacht werden können,
z. B. Druck, Lage, Nahrungsaufnahme u. dgl. Bei chronischen Affectionen ist ferner auch die bestimmte Angabe, dass im Allgemeinen
Besserung oder stete Verschlimmerung eingetreten sei, dass Kraft und
Körpergewicht zu- oder abgenommen habe, dass die Fähigkeit, den
gewohnten Geschäfts- und Berufsarbeiten obzuliegen, immer mehr beeinträchtigt oder wiedergekehrt sei, von hohem Werth. Nur bei chronischen Krankheiten ist die Frage nach libido, impetus et facultas
coeundi gelegentlich gefordert, die nach der Menstruation bei Frauen
stets geboten, bei Mädchen womöglich an weibliche Verwandte zu richten.

Während so die Anamnese mit weiser Auswahl dessen, was hier
vorgetragen, erhoben wird und wir auch schon im Allgemeinen über
Simulation, Uebertreibung oder mangelndes Vertrauen von Seite des
Kranken so ziemlich ins Reine gekommen sind, soll die Zeit auch für
die Untersuchung nicht ungenützt verstreichen. Wir machen höchst
wichtige Beobachtungen über den Zustand der geistigen und körperlichen Kräfte des Patienten; Verwirrtheit, Vergesslichkeit, leichte Er-
müdbarkeit sind uns nicht nur Zeichen für rascheren Abschluss unserer
Fragen, sondern auch insbesondere für das, was wir bei der jetzt folgenden körperlichen Untersuchung dem Kranken zumuthen dürfen.
Vor Allem aber muss jetzt schon entschieden sein, ob wir den
Kranken, falls er zu Bett liegt, bei der Untersuchung aufrichten dürfen. Verdacht auf Peritonitis, Meningitis, innere
Blutung, Venenthrombose, augenscheinliche grosse Schwäche
contraindiciren fürs Erste und bis auf weitere genaue Beobachtung das Aufrichten unbedingt. Jetzt auch schon prüfen wir
aus gleichem Grunde den Puls des Kranken.

Die Untersuchung des Kranken.

Topographie.

Um die durch die physikalischen Untersuchungsmethoden gewonnenen Phänomene ihrem Orte nach präcisiren zu können, hat man am Körper eine, theils von der Natur gegebene, theils künstliche Eintheilung der Oberfläche vorgenommen. Der Quere nach sind am Rumpf folgende senkrecht verlaufende Linien gezogen: Die vordere Mittellinie vom Pomum Adami über die Mitte des Sternums, Process. ensiformis, Nabel zur Symphyse verlaufend; rechte und linke Sternallinie entlang dem rechten und linken Rand des Sternums. Die rechte und linke Mamillarlinie ist senkrecht durch die Brustwarzen gezogen. In der Mitte zwischen Sternal- und Mamillarlinie und parallel mit dieser wird die künstliche rechte und linke Parasternallinie gezogen, durch den vorderen Rand der Achselgrube zieht die vordere, durch die Mitte derselben die mittlere, durch den hinteren Rand die hintere Axillarlinie, durch den Angulus scapulae die Scapularlinie, durch die Dornfortsätze der Wirbelsäule senkrecht bis zum Kreuzbein die hintere Mittellinie. Zur Eintheilung von oben nach unten dienen vorn zunächst fünf Gruben, beiderseits die obere und untere Schlüsselbeingrube und in der Mitte das Jugulum, am Thorax ermöglichen die Rippen und Zwischenrippenräume eine genaue Präcision, am Abdomen wird in gröberer Weise nur das Epi-, Meso- und Hypogastrium unterschieden, ist eine genauere Ortsbestimmung wünschenswerth, so muss die Entfernung vom Process. ensiform., vom Nabel, von der Symphyse, vom Rippenbogen, von der Crista oss. ilium nach Centimetern oder Fingerbreiten angegeben werden. Wichtig ist auch noch die Costo-Articularlinie, die von der Articulation der linken Clavicula am Sternum bis zur Spitze der XI. linken Rippe gezogen gedacht wird. Hinten unterscheidet man beiderseits die Fossa supra- und infraspinata, die Höhe des Angulus scapulae, den Rippenbogen und die Höhe der Dornfortsätze der einzelnen Wirbel. Das sichere Abzählen der Rippen

und der Dornfortsätze kann bei fettleibigen Personen mitunter bis zur
Unmöglichkeit erschwert werden; folgende Regeln sind dabei von Vortheil. Die oberste Rippe, die man unter dem Schlüsselbein zu fühlen
bekommt, ist in den meisten Fällen die II.; sie ist ferner daran kenntlich, dass sie sich an die Vereinigung vom Manubrium und Corpus
sterni, den fast stets deutlichen Angulus Ludovici ansetzt. Diese
Rippe umfasst man so, dass man einen Finger oberhalb und einen
unterhalb derselben tief eindrückt, mit dem unteren ist man dann im
II. Intercostalraum; ohne ihn vom Fleck zu rühren, setzt man auch
den ersten Finger in diesen Raum und geht mit dem zweiten über die
nächste (III.) Rippe, wie mit einem Zirkelschenkel in den III. Intercostalraum u. s. w. Kommt man so nicht zum Ziel, so muss man von
unten anfangen zu zählen, am besten sucht man sich dann die freie
Spitze der XI. Rippe auf, die man etwa in der hinteren Axillarlinie
unterhalb des Rippenbogens zu fühlen bekommt. Der erste Dornfortsatz, der von der concaven Halswirbelsäule deutlich nach hinten vor-
springt, gehört dem VII. Halswirbel an (Vertebra prominens), man
sucht ihn und die übrigen Dornfortsätze bei vornübergebeugtem
Rumpf mit der Fingerspitze durchzutasten. Mit diesem Finger
gleitet man dann langsam und stark drückend entlang der Mittellinie nach abwärts und zählt bei jeder Hervorragung um eins
weiter. Der Dornfortsatz des XI. Brustwirbels steht in einer Höhe
mit der XI. Rippe, die XII. Rippe kann man selten durchfühlen. Die
Brustwarze sitzt nach Luschka in weitaus den meisten Fällen hart auf
dem Rande der IV. Rippe, sehr häufig auf dieser, bisweilen auch auf
der V. Rippe. Bei Frauen ist der Stand der Mamilla viel zu wechselnd, als dass man sie als Anhaltspunct für die Orientirung benützen
könnte.

Die Inspection

muss schon während der anamnestischen Fragen einen Theil ihrer Aufgaben erfüllt haben. Körpergrösse und kräftige oder schmächtige
Statur, der Stand der Ernährung, Stellung oder Lage des Körpers und
der einzelnen Glieder, die Färbung der Gesichtshaut, auffallende Bewegungen oder Bewegungslosigkeit, ob die Athmung angestrengt und
dyspnoisch ist, ob der Ausdruck des Gesichts Angst, schwere Leiden,
Schmerzen verkündet, ob die Stimmung eines Kranken düster oder heiter
ist, ob ein Kind spielt oder still und verdriesslich ist, all' das muss
mit einem Schlage überschaut und vor Allem mit dem ersten Blicke
entschieden sein, ob der Kranke im Allgemeinen einen schweren oder leichten Gesammteindruck macht.
    Jeder Körpertheil, der untersucht werden soll — Thorax und
Abdomen müssen es in jedem Fall — muss wenigstens bei der ersten
Untersuchung entblösst werden. Nachgiebigkeit in diesem Puncte von
Seiten des Arztes kann sich an ihm und noch viel schwerer am Patienten rächen. Man kann auch diese Bedingung der Untersuchung, die

für weibliche Kranke oft die Hauptquelle der Unbequemlichkeit ist, mit möglichster Schonung des Schamgefühls aufrecht erhalten, indem untersuchte Theile sobald es angeht sogleich wieder bedeckt werden, indem man durch Fragen die Aufmerksamkeit der Kranken abzulenken sucht und vor Allem, indem man ruhig und sicher den Zielen einer exacten Diagnose zusteuert. Für die Inspection kommen folgende Phänomene in Betracht.

Die Lage, welche der Kranke einnimmt, ist entweder von ihm gewollt und entspricht seinen Wünschen und den Bedürfnissen seines Körpers, dem Wohlbefinden, der unbehinderten Athmung u. s. w. oder sie ist ohne oder gegen seinen Willen durch äussere Kräfte, die Schwere hervorgebracht. Im ersteren Fall ist es eine active Lage, im letzteren eine passive Lage, die der Kranke einnimmt. Zu letzterer sind in gewissem Sinn auch die Zwangslagen zu rechnen, in welche der Körper ebenfalls ohne oder gegen den Willen des Kranken, aber durch innere Ursachen gebracht wird. Die passive Lage nehmen sehr herabgekommene oder bewusstlose Kranke ein, sie rutschen im Bett gegen das Fussende herunter, mit gekrümmten Beinen ein kleines Häufchen bildend; die passive Lage kann sowohl Rücken- als Seitenlage sein. Passive Lage einzelner Glieder ist Folge von Lähmung oder Schwäche. Neugeborne ziehen, wenn sie aufgewickelt werden, sofort die Kniee gegen den Leib, es ist ein Zeichen grosser Schwäche, wenn sie dies nicht thun und die Beinchen ausgestreckt lassen. Zwangslagen und -Stellungen können auch den ganzen Körper oder einzelne Theile desselben betreffen. Zwangslage auf einer Seite, in welche sich der Körper immer wieder begibt, eben solche Zwangsdrehung des Kopfes nach einer Seite ist ein wichtiges Zeichen für gewisse Hirnkrankheiten. Starre gerade Haltung der Wirbelsäule (Orthotonus) oder Ueberstreckung derselben, namentlich der Halswirbelsäule, wodurch der Hinterkopf fest in die Kissen gebohrt wird (Opisthotonus), ist characteristisch für die Meningitis.

Bei der activen Lage unterscheidet man die Rücken-, Seiten-, Halbseiten- und Bauchlage. Die meisten Menschen liegen gern abwechselnd auf dem Rücken und auf der Seite. Die rechte Seitenlage wird gewöhnlich bevorzugt, weil das Herz bei ihr leichter arbeiten kann. An einer bestimmten Lage halten Kranke dann hartnäckig fest, wenn sie dadurch Schmerzen entgehen oder sie lindern können oder wenn in einer Lage die Athmung leichter vor sich geht. Bauchlage kommt bei Kolik, aber auch bei heftigem Kopfschmerz vor, wobei die Kranken den Kopf in die Kissen vergraben. Aufrechte Stellung des Rumpfs findet sich vornehmlich bei Dyspnoe, Vorbeugen des Rumpfs, Zusammenkauern und Krümmen des Unterleibs namentlich bei Magenkrampf, Kolik, eingeklemmtem Bruch. Tieflage des Kopfs wird besonders von Blutarmen bevorzugt.

Bei Kranken ausser Bett ist stramme, aufrechte Haltung ein Zeichen von Muskelkraft, schlaffe, vornübergebeugte vom Gegentheil.

Die Entwicklung und Form des Skeletts sollte mit dem Alter des Patienten in Einklang stehen. Bei starkem Knochenbau verlangen wir normalerweise auch gut entwickelte Musculatur. Graciles Knochengerüst ist mit zarterer, weniger widerstandsfähiger Constitution häufig vereint. Difformitäten der Knochen sind von grosser Wichtig-

keit, namentlich Verbiegungen der Wirbelsäule mit daraus folgender
Asymmetrie des Thorax, ferner die Zeichen von Rachitis, krumme
Beine, dicke ungeschlachte Knochen, aufgetriebene Epiphysen, Caput
quadratum etc. Die Wirbelsäule ist speciell auch auf Verbiegungen
und Knickungen (Gibbus, Caries der Wirbel) zu untersuchen.

Die Entwicklung der Musculatur ist nur in extremen Fällen
schon durch die Inspection allein als von der Norm abweichend zu
erkennen, man muss gewöhnlich zur Prüfung die Palpation zu Hülfe
nehmen, besonderes Augenmerk ist auf local beschränkte Atrophieen zu
richten.

Das Fettpolster kann in zu geringem oder im Uebermaasse
entwickelt sein. Im ersteren Fall von allgemeiner Magerkeit (Macies)
wird ebenfalls der Gesichtssinn dadurch unterstützt, dass man eine
Hautfalte erhebt und deren Dicke prüft. Bei sehr geringem Fettpolster
sind die Wangen hohl, die Lippen dünn, die Backenknochen stehen
hervor, die Augen liegen tief und sind mit einem dunklen Rande (Halo)
umgeben. Die Ohren stehen weit ab, die Haut ist faltig und runzelig,
trocken, häufig auch etwas dunkler gefärbt als normal, oft mit kleinen
weissen Schuppen, besonders am Rumpf und der Streckseite der Extremitäten bedeckt (Pityriasis tabescentium). Die Extremitäten sind mager,
oft scheinen die Knochen direct unter der Haut zu liegen. Erhobene
Hautfalten sind dünn und schnellen nicht sogleich in ihre frühere Lage
zurück, die Haut hat ihren normalen Turgor verloren. Die Schlüsselbeingruben, die Fossa jugularis sind tief, am Hals sind die Musculi
sternocleidomastoidei, selbst die Scaleni deutlich als dünne Stränge zu
sehen, die Rippen und Wirbel sind einzeln zu zählen, die Zwischenrippenräume sind tief, entlang der Wirbelsäule sind Längsrinnen,
das Gesäss ist nicht gewölbt, sondern hat tiefe Gruben, Hände und
Finger sind mager, das Abdomen ist flach oder steht eingezogen.
Wichtige Zeichen, dass dies nicht Zeichen von Magerkeit, sondern von
Abmagerung sind, dass der Patient früher besser genährt war, geben
die Falten der Haut, die dem Kranken jetzt zu weit geworden, das
Schlottern der Kleider, das lockere Sitzen von Fingerringen. War der
Kranke früher sogar fett gewesen, so entdeckt man namentlich an den
Oberschenkeln Striae, die ganz den Striae graviditatis ähneln und auch
so wie diese entstanden sind. Die Körperhaltung ist schlaff, gebeugt,
die Schultern hängend. Gleichzeitiger Schwund des Fettpolsters und
der Musculatur wird als Marasmus bezeichnet, er kann lediglich
Folge hohen Alters sein (Marasmus senilis), andernfalls eventuell vergesellschaftet mit schlechter, ungesunder, gelblicher, fahler Hautfarbe
und Ausdruck eines schweren Leidens (Kachexie).

Ist das Fettpolster übermässig stark entwickelt, so sind die
Contouren des Körpers allenthalben abgerundet, die Umrisse von Muskeln und Knochen sind durch das Fettpolster verdeckt, die Wangen
sind voll und rund oder hängen sogar durch ihre Schwere herab, ein
Doppelkinn kann sich nochmals in eine dem Unterkiefer parallele
Falte legen, Arme und Beine sind plump und ungeschlacht an Form,
die Finger feist und dick, die Mammae hängen, unter ihnen und zwischen
den Schenkeln, am Damm und in der Rima ani finden sich häufig
Eczeme, der Bauch ist vorgewölbt, schwer, hängend, in Querfalten gelegt, der Nabel aber stets eingezogen, nie vorgetrieben. Die Körper-

haltung ist in aufrechter Stellung auffallend gerade, der Rumpf sogar nach hinten übergebeugt, um dem schweren Bauche das Gleichgewicht zu halten, das Gehen erfolgt in kleinen Schritten, das Bücken ist mühsam, die Haut prall gespannt, glänzend, fettig, leicht zu Schweissen geneigt. So erscheint das Bild der Obesitas oder Adipositas universalis.

Von diesen Extremen abgesehen schwankt die Entwicklung des Fettpolsters (und auch der Musculatur) innerhalb weiter Grenzen je nach Rasse, Alter, Lebensgewohnheit, ohne dass man dies als krankhaft bezeichnen könnte. Das Weib hat normalerweise rundere Formen, mehr Fett und weniger Muskeln als der Mann. Kinder sind fetter als Erwachsene, letztere sind zwischen dem 45. und 50. Jahre am fettreichsten.

Die Hautfarbe des Gesunden ist hervorgebracht durch das Roth des Blutes in den Hautcapillaren und das Pigment, welches in Form von kleinen gelben oder gelbbraunen Körnchen in einzelnen Zellen des Rete Malpighii enthalten ist, hauptsächlich finden sich solche Pigmentzellen in den basalen Schichten des Rete. Die Entwicklung des Pigments sowohl als auch die Blutfülle der Haut ist auch bei Gesunden den grössten Schwankungen unterworfen, so dass es unmöglich ist, nur eine Farbenmischung als gesunde Fleischfarbe zu bezeichnen. Blonde Haare und blaue Iris sind häufig mit zarter pigmentarmer Haut vereinigt (Blondinen), dunkle Haare und dunkle Iris mit gelblichem oder bräunlichem Teint (Brünetten). Bei ersteren tritt das Roth des Blutes leichter in den Vordergrund, als bei letzteren, namentlich bei Blondinen sind Wangen, Ohren, die Warzenhöfe, allenfalls die Kniee rosig gefärbt. Das Hautpigment ist normalerweise an der Linea alba, an der Scrotalhaut, in der Achselhöhle, am Warzenhof, mitunter auch am Damm, um den Anus und in der Cubita reichlicher vorhanden und bei Brünetten sind diese Stellen gewöhnlich von ausgesprochen bräunlicher Farbe.

Die Hautfarbe kann vom gesunden Fleischroth in mancher Beziehung abweichen.

Allgemeine Blässe in Folge von Blutarmuth der Haut kann bei Gesunden vorübergehend in Folge psychischer Erregung, der Einwirkung der Kälte und consecutivem Gefässkrampf sich zeigen. Im letzteren Fall ist die Haut der entblössten Theile häufig bläulich marmorirt oder es sind die Haarbälge vorstehend, die Haare durch die Contraction der Arrectores pilorum in die Höhe gerichtet (Cutis anserina). Das Nämliche bewirkt auch der Fieberfrost. Von solchen vorübergehenden Dingen ist zu unterscheiden die Blässe der Haut, die auf Blutarmuth des Körpers beruht. An ihr nehmen stets auch die sichtbaren Schleimhäute theil, es sind vornehmlich die Lippen und die Conjunctiven auf diesen Punct zu inspiciren. Bei geringeren Graden bleiben die Ohren noch roth oder rosig angehaucht, werden auch sie blass und wie die übrige Haut wachsartig durchscheinend, so ist die Anämie schon eine bedeutendere; bei den höheren Graden erscheint die Haut nicht mehr rein weiss, sondern bei jüngeren Individuen sogar grünlich („Chlorose") oder, was auf ein tieferes Leiden hinweist, sie hat einen Stich ins Fahle, Gelbliche; ein solches Aussehen kommt nicht nur bei schweren Blutkrankheiten, sondern auch bei chronischen erschöpfenden Krankheiten mannigfacher Art vor und wird als kachectisch bezeichnet. Während die Augen bei gewöhnlicher Anämie einen schönen und strahlenden Glanz behalten oder selbst erst recht bekommen, erhalten sie bei kachectischen Zuständen, besonders bei Krebskachexie mitunter einen eigenthümlich stechenden Ausdruck.

Abnorme Röthe findet sich vorübergehend namentlich im Gesicht in Folge von Erhitzung durch strahlende Wärme, durch heftige körperliche Bewegung (Rubor ex calore, Echauffement), ferner durch psychische Einflüsse, Jähzorn, Scham, bald diffus, bald in Streifen und Flecken. Der Rubor ex pudore verbreitet sich selten weiter abwärts als allenfalls noch über den Hals und einen Theil des Busens; als Rarität wird das Erröthen der gesammten Körperoberfläche bei einem unter Widerstreben entkleideten Mädchen berichtet (Moreau). Die Röthe dagegen, welche die Fieberhitze begleitet, pflegt wohl auch im Gesicht am stärksten zu sein, kann aber auch die übrigen Theile des Körpers befallen. Circumscripte Fiebergluth auf sonst bleichen Wangen wird hectische Röthe genannt. Permanent rothes Gesicht mit geschwollenen Adern, klopfenden Carotiden, kurzem dickem Hals, Stiernacken, glotzenden Augen, Doppelkinn wird als Zeichen von Plethora angesehen; es ist aber immer noch zweifelhaft, ob es ächte Plethora, d. h. allgemeine übermässige Blutfülle des Körpers wirklich gibt. Dauernde Röthe an den Körpertheilen, welche wie Gesicht und Hände gewöhnlich bloss getragen werden, findet sich bei Personen, die den Unbilden jeder Witterung sich preisgeben, dabei sind aber noch meistens Gefässerweiterungen bemerkbar und die Röthe ist nicht mehr rein, sondern ins Bläuliche spielend oder mit dem Braun der sonnenverbrannten Haut vermischt.

Blaurothe Färbung der Haut, Cyanose, tritt stets dann ein, wenn der Blutstrom so langsam in den Capillaren der Haut sich bewegt, dass das Oxyhämoglobin zum grössten Theil in reducirtes Hämoglobin umgewandelt wird. Um so leichter wird hier das Blut seinen locker gebundenen Sauerstoff ganz oder nahezu ganz an die Gewebe abgeben müssen, je ärmer das Blut von Haus aus an Oxyhämoglobin war. Mangelhafte Oxydation des Blutes in der Lunge, schwere Störungen des Lungenkreislaufs, besonders Pulmonalklappenfehler, Emphysem, können also zur Cyanose führen, nicht minder Verringerung der Druckdifferenz in Arterien und Venen, also Stauung im grossen Kreislauf. Nachlass der Herzkraft im Allgemeinen, in specie des linken Ventrikels, kommen hier in Frage, ferner nicht mehr compensirte Herzfehler, localer Krampf der Arterien oder Verlegung der Venen. Die Cyanose erscheint stets zuerst an den distalen Theilen der Körperoberfläche, an denen, die vom Herzen am weitesten entfernt sind und bei denen überdies wegen der Dünne der Theile die Kälte der äusseren Umgebung das Zustandekommen localer Circulationsstörungen begünstigen kann. Man beobachtet also in den geringeren Graden die Blaufärbung zuerst an den Zehen, den Fingerspitzen (namentlich an den Nägeln), Wangen, Ohren, Lippen, an der Nase, auch an den Knieen, sie kann aber auch weitere Gebiete und selbst die ganze Körperoberfläche überziehen.

Wird anämische blasse Haut cyanotisch, so mischt sich die weisse mit der blauen Farbe und es entsteht der Livor. Cyanotische Theile sind im Gegensatz zu gerötheten, die warm sich anfühlen, kühl, livide erst recht. Cyanose ist stets ein ernstes Symptom, Livor ein bedenk-

liches; es ist nicht unwichtig, das Auge sorgfältig zur Differenzirung
der leichtesten Nuancen des Blauen und der Blässe zu erziehen.
Circumscripte Erweiterung von Gefässen, Telangiectasieen, werden besonders häufig an den Wangen und an der Nase in Form
kleiner, blaurother, verästelt verlaufender Stämmchen getroffen bei
Leuten, die viel in freier Luft sich aufgehalten oder auch dem Genuss
des Alcohols allzusehr gefröhnt haben. Entlang dem Zwerchfellstand
findet man am Rumpf von Leuten im absteigenden Aste des Lebens
nicht selten kleine, blaurothe, verzweigte, schlingenförmige Gefässchen
unter der Haut liegen, die im Ganzen von unten nach oben ziehend
zusammen fast einen Gürtel um die untere Thoraxapertur bilden.
Sahli hat zuerst auf diese gewiss Vielen schon bekannten Telangiectasieen
aufmerksam gemacht, sie sind wohl stets der Ausdruck von erschwerter
Circulation im Brustraum. Grössere, die Venen betreffende Erweiterungen (Varicen) können ihrer Form und eventuell ihres blauen oder
blauschwarzen Inhalts halber kaum übersehen oder verkannt werden;
Näheres wird weiter unten zur Sprache kommen.

Röthungen der Haut, die durch anomale Blutanhäufung bedingt
sind, erblassen bei Fingerdruck, dagegen behalten Blutergüsse unter
die Haut bei diesem Eingriff ihre Farbe, sie lassen sich nicht verdrängen. Da das verdrängte Blut nach Aufhören des Drucks sofort
wiederkehren kann, ist es allerdings recht bequem, zur Prüfung, wie
dies Gerhardt empfohlen hat, sich einer Glasplatte, z. B. eines Hesse-
schen Glasplessimeters zu bedienen, unter dessen Druck man leicht das
Verschwinden oder Bleiben der pathologischen Färbung beobachten
kann. Blutergüsse unter die Haut bedeuten schwere Ernährungsstörung
der Gefässwände, wenn sie nicht durch nachweisliche Traumen, Stoss,
Druck, Hieb entstanden sind. Die Farbe des Extravasats geht mit der Zeit
von Roth in Blau, Grün, Braun und Gelb über und kann noch mehrere
Wochen nach der Blutung bemerkbar sein. Kleine punctförmige Blutergüsse heissen Petechien, grössere rundliche Purpuraflecken.
streifenförmige Vibices, umfänglichere, mit Schwellung der Haut
verbundene, der Form nach offenbar durch stumpfe Gewalt entstandene
Sugillationen.

Gelbfärbung der Haut kommt vor Allem durch Icterus zu Stand.
Wenn die Gallenfarbstoffe nicht mehr in genügender Menge in den
Darm ausgeschieden werden können (Retentionsicterus), nach der Meinung Mancher auch dann, wenn bei freien Gallenwegen zu viel Gallenfarbstoff in der Leber gebildet wird (Polycholie), färbt das Bilirubin,
das ins Blut tritt, alle Gewebe, zu denen es durch den Blutstrom in
hinreichender Menge getragen wird, gelb. Die Farbe der Haut schwankt,
je nach Intensität und Dauer des Icterus, vom kaum bemerkbaren
gelblichen Schimmer, den man dann am besten wahrnimmt, wenn man
zum Vergleich die eigene Hand auf des Kranken Leib legt, bis zum
Citronen-, Goldgelb, Braun, ja Grünlichschwarz (Melas icterus). Die gelbe
Farbe der Haut ist nur bei Tageslicht deutlich, kann, auch höheren
Grades, bei Lampenbeleuchtung ganz verschwinden. Leichte Gelbfärbung der Haut kommt, wie schon erwähnt, als Rasseeigenthümlich-
keit, auch bei mannigfachen Kachexieen, ferner bei Morbus Addisonii vor,
und die Unterscheidung ist nicht immer leicht. Da ist die Untersuchung der Conjunctiven von grossem Werth. Auch sie werden vom

Bilirubin gelb tingirt und durch sie scheint die weissgebliebene, blut-
arme Sclera gelblich durch. Dieser gelbliche Schimmer über der
ganzen Sclera des Auges ist das feinste Reagens auf Icterus. Beschränkt sich aber die Gelbfärbung nur auf den Aequator des Bulbus,
so rührt sie von Anhäufung subconjunctivalen Fettes her und ein Icterus
liegt nicht vor. In hohen Graden von Icterus freilich entscheidet ein
einziger Blick, dann findet man eventuell auch noch die Bett- und
Leibwäsche des Kranken durch bilirubinhaltigen Schweiss und Urin gelb
gefärbt. Auch beim „Urobilinicterus" ist die leichte Gelbfärbung der
Hautdecken durch Bilirubin bedingt, nur werden nach v. Leube's
Hypothese die geringfügigen Mengen von Bilirubin, die den Nieren
zugeführt werden, vollständig zu Urobilin (Hydrobilirubin) reducirt und
gelangen so zur Ausscheidung.

    Braune Färbung der Haut durch Vermehrung des normalen
Hautpigments entsteht durch den Einfluss der strahlenden Wärme an
den unbedeckten Theilen des Körpers. Die von der Insolation herrührende braune Farbe entwickelt sich im Sommer, um im Winter
mehr oder weniger vollständig abzublassen. Fleckenförmige Bräunung
ist bekannt als Sommersprossen (Epheliden). Eine geringe Bräunung
des Gesichts zur Sommerzeit gehört geradezu zum gesunden Aussehen,
wenigstens des männlichen Geschlechts. Nicht damit zu verwechseln ist
eine Braunfärbung, welche den ganzen Körper, auch die geschützten
Theile überzieht, Sommer und Winter gleichmässig anhält, resp. sich
ohne äusseren Einfluss bis zu den tiefsten bronzefarbenen, rauchgrauen
Nuancen steigern kann. Diese ist ein Zeichen der Bronzekrankheit
(Morbus Addisonii) und ist in sicherer, aber noch nicht verständ-
licher Weise mit einer Erkrankung der Nebennieren verknüpft. Es
handelt sich bei dieser Krankheit um eine pathologische Vermehrung
des normalen Hautpigments (v. Buhl). Diese macht sich zuerst und
am stärksten bemerkbar an jenen Stellen, welche schon bei Gesunden
sich durch reichlichere Anhäufung von Pigment auszeichnen (vergl.
p. 13), ferner befällt die Bronzefarbe mit Vorliebe Gesicht und Hände,
dann aber auch die übrige Körperoberfläche, selbst an der Mundschleimhaut können kleine, umschriebene, braune Flecken auftreten,
nur die Nägel und die Sclerae bleiben frei.

    Abnormer Mangel des normalen Hautpigments kann all-
gemein und local, angeboren und erworben vorkommen. Leute, welche
von Geburt an völlig oder nahezu pigmentlos sind, bei denen neben
weisser Haut ganz helle, selbst weisse Haare, blassblaue Iris, selbst
durchscheinende Chorioidea getroffen werden, heisst man Albinos oder
Kakerlaks. Oertlich begrenzte Pigmentlosigkeit der Haut wird
Vitiligo genannt; ist sie nicht angeboren, sondern erworben, so beruht sie meist auf Syphilis.

    Graue Verfärbung der Haut stellt sich bei längerem Ge-
brauch von Silberpräparaten ein (Argyrie). Diese befällt vornehmlich Gesicht und Hände, auch an der Mundschleimhaut können graue
Flecken auftreten. Hervorgerufen wird die Argyrie durch die Ab-
lagerung von fein vertheiltem metallischen Silber im Corium und
namentlich in der Tunica propria der Schweissdrüsen.

    Bei vermehrter Schweissbildung, Hyperidrosis, ist die
Haut feucht glänzend, mit Tropfen und Tröpfchen bedeckt, deren Her-

vorquellen aus den Mündungen der Schweissdrüsen man namentlich in
der Achselhöhle und an der Stirn beobachten kann. Auch die Vola
manus und Planta pedis betheiligt sich in bedeutendem Maasse an der
Schweissproduction. Körperliche Anstrengung, Ueberhitzung lassen auf
warmer, rother Haut einen duftenden, rieselnden Schweiss ausbrechen,
ebenso ist der kritische Schweiss beschaffen, der bei rascher, günstig
verlaufender Entfieberung das Fallen der Temperatur begleitet und der
Schweiss, welcher von nervösen Personen unter dem Einflusse der Erregung, der Scham und der Verlegenheit vergossen wird. Dagegen ist
der Angstschweiss und der Todesschweiss klebrig und entsteht
auf kalter Haut. Im Todeskampf (Agone) ist die von diesem Schweiss
bedeckte kühle Haut blass, cyanotisch oder livid, besonders an den
distalen Körpertheilen, die Nase ist spitz, die Augen sind zurück-
gesunken, die Züge entstellt. Partielle, namentlich einseitige Hyper-
idrose ist Folge mannigfacher nervöser Störungen. Verminderte Schweissproduction (Hypidrosis) findet sich ebenfalls als Symptom von
Affectionen des Nervensystems, dann bei vielen erschöpfenden Krankheiten, namentlich nach heftigem Erbrechen und profusen Darment-
leerungen (z. B. Cholera), bei Kachexieen aller Art. Die trockene,
spröde Haut verliert ihren Glanz und Turgor, erhobene Hautfalten
bleiben stehen, die Epidermis stösst sich in kleinen Schuppen ab
(Pityriasis tabescentium). Gefärbter Schweiss (Chromidrosis)
findet sich bei Icterus, wo Bilirubin mit dem Schweiss ausgeschieden
wird und diesen gelb färbt. Viel seltener ist Blaufärbung des Schweisses,
die vornehmlich die Augenlider betrifft. Nach Scherer ist die blaue
Farbe durch phosphorsaures Eisenoxyduloxyd, nach anderen (Rizio,
Foot) durch einen der Indigogruppe angehörigen Körper, nach Berg-
mann durch blaugefärbte Pilze hervorgerufen. Wird Harnstoff mit
dem Schweiss ausgeschieden, was bei Nephritis und consecutiver
Urämie vorkommen kann, so krystallisirt dieser Körper an der Haut
aus und kann mit dem blossen Auge sichtbare weisse Schüppchen und
Plättchen darstellen; man bezeichnet diese Erscheinung mit dem Namen
der Uridrosis.

Oertliche Veränderungen der Haut, Narben, vor Allem Exantheme
sind Gegenstand einer besonderen Untersuchung, eine Beschreibung der
letzteren fällt ausserhalb der Grenzen dieses Buches. Dagegen ist das
Hautödem zu besprechen. Ansammlung von Blutwasser unter und
in der Haut (Oedema cutaneum, Hydrops anasarca) stellt sich
ein als Stauungsödem bei starker Verlangsamung oder Stockung des
Blutkreislaufes (Herzfehler, Emphysem, Venenthrombose), bei schlechter
Ernährung der Gefässwand (kachectisches Oedem), so bei Krebskachexie, Leukämie, perniciöser Anämie, Pseudoleukämie, Amyloid,
Morbus Brightii, vielleicht auch durch Wasserretention (Hydrämie),
wozu gewisse Formen der Nephritis führen könnten. Das Stauungsödem kommt zuerst an den tiefsten Stellen des Körpers zum Vorschein,
also bei bettlägerigen Kranken wohl auch an den Lenden, sonst aber
stets an den Füssen. Es wird die Anschwellung zuerst in der Knöchel-
gegend und über der Reihe deutlich, anfangs nur nach langem Stehen
und Gehen, des Abends, um während der Nacht und des Liegens
wieder zu verschwinden. Wächst dieses Oedema pedum, so ergreift
die Anschwellung der Reihe nach Unter-, Oberschenkel, Scrotum, die

Geschlechtstheile, die ganz unförmlich gestaltet werden können, dann die Haut des Bauches. Kachectische Oedeme, bei denen auch die Herzkraft stark nothgelitten hat, pflegen so ziemlich den nämlichen Gang einzuhalten, doch ist hier Gedunsensein der oberen Extremitäten und des Gesichtes häufig schon früh entwickelt. Für die Nephritis ist es aber geradezu characteristisch, dass das durch sie hervorgebrachte Oedem sich nicht von der Schwere abhängig zeigt, sondern mit Vorliebe zuerst an den Händen und im Gesicht zum Vorschein kommt. Alle diese Formen sind stets beiderseitig und zwar ziemlich gleichmässig stark an symmetrischen Stellen entwickelt. Eine Ausnahme hievon, Oedem eines Beines, eines Armes, kommt nur bei localer Stauung, bei Thrombose oder Compression der Venen vor. In seinen geringsten Graden verräth sich das Oedem durch ein leichtes Gedunsensein der Haut, das besonders im Gesicht leicht erkannt wird, im Verein mit Blässe. Auf diese Combination ist Werth zu legen, denn auch beim Gesunden kommen namentlich zur Sommerzeit leichte Anschwellungen der Haut an Händen und Füssen, auch wohl im Gesicht vor, und die Eindrücke, welche fest schliessende Kleidungsstücke, Handschuhe, Strumpfbänder, gerippte Strümpfe, Hutrand hinterlassen, können als tiefe Furchen längere Zeit bestehen bleiben. Man kann wohl mit Recht eine leichte ödematöse Durchtränkung der Cutis hier annehmen. Diese ist aber durch die starke Erweiterung der Hautgefässe, durch die Röthe (und Wärme) von dem ominösen pathologischen Anasarca hinreichend unterschieden. Allerdings ist für dieses im Allgemeinen characteristisch, dass tiefer Druck mit dem Finger auf eine Stelle der geschwollenen Haut sogleich eine Delle hinterlässt, die erst nach einiger Zeit wieder verschwindet. Aber auch solches kommt bei Gesunden und zwar hier gerade unter dem Einfluss der Kälte vor, wenn die Haut runzelig geworden ist und ihren Turgor verloren hat. Demgegenüber ist die ödematöse Haut glatt und gespannt; einigermassen bezeichnend ist auch das eigenthümlich weiche Gefühl des Widerstandes, das man beim Verdrängen der Flüssigkeit aus dem subcutanen Gewebe empfindet. Immerhin ist die sichere Erkenntniss geringfügiger Oedeme keine ganz leichte Sache, während die höchsten Grade auf den ersten Blick deutlich werden an dem gedunsenen Gesicht mit den hängenden Wassersäcken um die Augen, an der plumpen Form der Extremitäten, die mit einer blassen, prall gespannten und glänzenden Haut überzogen sind, wo der Fingerdruck tiefe und grosse Dellen hinterlässt, die sich erst nach mehreren Minuten wieder annähernd füllen.

Gestalt, Form und Bewegungen des Thorax sollen auch ohne Messung durch die Inspection im Allgemeinen richtig erfasst und beurtheilt werden. Man lässt zu diesem Zweck den Kranken eine möglichst gerade Rückenlage einnehmen oder in aufrechter Stellung die Schultern gleich halten, während die Arme jederseits schlaff herabhängen. In beiden Fällen soll man den Kranken zuerst gerade von vorn beobachten, am besten aus einigen Schritten Entfernung, erst dann erfolgt die Inspection des Rückens. Vor Allem muss die Frage entschieden werden, ob der Thorax symmetrisch gebaut ist oder eine bemerkbare Verschiedenheit zwischen links und rechts vorliegt; ist letzteres der Fall, so muss die Wirbelsäule sofort untersucht werden,

deren Verkrümmung die häufigste Ursache für eine Asymmetrie des
Brustkorbs abgibt; ist eine solche nicht vorhanden, so kann eine
Thoraxhälfte pathologisch erweitert sein (z. B. durch Exsudate, Neoplasmen, Pneumothorax), oder auch die andere pathologisch verengt
(z. B. bei Phthise, Lungenschrumpfung). Die Entscheidung wird sofort geliefert, wenn man den Kranken tief Athem holen lässt, die gesunde Seite macht unter allen Umständen dabei die ausgiebigeren
Bewegungen. Einen guten Anhaltspunct zur Erkennung leichter Asymmetrie geben die Brustwarzen, die beiderseits gleich hoch stehen müssen,
bei Frauen mit Hängebrüsten lässt dies natürlich im Stich. Die rechte
Thoraxhälfte ist bei Rechtshändern normalerweise ein klein wenig
weiter als die linke.

Ferner muss die allgemeine Form und Entwicklung des Brustkorbs, das Verhältniss seiner drei Diameter, des sagittalen, frontalen
und des Längsdurchmessers ins Auge gefasst werden. Normalerweise
stellt der knöcherne Brustkorb eines Erwachsenen einen Kegel dar,
dessen abgestutzte Spitze am Jugulum, dessen Basis am Rippenbogen
zu suchen ist. Durch Auflagerung der Weichtheile, vor Allem des
Schultergürtels, kehrt sich dieses Verhältniss um und der Kegel ist
oben weiter als unten, namentlich beim weiblichen Geschlecht, wo zwar
die Schultern weniger breit, die Taille aber (auch ohne Kunsthülfe)
bedeutend schmäler ist als bei Männern. Der Thorax von gesunden,
gutgenährten Kindern beider Geschlechter ist mehr walzenförmig.

Verschiedene Thoraxformen. Beim flachen Thorax ist
der sagittale Durchmesser verkleinert, besonders wichtig ist flache Entwicklung der oberen Parthieen (Phthisis pulmonum). Beim langen
Thorax ist der senkrechte Durchmesser vergrössert. Ist er durch
Schwäche der Scaleni herabgesunken, sind durch Kraftlosigkeit der
Intercostalmuskeln die Zwischenrippenräume weit und tief, wobei der
Rippenbogen sich fast auf die Hüftkante stützen kann, so spricht man
vom Thorax paralyticus. Chronische Abmagerung und Ueber-
anstrengung der Athmungsmuskeln, wie namentlich bei der Phthisis
pulmonum, führen ihn herbei. Der kurze, gedrungene Thorax, mit
engen Zwischenrippenräumen, geringem verticalen Durchmesser, meist
combinirt mit kurzem, fettem Hals, ist mehr anomal als pathologisch.
Der allseitig erweiterte Thorax entsteht durch Vergrösserung
seiner drei Dimensionen, ist dabei der Sternovertebraldurchmesser wohl
gleich den anderen, in der Mitte verlängert, die untere Thoraxapertur
aber allseitig eingezogen, so hat man den fass- oder tonnenförmigen
Thorax vor sich. Beide Formen finden sich hauptsächlich beim Emphysem, die chronische starke Wirkung der Bauchpresse, die der Ausathmung bei dieser Krankheit zu Hülfe kommen muss, trägt Schuld
an der permanenten Einziehung des Rippenbogens. Von Wichtigkeit
ist auch noch der Winkel zwischen Manubrium und Corpus sterni (Angulus Ludovici), der bei manchen Thoraxformen fast gestreckt, bei
anderen weniger stumpf erscheint. Sind die Rippenknorpel eingezogen
und steht das Sternum kielförmig vor, so spricht man von Hühnerbrust
(Pectus carinatum), sie wird durch Rachitis hervorgerufen. Bei
der Trichterbrust ist der Schwertfortsatz eingezogen, die tiefe Grube
über ihm findet sich vornehmlich bei Schustern, die mit der Brust sich
an den Leisten stemmen.

An dem oberen Theil des Thorax sind fünf Gruben zu unterscheiden: die Supra- und Infraclaviculargrube jederseits und in der Mitte das Jugulum. Die Tiefe dieser Gruben hängt mit der Entwicklung des Fettpolsters, dem Stand der Ernährung zusammen, die der Schlüsselbeingruben aber auch noch mit dem Stand und Volumen der Lungenspitzen. Sie sind mitunter kissenförmig vorgetrieben bei Emphysem, abgeflacht oder selbst tief eingesunken bei Phthisis pulmonum. Für dieses Leiden ist ganz besonders wichtig ungleiche Tiefe der Gruben auf beiden Seiten. Unter der tieferen Grube ist mit grosser Sicherheit die Lungenspitze erkrankt, entweder allein oder doch in höherem Grade als auf der anderen Seite. Aehnlich verhält sich am Rücken die Fossa supraspinata, nur sind dort diese Verhältnisse bei Weitem nicht so deutlich zu erkennen.

Von der grössten Wichtigkeit ist die Prüfung der Athmung sowohl in der Ruhe als bei tiefer Respiration.

Normalerweise erfolgen in der Ruhe die Athemzüge ganz unhörbar, ohne merkliche Anstrengung der Muskeln, namentlich während der Exspiration. Letztere dauert etwas länger als die Inspiration und ist von dieser unmittelbar gefolgt. Der Athmungstypus ist bei beiden Geschlechtern ein gemischter „costo-abdominaler", beim weiblichen Geschlecht aber mehr costal, beim männlichen mehr abdominal, d. h. Männer vergrössern den Binnenraum des Thorax vorwiegend durch Herabtreten des Zwerchfells (damit Vorwölbung der Bauchwand), Frauen mehr durch Heben und Erweitern der Rippen, was besonders an den oberen deutlich wird. Ausschliesslich costaler Typus kommt vor, wenn der Raum im Abdomen beschränkt und das Zwerchfell am Herabtreten verhindert ist, so bei hoher Schwangerschaft, grossen Tumoren in der Unterleibshöhle, starkem Ascites und Meteorismus, ferner dann, wenn das Zwerchfell dauernd in Inspirationsstellung verharrt wie beim Asthma, starkem Emphysem, oder wo seine Bewegungen Schmerzen erregen, wie bei Peritonitis, Leberabscess, oder endlich bei Verwachsungen und Lähmungen des Zwerchfells. Ganz unvermischt abdominale Athmung ist viel seltener und kommt, ausser bei Agonisirenden, vor, wenn die Pleura beiderseits entzündet oder die Brustmuskeln in weitem Umfang erkrankt und schmerzhaft sind, z. B. durch Muskelrheumatismus; dann bei völliger Verknöcherung der Rippenknorpel und absolut starren Thoraxwandungen in Folge von Gicht oder hohem Alter. Von ganz besonderer Bedeutung ist ungleichmässige Erweiterung beider Thoraxhälften bei der Inspiration, was allerdings häufig erst bei tiefem Athemholen manifest wird; bleibt hiebei die eine Seite des Thorax hinter der anderen zurück, so ist wohl zu unterscheiden, ob sie den nämlichen Grad der Erweiterung wie die andere Seite überhaupt nicht oder erst später, ganz am Ende der Inspiration, noch erreicht. Im ersteren Fall kann Infiltration der Lunge (käsige oder pneumonische). Tumor der Lunge. Schrumpfung durch interstitielle Pneumonie, Zerstörung derselben (Phthisis, Gangrän, Abscess), Compression durch Flüssigkeitsansammlung im Pleuraraum, grosse Leber, Milztumor oder Mediastinaltumor. Verwachsung der Lunge mit der Brustwand (adhäsive Pleuritis. Schwartenbildung) vorliegen, in letzterem Falle wohl ausschliesslich Verengerung eines Bronchus oder eines grösseren Bronchialastes.

Die Athemzüge werden zunächst bezüglich ihrer Tiefe abgeschätzt, und man unterscheidet darnach oberflächliche oder seichte und tiefe Respirationen. Die Frequenz der Athemzüge wird am besten durch die aufgelegte Hand geprüft, während man den Ablauf einer vollen Minute an der Secundenuhr bestimmt; es hält schwer, beides, den Uhrzeiger und die Excursionen der Brustwand, zugleich mit dem Auge zu verfolgen. Nie darf bei dieser Untersuchung der Patient wissen, was gemacht wird, weil die Athmung, sobald die Aufmerksamkeit auf sie gerichtet wird, nicht mehr unbefangen erfolgt, sondern stets ganz wesentlich an Stärke und Frequenz modificirt wird.

Der Gesunde athmet in der Minute etwa 18—20mal, Zahlen von 8 und von 24 sind aber auch keine Seltenheiten. Eine Athmungsfrequenz zwischen 20 und 30 in der Minute, selbst erheblich darüber, kann durch grosse körperliche Anstrengung, z. B. rasches Laufen, besonders bergan, auch bei Gesunden herbeigeführt werden, sie darf aber nicht mit der Geringfügigkeit des Anlasses contrastiren, sonst bedeutet die hohe Frequenz pathologische Athemnoth, Dyspnoe (in Anfällen auftretende Athemnoth heisst Asthma).

Erhöhte Athmungsfrequenz ist eine Theilerscheinung der Dyspnoe, aber nicht immer mit derselben verbunden, so ist z. B. bei Emphysem, bei Stenosen der grossen Luftwege die Athmung nicht frequent, sondern selbst langsam, dafür aber tief oder besser gesagt angestrengt, denn auch durch die gewaltigste Action sämmtlicher Athmungsmuskeln kann hier eventuell eine nur ungenügende Volumsänderung des Thorax herbeigeführt werden. Bei dieser angestrengten Athmung, die so gut wie die frequente ein Zeichen von Athemnoth ist, ist die inspiratorische und die exspiratorische Dyspnoe zu unterscheiden. Bei ersterer ist das Inspirium verlängert, unter den auxiliären Athmungsmuskeln fallen die stark vortretenden Musculi scaleni, cucullares, sternocleidomastoidei auf, die Nasenflügel erweitern sich bei jeder Inspiration (Wirkung des M. dilatator narium), bei der exspiratorischen Dyspnoe ist das Exspirium verlängert und vollzieht sich unter deutlicher activer Mitwirkung der Bauchpresse. Betheiligt die Athemnoth beide Phasen, so ist der Typus der Dyspnoe ein gemischter. Dyspnoe ist stets Ausdruck von Erregung des Athemcentrums und findet sich bei Krankheiten der Respirationsorgane, Infiltration, Verwachsung, Compression, Zerstörung, Erweiterung der Lunge, Verlegung oder Verengerung der Luftwege; in den meisten Fällen ist sie gemischt, beim Asthma nervosum und Emphysem vorwiegend exspiratorisch, bei Stenosen der grossen Luftwege hauptsächlich inspiratorisch. Indem trotz der Anstrengung der inspiratorischen Muskeln wegen der Stenose die Luft in die sich erweiternden Lungen nicht hinreichend schnell einströmen kann, wird die Luft in den Lungen verdünnt und der äussere Atmosphärendruck presst die biegsamen Adnexa des Brustkorbs nach innen, so wird bei jeder Inspiration das Epigastrium eingezogen (bei Kindern mitsammt dem Schwertfortsatz), so bewegen sich bei jugendlichen Individuen die unteren Rippen nach innen (Flankenschlagen) und auch der Kehlkopf rückt bei jeder Inspiration tiefer ins Jugulum hinab. Er thut dies vorwiegend, wenn die Stenose ihren Sitz im Kehlkopf, speciell an den wahren und falschen Stimmbändern hat, dortselbst wirken die angeschwollenen Theile (bei Croup, Glottisödem) fast wie

Klappen und die Dyspuoe wird am reinsten inspiratorisch. Locale inspiratorische Einziehung findet sich ferner über atelectatischen Lungentheilen bei Kindern. Dyspnoe wird ferner hervorgerufen durch allgemeine Circulationsstörungen (Herzkrankheiten) und durch locale in der
Schädelhöhle wie bei Atherom der Gehirnarterien, Tumoren, Hydrocephalus, dann weiter wenn das Blut an Menge abgenommen hat oder
an Hämoglobin verarmt ist, also bei den verschiedensten Formen der
Anämie und des Marasmus oder schliesslich bei Vergiftungen des
Athmungscentrums mit Stoffen, die ihm durch den Blutstrom zugetragen
werden, wie beim Asthma uraemicum, Asthma diabeticum. Auch zu
hohe Temperatur des Blutes, von dem das Athmungscentrum durch-
strömt wird, bewirkt Dyspnoe (Wärmedyspnoe, A. Fick, Goldstein);
so erklärt sich, warum bei hohem Fieber die Athmungsfrequenz erhöht
ist. Im Fieber steigt regelmässig auch die Pulsfrequenz und darin
hat man einen Anhalt zur Beurtheilung, ob die vermehrte Frequenz
der Athmung allein auf die erhöhte Körpertemperatur zurückgeführt
werden darf. Normalerweise treffen auf einen Athemzug etwa 4 Pulsschläge, ändert sich dieses Verhältniss im Fieber so, dass nur 3 oder
2 Pulse auf eine Respiration kommen, so ist die Athmungsfrequenz
als einseitig über Gebühr erhöht zu betrachten und eine Erkrankung
des Respirationstractus (Bronchitis, Pneumonie) schon in hohem Grade
wahrscheinlich, nur noch beim Ileotyphus ist ein solches Verhalten gewöhnlich, hier aber deswegen weil die Pulsfrequenz, die sonst bei
jeder Steigerung der Innentemperatur um einen Grad um etwa 8 Schläge
in die Höhe geht, nicht der Fieberhitze entsprechend vermehrt ist.
Bei relativ übermässiger Steigerung der Pulsfrequenz, so dass 6, 8
und mehr Schläge auf eine Respiration treffen, ist auch der umgekehrte
Schluss auf eine specielle Erkrankung des Circulationsapparats (vornehmlich Herzschwäche) gestattet.

Ist die Dyspnoe eine stärkere, so können es die Kranken in
liegender Stellung nicht mehr aushalten, sie sitzen im Bett, stemmen
die Fäuste aufs Bett, um den Schultergürtel zu fixiren, so dass die
Hülfsmuskeln der Athmung in Wirksamkeit treten können (Ortho-
pnoe) oder erleichtern sich das Athmen durch mehrere unter-
geschobene Kissen und steilere Lage des Kopfes und Rumpfes. Höhere
Grade zwingen den Kranken, wenigstens die Beine aus dem Bett hängen
zu lassen oder es erfasst ihn eine gewaltige motorische Unruhe, er
springt aus dem Bett, um in aufrechter Stelluug, gestützt auf einen
Sessel, Tisch u. dgl. Linderung seiner quälenden Athemnoth zu finden.
Rasch einsetzende Dyspnoe des höchsten Grades, wie bei Verschluss
der Glottis durch einen Fremdkörper, Stimmritzenkrampf (z. B. bei
Pertussis), auch bei Embolie der Lungenarterie macht, dass der Kranke
mit allen Zeichen der Augst ans Fenster eilt, dieses aufreisst oder hin-
und herrennend durch krampfartiges Bewegen der Extremitäten, Fuch-
teln mit den Armen sich Luft zu verschaffen sucht. Langsamer zu
den höchsten Graden wachsende Dyspnoe bewirkt wenigstens motorische
Unruhe, die Kranken verlassen, oft schon halb benommen, das Bett,
suchen dasselbe wieder auf, ändern unaufhörlich die Lage. Hieher
gehört das prognostisch schlimme Zeichen, wenn Kranke gegen das
Lebensende, besonders zur Nachtzeit, ganz still sich aufmachen und „zu
wandern" beginnen.

Die beschriebenen Phänomene sind der objectiven Dyspnoe eigen, fehlen sie und wird der Kranke trotzdem von dem Gefühl der Athemnoth gequält, so ist dies eine subjective Dyspnoe, die namentlich bei Autointoxicationen (z. B. Urämie) vorkommt.

Schwere Schädigung des Athmungscentrums führt nach dem Stadium der Erregung zur Lähmung und zwar entweder direct zu dauernder und damit zum Exitus letalis oder es geht dieser ein Stadium von rhythmischem Wechsel zwischen Erregung und Lähmung vorher. Die anfangs seichten, kaum wahrnehmbaren Athemzüge werder immer tiefer und dabei frequenter, der Thorax hebt und senkt sich stürmisch, die Bewegungen werden wieder flacher, eine kürzere oder längere Athempause folgt und darauf wieder das allmälige Wachsen der Athemzüge. Dieses Phänomen heisst das Cheyne-Stokes'sche. Der beschriebene Rhythmus kann sich über ein oder ein paar Dutzend Athemzüge hinziehen, die Pause bis zu 30 Secunden und darüber anhalten. Cheyne-Stokes'sches Athmen beobachtet man z. B. bei blutigem Hirnschlag, Hirntumor, Pachymeningitis, Myocarditis, Urämie, häufig dem Tode kurze Zeit (wenige Tage), selten länger bis zu $1/2$—1 Jahr zeitweilig vorangehend. Andeutungen dieser rhythmischen Athmung kommen übrigens auch bei Gesunden, besonders im Moment des Einschlafens vor. Häufiger ist bei diesen das sogenannte Biot'sche Athmen, characterisirt durch kürzere oder längere Pausen der Respiration, aber ohne das gesetzmässige An- und Abschwellen der Athemzüge.

Bei comatösen Kranken ist die Athmung nicht selten schnaubend, laut hörbar, wobei die Backen aufgeblasen werden. Im Coma diabeticum soll sogenanntes „grosses Athmen", bestehend in ganz gleichmässigen, überaus tiefen Zügen, häufig angetroffen werden.

Die Bewegungen, welche das Zwerchfell bei der Athmung ausführt, kann man sehen. Es ist das Verdienst Litten's, dies nachgewiesen zu haben. Das „Zwerchfellphänomen" sieht man am besten, wenn der Patient die Rückenlage annimmt, der Thorax hell beleuchtet ist und der Arzt zu Füssen des Bettes stehend beobachtet. Bei tiefer Inspiration läuft (nach Litten) ein „Schatten" oder eine „seichte Furche", in der Höhe des VI. Intercostalraumes beginnend, um 2—3 Intercostalräume nach unten, um sich bei der Exspiration wieder nach oben zu begeben. Die Excursion beträgt bei oberflächlicher Athmung 1—$1^1/2$ Intercostalräume, im Maximum 6—7 cm. Es scheint, dass bei der successiven Ablösung des Zwerchfells von der Brustwand letztere eine leichte Niveauänderung erleidet und dies die Ursache des Schattens oder der seichten Furche ist. Das Zwerchfellphänomen fehlt bei starken Ergüssen in den Pleuraraum (Empyem, Pleuritis exsud., Hydro-, Hämato-, Pneumothorax), dann bei Infiltrationen des Unterlappens, Lähmung des Zwerchfells. Beschränkt erscheinen die Excursionen bei allgemeiner Schwäche, Fettleibigkeit (bei dieser häufig gar nicht sichtbar), Tumoren der Lunge und des Mediastinums, bei Emphysem. Bei letzterem ist zugleich der tiefe Stand des Zwerchfelles schon durch die Inspection erkennbar. Besonders wichtig für eine sichere Diagnose ist es, wenn das Zwerchfellphänomen auf einer Seite Abweichungen vom gewöhnlichen Verhalten darbietet. Leider liegen meines Wissens in der Literatur nur Litten's eigene, höchst dankenswerthe Angaben über dies augenscheinlich practisch wichtige Phänomen vor.

Die Bewegungen des Herzens sind bei den meisten Gesunden schon in der Ruhe, wenn nicht starkes Fettpolster vorhanden ist, an einer leichten Vorwölbung im V. linken Intercostalraum innerhalb der Mamillarlinie zu erkennen. Bei aufgeregter Herzthätigkeit, sowie unter pathologischen Verhältnissen kann die Brustwand in der Ausdehnung von 2 oder 3 Intercostalräumen erschüttert werden. Man fasst nicht nur die Ausbreitung des „Herzchocs" ins Auge, namentlich wie weit er nach links reicht und ob er auch noch unter der VI. Rippe zu sehen ist, sondern auch die Intensität desselben. Man bezeichnet die Grade desselben als verstärkt, erschütternd und dann hebend, wenn die Brustwand bei jeder Herzaction in weiterem Umfange vorgebaucht wird. Die Unterscheidung, ob die Vorwölbung systolisch oder diastolisch erfolgt, kann durch die Inspection allein nicht getroffen werden. Bemerkenswerthe Pulsationen können sich am Thorax finden, getrennt von Herzchoc bei Aneurysmen, am Hals an den Carotiden (starke Pulsation derselben heisst man Klopfen d. C.) und, was viel wichtiger ist, an den Venen. Ebenso müssen Pulsationen kleinerer Arterien, der Brachialis, Radialis, Temporalis schon bei der ersten Inspection registrirt werden. Genaueres hierüber soll erst später gesagt werden.

Abnorme Anschwellungen an Brust und Hals können durch Erkrankung der Weichtheile (Entzündung, Abscess, Tumoren, geschwollene Drüsen, Struma) bedingt sein. Am Thorax bringen bedeutende Ergüsse in die Pleurahöhle, Pneumothorax, gleichförmige Tumoren des Mediastinums und der Lunge örtliche, ungleichmässige Vorwölbung zu Stande. Ist die Herzgegend vorgetrieben (Herzbuckel, Voussure), so liegt eine sehr bedeutende Vergrösserung des Herzens selbst oder ein starker Erguss in den Herzbeutel vor.

Am Rücken interessirt, abgesehen von der Gestalt der Wirbelsäule, der Stand der Schulterblätter. Neben flügelförmig abstehenden (Scapulae alatae) kommen zugleich hängende Schultern mit langem Hals vor als Theilerscheinung allgemeiner Abmagerung und Schwäche, ganz besonders bei Phthisis pulmonum in vorgerückterem Stadium; Schwäche des M. trapezoideus, der das Schulterblatt hebt und an den Stamm andrückt, verschuldet das Symptom.

Im Gesicht ist Lebhaftigkeit des Mienenspiels und der Augenbewegung Gegenstand der Beobachtung, geringfügige Ungleichheiten in der Action der Muskeln rechts und links kommen als „Angewohnheiten" wohl auch bei Gesunden vor, sind aber öfter wichtige Zeichen von Lähmung oder Krampf. An den Augen ist auch der Glanz der Bulbi von Wichtigkeit, der in fieberhafter Aufregung zunimmt, in erschöpfenden Krankheiten abnimmt, ferner die Weite und Gestalt der Pupille und eventuell der Arcus senilis, eine ringförmige Trübung der Cornea in ihren periphersten Theilen. Diese Trübung ist Ausdruck gestörter Gewebsernährung, wie sie mit zunehmendem Alter in senilen Veränderungen der Gefässe bei jedem Organismus aufzutreten pflegt. Von grosser Bedeutung ist diese Erscheinung, wenn sie zu früh, schon in den dreissiger Jahren beispielsweise, sich deutlich bemerkbar macht, stets kann man dann auf eine beträchtliche Atheromatose schliessen. Starke Schlängelung der Arteria temporalis ist ebenfalls ein gutes Zeichen hiefür.

Das Abdomen kann eingezogen, flach, wenig oder stark vorgewölbt sein. Nur die mittleren Grade seiner Ausdehnung sind jedoch normal.

Eingezogen erscheint der Bauch bei chronischem Marasmus, bei Hirndruck (Tumor cerebri, Meningitis, Hydrocephalus, massenhafter Hirnhämorrhagie, Pachymeningitis), nach profusen Diarrhöen, vorgewölbt ist die Bauchwand durch starkes cutanes Fettpolster, bedeutende Auftreibung der Därme mit Gas (Meteorismus, Tympanitis intestinalis) oder festem und flüssigem Inhalt, durch Flüssigkeitsansammlung im Peritoneum (Ascites, peritonitisches Exsudat), durch freie Luft im Bauchfellraum (Tympanitis abdominalis), ferner bei Gravidität und bei Tumoren in der Unterleibshöhle. Die erste Frage, die entschieden werden muss, ist die, ob die Vortreibung des Abdomens eine allenthalben gleichmässige ist, oder einzelne Theile des Unterleibs ganz besonders oder selbst ausschliesslich betrifft. Gleichmässige Vorwölbung findet sich bei Meteorismus, Verschluss des Darms im Rectum, Ascites, Obesitas, allgemeiner Perforationsperitonitis, ungleichmässig bei circumscripten peritonealen Exsudaten, Tumoren, Gravidität, Verschluss des Darms vom Colon descendens an aufwärts. Halbkugelförmige Vortreibung spricht für Anhäufung von Luft oder Fett, Ansammlung von Flüssigkeit macht in der Rückenlage das Abdomen mehr breit, in seinen Seitentheilen nach unten sinkend. Der Nabel ist bei Meteorismus und Obesitas tief eingezogen, bei Ascites, Tympanitis abdomin., hoher Schwangerschaft verstrichen oder selbst vorgewölbt. Die Haut über einem gespannten Abdomen ist glatt, straff, glänzend, bei flacher oder eingezogener Form faltig, runzelig. Strichförmige Zerreissungen des Rete Malpighii folgen auf rasche Ausdehnung des Abdomens und bilden dann anfangs rothe, später weisse narbenähnliche Streifen, die noch lange sichtbar sind, wenn die Volumsvergrösserung wieder zurückgegangen ist. Sie sind unter dem Namen der Striae graviditatis bekannt, weil sie am häufigsten, aber durchaus nicht ausschliesslich, durch Schwangerschaft entstehen. Bei ungleichförmiger Vorwölbung ist vor Allem die Frage wichtig, ob sie über der Leber oder Milz localisirt ist, oder vom Becken aus aufsteigt. Verändert eine locale Vortreibung des Bauches ihren Platz unter den Augen des Beobachters, was meistens unter hörbarem Geräusch geschieht, so handelt es sich um Darminhalt, der durch stärkere Peristaltik fortgetrieben wird; nur bei dünnen, fettarmen Bauchdecken ist dieses Phänomen sichtbar. Die motorische Thätigkeit des Darms steigert sich bei Darmverschluss (Ileus) mitunter zu leicht sichtbaren stürmischen Bewegungen.

Ohne weitere Hülfsmittel kann man mittels der Inspection natürlich nur Veränderungen an der äusseren Körperoberfläche beobachten. Jene Vorrichtungen, welche den directen Einblick in Körperhöhlen gestatten, heissen Specula; ausserdem kann man noch in Körperhöhlen kleine Spiegel einführen und das von diesen reflectirte Bild ermöglicht den Einblick in Theile, welche direct nicht gesehen werden könnten. Mit diesen Methoden haben wir es hier nicht zu thun, zum Theil (Laryngoskopie etc.) werden sie später abgehandelt werden, zum Theil (Endoskopie, Spiegelung des Rectums der Vagina) gehören sie nicht eigentlich in das Gebiet der inneren Medicin. Dagegen muss kurz die Durchleuchtung des menschlichen Körpers (Diaphanoskopie) besprochen werden. Diese konnte erst durch die Einführung

des elektrischen Lichtes zu einiger practischer Bedeutung gelangen,
weil man jetzt erst in die Lage kam, kleine sehr intensive Lichtquellen
unter Vermeidung strahlender Hitze zu verwenden. Wohl Viele mögen
sich mit dem Gedanken getragen haben, welche enormen Vortheile die
Diagnostik davon haben müsste, wenn man den Menschen durchsichtig
machen könnte. Anscheinend wäre hiezu das einzige Erforderniss ein
hinreichend starkes und kaltes Licht. In der neueren Zeit hat man
mit Erfolg die Durchleuchtung mancher Organe, des Kehlkopfs, des
Magens, der Blase vorgenommen, d. h. man konnte den Schein der
eingeführten Lichtquelle von aussen, oder bei percutaner intensiver
Beleuchtung mittels des Spiegels, z. B. den Kehlkopf, erleuchtet wahrnehmen. Die Hoffnung, damit Aufschlüsse über die Lage der Organe
oder gar über ihre Beschaffenheit und Structur zu erhalten, muss aus
folgendem Grund eine trügerische sein. Alle Organe und Gewebe des
Körpers bestehen aus ausserordentlich kleinen Theilen, welche das Licht
anders als die Zwischensubstanz, und auch meist in ihrem eigenen Formelemente (Kern, Hülle, Protoplasma) verschieden brechen. Hiedurch
wird eine ungeheure Diffusion des durchdringenden Lichtes bewirkt,
so dass dieses nur einen gleichmässigen Schein ohne allen Schatten
herstellen kann, gerade wie dies in einem ungemein dichten Nebel
durch die vielen gleichmässig vertheilten Wassertröpfchen geschehen
muss. Man kann sich hievon, sowie von der völligen Aussichtslosig-
keit aller derartigen Versuche durch eine einfache und schlagende Beobachtung überzeugen. Hält man im dunklen Zimmer die festgeschlos-
senen Finger in den einfallenden Strahl der Sonne oder einer hellen
Lampe, so sieht man bekanntlich die Finger roth durchleuchtet, die
dünneren Stellen sind heller, die dickeren dunkler. Gleicht man die
Niveaudifferenzen durch Zug und Druck auf die Haut aus, so ist die
Durchleuchtung überall eine völlig gleichmässige. Nicht einmal von
der Phalange kann man auch nur eine Spur sehen. Sie kann keinen
Schatten geben, weil das Licht durch die Weichtheile nicht geradlinig,
sondern durch Beugung und Brechung um den Knochen herum geht
und also auch die Haut hinter derselben trifft. Wenn man nicht einmal
den dicken, von lauter dünnen Weichtheilen umkleideten Knochen sehen,
nicht einmal angedeutet sehen kann, wie mag man sich dann noch der
Hoffnung hingeben, submucöse Infiltrationen im Larynx, Verdickungen
in der Magenwand, Gestalt und Form des Uterus u. dgl. wahrzunehmen?
Dergleichen wäre physikalisch nicht einmal dann möglich, wenn man
die Gewebe so aufhellen könnte, wie man dies bei den mikroskopischen
Präparaten durch Canadabalsam oder Nelkenöl zu thun pflegt, denn
diese Mittel verfangen auch nur wegen der überaus grossen Dünnheit
der durchleuchteten Schicht. Nie wird man etwas Anderes zu sehen
bekommen als einen gleichmässigen rothen Schein. Der wird um so
heller und grösser ausfallen, je dünner die durchleuchtete Körperwand
ist, je näher also die Lichtquelle bei der Beleuchtung von innen der
Oberfläche liegt, dagegen ist die Helligkeit so gut wie gar nicht von
der Beschaffenheit der zwischengelegenen Theile abhängig und Einzelheiten wird man nie erkennen können. Eine ganz andere Frage ist
es, ob man nicht aus der Lage des Lichtscheins Schlüsse auf Grösse
und Gestalt einer von innen durchleuchteten Körperhöhle ziehen kann.
Führt man z. B. eine kleine Glühlampe in den Magen, so gibt die

Lage des Lichtscheins Aufschluss darüber, bis wohin man mit seiner Glühlampe, die den Magen natürlich nicht verlassen kann, kommt, aber nicht mehr. In der allerjüngsten Zeit sind solche Versuche unternommen worden, von denen später noch genauer die Rede sein wird. Milliot hat (1867) zuerst die Durchleuchtung des Magens an Thieren vorgenommen, Einhorn zuerst den menschlichen Magen durch eine kleine Glühlampe durchleuchtet, Heryng und Reichmann haben an ihren „Gastrodiaphanen" continuirliche Kühlung durch Wasser angebracht, Kuttner und Jacobson haben den Einhorn'schen Apparat noch mehr verbessert. Meist wird der Magen mit 500—2000 ccm Wasser gefüllt, untersucht wird in Rückenlage oder besser im Stehen.

Dünnwandige, mit Flüssigkeit gefüllte Cysten lassen sich leicht durchleuchten, z. B. Hydrocele. Im verdunkelten Raum sieht man, besonders gut durch ein aufgesetztes Stethoskop, eine dahinter stehende Flamme durchscheinen. Selbst bei enormem Hydrocephalus soll solches beobachtet worden sein. Immerhin kann dieses Phänomen zur differentiellen Diagnose eines soliden Tumors mit verwerthet werden.

Die Palpation

muss stets an entblössten Körpertheilen vorgenommen werden und zwar mit warmen oder gewärmten Händen. Sind die Finger kalt und steif, so fühlt man nicht fein, und überdies werden die Muskeln der betasteten Theile durch den Kältereiz reflectorisch zur Contraction gebracht, so dass es möglich wird, einzudringen und tiefer gelegene Theile zu palpiren. Aus dem nämlichen Grund darf man nur ganz leise und allmälig, mit reibenden Kreisbewegungen gegen die Tiefe vordringen, weil sonst die gespannten Muskeln der Decke die ganze Untersuchung vereiteln, ganz besonders leicht tritt dies dann ein, wenn die Palpation schmerzt. Schon aus diesem Grunde, noch mehr aus dem der Humanität soll jede Palpation möglichst sanft und mit der grössten Schonung ausgeführt werden. Man fängt erst dann an, wenn durch eine entsprechende Lagerung des Kranken die Muskeln an der zu untersuchenden Stelle erschlafft sind, und palpirt dann zunächst ganz sachte und oberflächlich, um, wenn dies nöthig ist, den Druck allmälig zu verstärken. Die Hände sind stets zuerst flach aufzulegen, spitze Finger reizen zu stark zu reflectorischer Contraction, gleichwohl kann man auch bei flacher Handhaltung den feinfühligen Fingerbeeren die Hauptarbeit zuweisen. Wer sich keine Zeit zur Palpation lassen will, unterlässt sie am besten ganz, er erspart dann wenigstens dem Kranken die Unannehmlichkeit und sich selbst den fast sicheren Irrthum.

Nicht zu geringfügige Erhöhung oder Erniedrigung der Hauttemperatur wird schon durch die blosse Palpation festgestellt. Fieberhitze bemerkt man an den Händen, Füssen selten, an der Brust auch nicht häufig, leichter an den Stellen, die bedeckt sind, am Rücken, an

den Lenden, in der Achselhöhle, bei Kindern besonders an der Innenfläche der Oberschenkel. Die Körpertheile, welche bloss getragen
werden, oder, wie die Füsse, weit ab vom Herzen liegen, liefern hiezu
keinen richtigen Massstab. Eine Ausnahme macht die Stirne; diese
ist, wenigstens bei Kindern, so lang sie ganz gesund sind, auffallend
kühl, fast kalt wie Marmor, mögen auch die Wangen roth und warm
sein. Jedes Unwohlsein, das Fieber mit sich bringt, verräth sich durch
leichte Erwärmung der Kinderstirne. Am besten fühlt man diese feinen
Unterschiede mit der Lippe, nur wird man schwerlich wo anders als
bei seinem eigenen Kinde eine solche Untersuchung vornehmen wollen;
für besorgte Mütter kenne ich aber gar keinen besseren Rath, um Krankheiten schon in ihrem ersten Beginn zu entdecken, als den allabend-
lichen Kuss auf die Stirn ihrer Lieblinge. Auffallende Kälte der Extremitäten bei deutlicher Fieberglut des Stammes, die fast unangenehm
empfunden wird (Calor mordax), ist, wenn es sich nicht um ein inter-
mittirendes oder remittirendes Fieber, im Stadium des Frostes handelt,
ein Zeichen von Herzschwäche und nach der Meinung des Hippokrates
allemal ein tödtliches.

Auch beim Gesunden ist die Hauttemperatur an verschiedenen
Stellen nicht die gleiche, worüber die genauesten Untersuchungen von
Kunkel angestellt sind. Die höchsten Temperaturen finden sich im
Gesicht und über Muskeln, niedrigere über Knochen und Sehnen, in
geringer Entfernung kann ein Unterschied von 1^0 C. und mehr auftreten.
Solche Differenzen können auch ohne weitere Hülfsmittel durch die blosse
Palpation festgestellt werden. Benczúr und Jónás haben gefunden,
dass die Haut über den Lungen merklich wärmer ist als über Herz,
Leber, Milz, und dass man die Differenz fühlen kann. Unter dem
Namen der Thermopalpation haben sie geradezu ein Verfahren
angegeben, mittels dessen es möglich sein soll, die topographische Abgrenzung lufthaltiger Organe gegenüber luftleeren vorzunehmen, wenn
auch nicht sicherer, so doch leichter als durch die Percussion. Die
Betastung wird bei der Thermopalpation durch sanftes Ueberstreichen
mit den Fingerspitzen vorgenommen. Nachdem die Haut soeben durch
Alcohol oder Aether im Ganzen abgekühlt worden, soll sich die
Temperaturdifferenz z. B. über Lunge und Leber besonders deutlich zu
erkennen geben. Die Methode, von der auch ihre Erfinder nie behauptet haben, dass sie die Percussion verdrängen werde, hat sich
nicht eingebürgert. Hellner hat gezeigt, dass sie in ihren Resultaten
weder sicher noch genau genug ist, um als ebenbürtige Untersuchungsmethode den übrigen angereiht zu werden. Zudem ist Meissner auf
Grund von genauen thermoelektrischen Untersuchungen zu dem entgegengesetzten Resultat gekommen, wonach die Hauttemperatur über
dem Herzen höher als über den Lungen ist. Man kann wohl solch'
feine Methoden zur Grenzbestimmung (für die rechte Grenze der grossen
Herzdämpfung) verwenden, wer aber selbst thermoelektrische Untersuchungen angestellt hat und ihre Schwierigkeiten kennt, wird sich
keinen Illusionen bezüglich ihrer klinischen Verwerthbarkeit hingeben.
Die directe Palpation mittels der Hände reicht nicht aus, um die hier
in Frage kommenden geringen Temperaturunterschiede mit Sicherheit
zu beurtheilen, und nach all' dem dürfte das Schicksal der Thermopalpation besiegelt sein.

Es ist unmöglich anzuführen, was man Alles an der Körperoberfläche gelegentlich fühlen kann. Nach geschwollenen Lymphdrüsen
muss mindestens an Hals und Nacken, sowie an der Cubita gefahndet
werden, eventuell auch in den Weichen. Scrophulöse Lymphdrüsen-
schwellungen sitzen mit Vorliebe am Hals, acute begleiten dortselbst
Entzündungen des Pharynx, das Gesichtserysipel; geschwollene cubitale
Drüsen sind recht characteristisch für Syphilis, auch Anschwellung der
Leistendrüsen begleitet Genitalinfectionen (Lues, Helkose) sehr gewöhnlich, kommt aber auch bei nicht sexuell Inficirten ungemein oft
vor wegen der häufigen kleinen Hautwunden an den Füssen mit leichter
Infection und Entzündung. Bei allen irgendwie auffälligen Erscheinungen
von Seiten der Unterleibsorgane müssen unter allen Umständen die
Bruchpforten untersucht werden, um eine incarcerirte Hernie nicht
zu übersehen. Leichte Difformitäten oder Auftreibungen des von Weichtheilen bedeckten Knochengerüstes werden leichter durch die Palpation
als durch die Inspection erkannt. Eine Hauptaufgabe erfüllt
die Palpation, indem durch sie schmerzhafte Stellen aufgefunden werden. Es ist wohl zu unterscheiden, ob oberflächlicher
oder nur tiefer Druck Schmerz hervorruft, Schmerzhaftigkeit der Haut
wird durch Kneifen einer erhobenen Falte festgestellt, wodurch am
leichtesten jeder Druck auf tiefer liegende Theile ausgeschlossen wird.

Die Palpation am Thorax kann zur Beurtheilung der Excursionen der Brustwand bei der Athmung verwerthet werden. Dass
man die Palpation mit Vortheil anwendet, um die Athemzüge zu zählen,
ist bereits erwähnt worden. Auch Ungleichheit der Athmung rechts
und links kann durch die Palpation mit den flach aufgelegten Händen
festgestellt werden; dass dies leichter und sicherer geschieht als durch
die Inspection (O. Vierordt), davon habe ich mich nicht überzeugen
können.

Von grosser diagnostischer Bedeutung ist die Prüfung des
Pectoral- oder Stimmfremitus, des leisen Erzitterns der Brustwand, das sich bei lautem Sprechen einstellt. Die Prüfung geschieht
mit der flach aufgelegten Hand und stets rechts und links an symmetrischen Stellen, um Unterschiede in der Stärke des Fremitus wahrnehmen
und beurtheilen zu können. Man lässt den Kranken mit lauter Stimme
sprechen, z. B. bis 20 zählen. Wörter, in denen die Consonanten n
und r vorkommen, geben einen besonders deutlichen Fremitus, z. B.
also „neunundneunzig", „dreiunddreissig", die man vom Patienten öfters
wiederholen lässt. Der Stimmfremitus entsteht in folgender Weise.
Beim Sprechen gerathen die Stimmbänder in Schwingungen und hiedurch
auch die in der Trachea und den grossen Bronchien enthaltene Luft.
Die Schallwellen, die dabei entstehen, pflanzen sich auch noch nach
abwärts in die Verzweigungen des Bronchialbaums fort. An der Wand
dieses Röhrensystems erfahren nämlich die fortschreitenden, longitudinalen Schallwellen eine Reflexion, bei welcher bekanntlich der Einfallswinkel gleich dem Reflexionswinkel ist. Diese Reflexion ist Bedingung
für die Fortleitung der Wellen in den winklig verzweigten Bronchialbaum, sie ist aber nur so lang möglich, als die Wandungen der
Bronchien überhaupt reflexionsfähig (starr) sind. Da, wo die Bronchialwand, ohne Knorpel, schlaff ist, überträgt sie einfach, als Moles iners
schwingend, die auf sie treffenden Wellen auf das umgebende Lungen-

gewebe, und durch dieses hindurch werden sie mehr oder weniger abgeschwächt der Brustwand zugetragen. Normales Lungengewebe ist, wie die Versuche von Zamminer gelehrt haben, ein gut schwingender Körper, immerhin ist die Abschwächung, welche die Wellen auf ihrem Wege bis zur Brustwand erfahren, eine recht bedeutende, wenn dieser Weg ein langer ist. Wo der Uebergang der Schallwellen vom Bronchialbaum auf die Wand und von da auf das Lungengewebe stattfindet, lässt sich im Allgemeinen nicht angeben. Unter pathologischen Verhältnissen (Infiltration der Lunge u. s. w.) bleibt die Wand des Bronchialbaums bis in die feineren Verzweigungen reflexionsfähig, bei Gesunden wird der Uebergang wohl nicht weit von jenen Stellen liegen, von welchen an die Bronchialwand keine Knorpel mehr führt. Die Stellen, an welchen der Uebergang der Wellen auf das Lungenparenchym sich vollzieht, wollen wir, gleichviel wo sie liegen mögen, die Uebergangsstellen heissen, sie sind für die physikalische Diagnostik von fundamentaler Bedeutung, wovon noch weiter unten (Bronchialathmen, Bronchophonie) weiter die Sprache sein soll.

Liegen solche Uebergangsstellen in den gegen die Brustwand gerichteten bronchialen Verzweigungen oberflächlich genug, so kann der Stimmfremitus gefühlt werden, vorausgesetzt, dass noch folgende Bedingungen erfüllt sind: 1. Die ursprünglichen, von den Stimmbändern ausgehenden Schallwellen müssen eine gewisse Stärke besitzen. 2. Der Weg von den Stimmbändern bis zu den Uebergangsstellen muss frei sein. 3. Die Fortpflanzungsverhältnisse von den Uebergangsstellen bis zur äusseren Fläche der Brustwand dürfen nicht allzu schlecht sein. 4. Die Thoraxwand selbst darf in ihren Schwingungen nicht behindert sein.

Hienach ist der Stimmfremitus abgeschwächt oder fehlt 1. bei leiser, schwacher Stimme; 2. wenn die grösseren Bronchien vor den Uebergangsstellen comprimirt oder mit Schleim, Blut, Fremdkörpern angefüllt sind; 3. wenn die Entfernung von der Uebergangsstelle bis zur äusseren Brustwand eine grosse ist, z. B. die Lunge durch ein pleuritisches Exsudat, durch Pneumothorax von der Thoraxwand abgedrängt ist; dagegen kann 4. die Brustwand durch Verknöcherung der Rippen, namentlich aber auch durch ein sehr starkes Fettpolster am Mitschwingen in ziemlich hohem Grade gehindert sein, bei bedeutender Obesitas ist zudem die Entfernung der Uebergangsstellen bis zur Körperoberfläche grösser.

Verstärkt ist der Stimmfremitus 1. bei sehr lauter Stimme; 2. und 3. wenn die Bronchien bis nahe an die Thoraxwand weit bleiben oder in oberflächlich gelegene Hohlräume einmünden, bevor sie eine Uebergangsstelle haben; dann gehen die Wellen in der bronchiectatischen oder sonstigen Caverne direct in die Wand derselben und gelangen leicht zur Thoraxwand. 4. Normales Lungengewebe leitet zwar die Schallwellen besser als infiltrirtes (durch Zamminer nachgewiesen), aber bei Infiltrationen der Lunge werden, wie Skoda richtig annahm, die Wände der Bronchien reflexionsfähig und so gelangen die Schallwellen bis in die feineren Bronchien bis nahe an die Brustwand und können so dieselbe in Mitschwingen versetzen. Bei der Besprechung der Bronchophonie und des Bronchialathmens wird noch Näheres hierüber zu sagen sein. 5. Ein Thorax mit elastischen, dünnen Wandungen schwingt leichter.

Auf die Pathologie angewandt lassen sich also folgende, durch die allgemeine Erfahrung bestätigte Sätze ableiten. Bei gleich starker Stimme (dem nämlichen Patienten) ist der Stimmfremitus verstärkt über infiltrirten Lungenabschnitten, Cavernen, es sei denn, dass der zuführende Bronchus verlegt ist, wo er sogar abgeschwächt oder aufgehoben sein kann. Wird der Bronchus, z. B. durch einen kräftigen Hustenstoss, frei, so kommt die Verstärkung des Stimmfremitus zum Vorschein. Der Stimmfremitus ist abgeschwächt oder aufgehoben über Ansammlung von Flüssigkeit oder Luft im Pleuraraum (Hydrothorax, Pleuritis exsudativa, Pneumothorax). Ueber comprimirter und retrahirter Lunge wird bald Abschwächung, bald Verstärkung, bald keines von beiden sich einstellen, da die Leitungsverhältnisse in der luftleeren Lunge schlechter, die Entfernung der Uebergangsstellen eventuell kleiner geworden ist; die Erfahrung lehrt aber, dass in der Mehrzahl der Fälle der Fremitus verstärkt ist.

Grobes pleuritisches Reiben kann mitunter gefühlt werden, es ist stets synchron mit der Athmung, meist nur während des Inspiriums wahrzunehmen.

Die Palpation der Herzgegend soll stets zunächst mit der ganzen flachen Hand ausgeführt werden, so dass die Vola manus der rechten Hand die Herzgegend bedeckt und die Fingerspitzen gegen die vordere Axillarlinie zu liegen kommen. So muss stets der Ictus cordis, falls er überhaupt wahrnehmbar ist, aufgefunden werden. Erst wenn er so gefühlt wurde, wird er seiner Lage und Qualität nach mit den Fingerspitzen näher präcisirt.

Der systolische Anschlag des Herzens an die Brustwand wird neuerdings fast ausschliesslich Spitzenstoss genannt. Abgesehen davon, dass auch in der Norm gar nicht die Spitze, sondern die vordere Ventrikelwand den Ictus liefert, ist es doch recht unpassend, z. B. von einer über zwei oder drei Intercostalräume verbreiteten Spitzenstoss zu reden. Aus diesem Grund ist hier die alte nichts präjudicirende Benennung Herzchoc wieder zu Ehren gekommen, Herzstoss oder Ictus cordis könnte man gerade so gut sagen. Bei den Sectionen zeigt es sich allerdings, wie Gerhardt mit Recht bemerkt, dass die Herzspitze der Gegend des Herzstosses entspricht. Auf alle Fälle muss bei verbreitetem Choc die Stelle aufgesucht werden, wo am weitesten unten und aussen noch der Ictus gefühlt werden kann, diese Stelle kann man dann als Spitzentheil des Chocs bezeichnen.

Ueber das Zustandekommen des Herzstosses ist so viel gearbeitet und gestritten worden, dass es die Grenzen dieses Buches weit überschreiten würde, auch nur alle bedeutenderen Arbeiten hierüber zu erwähnen. v. Kiwisch hat mit Recht bemerkt, dass das Herz schon in der Ruhe der Brustwand anliegt und dass also von einem „Anklopfen" nicht die Rede sein kann. Ludwig hat nachgewiesen, dass die Gestalt des Herzens während der Systole sich in dem Sinne ändert, dass die Herzbasis (eine Ebene, durch die Grenze der Vorhöfe und der Kammern gelegt), aus einer Ellipse in einen Kreis übergeht und die Herzspitze aufgerichtet und senkrecht zur Basis gestellt wird. Die Vergrösserung des Tiefendurchmessers und das Aufrichten der Spitze soll den Choc bewirken. Weit grösseren Anklang hat bei den Klinikern die sogenannte Rückstosstheorie gefunden, wie sie von Alderson und

Gutbrod unabhängig von einander aufgestellt und von Skoda adoptirt wurde. Wie beim Abfeuern eines Geschützes oder wie beim Segner-schen Wasserrad soll das ganze Herz bei der systolischen Entleerung eine Locomotion in toto erfahren und sich nach unten und vorn bewegen. Dabei legten namentlich v. Bamberger, Jahn, Aufrecht, Rosen-stein u. A. Werth auf die gleichzeitig stattfindende Abflachung des Aortenbogens, Kornitzer betonte eine spiralige Drehung der grossen Gefässe um einander, Schreiber, Bókai eine hakenförmige Krüm-mung der Herzspitze nach vorn. Abgesehen von diesen Einzelheiten kann man wohl sagen, dass sich die sogenannte Gutbrod-Skoda'sche Rückstosstheorie fast des allgemeinen Beifalls der Kliniker erfreute und Einsprachen dagegen, wie von Hamernjk, A. Geigel, blieben so gut wie unbeachtet. Seit den Untersuchungen von Martius über die Herzstosscurve ist hierin eine völlige Umkehr angebahnt worden. Von Martius u. A., die sich seiner akustischen Markirmethode be-dienten, ist der Nachweis erbracht worden, dass der Herzchoc zu einer Zeit entsteht, während welcher der Ventrikel noch allseitig geschlossen ist (Verschlusszeit). Auf diese Zeit folgt dann erst die „Austreibungs-periode", während deren allein natürlich von einem Rückstoss die Rede sein kann. Hiemit ist die Ansicht von Ludwig, Arnold, Hamer-njk, A. Geigel wohl endgültig wieder zu Ehren gekommen, nach welcher es nicht eine Bewegung des ganzen Herzens ist, die den Herz-stoss herbeiführt, sondern eine Bewegung der Ventrikelwand, so dass (unter Abwärtsrücken der Atrioventriculargrenze) der Tiefendurchmesser des Herzens zunimmt, dieser Ventrikel der Kugelgestalt zustrebt, die sich vorwölbende Ventrikelwand zugleich härter wird.

Der Herzchoc findet sich bei Gesunden im V. linken Intercostal-raum, seltener im IV., etwas innerhalb oder höchstens in der Mamillar-linie. Liegt er weiter nach aussen, so bedeutet dies entweder Ver-lagerung oder Vergrösserung des Herzens. Er kann bis in die mittlere Axillarlinie mit seinem Spitzenantheil reichen, ist dann wohl stets ver-breitert. Wird er nicht nur nach aussen, sondern auch nach unten verlagert gefunden, im VI. oder VII. Intercostalraum, so bedeutet dies Vergrösserung des linken Ventrikels, auch die weiteste Verlagerung nach aussen ist auf rechtsseitige Herzhypertrophie resp. Dilatation zu beziehen, wenn der Choc im V. Intercostalraum bleibt. Ist der Choc nach rechts verlagert, so liegt eine Ortsveränderung des ganzen Herzens vor (linksseitiger Pneumothorax, rechtsseitige Lungenschrumpfung, Dex-terocardie). Die Verbreiterung des Herzchocs kann sich über mehrere Intercostalräume erstrecken, mitunter beobachtet man dann an den oberen Parthien Einsinken der Brustwand, während diese weiter unten vorgewölbt wird. Systolische Einziehung am Spitzenantheil (diastolischer, negativer Herzstoss) kommt vor bei Verwachsung beider Pericardial-blätter unter sich und mit dem Mediastinum (Concretio pericardii, Mediastinitis adhaesiva), sowie in manchen Fällen von Aorteninsufficienz. Ist der Herzchoc überhaupt nicht oder kaum fühlbar, so kann dies seinen Grund in schwacher Herzthätigkeit oder Ueberlagerung des Herzens durch die emphysematös geblähte Lunge oder in Ansammlung von Flüssigkeit resp. Luft im Herzbeutel (Hydropericard, Pericarditis exsudativa, Pneumopericard) haben, auch bei Stenose der Aorta ist ein schwacher, oft unfühlbarer Herzstoss das Gewöhnliche.

Abnorme Pulsationen in der Nähe der Herzgegend rühren fast stets von Aneurysmen her, man findet solche besonders im II. rechten Intercostalraum, auch über der linken III. Rippe, ferner bei tiefem Eingehen mit dem Finger ins Jugulum, wo der aneurysmatisch erweiterte Aortenbogen direct fühlbar werden kann. Die Pulsation ist eine systolische und darf nicht mit der diastolischen Erschütterung verwechselt werden, die man bei Ueberfüllung des kleinen Kreislaufs (Mitralfehler) im II. linken Intercostalraum bisweilen fühlt, diese ist durch das starke Zusammenschlagen der Pulmonalklappen bewirkt. Andere pulsirende Stellen und Tumoren (Empyema pulsans) sind Seltenheiten, das Empyem muss gross sein und dem Herzen anliegen, um zu pulsiren.

Unter Schwirren versteht man eine eigenthümliche zitternde Erschütterung, welche mit oder statt des Herzchocs an der Herzspitze, über der Herzgegend, oder an den grossen Gefässen gefühlt wird, wenn die akustischen Bedingungen für ein Herzgeräusch (Klappenfehler, Stenose der Gefässe) gegeben sind. Die Dauer und Intensität dieses Schwirrens ist nicht unbeträchtlichen Schwankungen unterworfen, es kann während der Systole oder Diastole oder als systolisch-diastolisch wahrgenommen werden. Hiedurch und durch seinen weicheren, gleichmässigen Character unterscheidet sich das Schwirren von dem Reiben, das, in Absätzen erfolgend, rauher kratzend sich anfühlt, an die Phasen der Herzaction sich nicht immer kehrt, vielleicht ganz unregelmässig auf beide vertheilt ist. Man fühlt es gewöhnlich am deutlichsten über dem linken IV. Rippenknorpel, es ist ein sicheres Zeichen von trockener Pericarditis oder Pleuritis.

Die Palpation der peripheren Gefässe betrifft zunächst die Prüfung des Pulses. Man fühlt diesen fast ausnahmslos an der Arteria radialis, oberhalb des Handgelenks, kann ihn aber auch an der Arteria temporalis mit Vortheil prüfen, wenn der schwache Kranke nicht ermüdet oder sein Arm nicht unter der warmen Bettdecke hervorgeholt werden soll. Der Puls wird stets mit den Kuppen von zwei Fingern untersucht. Mit dem central gelegenen prüft man die Unterdrückbarkeit des Pulses, d. h. das Maass von Druck, den man damit auf die Arterie ausüben muss, damit der peripher gelegene Finger keine Pulswelle mehr bekommt. Dabei werden die Eigenschaften der Pulswelle nicht nur festgestellt, sondern durch sanftes Hin- und Hergleiten und Drücken die Füllung des Gefässes, die Beschaffenheit des Arterienrohrs eruirt, ob es glatt und weich oder geschlängelt, gespannt, hart und unnachgiebig ist. Das jugendliche gesunde Arterienrohr ist glatt und weich, im Alter ist es fast stets durch Atherom etwas geschlängelt und rigide, bei den stärksten Graden des Atheroms fühlt sich das Gefäss wie ein thönernes Pfeifenrohr an.

Die Frequenz des Pulses wird nach der Secundenuhr festgestellt. Man zählt den ersten Pulsschlag der Beobachtung 0, dann 1 u. s. w., bis 15 Secunden abgelaufen sind, durch Multiplication mit 4 erhält man die Pulsfrequenz für die Minute. Bei sehr seltenem Puls muss man eine volle Minute lang zählen, weil sonst die Fehler zu gross werden. Ist der Puls sehr frequent, so kommt man kaum mit dem Zählen nach, man zählt dann immer nur bis 4 oder 10 und markirt mit den Fingern der linken Hand, wie oft dies geschieht, bis 15 Se-

cunden verstrichen sind. Führt auch dies nicht mehr zum Ziel, so ist
der Puls unzählbar geworden. Bei einiger Uebung kann man einen
Puls von 200 Schlägen pro Minute unter sonst günstigen Umständen
(Stärke, Regelmässigkeit) noch zählen.

Die Frequenz des Pulses beträgt nach Eichhorst in der Minute
bei Gesunden:

im 1. Lebensjahre etwa 134 Schläge,
mit 5 Jahren 100   „
„ 10   „   90   „
„ 20   „   72   „
„ 25   „   70   „
„ 60   „   74   „
„ 80   „   79   „

im Mittel bei Erwachsenen 60—80 Schläge, beim weiblichen Geschlecht
einige mehr.

Beschleunigter, häufiger Puls (Pulsus frequens) findet sich
auch bei Gesunden nach dem Essen, bei und nach starker Muskel-
arbeit, bei psychischer Erregung, tiefem Athemholen, unter dem Einfluss hoher Aussentemperatur. Im Stehen ist der Puls stets um einige
(4—6) Schläge häufiger, als bei horizontaler Lage (in letzterer macht
sich geringe Vagusreizung durch venöse Stase im Gehirn geltend).
Unter pathologischen Verhältnissen wächst die Pulsfrequenz: beim
Fieber (bei jeder Steigerung der Binnentemperatur von 1^0 über 37,0
der Regel nach um 8 Schläge), ferner bei Herzschwäche, bei verschiedenen Neurosen (Morbus Basedowii, nervösen Herzpalpitationen), bei
Schmerzen aller Art und bei Widerständen im Blutkreislauf (Nephritis,
Emphysem, Compression der Lunge). Bedeutende Erhöhung der Pulsfrequenz bezeichnet man als Tachycardie.

Ein Puls, der unter 60 in der Minute zählt (Riegel) wird als
selten (Pulsus rarus) und das Phänomen als Bradycardie bezeichnet.
Dabei kann die Pulsfrequenz auf 40, 20, 10, ja noch weniger Schläge
pro Minute sinken. Bradycardie kann als individuelle Abnormität ohne
pathologische Bedeutung zur Beobachtung kommen; so soll Napoleon I.
einen Puls von 40 Schlägen in der Minute gehabt und erst im Schlachten-
lärm sich verhalten haben wie sonst ein anderer Mensch. Selbst als
Familieneigenthümlichkeit soll Bradycardie vorkommen (Kaiser). Sie
findet sich ferner als Reaction auf grosse körperliche und geistige Ueber-
anstrengung (Leyden), in der Reconvalescenz nach fieberhaften Krankheiten (Traube), im Puerperium. Von diesen, noch dem physiologischen
Gebiet angehörenden Formen sind jene zu unterscheiden, wo die Bradycardie als mehr oder weniger ernstes Symptom von geschädigter Herzkraft oder Störung in der Herzinnervation auftritt. So findet sie sich
bei mannigfachen Störungen der Verdauungsorgane, recht häufig bei
acutem Magencatarrh nach dem Erbrechen, beim Icterus durch Intoxi-
cation mittels der retinirten Gallensäuren, bei Nephritis acuta (Riegel),
namentlich zuweilen als Theilerscheinung urämischer Autointoxication.
Von grosser Bedeutung ist die Bradycardie, die sich in nicht wenigen
Fällen von Herzkrankheiten, wie bei Myocarditis, Fettherz, Atherom
der Coronararterien einstellt. Auch bei Aortenstenose kommt sie häufig,
sehr selten dagegen bei Stenose des linken venösen Ostiums zu Stande.
Uebrigens ist das Gegentheil, Tachycardie, namentlich in Verbindung mit

Irregularität des Pulses entschieden häufiger bei Erkrankungen des Myocards und namentlich bei Herzfehlern, deren Compensation zu Ende geht. Sehr wichtig ist ferner die Bradycardie in Folge von Gehirnkrankheiten, sie gehört zu den sogenannten Hirndrucksymptomen und ist auf eine Reizung des Vagus zu beziehen. Sie stellt sich beispielsweise ein bei Hirntumor, Apoplexia sanguinea mit starkem Extravasat, bei Pachymeningitis haemorrhagica, Hydrocephalus acutus und chronicus. Die Vagusreizung ist übrigens hiebei nicht directe mechanische Folge des gestiegenen intracraniellen Drucks, sondern der schlechten Durchfluthung des Gehirns mit frischem, sauerstoffhaltigem Blut (Adiaemorrhysis cerebri). Auch bei Erkrankungen der Medulla oblongata und des Halsmarks (Fractur der Halswirbel) kommt Bradycardie vor. Bei Neurasthenie tritt sie selten auf, viel seltener jedenfalls als das Gegentheil, die Tachycardie, welche als „paroxysmale" manchen Formen dieser functionellen Neurose geradezu eigenthümlich ist. Von den Vergiftungen, die zu Bradycardie führen können, sind als die wichtigsten die mit Blei, mit Alcohol (Fraentzel), Digitalis und (selten) mit Kaffee und Tabak zu nennen. Die Bradycardie ist häufig, aber nicht immer, mit Arythmie des Pulses vergesellschaftet. Nach Dehio muss man zwei Formen unterscheiden, eine extracardiale und eine cardiale. Bei der ersten liegt die Störung ausserhalb des Herzens und wirkt auf die Herznerven, bei der zweiten betrifft sie das Herz direct und ist als ein Symptom von Herzschwäche aufzufassen. Die erste Form wird durch kleine Gaben Atropin rasch beseitigt, resp. in das Gegentheil, in Tachycardie umgewandelt, die zweite nicht. Zur letzten gehört auch die Bradycardie in der Reconvalescenz nach schwerer Krankheit. Besteht bei der extracardialen Form zugleich Irregularität des Pulses, so wird auch diese durch Atropin beseitigt (Dehio).

Normalerweise folgen sich die Pulsschläge in gleichen Intervallen und sind alle von gleicher Stärke, der Puls ist rhythmisch (Pulsus regularis)*). Bei Greisen und nervösen Personen kommt Irregularität des Pulses ohne ernstere Bedeutung vor, sonst ist sie ein wichtiges Symptom von Herzschwäche. Auch bei Kindern ist Irregularität des Pulses keineswegs sehr selten, findet sich namentlich auch bei Gesunden häufiger im Schlaf (Stoll), am häufigsten freilich bei Meningitis tuberculosa, ist aber für diese nicht characteristisch, wie man dies längere Zeit angenommen hat. Von Heubner ist eine ganze Reihe von Ursachen für Herzirregularität bei Kindern namhaft gemacht worden, so findet sie sich bei Herzkrankheiten, psychischen Erregungen, Infectionskrankheiten, Vergiftungen, z. B. mit Stramonium, Digitalis, Opium, auch nach warmen Bädern mit darauf folgender Abkühlung (Löschner).

Die Arythmie kann die Schlagfolge oder die Grösse der einzelnen Pulse oder beides betreffen (P. regularis — irregularis, aequalis — inaequalis). Nicht eigentliche Irregularität, aber rascher Wechsel in der Frequenz, so dass in wenigen Minuten Differenzen von 10—20 Schlägen (ohne äussere Ursache) gefunden werden, ist einigermassen bezeichnend für Meningitis (v. Ziemssen).

---

*) Dass dies auch bei Gesunden nicht streng richtig ist, wurde von Vierordt, von der Mühl, Küster u. A. gezeigt. Diese Störungen des Rhythmus können aber nur durch sehr feine Messmethoden nachgewiesen werden und sind klinisch-diagnostisch nicht von Belang.

In den Abweichungen vom regulären Rhythmus kann eine gewisse Regelmässigkeit doch beibehalten sein, z. B. so, dass immer 2 resp. 3 oder mehr Schläge rasch auf einander, dann nach etwas längerer Pause wieder 2 u. s. f. erfolgen; so kommt der Pulsus bigeminus, trigeminus etc. zu Stand; wenn ab und zu 3 Schläge schnell auf einander folgen, spricht man von „Wachtelschlag" (Pulsus coturnisans). Wenn einzelne Schläge ausfallen und kürzere und längere Pausen eingeschoben sind, liegt der Pulsus intermittens vor, wenn das Aussetzen durch die Inspiration hervorgebracht wird, der Pulsus inspiratione intermittens sive paradoxus; dieser wird mit Unrecht als allgemein pathognostisch für Concretio pericardii und schwielige Mediastinitis angesehen, er kommt auch bei Gesunden vor, aber nur bei sehr tiefer Inspiration. Hohe, starke Pulswellen geben der Pulsus magnus, niedere, schwache der Pulsus parvus, Wechsel in der Höhe der Pulswellen liefern allgemein der Pulsus inaequalis, aber auch hier kann eine gewisse Regelmässigkeit obwalten. Wenn immer eine kleine Welle auf eine grosse Welle folgt, spricht man vom Pulsus alternans, wenn auf eine kleine eine höhere folgt, vom Pulsus capricans. Beim Pulsus myurus werden die Wellen nach einem normalen Puls immer kleiner, nehmen dann wieder allmälig zu, bis wieder ein normaler folgt. Beim Pulsus intercidens folgen einem normalen Pulsschlag immer grösser werdende, die dann allmälig wieder bis zur Norm abklingen. Wenn in eine Reihe normaler Pulsschläge nur ab und zu ein kleiner eingeschoben ist, heisst man das den Pulsus intercurrens. Schliesslich gibt es eine Arythmie, namentlich bei schwer geschädigtem Herzmuskel (Myocarditis chronica, terminales Stadium von Herzfehlern), bei der eine Gleichmässigkeit der Schlagfolge und der Höhe der einzelnen Pulse überhaupt gar nicht mehr und nur die grösste Unregelmässigkeit ohne Gesetz beobachtet wird; man kann dafür den Ausdruck Pulsus irregularis kat' exochen verwerthen.

Je nach der Füllung der Arterie unterscheidet man den vollen und leeren Puls (P. plenus, P. vacuus), je nach der Höhe der Pulswelle den grossen und kleinen (P. magnus, P. parvus). Dehnt sich die Arterienwand plötzlich aus, um ebenso rasch wieder zu collabiren, so ist der Puls schnellend oder hüpfend (P. celer) (Gefühl wie wenn Schrotkörner durchrollen), wenn beides nur langsam geschieht, heisst der Puls träg (P. tardus). Leere (und weiche) Pulse sind stets zugleich etwas schnellend, sonst ist P. celer characteristisch für Aorteninsufficienz.

Die Resistenz der Wand gegen Druck hängt vom Blutdruck sowie von der Beschaffenheit der Wand ab. Der harte Puls (P. durus) bei Arteriosclerose, Atherom, ist zu trennen vom gespannten Puls (P. tensus), bei welchem die starke Resistenz des Rohres Ausdruck von hohem Blutdruck und starker Action der Vasoconstrictoren ist (Bleikolik, Nephritis, Schmerzen). Der Gegensatz, der weiche Puls (P. mollis) ist ein Zeichen von niederem Blutdruck und weicher Arterienwand, er kommt bei allen fieberhaften Zuständen vor, die Weichheit ist Bedingung dafür, dass eventuell (siehe unten) die Rückstosselevation gefühlt werden kann (P. dicrotus). Der harte Puls ist schwer, der weiche leicht zu unterdrücken. In ein Gesammturtheil werden verschiedene Qualitäten des Pulses zusammengefasst in den Ausdrücken:

P. fortis (hart, voll und gross), P. debilis (weich, leer und klein),
P. contractus (hart, leer und klein), P. filiformis (weich und leer),
die kleinsten Pulse werden schliesslich paene insensibilis oder können
gar nicht mehr gefühlt werden, höchstens wird noch ein unbestimmtes
Wogen (P. undulosus) oder Zittern (P. tremulus sive vermicularis,
sive formicans) wahrgenommen. (Als wichtige Ergänzung dieses Abschnittes ist der über Sphygmographie einzusehen.)

Für gewöhnlich entspricht die Pulszahl der Zahl der Herzcontractionen. Ein Irrthum ist möglich, wenn die secundäre Elevation des
Pulses (die „Rückstosselevation") ungebührlich gross, der ersten fast
oder ganz gleich wird (P. monocrotus). Dann glaubt man auf jede
Herzcontraction 2 Pulse zu fühlen. Umgekehrt liefert mitunter nicht
jede Herzcontraction einen fühlbaren Puls; solche sind von Hochhaus
und Quincke mit dem passenden Namen der frustranen Herzcontractionen belegt worden. Die Deutung Riegel's, dass es sich
hiebei um Formen des Pulsus bigeminus handle, dessen zweiter Puls
zu klein ausgefallen und nicht gefühlt werden kann, trifft wohl für die
meisten Fälle das Richtige, aber, wie Hochhaus und Quincke gezeigt haben, nicht für alle. Frustrane Herzcontractionen kommen auch
bei Gesunden unter dem Einfluss psychischer Erregung vor. Die Diastole,
welche der frustranen Contraction vorangeht, fällt zu kurz aus, der
Ventrikel ist zu wenig gefüllt und vermag durch seine noch so kräftige
Zusammenziehung den hohen Druck in der Aorta nicht zu überwinden,
dabei kommt häufig ein sehr starker („paukender") erster Herzton zur
Beobachtung. Die gleichzeitige Palpation oder Auscultation des Herzens
lässt den Pulsus monocrotus oder frustrane Herzcontractionen ohne
Schwierigkeit erkennen.

Bei der Palpation des Abdomens ist die erste und unerlässliche
Bedingung die, dass die Bauchdecken möglichst erschlafft werden. Der
Patient muss liegen, den Kopf fest nach hinten in die Kissen drücken,
darf nicht herunter schauen, muss ruhig und tief mit offenem Munde
und ohne zu pressen athmen, seine Aufmerksamkeit muss möglichst abgelenkt werden. Meist, aber nicht immer, erschlaffen die Bauchdecken
vollständiger, wenn die Beine an den Leib gezogen werden. Tiefer-
legen des Kopfes oder Unterstützung desselben sind Mittel, die man
versucht, wenn man ohne sie nicht zum Ziele kommt. Es gelingt bei
einem guten Theil und bei bestem Willen der Kranken schlechterdings
nicht, die Contraction der Bauchmuskeln auszuschalten, in wichtigen
Fällen bleibt dann nichts übrig, als im Chloroformnarkose zu untersuchen. Für die Palpation der Leber und Milz wird auch dabei nichts
gewonnen, weil der Kranke in der Narkose nicht zum Tiefathmen zu
bewegen ist, und die Organe gerade beim Herabsteigen des Zwerchfells der Palpation zugänglich werden. Dagegen liefert die Untersuchung des Magens, Darms, der Nieren und der Beckenorgane in der
Narkose häufig erst das entscheidende Resultat. Die Beobachtung der
oben angegebenen allgemeinen Regeln für die Palpation ist bei der
Untersuchung der Unterleibsorgane doppelt geboten. Der Arzt soll bei
der Untersuchung selbst auf dem Bettrand sitzen, es ist unmöglich, im
Stehen mit der gehörigen Ruhe, Ausdauer und Gleichmässigkeit zu
palpiren.

Bei stärkerer Ansammlung von Flüssigkeit im Abdomen kann

man die Wellenbewegung derselben mit der flach aufgelegten Hand
fühlen, wenn man an der anderen Seite die Bauchwand mit kurzem
Schlag erschüttert. Das gleiche Gefühl können auch grössere Cysten,
z. B. des Ovariums, geben. Ist die Wand der Cyste (oder des Abdomens)
stark gespannt, so entstehen sehr rasch einander folgende Wellen,
welche den Eindruck groben Schwirrens für die fühlende Hand geben.
Dies von Briançon und Piorry zuerst beschriebene „Hydatiden-
schwirren" kommt vornehmlich auch, aber weder constant noch ausschliesslich, Echinococcusblasen zu. Bei der Percussion einer solchen
Blase kann man eventuell mit daneben aufgesetztem Stethoskop einen
dumpfen schwirrenden Ton, ähnlich dem einer Bassgeige, vernehmen
(Gerhardt).

Palpation der Leber: Der Leberrand schneidet normalerweise
in der rechten Mamillarlinie den Rippenbogen, die Mittellinie in der
Mitte zwischen Proc. ensiformis und Nabel und trifft das Zwerchfell
etwa in der Gegend des Herzchocs. Der Rand ist weder auffallend
scharf noch besonders stumpf und plump, die Leberoberfläche glatt,
von mässiger Resistenz und vollkommen unschmerzhaft. Nur Druck
unmittelbar unter dem Proc. ensiformis ist auch Gesunden entschieden
unangenehm und beweist weder etwas für eine Erkrankung der Leber
noch des Magens.

Die Palpation der Leber wird vorgenommen, indem man beide
Hände in der rechten Mamillarlinie unterhalb des zu erwartenden Leberrandes flach auflegt und mit den flach gehaltenen Fingern einen sanften
Druck auf die Bauchdecken ausübt, während der Kranke tief einathmet.
Man rückt so lang nach oben vor, bis den Fingerspitzen der Leberrand
durch das herabtretende Zwerchfell entgegengebracht wird. Hat man
den Rand sicher, so ist er nach beiden Seiten möglichst weit zu verfolgen und die Grenze am besten mit einem Farbstift zu bezeichnen.
So wird die Form des Randes festgestellt und man kann dann leichter
die Frage entscheiden, ob eine sonst noch gefühlte Veränderung, z. B.
ein Tumor, der Leber angehört oder nicht. Ob der Rand dick oder
dünn ist, fühlt man, indem man ihn bei tiefer Inspiration über die
Finger springen lässt. Die zugängliche Leberoberfläche wird in derselben Weise mit flachen Händen und ganz sanft abgetastet. Alles, was
in der Leber oder derselben fest verwachsen anliegt, bewegt sich mit
der Inspiration nach abwärts (wichtiges Kriterium gegenüber Tumoren
von Magen, Darm, Nieren). Ist die Leber klein, so kann sie ganz
unter den Rippenbogen verborgen liegen und der Palpation unzugänglich
bleiben. Ist die Leber von der Bauchwand durch freie Luft abgedrängt,
(perforative Peritonitis), so verbietet sich die Palpation der Leber schon
durch die bedeutende Schmerzhaftigkeit des Bauchfells, ist der Zwischenraum aber, wie beim Ascites, durch Blutwasser ausgefüllt, so kommt
man bei tieferem Druck plötzlich auf die Leberoberfläche. Man hat
dabei das Gefühl, dass man vorher etwas verdrängt und gerade dies ist
für die Diagnose des Ascites absolut beweisend. Dislocation der Leber
nach unten (Wanderleber) ist ausserordentlich selten und kann nur
durch die sorgfältigste Feststellung der unteren und oberen Lebergrenze
erkannt werden; die luxirte Leber folgt den Bewegungen des Zwerchfells nicht mehr.

Vom Magen kann für gewöhnlich gar nichts gefühlt werden,

nur wenn er sehr stark gefüllt, aufgetrieben und gespannt ist, wo man
seine Contouren mitunter sogar sehen kann, gelingt es, die grosse Curvatur
zu palpiren. Fühlbare Stellen am Magen bedeuten fast ausnahmlos
Neoplasmen. Nur am Pylorus kommt als Seltenheit gutartige Verdickung der Ringmusculatur vor, die fühlbar wird. Einfache Narben
von Ulcus rotundum können, wenn je, nur äusserst selten gefühlt werden.
Ein Tumor kann vorgetäuscht werden durch einen stark gespannten
Bauch eines M. abd. rectus, durch eine straffe Inscriptio tendinea, durch
die Resistenz der Wirbelsäule bei tiefem Druck, durch das geschwollene
Pankreas und geschwollene Lymphdrüsen neben der Wirbelsäule. Die
Annahme, dass der gefühlte fragliche Tumor dem Magen angehört,
wird gestützt durch seine Unbeweglichkeit bei der Respiration (nicht
ausnahmslose Regel), durch seine Lage links von der Mittellinie in der
Magengegend (Tumoren des Pylorus können weit nach unten bis ins
Becken und auch nach rechts von der Mittellinie verlagert werden), durch
sonstige Zeichen, dass ein schweres Magenleiden vorliegt (conf. II. Theil
d. B.), durch das Fehlen von Darmstenose. Genaue Grenzbestimmung
des Magens, indem man diesen mit Wasser füllt oder mit Luft aufbläst,
kann die Diagnose ebenfalls erleichtern und schliesslich bleibt, wenn
Alles nicht zum Ziel führt, noch die Untersuchung in Chloroformnarkose,
eventuell sogar die Probelaparotomie.

Um die Milz zu palpiren, stellt sich der Arzt an die rechte
Seite des Krankenbettes. Der Kranke liegt in halber rechter Seitenlage, legt die linke Hand auf den Kopf, um den linken Rippenbogen
zu heben, und zieht zur Erschlaffung der Bauchdecken das linke Knie
in die Höhe. Der Arzt umfasst mit der linken Hand den Rippenbogen
und sucht von hinten her die Milz der rechten Hand entgegenzudrängen,
die letztere wird flach aufs Abdomen gelegt und die Finger gegen den
linken Rippenbogen nach hinten und aufwärts gekehrt. Man lässt den
Kranken mit Macht und möglichst tief einathmen und geht der Milz
dabei mit der rechten Hand entgegen. Grössere Milztumoren werden
dabei ohne Weiteres gefühlt, bei kleineren muss man mit der rechten
Hand tief ins Hypochondrium eindringen, was nicht bei allen Leuten
hinreichend gelingt. Mitunter bekommt man die Milz gerade, wenn sie
auf der Höhe der Inspiration ihren Rückzug antreten will, durch einen
kurzen Vorstoss mit der rechten Hand zu fühlen. Die Spitze der Milz stösst
entweder nur an die Finger und wird als stumpfer Körper gefühlt,
oder springt über die Fingerspitzen, wobei man auch über die Dicke
des Organs einen Aufschluss erhält. Das Gefühl, das die anprallende
Milz erzeugt, ist verschieden deutlich, je nachdem das Organ weich
oder hart ist, für den Geübten aber im Ganzen unverkennbar. Gespannte Muskeln können wohl täuschen, im Allgemeinen aber kann
man wohl sagen, dass, wenn die Milz wirklich gefühlt wurde, man
sich seiner Sache sicher hält und wenn man zweifelt, so war es gewiss
die Milz nicht, die man fühlte. Jede Milz, die auf diese Weise
gefühlt wird, muss als vergrössert angesprochen werden.
Milzen von normaler Grösse werden auch bei Emphysem der Lungen,
wo sie mit dem Zwerchfell tiefer stehen, nicht palpabel, weil hier die
respiratorischen Excursionen des Zwerchfells entsprechend geringer sind
und die Milz während der Inspiration nahezu unbeweglich bleibt. Ich
glaube, nur ein einziges Mal eine normal grosse Milz unter ganz

besonderen Umständen gefühlt zu haben (Pulmo excessivus bis zur VIII. Rippe, dabei sehr gute Verschieblichkeit des Zwerchfells). Ueberragt die Milz den Rippenbogen (und sie kann bis weit unter den Nabel reichen), so kann man durch die Palpation ein Urtheil über ihre Form, Härte und Oberfläche sich bilden. Um so grosse Milztumoren nicht zu übersehen, ist es practisch von Vortheil, bei der Untersuchung nicht gleich unter den Rippenbogen einzugehen, wobei man, ohne es zu merken, zwischen Milz und Rippen eindringen könnte, sondern die Untersuchung stets in grösserer Entfernung vom Rippenbogen zu beginnen. Vergrösserungen der Milz kommen vor bei fieberhaften Krankheiten aller Art (Lien infectiosus), besonders constant bei Ileotyphus, bei Febris intermittens, hier auch als chronischer Milztumor von mitunter ganz erstaunlicher Grösse, ferner bei Leukämie, aber auch harmloseren Formen der Anämie (Chlorose in vielen Fällen), dann (Lien venosus) bei allgemeiner (nie ohne gleichzeitige Lebervergrösserung) oder localer Stauung im Pfortaderkreislauf (Cirrhosis hepatis, Pylephlebitis u. s. w.), bei Infarct und Abscess der Milz. Hat sich die Anschwellung der Milz sehr rasch oder überhaupt zu sehr bedeutenden Graden entwickelt, so ist der gespannte Bauchfellüberzug des Organs sowohl spontan als namentlich bei Druck schmerzhaft.

Am übrigen Abdomen kommt in Frage, ob der Leib hart und gespannt oder weich, ob er bei Druck im Ganzen oder an einer umschriebenen Stelle schmerzhaft ist, ob eine locale vermehrte Resistenz, ob ein Tumor gefühlt werden kann. Die Spannung der Bauchwand geschieht durch die Bauchmuskeln willkürlich oder reflectorisch und diese Spannung lässt sich leider bei vielen Personen während der Untersuchung nicht ausschalten, sie ist vornehmlich im Gebiet des Musculus rectus stark, dessen Inscriptiones tendineae deutlich gefühlt werden. Zwischen diesen können die brettharten Muskelbäuche geradezu als Tumoren, und nicht nur dem Unerfahrenen imponiren. Ein stark eingezogener Leib, z. B. bei Hirndruck, nach heftigen Entleerungen des Magens und Darms ist stets zugleich gespannt, ebenso aber auch ein durch Gas stark ausgedehnter. Bei sehr fettreichen und dicken Bauchdecken ist das Gefühl der Resistenz ebenfalls in toto vermehrt, bei Ascites nur wenn dieser sehr bedeutend ist. Peritoneale Exsudate werden (auch in Bezug auf ihre Schmerzhaftigkeit) viel besser und genauer erkannt und umgrenzt vermittels der Percussion. Wird ein Tumor gefühlt, so muss vor Allem festgestellt werden, ob er sich bis ins Becken verfolgen lässt oder nicht. Im ersteren Falle geht er auch fast sicher von den Beckenorganen aus und die Exploration per rectum oder per vaginam muss näheren Aufschluss geben. Diese Untersuchung ist stets geboten, wo ein Tumor nicht ganz sicher dem Magen, der Leber oder der Milz angehört. Bei einem vom Becken aus aufsteigenden Tumor muss man, wenn es sich ums Genus femininum in geschlechtsfähigem Alter handelt, stets in erster Linie an Gravidität denken und an etwas Anderes erst, wenn diese durch den Befund sicher ausgeschlossen werden kann. Die Tumoren der weiblichen Geschlechtsorgane können hier nicht im Einzelnen besprochen werden. Tumoren des Darms sind zwar bei der Respiration unbeweglich, manuell aber im Allgemeinen leicht verschiebbar, es sei denn, dass sie durch Adhäsionen mit den Nachbargebilden verlöthet sind. Grössere Darm-

tumoren sind stets mit Störungen in der Darmthätigkeit und der Stuhlentleerung verknüpft, anfangs können wohl Diarrhöen und selbst sehr
heftige Diarrhöen bestehen, schliesslich beherrscht die hartnäckigste
Stuhlverstopfung das Krankheitsbild. Hat der Tumor seinen Sitz ver-
muthlich im Colon, so kann man dieses vom Rectum her mit Luft aufblasen und so diese Vermuthung prüfen.

Normale Nieren, die an ihrer richtigen Stelle liegen, können
weder von vorn noch von hinten her gefühlt werden. Dislocirte Nieren
(Ren mobilis, Wanderniere) sind mitunter weitab von ihrer
Heimath anzutreffen, sie werden durch die Palpation als derbe, glatte,
„nierenförmige" Tumoren, die mitunter nicht unempfindlich sind, erkannt. Kann man den Hilus fühlen, so ist die Diagnose schon sicherer,
Täuschungen und Verwechselungen mit anderen Tumoren bleiben aber
auch den besten Beobachtern nicht ganz erspart. Ganz besonders
schwierig ist die Sache da, wo eine Wanderniere selbst Ausgangspunct
für eine Geschwulst wird. Sonst sind Nierentumoren gerade dadurch
characterisirt, dass sie von der Nierengegend nachweislich ausgehen
oder doch entschieden seitlich unter der Leber oder Milz gelegen sind.
Bei ihrem Wachsthum können sie freilich weit vor und ins Abdomen
hineinragen. Man umfasst solche Tumoren mit der einen Hand von
hinten her und betastet sie mit der anderen von vorne, um sich von
ihrem Hineinreichen in die Nierengegend zu überzeugen. Für die richtige
Diagnose ist genaue Abgrenzung und Verfolgung des Leberrandes resp.
auf der linken Seite der Milz conditio sine qua non. In frühem Kindes-
alter gehört fast jeder Tumor abdominalis einer entarteten Niere an.

Die Palpation des Rectums wird — aus naheliegenden Gründen —
viel zu selten ausgeführt. Sie muss vom Arzt unbedingt gefordert
werden, wenn der Kranke hellrothes Blut mit dem Stuhl entleert, oder
Schmerzen beim Stuhl, oder Stuhlzwang, oder nach der Defäcation
noch das Gefühl der Völle im Mastdarm hat, ferner wenn Hämorrhoiden
vorhanden sind, wenn der Koth in dünnen, plattgedrückten Strängen
(Bleistiftkoth) abgesetzt wird, oder wenn an der Leber ein maligner
Tumor constatirt wurde, ferner in allen Fällen von Darmverschluss
(Ileus).

Die Palpation des Rectums wird mittels des gut eingeölten Zeigefingers vorgenommen. Sie hat stets in der schonendsten Weise zu geschehen, man muss etwa $\frac{1}{2}$ Minute brauchen, bis man den Schliess-
muskel des Anus mit langsamen, drehenden, stetigen Bewegungen
passirt; der Kranke soll dabei mit weit offenem Munde ruhig und tief
athmen. Brüskes Forciren des Anus ist mit grossen Schmerzen verbunden,
die sich durch eine schonende Hand fast ganz vermeiden lassen. Practisch
ist fast der einzige Zweck dieser Methode: die Feststellung, ob ein
Tumor des Rectums oder seiner Umgebung gefühlt werden
kann. Die mitunter sehr straff vorspringende Falte des Sphincter
tertius darf nicht mit einem solchen verwechselt werden. Ist ein
Tumor in der That fühlbar, so ist die Frage zu entscheiden, ob er
in der Schleimhaut sitzt, oder von dieser bedeckt wird, ob er
frei beweglich oder mit der Nachbarschaft verwachsen ist. Die
Excavation des Kreuzbeins wird abgetastet, an der vorderen Seite der
Uterus und Adnexa, beim Mann Blase und Prostata. Letztere ist bei älteren
Männern sehr häufig als ein harter, aber von normaler Schleimhaut

überzogener Tumor zu entdecken. Als Carcinom des Rectums darf
ein Tumor nur dann angesprochen werden, wenn er deutlich mit der
Schleimhaut verwachsen ist, resp. von ihr ausgeht. Erfordert der Zweck
die Untersuchung mit mehreren Fingern oder der ganzen Hand weiter
aufwärts in den Darm zu dringen, so ist hiezu die Einleitung der Narkose unentbehrlich.

Die Mensuration

ersetzt das schätzungsweise Verfahren unserer unbewaffneten Sinne
durch exacte Beobachtung, deren Resultate in Zahlengrössen ausdrück-
bar sind. Das einfachste und für viele wichtige Zwecke ausreichende
Instrument ist das Bandmaass. Mit ihm kann man die Länge des
Körpers und der einzelnen Theile, Umfang von Kopf, Rumpf und Extremitäten feststellen und für die verschiedensten Zwecke werthvolle
Resultate erhalten. Das Bandmaass wird entweder an von der Natur
bezeichneter Stelle (Axilla, Schwertfortsatz, Nabel u. s. w.) angelegt,
in anderen Fällen muss die gewählte Hautstelle mit einem Farbstift
markirt werden; nur so ist man während der Messung und noch mehr
bei wiederholter Messung sicher, wirklich das gewünschte Terrain aus-
zumessen.

Die Körperlänge an und für sich interessirt nur soweit, als
sie auch durch blosse Schätzung festgestellt werden kann. Die genauere Kenntniss derselben ist nur dann wichtig, wenn man Anhaltspuncte zur Vergleichung mit Brustumfang und vitaler Capacität gewinnen will.

Der Brustumfang wird in aufrechter Körperstellung und in
drei horizontalen Ebenen gemessen, von denen die erste möglichst hoch
durch die Achselhöhlen, die zweite durch die Brustwarzen, die dritte
durch den Proc. ensiformis gelegt wird. Bei phthisischen Veränderungen ist die erste Messung, bei Emphysem und Pleuritis die zweite
und dritte von höherem Werth; gewöhnlich aber nimmt man, um ein
Urtheil über die Entwicklung des Thorax im Allgemeinen zu bekommen,
nur eine Messung vor und da empfiehlt es sich, das Bandmaass über
den beiden Brustwarzen und den beiden Schulterblattwinkeln anzulegen,
ferner die Arme wagerecht abducirt halten zu lassen (Fröhlich). Der
Brustumfang eines gesunden Erwachsenen schwankt nach Waldenburg
im Allgemeinen zwischen 60 und 100 cm „und es ist nicht Gesundheit
oder Krankheit, sondern vielmehr schwächlicher oder kräftiger Körper-
bau und die Constitution, welche sich in diesen Massen, besonders in
den Extremen ausdrückt". Der Werth für einen mittelkräftigen erwachsenen Menschen beträgt für ruhige Exspirationsstellung etwa 80 bis
85 cm. Practische Bedeutung gewinnt die Messung des Thoraxumfangs
vor Allem bei Leuten, die ihr Leben versichern wollen und bei Militär-
pflichtigen. Es ist im deutschen Reich keine Minimalzahl gesetzlich
bestimmt, es ist aber Gebrauch, einen mittleren Brustumfang von 83 bis
86 cm in ruhiger Exspirationsstellung als solche gelten zu lassen. Nach

Fröhlich ist es zweckmässiger bei tiefster Exspiration zu messen, das Minimum für einen Militärdiensttauglichen betrage 75 cm, ein Brustumfang von 750—759 mm genüge nur ausnahmsweise, ein Mann mit einem Umfang von über 76 cm sei brauchbar bei sonst günstigen Körperverhältnissen. Von Wichtigkeit ist die Veränderung des Umfangs bei tiefer Respiration, sie beträgt bei gesunden Erwachsenen etwa 7 cm. Nach Waldenburg kam eine Brustbeweglichkeit von 3 bis 6 cm auch noch bei Gesunden vor, die Extreme können 10 und 12 cm betragen. Die Brustbeweglichkeit ist einigermassen von der Körpergrösse abhängig; so findet sich nach Arnold bei

einer Körpergrösse von	eine Brustbeweglichkeit von
157—165 cm	6,5 cm
166—170 „	7 „
171—175 „	7,5 „
176—180 „	8 „
181—191 „	8,5 „

In höherem Alter, mit Verknöcherung der Rippenknorpel (starrem Thorax), nimmt die Brustbeweglichkeit ab. Wenn eine sonstige Lungenkrankheit (Schrumpfung, Pneumothorax, Pleuritis, Tumor) ausgeschlossen werden kann, so weist eine Brustbeweglichkeit von nur 1—2 cm mit grosser Sicherheit auf Emphysem hin, mag das Zwerchfell stehen, wo es will.

Die Messung geschieht mittels eines einfachen Bandmaasses bis auf einen halben Centimeter genau. Um die Excursionen des Thorax zu prüfen, hält man das eine Ende des Bandes fest und lässt an dieser Stelle das andere mit einiger Reibung durch die Finger gleiten und merkt sich den Stand bei tiefster In- und Exspiration. Die Verwendung eines Thoracometers, wie von Sibson, Wintrich, Waldenburg angegeben wurde, ist bequem, aber völlig überflüssig. Mittels des einfachen Bandmaasses kann man auch Asymmetrieen des Brustkorbs feststellen. Zu diesem Zweck muss vorn über dem Sternum und hinten über der Wirbelsäule in der gewünschten Höhe die genaue Mitte mittels eines Farbstiftes bezeichnet werden. Bei Rechtshändern findet sich normalerweise der Umfang der rechten Brusthälfte um $\frac{1}{2}$—2 cm weiter.

Bei diesen Messungen ist dem einfachen Bandmaass das Kyrtometer (erfunden von Woillez, Fig. 1) entschieden vorzuziehen, weil man mit diesem nicht nur den Umfang messen, sondern auch graphisch darstellen kann und so Aufschluss über die Form des Thorax und die Grösse des queren und tiefen Diameters bekommt. Die käuflichen Kyrtometer, die aus

Fig. 1. Kyrtometer von Woillez. (Nach Niemeyer.)

vielen durch Charniere verbundenen Gliedern bestehen, sind nicht zu empfehlen, da die Charniere stets mit der Zeit locker werden. Das beste Kyrtometer besteht aus zwei Stücken Bleidraht von ca. 2—3 mm Dicke. Ein Ende jedes derselben ist in ein kurzes Stückchen gutschliessenden Gummischlauchs bis zur gegenseitigen Berührung vorgeschoben. Diese Stelle wird genau auf die Mitte der Wirbelsäule aufgesetzt, der eine Draht der rechten, der andere der linken Thoraxhälfte angeschmiegt

bis zur bezeichneten Mittellinie des Sternums, und dortselbst aufgebogen.
Nach Abnahme des Instrumentes legt man dasselbe, ohne es zu verbiegen, auf einen grossen Bogen Papier und fährt dem inneren Umfang
des Bleidrahts mit dem Bleistift nach. So erhält man Kyrtometercurven,
auf denen man leicht die Diameter einzeichnen und ausmessen kann.
Letztere Maasse kann man auch einfacher am Körper direct durch einen
Zirkel (Fig. 2) erhalten, an dem die Entfernung der Spitzen in Centimetern abgelesen werden kann. Die Thoracometrie dient nur dazu, des
Vergleichs fähige Zahlen zu erhalten, feiner als die Inspection durch
ein geübtes Auge ist sie nicht, geringe Unterschiede, die nicht sicher
gemessen werden können, werden im Gegentheil bei unbefangener Betrachtung deutlich (Wintrich, Waldenburg). Zu Demonstrations-

Fig. 2.
Baudelocque'scher
Tasterzirkel.

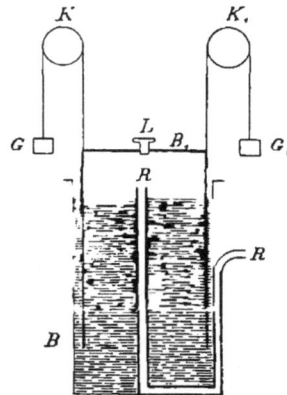

Fig. 3.
Spirometer von Hutchinson.
(Nach Schenck.)

zwecken und Belegen in Krankengeschichten für spätere Nachunter-
suchung sind dagegen Kyrtometercurven von nicht zu unterschätzendem
Werthe.

Der Umfang der Extremitäten ist, an gleichen Stellen gemessen, rechts gewöhnlich um 1—1½ cm grösser als links, wechselt
seinem absoluten Maasse nach gewaltig, je nach der Entwicklung der
Muskeln und des Fettpolsters. Einseitige Abmagerung ist wichtig
für die Annahme einer Muskelatrophie, einseitige Volumvermeh-
rung kommt fast nur bei Venenthrombose vor, da Pseudohypertrophie
der Muskeln etc. meist doppelseitig auftritt.

Der Schädelumfang wird nur gemessen, um einen Hydrocephalus chronicus festzustellen; man misst von der Glabella horizontal
um die Protuberant. occip. ext. Der Schädelumfang bei einem neu-

geborenen Kind beträgt 40 cm, bei einem einjährigen 45. Vergrösserung des Umfangs kommt auch noch bei Rachitis (Caput quadratum) und hereditärer Lues vor, hier aber ohne Zeichen gestörter Hirnthätigkeit. Von nicht zu unterschätzender klinischer Bedeutung ist die Spirometrie, die Messung der Menge von Luft, welche während der Athmung ein- und ausströmt. Das Spirometer (erfunden 1846 von Hutchinson) ist in Fig. 3 schematisch dargestellt. In dem äusseren, oben offenen und mit Wasser gefüllten Cylinder B hängt ein zweiter B_1, der oben geschlossen und unten offen ist. Letzterer ist durch Gewichte G, G_1 balancirt, die Schnüre, an denen er hängt, laufen über leicht bewegliche Rollen K, K_1. Bläst man durch ein Rohr (R) Luft in den inneren Cylinder, so hebt sich dieser und die Menge, welche hineingeblasen wurde, kann, in Cubikcentimetern gemessen, an einer Scala abgelesen werden. Zu nochmaligem Gebrauch wird der Deckel bei L geöffnet, der innere Cylinder wieder völlig niedergedrückt und dann der Deckel geschlossen.

Bei gewöhnlicher Respiration werden ca. 500 ccm vom Erwachsenen in- und exspirirt (Respirationsluft). Bei forcirter Inspiration kann er ca. 1500 darüber einathmen (Complementärluft) und durch äusserste Exspiration noch um 1500 mehr ausathmen (Reserveluft). Die Summe dieser drei Grössen heisst die vitale Capacität und beträgt für den erwachsenen Mann mittlerer Grösse ca. 3500 ccm. Nur die vitale Capacität ist einer zuverlässigen directen Messung fähig, sie wird auch thatsächlich allein am Spirometer geprüft. Der Kranke, dessen Kleider gelockert oder geöffnet sind, steht aufrecht, holt möglichst tief Athem, nimmt das Mundstück des Schlauches in den Mund, verschliesst die Nase mit den Fingern und entleert nun langsam, zuletzt unter Aufbietung seiner ganzen Kraft sich zusammenkauernd, seine Athmungsluft in den Apparat. Durch zu rasche Exspiration werden die Vagusfasern, welche zur Inspiration anregen, gereizt und man erhält zu kleine Werthe. Die Resultate sind erst nach einigen Vorversuchen zu brauchen, ganz Ungeübte liefern zu geringe Volumina, unbrauchbar sind die Resultate ferner gleich nach bedeutenderer körperlicher Arbeit, Laufen, raschem Treppensteigen, sowie wenn schmerzhafte Affectionen der Brust oder des Unterleibs vorliegen. Die vitale Capacität wird ferner etwas verringert durch starke Füllung des Magens und der Därme (opulente Mahlzeit, Flatulenz), durch Schwangerschaft aber nicht immer. Der durchschnittliche Werth der vitalen Capacität schwankt nach Waldenburg bei Männern mittlerer Grösse zwischen 3000—4000 ccm, bei Weibern zwischen 2000—3000. Bedeutende Körperlänge bringt normalerweise grössere vitale Capacität mit sich*). Nur stärkere Abweichungen von diesen Mittelzahlen nach unten sind pathologisch, bei Männern Zahlen unter 2000 jedenfalls. Pathologische Verringerung der vitalen Capacität findet sich bei Phthisis pulmonum, Emphysem, Bronchitis (gering), Verwachsung der Lunge durch adhäsive Pleuritis, Pleuritis exsudativa, Hydrothorax, Mediastinaltumoren, ferner bei Meteorismus, Ascites, Abdominaltumoren. Die klinische Bedeutung der Spirometrie liegt nicht sowohl in der Möglichkeit, die genannten Leiden zu

---

*) Nach Wintrich kann man bei Männern für je 1 cm Körperlänge 22 bis 24 ccm, bei Weibern 16—17,5 ccm vitaler Capacität erwarten.

diagnosticiren, als vielmehr den **Grad ihrer Entwicklung** und ihrer für die Lungenventilation schädlichen Wirkung zu präcisiren.

Das **Pneumatometer** fand zuerst durch **Valentin** seine Verwendung zu physiologischen, durch **Hutchinson** zu diagnostischen Zwecken. Das Instrument ist ein einfaches Quecksilbermanometer (Fig. 4), dessen einer Schenkel mit Schlauch und Mundstück verbunden ist. Man misst mit ihm den (positiven) Exspirationsdruck und den (negativen) Inspirationsdruck in ganz selbstverständlicher Weise. Dabei können die Werthe abgelesen und verwendet werden, die bei forcirter In- und Exspiration aus dem für einen Augenblick erreichten höchsten Stand der Quecksilbersäule (natürlich mit 2 multiplicirt) sich ergeben, oder der Stand des Quecksilbers kommt in Betracht, auf welchem es bei langsam ansetzender, dann bis zum äussersten Maass getriebener Anstrengung für einige Secunden erhalten werden kann. Die erstere Methode ist für practische Zwecke im Allgemeinen brauchbarer.

Die maximalen Werthe, die dabei von gesunden Personen geliefert werden, sind im Gegensatz zu den spirometrischen von der **Körpergrösse** gar nicht, wohl aber von der **Körperkraft** abhängig. Die Kraft der Exspiration wird geprüft nach vorhergehender tiefer Inspiration; bei der Inspiration ist es gleichgültig, ob vorher ad maximum exspirirt wurde oder nicht. Bei der Exspiration ist das Aufblasen der Backen, bei der Inspiration das Saugen mit der Zunge zu vermeiden, sonst bekommt man viel zu hohe Werthe, so dass das Quecksilber eventuell aus der Röhre hinausgeschleudert wird. Nach **Waldenburg** erzielen erwachsene gesunde Männer durchschnittlich bei der forcirten Inspiration einen negativen Maximaldruck von 80—100 mm Hg, bei forcirter Exspiration einen positiven Maximaldruck von 100—180 mm. Bei Frauen findet sich für Inspiration —60 bis 80 mm, bei Exspiration +70 bis 110 mm. Zahlen unter 70 mm Inspiration und 80 mm Exspiration bei Männern und unter —50 resp. +60 mm bei Frauen sind als pathologisch anzusehen.

Die pneumatometrischen Werthe sind abhängig von der Kraft der Athmungsmuskeln, von der Elasticität des Lungengewebes, sowie von der Beweglichkeit des Thorax und der Lungen. Beim Emphysem ist vornehmlich der Exspirationsdruck verringert, in späteren Stadien in geringerem Maasse auch der Inspirationsdruck. Bei Phthisis pulmonum ist ein frühzeitiges, auch für die Diagnose wichtiges Symptom das Sinken der Inspirationskraft; der Exspirationsdruck ist dabei noch normal oder doch jedenfalls bedeutender als der Inspirationsdruck. Mit fortschreitender Krankheit sinken beide Werthe gleichmässig, ohne ihr

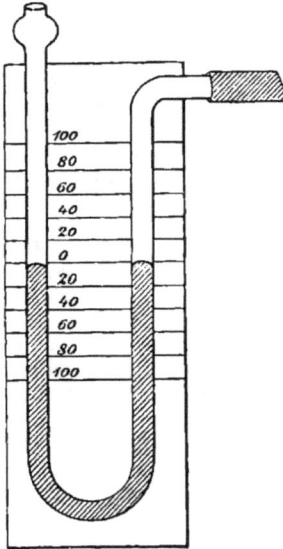

Fig. 4.
Pneumatometer von Waldenburg.

gegenseitiges Verhältniss zu ändern, eventuell bis zu — 5 mm und + 10 mm Hg; ähnlich verhält es sich bei Pneumonie und Pleuritis, Lähmung und Atrophie der Athmungsmuskeln. Vorwiegend oder fast reine inspiratorische Insufficienz wird bei Verengerung der grossen Luftwege beobachtet, Insufficienz der Exspiration bei Bronchitis, Asthma nervosum, schmerzhaften Affectionen und Tumoren des Unterleibs.

Die Bestimmung des Körpergewichts, die mit jeder Waage von hinreichender Tragkraft ausgeführt werden kann, gehört entschieden zu den wichtigen klinischen Untersuchungsmethoden. Eine schleichende Phthise, ein latentes Carcinom wird mitunter erst durch die constante, sonst nicht erklärliche Abnahme des Körpergewichts entlarvt. Umgekehrt hat man im Allgemeinen Ursache, an der Diagnose einer malignen Neubildung zu zweifeln, wenn sich das Gewicht hebt und nicht Ansammlung hydropischer Flüssigkeit als Ursache dafür gefunden wird; Ausnahmen von dieser Regel kommen allerdings vor, namentlich wenn die Ernährung auf einmal eine andere und reichlichere wird, wie z. B. nach eingeleiteter Sondenfütterung bei Carcinoma oesophagi. Jedenfalls lässt sich die Waage gar nicht entbehren, wo man über den Verlauf von Stoffwechselkrankheiten sich unterrichten will, so bei Fettsucht, Diabetes. Auch bei der Entwicklung des kindlichen Organismus ist das Verhalten des Körpergewichts ein ungemein wichtiger Anhaltspunct, um ein Urtheil über die richtige und hinreichende oder falsche und ungenügende Ernährung der Kleinen zu bekommen.

Die Thermometrie

wurde zu Beginn der fünfziger Jahre durch die Untersuchungen von Traube, Bärensprung, Wunderlich den klinischen Untersuchungsmethoden eingereiht und damit der Diagnostik eines der werthvollsten Hülfsmittel geschenkt.

Die Wahl des Instrumentes ist nach folgenden allgemeinen Grundsätzen zu treffen. Ein Maximumthermometer mit einer Quecksilbersäule von ca. 10 cm Länge entspricht den Zwecken des Arztes am meisten, kürzere Instrumente sind schwer abzulesen, viel längere mit weiterer Scala unbequemer zum Transport und zerbrechlicher. Das Instrument muss durch ein starkes Futteral geschützt werden können. Die Birne soll schlank und nicht zu klein sein. Bei kleiner Birne wird die nöthige Genauigkeit nur durch eine engere Capillare erreicht, was das Ablesen erschwert. Zu grosse Birnen machen das Instrument weniger empfindlich, man braucht zum Messen damit zu lange Zeit. Die Scala soll nach Celsius und in Zehntel der einzelnen Grade eingetheilt sein, sie muss mindestens von 34—43° reichen. Es ist gut, wenn der 38. Grad besonders deutlich (durch rothe Farbe) kenntlich gemacht ist. Die Scala ist am zweckmässigsten auf dünnes, durchscheinendes, weisses Porzellan aufgeschrieben; um Verschiebungen derselben zur Capillare sogleich zu erkennen, ist es sehr vortheilhaft, die Stelle des 38. Grades auch an der äusseren gläsernen Umhüllung bei richtiger Adjustirung des Instrumentes mit einem eingeritzten horizontalen Strich markiren zu lassen. Das Instrument muss aus Jenenser Normalglas gefertigt sein (dieses trägt als Zeichen auf der Rückseite der Capillare einen Längs-

streifen von lila Farbe). Alle anderen Glassorten sind zu verwerfen,
weil sie sich mit der Zeit zusammenziehen, wodurch das Thermometer
später zu hoch zeigt (Bellanischer Fehler der älteren Instrumente).
Bequem, aber nicht nothwendig sind gewisse Verbesserungen, welche
das Ablesen erleichtern oder die Empfindlichkeit des Thermometers vergrössern sollen. So hat man die Capillare nicht mit runden, sondern
plattgedrückt viereckigem Querschnitt gezogen, die Quecksilbersäule wird
dadurch bei gleichem Querschnitt, also gleicher Empfindlichkeit breiter
und leichter zu unterscheiden. Die Birne wurde als doppelwandiger
Cylinder geblasen; zwischen den beiden Mantelflächen befindet sich das
Quecksilber und wird also rascher durchgewärmt als eine dickere Masse.

Metallthermometer, die in Form von kleinen uhrenförmigen Dosen
in den Handel gebracht werden, sind nicht zu empfehlen; sie können
nur zu Messungen per axillam Verwendung finden und sind kaum zu
desinficiren, während man ein gläsernes Thermometer ganz einfach in
Carbolsäure- oder Sublimatlösung bringen kann. Ebenso ist eine Controle mit einem Normalinstrument durch Eintauchen in erwärmtes
Wasser für das Metallthermometer eine missliche Sache.

Es ist dringend zu empfehlen, sich nur, oder wenigstens ein
Thermometer mit amtlichem Schein über seine Richtigkeit zu kaufen.
Das Instrument braucht nicht fehlerlos zu sein, nur muss man bei
seinen Beobachtungen den im Prüfungsschein angegebenen Fehler
in Rechnung bringen. Um Irrungen leichter zu vermeiden, ist es
allerdings zweckmässig, wenn man, falls zufällig ein ganz fehlerfreies
Instrument nicht zu haben ist, eines wählt, bei welchem wenigstens der
Fehler in allen Lagen (in dreien wird er amtlich geprüft) der nämliche ist und jedenfalls in allen drei Lagen das nämliche Vorzeichen
hat. Wenigstens ein solches ganz authentisches Thermometer sollte
jeder Arzt besitzen, um in der Lage zu sein, auch die Instrumente
seiner Patienten in der Hauspraxis damit vergleichen zu können. Diese
Vergleichung geschieht in Wasser, dessen Temperatur man auf ca. 37
bis 39° C. erwärmt hat, was durch ein gewöhnliches Badethermometer
controlirt wird. Nur einem solchen Wasser darf man sein Instrument
anvertrauen, da jede, auch die geringste Ueberhitzung sofort den gänz-
lichen Ruin desselben mit sich bringt.

Bei einem Maximumthermometer wird vor der Messung der
Körpertemperatur durch starkes Schleudern die Quecksilbersäule gegen
die Birne getrieben, mindestens unter 35°. Man kann das Thermometer in die Achselhöhle einlegen, worin es durch den quer über den
Leib gelegten Arm des Kranken festgehalten wird, oder man führt es,
gut eingeölt, in Rectum oder Vagina ein. Stets muss die ganze Birne
von Weichtheilen vollkommen bedeckt sein und muss es bis zum Schluss
der Messung ohne Unterbrechung bleiben. Die höchste Temperatur
ist erreicht und damit die Messung vollendet, wenn bei 2 Ablesungen
in Pausen von 1 Minute die spätere keine Differenz gegen die frühere
ergibt. Kann man das Steigen des Quecksilbers nicht selbst verfolgen,
so muss man das Thermometer in der Achselhöhle volle 17 Minuten,
im Rectum volle 7 Minuten liegen lassen, um seiner Sache sicher zu
sein. (Auch die sogenannten „Minutenthermometer" brauchen einige
Minuten, um ihren höchsten Stand zu erreichen.) Die Messung in
axilla ist entschieden die den meisten Patienten zusagendste (die früher

auch übliche unter der Zunge die entschieden widerlichste), sie liefert auch bei vernünftigen Erwachsenen ganz brauchbare Werthe. Bei Kindern gibt diese Methode nur sehr unsichere Resultate, zuverlässige nur die per rectum. Ebenso muss per rectum gemessen werden, wenn Verdacht auf Simulation besteht; durch Reiben zwischen den Hautfalten oder dem Hemd kann die Temperatur künstlich um ein paar Grade in die Höhe getrieben werden. Um die immerhin lange Beobachtungsdauer bei beiden Methoden abzukürzen, kann eine geschickte Hand vorsichtig die Birne des Thermometers über der Flamme eines Streichhölzchens bis fast auf die zu erwartende Höhe, z. B. 35—36°, erwärmen und dann rasch einlegen, in ein paar Minuten ist dann die Messung vollendet. Auch in soeben gelassenen Urin eingetaucht gibt das Thermometer sofort die Innentemperatur des Körpers an. Die Achselhöhlentemperaturen sind durchschnittlich um 0,4—0,5° niederer als die im Rectum.

Die Messung muss, wenn sie überhaupt gemacht, dann mindestens 2mal täglich gemacht werden und zwar Morgens zwischen 7 und 9 Uhr, Abends zwischen 4 und 6 Uhr. Bei acuten fieberhaften Krankheiten reicht man aber damit keineswegs immer aus, da muss eventuell 3-, 2-, ja 1stündlich gemessen werden, ganz besonders da, wo eine antipyretische Heilmethode angewendet oder ihre Wirkung controlirt werden soll. Auch bei den mitunter sehr unregelmässigen geringen Fiebern auf dem Boden beginnender Phthise ist es rathsam, wenigstens noch einmal dazwischen, z. B. um die Mittagszeit zu messen (v. Jürgensen), um gelegentliche leichte Temperaturerhöhungen nicht völlig zu übersehen.

Temperaturen (in recto) zwischen 36,5 und 38 können als normal gelten. Bei Gesunden ist stets die Morgentemperatur niederer als die Abendtemperatur; diese tägliche Schwankung kann ½, 1, ja gegen 2 Grade betragen. Auch bei den meisten Fiebern wird diese Regelmässigkeit des täglichen Temperaturganges eingehalten mit folgenden Ausnahmen: In seltenen Fällen (namentlich bei Tuberculose) sind die Temperaturen stets Abends geringer als am Morgen (Typus inversus) oder es ist durch intercurrente regelmässige (Intermittens) oder unregelmässige (Sepsis) Steigerungen des Fiebers (gewöhnlich durch Fröste eingeleitet) der ursprüngliche Typus verwischt.

Erhöhung der Temperatur über normale Grade findet sich bei Gesunden nach schwerer körperlicher Arbeit (z. B. Laufen, Radfahren), bei längerer Einwirkung hoher Aussentemperatur und ganz besonders, wenn beides wie auf langen Märschen zur Sommerszeit zusammentrifft. Pathologische Muskelcontractionen, wie beim Tetanus, bringen ebenfalls und zwar ganz gewaltige Temperaturerhöhung mit sich. Die Temperatursteigerung bei Apoplexie ist vielleicht Folge directer Reizung des Temperaturcentrums. Bei weitem die häufigste Ursache für die Temperaturerhöhung ist aber das Fieber, so dass man fast dazu gekommen ist, das eine Symptom: Temperatursteigerung und Fieber, überhaupt zu identificiren, und wenn schon anerkannt werden muss, dass für die meisten fieberhaften Krankheiten die Innentemperatur den gar nicht hoch genug zu schätzenden Massstab abgibt, so ist es auf der anderen Seite tief bedauerlich, dass ein Mediciner der modernen Generation ohne Thermometer kaum je im Stande ist, die Frage zu entscheiden, ob Fieber besteht oder nicht.

Nach Wunderlich's Vorgang unterscheidet man (in Rectum-
temperaturen umgerechnet):

Subfebrile Temperaturen von . . 38—38,5.
Leichtes Fieber von . . . . . 38—38,9.
Mässiges Fieber von . . . 39—39,5 Morgs.,40,0 Abds.
Beträchtliches Fieber von . . . 40,0 Morgs., 41 Abds.
Hohes Fieber über . . . . . 40,0 Morgs., über 41 Abds.

Sehr hohe Temperaturen (Hyperpyrese) dürfen nicht lang währen,
wenn sie das Leben nicht vernichten sollen. Man sah Genesung noch
nach kurzdauernden Temperaturen von 44 ^{0} und selbst 50 ^{0}.

Die Differenz der Tages- (Morgen- und Abend-)Temperaturen
ergibt das, was man den Typus des Fiebers nennt. Die tägliche

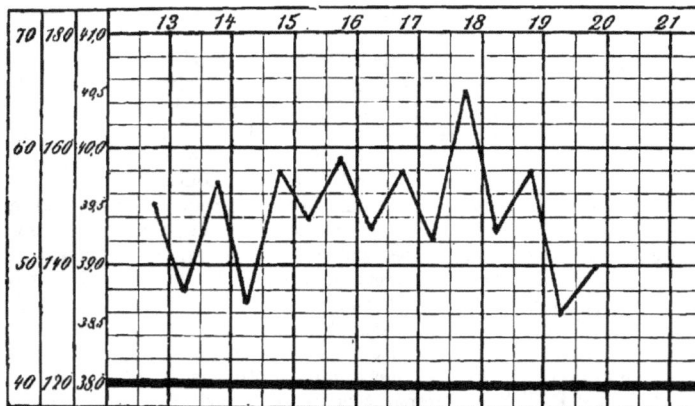

Fig. 5. Febris continua (aus einer Typhuscurve).

Schwankung beträgt bei Febris continua höchstens etwa 1 ^{0}. Hält
dieser Typus längere Zeit an, so spricht man von Febris continua
continens, gewöhnlich ist bei diesem Fieber die Temperatur hoch,
beträgt mindestens 39,5 ^{0}. Ist der morgendliche Temperaturabfall (Remission) grösser als 1 ^{0} (1—3 ^{0}), so heisst man das Fieber Febris
remittens. Eine Abart davon ist die Febris hectica, bei welcher
täglich die Abendtemperaturen sehr hoch, die morgendlichen sehr tief.
selbst subnormal sind. Die Remission kann dabei 4—5 und mehr
Grade betragen, sie vollzieht sich regelmässig unter Ausbruch eines
zerfliessenden Schweisses. (Prototyp hiefür ist das Fieber bei Phthisis
pulmonum im letzten Stadium.)

Werden fieberfreie Pausen (Intermissionen) durch jähe Temperatursteigerung unterbrochen, die dann für Stunden anhält, so hat man
eine Febris intermittens vor sich. Gewöhnlich wird der Fieber-
paroxysmus eingeleitet durch einen Schüttelfrost, worauf das Gefühl
von Hitze folgt und beendet durch starken Schweiss. Beispiele hiefür
liefern die Eiterfieber, Septikämie und vor Allem die Febris intermittens, die auf der Infection mit dem Gift der Malaria beruht. Bei

Mensuration. 51

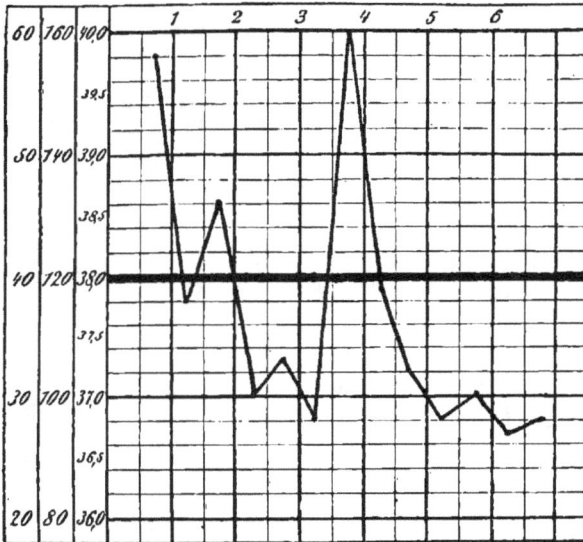

Fig. 6. Remission am 2., Intermission am 3., Krisis am 4. Krankheitstag (Morbilli).

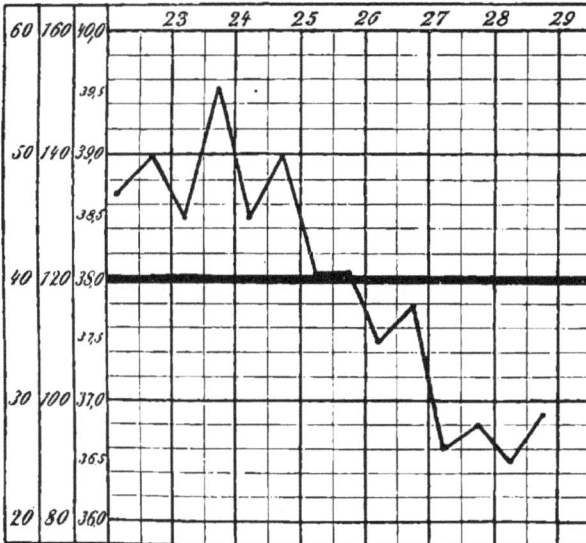

Fig. 7. Lysis (Morbilli).

den ersteren folgen sich die Fieberparoxysmen regellos (auch einfach remittirendes Fieber ist häufig), bei den letzteren (ausgenommen die

erste Woche nach Ausbruch der frisch erworbenen Krankheit — Febris
erratica) nach einem ganz bestimmten Typus. So kann z. B. der Fieberanfall jeden Tag 1mal (Febris quotidiana), jeden Tag 2mal (Febris

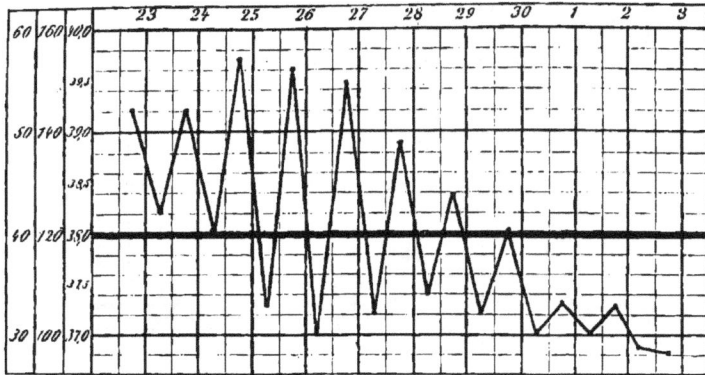

Fig. 8. Remittirendes Fieber (amphiboles Stadium eines Ileotyphus).

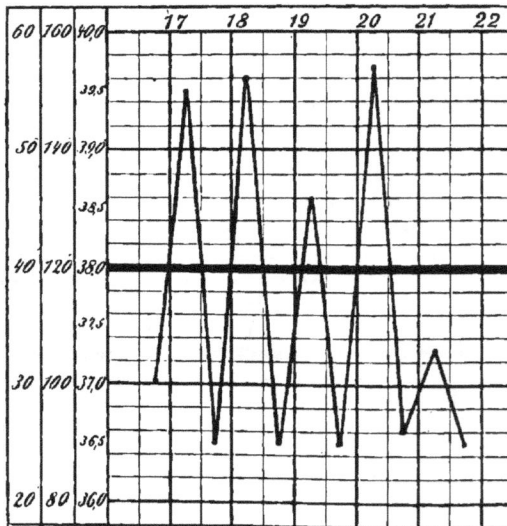

Fig. 9. Febris intermittens (quotidiana).

quotidiana duplicata), ein um den andern Tag (Febris tertiana), nach
2 fieberfreien Tagen sich einmal melden (Febris quartana) u. s. w.

Beim recurrirenden Fieber (Febris recurrens) sind Fieberanfälle
von mehrtägiger Dauer von einander getrennt durch fieberfreie Pausen

(Relapsus), die auch mehrere Tage, eine Woche oder etwas darüber währen. Ein Prototyp für sehr regelmässig verlaufendes recurrirendes Fieber liefert der Rückfalltyphus.

Vollzieht sich die Entfieberung so, dass die Temperatur in höchstens 12 Stunden zur Norm fällt, so heisst man dies Krisis, und protrahirte Krisis dann, wenn hiezu längere Zeit, 24—36 Stunden, erforderlich ist. Wenn die normalen Temperaturen noch langsamer erreicht werden, so hat sich die Krankheit durch Lysis entschieden. Der Regel nach wird während der Krise der Ausbruch von rieselndem,

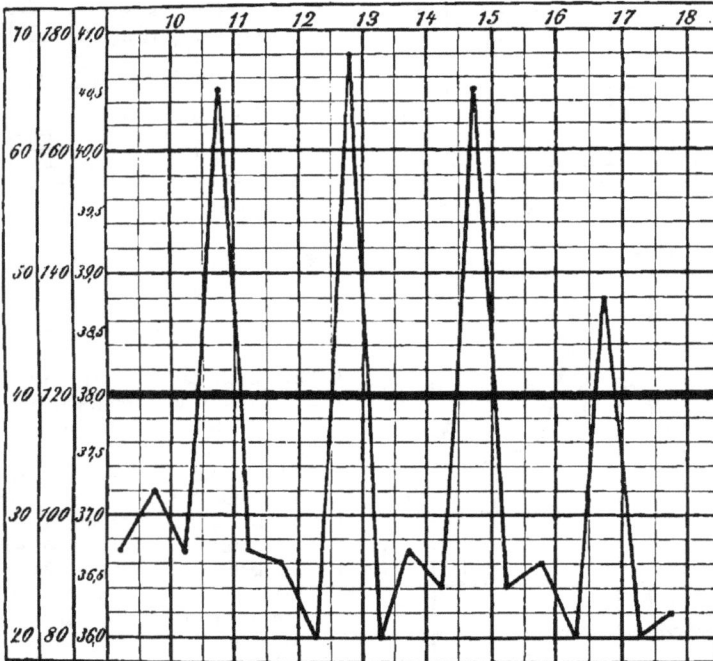

Fig. 10. Febris intermittens (tertiana).

duftendem Schweiss beobachtet, der Puls wird seltener, regelmässiger, häufig aber auch kleiner, gewöhnlich stellt sich Schlaf ein, aus dem die jetzt in Reconvalescenz getretenen Kranken mit ganz verändertem Gesammteindruck erwachen. Auch nach der lytischen, ganz besonders aber nach der kritischen Entscheidung hoch fieberhafter Krankheiten ist gewöhnlich die Körpertemperatur niedrig (bei der Krise eventuell für kurze Zeit ohne Bedenken zu erregen sogar subnormal). Die Entfieberung ist keineswegs als vollständig anzusehen und die Krankheit ist noch nicht vorbei, wenn gleich nach schwerem Fieber die höheren von den normalen Werthen, etwa solche über 37,5, noch beobachtet werden.

Subnormale Temperaturen, die stets mit Nachlass der Herz-

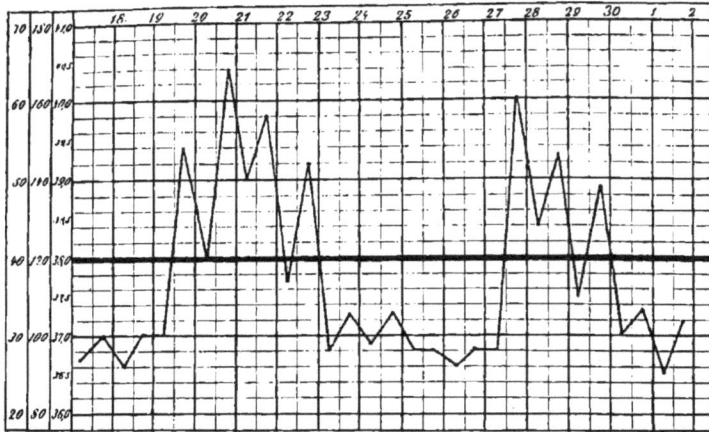

Fig. 11. Febris recurrens (lytische Entscheidung).

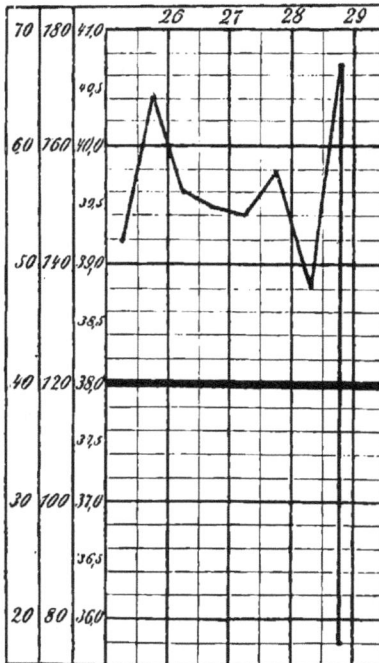

Fig. 12. Subnormale Temperatur (tödtlicher Collaps am 29. Tage bei einem Ileotyphus).

kraft verbunden sind (Collaps-temperatur), werden ausser bei Reconvalescenten beobachtet: bei Erfrierungen, bei Vergiftungen (Alcohol, Chloroform, Antipyretica), nach starken Blutverlusten, bei Urämie und schweren Circulationsstörungen durch Erkrankung des Herzens oder der Lunge, im Endstadium erschöpfender Krankheiten, bei Cholera, ganz besonders intensiven Infectionen mit septischem Gift, Scharlach, Pocken. Unter 36,0 ° gelegene Temperaturen kann man stets als subnormal betrachten.

Die graphische Darstellung des Temperaturganges gibt für die Beurtheilung des Krankheitsverlaufs ein ungemein übersichtliches Bild. Zur Anlegung solcher Temperaturcurven werden Tabellen in den Handel gebracht, auf denen nicht nur die Temperaturen, sondern auch die Zahl der Pulsschläge und der Athemzüge für jeden Tag Morgens und Abends oder 3stündlich eingetragen werden können. Aus so-

genanntem „Millimeterpapier", das überall zu haben ist, kann man sich
selbst die betreffenden Schemata anfertigen. Um ein richtiges Bild
vom Gang des Fiebers etc. zu bekommen, ist es räthlich, jeden bedeutenderen therapeutischen Eingriff (Bad, Antifebrilia, Reizmittel) auf
der Curve am richtigen Ort durch ein Zeichen zu bemerken. Die
Zeiteintheilung soll bei acuten Krankheiten zweierlei darstellen, den
Tag der Beobachtung (Datum) und den Tag seit muthmasslichem Beginn der Krankheit.

Die Fig. 5 mit 12 geben einige der wichtigsten Formen des
Fieberverlaufs wieder; die erste Columne an jedem Tag enthält die
Morgen-, die zweite die Abendtemperaturen, die Messungen sind per
axillam vorgenommen*).

Sphygmographie.

Die graphische Darstellung des Pulses leistet für diagnostische
Zwecke nicht mehr als die Palpation, dagegen ist sie nicht nur für
wissenschaftliche Untersuchungen von hohem Werth, sondern auch ein
treffliches Illustrationsmittel um die verschiedenen Qualitäten des Pulses
anschaulich zu machen. Aus diesem letztern Grund geben wir für die
wichtigsten Pulsformen im Nachstehenden die betreffenden Curven.
Unter den Sphygmographen sind die von Marey, Sommerbrodt,
Mosso wohl die gebräuchlichsten. Jaquet's Sphygmochronograph
genügt den Anforderungen an wissenschaftliche Untersuchungen wohl
am besten, bei Weitem der bequemste in der Handhabung und für
klinische Zwecke ohne Zweifel ausreichend ist der von Marey (Fig. 13).

Fig. 13. Sphygmograph von Marey in situ. (Nach Baas.)

Bei der Aufnahme von Pulscurven sind besonders folgende Puncte zu
beobachten. Die Stelle, wo die Arterie am zugänglichsten ist, muss
sorgfältig aufgesucht und mit dem Farbstift bezeichnet werden, der
Sphygmograph wird genau darüber aufgesetzt und dann festgebunden,
wenn der Schreibhebel deutliche Excursionen zeigt. Durch Spannung
der Feder oder Auflegen von Gewichten auf den Fühlhebel muss dafür
gesorgt werden, dass die Bewegungen der Schreibfeder möglichst gross
ausfallen, ohne dass letztere schleudert. Namentlich die Renommir-
curven bei Aorteninsufficienz mit möglichst grosser Amplitude leiden
gewöhnlich an diesem Fehler, dass die Schreibfeder nicht genau den
Bewegungen der Arterie folgt, sondern während diese einsinkt vermöge

*) Die Temperaturcurven entstammen der Würzburger medicin. Klinik aus
meiner Assistentenzeit, nur Fig. 6 einem Fall, den ich nicht selbst beobachtet habe.

ihrer Trägheit noch weiter nach oben geschleudert wird. Das Curven-
papier darf nur leicht braun angerusst werden, in dickem schwarzem
Russ werden zwar die Curven viel leichter und deutlicher sichtbar,

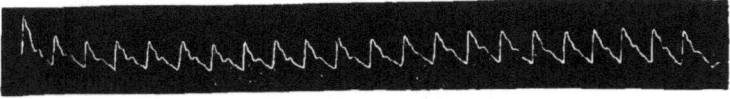

Fig. 14. Normaler Puls.

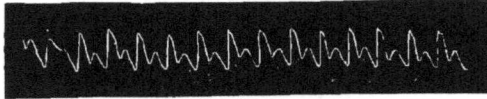

Fig. 15. Unterdicroter Puls.

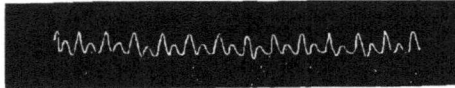

Fig. 16. Dicroter Puls.

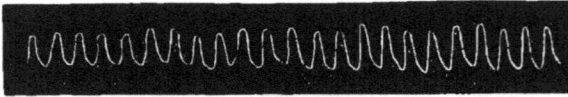

Fig. 17. Monocroter Puls.

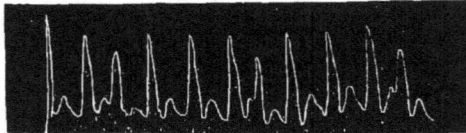

Fig 18. Pulsus alternans (überdicrot).

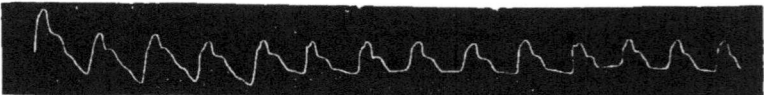

Fig. 19. Anacroter Puls (Stenosis Aortae)

dafür geht aber auch jede Feinheit der Zeichnung verloren und ausserdem wird auch die Reibung zu stark. Zum Verständniss der Curven-
bilder (Fig. 14 mit 30) sei noch Folgendes vorangeschickt. An der Pulscurve unterscheidet man den Gipfel, den auf- und den absteigenden Ast.
Der Gipfel ist beim schnellen Puls spitz, beim trägen rund, bei starker
Spannung mitunter verdoppelt. Der aufsteigende Ast hat normaler-

weise keine secundäre Erhebung, findet sich eine solche, so heisst der Puls anacrot. Am absteigenden Ast kommen beim normalen Puls

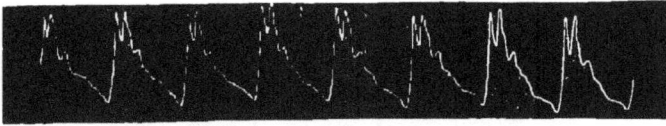

Fig. 20. Pulsus altus tensus (Nephritis).

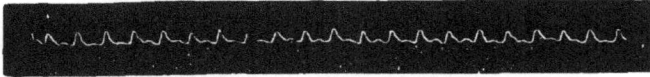

Fig. 21. Pulsus parvus (Phthisis pulmonum).

Fig. 22. Pulsus durus.

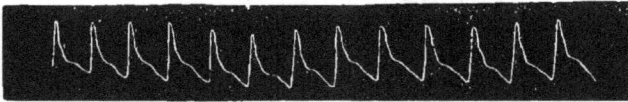

Fig. 23. Pulsus celer.

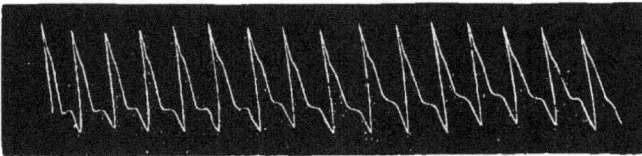

Fig. 24. Pulsus altus magnus celer.

Fig. 25. Pulsus tardo-rotundus.

Fig. 26. Pulsus irregularis parvus (paene insensibilis).

mehrere secundäre Erhebungen zum Vorschein (der Puls ist poly-catacrot); unter diesen ist eine, die „Rückstosselevation", die bedeu-tendste, sie rührt von der rückläufigen Welle in der Arterie her, welche von den Klappen der Aorta reflectirt wird. Die anderen kleineren sind Ausdruck eigener Schwingungen der Arterienwand und werden als

„Elasticitätselevationen" bezeichnet. Je weicher der Puls, desto mehr verschwinden die Elasticitätselevationen, desto deutlicher ist die Rückstosselevation und umgekehrt; beim Pulsus dicrotus kann sie sogar gefühlt werden. Je nach ihrer Lage zur Hauptelevation der Pulscurve unterscheidet man den unterdicroten (Elevation am absteigenden Ast), dicroten (El. am Fusspunct) und überdicroten Puls (El. am aufsteigenden Ast des nächsten Pulses).

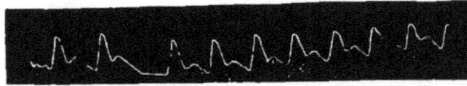

Fig. 27. Pulsus intermittens.

Fig. 28. Pulsus bigeminus.

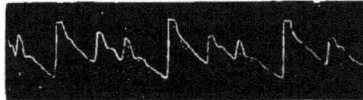

Fig. 29. Pulsus trigeminus.

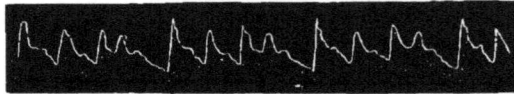

Fig. 30. Pulsus quadrigeminus.

Ausnahmsweise kann die Rückstosselevation gleich hoch wie die Hauptelevation werden, einen solchen Puls heisst man monocrot: seine Natur wird erkannt, indem man den Puls am Herzen und an der Arterie

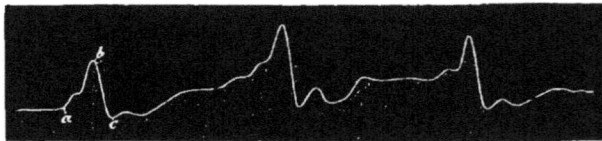

Fig. 31. Cardiogramm.
a erster, c zweiter Ton, a b Verschlusszeit, b c Austreibungsperiode, a c Systole, c a Diastole.

zählt, hier finden sich in der Minute doppelt so viel Schläge als dort. Anacrotismus kommt ausser beim überdicroten Puls beim Venenpuls vor (conf. Insuff. v. Tricuspid.).

Das Sphygmomanometer von Basch dient zur Messung des Blutdrucks in peripheren Arterien; dieses, sowie die verschiedenen Instrumente zur graphischen Darstellung des Herzchocs sind für wisseuschaftliche Untersuchungen von Werth, für diagnostische Zwecke aber vollkommen entbehrlich. Nur um eine bessere und unschaulichere Vorstellung von der Herzthätigkeit zu ermöglichen, ist in Fig. 31 ein Cardiogramm gezeichnet. Durch *a* und *c* sind die Stellen bezeichnet, welche dem I. resp. II. Herzton entsprechen. Es herrscht fast vollständige Einmüthigkeit der Autoren darüber, dass der I. Herzton an den Fusspunct der ersten Elevation zu verlegen ist, nicht aber über den Ort des II. Herztons. Die Verschlusszeit dauert nach Martius bis zum ersten Gipfel, nach Hürthle beginnt die Austreibungsperiode schon etwas früher, eben da wo der nach oben concav aufsteigende Ast nach oben convex wird.

Percussion und Auscultation.

Allgemeiner Theil.

Geschichtlicher Ueberblick. Im Jahre 1761 veröffentlichte Leopold Ritter von Auenbrugger (1722—1809), Primärarzt in Wien, sein „Inventum novum ex percussione thoracis humani ut signo abstrusos pectoris morbos detegendi", das Dank den beiden grossen Medicinern van Swieten und de Haën vollkommen unterdrückt wurde und vergessen blieb, bis es durch den ausgezeichneten Leibarzt Napoleons I., Corvisart, ausgegraben und zu seinen verdienten Ehren gebracht wurde. Während Auenbrugger nur die unmittelbare Percussion geübt und beschrieben hatte, lehrte Piorry die mittelbare und erfand das Plessimeter. Der grosse französische Kliniker Laënnec fügte zur Percussion die Auscultation und gab den Aerzten das Stethoskop. Während Laënnec mit feiner Beobachtungsgabe eine Menge von neuen wichtigen akustischen Erscheinungen an Krauken entdeckte und ihre semiotische Verwerthung für bestimmte Krankheitsformen feststellte, führte der hochberühmte Wiener Kliniker Skoda in seinem Lehrbuche der Auscultation und Percussion (1839) die Schallerscheinungen am menschlichen Körper auf physikalische Eigenschaften der untersuchten Organe zurück. An dem Ausbau der nun fest begründeten, mit Vorliebe gepflegten Disciplinen betheiligte sich im sechsten und siebenten, auch noch im achten Decennium dieses Jahrhunderts eine bedeutende Anzahl hervorragender Namen, wie Wintrich, Traube, Hoppe, Wachsmuth, Schweigger, Seitz, A. Geigel, Biermer, Gerhardt, Friedreich, Baas, Weil. In dem Maass, als für die wissenschaftliche Forschuug in der Medicin neue Gebiete erschlossen wurden, erkaltete das Interesse an jenen, wie man glauben mochte, schon abgebauten Feldern, fast will es scheinen, als ob an die Stelle gründlicher akustischer Studien immer mehr blosse Routine in der Untersuchung treten wollte, ja dass sogar die virtuose Technik in der Ausübung der Methoden, wie sie unseren Vätern eigen war, nur mehr vereinzelt angetroffen wird.

Percussion ist die Kunst, durch Beklopfen des menschlichen Körpers in dessen Geweben und Organen stehende Schwingungen zu erzeugen, die Schallphänomene, die dadurch erzeugt werden, richtig aufzufassen und Schlüsse daraus auf die physikalische Beschaffenheit der percutirten Organe zu ziehen. Damit ist dann häufig schon die Beantwortung der Frage möglich, ob eine Abweichung von der Norm vorliegt; aber nur im Zusammenhalt mit den Ergebnissen einer auch noch durch andere Methoden beförderten vollständigen Untersuchung des ganzen Körpers darf die Diagnose auf die Art der vorliegenden Krankheit gestellt werden.

Man unterscheidet die unmittelbare (von Auenbrugger geübte) und die (von Piorry erfundene) mittelbare.

Bei der ersten, der unmittelbaren, legt man die fünf Finger der rechten Hand mit den Fingerspitzen möglichst dicht zusammen und führt damit einen kurzen, elastischen Schlag aus dem Handgelenk gegen die zu percutirende Stelle; es muss dabei darauf geachtet werden, dass die Finger nicht auf dem Körper liegen bleiben, sondern sofort wieder zurückschnellen.

Die mittelbare Percussion bedient sich eines zwischen dem zu untersuchenden Körper und dem Percussionswerkzeug eingeschalteten Mittelgliedes. Ersteres ist entweder ein hakenförmig gekrümmter Finger oder ein besonderes Instrument, der Percussionshammer, letzteres entweder die mittlere fest angepresste Phalange eines flach aufgesetzten Fingers oder ein Plessimeter. Man unterscheidet demgemäss die Hammer-Plessimeterpercussion, Finger-Plessimeterpercussion und die Finger-Fingerpercussion (oder Fingerpercussion schlechtweg). Nur ganz vereinzelt wird auf dem Finger mit einem Hammer percutirt.

Der Hammer wurde von Barry erfunden, während man vorher das Plessimeter nach Piorry's Vorgang mit dem Finger percutirt hatte. Im Jahre 1841 beschrieb Wintrich seinen Percussionshammer, die Form desselben ist so ziemlich maassgebend geworden für die jetzt gebräuchlichen Modelle, deren es eine grössere Anzahl, aber nicht wesentlich verschiedene gibt. Während Wintrich's Hammer ursprünglich an seiner Kuppe mit Leder gepolstert war, besitzen die modernen Hämmer (Fig. 32) eine Kuppe von Gummi, die aus einer Metallhülse knopfförmig hervorragt. So lang dieselbe neu und dick ist, taugt der Hammer nur schlecht zum Percutiren, der Schall klingt stets gedämpft. Man muss den Gummi stark zurückschneiden und weich klopfen, um einen neuen Hammer sogleich brauchen zu können. Ist der hervorragende Theil des Gummiknopfes gänzlich abgenützt, so erzeugt das Metall des Hammers auf dem percutirten Plessimeter einen durchaus störenden, harten, klirrenden Beiklang, man muss einen neuen Gummistopfen einziehen lassen oder nach Lösen der Metallhülse den Rest des Knopfes wieder weiter heraustreiben. Allzu kurze und allzu plumpe und schwere Hämmer sind zu verwerfen.

Mehr noch als der Hammer ist das Plessimeter (Fig. 33) den mannigfachsten Aenderungen in Bezug auf Form, Grösse und Material unterworfen gewesen. Das ursprüngliche Plessimeter von Piorry war kreisrund und von Elfenbein, mit einem erhabenen Rand. So ist noch

ine grosse Anzahl moderner Plessimeter beschaffen, ihre Grösse hat
.ber bedeutend gewechselt. Grosse Plessimeter geben einen lauteren
Schall als kleine, werden aber dadurch unbequem, dass man sie nicht
iberall am Körper glatt anlegen kann und hohl darf ein Plessimeter .
lei der Percussion nie liegen. Aus diesem Grund hat man länglich-
ivale Plessimeter construirt, die sich bei tiefen Intercostalräumen bei-
pielsweise gut anlegen lassen. Man hat sie aus Hartgummi, aus Glas
;efertigt; beide Arten liefern keinen so hellen Percussionsschall wie
las Elfenbeinplessimeter. Wenig zu empfehlen sind die Plessimeter mit
:wei aufklappbaren Flügeln aus Neusilber, zum Halten an den beiden
Enden; es kann nicht fehlen, dass die Charniere mit der Zeit locker

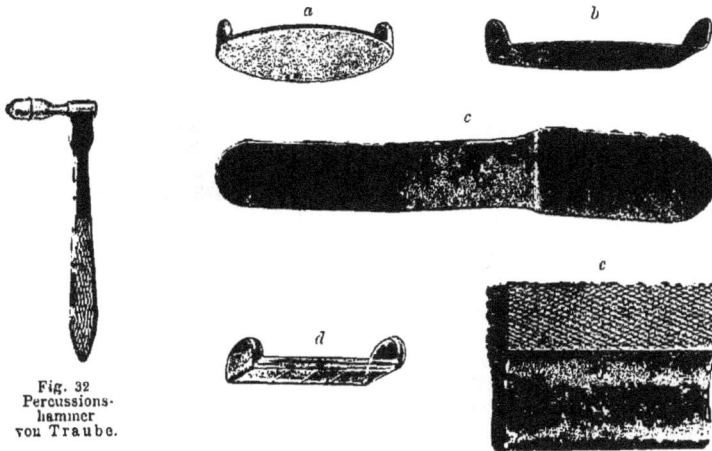

Fig. 32
Percussions-
hammer
von Traube.

Fig. 33. Plessimeter,
a rund aus Elfenbein, *b* oval aus Elfenbein, *c* nach Seitz, *d* aus
Krystallglas nach Hesse, *e* Keilplessimeter nach v. Ziemssen.

werden und dann das Instrument beim Percutiren einen höchst störenden schäppernden Beiklang gibt.

Die Platte eines Elfenbeinplessimeters muss ganz gleichmässig
dick sein, wovon man sich überzeugt, indem man sie gegen das Licht
hält; sie muss dann vollständig gleichmässig hell erscheinen. Dünne
Platten sind besser als dicke, doch darf die Dickendimension nicht bis
zum Papierdünnen herabsinken, sonst „schäppert" das Instrument beim
Percutiren und ist ausserdem zu leicht zerbrechlich. (Ueber Keilplessimeter vergl. Lungenspitzenpercussion!)

Die Plessimeterpercussion wird so ausgeführt, dass man das
Plessimeter an seinem Rand oder seinen Handhaben zwischen den Spitzen
von Daumen und Zeigefinger der linken Hand fasst und an die zu
percutirende Stelle nicht nur dicht und eben an legt, sondern mit
ziemlichem Druck fest anpresst. Die Finger der linken Hand dürfen
die Haut des Kranken nicht berühren.

Man percutirt aufs Plessimeter mit elastischem Schlag aus dem

Handgelenk entweder mit dem Hammer oder mittels der Kuppe des
hakenförmig gebogenen Mittelfingers der rechten Hand, Daumen und
Zeigefinger erhoben, die beiden letzten Finger gebeugt. Es ist ein
ganz besonderer Fehler, diese beiden Finger fest gegen die Hohlhand
einzukrallen, wie es Anfänger meist thun; stets wird das Handgelenk
dabei steif und der Percussionsschall schlecht. Um den Finger zu
schonen und zugleich einen lauteren Schall zu erzeugen, hat man früher
vielfach (jetzt wohl ganz obsolet gewordene) Percussionsfingerhüte aufgesetzt.

Bei der Fingerpercussion dient, wie schon erwähnt, der Mittelfinger der linken Hand als Plessimeter. Dieser Finger wird, indem die
anderen alle extendirt werden, in seiner Grundphalange gebeugt, mit
seinen beiden Endphalangen möglichst stark gestreckt (Wirkung der
Interossei und Lumbricales). So kann man es erreichen, dass nur die
mittlere Phalange fest auf die Haut des Kranken aufgepresst wird.
Auf diese Phalange wird percutirt, fast ausnahmslos mit dem Mittelfinger der rechten Hand, wie oben beschrieben, äusserst selten nur mit
dem Hammer, weil die Schläge desselben schliesslich sehr empfindlich
werden. Auch wenn man mit dem Finger percutirt, pflegt den Anfänger in kurzer Zeit der linke Mittelfinger zu schmerzen, bis sich
durch öftere Wiederholung der Insulte Toleranz und eine an dem Finger
der Aerzte regelmässig zu constatirende, nicht unerhebliche periostale,
harte Verdickung der II. Phalange einstellt.

Jede dieser Methoden hat ihre Vor- und ihre Nachtheile. Die
Hammer-Plessimeterpercussion ist entschieden die leichteste, auch der
Ungeübte kann damit sofort einen brauchbaren Percussionsschall erzeugen. Für Demonstrationszwecke ist sie besonders in einem grossen
Auditorium von Vortheil, weil sie den lautesten Schall mit grosser
Leichtigkeit hervorbringen lässt. Doch steht ihr hierin die Finger-Plessimeterpercussion in den Händen eines Geübten kaum nach und Manche
können einen gleich starken Schall auch durch einfache Fingerpercussion
erzielen. Jedenfalls ist man mit der Finger-Plessimeterpercussion vom
Instrumentarium schon etwas weniger abhängig, und ich stehe nicht an,
den Hammer geradezu als entbehrlich zu bezeichnen. Ich besitze auch
einen seit vielen Jahren, zeige ihn auch im Colleg und verwende ihn
im Uebrigen mit Vortheil zur Prüfung der Sehnenreflexe. Die Finger-
Plessimeterpercussion ist schon schwerer zu erlernen und am schwersten
die Fingerpercussion. Gleichwohl, oder vielleicht gerade desswegen, ist
die Fingerpercussion das Empfehlenswertheste für den Lernenden; wer
sie kann, der kann auch mit Hammer und Plessimeter zurecht kommen,
nicht aber umgekehrt. Wer nur mit Hammer und Plessimeter percutiren kann, der hat das Percutiren noch zu erlernen, er mag im
Uebrigen so erfahren und geübt sein als er nur will. Aber noch
weitere Vortheile hat die Fingerpercussion vor der instrumentellen voraus. Der biegsame schlanke Finger lässt sich Unebenheiten der Körperoberfläche besser anschmiegen als das starre Plessimeter, der Schlag
ist nicht so erschütternd für den Kranken, die Methode entschieden
schonender. Es ist jedem angehenden Mediciner zu empfehlen, sich
einmal nur den Rücken mit Hammer und Plessimeter percutiren zu
lassen, damit er die Wucht des Schlages empfinde und sich scheue,
einen schwer Kranken mit vielleicht entzündeten und schmerzhaften

Organen in dieser Weise zu untersuchen. Bei der Grenzbestimmung zweier Organe (topographische Percussion) findet man die Grenze mit dem schlanken Finger genauer als mit einem breiten Plessimeter. Den grössten Vortheil aber bietet die Fingerpercussion durch das mit der Percussion verbundene Gefühl des Widerstandes. Man hört nämlich dabei nicht nur den Percussionsschall, sondern fühlt auch die Schwingungen der Körperwand mit dem aufgelegten Finger. Es ist dieses Moment sehr hoch zu schätzen. Aerzte mit schlecht veranlagtem oder mangelhaft geübtem Gehör haben so ein höchst werthvolles Hülfsmittel, um ihre Perception der Percussionsresultate zu vervollständigen oder sogar zu berichtigen, aber auch dem sehr Geübten kann dieses Gefühl des Widerstandes sehr willkommen sein, wenn er wegen grosser Schmerzhaftigkeit, z. B. bei Peritonitis, sehr schwach und oberflächlich percutiren muss. Ich habe oft die Grenzen eines frischen peritonealen Exsudates bei so schonender minimaler Percussion bestimmt, dass ich einen Schall eigentlich gar nicht zu hören bekam, nur das Gefühl der vermehrten Resistenz gab mir die richtige Grenze der „Dämpfung". Es ist ferner ein banaler, aber auch nicht gerade gering zu schätzender Vortheil darin zu sehen, dass man bei der Fingerpercussion den ganzen nöthigen Apparatus nothgedrungen stets mit sich führt und ihn nirgends liegen lassen oder vergessen kann. Aus diesen Gründen ist der Pflege und Uebung der Fingerpercussion der grösste Werth beizulegen und keinesfalls gebe man dem Lernenden Plessimeter oder Hammer in die Hand. Dagegen sollte der Ausgebildete schon im Besitz eines Plessimeters sein, weil manche Phänomene, wie z. B. der Metallklang, entschieden leichter und sicherer durch die Plessimeterpercussion hervorgerufen werden können.

Der physikalische Unterschied zwischen der unmittelbaren und der mittelbaren Percussion besteht in Folgendem:

Bei der unmittelbaren Percussion erschüttern wir den Brustkorb direct, er selbst mit Allem, was darunter ist, bis in eine gewisse Tiefe, geräth ins Schwingen und betheiligt sich an der Schallbildung. Die elastischen Rippen, die dabei direct vom Percussionsschlag getroffen werden, sorgen mit Leichtigkeit für Weiterverbreitung der Erschütterung. Jetzt setzen wir das Plessimeter fest auf und drücken dadurch auf den Brustkorb, lassen denselben also, auch wenn er will, nicht frei schwingen, dämpfen seine Schwingungen und den Schall, den er hervorbringen würde. Nur zwischen unseren beiden Handhaben, an denen wir das Plessimeter halten, kann das letztere als elastischer Körper schwingen und so weit sich diese Schwingungen in das Lungengewebe hinein fortsetzen können, werden darin stehende Schwingungen und Schallerzeugung wachgerufen werden. In ersterem Fall könnten wir lang auf der Leber percutiren und die Lunge würde noch mitschwingen, in letzterem Fall ist das nicht möglich, wir erhalten nur den leeren Leberschall. Die Percussionswirkung wird also bei der mittelbaren Percussion auf einen verhältnissmässig kleinen Raum beschränkt durch Dämpfung der aussen liegenden, und so können wir durch Verschiebung des Plessimeters leicht eine Grenze finden, wo z. B. der volle Lungenschall in den leeren der Leber umschlägt. Liegt mehr als die Hälfte des Plessimeters über der Lunge, so schallt mehr Lunge, liegt weniger darüber, mehr Leber. Gerade so verhält sich's bei der Fingerpercussion,

wo die knöcherne Phalange. in ihren Schwingungen allerdings durch die
Weichtheile des Fingers etwas behindert, die Stelle der Elfenbeinplatte
beim Plessimeter vertritt; nur ist hier die zu erreichende Genauigkeit
entsprechend der Schmalheit des Fingers eine grössere und kann bei
hinreichender Uebung und Sorgfalt bis auf einen Fehler von ¹/₂ cm
getrieben werden, was für die Praxis jedenfalls vollkommen ausreicht.
Es ist klar, dass es um so schwerer hält, durchs Plessimeter oder den
aufgelegten Finger die Brustwand beispielsweise am Mitschwingen in
weitem Umkreise zu verhindern, je stärker man percutirt, daher die
Regel, behufs Feststellen von Grenzen leise zu percutiren.
Wo es dagegen darauf ankommt, die Eigenschaften des erzeugten Schalls
zu prüfen, darf und soll stark percutirt werden, und da ist der, der
einen schönen lauten Schall zu erzeugen vermag, entschieden vor dem
weniger Geübten im Vortheil. Dem Anfänger ist es sehr zu empfehlen,
sich in der Erzeugung eines lauten Percussionsschalles zu üben, indem
er beispielsweise sich bemüht, selbst beim Percutiren des Oberschenkels
einen möglichst lauten Schall hervorzurufen. Die dicken Weichtheile
des Oberschenkels schwingen so schlecht, dass man geradezu exempli-
ficirend einen recht leeren Schall „Schenkelschall" (Skoda) zu nennen
pflegt.

Bei der palpatorischen Percussion werden die Schwingungen,
in welche die percutirte Körperstelle geräth, nicht nur mit dem Ohr,
sondern vornehmlich auch durch das Tastgefühl aufgefasst und die
Qualität dieses Sinneseindruckes zu einem Urtheil über die Schwingungsfähigkeit der untersuchten Stelle verwerthet. Ohne Zweifel ist für die
palpatorische Percussion die Finger-Fingerpercussion jeder anderen
Methode bei Weitem vorzuziehen, und ich für meinen Theil habe die
Lobpreisungen Wintrich's, die er gerade hierin seiner Hammerper-
cussion spendet, nie verstehen können. Die palpatorische Percussion
muss meistens leise ausgeführt werden, doch erhält man über massen-
haften Exsudaten u. dgl. auch bei starker Percussion ein sehr deutliches
Gefühl „vermehrter Resistenz". Dieses Gefühl der Resistenz (oder des
Widerstandes) ist der umgekehrte Massstab der Schwingungsfähigkeit
des percutirten Organs, vermehrte Resistenz ist also gleichbedeutend
mit Dämpfung. Das Tastgefühl kann für die hiebei zu Tage kommenden
Unterschiede durch Uebung sehr empfindlich gemacht werden, ja es ist
sogar unter Umständen ohne Beihülfe des Gehörs nicht unmöglich, die
Regelmässigkeit der Schwingungen lediglich durch das Tastgefühl zu
beurtheilen; ich bilde mir wenigstens ein, einen ausgesprochen tympanitischen Schall schon durch das eigenthümlich weiche Gefühl des
Widerstandes von einem nichttympanitischen unterscheiden zu können.

Nachdem schon von Zamminer und Seitz die tonverstärkende
Wirkung verschiedener Organe auf eine angesetzte und aufgesetzte
Stimmgabel untersucht worden, hat Baas unter dem Namen Phono-
metrie eine auf diesem Princip aufgebaute neue Untersuchungsmethode
ausgearbeitet und versucht, sie der Percussion ebenbürtig anzureihen.
Die Sache ist ohne allen practischen Werth und hat nur historisches
Interesse.

Physikalische Einleitung.

Schallqualitäten.

Ein Körper, dessen Theilchen um eine Gleichgewichtslage so schwingen, dass sie alle zur nämlichen Zeit die Gleichgewichtslage passiren, zur nämlichen Zeit die grösste Entfernung von derselben erreichen, zur nämlichen Zeit dieselbe Bewegungsrichtung haben, vollführt stehende Schwingungen. Diese allein sind geeignet, im angrenzenden Medium jene Reihe von Verdichtung und Verdünnung hervorzurufen, die als fortschreitende Wellen unser Ohr erreichen und den Eindruck des Schalls geben. Nur elastische Körper sind zu Schallbildung und -Leitung befähigt. Die Elasticität stellt die innere Gleichgewichtslage, die durch einen äusseren Eingriff gestört wird, wieder her, doch so, dass eben die einzelnen Theilchen über diese hinausschiessen und so um diese schwingen. Aus fortschreitenden Wellen gehen stehende nur auf dem Wege der Reflexion und Interferenz hervor, nur in begrenzten Hohlräumen ist die Luft, die sonst bloss der Fortleitung des Schalls dient, auf diese Weise eigener stehender Wellenbildung und Schallbildung fähig.

Die Zahl der Schwingungen in der Zeiteinheit bestimmt die Höhe des Schalls, regelmässige Schwingungen geben den Ton. Die Zusammenwirkung von Tönen, die bezüglich ihrer Schwingungsdauer in einem einfachen arithmetischen Verhältniss zu einander stehen, gibt den Klang, dieser besteht aus dem tiefsten (Grund-)Ton, der der stärkste ist, und den sogenannten harmonischen Obertönen (musikalisch harmonisch sind nur die ersten sechs Obertöne, die höheren geben eine Dissonanz, die aber bei weit vom Grundton abliegenden Obertönen — metallische Obertöne — das Ohr nicht mehr unangenehm berührt). Die Stärke der Schallempfindung ist abhängig von der Menge der Schallwellen, die das Gehörorgan treffen, und deren Amplitude ($J = m . v^2$). Wenn dieses Product gross ist, so heisst der Schall laut, im anderen Fall leis. Das menschliche Ohr vermag nicht immer, aber häufig zu unterscheiden, ob die Lautheit des Schalls durch grosse Masse oder starke Amplitude bewirkt ist, grössere Massen schwingender Körper setzen nämlich ihre Schwingungen länger fort, kleinere kommen früher zur Ruhe. Darauf beruht die Eintheilung des vollen und leeren Schalls, der volle dauert bei sonst gleichen Bedingungen länger an als der leere. Wo ein schallender Körper einen Klang liefert, wo also die Höhe des Schalls musikalisch leicht bestimmbar ist, wird in der Regel von einem grösseren Körper ein tieferer, von einem kleineren ein höherer Schall geliefert, es ist dann der volle Schall zugleich auch der tiefere, der leere der höhere. Je nachdem ein Körper frei schwingen kann oder in seinen Schwingungen von den angrenzenden Medien gehemmt wird, fällt die Amplitude bei sonst gleichen Umständen gross oder klein aus und der Schall wird hell oder gedämpft.

Die Erschütterung, in welche wir beim Beklopfen des Körpers dessen Theile versetzen, pflanzt sich um so weiter fort, je stärker man percutirt und je schwingungsfähiger (elastischer) die erschütterten Theile sind. Der Schall, der dabei gehört wird, kommt von den

Schwingungen der erschütterten Theile her, die Wellen müssen also aus der Tiefe heraus den nämlichen Weg noch einmal zurücklegen, daher kann es nicht befremden, wenn die Erfahrung gelehrt hat, dass man durch die Percussion nur etwa 5 cm unter der Oberfläche gelegene Theile exploriren kann, seltene Fälle abgerechnet, wo lauter relativ sehr elastische Theile vorliegen. Der Schall, der wahrgenommen wird, kann nach Früherem nur von stehenden Schwingungen elastischer Körper herrühren. Ein grosser Theil unseres Organismus, die „Weichtheile", in erster Linie das Fettgewebe und die Muskeln, die Flüssigkeiten für die hier in Betracht kommenden Kräfte sind nur sehr wenig elastisch und geben daher percutirt nur einen sehr kurz dauernden, „leeren" Schall. Viel bessere Schallgeber sind gespannte elastische Membranen, Sehnenfäden, dünne Knochen und vor Allem die in manchen Organen eingeschlossene Luft. Je grösser deren Masse ist, welche in stehende Schwingungen bei der Percussion geräth, desto „voller" ist der Schall. Seltene Ausnahmen (Mund-Nasenhöhle) abgerechnet, sind solche gut schwingende elastische Körper von der Oberfläche getrennt durch eine dünnere oder dickere Schicht eines wenig elastischen, demnach auch für die Fortleitung von Schwingungen sehr schlecht geeigneten Gewebes. Indem dieses den Schwingungen des darunter liegenden elastischen, schallenden Körpers nicht gut folgen kann, hindert es deren Excursionen, „dämpft" den Schall. Jeder Schall, den wir z. B. an Brust und Abdomen durch die Percussion erzeugen, ist eigentlich seiner Herkunft nach eo ipso schon ein gedämpfter, und wenn wir vollends die Schallphänomene damit vergleichen, die wir aus dem täglichen Leben als erzeugt durch Stimme, musikalische Instrumente, Tönen von Glocken, Trommeln u. s. w. kennen, müsste eigentlich fast jeder Percussionsschall auch noch als relativ leer bezeichnet werden. Beide Bezeichnungen, Völle und Hellheit des Schalls können also ihre Berechtigung finden nur im Vergleich zum Percussionsschall an anderen Stellen und bei anderen Individuen, aber bei stets derselben Methode, namentlich auch bei gleicher Stärke der Percussion. Um diese stets gleich zu erhalten, sind Instrumente construirt worden, bei denen ein Hammer durch eine gespannte Feder gegen das Plessimeter geschleudert wird. Ein schlechtes Auskunftsmittel, denn je nach den Zwecken der Percussion, je nach dem Ort und der örtlichen Beschaffenheit, wo percutirt werden soll, muss die Stärke des Percussionsschlages verschieden gegriffen werden. Es muss und wird die Percussion stets eine freie Kunstfertigkeit bleiben, bei der das subjective Urtheil und der Vergleich des erzielten Schalls mit der aufgewendeten Kraft die Hauptsache, aber auch das am schwersten zu Erlernende ist. Es kann unmöglich beschrieben, sondern muss durch eifrige, fortgesetzte Uebung erlernt werden, Völle und Helligkeit des Percussionsschalls richtig zu würdigen. Ein völlig gedämpfter Schall ist eo ipso auch vollkommen leer, je heller der Schall ist, desto leichter gelingt die Schätzung seiner Völle. Man kann die Unterscheidung nach Völle und Helligkeit zwar bei Weitem nicht in allen Fällen treffen, aber doch oft genug, und wer kein Ohr dafür hat, hat nicht das Recht, diese vollkommen zutreffende Classification des Schalls nach Skoda zu verwerfen, gegen welche nach einem so competenten Beurtheiler wie A. Fick auch von physikalischer Seite nichts einzuwenden ist. Die nach dem Vorgang von Traube in den meisten neueren Lehrbüchern sich findende Ersetzung derselben durch die zwei Prädicate laut und leise müssen wir für eine bedauerliche Verarmung der physikalischen Untersuchungsmethoden halten.

Eine weitere Eintheilung des Percussionsschalls geschieht nach seinem Klanggehalt. Kann der Schall, weil er aus regelmässigen Schwingungen besteht, seiner musikalischen Höhe nach leicht erkannt und bestimmt werden, so heisst er tympanitisch, im anderen Falle nichttympanitisch. Der nichttympanitische Schall verhält sich zum tympanitischen wie das Geräusch zum Klang. Geräusche kann man häufig im Allgemeinen als hoch oder tief bezeichnen, ohne dass es möglich wäre, ihnen einen bestimmten Platz in der musikalischen Scala zuzuweisen. Dies trifft, wie schon Skoda ganz richtig bemerkt hat, auch für den nichttympanitischen Percussionsschall zu, dem man eine gewisse Höhe oder Tiefe nicht immer ganz absprechen kann. Für den Anfänger ist es sehr empfehlenswerth, durch häufige Vergleichung des nichttympanitischen Lungenschalls mit dem tympanitischen von Magen und Darm sich den Unterschied recht einzuprägen und dabei stets zu versuchen, durch Nachsingen die musikalische Höhe des letzteren zu bestimmen.

Der Percussionsschall muss somit nach Skoda's Lehre eingetheilt werden in:

Voll und leer.
Hell und gedämpft.
Tympanitisch und nichttympanitisch.
Hoch und tief.

Dazu kommt eventuell noch „mit" oder „ohne besonderen Beiklang", (worunter Metallklang und Münzenklirren zu verstehen ist, worauf wir aber erst später eingehen werden).

Die Entstehung des Schalls im Körper bezüglich seiner vier Qualitäten ist nach folgenden Gesichtspuncten zu beurtheilen. Zu den elastischen Körpern, die allein als Schallgeber functioniren können, gehört vor Allem die Luft. Die Luft in einem Hohlraum mit reflexionsfähigen Wandungen ist eigener und zwar regelmässiger Schwingungen fähig, wenn das Gleichgewicht durch einen äusseren Einfluss, z. B. die Erschütterung bei der Percussion, gestört wird. Percutirt man einen oben offenen, unten geschlossenen Glascylinder, so erhält man einen tympanitischen Schall, dessen Höhe man leicht verändern kann, indem man den längsten Durchmesser des Hohlraums z. B. durch Eingiessen von Wasser variirt. Dabei zeigt sich, dass mit Verringerung der Länge die Höhe des Tones zunimmt, und aus der Physik weiss man, dass ein einseitig geschlossener Hohlraum von bestimmter Länge einen Ton gibt, dessen Wellenlänge das Vierfache beträgt. Ein auf beiden Seiten offener Cylinder gibt die höhere Octave und hierauf beruht bekanntlich das Gesetz der offenen und gedeckten Pfeifen. Bei diesen wird durch einen starken Luftstrom, der sich an einer scharfen Kante bricht, die Luft einer Röhre in Schwingungen versetzt, letztere sind nicht mehr geräuschartig wie der ursprüngliche Anblasestrom, sondern regelmässig und man hört einen Ton, der um so tiefer ist, je länger die Röhre, und durch Verschliessen derselben sofort um eine Octave herabgestimmt werden kann. Jeder solche Hohlraum ist fähig, Wellen von der gleichen oder aliquoten Länge seines Eigentones durch Resonanz zu verstärken. Man kann sich davon durch einen einfachen Versuch überzeugen. Man stimmt einen Glascylinder durch Zu- oder Abgiessen von Wasser auf den gleichen Ton mit einer Stimmgabel, was man durch Percussion oder Anblasen an seiner Oeffnung prüft. Dann bringt man die angeschlagene Stimmgabel über seine Oeffnung und kann sofort eine bedeutende Verstärkung des Tones wahrnehmen. Verschliesst man die obere Oeffnung eines solchen Cylinders nicht ganz, sondern nur theilweise, z. B. durch aufgelegte weitere und engere Ringe aus Holz, Pappe, Metall, so wird der Ton dabei um so tiefer, je enger die freie Oeffnung wird. Ist der Hohlraum von starren Wänden, z. B. Glas, umgeben, so gelingt es, wie A. Geigel gezeigt hat, durch Verschliessen der letzten Oeffnung nicht, den Ton noch weiter zu vertiefen, er wird vielmehr augenblicklich bedeutend höher, die Tympanie in einem solchen allseitig geschlossenen Hohlraum bleibt aber erhalten.

Diese Phänomene beruhen auf stehenden Wellen, die sich im Cylinder durch Reflexion der Schallwellen an den Wänden und Interferenz derselben bilden. Sind die Wände nicht reflexionsfähig, so bleibt der tympanitische Schall aus. Wintrich hat dies durch ein hübsches Experiment demonstrirt: Gräbt man einen unten geschlossenen Glascylinder in Schnee und percutirt, so erhält man einen tympanitischen Schall, zieht man das Glas heraus und percutirt die ähnliche Höhle im Schnee, so erhält man ihn nicht. Die Tonhöhe einer cylindrischen Luftsäule ist hauptsächlich, aber nicht ausschliesslich vom längsten Durchmesser abhängig. Mit einigen Glascylindern von verschiedener Weite kann man sich leicht davon überzeugen. Stimmt man einen weiteren und einen engeren durch Eingiessen von Wasser auf den gleichen Ton, so ist immer der weitere der kürzere, schallt also eigentlich für seinen längsten Durchmesser zu tief. Bei kugelförmigen Hohlräumen ist die Tonhöhe abhängig vom Volumen.

An musikalischen Instrumenten kann man sich von folgenden sehr wichtigen Thatsachen überzeugen. Bei der sogenannten Zungenpfeife wird der Anblasestrom durch eine kleine schwingende Metallplatte bald freigegeben, bald abgesperrt. Die Verdichtungswellen, die hiedurch entstehen, folgen sich so oft in der Secunde, als die kleine Zunge schwingt, der Ton also, der erzeugt wird, ist von der Schnelligkeit der Vibrationen der Zunge, von deren Elasticität, Grösse und Schwere abhängig. Setzt man an eine solche Zunge als Resonator eine Röhre an, so kann man die Tonhöhe durch verschiedene Länge dieser Röhre innerhalb gewisser Grenzen abändern. Die Schwingungen der Luft in der resonirenden Röhre sind selbständig geworden, und statt dass diese durch die Zunge in isochrones Mitschwingen geräth. widerfährt dies der Zunge, die nicht mehr schwingt, sondern von der Luftsäule geschwungen wird.

In einem andern Beispiel kann man die Höhe des Eigentons einer Luftsäule ändern dadurch, dass man über diese eine elastische Membran zieht, deren Schwingungen durch stärkere oder schwächere Spannung rascher oder langsamer werden. So geben die früher gebräuchlichen ungeheuren Lärmtrommeln zwar im Allgemeinen einen tieferen Ton, als die modernen seichten Instrumente, und bei den Tympani gibt der grösste Kessel auch den tiefsten Ton, doch kann man, wie Jedermann weiss, den Ton der Trommel und der Pauke durch Spannen des Fells innerhalb ziemlich weiter Grenzen auf die gewünschte musikalische Höhe bringen. Im ersten Beispiel ist die Luft, im zweiten die Membran „Schallherrscher" geworden.

Die lufthaltigen Hohlräume im menschlichen Körper sind nun thatsächlich fast nie von starren Wänden, sondern von elastischen Membranen begrenzt und es wirft sich die Frage auf, ob in ihnen die Wand oder die Luft Schallherrscher sei. Schon Skoda hatte die vollkommen zutreffende Beobachtung gemacht, dass der tympanitische Schall des luftgefüllten Magens oder Darms nichttympanitisch wird, wenn die Wand z. B. durch starkes Aufblasen in bedeutende Spannung geräth. Nach Skoda hat dies seinen Grund darin, dass die Luft in dem regelmässig gestalteten Hohlraum wohl regelmässiger Schwingungen fähig ist, dass diese Regelmässigkeit aber dadurch gestört wird, wenn die Membran bei zunehmender Spannung ebenfalls, aber in anderem Tempo, zu Schwingungen befähigt wird. Wintrich hat diese Erklärung, gestützt auf viele, zum Theil sehr sinnreiche Versuche, auf das Heftigste angegriffen. Die wichtigsten von diesen sind mit geringen Hülfsmitteln leicht zu wiederholen. Bindet man ein Glasrohr in eine gut eingeweichte Schweinsblase luftdicht ein und füllt diese mit Luft, so erhält man an ihr einen tympanitischen Percussionsschall, der nichttympanitisch wird, wenn man durch starkes Blasen die Wand stark anspannt. Wintrich hat dies so erklärt, dass auch bei der schlaffen Blase die Wand selbständig schwinge und einen tympanitischen Schall gebe, weil die Luft innen und aussen unter dem nämlichen Druck stehe; so könne die Wand nach beiden Seiten gleich gut und regelmässig schwingen. Steigt bei stärkerer gewaltsamer Füllung der Blase mit Luft der Innendruck, so kann die Wand leichter nach aussen als nach innen schwingen, die Regelmässigkeit ihrer Excursionen ist gestört und die Tympanie verschwindet. Dafür, dass nicht die stärkere Spannung der Wand an und für sich, sondern die Druckdifferenz zwischen innen und aussen die Tympanie vernichtet, erblickt Wintrich einen Beweis im tympanitischen Schall der Trommeln, deren Hohlraum unter Atmosphärendruck steht, ganz besonders aber in folgendem Versuch. Bedeckt man einen Glascylinder mit einer ebenen elastischen Membran, so wird der Ton mit Zu- und Abnahme der Spannung derselben höher und tiefer, bleibt aber stets tympanitisch. Drückt man aber die Mitte der Membran mit dem Finger nach unten und vermehrt nach luftdichtem Abschluss ihre Spannung durch seitliches Anziehen, so erhält man einen nichttympanitischen Schall. Dass dabei eine Druckdifferenz zwischen innen und aussen besteht, geht aus dem Geräusch hervor, mit dem die äussere Luft in den Cylinder strömt, wenn man die Membran mit einer feinen Nadel durchbohrt; sowie dies aber geschehen ist, kehrt auch die Tympanie wieder. Wintrich hat das unbestrittene Verdienst, zuerst ausgedehnte Versuche zur physikalischen Erklärung der Percussionsphänomene angestellt zu haben: die Resultate, zu denen er aber dabei gekommen ist, sind ohne Zweifel falsch. Zamminer konnte mit Recht darauf hinweisen, dass die Stimmbänder bei der Phonation sehr wohl regelmässiger Schwingungen fähig sind, obwohl an ihrer unteren Seite ein stärkerer Luftdruck herrscht als an der oberen, namentlich hat aber die Polemik, welche Wintrich gegen Körner und A. Geigel,

zwei Vertheidiger der Skoda'schen Lehre in überaus heftiger Weise
führte, mit seiner Niederlage geendet. Die gespannte Wand der stark
gefüllten Blase ist nach innen und aussen zu vollkommen gleichmässigen Schwingungen befähigt, denn in dem nämlichen Maass, als die
Druckdifferenz ihre Schwingungen nach aussen begünstigt, befördert
die Spannung der Wand, die bestrebt ist, das Volumen der Blase zu
verkleinern, die Schwingung nach innen, es befindet sich die gespannte
Wand ja dadurch im Gleichgewicht und in Ruhe, dass ihre Spannung
gleich ist dieser Druckdifferenz.

Das oben erwähnte frappante Experiment Wintrich's wurde ebenfalls von A. Geigel durch einen weiteren Versuch erschüttert. Ueberdeckt man einen Cylinder mit einer gespannten ebenen Membran, die
man trocknen lässt, so wird dadurch der tympanitische Schall nicht
vernichtet. Drückt man, wie Wintrich dies gethan, die Membran nach
unten und lässt sie trocknen, so kann man dann ein Stück aus ihr her-
ausschneiden, ohne dass sie ihre Form verändert, der Luftdruck ist dann
natürlich innen und aussen gleich, trotzdem bleibt die Tympanie verschwunden. Es ist also der nichttympanitische Schall durch die Membran verschuldet, die Schallherrscher geworden ist und die ihrer Form
nach nur unregelmässige Schwingungen ausführen kann. So erklärt
es sich, dass die ebenen Felle der Pauken und Trommeln einen tympanitischen Ton geben, die gespannten Wände von Magen, Darm, die
nach gekrümmten Flächen gebogen sind, nicht. Ueberdies kommt die
selbständige Schwingung einer entspannten Membran gar nicht in
Frage, weil eine solche, wenn sie gar nicht gespannt ist, gar keine,
und wenn sie sehr wenig gespannt ist, nur sehr langsame Schwingungen
ausführen kann, also einen Ton von grosser Tiefe geben muss. Hätte
es sich übrigens bei diesen Erörterungen nur um die Percussion von
Magen, Darm und anderen (pathologischen) Hohlräumen gehandelt, so
wäre die Frage, ob Skoda oder Wintrich die richtige Erklärung ab-
gegeben hat, nicht von allzugrosser Bedeutung, da beide ja in der allein
practisch wichtigen Thatsache übereinstimmen, dass die Tympanie solcher
Hohlräume durch Spannung der Wand verloren geht. Der Kernpunct der
Frage liegt vielmehr in der Uebertragung der verfochtenen Theorie
auf die Phänomene der Lungenpercussion. Nach Skoda kann man
aus Aenderungen des Lungenschalls auf Veränderung des Luftgehalts
in den Lungen schliessen, nach Wintrich lediglich auf Veränderung
der Spannung der festen Theile, des Parenchyms; der Unterschied ist
also von principieller Bedeutung für die semiotische Verwerthbarkeit
der Percussionsresultate bei den wichtigsten Lungenkrankheiten. Aus
diesem Grund müssen wir auf die physikalische Erklärung des
Lungenschalls näher eingehen.

Die gesunde Lunge gibt an allen Stellen einen nichttympanitischen Schall. Entnimmt man das Organ der Leiche und percutirt es,
so findet man aber einen tiefen, sehr deutlich tympanitischen Schall,
die Tympanie verschwindet, wenn man die Lunge durch ein in die
Trachea luftdicht eingebundenes Rohr ad maximum aufbläst. Es liegt
hier also die Sache gerade so, wie bei der aufgetriebenen Blase:
Spannung der Wände vernichtet die Tympanie. Die Versuche lassen
sich alle gut an einer Hammellunge vornehmen, die mit der Vorsicht
dem geschlachteten Thiere entnommen wurde, dass die Pleura unver-

letzt blieb. An einem solchen Präparat lassen sich noch folgende
wichtige Phänomene zeigen. Der Schall der percutirten Lunge ändert
sich nicht, wenn man die Trachea verschliesst oder offen lässt.
Schneidet man die Lunge in Stücke, so schallt jedes einzelne Stück
tympanitisch. Der Schall ist dabei um so höher, je kleiner das Stück
ist. Ueberdeckt man die Schnittfläche mit nasser Gaze, so wird die
Höhe des Schalles ebenfalls nicht geändert. Wintrich hat nicht ge-
zögert, seine oben erwähnte Lehre auch hier in Anwendung zu bringen.
Am menschlichen Körper ist bekanntlich die Lunge aufgeblasen und
gespannt, erst mit der Eröffnung des Thorax collabirt die Lunge durch
den Zug des vorher gedehnten elastischen Gewebes. Um die Grösse dieses
elastischen Zuges soll nun nach Wintrich der Binnendruck grösser sein
als der äussere (Atmosphärendruck), worauf sich die Unregelmässigkeit der Schwingungen des elastischen Gewebes zurückführen lasse;
regelmässig schwinge dieses in der collabirten Lunge, weil jetzt der
gleiche Druck innen und aussen herrsche. Der physikalische Irrthum
dieser Ansicht liegt auf der Hand und ist auch seiner Zeit von
A. Geigel schon urgirt worden. Aber auch Skoda's Erklärung, dass
die Luft in den Lungen schwinge und den Schall liefere, hat ihre
Schwierigkeiten, die namentlich von Wintrich in ein helles Licht gesetzt wurden. Die Luft in den Bronchien und in der Trachea ist wohl
regelmässiger Schwingungen fähig und diese Theile geben auch einen
tympanitischen Schall. Dieser Schall wechselt aber, wie Wintrich
gezeigt hat, nach dem Gesetz der offenen und gedeckten Pfeifen seine
Höhe, wenn die Trachea geöffnet oder geschlossen wird. Dieser Schallwechsel bleibt aber sowohl beim normalen Lungenschall als auch bei
der collabirten Lunge aus, womit der Beweis geliefert ist, dass diese
röhrenförmigen Hohlräume nicht durch die Percussion getroffen und
zum Schallen gebracht werden. Es bleiben noch die Infundibula
und Lungenvesikeln, deren Unisono den Lungenschall geben könnte.
Wintrich hat aber mit Recht hervorgehoben, dass hier bei der Kleinheit dieser Räume ein Schall herauskomme, der viel zu hoch liegt,
als dass man ihn noch percipiren könnte; das menschliche Ohr ist bekanntlich für mehr als 30 000 Schwingungen in der Secunde taub.
Aus diesem Grund verlegte Wintrich auch bei der Lunge die Entstehung des Schalls in die Schwingungen des elastischen Gewebes derselben. A. Geigel hat nun gezeigt, dass dieser lebhafte Streit zwischen
Skoda und Wintrich den Kern der Frage unberührt lasse und dass
nicht Luft oder Parenchym der Lunge gesondert, sondern sie selbst
als Ganzes schwinge, wie ein inniges Gemenge von flüssigen und gas-
förmigen Theilen (Eiweissschaum u. dgl.) auch. In einer solchen
Masse, die träg schwingt, pflanzen sich die Wellen langsam fort und
so entsteht ein tiefer Schall. Hiemit ist auch die Erklärung für den
auffallend tiefen tympanitischen Schall der erschlafften Lunge gegeben. Ein von A. Geigel angegebenes Experiment veranschaulicht
sehr schlagend die Richtigkeit seiner Anschauungen. Percutirt man
den Boden eines leeren Glases und merkt sich die Höhe des tympanitischen Schalls und füllt dasselbe mit einem schäumenden Getränk,
z. B. Bier, so findet man bei der Percussion einen sehr schönen, vollen,
tympanitischen und viel tieferen Schall als vorher. Mit dem Aufsteigen
und Springen der Blasen wird der Schall rasch erheblich höher, häufig um

eine Octave und mehr. Die Tiefe ist also abhängig vom Gesammtvolumen
der percurtirten Bläschen, was sehr gut mit den Percussionsresultaten an
der zerschnittenen Lunge übereinstimmt. Dieses Experiment halte ich
für fundamental für die Erklärung des Lungenschalls, insofern dadurch
bewiesen ist, dass die lufthaltige Lungensubstanz regelmässig, aber
nach anderen Gesetzen und viel träger schwingt als continuirliche
Hohlräume. Stellt man diesen Versuch an, so kann man weiter beobachten, dass der Ton mit der Verminderung der Bläschen nicht nur
höher, sondern auch ganz ausgesprochen leerer wird, sowie dass
man beim Percutiren ein immer mehr zunehmendes Gefühl von
Resistenz bekommt. So lang die Blasen in der ganzen Flüssigkeit
vertheilt sind, klopft sich's weich, sobald sie ganz aufgestiegen sind,
entschieden hart am Boden des Gefässes. Später, aber unabhängig
von A. Geigel, haben auch Seitz und der Physiker Zamminer
die Ansicht vertreten, dass die Lunge mit ihren Vesikeln als Ganzes
schwinge. Die Regelmässigkeit der Schwingungen und damit der
tympanitische Schall hört auf, wenn das Lungenparenchym, wie im
lebenden Körper. angespannt wird; die Tympanie kommt wieder, wenn
diese Spannung nachlässt.

Eine eigenartige Theorie über das Zustandekommen des tympanitischen und nichttympanitischen Lungenschalls hat vor zwei De-
cennien Baas aufgestellt. Der Schall soll stets von den percutirten
(feineren) Bronchien herrühren. Die normal mit Luft gefüllten Vesikeln, welche diese von der Brustwand trennen, sollen den ursprünglich
tympanitischen Schall verunreinigen und nichttympanitisch machen.
Diese Fähigkeit verlieren die Lungenbläschen, wenn sie zum Theil
ihres Luftgehaltes beraubt und dadurch besser leitend geworden sind,
dann findet man tympanitischen oder, wie Baas sich ausdrückt, „stark
resonirenden" Schall. Conditio sine qua non ist, dass die Lungenbläschen noch Luft, aber weniger enthalten als selbst in der stärksten
Exspirationsstellung. Verlieren sie durch völlige Compression oder Infiltration ihren Luftgehalt ganz, so wird der Schall gedämpft. Dann
müsste er aber wegen der noch besseren Leitung erst recht laut
werden, wenn er von den Bronchien ausginge, wie dies thatsächlich
mitunter (Williams'scher Trachealton) vorkommt, wo man dies aber
auch an dem sehr deutlichen Schallwechsel nachweisen kann. Es ist
dies nicht der einzige physikalische Fehler, der sich in der ganz und
gar hypothetischen Annahme von Baas findet; Rosenbach hat auf
die schwachen Puncte, namentlich auf die fast consequente Verwechslung von Spannungsabnahme und Elasticitätsabnahme mit Recht
hingewiesen. Die Theorie des um die physikalische Diagnostik verdienten Autors hat übrigens von manchen Seiten einen Beifall gefunden, den sie entschieden nicht verdient.

Der normale, nichttympanitische Lungenschall ist nicht überall
gleich hell und voll; so weit man die musikalische Höhe eines nichttympanitischen Schalls überhaupt beurtheilen kann, ist er auch nicht
überall und zu jeder Zeit gleich hoch. Schon Seitz hat gefunden,
dass der Schall höher, kürzer und schwächer ist, wenn man über einer
Rippe als wenn man über einem Intercostalraum percutirt. Gegen die
Lungengrenze zu wird der Schall leerer und zugleich etwas höher. Mit
der Respiration kann sich die Höhe des Schalls ändern. Bei Gesunden

wird nach Friedreich der Schall bei tiefer Inspiration höher, und zwar rechts bis zur IV., seitlich bis zur V. und hinten bis zur VII. Rippe („regressiver inspiratorischer Schallwechsel"), vermehrte Spannung des Lungengewebes, wohl auch der Brustmuskeln (Rosenbach) ist die Ursache hievon. In dem an Herz und Leber angrenzenden Lungenrand findet sich das Umgekehrte, ein lauterer, tieferer Schall bei starker Inspiration („progressiver inspiratorischer Schallwechsel"), er ist die Folge von stärkerem Luftgehalt der sich hier ausdehnenden, Herz resp. Leber in dickerer Schicht überlagernden Leber. Zwischen beiden Zonen liegt noch eine „neutrale Zone", in welcher ein inspiratorischer Schallwechsel sich für gewöhnlich gar nicht findet. Dagegen wird in dieser neutralen Zone bei forcirter Exspiration durch Verdrängung der Lunge durch das emporsteigende Zwerchfell der Schall höher und leerer („regressiver exspiratorischer Schallwechsel").

Topographische Percussion der Lunge.

Jede topographische Percussion muss durch die mittelbare Percussion erfolgen entweder mittels des Plessimeters oder indem auf den Finger percutirt wird. Im letzteren Fall ist der Finger parallel der zu bestimmenden Grenze aufzulegen und so weiter zu rücken; kommt man vom hellen vollen Lungenschall in den Bereich des leeren Schalls von den angrenzenden luftleeren Theilen, so wird hinter dem Finger die Grenze angenommen und eventuell mit dem Farbstift bezeichnet. Diese Fixirung („Organographismus, Dermographie") wurde von Piorry eingeführt, ist bei verwickelten Verhältnissen auch dem Geübtesten ein willkommenes Hülfsmittel zur Orientirung, vor Allem aber für den Lernenden von hohem Werth. Von Johann Faber werden gegenwärtig unter dem Namen „Dermographen" ganz ausgezeichnete Farbstifte in den Handel gebracht, sie schreiben auf der Haut, ohne dass man sie anfeuchten muss, und die Reinigung mit Seife und Wasser gelingt leicht. Handelt es sich darum, die festgesetzte Grenze für mehrere Tage haltbar zu bezeichnen, so muss dies durch leichtes Ueberstreichen mit dem angefeuchteten Höllensteinstift geschehen. Die Genauigkeit der topographischen Percussion hängt einigermassen von der Breite des verwendeten Plessimeters resp. Fingers ab. Liegt die Mitte desselben gerade auf der Grenze lufthaltigen und luftleeren Gewebes, so sind beide gleichmässig am Percussionsschall betheiligt. Verschiebt man das Plessimeter mehr gegen den lufthaltigen Theil, so wird der Schall voller, im entgegengesetzten Fall leerer, eine Verschiebung z. B. um 1 cm muss bei einem kleineren Plessimeter aus leicht begreiflichen geometrischen Gründen einen auffallenderen Unterschied geben als bei einem grösseren. Die Erfahrung lehrt, wie mir scheint, dass man mit der kunstgerechten Fingerpercussion Fehler grösser als $\frac{1}{2}$ cm vermeiden kann. Man hat gesucht, diese Genauigkeit noch weiter zu treiben, so hat Wintrich unter dem Namen „lineare Percussion" eine Methode vorgeschrieben, bei welcher das Plessimeter, statt flach, mit seinem Rande nur aufgesetzt und so percutirt wird. Um namentlich die Spitzenpercussion zu verfeinern, hat v. Ziemssen sein Keilplessimeter (Fig. 34, e) empfohlen, das ebenfalls nur mit einem schmalen Rand die

Thoraxwand berührt. Es liegt auf der Hand, dass solche Bestrebungen sehr wenig Sinn und Verstand haben. Wir percutiren Grenzen doch nur, um den richtigen Stand derselben oder Abweichungen von der Norm zu eruiren. Gibt uns aber die Anatomie den normalen Stand dieser Grenzen schon mit einer Genauigkeit bis auf einzelne Millimeter an die Hand? Ist vor Allem schon nachgewiesen, dass bei einem Gesunden die Lungenspitzen bis auf 1 mm genau in gleicher Höhe stehen? Was haben wir also davon, wenn wir eine so unbedeutende Differenz bei der Spitzenpercussion wirklich sicher erhalten könnten?

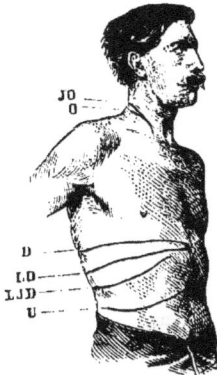

Fig. 34.
O obere Lungengrenze,
J O inspiratorische obere Lungengrenze,
D Stand des Diaphragmas,
L D derselbe bei linker Seitenlage und ruhigem Athmen,
J L D derselbe bei linker Seitenlage und tiefer Inspiration,
U untere Lebergrenze.
(Nach Gerhardt.)

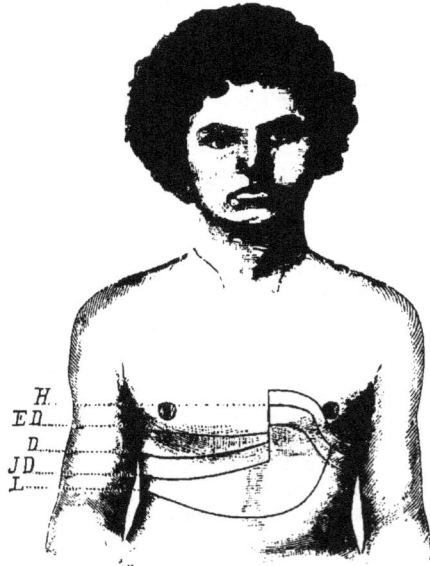

Fig. 35. Obere Lungengrenze, untere Lungengrenze rechts (D), links (H); Verschiebung bei Ausathmung und Einathmung (ED und JD), unterer Leberrand (L).
(Nach Gerhardt.)

Es empfiehlt sich, Grenzen stets so zu bestimmen, dass man in grossen Sprüngen vorgeht und, wenn ein deutlicher Unterschied bei ganz unbefangener Percussion auffällt, an dieser Stelle nochmals in kleinen Schritten den Finger oder das Plessimeter vorschiebt und bei leiser Percussion die genaue Grenze ermittelt. In dieser Weise findet man die normalen Lungengrenzen (Fig. 34, 35): Vorn oben beiderseits gleich hoch ca. 3 cm über dem Schlüsselbein, unten rechts in der Sternallinie am oberen Rand der VI. Rippe, in der Parasternallinie am unteren Rand der VI. Rippe, in der Mamillarlinie am oberen Rand der VII., in der mittleren Axillarlinie am oberen Rand der VIII., in der Scapularlinie an der IX., hinten neben der Wirbelsäule an der IX. Rippe entweder beiderseits gleich hoch oder (namentlich bei Kindern) rechts etwas höher bis zur X. Rippe. Hinten oben steht die

Lungengrenze beiderseits gleich in der Höhe des Dornfortsatzes des VII. Halswirbels (Vertebra prominens). Auf der linken Seite ist die untere Grenze (Zwerchfellstand) von hinten bis zur hinteren Axillarlinie zu bestimmen, weil nur so weit an die Lunge leeren Schall gebende luftleere Organe (Niere, Milz) angrenzen, weiter vorn und in der Mitte ist eine scharfe Abgrenzung gegen den tympanitischen Schall des Magens und Quercolons kaum möglich,
neben dem Sternum kommt man in die Herzdämpfung, die oben am unteren Rand der IV. Rippe beginnt und in convexer Linie nach abwärts, nicht weiter als höchstens bis zur linken Mamillarlinie reicht. Das Sternum selbst gibt hellen, vollen, nichttympanitischen Schall, auch da wo das Herz mit seinen grossen Gefässen darunter liegt (eine Dämpfung dieses Schalles über dem Sternum ist stets pathologisch und rührt entweder von einer Vergrösserung respective Verlagerung des Herzens nach rechts oder von einem Aneurysma oder Mediastinaltumor her).

Innerhalb dieses so umschriebenen Raumes ist der Lungenschall nicht überall gleich hell und voll. Am vollsten ist er in der Gegend der II. bis III. Rippe, links in der Regel etwas heller als rechts, wegen der gewöhnlich stärkeren Entwicklung des M. pectoralis maior dexter.

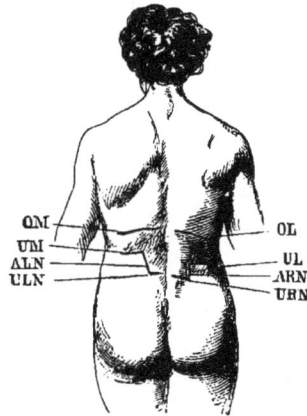

Fig. 36.
O M obere Milzgrenze, *O L* obere Lebergrenze, *U L* untere Lebergrenze, *A L N* äussere linke, *A R N* rechte Nierengrenze, *U L N* linke, *U R N* rechte untere Nierengrenze. (Nach Gerhardt.)

Links wird schon von der III. Rippe an der Schall etwas leerer (sogenannte grosse Herzdämpfung), rechts, etwa vom oberen Rand der VI. Rippe an, wo man leis percutiren muss, um die richtige Lungengrenze weiter unten zu finden. Man hat zwischen oberflächlicher (schwacher) und tiefer (starker) Percussion unterschieden, und insofern mit Recht, als man durch starke Percussion die physikalischen Eigenschaften (bis zu 5 cm) tiefer liegender Theile, durch die schwache nur die oberflächlichsten Theile exploriren kann. Wenn man an der VI. rechten Rippe in der Mamillarlinie stark percutirt, erhält man einen Schall, der von dem weiter oben erhaltenen so abweicht, dass der Unerfahrene leicht schon im Bereich der Leberdämpfung zu sein glaubt. Hier ragt, wie bekannt, die Leber, durch ein nach unten immer dünner werdendes Lungenstück von der Thoraxwand getrennt, mit dem Zwerchfell weit (bis zur IV. Rippe) nach oben. Die Anschauung, dass man hier bei starker Percussion den „dämpfenden Schall der Leber mitpercutire", ist physikalisch verfehlt. Es steht vielmehr die zu geringe Völle des erhaltenen Lungenschalls in einem Missverhältniss zu der Kraft des angewendeten Percussionsschlages, und hierdurch wird unser Urtheil über diese Völle getäuscht. Am Rücken muss im Allgemeinen viel stärker percutirt werden, um bei der bedeutenderen Dicke der Weichtheile den Lungenschall in „normaler" Helle und Völle zu bekommen, die Muskeln müssen dabei erschlafft sein, was man dadurch

erzielt, dass der Patient die Arme über der Brust kreuzt und den
Rumpf etwas nach vorn beugt. Der dämpfende Einfluss gespannter
Muskeln wird namentlich beim Pressen, Husten, Schreien (der Kinder)
deutlich. Mit Recht hat A. Vogel darauf aufmerksam gemacht, dass
besonders rechts hinten unten bei Kindern während des Schreiens eine
stärkere Dämpfung auftritt, was zum Theil aus dem Hinaufrücken der
verhältnissmässig grossen kindlichen Leber sich erklärt. (Weitere Cautelen und Methoden der Untersuchung werden im pathologischen Theil
abgehandelt werden.)

Dämpfung, Leerheit und Tympanie des Lungenschalls.

Festweiche Theile und Flüssigkeiten sind bei Weitem nicht so
schwingungsfähig, wie die normale lufthaltige Lunge. Sind solche
Substanzen der Lunge aufgelagert (pleuritische Exsudate, Hydrothorax,
Empyem, Aneurysmen, Tumoren), so wird der Lungenschall gedämpft.
Wenn die luftleeren, zwischengelagerten Schichten eine bedeutende
Dicke erreichen, so dass die Erschütterung der darunter gelegenen
Lunge durch die Percussion nicht mehr gelingt, oder der hier in dieser
erzeugte Schall durch die dämpfende Schichte nicht mehr in wahr-
nehmbarer Stärke an der Brustwand manifest wird, so ist der Schall
zugleich vollständig leer (absolute Dämpfung, Schenkelschall), zugleich
hat man dann bei der Percussion das Gefühl sehr bedeutenden Widerstandes. Dämpfung des Schalls tritt auch dann ein, wenn oberflächlich
gelegene Lungentheile ihren Luftgehalt verlieren. Bei einer solchen
Infiltration ist dann der Schall stets auch kürzer anhaltend, manchmal
deutlich höher (leerer). In diesem Sinne wirken pneumonische Infiltrationen, Lungeninfarct, vollständige Atelectase, chronische käsige
Pneumonie, Lungentumoren, interstitielle Pneumonieen. Absolute
Dämpfungen sind gleichbedeutend mit Verschiebung der percussorischen
Lungengrenzen und sind durch lineare Percussion ohne Schwierigkeit
zu bestimmen, geringfügigere Dämpfungen und Aenderungen in der
Völle des Schalls werden auch vom Geübtesten häufig nur durch Ver-
gleichung symmetrischer Stellen bei einseitiger Affection erkannt. Die
Einführung dieser ungemein wichtigen symmetrischen Percussion
verdanken wir Williams, sie ist namentlich von der grössten Bedeutung für die Percussion der Spitzen; (dass man diese oberhalb der
Claviculae noch percutiren kann, hat zuerst Seitz gezeigt). Bei doppelseitig gleichmässig wenig vorgeschrittenem Leiden ist die Schätzung der
Qualität des Percussionsschalls oft ungemein schwer und die wichtigsten
Anhaltspuncte für die Diagnose muss dann die Auscultation liefern. Bei
der symmetrischen Percussion hat auch jetzt noch ihre ursprüngliche Auenbrugger'sche unmittelbare Percussion ihre Berechtigung und Vortheile.
Zur Vergleichung des Schalls beider Lungenspitzen empfiehlt es
sich (was nur bei sehr fettleibigen Personen nicht angeht), einen kurzen
Schlag mit dem gekrümmten Mittelfinger auf die Mitte der Clavicula
direct auszuführen; Infiltrationen einer Spitze werden hiedurch leicht
und sicher erkannt. Ebenso ist es zweckmässig, bei der Percussion
des Rückens auch noch mit der Kuppe aller fünf Finger die Brustwand über beiden Unterlappen stark zu erschüttern. Befolgt man

diese Regel, so werden geringe Dämpfungen durch kleine Exsudate, namentlich aber auch unvollständige pneumonische Infiltration leichter deutlich, während man bei der hier nothwendig starken mittelbaren Percussion, wie ich aus eigener Erfahrung weiss, solche Dinge bei der ersten Untersuchung leichter übersehen kann. (Es ist, wie schon früher bemerkt wurde, keineswegs immer möglich, Aenderungen in Helle und Völle auseinanderzuhalten; wo dies nicht angeht, soll der Kürze halber stets nur von „Dämpfung" gesprochen werden, ebenso auch, wenn der Schall vollkommen gedämpft und eo ipso also zugleich leer ist. In diesem Sinne ist es zwar nicht ganz correct, aber doch erlaubt, der Kürze halber von „Leber-, Herz-, Milzdämpfung" u. s. w. zu sprechen, statt die richtigere, aber ganz ungebräuchliche Bezeichnung „Leber-, Herz-, Milzleere" anzuwenden.) Tympanitischen Schall an den Lungen findet man bei Verlust der Spannung, dann aber auch, wenn ein präformirter (grösserer Bronchus, Trachea) oder neugebildeter (Caverne) Hohlraum der Percussion zugänglich wird. Zu Verlust der Spannung kommt es bei Compression eines Lungenabschnittes, z. B. durch Anfüllung des Pleuraraums mit flüssigen oder festen Massen, Heraufrücken der mächtig vergrösserten Leber, durch grosse Aneurysmen und Mediastinaltumoren. Der tympanitische Schall findet sich an der Grenze der verdrängten Gebilde, oberhalb des pleuritischen Exsudats oder des Hydrothorax, streifenförmig neben dem Brustbein bei Geschwülsten im Mediastinum. Massenhafte pleurale Exsudate liefern auch an der Vorderseite des Thorax über der II. und III. Rippe einen deutlich tympanitischen und zudem exquisit tiefen Schall der retrahirten Lunge. Bei Verschluss eines Bronchus wird die im abgesperrten Lungentheil enthaltene Luft allmälig resorbirt und die Retraction des atelectatischen Theiles verräth sich, wenn dieser mindestens einige Centimeter gross ist und oberflächlicher liegt, durch tympanitischen Schall. Auch stärkere Durchtränkung des Lungenparenchyms und Imbibition seiner Theile vermindert die Spannung. Hiedurch erklärt sich der tympanitische Schall bei beginnender Pneumonie und während deren Resolution, sowie beim Lungenödem. Bei letzterem ist wohl auch die Anwesenheit von Schaum in den feinen Bronchien Ursache für den tympanitischen Schall. Bei allen diesen Processen ist es für das Auftreten von tympanitischem Schall nothwendig, dass noch etwas Luft vorhanden ist, sobald sie ganz aus den Vesikeln (durch Infiltration, Oedem, Blutung) verdrängt ist, wird der Schall leer, es sei denn, dass dann die Percussion eines grösseren Bronchus durch das infiltrirte Gewebe hindurch oder eine Caverne möglich wird. Dieser tympanitische Schall ist aber im Allgemeinen höher als der, welcher von der entspannten lufthaltigen Lunge geliefert wird, im Uebrigen wird eventuell die Entscheidung durch das Auftreten von „Schallwechsel" und die anderen „Cavernensymptome" ermöglicht.

Die percussorischen Höhlensymptome.

Ein luftgefüllter Hohlraum muss eine gewisse Grösse (ca. 5 bis 6 cm), ziemlich regelmässige, reflexionsfähige Wandung und oberfläch-

liche Lage besitzen, damit wir durch die Percussion von ihm characte-
teristische Phänomene bekommen können. Solchen Bedingungen genügen
grosse Bronchien, Cavernen (bei Phthise, Bronchicctasie, Gangrän, ent-
leertem Abscessus pulmonum, Pneumothorax, Hernia diaphragmatica).
Der tympanitische Schall, den solche Hohlräume bei der Percussion geben, ist für sie nicht characteristisch, weil auch andere Processe (vgl. oben) solchen mit sich bringen können. Ist der tympanitische Schall zugleich hoch, so spricht dies allerdings schon mit recht
grosser Wahrscheinlichkeit für einen Hohlraum. Von beträchtlicher
Wichtigkeit für die Diagnose eines solchen sind die verschiedenen Arten
des Schallwechsels. Obenan steht seiner Bedeutung nach der
Wintrich'sche Schallwechsel. Dieses Phänomen ist dadurch
characterisirt, dass der Percussionsschall beim Oeffnen des Mundes
höher, beim Schliessen desselben tiefer wird. Bedingung für sein Zustandekommen ist, dass entweder die Trachea selbst resp. ein Hauptbronchus von der Erschütterung des Percussionsschlages erreicht wird
oder ein Hohlraum davon getroffen wird, der entweder durch eine
Oeffnung mit einem Bronchus direct communicirt oder (Wintrich)
von einem solchen nur durch eine sehr dünne Wand getrennt ist, so
dass seine Schwingungen auch auf den Bronchus übertragen werden
und diesen resp. die Luft in demselben zum Mitschwingen veranlassen
können. Nach der Erklärung, die Wintrich selbst für das Phänomen
gegeben hat, kommt dabei einfach das Gesetz der offenen und gedeckten Pfeifen zur Geltung. Man kann diesen Schallwechsel
am eigenen Körper hervorrufen, wenn man die Wange percutirt und
die Oeffnung des Mundes weiter, enger offen hält und endlich ganz
verschliesst; man kann so leicht eine Höhenänderung um eine volle
Octave erhalten. Der Schall wird beim Wintrich'schen Schallwechsel
nach Verschluss des Mundes jedesmal noch weiter tiefer, wenn man
ein Nasenloch und dann das andere zuhält, den Schlund durch den
Zungengrund absperren und die Glottis schliessen lässt. Schon Wintrich
war es bekannt, dass auch während des Pressens, also bei Verschluss
der Glottis der Schallwechsel beim Oeffnen und Schliessen des Mundes
sich einstellt. Aus diesen und ähnlichen Gründen ist von Neukirch
der Wintrich'sche Schallwechsel lediglich auf Aenderung der Mund-
Rachen-Nasenhöhle bezogen worden, deren Schallhöhe durch Verschliessen des Mundes nach dem Gesetz der gedeckten Pfeifen tiefer
wird. Indem diese Höhlen als Resonator wirken, verstärken sie beim
Schluss der Oeffnung tiefere Töne, beim Oeffnen höhere. Das Gesetz
der Pfeifen käme für den Percussionsschall beim Wintrich'schen
Schallwechsel also nur indirect zur Geltung. Der beweisende Versuch
ist in der That frappant. Percutirt man den Kehlkopf bei geschlossener
Glottis, so wird der tympanitische Schall beim Oeffnen und Schliessen
des Mundes geradeso höher und tiefer, als wenn frei geathmet wird.
Ob Schluss der Glottis allein den Schall des percutirten Larynx tiefer
machen kann, erscheint nach der Angabe der Autoren zweifelhaft, mir
ist es nicht gelungen, wohl aber gelingt es leicht, den Einfluss der
gespannten Stimmbänder auf die Tonhöhe zu demonstriren. Schliesst
man die Glottis wie zum Intoniren eines Vocals bei geöffnetem Mund
und percutirt den Schildknorpel oder auch das Zungenbein, so wird
beim Pressen und Anspannen der Stimmbänder der schön tympanitische

Schall sehr viel höher. Auch bei geschlossenem Mund gelingt dieser Versuch, aber nicht so schön, weil bei stärkerem Pressen der Schall rasch dumpf wird und seine Tympanie fast ganz einbüsst. Wenn schon der Abschluss der Glottis durch wahre und eventuell falsche Stimmbänder etwa noch nebst Epiglottis das Resoniren der Mund-Rachen-Nasenhöhle nicht hindert, so kann dies doch geschehen, wenn bei Rückenlage der Zungengrund nach hinten sinkt und den Aditus laryngis überlagert. Bäumler hat darauf aufmerksam gemacht, dass unter solchen Umständen der Wintrich'sche Schallwechsel fehlen und nur bei vorgestreckter Zunge erscheinen kann. Dies ist doppelt wichtig, weil mitunter aus anderen Gründen der Wintrich'sche Schallwechsel nur bei aufrechter Stellung, nicht bei Rückenlage (oder auch umgekehrt) erscheinen kann und man diesem „unterbrochenen Wintrich'schen Schallwechsel" (Gerhardt) mit Recht einen grossen diagnostischen Werth als Höhlensymptom zuerkannt hat. Mündet in eine Caverne ein grösserer Bronchus und sind somit die Bedingungen zum Wintrich'schen Schallwechsel gegeben, so kann, wenn die Caverne ausser Luft noch flüssigen Inhalt (Schleim, Eiter) enthält, bei einer gewissen Körperstellung die Mündung des Bronchus durch diese Massen verlegt, bei einer anderen frei werden, der Schallwechsel in der ersten fehlen, in der zweiten vorhanden sein. In dieser Form ist der Wintrich'sche Schallwechsel in der That beweisend für die Annahme einer Caverne, wenn er im Liegen zwar nicht, aber im Stehen bemerkbar wird oder im Stehen und trotz vorgestreckter Zunge nicht im Liegen. Ohne diese Unterscheidung ist der Wintrich'sche Schallwechsel nur dann ein gutes Zeichen für eine Caverne, wenn er nur wenig deutlich ist. Sehr auffallende Höhenänderung beim Oeffnen und Schliessen des Mundes spricht sogar direct gegen eine Caverne und dafür, dass ein grosser Bronchus direct (durch infiltrirtes Lungengewebe) percutirt wurde. Diesen sogenannten Williams'schen Trachealton findet man bei Infiltrationen der Lunge häufig über der II. und III. Rippe neben dem Sternum, besonders bei magerer, biegsamer Brustwand.

Der Gerhardt'sche Schallwechsel besteht in einer Höhenänderung des Percussionsschalls beim Aufsitzen und Niederlegen des Kranken. Ist eine Caverne von annähernd ovoider Form etwa zur Hälfte mit flüssigem Inhalt gefüllt, so erhält der Luftraum, wie Fig. 37 zeigt, bei einer Drehung von 90° um eine kurze Axe das eine Mal einen grösseren, das andere Mal einen kleineren längsten Durchmesser. Da der längste Durchmesser ab für die Höhe des Eigentons des Luftraumes von ausschlaggebender Bedeutung ist, so muss im ersten Falle ein tieferer, im zweiten ein höherer Schall zum Vorschein kommen. Gerhardt und sein Schüler Liisberg haben dies experimentell an einer zur Hälfte mit Wasser gefüllten Gummibirne demonstrirt. Mit Recht hat Weil darauf aufmerksam gemacht, dass mit einem cylindrischen gläsernen Gefäss der Versuch negativ ausfällt und der Schall in beiden Lagen gleich hoch ist. Diese Differenz ist aber vorläufig noch nicht physikalisch aufgeklärt. Der Gerhardt'sche Schallwechsel tritt auch dann ein, wenn eine Caverne nicht vorliegt, sondern nur eine tympanitischen Schall liefernde Infiltration. Es wird dann der Schall beim Aufsitzen höher, wohl durch stärkere Anspannung des Lungengewebes,

namentlich durch den Zug der schweren, nach unten sinkenden Leber.
Der Gerhardt'sche Schallwechsel ist nur dann ein gutes Cavernensymptom, wenn der Schall beim Aufrichten tiefer, beim Niederlegen
höher wird; dies trifft nur dann zu, wenn (ausnahmsweise) eine grössere,
zudem mit leicht beweglichem, flüssigem Inhalt etwa zur Hälfte gefüllte eiförmige Caverne ihren grössten Durchmesser in der sagittalen

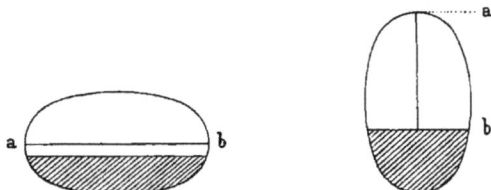

Fig. 37. Schema für das Zustandekommen des Gerhardt'schen Schallwechsels.

Ebene hat. Wie Eichhorst richtig bemerkt, darf ferner der Gerhardt'sche Schallwechsel nur dann als beweisend für das Vorhandensein
einer Caverne angesehen werden, wenn andere Ursachen für eine Aenderung des Schalls durch wechselnde Körperstellung ausgeschlossen
werden können, wenn also kein „unterbrochener Wintrich'scher Schallwechsel" nachgewiesen werden kann, der Wintrich'sche Schallwechsel
entweder in allen Körperlagen vorhanden ist, oder in allen fehlt.

Der Friedreich'sche (respiratorische) Schallwechsel besteht
in einer Erhöhung des Percussionsschalls bei tiefer Inspiration und
Vertiefung während der Exspiration. Nach Friedreich's Erklärung
ist hiefür die Weite der Glottis verantwortlich zu machen, die allerdings nur bei sehr tiefer Inspiration durch Wirkung der Musculi crico-
arytaenoidei postici erheblich weiter, bei der Exspiration enger wird,
während die Differenz bei nicht forcirter gewöhnlicher Athmung nur
eine geringe ist, was schon von Rosenbach gegen Friedreich's Ansicht geltend gemacht wurde. Es käme also hier wie beim Wintrich-
schen Schallwechsel das Gesetz der offenen und gedeckten Pfeifen zur
Geltung. Nun haben wir gesehen, dass die (directe) Anwendung dieses
Gesetzes schon für die Erklärung des Wintrich'schen Schallwechsels
durch Neukirch bedenklich erschüttert wurde, und wenn es nicht
einmal durch vollständigen Glottisschluss (bei sonst ganz gleicher Configuration der Mundhöhle!) gelingen will, eine deutliche Vertiefung des
Schalls herbeizuführen, so liegt es auf der Hand, dass eine blosse Erweiterung und Verengerung der Glottis erst recht nicht einen merk-
lichen Einfluss auf die Schallhöhe haben wird. Der Schallhöhenwechsel
findet sich auch thatsächlich, wie Eichhorst bemerkt, bei Cavernen,
die mit einem Bronchus gar nicht communiciren, leichter an dünnwandigen als an dickwandigen, und ist auf eine vermehrte Spannung
der Wand während der Inspiration zu beziehen. Das Gleiche kann auch
eintreten, wenn der tympanitische Schall nur durch infiltrirtes Lungengewebe geliefert wird, und jedenfalls ist der Friedreich'sche Schallwechsel von allen das schlechteste „Cavernensymptom". Ohne Zweifel
ist das hauptsächlich Wirksame für die Erhöhung des Schalls, wie dies

Friedreich später auch selbst zugegeben hat, die Vermehrung der Spannung der Cavernenwand; durch diese Zunahme der Spannung kann zudem die Tympanie des Schalls undeutlich oder aufgehoben werden, was schon da Costa beobachtet hatte.

Bei dehnbaren Cavernen wirkt der Erhöhung des Schalls die Vergrösserung des Hohlraums bei der Inspiration entgegen, vermag aber in der Regel die Wirkung der vermehrten Spannung nicht zu paralysiren, so dass trotzdem der Schall höher wird. Friedreich irrte jedoch, wenn er dieses Verhältniss für constant ansah, schon vor Friedreich hatte A. Geigel mit Sicherheit beobachtet, wie der Schall über einer Caverne bei der Inspiration um einen halben Ton tiefer wurde und die richtige Erklärung in der Volumsvergrösserung des Hohlraums gefunden.

Der Metallklang ist ausgezeichnet durch das Bemerkbarwerden von silberhellen, sehr hoch liegenden Obertönen. (Um diese dem Ohr und dem Gedächtniss einzuprägen, balancire man auf der Beere jedes Mittelfingers eine grössere Silbermünze und schlage mit dem Rand der einen sanft auf den der anderen.) Wintrich hat ganz besonders dieses Phänomen studirt und die Bedingungen klar gelegt, unter denen ein Hohlraum Metallklang geben kann. Hiezu ist nöthig, dass die Höhle mindestens einen Durchmesser von 6 cm und ziemlich regelmässige Gestalt besitzt, sowie allseitig von reflexionsfähigen (gespannten) Wänden begrenzt ist. Nur ausnahmsweise soll es gelungen sein, auch an kleineren (3 cm grossen) Cavernen Metallklang hervorzurufen. Hat die Wand des Hohlraums eine Oeffnung, so darf dieselbe nicht allzu gross sein und die Höhlung darf nicht sich gegen diese Oeffnung (etwa wie bei einer Weinflasche) allmälig verengern; rings um die Oeffnung muss noch Wand vorhanden sein (wie bei den Medicinflaschen und Mineralwasserkrügen).

Damit Metallklang entsteht, müssen also die Bedingungen zur allseitigen Reflexion der sich im Inneren bildenden stehenden Wellen vorhanden sein, die nach Wintrich's Ausspruch „ein in sich geschlossenes Wellensystem bilden", mit welchem Wort leider für das Verständniss nicht viel gewonnen ist. Wichtig und zutreffend ist Wintrich's Bemerkung, dass durch kurzen, kräftigen Percussionsschlag der Metallklang leichter hervorgerufen werden kann, dass man ihn ganz in der Nähe leichter und am besten am geöffneten Munde des Kranken zu hören bekommt. Vorzüglich geeignet zum Wachrufen des Metallklangs ist die von Heubner empfohlene Stäbchen-Plessimeterpercussion, wobei man mit dem Stiel des Percussionshammers oder einem Bleistift u. dgl. kurze Stösse auf das Plessimeter ausübt. Der klirrende Schall, der hiedurch erzeugt wird, weckt, wie es scheint, den Metallklang am besten; es ist daher die Methode zur Exploration von Cavernen, Pneumothorax entschieden sehr zu empfehlen; besonders empfindlich ist sie dann, wenn man gleichzeitig neben dem Plessimeter mit dem Stethoskop auscultirt. Metallklang kann man am eigenen Körper leicht hervorrufen, wenn man die aufgeblasenen Wangen percutirt. Bläst man die Wangen stark auf, so kommt ein schöner Metallklang zum Vorschein, zu gleicher Zeit kann man aber beobachten, dass der vorher vorhandene tympanitische Schall immer weniger tympanitisch wird. Dies trifft auch bei der Percussion von Cavernen, Pneumo-

thorax u. s. w. zu; je schöner und deutlicher der Metallklang, desto mehr tritt
die Tympanie des Grundtons in den Hintergrund. Der Metallklang ist
an das Vorhandensein einer starren oder stark gespannten Wand mit
Nothwendigkeit gebunden, mit Erschlaffen derselben verschwindet er.
Nach dem Gesagten ist es begreiflich, dass der Metallklang häufig über
Hohlräumen vermisst wird, ist er aber vorhanden, so ist er auch für
die Anwesenheit eines solchen fast absolut beweisend und mit den auscultatorischen metallischen Phänomen entschieden das beste Cavernensymptom. Das Umgekehrte gilt für das Geräusch des gesprungenen
Topfes (bruit de pot fêlé, dead knell, Münzenklirren). Dieses ist
characterisirt durch ein eigenthümliches Schüppern des Schalls, wie man
es eben beim Anschlagen eines gesprungenen Gefässes mit dünnen
Wänden zu hören bekommt. Auch in folgender Weise kann man sich
das Phänomen vorführen. Wenn man die beiden Hände hohl und nicht
zu fest auf einander presst und so mit dem Rücken der einen Hand
gegen den Schenkel schlägt, so kann man es zum stossweisen Entweichen der Luft zwischen den Händen und Fingern bringen, wodurch
ein Laut erzeugt wird, als würden dünne Münzen (Rechenpfennige,
sogenannte Tantus) in der Hand geschüttelt. Auch am Thorax ist das
Geräusch des gesprungenen Topfes von metallischem Character. Bei
gesunden Kindern mit biegsamem Thorax lässt es sich jederzeit hervorrufen, wenn man während des Schreiens stark percutirt, bei Erwachsenen, wenn man die Brust während des Singens mit der Faust
erschüttert. Allgemein adoptirt ist die Erklärung Wintrich's, dass beim
Geräusch des gesprungenen Topfes stets Luft durch eine enge Spalte
(beim Singen durch die Glottis) und zwar stossweise getrieben werde.
Dies lässt sich nur unter der Annahme verstehen, dass der Spalt von
elastischen Gebilden begrenzt ist, die der andrängenden Luft nachgeben, gleich wieder zurückschwingen und zumachen und so eine häufige
Unterbrechung des Luftstroms bewirken; bei der Trägheit der bewegten
Massen erfolgt diese Unterbrechung nicht so oft, dass ein Ton entstünde, dass man vielmehr die einzelnen Stösse noch unterscheiden kann
(von Weil ist das Geräusch das „percuto-auscultatorische Geräusch"
genannt worden).

Während des Exspiriums ist das Geräusch in der Regel leichter
hervorzurufen; bemerkenswerth ist der Rath von Barth und Roger,
stets nur einmal zu percutiren. Das Phänomen fehlt auch über Cavernen
häufig, wechselt sehr, kommt und verschwindet, ist auch über einfachen
Infiltrationen beobachtet worden und selbst bei ganz Gesunden. Es
trägt seinen ominösen englischen Namen also nur zum Theil mit Recht
und ist als „Cavernensymptom" entschieden nur von sehr geringem
Werth.

Die topographische Percussion des Herzens

geschieht entweder bei aufrechter Haltung des Rumpfes oder in der
Rückenlage. Man beginnt am besten, indem man auf der rechten Thoraxhälfte den Stand des Zwerchfells bestimmt und die gefundene Linie wie
in Fig. 39 nach links verlängert. Darauf percutirt man links neben dem
Sternum von oben nach unten und findet so die obere Grenze der Herzdämpfung. Zwischen beide Linien percutirt man von links, dann von

rechts hinein, um die linke resp. rechte Grenze der Herzfigur festzustellen. Man unterscheidet die sogenannte grosse (relative) und kleine (absolute) Herzdämpfung; in Fig. 38 ist der Bereich der ersteren mit *m l k*, der der letzteren mit *a b c* angezeichnet. Im Bereich der grossen Herzdämpfung findet sich ein gegenüber dem hellen, vollen Lungenschall zwar deutlicher Unterschied in der Völle, nicht aber in der Helligkeit, der Schall wird nicht absolut leer (und gedämpft). Zur Feststellung dieser grossen Herzdämpfung muss leise percutirt werden (vgl. S. 64). Im Bereich der kleinen Herzdämpfung liegt das Herz der Brustwand direct an und gibt einen völlig leeren und zugleich natürlich gedämpften Schall. Man percutirt die Grenzen der kleinen Herzdämpfung mit stärkerem Schlag. Geringe Vergrösserungen des Herzens werden durch Percussion der grossen Dämpfung entschieden leichter erkannt, dagegen ist im Allgemeinen die Feststellung der kleinen sicherer und weniger vom subjectiven Urtheil über den Grad der noch vorhandenen Völle des Schalls abhängig. Desswegen ist die Percussion der kleinen Herzdämpfung bei den meisten Aerzten üblich geworden, und von ihr soll auch künftig, wenn Anderes nicht ausdrücklich bemerkt wird, lediglich die Rede sein. Die Grenzen der absoluten Herzdämpfung finden sich bei Gesunden (Fig. 35, *H*): Obere Grenze am unteren Rand der IV. Rippe. Rechte Grenze linker Sternalrand, linke Grenze zwischen linker Parasternal- und Mamillarlinie, keinesfalls die letztere überschreitend; die untere Grenze kann selten direct bestimmt werden. Bei aufrechter Stellung ist die Herzdämpfung meist ein wenig grösser als in der Rückenlage, bei Kindern in der Regel merklich grösser als bei Erwachsenen, es wird bei ihnen von der Dämpfung die linke Mamillarlinie regelmässig, der obere Rand der IV. Rippe häufig erreicht. Nach Matterstock findet sich bei Gesunden mit kurzem Sternum auch eine Dämpfung rechts vom Sternum dicht über dem Zwerchfell.

Verkleinerung der Herzdämpfung kommt vor bei Volum pulmonis auctum. Die aufgeblähten Lungenränder überlagern dabei das Herz und drängen dasselbe von der Brustwand ab. Die Abflachung des Zwerchfells bei solchen Affectionen bringt es ferner mit sich, dass das Herz, welches auf dem Zwerchfell ruht, mit seiner Basis nach hinten sinkt und sich so von der Brustwand entfernt. Geringere Verkleinerungen der Herzdämpfung werden demnach zuerst durch Herabrücken der oberen Herzgrenze erkannt, bei höheren Graden ist die Herzdämpfung allseitig verkleinert und kann schliesslich ganz verschwinden, eventuell ist noch in kleinem Umfang eine relative Dämpfung nachweisbar.

Eine Vergrösserung der Herzdämpfung deutet fast stets auf eine Vergrösserung des Herzens (Hypertrophie, Dilatation) oder auf Flüssigkeitsansammlung im Pericardium. Seltener wird eine Vergrösserung der Herzdämpfung herbeigeführt durch Hochstand des Zwerchfells (bedeutende Ausdehnung des Abdomens durch grosse Geschwülste, den schwangeren Uterus, Meteorismus, Ascites).

Eine Verschiebung der rechten oder linken Herzgrenze nach aussen bedeutet eine entsprechende Vergrösserung des rechten resp. linken Herzens. Ist eine Grenze nach aussen, die andere Grenze im nämlichen Maasse nach innen gerückt, so handelt es sich um eine Verlagerung des Herzens. Eine solche ist bei

manchen Individuen in nicht unbeträchtlichem Maasse bei rechter oder
linker Seitenlage nachgewiesen (Fig. 38), sonst wird eine Verschiebung
des Herzens bewirkt durch bedeutende Flüssigkeitsansammlungen in der
Pleurahöhle, durch Pneumothorax, grosse Tumoren, Lungenschrumpfung,
z. B. nach Pleuritis. Letztere Ursache zieht das Herz nach der Seite
der Affection, die anderen verdrängen das Herz nach der entgegengesetzten Seite.

    Eine Erweiterung der Herzdämpfung nach oben durch
eine Vergrösserung des Herzens selbst erreicht selten hohe Grade, es
gehört dazu schon eine gewaltige Volumsvergrösserung des Herzens
und namentlich der Vorhöfe, wie man sie namentlich bei com-
binirten Fehlern der Mitralis und Tricuspidalis antreffen kann. Häufiger

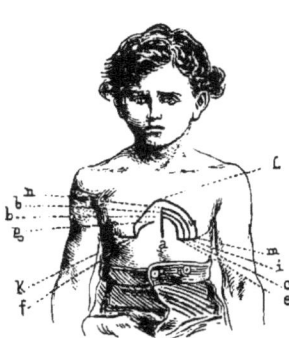

Fig. 38.
a b c absolute,
m l k relative Herzdämpfung,
e h g f absolute bei rechter,
a n i bei linker Seitenlage.
(Nach Gerhardt.)

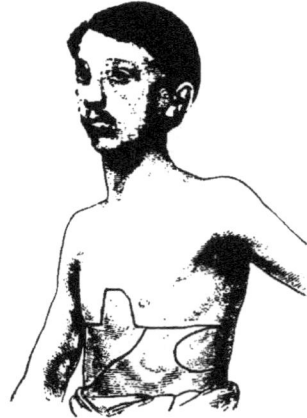

Fig. 39. Herzdämpfung, Lungenleber- u.
Lungenmilzwinkel. (Nach Gerhardt.)

wird eine Vergrösserung der Herzdämpfung nach oben bewirkt
durch Flüssigkeitsansammlung im Pericardium (Pericarditis exsudativa,
Hydropericardium); auch hier ist stets die Dämpfung zugleich nach
den beiden Seiten hin erweitert und speciell hat die Dämpfung die
Gestalt eines ziemlich gleichschenkligen Dreiecks mit nach oben ge-
richteter Spitze. Findet sich dagegen nur eine Vergrösserung der
Herzdämpfung nach oben, so dass links neben dem Sternum ein
thurmförmiger Aufsatz auf der Herzfigur erscheint, so ist dies ein
gutes Zeichen für die Anwesenheit eines Aneurysma des Anfangstheils
der Aorta.

    Tympanitischen Schall über der Herzgegend findet man
bei starker Percussion nicht selten. Er ist bedingt durch das Mitschallen des naheliegenden, mit Luft gefüllten Magens oder Colon
transversum. Schwächere Percussion lässt dann meistens die Herzdämpfung deutlich hervortreten; findet man aber auch dann und constant über dem Herzen tympanitischen Schall, so handelt es sich um
die Anwesenheit von Luft im Herzbeutel, um ein Pneumopericardium. Ist unter solchen Verhältnissen das Pericardium stärker

gespannt, so tritt die Tympanie mehr oder weniger in den Hintergrund und dafür erscheint Metallklang. Dieses Phänomen ist, wenn auf Pneumopericardium beruhend, selten und stets mit schweren Erscheinungen von Seite des Herzens vergesellschaftet, während ein vom Magen oder Dickdarm fortgeleiteter Metallklang viel häufiger vorkommt.

Percussion der Unterleibsorgane.

Die Percussion der Leber wird entweder im Stehen oder in Rückenlage vorgenommen. In letzterem Fall muss der Patient durch Anziehen der Beine und ruhiges Athmen die Bauchdecken erschlaffen. Man beginnt, indem man zunächst die obere Grenze feststellt; diese fällt natürlich mit der unteren Grenze der rechten Lunge zusammen. Darauf percutirt man am Abdomen in der rechten Mamillarlinie, für gewöhnlich in Nabelhöhe beginnend, nach aufwärts und findet in der Norm die untere Lebergrenze in der Mamillarlinie am Rippenbogen. Von hier erstreckt sie sich ziemlich horizontal verlaufend nach rechts und hinten bis nahe zur Wirbelsäule. Nach links zieht sie, in nach unten convexem Bogen, nach oben weiter, schneidet die Mittellinie in der Mitte zwischen Processus xiphoideus und Nabel und erreicht ihr Ende am Zwerchfell zwischen linker Parasternal- und Mamillarlinie (wo für gewöhnlich der Herzchoc zu finden ist). Hier ist die Leber nach oben nicht abgrenzbar, ihr leerer Schall geht in den ebenfalls leeren des Herzens über. Regel bei der Percussion der unteren Lebergrenze ist es, das Plessimeter, resp. den linken Mittelfinger tief einzudrücken und recht schwach zu percutiren, sonst erhält man stets zu hohe Grenzen, weil man durch den dünnen Rand der Leber den tympanitischen Schall der Därme herauspercutirt. Auch bei aller Vorsicht erhält man häufig mittels der Percussion eine etwas zu hoch stehende untere Lebergrenze und die Palpation liefert in weitaus den meisten Fällen erst die genaue Lage des unteren Leberrandes, wie denn aus schon angeführten Gründen diese Untersuchungsmethode bei der Diagnose von viel höherem Werthe ist als die Percussion. Von Wichtigkeit ist die Percussion vornehmlich bei den Krankheiten, die mit einer Verkleinerung der Leber einhergehen und bei denen dann naturgemäss die Palpation desswegen im Stich lässt, weil das Organ unter dem Rippenbogen verschwindet und nicht mehr gefühlt werden kann. Dies gilt besonders für die acute gelbe Leberatrophie, bei welcher das mitunter von Tag zu Tag nachweisbare Nachobenrücken der percussorischen unteren Lebergrenze das bei Weitem wichtigste diagnostische Merkmal abgibt. Ferner ist nachweisbare Verkleinerung der Leberdämpfung mit grosser Vorsicht für die Diagnose verwerthbar bei Laënnec'scher Lebercirrhose. Die Verkleinerung betrifft hier anfangs stets den linken Leberlappen und man muss sich dessen bewusst bleiben, dass dieser auch bei Gesunden, wenn der Magen oder das Quercolon stark mit Luft gefüllt sind, keine nachweisbare Dämpfung gibt und sich die Leberdämpfung von der Mamillarlinie an gar nicht mehr vom Rippenbogen trennt. Ist die Leber mit dem Zwerchfell fest verwachsen, so kann sie ganz erheblich

verkleinert werden, ohne dass die Grenzen der Leberdämpfung sich
ändern (Gerhardt). Vollständiges Verschwinden der Leberdämpfung
hat dann, aber nur dann einen bedeutenden Werth für die Annahme
einer Peritonitis perforativa mit Ansammlung freier Luft in der Peritonealhöhle (Schuh-Skoda), wenn das Verschwinden der Leberdämpfung nachweislich rasch eingetreten ist und die sonstigen Zeichen
einer Peritonitis überhaupt vorhanden sind. In Ausnahmsfällen kommt
es nämlich dazu, dass das mit Luft gefüllte Quercolon sich zwischen
Leber und Rippenbogen schiebt und so die Leberdämpfung verschwinden
lässt, was ohne Beherzigung der gegebenen diagnostischen Regel leicht
dazu verleiten könnte, eine Perforations-Peritonitis anzunehmen (Kuss-
maul-Kellenberger).

Tiefer Stand der unteren Lebergrenze, eventuell bis zum
Becken, bedeutet stets eine Vergrösserung oder Verlagerung des
Organs (Hepar mobile). (Bei gesunden Kindern reicht die Leber
häufig 1—2 Querfinger unter den Rippenbogen.) Die Wanderleber ist
ausserordentlich selten und noch seltener sicher zu diagnosticiren. Die
Diagnose gelingt, wenn man oberhalb der Leberdämpfung und unterhalb des nichttympanitischen Lungenschalles mit Sicherheit einen Streifen
tympanitischen Schalles (bewirkt durch dazwischen getretene, lufthaltige
Darmschlingen) nachweisen kann; der Streif tritt im Stehen auf und
verschwindet, wenn man die Leber reponirt. Unmöglich ist die percussorische Feststellung des unteren Leberrandes, wenn dieser an mit Koth
gefüllte Darmschlingen, einen Tumor, an Flüssigkeit angrenzt.

Im Uebrigen gibt auch bei Vergrösserungen der Leber die Palpation
einen viel sichereren Aufschluss über den Verlauf des unteren Leberrandes als die Percussion. Aus diesem Grund ist das Herauspercutiren
von gelapptem Leberrand, von Hervorragungen (durch Abscess, Echinococcus, Carcinom) oder der stark gefüllten Gallenblase, falls die Resultate nicht überhaupt auf Selbsttäuschung beruhen, wenig mehr als
eine Künstelei, die durch die sichere Palpation vollkommen unnöthig
gemacht ist. Anders liegen die Verhältnisse beim Feststellen des oberen
Leberrandes. Ist dieser weiter nach oben gerückt (bei Kindern reicht
er namentlich hinten normalerweise weiter nach oben als bei Erwachsenen), so kann dies von einer bedeutenden Volumszunahme
des Organs herrühren, in diesem Fall ist der untere Leberrand stark
nach unten verlagert.

Da bei Vergrösserungen der Leber stets zunächst eine Verschiebung der unteren Grenze auftritt, so spricht ausschliessliche Vergrösserung der Leberdämpfung nach oben mit Sicherheit für einen
subphrenischen Abscess oder eine Dämpfung, die von der Lunge resp.
einer Flüssigkeitsansammlung im Pleuraraum herrührt. Ist die Leberdämpfung nach oben nicht gleichmässig verbreitert, bekommt
man vielmehr bei der Percussion nach oben convexe Ausbuchtungen
der oberen Leberdämpfung, so ist dies ein höchst werthvolles Zeichen
für Abscess oder solitären Echinococcus der Leber. Bei
solchen unter der Zwerchfellkuppe verborgenen Affectionen ist hin-
wiederum die Palpation natürlicherweise unmöglich und das Resultat
der Percussion, wenn positiv, von hoher Bedeutung, kleine Herde oder
ganz central gelegene können natürlicherweise auch der Percussion
entgehen, doch kommt unregelmässige Begrenzung der Leberdämpfung,

wie ich bestimmt versichern kann, auch bei tief gelegenen Leber-
abscessen vor.

Die Percussion der Milz gehört für den Anfänger zu den
schwierigeren Aufgaben, aber auch der Geübte kommt mitunter nicht
zu einem sichern Resultat. Namentlich ist die Untersuchung erschwert
durch starke Fettleibigkeit, bei der es mitunter kaum gelingen will,
durch starke Percussion eine leidliche „Milzdämpfung" zu erhalten.
Ausserdem ist der Füllungszustand der benachbarten Darmschlingen mit
Luft oder Flüssigkeit von so wesentlichem Einfluss auf die Ausbreitung
des leeren Schalles, dass selbst gröbere Täuschungen sich mitunter
kaum vermeiden lassen. Die Milz percutirt man entweder in aufrechter Stellung oder in halber rechter Seitenlage. Stets stellt man
zuerst die untere Lungengrenze in der linken Scapularlinie bis vor zur
mittleren Axillarlinie fest. Darauf percutirt man von der Crista oss. ilei
sin. an in der hinteren Axillarlinie nach aufwärts und bestimmt so
die untere Milzgrenze. Zwischen die beiden so erhaltenen Linien percutirt man dann weiter von unten vorn anfangend, schräg nach oben
und hinten und erhält damit die vordere Grenze der Milzdämpfung.
Normalerweise reicht die Milzdämpfung von der IX. bis zur XI. Rippe in der
Breite und nach vorn soll sie die mittlere Axillarlinie oder die Costo-
Articularlinie nicht überschreiten (Fig. 39, 36). Verkleinerungen des
Organs sind nicht mit Sicherheit zu bestimmen, es sei denn, dass eine
abnorm grosse Milzdämpfung plötzlich sich in ihren Dimensionen vermindert, was im Zusammenhalt mit andern Allgemeinsymptomen (Collaps, Peritonitis) eventuell für die Annahme einer Milzruptur oder
Entleerung eines Milzabscesses verwerthet werden kann. Im Uebrigen
ist nur eine Vergrösserung der Milzdämpfung von diagnostischer Bedeutung, wichtiger als die Verschiebung der vorderen Grenze bis zur
vorderen Axillarlinie oder darüber ist die mit grösserer Sicherheit auf
eine Vergrösserung des Organs zu beziehende Verbreiterung der
Milzdämpfung. Bemerkenswertherweise rückt schon bei mässiger
Milzhyperplasie die obere Grenze aufwärts bis zur VIII. Rippe, bei bedeutenden Milztumoren noch weiter und dann auch nach unten und
vorn. (Vgl. im Uebrigen Kapitel: Palpation!)

Die topographische Percussion des Magens ist mitunter ohne
alle Vorbereitungen möglich, wenn der Magen stark mit Luft oder mit
Speisen ganz gefüllt ist. Im ersteren Falle unterscheidet ihn sein auffallend tiefer tympanitischer Schall vom höheren der Därme, im letzteren
sein leerer. Trifft keines von beiden zu, so kann man den Magen
künstlich mit Kohlensäure aufblähen, indem man eine Brausemischung
verschlucken lässt. Der durch die Kohlensäure aufgeblasene Magen
lässt mitunter seine Contouren durch die Bauchdecken sichtbar werden,
die percussorische Abgrenzung seines tiefen Schalls geschieht am besten
in der Rückenlage, damit die verschluckte Flüssigkeit nach hinten sinkt
und das Percussionsresultat nicht stört. Umgekehrt kann man auch
den Magen mit Wasser füllen und die Dämpfung, die dieses gibt, gegen
die lufthaltigen Darmschlingen im Stehen abgrenzen. Dieses, in der
v. Leube'schen Klinik ausschliesslich geübte, Verfahren hat seine
Vortheile vor der andern Methode und ich ziehe es unbedingt vor.
Die Abgrenzung des gedämpften Schalls gegenüber dem hellen tympanitischen der Därme ist leichter, als wenn sie auf einen blossen

Höhenunterschied sich gründet. Ausserdem ist ein Controlversuch wünschenswerth und leicht auszuführen. Man percutirt, während der Kranke aufrecht steht und füllt dessen Magen mittels der Sonde mit etwa $\frac{1}{2}$—1 Liter lauwarmen Wassers. Nachdem man die Stelle, wo sich der gedämpfte Schall nach unten abgrenzt, bestimmt hat, hebert man durch Senken des Trichters an der Sonde das Wasser aus dem Magen wieder aus. War die erhaltene Dämpfung wirklich abhängig vom Magen (nicht etwa von einem mit Koth oder Flüssigkeit gefüllten Darm), so muss sie jetzt verschwinden oder ihr Spiegel wenigstens deutlich sinken. Mit starker Füllung des Magens rückt seine untere Grenze etwas nach unten, mit seiner Entleerung nach oben. Von Interesse ist nur die untere Magengrenze und die allein lässt sich durch die Percussion bestimmen. Man percutirt links neben dem Nabel von unten nach oben und findet die Grenze bei Gesunden oberhalb der Nabelhöhe. Ist die Grenze bei Füllung des Magens mit Wasser unterhalb des Nabels zu constatiren, so handelt es sich stets um eine Vergrösserung oder Verlagerung des Organs. Die sichere Diagnose der Gastrectasie beruht einzig auf diesem Percussionsresultat (vgl. Palpation).

Die percussorische Feststellung der unteren Magengrenze nach Füllung mit Wasser lässt sich auch zu der Entscheidung verwerthen, ob ein gefühlter Tumor dem Magen angehört oder nicht. Ist er oberhalb der unteren Magengrenze in der Magengegend gelegen oder verschiebt er sich mit wechselnder Füllung des Magens, während die grosse Curvatur nach unten oder nach oben steigt, in gleichem Sinne wie dies häufig Tumoren am Pylorus thun, so gehört der Tumor dem Magen an. Carcinome des Pförtners führen häufig zu einer ganz enormen Dilatation des Magens und ändern dabei ihre eigene Lage, nach unten sinkend, so bedeutend, dass sie eventuell sogar im Becken gefühlt werden können; ihre wahre Natur kann ohne Percussion der Magengrenze in der angegebenen Weise nur schwer oder gar nicht erkannt werden.

Der tympanitische Schall des Magens lässt sich auch über den unteren Rippen der linken Seite nachweisen, da der Fundus, dem Zwerchfell anliegend, weit hinaufreicht. Dieser Bezirk tympanitischen Schalls, nach unten vom Rippenbogen, nach oben durch eine convexe Linie begrenzt, ist der von T r a u b e so genannte h a l b m o n d f ö r m i g e R a u m. Die obere Grenze der Tympanie ist übrigens mitunter nach oben concav gestaltet, nach W e i l soll dies sogar die Regel sein. Verschwinden oder Verkleinerung des halbmondförmigen Raums ist ein gutes Zeichen für linksseitigen Flüssigkeitserguss im Pleuraraum, bei Schrumpfung der linken Lunge kann er vergrössert sein.

S t a r k e A u f b l ä h u n g des Magens mit Luft verkleinert die Dämpfung des linken Leberlappens und der Milz häufig bis zum Verschwinden. Sind dabei die Wände des Magens stark gespannt, so tritt die Tympanie des sehr vollen (sonoren) Schalles zurück und es erscheint M e t a l l k l a n g.

D i e P e r c u s s i o n d e r B l a s e hat die obere Grenze des Organs festzustellen. Dies gelingt, wenn die Blase stärker mit Urin gefüllt ist, leicht. Es tritt oberhalb der Symphyse eine Dämpfung auf, die sich bei langer Retentio urinae bis nahe zum Nabel erstrecken kann. Den Beweis dafür, dass die Dämpfung der gefüllten Blase angehört, liefert das Verschwinden derselben, wenn der Urin (eventuell mittels des Catheters) entleert wird.

Die Percussion des übrigen Abdomens ergibt, wenn die Därme mit Gas gefüllt sind, allenthalben einen hellen, vollen, tympanitischen Schall. Dämpfung desselben wird bewirkt durch Füllung der Darmschlingen mit festen oder flüssigen Massen, ferner durch Tumoren (des Magens, Darms, der Milz, des Pankreas, der retroperitonealen Drüsen, der Nieren und vor Allem der Beckeneingeweide, der Ovarien und des Uterus). Bei allen diesen Processen liefert die Palpation weitaus sicherere Resultate. Auch bei Dämpfungen, die durch mit Koth gefüllte Darmschlingen bedingt sind, kann man die Scybala häufig abtasten und sich durch Zerdrücken derselben mit den Fingern von ihrer Natur überzeugen. Hingegen spielt die Percussion die ausschlaggebende Rolle, wo es sich um den Nachweis und die Begrenzung von Flüssigkeiten (Serum, Exsudaten, Eiter) handelt.

Dämpfung in der rechten oder linken Regio inguinalis, ohne palpabeln Tumor, kann durch ein parametritisches Exsudat hervorgerufen sein; die Bestätigung dieser Vermuthung ist von dem Resultat der Exploratio per vaginam zu erhalten.

Peritonitische Exsudate liefern eine entsprechend ausgedehnte Dämpfung, die man bei Kleinheit derselben am besten mit schwacher Percussion feststellen kann. Handelt es sich um circumscripte Peritonitis, so ist eine Unterscheidung von gefüllten Darmschlingen oft unmöglich, Schmerzhaftigkeit der leisen Percussion spricht aber ganz entschieden für eine Peritonitis.

Auch trockene Peritonitiden oder solche, welche kaum erst ein ganz geringes Exsudat gesetzt haben, lassen sich, wenn man auf den Schmerz achtet, den die Percussion auslöst, umgrenzen. Bei allgemeiner Peritonitis findet man ebenso wie bei Ascites in den untersten Parthieen des Abdomens (bei Rückenlage auf beiden Seiten!) eine Dämpfung, die durch eine horizontale Ebene, welche man durch das Abdomen gelegt denkt, nach oben begrenzt wird. Zur Constatirung dieser Thatsache ist es von Wichtigkeit, die Grenzen der gefundenen Dämpfung mit dem Farbstift zu markiren. In einem solchen Falle sinkt die schwerere Flüssigkeit im Peritonealraum nach unten und die mit Luft mehr oder weniger gefüllten Därme schwimmen oben. Sind letztere aber durch eine frische oder früher überstandene Peritonitis mit einander verklebt, mit dem Peritoneum parietale verwachsen, so erleidet diese regelmässige gegenseitige Lage eine Störung, die Dämpfung wird in ihren Contouren unregelmässig; bald ist sie durch Parthieen unterbrochen, die tympanitischen Schall liefern, bald treten, wie bei circumscripter Peritonitis, im Bereich des tympanitischen Schalles Stellen mit gedämpftem Schall auf.

Beweisend für die Anwesenheit von freier Flüssigkeit im Bauchfellraum ist nur die Aenderung der Dämpfung bei Lagewechsel des Kranken. Hat man z. B. bei Rückenlage auf beiden Seiten gleich hohe Dämpfung des tympanitischen Schalles gefunden, legt den Kranken auf die rechte Seite und findet nun, dass rechts die Dämpfung weiter gegen die Mittellinie reicht, links verschwunden ist, so ist die Diagnose sicher. Der umgekehrte Schluss, aus dem Ausbleiben dieser Aenderung eine Flüssigkeitsansammlung im Peritoneum auszuschliessen,

ist nicht sicher, da ältere Verwachsungen eventuell die freie Beweglichkeit des Fluidums hindern können. Dieses ganze diagnostische Manöver ist nur bei vermuthetem Ascites, nicht aber
bei Peritonitis zulässig; bei letzterer ist es mit zu grossen Gefahren für den Kranken verbunden.

Verschwinden jeder Dämpfung am Abdomen, auch der
normalen von Leber und Milz, oder wenigstens mit Verkleinerung
desselben verbunden, kommt bei Meteorismus und perforativer Peritonitis vor. Beim Meteorismus sind die Därme stark mit Gas gefüllt,
man findet allenthalben am aufgetriebenen Abdomen sonoren Schall,
der bei starker Spannung wenig deutlich tympanitisch oder es gar nicht
mehr ist. Meteorismus kann durch einfache Obstipation, durch Stenosen
des Darms oder Paralyse der Wandungen, wie bei Peritonitis, hervorgerufen sein. Da auch durch einfachen Meteorismus die Leberdämpfung
(in seltenen Fällen) verschwinden kann, so ist bei einfacher Peritonitis
die Verwechslung mit perforativer verzeihlich, für gewöhnlich aber ist das
Verschwinden der Leberdämpfung ein Zeichen für den Austritt der Luft
in den Peritonealraum und allgemeine perforative Peritonitis. Ist ein
Durchbruch eines lufthaltigen Organs (Magen, Darm) nach dem Peritoneum hin erfolgt, so kann sich, wenn nicht Verwachsungen und Ver-
löthung der Därme unter einander dies hindern, die Luft überall hin
leicht verbreiten und am ganzen Abdomen erhält man hellen, vollen,
überall gleichen Schall, der, je nach dem Grade der Spannung der
Bauchdecken, mehr oder weniger deutlich tympanitisch ist. Eventuell
vorhandener Metallklang wird am besten durch die Stäbchenplessimeterpercussion hervorgerufen bei gleichzeitiger Auscultation. Beweisend
ist dieser Metallklang für perforative Peritonitis keineswegs, er kommt
auch bei Meteorismus und localer Auftreibung von Magen oder
Darm vor.

Handelt es sich um eine circumscripte Perforationsperitonitis,
so sind die beschriebenen percussorischen Phänomene nur an einem
kleineren oder grösseren Bezirke des Abdomens nachweisbar; unter
solchen Umständen hat constatirter Metallklang eine hohe Bedeutung
für die Diagnose, wenn er an einer Stelle sich findet, wo der Magen
sicher nicht liegt und wenn sein kleiner Bereich durch gedämpften
Schall vom tympanitischen der Umgebung abgegrenzt ist. Bei allen
circumscripten Peritonitiden, ganz besonders aber bei
circumscripter Perforationsperitonitis, ist die grösste
Behutsamkeit und Schonung des Kranken bei der Untersuchung strenge Pflicht des Arztes. Sprengt man die Adhäsionen der Eingeweide, so macht man aus der begrenzten Peritonitis
eine allgemeine und tödtet so den Kranken!

Die Percussion der Nieren (Fig. 36) ist schwierig und nur
in seltenen Fällen von diagnostischem Interesse. Man bestimmt, entweder in aufrechter Stellung oder in Bauchlage, zunächst in der Scapularlinie beiderseits den unteren Rand der Leber- resp. Milzdämpfung und
verlängert die gefundene Linie bis zur Wirbelsäule. Unterhalb dieser
Linien percutirt man sodann etwa in der Scapularlinie von aussen gegen
die Wirbelsäule zu mit starkem Schlag und findet so die äussere Grenze
der Nierendämpfung nach Vogel und Reinhold 4—6 cm von der
Wirbelsäule entfernt. Die untere Grenze sucht man zu bestimmen, in-

dem man neben der Wirbelsäule, dicht über dem Darmbein, bei sehr starker Percussion beginnt und nach oben weiter percutirt; eventuell findet man so in einer Entfernung von 8—12 cm unterhalb der Leber- resp. Milzdämpfung vollständig leeren Schall und kann hier die untere Grenze der Niere annehmen. Gelingt es nicht (und dies ist häufig der Fall), oberhalb des Darmbeins tympanitischen Schall aufzufinden, so ist die Bestimmung der unteren Nierengrenze unmöglich. Ist das Colon ascendens resp. descendens mit Koth gefüllt, so ist eine Abgrenzung der Nierendämpfung überhaupt nicht möglich. Unter den günstigsten Verhältnissen entspricht der gefundenen Nierendämpfung stets neben der Niere auch noch das um die Kapsel derselben gelagerte Fett, die Dämpfung reicht also stets zu weit nach unten, nach oben ist sie gegen Leber und Milz nicht abzugrenzen. Hienach ist es selbstverständlich, dass eine Grössenbestimmung der Niere illusorisch und es keinesfalls möglich ist, Schrumpfniere oder breite, weisse Niere durch die Per- cussion zu entdecken; zum Glück besitzen wir ganz andere, chemisch- mikroskopische Methoden, um die Diagnose auf solche Krankheiten zu stellen. Diagnostische Bedeutung hat die Nierenpercussion nur bei Wanderniere und bei Nierentumoren. Bei Ren mobilis ist der Befund nur dann beweisend, wenn man in der Nierengegend tym- panitischen Schall findet, der verschwindet, wenn man das an anderer Stelle fühlbare Organ reponirt. Gegen die Annahme einer Wander- niere spricht der Nachweis von gedämpftem Schall in der Nierengegend keinesswegs, weil hier an die Stelle der Niere auch eine mit Koth ge- füllte Darmschlinge getreten sein kann. Bei Nierentumoren, Hydro- nephrose u. dgl. ist eine Vergrösserung aus dem gleichen Grund nicht für die Diagnose verwerthbar; die Percussion liefert nur dann einen, allerdings wichtigen Anhaltspunct, wenn auch von vorn im Ab- domen ein Tumor fühlbar ist, der durch die Palpation bis in die Nieren- gegend verfolgt werden kann. Findet sich über einem solchen Tumor, etwa in der Axillarlinie, ein von oben nach unten ziehender Streif tympanitischen Schalls, der jederseits vom leeren Schall der Geschwulst begrenzt wird, so ist dies characteristisch für einen Nierentumor. Der Streif tympanitischen Schalls entspricht dann dem mit Luft gefüllten Colon ascendens resp. descendens, er fehlt natürlich auch bei einem Nierentumor zeitweilig, wenn das Colon statt mit Gas mit Koth gefüllt ist. Die Nieren liegen bekanntlich retroperitoneal; ein von ihnen aus- gehender Tumor drängt alle Darmschlingen vor sich her, nur das Colon, das durch ein verhältnissmässig kurzes Mesocolon festgehalten wird, kann nicht ausweichen und wird vom Tumor umgangen.

Auscultation.

Auscultation ist die Kunst, Schallphänomene, die im mensch- lichen Körper entstehen, richtig aufzufassen und nach physikalischen Gesetzen zu einem Urtheil über die physikalischen Vorgänge in dem untersuchten Organe zu verwerthen. Insoweit man die Schallphänomene aus der Ferne wahrnehmen kann, wird über solche (Stimme, Husten, Trachealrasseln etc.) gelegentlich berichtet werden. Hier soll nur von der unmittelbaren oder mittelbaren Behorchung der Körperoberfläche und dem gehandelt werden, was man durch diese Methode vernehmen kann. Bei der unmittelbaren Auscultation wird das Ohr auf die zu untersuchende Körpergegend flach, dicht und ohne Druck aufgelegt, bei der mittelbaren zwischen Ohr und Körper des Kranken ein Instrument, das Stethoskop, eingeschaltet. Die unmittelbare Auscultation ist von unbestrittenem Vortheil, wo Schallphänomene wahrgenommen werden sollen, die in weiterem Umfang entstehen, wie z. B. die Athmungsgeräusche, weit verbreitetes Rasseln u. dgl. Dagegen hört man mit dem Stethoskop diejenigen Schallphänomene besser, die nur auf kleinem Raum entstehen, wie z. B. Herztöne, umschriebene Reibegeräusche, fötale Herztöne etc., und namentlich kann man mit dem Stethoskop aus der grössten Lautheit des Schallphänomens über einer bestimmten Stelle sich ein Urtheil über den wahrscheinlichen Ort seiner Entstehung bilden, man kann mit dem Stethoskop localisiren. Die Differenz in der Leistung der unmittelbaren und der mittelbaren Auscultation ist darin zu suchen, dass bei der letzteren vorwiegend nur die Schallwellen dem Ohr zugeleitet werden, welche annähernd der Axe des Stethoskops parallel laufen, diese aber noch etwas durch Resonanz verstärkt werden; dagegen summiren sich die Wirkungen von Schallwellen, die aus den verschiedensten Richtungen das unmittelbar aufgelegte Ohr treffen, dann zu einem lauteren Gesammteffect, wenn das auscultirte Geräusch im weiten Bereich seine Entstehung findet.

Von den Stethoskopen unterscheidet man starre und flexible. Die starren sind entweder solid (Hörhölzer) oder perforirt. Die Hohlstethoskope (Fig. 40) haben die soliden fast vollständig verdrängt und sind ihnen auch im grossen Ganzen vorzuziehen. Aber auch bei ihnen wird der Schall wesentlich nur durch die Wand der Röhre und nicht durch die Luft dem Ohr übermittelt. Stopft man ein Stethoskop vollständig mit Watte aus, so wird die akustische Leistung des Instruments dadurch nicht im Geringsten schlechter. Der Vorzug vor den soliden Stethoskopen ist vielmehr darin zu suchen, dass sie bei gleicher Festigkeit dünner im Holz gearbeitet werden können und so schwingungsfähiger sind als solide Stäbe. Nähert man der Brustwand das Ohr oder das Stethoskop in der Herzgegend bis fast zur Berührung, so hört man gewöhnlich von den Herztönen nichts; setzt man das Stethoskop aber auf die Herzgegend auf, so braucht man mit dem Ohr der Ohrplatte des Stethoskops nur sehr nahe zu kommen, um auch ohne directe Berührung desselben die leisen Herztöne zu vernehmen (Gerhardt). Hiemit ist unstreitig eine Schallverstärkung seitens des Stethoskops (durch Resonanz) bewiesen. Die Resonanz kann dadurch verstärkt werden, dass man auf das Instrument eine grosse dünne Holzplatte aufschraubt, und ist nicht auf den Hohlraum im Stethoskop, sondern ebenfalls auf die Wand des Instrumentes zu beziehen.

Ein Beweis dafür ist darin zu sehen, dass die Resonanz für Schallwellen von sehr verschiedener Wellenlänge sich bemerkbar macht, während röhrenförmige Lufträume nur Wellen von bestimmter Länge durch Resonanz zu verstärken vermögen. Handelt es sich um die Auscultation von Klängen und Geräuschen, so würde die luftgefüllte Röhre electiv aus dem Gemisch von Wellen nur die mit ihrem Eigenton zusammenfallenden verstärken, und man müsste also mit einem kurzen Stethoskop alle Geräusche höher hören, als mit einem langen, was nicht der Fall ist.

Die Stethoskope sind ihrer akustischen Leistung nach Individuen, gerade wie die musikalischen Instrumente, und einem bestimmten Modell

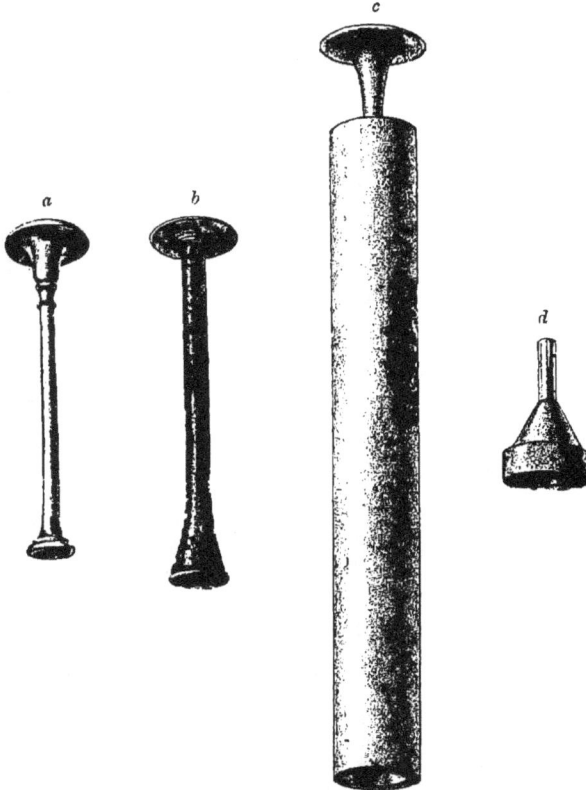

Fig. 40. Stethoskope. *a* nach Traube, *b* nach Bamberger, *c* ein doppelt so langes altes Instrument von Laennec mit Obturator *d*.

lässt sich keineswegs in allgemein gültiger Weise eine Superiorität über die anderen zuerkennen. Doch lassen sich wenigstens im Allgemeinen Regeln aufstellen, gegen welche bei Anfertigung eines guten Stethoskops nicht verstossen werden darf. Als bestes Material ist gut getrocknetes, leichtes Holz anzusehen, schwere Elfenbeinplatten sind nachtheilig, längere Instrumente sind besser als ganz kurze. Flexible Stethoskope (bei denen der Schall auch nur durch die Wand des Schlauches fortgeleitet wird) sind nachweislich bedeutend schlechter als die starren, sowohl die für ein Ohr als auch die binauralen Instrumente.

Neben den akustischen Leistungen kommen bei der Auswahl und Construction aber auch noch Bequemlichkeitsrücksichten in Frage, die bezüglich der gewählten Form und Grösse eventuell den Ausschlag geben
können. Der schallauffangende Theil darf nicht zu klein sein, weil
man sonst schlechter hört, nicht zu gross, damit man ihn überall gut
auf die Brust aufsetzen kann; die Ohrplatte soll leicht und sicher an
die Ohrmuschel angelegt werden können, was, wie mir scheint, am besten
mit den Instrumenten nach Traube gelingt. Am empfehlenswerthesten
sind Stethoskope von ca. 20 cm Länge, ca. 3 cm unterem, ca. 5 cm oberem
Durchmesser. Von allen Instrumenten, die ich je unter den Händen
hatte und geprüft habe, war entschieden das beste eines nach Traube's
Modell etwa von den angegebenen Dimensionen, aus Lindenholz gearbeitet und nicht polirt; es wog nur 19 g.

Methode. Dass die Schwere eines Instrumentes nicht ganz ohne
Einfluss auf die Güte desselben ist, geht aus der experimentell er-
wiesenen Thatsache hervor, dass Druck mit dem Stethoskop auf die
auscultirte Unterlage den vernommenen Schall bedeutend abschwächt, daher
die von der Erfahrung gegebene Regel zu Recht besteht, das Stethoskop stets nur leicht und möglichst ohne Druck auf die Brustwand aufzusetzen. Endocardiale Geräusche hört man bei stärkerem
Druck sofort leiser (pericardiale und anderweitige Reibegeräusche mitunter desshalb lauter, weil durch den Druck die Entstehung des Reibens
begünstigt wird). Nur um fötale Herztöne zu hören, ist es gut, mit
dem Stethoskop tief in die Bauchdecken der Schwangeren einzudrücken,
weil man so dem fötalen Herzen bedeutend näher kommen kann.

Beim Auscultiren der Athmungsgeräusche ist starker Druck auf
den Thorax des Kranken noch ungünstiger für die Untersuchung, weil
der Kranke dann nicht tief genug athmen kann. Namentlich aus
Gründen der Humanität ist es aber Pflicht des Untersuchenden, weder
mit dem Ohr noch mit dem Stethoskop stark auf den Körper des
Kranken zu drücken. Auscultirt man den aufrecht stehenden Kranken,
so ist es wohl erlaubt, denselben mit dem Arm zu umfassen und den
Körper so sacht zu fixiren, nicht aber, sich auf die Schulter desselben
zu stützen oder gar zu hängen. Liegt der Kranke zu Bett, so muss
man wohl, wenn man sich weit überbeugen muss, eine Stütze suchen;
diese darf aber nur das Bett, nie der Kranke selber sein. Wo das
Stethoskop tiefe Kreise auf der Haut des Patienten zurücklässt, ist
schlecht auscultirt worden. Man hat, um die Belästigung des Kranken
zu vermeiden, den Stethoskopen Kautschukkappen angezogen; diese
dämpfen den Schall und sind namentlich für den Anfänger verpönt,
weil man mit ihnen an eine leichte und schonende Untersuchung sich
nicht gewöhnen wird.

Das eigene Interesse des Kranken, dem nur mit einer guten
Diagnose gedient ist, erheischt es, nur an entblössten Körperstellen
zu auscultiren. Das Untersuchen über dem Hemd ist kaum dem Geübtesten in Ausnahmefällen gestattet. Besonders uugünstige äussere
Umstände, z. B. ein grosses klinisches Auditorium, das nicht ruhig sein
kann, können auch einen Geübten zuweilen zwingen, das nicht benützte
Ohr während der Auscultation zu verschliessen, sich an diese Mani-
pulation zu gewöhnen, ist aber nicht rathsam. Namentlich der Anfänger soll gerade lernen, von allen anderen Schallwahrnehmungen ab-

strahirend, intensiv seine Aufmerksamkeit auf die Sinneseindrücke des einen Ohres allein zu richten. Es ist daneben ein nicht zu unterschätzender Vortheil, wenn man während der Untersuchung nicht absolut taub ist für das, was sonst noch im Zimmer geschieht, für die Bemerkungen oder Schmerzenslaute des Kranken u. dgl. Geübte Mikroskopiker untersuchen auch ohne ein Auge zu schliessen, und Virtuose im Auscultiren wird man nur dann, wenn man ohne Verschluss des zweiten Ohres gut untersuchen kann.

Versuche, das Stethoskop durch das empfindlichere Mikrophon zu ersetzen, sind schon mehrfach, so von Stein, Bondet, Ducretet, Richardson und Thomson gemacht worden, ohne zu einem befriedigenden Resultate zu führen. Nach v. Holowinski liegt der Grund darin, dass das Mikrophon nur sehr langsame Schwingungen (unter 30—40 pro Secunde) verstärkt, während das menschliche Ohr für Töne und Geräusche, die aus viel rascheren Schwingungen zusammengesetzt sind, dem Mikrophon bei Weitem überlegen ist und alle Schallphänomene, die wir auscultiren wollen, aus solch' raschen Schwingungen gebildet.

Auscultation der Lunge.

Athmungsgeräusche.

Durch die Bewegung der Luft während der In- und Exspiration werden Geräusche erzeugt, von denen zunächst zwei Arten unterschieden werden müssen. Das eine Geräusch wird am besten dadurch imitirt, dass man den Consonanten h oder ch intonirt. Diesem Geräusch kann stets eine bestimmte Höhe zuerkannt werden, es hat einen klangähnlichen Character. Dem anderen Geräusch fehlt diese Eigenschaft, es lautet so, wie wenn man die Lippen zur Bildung von w oder b stellt und inspirirt (Skoda). Erfahrungsgemäss bekommt man das erste Athmungsgeräusch zu hören, wenn man eine Stelle auscultirt, wo die Trachea oder ein Bronchus in grosser Nähe liegt, oder vom Ohr nur durch gut leitende Gewebe getrennt ist, und zwar sowohl während der In- als auch der Exspiration. Dieses Geräusch wird demgemäss auch tracheales oder häufiger bronchiales genannt. Bronchiales Inspirium und bronchiales Exspirium zusammen bilden das sogenannte Bronchialathmen. Die zweite Art von Geräusch hört man nur dort, wo weit und breit lufthaltige Vesiculae der normalen, gespannten Lunge sich befinden, und zwar nur während des Inspiriums; es wird als vesiculäres bezeichnet. An solchen Stellen ist das Exspirium normalerweise nur als ein sehr kurzes Geräusch vernehmbar, das aber seinem Character nach weder als bronchial noch als vesiculär bezeichnet werden kann. Solche Athmungsgeräusche werden nach Skoda's Vorgang als unbestimmte unterschieden. Das normale Exspirium ist ein leises Hauchen oder Blasen, einen Klangcharacter nach zwischen den Geräuschen liegend, die man erzeugt, wenn man f und b spricht.

Das Exspirationsgeräusch ist also seinem Character nach wohl zu trennen vom vesiculären Inspirium, mit dem es gar nichts gemein hat. Dies hat schon Skoda klar ausgesprochen und es ist ein nicht zu verzeihender Schlendrian, wenn neuerdings stets von normalem „vesiculären Exspirium" gesprochen wird. Aus diesem Zusammenwerfen von Dingen, die nicht zusammengehören, kam es hauptsächlich, dass eine befriedigende physikalische Erklärung des Vesiculärathmens bis jetzt überhaupt noch nicht gegeben worden ist. Vesiculäres Inspirium und ganz kurzes unbestimmtes Exspirium stellen zusammen das normale Vesiculärathmen dar. Beim Bronchialathmen ist das Exspirium lauter und länger als das Inspirium, beim Vesiculärathmen das Exspirium viel leiser und kürzer als das Inspirium. Nach Fouet verhält sich bei letzterem die Dauer des Inspirationsgeräusches zu der des Exspirationsgeräusches wie 10 : 2.

Entstehung der Athmungsgeräusche.

Würde die Athmungsluft sich in den Athmungswegen überall und stets mit gleicher Geschwindigkeit bewegen, so würde diese Bewegung völlig lautlos vor sich gehen. Wird dagegen ihr Lauf auch nur an einer Stelle verzögert, so wird die Bewegung sofort eine ungleichmässige, Verdichtung und Verdünnung der Luft treten auf und können eventuell zur wahrnehmbaren Schallbildung führen. Ist z. B. das Lumen der Athmungswege an einer Stelle verengt, so ist hier die Verzögerung der sich bewegenden Luft durch Reibung eine grössere als an den weiteren Stellen, und vor der Stenose steigt, hinter der Stenose sinkt der Druck, das Gefäll wird grösser als in den übrigen weiten Rohrabschnitten. Ist nun die Stenose nicht von völlig starren Körpern, sondern, wie dies beim menschlichen Körper thatsächlich zutrifft, von elastischen gebildet, so gibt mit der gesetzten Druckdifferenz schliesslich die Stenose etwas nach, wird weiter, mehr Luft dringt durch, wodurch der Druck oberhalb der Stenose sofort sinkt und die elastischen Theile den früheren Grad der Stenose sofort wieder erzeugen können. In dem Tempo, in welchem also die elastischen Theile der Luftwege, angeblasen vom Luftstrom, nach aussen und innen schwingen, entsteht in der Luft selbst eine Reihe von aufeinander folgenden Verdichtungen und Verdünnungen — von Schallwellen. Eine solche Stenose ist physiologischerweise im Kehlkopf an den Stimmbändern gegeben, und diese können bekanntlich als gespannte, dünne elastische Membranen ausserordentlich leicht durch einen Anblasestrom in Schwingungen versetzt werden; das Sprechen und Singen beruht ja auf diesen Schwingungen. Aber auch das blosse Durchtreten der Athmungsluft durch die offene Rima glottidis genügt, um ein lautes Geräusch zu erzeugen, das man an offenem Munde oder den Kehlkopf von aussen auscultirend sehr leicht wahrnehmen kann. Der Vorgang ist der nämliche wie bei einer Labialpfeife und auch die Resonanzröhre fehlt hier nicht. Diese ist gegeben in der Trachea, welche, vielleicht zusammen noch mit den grossen Bronchen, einen regelmässig gestalteten, röhrenförmigen, von reflexionsfähigen Wänden begrenzten Hohlraum von nicht unbeträchtlichen Dimensionen darstellt. Die Luft in dieser Röhre wird durch die schwingenden Stimmbänder erschüttert, und so wird, wie früher gezeigt wurde, durch Reflexion und Interferenz ein System stehender Wellen erzeugt, die in ihrer Länge, also auch in ihrer musikalischen Höhe abhängig sind von der längsten Dimension der resonirenden Röhre. Hiedurch erhält das Anblasegeräusch im Larynx seinen Klangcharacter, d. h. in dem Gemisch von Schwingungen, aus denen es zusammengesetzt ist, werden solche von grösserer Regelmässigkeit bemerkbar und können nach ihrer musikalischen Höhe vom Ohr leicht beurtheilt werden. Ein Stenosengeräusch muss ceteris paribus um so lauter ausfallen, je grösser die Druckdifferenz in der Luft über und unter der Stenose ist. Bei gleicher Stärke des Anblasestroms muss also die engere Stenose das lautere Geräusch geben, bei gleich weiter Stenose der kräftigere Anblasestrom. Von diesen Dingen kann man sich sehr leicht überzeugen, wenn man heftig ein- und ausathmen, die Glottis, wie beim Keuchen, mehr verengern lässt. Beim ruhigen und beim forcirten Athmen ist der Exspirationsdruck ein grösserer als der „Zug" bei der Inspiration; hiezu kommt noch, dass bei der Inspiration die Giesskannenknorpel etwas aus einander gehen und die Glottis weiter wird und das Umgekehrte bei der Ausathmung stattfindet. Desshalb ist das laryngeale Stenosengeräusch während der Exspiration regelmässig lauter und länger andauernd als bei der Inspiration. Das bronchiale Athmen hat ganz den Character der laryngealen Stenosengeräusche und ist ohne Zweifel nichts Anderes als ein vom Kehlkopf fortgeleitetes, durch Resonanz in den grossen Luftwegen verstärktes und klanghaltig gewordenes Stenosengeräusch. Bei Kindern ist es, entsprechend der geringen Dimension von Trachea und Bronchien, entschieden höher als bei Erwachsenen. An der Wand des Thorax kann man es, wie schon erwähnt, an zwei Stellen hören, wo die Fortleitungsverhältnisse von der Luftröhre resp. den grossen Bronchen bis zur Körperoberfläche besonders günstige sind, über dem Process. spin. des VII. Halswirbels und häufig über dem IV. Brustwirbel; sonst kommt es nur unter pathologischen Verhältnissen zur Beobachtung, durch welche eben eine bessere Fortleitung der Schallwellen herbeigeführt sein muss, als sie in der normalen, lufthaltigen Lunge gegeben sind. Bei der Besprechung des Stimmfremitus wurden diese Dinge schon so ausführlich erörtert, dass hier einfach auf das dort Gesagte hingewiesen werden kann. Von den Uebergangsstellen an findet normalerweise nur noch ein „Restsymptom" seinen Weg bis zur Thoraxwand und wird dort vernehmbar; es ist dies nach unserer Ansicht das leise, kurze, unbestimmte Exspirium des Vesiculärathmens. Das schwächere Inspirationsgeräusch wird bis zum Unhörbaren gedämpft oder vielleicht auch noch durch das vesiculäre Inspirationsgeräusch vollends übertönt, das stärkere Exspirationsgeräusch wird noch in seiner stärksten Phase, also am Anfang des Exspiriums und leise gehört, hat auf seinem Weg seinen Klangcharacter eingebüsst und ist unbestimmt geworden, d. h. die stehenden Wellen in Trachea und Bronchien sind so bedeutend auf ihrem Wege durch die normale Lunge abgeschwächt worden, dass sie nicht mehr gehört werden könnten. Das Nämliche widerfährt, wie wir noch sehen werden, der fortgeleiteten Stimme, die normalerweise ebenfalls als ein klangloses Summen von unbestimmtem Character am Thorax vernommen wird. Erfahrungen aus der Pathologie scheinen mir diese Hypothese von dem Wesen des normalen unbestimmten Exspirationsgeräusches entschieden zu stützen. Werden die Fortpflanzungsverhältnisse zur Thoraxwand günstiger, z. B. bei langsam fortschreitenden Infiltrationen, so ist stets das erste auscultatorische Zeichen davon eine Verlängerung des Exspirationsgeräusches. Dieses wird länger, lauter, schärfer, dann erst wird auch das Inspirationsgeräusch unbestimmt, schärfer, und wenn Klanghaltigkeit, also reiner bronchialer Character sich einstellt, so wird dies wieder stets zuerst beim Exspirationsgeräusch bemerkt. Dieses ist dann schon hauchend, blasend, keuchend: bronchial, während das Inspirationsgeräusch noch als unbestimmt bezeichnet werden muss. Erst noch bessere Fortleitung des Schalls von den Bronchien zur Brustwand liefert auch ein inspiratorisches bronchiales Athmen. Bei rasch sich einstellenden und zur vollen Höhe sich entwickelnden pneumonischen Infiltrationen hat man nur selten Gelegenheit, alle diese Phasen zu beobachten, desto häufiger bei den Spitzeninfiltrationen der Phthisis pulmonum. Beim Rückgang der Erscheinungen bei der Lösung von Pneumonieen wird der umgekehrte Gang bemerkbar, von „Bronchialathmen" bleibt am längsten das bronchiale resp. verlängerte und verschärfte Exspirationsgeräusch übrig.

Viel schwieriger ist die Erklärung des Vesiculärathmens. Zweierlei ist möglich: entweder die klanghaltigen, in Trachea und Bronchien entstehenden Geräusche sind auf dem Wege durch das normale Lungengewebe verloren gegangen und durch Geräusche neuer Herkunft ersetzt worden, oder sie sind auf ihrem Wege nur in der Art modificirt worden, dass sie ihren Klangcharacter eingebüsst und zum Vesiculärathmen geworden sind. Letztere Ansicht hat durch einen bestechend einfachen Versuch von Penzoldt eine gewichtige Stütze gefunden. Legt man die einem geschlachteten Thiere entnommene Lunge auf den Kehlkopf oder die Trachea und auscultirt durch diese hindurch die Geräusche, welche beim Athmen in der Trachea resp. im Larynx erzeugt werden, so hört man vom Bronchialathmen nichts mehr, sondern ein dem vesiculären ähnliches Geräusch. Penzoldt und mit ihm viele neuere Autoren erblicken demnach im Vesiculärathmen nichts Anderes als ein fortgeleitetes Bronchialathmen, das bei seinem Durchgang durch hinreichend dickes, normales, lufthaltiges Lungengewebe abgeschwächt und durch die Eigenschwingungen des Lungenparenchyms entsprechend in seinem Timbre verändert wurde. Dem gegenüber ist schon von Gerhardt mit Recht hervorgehoben worden, dass nicht einzusehen ist, warum das von Haus aus stärkere Exspirationsgeräusch so viel mehr abgeschwächt werden soll, dass es schliesslich bedeutend leiser und kürzer erscheint als das Inspirationsgeräusch. Ferner wird bei einer pathologischen Stenose im Kehlkopf, z. B. beim Croup, das Inspirationsgeräusch an Ort und Stelle viel lauter; wäre das vesiculäre Inspirationsgeräusch nur ein fortgeleitetes, so müsste es also beim Croup lauter werden, und doch ist das Gegentheil der Fall. Je mehr die Kehlkopfstenose zunimmt, desto schwächer wird das Vesiculärathmen, was als ein deutlicher Beweis dafür anzusehen ist, dass die Schnelligkeit, mit welcher die Luft in die Lungenbläschen eintritt, von Einfluss auf die Lautheit des Vesiculärathmens ist. Für das Exspirationsgeräusch trifft die Penzoldt'sche Ansicht ohne Zweifel zu, nicht aber für das Inspirationsgeräusch, das ausschliesslich den schlürfenden vesiculären Character trägt und mit jenem gar nichts zu thun hat. Leider muss man gestehen, dass es mit einer Erklärung, wie dieses vesiculäre Inspirationsgeräusch zu Stande kommen kann, noch recht schlecht aussieht. Nach Zehetmayer soll eine „Reibung der Luft an den Wänden der permeablen Zellen" die Ursache sein. Zammer verlegt die Entstehung von Athmungsgeräuschen im Allgemeinen an Stellen, wo beträchtliche Aenderungen des Querschnittes und damit der Geschwindigkeit stattfinden, also vor Allem an die Stimmritze und fürs Vesiculärathmen an die Mündung der feinsten Bronchialzweige und die Vesikeln. Skoda erklärt das Vesiculärathmen, ebenso wie Laënnec, als entstanden durch „Reibung der Luft gegen die Wände der feinen Bronchien und Luftzellen, deren Contractionskraft sie überwinden muss". Auch Wintrich schliesst sich im grossen Ganzen dieser Ansicht an. Gerhardt hat mit Recht eingewendet, dass die hier in Betracht kommenden Hohlräume (Alveolen und Bronchiolen) viel zu klein sind, als dass wahrnehmbare Geräusche in ihnen entstehen könnten; auch die Versuche von Baas an feinen Röhrchen sprechen dagegen.

Am meisten wird wohl Gerhardt's Hypothese für sich haben, wonach die inspiratorische Anspannung des Lungengewebes das Schallphänomen des Vesiculärathmens liefert. Ohne Zweifel wird ja die Lunge bei der Inspiration nicht mit einem Schlage aufgeblasen, sondern die einzelnen Bläschen und Gruppen von Bläschen nach einander, und es liesse sich wohl verstehen, dass dies wie eine Unzahl von kleinen Erschütterungen wirken müsste, die so schnell auf einander erfolgen, dass sie das Ohr als ein einziges continuirliches Geräusch wahrnimmt.

Vorkommen und Eigenschaften der Athmungsgeräusche.

So viel ist sicher, dass die Entstehung des Vesiculärathmens an das Vorhandensein von normalem und zudem athmendem Lungengewebe, also an den Eintritt der Luft in die Vesikeln gebunden ist. Nur Wintrich hat dem widersprochen, da er zweimal über Cavernen Vesiculärathmen hörte, an einer Stelle, wo, wie die Section lehrte, zwischen der Caverne und der Brustwand nur Narbengewebe gelegen war. Diese Beobachtung kann natürlich nicht mehr aufgeklärt werden, und da sie isolirt geblieben ist, so besteht wohl der Satz von Skoda immer noch zu Recht: Vesiculäres Athmen zeigt an, dass Luft in die Vesikeln eindringt.

Vesiculärathmen ist zwar nicht klanghaltig, kann aber, wie andere ächte Geräusche auch, doch annähernd seiner musikalischen Höhe nach geschätzt werden. Es ist entschieden viel tiefer als das Bronchialathmen (Skoda, Wintrich, Wachsmuth). Nach Wintrich soll es über kleinen (kindlichen) Lungen höher sein als bei Erwachsenen. Dies dürfte schwierig zu unterscheiden sein, denn bei Kindern kommt eine Abart des normalen Vesiculärathmens, das puerile oder infantile Athmen zur Beobachtung. Es besteht dies aus einem schärferen und lauteren Inspirations- und Exspirationsgeräusch, als man es beim normalen Vesiculärathmen zu hören bekommt. Gleichwohl ist auch hier der vesiculäre Character des Inspirationsgeräusches nicht ganz zu verkennen, das Exspirationsgeräusch ist unbestimmt, und wenn gleich viel länger als bei Erwachsenen, doch noch immer etwas kürzer als das Inspirationsgeräusch. Wie es scheint — wer kann das sicher sagen — ist dem vesiculären Inspirationsgeräusch noch ein wenig fortgeleitetes, unbestimmt gewordenes Bronchialathmen beigemischt, auch hier wäre das Exspirationsgeräusch deutlicher fortgepflanzt und demgemäss gegenüber der Norm verlängert und verschärft. Dass die Leitungsverhältnisse in der kindlichen Lunge schon wegen den geringeren Dimensionen bessere sein müssen, liegt auf der Hand.

Abgeschwächtes Vesiculärathmen bekommt man zu hören, wenn entweder das Athmungsgeräusch von Haus aus schwach oder seine Fortleitung zur Brustwand erschwert ist. Das erstere findet statt, wenn die gesammte Athmung schwach und oberflächlich erfolgt, wie bei sehr erschöpften Kranken, oder wenn tiefe Athmung durch Schmerz verhindert wird, dann ferner, wenn die Luft nur langsam in die Alveolen eindringen kann wie bei Stenosen der Luftwege. Auch Verknöcherung der Rippenknorpel, schwache Entwicklung oder Lähmung der Athmungsmuskeln, Verwachsungen der Pleura können in gleichem Sinne wirken. Ist ein Theil der Vesikeln zu Grund gegangen, z. B. durch Narbengewebe in Folge von interstitieller Pneumonie, oder durch einen Tumor ersetzt, so tritt die abgeschwächte Athmung auf die befallenen Gebiete beschränkt auf. Auf der anderen Seite verhindert die Ansammlung von Flüssigkeit oder auch von freier Luft im Pleuraraum in höherem oder niederem Grade die Fortpflanzung des Athmungsgeräusches zur Brustwand, dieses ist dann abgeschwächt oder fehlt vollkommen. Allerdings sind bei diesen Affectionen häufig zugleich die Bedingungen für das Entstehen des Bronchialathmens gegeben, so dass dieses, wie aus der Ferne klingend, abgeschwächt vernommen wird. Bei Schwäche der inspiratorischen Athmungsmuskeln oder dann, wenn die zuführenden Bronchien theilweise verengt sind, bekommt man stellenweise wie in Absätzen erfolgendes, unterbrochenes Athmungsgeräusch zu hören. Es ist unter dem Namen der „saccadirenden Athmung" (Respiration saccadée, Laënnec) bekannt.

„Verschärftes Vesiculärathmen" stellt schon den Uebergang zum unbestimmten Athmen dar. „Rauhes Vesiculärathmen" entsteht durch mehr oder weniger deutliche Beimischung von Nebengeräuschen (siehe diese!).

Bronchialathmen wird, wie erwähnt, normalerweise über dem Dornfortsatz des VII. Halswirbels und über der Wirbelsäule zwischen den Schulterblättern gehört (nahe den grossen Luftwegen). Sonst ist sein Vorkommen stets ein sehr wichtiges Zeichen pathologischer Veränderung und der Schluss darf im Allgemeinen gezogen werden, dass die Uebergangsstellen nicht durch das gewöhnliche Volumen normalen, aufgeblasenen Lungenparenchyms von der Brustwand getrennt sind. Nach der Ansicht der Meisten wird durch Compression oder Infiltration der Lunge das Leitungsvermögen derselben ein besseres (Laënnec), nach Skoda's Ansicht, welche, wie wir weiter oben gesehen haben, durch die Versuche von Zamminer eine wesentliche Stütze erfahren hat, werden dabei die Wände der Bronchien im weiteren Verlauf reflexionsfähig, die Uebergangsstellen rücken also der Brustwand erheblich näher. Das Nämliche muss geschehen, wenn die Bronchien erweitert sind oder ein grösserer Ast direct in eine der Oberfläche nahe gelegene Caverne einmündet. Manche wollten in diesen Bronchien eine selbständige Verstärkung des Athmungsgeräusches (und der Stimme) annehmen. Von anderer Seite (Zamminer) wurde dem entgegengehalten, dass weder ein infiltrirter noch ein mit Cavernen durchsetzter Lungenlappen einer hinreichenden Volumsänderung fähig ist, so dass hier autochthone Geräusche auftreten könnten. Es sollte der Luftstrom, der zu anderen intacten Lungentheilen geht, an den Bronchien des erkrankten Lappens nur vorbeistreichen und die Luft darin in Erschütterung versetzen, wie

dies z. B. bei einem Hohlschlüssel der Fall ist, auf dem man durch
Blasen über seine Oeffnung hin bekanntlich pfeifen kann. Zamminer
hat nachgewiesen, dass ein solches Anblasen erst bei Röhren von 0,3 mm
Querschnitt nicht mehr gelingt. Eine wirklich bessere Leitungsfähigkeit für Schallwellen kann nicht dem luftleeren, hepatisirten Lungengewebe, wohl aber nach Zamminer's Versuchen der erschlafften
Lunge zuerkannt werden. Das Bronchialathmen, das man über retrahirter Lunge, am Rand von Exsudaten und Tumoren, bei Atelectase hören
kann, mag also immerhin nach Laënnec's Theorie zu erklären sein.

Nicht überall, wo Bronchialathmen nachgewiesen wird, ist es
gleich schön und deutlich zu hören, am schönsten und reinsten über
pneumonisch infiltrirten Lungenlappen oder bei völliger Compression
eines Lungentheiles. Die unvollkommenere Infiltration durch Tuberkel
im Verein mit interstitieller Pneumonie lassen gewöhnlich ein weniger
deutliches, hauchendes Bronchialathmen vernehmen. Unerlässliche Bedingung für das Erscheinen des Bronchialathmens ist es, dass die
zuleitenden Bronchien frei und offen sind, sonst hört man entweder
abgeschwächtes Athmen von unbestimmtem Character oder das Athmungsgeräusch ist sogar aufgehoben. Ist der Verschluss durch einen Schleimpfropf gebildet, so kann nach einem heftigen Hustenstoss auf einmal
das vorher fehlende Bronchialathmen zum Vorschein kommen. Sind
die Bronchien nur comprimirt und zum Theil verklebt, der auscultirte
Lungenlappen nur zum Theil infiltrirt, so kann bei der Inspiration
anfangs Vesiculärathmen, gegen Schluss derselben deutliches Bronchialathmen erscheinen. Dieses metamorphosirende Athmen (Souffle
voilé Laënnec's) kommt hauptsächlich bei tuberculösen Infiltrationen
der Lungenspitzen vor.

Der amphorische Widerhall und metallisches Athmen.

Spricht man über der offenen Mündung eines Kruges oder bläst
über dieselbe hin, so hört man ein tiefes Brummen oder Sausen, das
von Laënnec über grossen Cavernen constatirt und der amphorische
Widerhall (der Stimme resp. des Athmungsgeräusches) genannt wurde.
Auch unter dem Namen des „Krugathmens", des „Flaschensausens"
ist der tiefe Klang bekannt, der sich bei der In- und Exspiration über
grossen, regelmässig gestalteten, mit reflexionsfähigen Wandungen
versehenen Hohlräumen nur bilden kann. Ueber seine Entstehung ist
lediglich auf das früher schon über den Metallklang Gesagte zu verweisen. Mit dem Metallklang selbst bekommt das Phänomen eine
grössere sinnliche Aehnlichkeit, wenn neben dem tiefen Grundton, für
den der Name amphorischer Widerhall reservirt bleiben muss, noch
eine Anzahl weit abliegender „metallischer" Obertöne vernehmbar ist.
Mitunter sind letztere allein und der Grundton selbst nicht zu unterscheiden, dann kann man von „metallischem Athmen" oder von „metallisch klingendem Athmungsgeräusch" sprechen. Letzteres ist in seiner
Reinheit selten anzutreffen, ich erinnere mich, es nur zweimal gehört zu
haben. Es hat einen hellen, hohen, wie schmetternden Toncharacter,
besonders laut während der Exspiration. Die musikalische Höhe des
amphorischen Widerhalls ist die nämliche wie die des tympanitischen
Schalls, den der betreffende Hohlraum bei der Percussion gibt (A. Geigel)

und kann wie bei den verschiedenen percussorischen Schallwechseln
ebenfalls sich ändern. A. Geigel hat gezeigt, dass die musikalische
Höhe des amphorischen Widerhalls zur näherungsweisen Berechnung
des Volums der Caverne benutzt werden kann, unter gewissen Voraussetzungen, welche vornehmlich die Weite des einmündenden Bronchus
betreffen. Gerhardt hat die Resonanz aufgesetzter verschieden grosser
Helmholtz'scher Resonatoren zu gleichem Zwecke verwerthet.

Der amphorische Widerhall ist, wie die übrigen „metallischen
Phänomene", eines der allersichersten für die Annahme eines grösseren
(mindestens 6 cm Durchmesser haltenden) Hohlraumes, kommt also an
der Brust nur bei grossen Cavernen (durch Phthise, Abscess, Gangrän,
Bronchiectasie) und beim Pneumothorax vor. Bedingung für sein Zustandekommen ist es, dass ein grösserer Bronchus entweder in den
Hohlraum mündet oder (Wintrich) nur durch sehr dünnes, gut leitendes
Gewebe davon getrennt ist, damit das Atbmungsgeräusch die Luft im
Hohlraum in Schwingungen zu versetzen vermag. Ausnahmsweise geben
selbst taubeneigrosse Cavernen amphorischen Widerhall, und selbst über
einfacher pneumonischer Infiltration kann es als grosse Seltenheit erscheinen, was ich an einem einzigen Fall mit Sicherheit bestätigen konnte.

Die Athmung begleitende Nebengeräusche.

Unter Nebengeräuschen versteht man Geräusche, welche unter
pathologischen Verhältnissen dem Athmungsgeräusch sich beimischen.
Sie können zusammen mit diesem gehört werden, sind aber mitunter
so laut, dass sie das Athmungsgeräusch vollständig übertönen.

Die Bezeichnung für diese noch näher zu beschreibenden Gehörs-
empfindungen ist meist nach Vergleichen mit Geräuschen gewählt, die
jeder aus dem täglichen Leben wohl kennt. Hieher gehören die Rhonchi,
die Rasselgeräusche, das Knistern und das Reibegeräusch.

1. Die Rhonchi entstehen nach Allem, was man weiss, wenn in
Folge einer catarrhalischen Entzündung die Schleimhaut der Bronchien
anschwillt, uneben wird und zum Theil sich auch noch mit Schleim bedeckt. Die Athmungsluft streicht an diesen Wänden nicht glatt vorbei,
sondern überwindet die Unebenheiten, die eigentlich lauter Stenosen des
geringsten Grades darstellen, ruckweise, aber in ganz regelloser Reihenfolge. Dadurch kommt es zur Schallbildung und zwar nach Früherem
zur Bildung von Geräuschen. Diese resoniren allerdings in den hohlen
Röhren, in denen sie entstehen, und daher kommt es, dass ihnen eine
bestimmte Höhe nicht wohl abgesprochen werden kann. Die tieferen
Rhonchi, die man unter den Namen: Brummen, Summen, Schnurren
kennt, entstehen jedenfalls in gröberen Bronchien, die höheren, die
man als zischende, pfeifende, „giemende" bezeichnet, in den feineren.
Die ersteren heisst man Rhonchi sonori, die letzteren Rhonchi sibilantes. Es ist sehr bemerkenswerth und ganz im Einklang mit unserer
Ansicht über die Fortleitung solcher Schallphänomene, dass sehr laute
Rhonchi, die in der Trachea und den Hauptbronchen, entstehen, die der
Kranke selbst hört und fühlt, die wir aus dem offenen Munde des
Kranken aus der Entfernung sehr gut vernehmen, bei der Auscultation
der Brustwand nicht wahrgenommen werden. Selbst die Rhonchi sonori
entstehen also in relativ engen (und kurzen) Verzweigungen des

Bronchialbaums, können dort selbst allerdings vielleicht durch Resonanz der grösseren Stämme verstärkt werden.

2. Die Rasselgeräusche werden eingetheilt in trockene und feuchte, in gross-, mittel- und kleinblasige, in gleich- und gemischtgrossblasige, ferner, und diese Unterscheidung ist die wichtigste, in klingende oder consonirende und nicht klingende Rasselgeräusche. Ueber die ersteren Bezeichnungen ist kein weiteres Wort zu verlieren, man lernt sie richtig anwenden nur, wenn man fleissig pathologische Fälle auscultirt. Consonirendes Rasseln wird als ein hell, hoch, dem Ohr nahe klingendes Rasseln beschrieben, man wird es nur kennen und richtig unterscheiden, wenn man es oft gehört hat. Man muss das Ohr sorgfältig daran gewöhnen, auch aus solchen Nebengeräuschen den Klang, das Tonähnliche herauszufinden. Consonirende Rasselgeräusche können auch einen metallischen Beiklang haben; man heisst sie dann metallische oder metallisch klingende Rasselgeräusche; letztere sind stets grossblasig, leicht zu erkennen und finden sich nur unter den gleichen Bedingungen, wo auch Metallklang den Percussionsschall und amphorischer Widerhall das Athmungsgeräusch gegleitet. Hieher gehört auch das Geräusch des fallenden Tropfens und das Blasenspringen. Der Vergleich ist nicht schlecht gewählt, ersteres nimmt sich in der That so aus, wie wenn ein Tropfen aus einiger Höhe auf den Spiegel vom Wasser in einer grossen Flasche auffällt. Ob wirklich diese Genese auch für die Entstehung des erwähnten Phänomens im Körper Geltung hat, dürfte schwer zu erweisen sein.

Ebenso verhält sich's mit dem Blasenspringen. Das Springen einer Blase in einer Flasche ist mit einem Geräusch verbunden, das von hellem Metallklang unmittelbar gefolgt ist. Mitunter ist dabei zuerst der tiefe Grundton zu vernehmen und dann erst kommen die hohen Obertöne.

Ein künstlich hervorzurufendes, metallisch klingendes, sehr grossblasiges Rasseln ist unter dem Namen der Succussio Hippocratis bekannt. Der grosse koische Priester des Asklepios kannte es bereits. Es entsteht nur in sehr grossen Hohlräumen, die zum Theil mit Luft, zum Theil mit Flüssigkeit gefüllt sind (Pyopneumothorax), wenn man den Kranken schüttelt und zugleich auscultirt.

Rasselgeräusche entstehen, wenn Flüssigkeiten (Schleim, Eiter, Blut, aspirirte Getränke) durch den Luftstrom in den Athmungswegen oder pathologischen Hohlräumen hin- und herbewegt werden. Sie finden sich demgemäss ebensowohl während der Inspiration als während der Exspiration. Nur Rasselgeräusche, welche der Brustwand relativ nahe entstehen, können durch die Auscultation nachgewiesen werden. Wohl spricht der grobe Character des Rasselns im Allgemeinen für die Entstehung in weiteren, der feinere für die in engen Bronchien, man würde sich aber stets täuschen, wenn man aus dem sinnlichen Eindruck einen Schluss auf die wahre Weite der Bronchien, in denen es rasselt, ziehen wollte. Baas hat durch schöne Versuche gezeigt, dass selbst in ungemein feinen Röhren (Grashalmen, den capillären Spalten von spanischem Rohr) sehr geringe Flüssigkeitsmengen beim Anblasen den Eindruck von ziemlich grobem Rasseln machen. Rasselgeräusche, welche in der Trachea und den grossen Bronchen entstehen, die wie das Trachealrasseln Sterbender schon aus der Entfernung, im nächsten

Zimmer, laut gehört werden, sind an der Brustwand nicht zu vernehmen. Sehr feinblasiges, feuchtes Rasseln findet sich bei Lungenödem, wo auch die feinsten Verzweigungen mit dünnflüssigem Serum und Schaum gefüllt sind, man hört es während des In- und des Exspiriums.

Knistern (Knisterrasseln, Crepitatio) ist ein ganz feinblasiges und gleichblasiges, dabei trockenes Rasselgeräusch. Man imitirt das Geräusch, indem man Haare vor dem Ohr zwischen den Fingern reibt oder Salz auf glühende Kohlen streut. Es ist nur während der Inspiration zu hören, kommt vor im ersten Stadium (der blutigen Anschoppung) der croupösen Pneumonie, wenn die Alveolen beginnen, sich mit dem gerinnenden Exsudat zu füllen, und im letzten Stadium (der Resolution), wenn das geronnene Exsudat sich wieder verflüssigt (Crepitatio indux und redux). Ausserdem findet man die Crepitation, wenn collabirte, atelectatische Lungentheile bei tiefer Inspiration wieder aufgeblasen werden und lufthaltig werden. Dieses Collapsknistern, das sich besonders am Rücken neben der Wirbelsäule bei solchen Leuten findet, die lang auf dem Rücken gelegen sind, verschwindet nach mehreren tiefen Athemzügen. Die Crepitation kann verwechselt werden mit dem feinblasigen Rasseln des beginnenden Lungenödems (ist letzteres weit vorgeschritten, so tritt auch gröberes Rasseln hinzu), ferner mit feinem pleuritischem Reiben. Das Rasseln bei Lungenödem ist doch nicht immer so ganz feinblasig und vor Allem entschieden feucht, während die ächte Crepitation trocken ist. Die Verwechslung mit einem feinen Reibegeräusch kann auch einem recht Geübten passiren, wenn letzteres nur auf das Inspirium beschränkt ist. Ist das fragliche Geräusch auch während des Expiriums vernehmbar, so liegt ächte Crepitation sicher nicht oder nicht allein vor. Es hat seine Schwierigkeiten, das Zustandekommen des Knisterns zu erklären. Am plausibelsten ist vorläufig immer noch die Annahme, dass dabei die mit einander leicht verklebten Alveolenwände durch die eindringende Luft aus einander gerissen werden und die sich rasch folgenden Erschütterungen das Geräusch liefern. Der Character des Geräusches lässt an einen solchen Vorgang denken, und Gelegenheit zu diesem ist, wie die Pathologie lehrt, stets gegeben, wenn Crepitation zur Beobachtung kommt.

Reibegeräusche entstehen an der Pleura, wenn deren Blätter durch Entzündung, Ausscheidung eines fibrinösen Exsudates oder durch Einlagerung kleiner Knötchen (miliare Tuberculose, Carcinose) rauh geworden sind. So lange sie spiegelglatt sind, verschieben sich bei jeder Respiration die beiden Pleurablätter gegen einander, sozusagen ohne Reibung, in einem Zuge, lautlos. Sind sie stellenweise mit einander leicht verklebt, greifen Rauhigkeiten an ihrer Oberfläche in einander, so geschieht die Verschiebung ruckweise, und diese Erschütterungen machen, auf die Brustwand fortgeleitet, den Eindruck des Reibens. Man unterscheidet feines, weiches und grobes Reiben; das feinste und weichste soll bei miliarer Tuberculose der Pleura zur Beobachtung kommen (v. Jürgensen). Sehr grobes Reiben kann sich wie das Knarren von neuem Leder anhören (Neuledergeräusch, Lederknarren). Bei letzterem kann in Folge der Veränderungen der darunter liegenden Lunge (phthisische Infiltration, Cavernenbildung) das Reiben sogar in gewissem Grade klanghaltig werden, sonst geht dem Reiben jeder Klangcharacter vollständig ab.

Die Auscultation der Stimme.

Auscultirt man an der Brustwand, während der Untersuchte mit lauter Stimme spricht, so vernimmt man normalerweise nur ein leises, ganz unbestimmtes Summen oder Brummen. Es entspricht dies dem zu fühlenden Stimmfremitus, bezüglich dessen Entstehung und Aenderung die nämlichen physikalischen Gesetze Geltung haben, wie bei den sogleich zu besprechenden akustischen Phänomenen. Unter den Bedingungen, unter welchen verstärkter Fremitus und Bronchialathmen entsteht, bekommt man das Phänomen der Bronchophonie zu hören. Die Stimme wird dabei laut, dem Ohr nahe klingend, in den höchsten Graden wie schmetternd vernommen. Wie Seitz mit Recht bemerkt, ist auf die näselnde Klangfarbe grosser Werth zu legen, diese ist recht eigentlich characteristisch für die Bronchophonie. Bei ganz besonders guter Fortleitung der Stimme wird diese articulirt vernommen, wenngleich man die einzelnen Worte nicht geradezu verstehen kann. Man hat dies mit dem Namen der Pectoriloquie belegt, obwohl dieser Ausdruck ursprünglich von Laënnec nur für den Widerhall der Stimme in Excavationen gebraucht wurde. Ist die articulirte Sprache nur leis und nicht sehr deutlich zu vernehmen, so hat man auch wohl von bronchialem „Flüstern" und „Lispeln" gesprochen, womit allerdings der sinnliche Eindruck nicht schlecht bezeichnet ist.

Bei Gesunden wird die Stimme am Thorax nicht überall gleich laut gehört, nach Seitz oben stärker als unten, rechts lauter als links. Links hinten unten soll häufig gar nichts gehört werden. Bronchophonie kommt bei Gesunden nur an den zwei schon mehrfach genannten Stellen (Vertebra prominens und zwischen den Schulterblättern) vor, sonst ist sie stets ein Zeichen für pathologisch bessere Fortleitung des Schalls von den grossen Luftwegen zur Thoraxwand und steht auf gleicher Stufe mit Bronchialathmen und den übrigen „Consonanzerscheinungen". Das Bronchialathmen übertrifft aber die Bronchophonie an Feinheit. Die Schwingungen der Stimmbänder sind beim lauten Sprechen ohne allen Zweifel viel stärker, als wenn sie nur durch die Luft bei der Athmung angeblasen werden und die in Trachea und grossen Bronchien resonirenden Schallwellen, die dortselbst auch ihren Klangcharacter erhalten, müssen viel intensiver ausfallen als bei der blossen Athmung. Darum ist es auch begreiflich, dass eine geringe Besserung in der Fortleitung früher an der auscultirten Stimme als an den Athmungsgeräuschen bemerkbar ist. Neuerdings hat v. Leube den practisch wichtigen Wink gegeben, bei der Fahndung auf kleine und verborgene Verdichtungsherde in den Lungen vornehmlich nach Bronchophonie zu suchen. Schon Skoda gab an, dass Bronchophonie auch bei blosser centraler Pneumonie hörbar sei, und Seitz, dass bronchiales Flüstern und Lispeln (leichtester Grad der articulirten Stimme) in grösserer Ausdehnung als das Bronchialathmen zu hören sei und von diagnostischer Wichtigkeit werden könne. Uebrigens nimmt v. Leube an, dass das menschliche Ohr für die Veränderungen der Stimme, für die Bronchophonie ganz besonders und in höherem Grade empfindlich sei als für das Bronchialathmen.

Sind die Bedingungen für das Entstehen von Metallklang gegeben,
so ist dieser auch der auscultirten Stimme eigen und es wird durch
letztere der amphorische Widerhall, das Krugsprechen, wachgerufen.
Eine besondere Veränderung erleidet die auscultirte Stimme unter
gewissen Bedingungen, indem sie einen eigenthümlich näselnden oder
meckernden Beiklang bekommt. Man nennt dieses Phänomen, das von
Laënnec entdeckt wurde, nach diesem Aegophonie oder Ziegenmeckern, meckernden Widerhall. Er kommt dadurch zu Stand, dass
die Wände der Bronchien an den Uebergangsstellen nah an einander
liegen. Für die herankommenden Wellen wird der Weg bald frei,
bald durch die zurückschwingenden Wände wieder verlegt, woraus eine
ziemlich rhythmische Unterbrechung für die weitere Fortleitung der
Stimme zur Brustwand resultirt. Ueberhaupt ist nicht zu übersehen,
dass conditio sine qua non für die Hörbarkeit der Stimme es ist, dass
die zuleitenden Bronchien weder comprimirt, noch durch Schleimmassen
und Fremdkörper verlegt sind. Im letzteren Fall kommt die Stimme
resp. Bronchophonie wieder zum Vorschein, wenn das Hinderniss durch
einen kräftigen Hustenstoss entfernt wurde.

Synopsis.

Schallwellen, welche in der Trachea und den Bronchien entstehen,
werden, so weit diese reflexionsfähige Wandungen besitzen, nicht nur
gut (im Luftraum, nicht wie Wintrich annahm in der Wand) fortgeleitet, sondern auch durch Resonanz des Hohlraums electiv verstärkt,
so dass die ursprünglichen Geräusche Klangcharacter bekommen. Dieser
Vorgang ist von Skoda mit dem Namen Consonanz belegt worden.
Bronchialathmen, Bronchophonie, klingendes (consonirendes [Skoda])
Rasseln sind in diesem Sinn Consonanzerscheinungen. Welchen
Standpunct man auch gegenüber der physikalischen Erklärung Skoda's
einnehmen mag — von vielen Neueren wird sie nicht mehr als richtig
anerkannt — so ist es doch mindestens von practischem Werth, jene
physikalisch offenbar zusammengehörenden Dinge auch mit einem gemeinsamen Namen zu belegen, weshalb die „Consonanzerscheinuugen"
in diesem Buche wieder zu Ehren kommen sollen und im speciellen
Theil noch vielfache Verwendung finden werden.
Die Consonanzerscheinungen gehen Hand in Hand mit dem Auftreten von tympanitischen Schall, doch kann im einzelnen Fall bald
das Eine, bald das Andere stärker entwickelt oder sogar allein deutlich sein, Auscultation und Percussion müssen sich bei der Untersuchung stets ergänzen.
Das Gleiche gilt auch für die metallischen Phänomene: percusso-
rischer Metallklang, amphorischer Widerhall, metallisches Athmen,
Krugsprechen, metallisch klingendes Rasseln, fallender Tropfen, Succussio Hippocratis

Die Auscultation von Herz und Gefässen.

Von den Schallphänomenen, die man bei Auscultation des Herzens und der Gefässe wahrnehmen kann, unterscheidet man zwei Haupt-

arten: die Töne und die Geräusche. Als Töne bezeichnet man
kurze, runde, plötzlich beginnende, rasch abklingende, in sich abge-
schlossene Schallerscheinungen. Im physikalischen Sinn sind sie ebenso
wenig Töne wie die „Geräusche", nicht einmal Klänge, ihrer musikalischen Höhe nach sind sie keineswegs auch nur so leicht zu bestimmen wie etwa der tympanitische Percussionsschall. Der Name
„Herztöne" stammt von Rouanet, und seitdem ihn auch Skoda gebrauchte, hat er sich so allgemein eingebürgert, dass es fruchtlos wäre,
ihn ausmerzen zu wollen. Alles, was von dem kurzen, runden Ton
merklich sich unterscheidet, wird als Geräusch bezeichnet, unbestimm-
bare Zwischenformen als unreine Töne. Eher noch als bei den
Tönen lässt sich die musikalische Höhenlage im Allgemeinen bei
vielen Geräuschen angeben, aber genauer präcisiren sehr selten; auch
diese Phänomene sind in den meisten Fällen Geräusche im physikalischen Sinn und nicht Klänge.

Es muss dies hervorgehoben werden, weil manche von den besten
Autoren den Tönen regelmässigere Schwingungen vindiciren als den
Geräuschen und letztere aus unregelmässigen Schwingungen der Wand
oder unregelmässigen Flüssigkeitsströmen u. dgl. hervorgehen lassen.
Hierin liegt der Unterschied keineswegs, sondern in der Art, wie
das Schallphänomen abklingt. Der Herz- oder Gefässton entsteht,
indem das Gleichgewicht des schallgebenden Körpers nur einmal
plötzlich gestört wird und die Schwingungen des letzteren, von denen
die erste die grösste ist, klingen rasch und gleichmässig ab. Beim
Geräusch wird eine kürzere oder längere Zeit das Gleichgewicht des
schallenden Körpers immer wieder gestört und die Amplituden sind
so lang ziemlich gleich gross, bis nach Aufhören der Anstösse,
die das Gleichgewicht stören, rasches Abklingen des Geräusches eintritt. Die meisten Geräusche währen länger, und sogar bedeutend
länger als ein Ton, aber auch so kurze, oder fast so kurze Geräusche
wie ein Ton, lassen sich von letzteren noch unterscheiden, so gut wie
man das brillanteste Staccato noch vom Pizzicato der Violine zu unterscheiden vermag.

Ein Ton entsteht, wie mit Recht allgemein angenommen wird,
in der Wand, und zwar wenn letztere „eine plötzliche starke Vermehrung oder Verminderung ihrer Spannung" erfährt. Diese Erklärung ist
nicht genau, plötzliche Spannungszunahme oder -Abnahme kann in der
Gefässwand für sich allein nur longitudinale Wellenbewegung nach
sich ziehen; auch wenn man diese hören könnte, müsste erst noch
nachgewiesen werden, dass diese longitudinalen Wellen zu stehenden
werden. Es verhält sich vielmehr die Sache so, wie man am besten
an den beiden schematischen Zeichnungen Fig. 41 und 42 es sich klar
machen kann.

In Fig. 41 bewegt sich in der Röhre AB der Spritzenstempel C;
die Röhre soll mit Wasser gefüllt und von vollkommen starren Wänden
begrenzt sein. An ihrem vorderen Ende B ist sie dicht von einer
elastischen Membran verschlossen. Schieben wir den Spritzenstempel
gegen B vor, so baucht sich die Membran entsprechend aus. Das
Maass der Ausbauchung ist lediglich vom Quantum des Wassers abhängig, das durch den Stempel vorgeschoben wird, nicht aber von der
Geschwindigkeit, mit welcher der Stempel seine neue Stellung erreicht.

108

R. Geigel.

Die elastische Membran kann auch beim heftigsten Anstoss, den sie nach aussen erhält, nicht über ihre neue Gleichgewichtslage hinausschwingen, weil sonst ein leerer Raum im starren Rohre entstehen würde. Ziehen wir den Stempel wieder zurück, so folgt auch die Membran, und auch jetzt schiesst sie über ihre Gleichgewichtslage nicht hinaus, sie müsste ja sonst das Wasser comprimiren, da dieses in der starren Röhre nicht ausweichen kann.

Fig. 41. Schema für das Tönen elastischer Membranen. *A B* starr.

Nun betrachten wir die zweite schematische Zeichnung (Fig. 42). Die starre Wand der Röhre *A B* ist hier an einer Stelle *a b* durch eine elastische Membran, z. B. Gummi ersetzt. Schieben wir den Stempel gegen *B* langsam vor, so folgt dem andrängenden Wasser die Membran *B* ebenso langsam bis zu ihrer neuen Gleichgewichtsstellung sich ausbauchend; erfolgt der Stoss des Spritzenstempels jedoch rasch, so wird sie durch die anprallenden Wassertheilchen und durch ihre eigene Trägheit über diese Gleichgewichtslage hinausgeschleudert. Sie kann dies werden, weil dementsprechend die biegsame Membran *a b* einsinken kann. Ihre eigene Elasticität treibt die zu weit ausgebauchte Membran wieder zurück, und zwar vermöge ihrer Trägheit wieder über die Gleichgewichtslage hinaus. Sie kann auch dies, weil die Membran *a b* nachgeben kann. So kann sich also hier ein Hin- und Herschwingen der elastischen Membran *B* um eine Gleichgewichtslage,

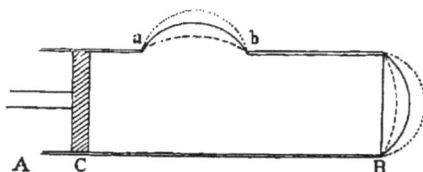

Fig. 42. Schema für das Tönen elastischer Membranen. *a b* elastisch.

können sich also stehende Wellen einstellen; damit sind die Bedingungen zur Schallbildung gegeben. Es kommt nur auf die Schnelligkeit an, mit welcher die Drucksteigerung im Gefäss sich vollzieht (im Schema auf die Geschwindigkeit, mit welcher der Stempel vorwärts getrieben wird), ob die gebildeten stehenden Wellen intensiv genug zur Schallbildung ausfallen. Bei ganz langsamer Druckvermehrung schwingt die Membran über ihre neue Gleichgewichtsstellung gar nicht oder eigentlich nur in ganz minimalem Grade hinaus und wieder zurück, merkliche Schallbildung tritt also nicht ein. Die Fig. 42 kann auch als Schema für das Schwingen einer elastischen Arterienwand dienen, die durch eine ankommende Pulswelle seitlich ausgebaucht wird. Man sieht bei *a b*

(in übertriebenem Maasse) die Schwingungen um die neue Gleichgewichtslage. Ein analoger Vorgang muss sich vollziehen, wenn der
Druck in einem Gefässrohr plötzlich um einen gleichen Betrag sinkt.
Die Gefässwand begibt sich dann rasch nach innen und schwingt vermöge ihrer Trägheit um eine neue Gleichgewichtslage, vorausgesetzt,
dass sie nicht vollständig entspannt ist, dass also ihre elastischen
Kräfte in Wirksamkeit sind, und folglich von einer Gleichgewichtslage
überhaupt gesprochen werden kann. Man wolle noch bemerken, dass
in Fig. 42 weder die Membran B, noch die bei $a\,b$ allein für sich
schwingen kann: während die eine nach innen schwingt, muss die
andere nach aussen schwingen.

Wie man leicht sieht, ist das Wesentliche an dem Vorgang nicht
die Ab- oder Zunahme der Spannung der Kräfte, welche die Gleichgewichtslage aufrecht erhalten wollen. sondern das Verlassen dieser
Gleichgewichtslage und das rasche Aufsuchen einer anderen
von Seite der Wand, mag nun diese neue Lage weiter aussen oder
innen sich befinden. Im ersteren Falle entsteht ein (herz-)systolischer,
im letzteren ein (herz-)diastolischer Ton.

Herztöne.

Man hört am Herzen normalerweise während jeder Herzrevolution zwei Töne. Der eine — erster Ton — fällt in den Beginn der
Systole, der andere — zweiter Ton — in den Beginn der Diastole.
Unzweifelhaft werden thatsächlich mehr Töne wirklich gebildet, von
denen aber einige unter normalen Verhältnissen zeitlich so genau zusammenfallen, dass sie nur einen Ton auszumachen scheinen.

Nach der Meinung der Meisten entsteht der I. Ton durch die
plötzliche Anspannung der schon geschlossenen Vorhofsklappen. Dass
hiedurch ein kurzer Schall erzeugt werden kann, ist durch Versuche
von O. Bayer erwiesen. Auf der anderen Seite hat man den I. Herzton im Herzmuskel entstehen lassen. Dogiel und Ludwig reizten
ein ausgeschnittenes und völlig entblutetes Herz, und bei jeder Contraction wurde ein Ton gehört, von dem Gerhardt selbst angibt,
dass er dem I. Herzton sehr ähnlich sei. Von einer Stellung und von
Schwingungen der Klappe konnte unter solchen Umständen keine Rede
sein. Auf der anderen Seite kann man den gehörten Ton auch nicht
einen „Muskelton" nennen, denn ein solcher entsteht bloss beim
Tetanus, während die Contraction des Herzmuskels nach den Untersuchungen von Marey nur eine einfache Zuckung darstellt (A. Fick).
Die Kliniker haben sich ferner stets gesträubt, den I. Ton im Muskel
entstehen zu lassen, weil tausendfältige Erfahrung gelehrt hat, dass
sein reines Zustandekommen an eine anatomische Intactheit der Vorhofsklappen gebunden ist, und dass man mit grosser Sicherheit aus
dem Verschwinden des I. Tons (und daraus, dass ein Geräusch an seine
Stelle tritt) auf eine (bleibende oder vorübergehende) Insufficienz derselben schliessen kann. Eine Vereinigung der beiden Ansichten und
Lösung der scheinbaren Widersprüche dürfte leicht möglich sein, wenn
man annähme, dass bei der Erzeugung des I. Tons Schwingungen der
gesammten Begrenzung des Ventrikelinhalts, also der Herzwand sammt
den Klappen in Frage kommen, und wenn man zugleich den Nachweis

führt, dass Insufficienz der Vorhofsklappen zugleich die Möglichkeit der Tonbildung an den Klappen und in der Herzwand aufhebt. Sobald bei geschlossenem Klappenapparat der Ventrikel sich contrahirt, streben seine Theile und auch die Theile der Klappen sehr rasch einer neuen Gleichgewichtslage zu, um welche sie ihrer Trägheit zu Folge schwingen. Während der Austreibungsperiode gehen, da das Blut, dem sich contrahirenden Ventrikel nachgebend, entweicht, alle Theile der Gleichgewichtslage, die dem entleerten Ventrikel entspricht, langsam entgegen, überschreiten sie nicht und Schwingungen um dieselbe bleiben aus. Das Nämliche geschieht, wenn die Vorhofsklappen insufficient sind, eine Verschluss- oder Spannungszeit existirt dann nicht, das Blut entweicht in dem Maasse, in welchem sich der Ventrikel contrahirt, in den Vorhof, dann auch in die Arterie und die Tonbildung bleibt aus. Sind die halbmondförmigen Klappen der Aorta oder Pulmonalis insufficient, so kann trotzdem eine „Verschlusszeit" gebildet sein, weil während der ersten Periode der Systole die Ventrikelcontraction noch nicht stark genug ist, den hohen Druck in dem grossen Gefäss zu überwinden; es kommt also in diesen Fällen zur Bildung eines I. Tons. Wenn man ihn mitunter nicht oder nicht deutlich hören kann, so weist dies auf ein Fehlen der Verschlusszeit hin.

Ueber die Zahl der Herztöne ist früher viel gestritten worden; nach der von Bamberger zuerst gemachten, nunmehr ganz allgemein acceptirten Annahme entstehen am Herzen im Ganzen sechs Töne. Vier davon sind systolisch, die in der Regel zeitlich zusammenfallen: je einer an jeder Vorhofsklappe und je einer durch die systolische Anspannung der Gefässwand der Aorta resp. Pulmonalis. Nach der entwickelten Auffassung würde man sagen: je einer durch Schwingungen der Ventrikelwand und der angespannten Vorhofsklappe im rechten und linken Herzen und je einer an beiden grossen Gefässen.

Der II. Ton entsteht, wie mit Recht allgemein angenommen wird, im Beginn der Diastole, indem der Druck im Ventrikel sehr rasch auf Null und darunter sinkt, während in der Aorta resp. Pulmonalis noch ein hoher Druck herrscht. Hiedurch werden die halbmondförmigen Klappen, die schon mit dem Ende der Systole schliessen, gegen den Ventrikel hingetrieben, gerathen in hohe Spannung und schwingen um ihre neue Gleichgewichtslage. Es ist nicht ganz richtig, zu sagen, dass der Klappenschluss das Tönen, der der halbmondförmigen Segel den II. Ton bewirke; würden diese im Beginn der Diastole erst schliessen, so müsste man stets ein, wenngleich kurzes, diastolisches Geräusch wahrnehmen können, es müsste eine kurzdauernde physiologische Insufficienz der Klappen bestehen. Die Vortreibung und Anspannung der Klappen an der Aorta und Pulmonalis erfolgt normalerweise nicht ganz genau gleichzeitig, die Differenz ist aber so gering, dass beide Töne für unser Ohr zusammenfallen und man thatsächlich nur einen diastolischen Ton hört; in pathologischen Fällen (z. B. gewissen Formen von Stenose des linken venösen Ostiums) kann der Zeitunterschied grösser und wahrnehmbar werden.

Die entwickelte Lehre von der Entstehung sechs normaler Herztöne entspricht dem, was als gültig allgemein anerkannt ist, und doch lässt sie sich nach unseren neueren Kenntnissen von der Herzbewegung

unmöglich aufrecht erhalten. Es lässt sich nachweisen, dass der I. Ton
an den grossen Gefässen innerhalb der Verschlusszeit entsteht, also
nicht durch „Anspannung" der Gefässwand, die von dem Blutstrom
doch erst während der Austreibungsperiode getroffen wird, dass ferner
der I. Arterienton mit dem I. Ventrikelton zeitlich zusammenfällt.

Ohne Zweifel entsteht der I. Ton an den grossen Gefässen in
normalen Fällen durch das Schwingen der geschlossenen halbmondförmigen Klappen. Diese sind während der Diastole durch den mächtigen Druck in der Aorta resp. Pulmonalis stark gegen die Ventrikel-
höhle vorgewölbt, in der gar kein positiver Druck oder nur ein sehr
geringer herrscht. Sobald bei Beginn der Systole der Ventrikeldruck
steigt, müssen die halbmondförmigen Klappen eine neue Gleichgewichtslage suchen, um welche sie dann eine kurze Zeit lang schwingen und
hierauf beruht der I. Ton an beiden grossen Gefässen. (Nach der
bisherigen Nomenclatur würde man sagen, die halbmondförmigen
Klappen tönen im Beginn der Systole, weil sie eine plötzliche starke
Verminderung ihrer Spannung erleiden.) Die plötzliche geringe Ortsveränderung der halbmondförmigen Klappen muss eine plötzliche Erweiterung auch der Gefässwand nach sich ziehen; wegen der viel
grösseren Oberfläche derselben wird diese aber sehr viel geringer ausfallen und die Gefässwand normalerweise an der Bildung des I. Tons
kaum in wesentlichem Grade mitbetheiligt sein.

Es schwingt also zu Beginn jeder Systole die gesammte Begrenzung des Ventrikels, die Muskelwand, die gespannte Vorhofsklappe
und die geschlossene arterielle Klappe. Diese Schwingungen zusammen
bilden einen Ton, den Ventrikelton, und es gibt nur vier Herztöne,
zwei systolische (Ventrikel-) Töne und zwei diastolische (arterielle) Töne.
Man könnte sogar die Frage aufwerfen, ob die Contraction beider Ventrikel nicht so gegenseitig abhängig ist, dass wenn einer nur langsam
sich zusammenzieht, auch der andere an rascher Contraction und Tonbildung gehindert wird. Dann müsste man sogar bloss drei Töne annehmen, einen systolischen und zwei (zeitlich zusammenfallende) diastolische, denn letztere sind in ihrer Entstehung unstreitig von einander
unabhängig. Vielfache Erfahrungen an pathologischen Fällen lassen
diese Annahme wenigstens nicht ganz von der Hand weisen; bevor
hierüber aber genauere Untersuchungen vorliegen, müssen wir es bei
den vier Herztönen bewenden lassen.

Damit ein reiner Ventrikelton gebildet werden kann, ist es unerlässliche Bedingung, dass eine Verschlusszeit thatsächlich existirt, sei
es, dass beide Klappen wirklich geschlossen sind, sei es, dass im Falle
insufficienter arterieller Klappen der hohe Druck in den Arterien die
sofortige Austreibung des Blutes im ersten Beginn der Systole verhindert. Ein erster reiner Ton kann also bei Insufficienz der Vorhofsklappe nicht entstehen und entsteht auch nicht in einem guten Theil
der Fälle von insufficienten arteriellen Klappen. Das Fehlen eines
ersten Tones beweist immer das Fehlen der Verschlusszeit.

Gespaltene und verdoppelte Töne. Hört man statt des
I. oder statt des II. Herztons zwei, die durch eine deutliche, wenngleich
sehr kurze Pause getrennt sind, so heisst man das Phänomen einen
reinen verdoppelten Ton; scheinen zwei Töne in einander überzugehen,
einen gespaltenen Ton. Gespaltene Töne werden mitunter dadurch vor-

getäuscht, dass einem Ton ein sehr kurzes Geräusch anklebt oder ihm
sehr knapp vorangeht. Einen doppelt gespaltenen Herzton, der also
aus drei distincten reinen Tönen bestände, gibt es wahrscheinlich nicht,
und in jedem derartigen Phänomen ist, wie schon A. Geigel hervorgehoben hat, wohl stets bei aufmerksamer Untersuchung statt eines
Tones ein kurzes Geräusch zu entlarven. Bezüglich des gespaltenen
II. Herztons ist A. Geigel's angeführte Hypothese von ungleichzeitiger
Anspannung der Klappen in den beiden grossen Gefässen wahrscheinlich allgemein gültig (eine interessante Erklärung des Phänomens bei
Stenose des linken Ostium atrioventriculare von Neukirch wird später
noch discutirt werden). Wie der gespaltene I. Herzton zu Stande
kommt, ist schwieriger zu erklären. Die Annahme von Bamberger,
dass der Ventrikel sich in zwei Absätzen zusammenziehe, ist sehr unwahrscheinlich, ebenso die, dass der linke und der rechte Ventrikel
sich ungleichzeitig contrahiren. Am ehesten dürfte wenigstens für einen
Theil der Fälle folgende Hypothese Anspruch auf Gültigkeit haben.
Während der Austreibungsperiode wird das Blut mit grosser Gewalt
in die Arterie geworfen. Gleichwohl ist bekanntlich die Druckschwankung in dieser eine nicht sehr beträchtliche und jedenfalls
viel geringer als im Ventrikel selbst. Im Ventrikel gerathen demgemäss die geschlossenen Wandungen in tönende Schwingungen, die
Arterienwand kommt aber für gewöhnlich nicht zum Tönen. Die
Druckschwankung in der Arterie variirt aber ziemlich bedeutend,
wofür namentlich die Länge der Diastole maassgebend ist. Je mehr
Zeit das Blut hatte, aus der grossen Arterie nach der Peripherie hin ab-
zufliessen, desto mehr sinkt der Druck, und die Druckschwankung fällt
dann bei der nächsten systolischen Füllung vom Ventrikel her bedeutender aus. Es lässt sich begreifen, dass unter solchen Umständen
auch einmal die Arterienwand zum Tönen gebracht werden kann, oder
vielmehr man ist gezwungen dies anzunehmen. Thatsächlich reicht
die Druckschwankung bei jeder Pulswelle an peripheren grossen Arterien oft genug hin, um einen Ton zu erzeugen. Nun weiss man,
dass die Druckschwankung in der Aorta stets grösser ist als in jedem
peripheren Gefäss; was hier zur Tonbildung führt, muss es in der
Aorta erst recht thun. Dieser in der Aorta gebildete Ton muss um
die Verschlusszeit später erscheinen als der Ventrikelton, und demgemäss muss, je nach Länge der Verschlusszeit, der I. Herzton gespalten oder verdoppelt gehört werden. Diese Erklärung reicht offenbar nicht hin für jene gespaltenen ersten Töne, welche nur an der
Spitze und nicht an den grossen Gefässen gehört werden, und diese
harren noch ihrer Aufklärung. Wo aber periphere Arterien tönen und
an den grossen Gefässen ein erster Doppelton gehört wird, handelt es
sich wohl sicher um den beschriebenen Vorgang. Nächst der längeren
Dauer der Diastole dürfte auch noch besonders starke Herzcontraction
und der Grad der Arterienspannung von Einfluss auf die Möglichkeit
der Bildung des gespaltenen ersten Tones sein.

  Pathologische Bedeutung hat das Phänomen der gespaltenen Töne
bis jetzt nur in den Fällen von Mitralstenose, wo es mitunter sehr
constant gefunden wird, sonst kommt und geht es beim einzelnen Individuum von Stunde zu Stunde, es kann sogar während einer Untersuchung bei einzelnen Herzrevolutionen bemerkbar sein, bei anderen

wieder nicht. Noch schlimmer steht es in dieser Hinsicht mit den u n -
r e i n e n T ö n e n. Töne, welche nicht ganz so rund, kurz und wohl-
begrenzt erscheinen wie in der Norm, die aber auf der anderen Seite
auch noch nicht als Geräusch bezeichnet werden können, heisst man
unrein. Auch die erfahrensten und geübtesten Beobachter begegnen
ihnen häufig, öfter nimmt sie freilich der Anfänger an, während er
ein kurzes, dem Ton anklebendes oder ihn ersetzendes Geräusch nicht
wahrnimmt oder verkennt. Es gibt aber Schallerscheinungen, die von
einer Autorität in diesen Dingen als unreiner Ton, von einer anderen
als kurzes Geräusch bezeichnet werden, so schwer oder unmöglich ist
manchmal die sichere Entscheidung.

Wenn wir uns den p. 107 urgirten Gegensatz von Ton und Geräusch vergegenwärtigen, so liegt es auf der Hand, dass der Ton vom
Geräusch um so leichter unterschieden werden kann, je rascher die
Amplitude seiner Schwingungen sich verkleinert, je rascher also der
Ton „gedämpft" wird. Kann die einmal aus ihrem Gleichgewicht ge-
rissene elastische Membran ziemlich frei und unbehindert um dasselbe
schwingen, so dauert das Abklingen lang, wie bei einer Saite eines
musikalischen Instruments. Dann ist aber auch eine ganze Anzahl von
Schwingungen, die der ersten, grössten folgen, nicht sehr an Intensität
von dieser verschieden, und daher kommt es, dass solche unreine Töne
fast den Eindruck von Geräuschen machen können. Unreine Töne weisen
also nicht auf schlechte, unregelmässige Schwingungsfähigkeit, sondern
im Gegentheil auf relativ sehr freies und unbehindertes Schwingen der
schallgebenden Körper hin.

Diagnostisch ist mit einem ächten unreinen Ton noch nichts zu
machen. Bei manchen Individuen ist der eine Herzton längere Zeit
oder constant unrein, ohne dass man die Diagnose eines Herzfehlers
darauf gründen dürfte, andere Male hält das Symptom kürzere oder
längere Zeit an, um dann zu verschwinden und wiederzukommen. Geht
es in einen reinen Ton über, so hat es gar keinen diagnostischen
Werth, bildet sich aus ihm ein deutliches Geräusch, so hat letzteres
die ihm zukommende Wichtigkeit für die Diagnose. Auch beim nor-
malsten Befund am Herzen sind die beiden Töne gewöhnlich nicht
ganz gleich rein, in der Regel erscheint der II. Ton als der reinere.
Während die reinen Herztöne mit dem Schalle „tick-tick" oder „dohm-
lop" verglichen werden können, lauten sie bei noch folgendem, an-
klebendem kurzem Geräusche etwa „tschuh-tschuh", wenn ihnen ein
kürzeres Geräusch vorangeht, „schut-schut" (S k o d a).

M e t a l l i s c h k l i n g e n d e H e r z t ö n e können durch Mitschwingen
angrenzender lufthaltiger Hohlräume entstehen, so beim Pneumopericardium, Pneumothorax (namentlich linksseitigem), dem Herzen nahe
liegenden Cavernen, aber auch wenn der Magen oder das Quercolon
stark mit Luft aufgebläht ist.

Die Lautheit (Stärke) der Herztöne ist auch bei Gesunden individuell und zu verschiedenen Zeiten recht wechselnd. Schwache Herzthätigkeit, dickes Fettpolster, pericardiale Exsudate, Ueberlagerung des
Herzens mit emphysematöser Lunge lassen die Herztöne oft bis zum
Verschwinden leis werden, verstärkte Herzaction, dünne Bedeckung des
elastischen Thorax laut bis zum klingenden, klirrenden Character. Die
subjectiven Beschwerden der Patienten stehen keineswegs oft im Ver-

hältniss zu dem, was man objectiv wahrnehmen kann; gerade bei gesunkener Herzkraft (gewöhnlich mit vermehrter Frequenz) und dementsprechend leisen Tönen wird das Herzklopfen von den Kranken gewöhnlich am unangenehmsten empfunden, Ausnahmen kommen aber vor. Klingende Herztöne finden sich namentlich bei Herzhypertrophie und Atherom der grossen Gefässe. An der Mitralis (Herzspitze) und Tricuspidalis ist gewöhnlich der I. Ton, an der Aorta und Pulmonalis der II. Ton der lautere; man hat nicht unpassend den Herzschlag im ersten Fall mit einem Trochäus, im zweiten mit einem Jambus verglichen. Der II. Aortenton ist bei Gesunden entsprechend dem höheren Druck im Gefäss lauter als der II. Pulmonalton. Ausnahmen von dieser Regel kommen aber — besonders vorübergehend — vor; es ist von Wichtigkeit beim Auscultiren der grossen Gefässe, stets auch auf dieses Verhältniss zu achten.

Der Rhythmus der Herztöne vollzieht sich folgendermassen. Der I. Ton wird nach kurzer Pause vom II. gefolgt, dann kommt eine längere Pause und dann wieder ein I. Ton. Während bei der Auscultation des Herzens musikalisches Gehör für den Untersuchenden gar nicht nothwendig ist, erscheint Sinn für Rhythmus (beide sind bekanntlich oft ganz einseitig entwickelt) von hohem Werth. Uebung kann mangelhafte Anlage in dieser Beziehung in weitgehendem Maasse ersetzen. Für den Anfänger ist zu solchen Uebungszwecken ausser fleissigem Auscultiren unter Leitung eines erfahrenen Lehrers nichts instructiver, als das aufmerksame Verfolgen des Schlags einer Penduluhr. Namentlich grössere Regulateure sind in Bezug auf ihre Aufhängung sehr empfindlich; hängen sie nur ein ganz klein wenig schief, so kann man leicht an ihrem Schlag wie am Herzen eine kleine und eine grosse Pause, einen „ersten und zweiten Ton" unterscheiden. Zudem hat man hier eine sehr einfache und sichere Controle für das, was man zu hören glaubt. Der „diastolische Ton" (sit venia verbo) ist hier stets zugleich der stärkere, er erfolgt, wenn der Perpendikel nach der Seite geschwungen ist, auf welcher die Uhr zu tief hängt. Nach dieser Seite muss man also den unteren Theil der Uhr schieben, um ein völlig gleichmässiges Schwingen des Pendels zu erhalten; dann sind die Pausen zwischen jedem Schlag stets gleich lang. Ein solcher „Pendelschlag" (auch Embryocardie genannt, weil den fötalen Herztönen zukommend) kommt auch am menschlichen Herzen unter pathologischen Verhältnissen bei sinkender Herzkraft, namentlich bei Phosphorvergiftung, auch bei Diphtherie, Myocarditis (O. Vierordt) vor, dann ist natürlich von einer Unterscheidung zwischen I. (systolischem) und II. (diastolischem) Ton keine Rede mehr, und gerade darin besteht das Pathologische des Befundes. Im Allgemeinen ist kleine und grosse Pause, systolischer und diastolischer Ton, um so leichter zu unterscheiden, je langsamer die Herzaction ist, bei sehr frequenter ist manchmal auch ein recht Geübter auf den Sand gesetzt. Kleinere Schwankungen, z. B. rascheres Folgen des II. Tons auf den I. (Abkürzung der kleinen Pause) bei gesteigertem Blutdruck sind selten von Interesse. Man hat als Hülfsmittel, Systole und Diastole in den Herzphänomenen zu unterscheiden, empfohlen, zugleich den Herzstoss oder die Pulsation der Carotis oder gar der Radialis zu palpiren. Ich halte für meine Person von diesem Nothbehelf gar nichts oder nicht viel. In den seltenen Fällen, wo ich mich genöthigt sah, zu ihm meine Zuflucht zu nehmen, hat er mir nichts genützt, es scheint mir, dass durch die gleichzeitige Verwerthung zweier differenter Sinneseindrücke die Aufmerksamkeit zerstreut wird und aus diesem Grund das Verfahren nur wenig Nutzen schaffen kann. Beim Einüben von Anfängern kann für den Lehrenden die Benützung eines flexiblen Stethoskops mit mehreren Schläuchen, an deren einem der Docent selbst auscultirt, von Werth sein.

Eine eigenthümliche Veränderung des Rhythmus zugleich mit Verdopplung des I. Tons ist unter dem Namen des Galopprhythmus (bruit de galop) bekannt. Von den drei Tönen trägt entweder der zweite oder der dritte (diastolische) den Accent. Das Phänomen kommt wohl auch (selten) bei Gesunden vor (O. Vierordt), ist aber meist ein funestes Zeichen von Herzschwäche. Wodurch die Verdopplung des I. Tons bewirkt wird, ob dabei eine ungleichzeitige Contraction beider Ventrikel (O. Vierordt) statt hat, ist nicht zu sagen.

Gefässtöne.

Töne kommen an Arterien, fast nie an Venen vor. Die elastische Arterienwand kann, wie wir gesehen haben, bei plötzlicher Ausdehnung und bei plötzlicher Zusammenziehung in Schwingungen gerathen und tönen. Demgemäss ist ein (herz-)systolischer und -diastolischer Ton zu unterscheiden. Der erste fällt in die Arteriendiastole, der zweite in die Arteriensystole. Es empfiehlt sich, um Verwechslungen zu vermeiden, die Ausdrücke Systole und Diastole stets nur in einem Sinn zu gebrauchen und so sind sie im Folgenden stets als herzsystolische und -diastolische zu verstehen.

Von den Gefässtönen sind ihrer Entstehung nach zwei Arten wohl zu unterscheiden. Wir wollen als ächte Gefässtöne jene bezeichnen, welche in der That Ausdruck von Schwingungen der Gefässwand sind, gleichviel ob diese an Ort und Stelle entstehen oder durch fortgeleitete Wellen angeregt wurden. Man kann diese ächten Gefässtöne nur bei sehr leichtem Aufsetzen des Stethoskops vernehmen. Bei tiefem Druck wird die Schwingungsfähigkeit der auscultirten Theile aufgehoben und der Ton verschwindet, wird aber, falls man direct auf das pulsirende Gefäss drückt, von einem anderen ersetzt. Dieser ist völlig synchron mit einem Stoss, der dem Stethoskop durch die ankommende Pulswelle versetzt wird. Diese Art von Ton lautet überall ganz gleich und beruht auf einer einmaligen Erschütterung des eigenen Trommelfells. Den Eigenton des Trommelfells kann man wahrnehmen, wenn man mit der Hand Luft ins Ohr fächelt, vergleicht man damit jene Art von Arterienton, so ist die Aehnlichkeit unverkennbar. Schon v. Kiwisch hat den nicht unpassenden Vergleich mit einem kurzen Nasenstüber gebraucht, den das Ohr bei Auscultation peripherer Gefässe bekomme. Es ist klar, dass solche Töne, die wir als unächte Arterientöne unterscheiden wollen, gar keinen Schluss auf Schwingungsfähigkeit und Spannung der Gefässwand zulassen. Die Bedingungen zu ihrer Entstehung sind gegeben, wenn die Pulswelle stark genug ist, um durch die feste Verbindung des Stethoskops die Ohrmuschel und damit das Trommelfell zu erschüttern. Die Eigenschaften des gehörten unächten

Tons hängen nur von der Schwingungsfähigkeit des zum Hören verwendeten Trommelfells ab. Wer einen verschieden hohen Eigenton
des Trommelfells hat (bei mir selbst besteht eine Differenz von einer
Terz), hört mit dem einen Ohr alle unächten Töne höher als mit dem
anderen. Durch noch einen Umstand lassen sich unächte Arterientöne von den ächten unterscheiden. Bei den letzteren braucht man
sich mit dem Stethoskop nicht genau über dem auscultirten Gefäss
zu befinden, um den Ton zu hören, der ächte Ton leitet sich in die
Umgebung fort. Der unächte Ton entsteht dagegen nicht, wenn kein
directer Stoss vom Gefäss auf das Stethoskop ausgeführt wird.
    Weil und Matterstock, die wohl die besten Untersuchungen über
Gefässtöne angestellt haben, erkannten an, dass die Auscultation der
Arterien ihre beträchtlichen Schwierigkeiten habe und viel Uebung er-
fordere. Namentlich ist auch die Frage keineswegs immer leicht zu
unterscheiden, ob die gehörten Töne vom Herzen fortgeleitet sind oder
nicht. Eine solche Fortleitung kann unzweifelhaft bis in die Subclavia
und Carotis stattfinden, in letzterer, vielleicht auch in ersterer, finden
sich aber auch in loco entstandene Töne. Der sichere Entscheid wäre
natürlich nur mittels feiner Messmethoden zu führen. So viel kann
man aber von vornherein sagen: soll ein autochthones Tönen peripherer
Arterien angenommen werden, so muss auch die Aorta einen selb-
ständigen Ton liefern, der I. Herzton muss also wenigstens an den
grossen Gefässen verdoppelt oder gespalten erscheinen. Neue Untersuchungen auf diesem schwierigen Gebiet sind seit Aenderung unserer
Anschauungen über die Herzthätigkeit mehr als je zu wünschen.
    Ob auch ein diastolischer unächter Arterienton vorkommen kann,
ist noch zweifelhaft. Frühere Autoren haben in der That geglaubt,
dass das rasche Einsinken des Stethoskops über einer plötzlich col-
labirenden Arterie das Trommelfell ebenso erschüttern würde wie die
positive Pulswelle. Möglich ist dies immerhin und auch hiefür wären
genaue Untersuchungen erwünscht. Der II. Ton an Carotis und Subclavia ist wohl unzweifelhaft immer oder doch fast immer vom Herzen
her fortgeleitet.
    Beim Doppelton ist der I. systolisch, der II. diastolisch.
Hievon muss, wie Matterstock mit Recht bemerkt hat, sehr wohl
der gespaltene Arterienton unterschieden werden. Bei diesem treten
statt eines systolischen Tones deren zwei auf. Die Unterscheidung ist
freilich nicht immer leicht, wenn das Zeitintervall beim gespaltenen Ton
ein relativ grosses ist. Der gespaltene I. Ton kann neben einem
II. Ton gehört werden, dann vernimmt man natürlich drei Töne. Genaueres hierüber soll im speciellen Theil (Aorteninsufficienz) besprochen
werden.

Herz- und Gefässgeräusche.

    Die Geräusche unterscheiden sich von den Tönen nur dadurch,
dass ihre Entstehungsursache nicht in einer einmaligen, sondern einer
wiederholten Störung der Gleichgewichtslage eines schallgebenden Körpers
gegeben ist. Auch die Herz- und Gefäss-„Töne" sind, wie schon erwähnt, im physikalischen Sinn Geräusche und es ist nicht berechtigt,
wie dies fast allgemein geschieht, für sie regelmässigere Schwingungen,

für die Geräusche unregelmässige in Anspruch zu nehmen. Will man doch in dieser Beziehung einen Unterschied machen, so fällt es ganz entschieden bei einer grossen Anzahl von Geräuschen leichter, annähernd ihre Höhe zu bestimmen, als bei den Tönen; die „zischenden", „pfeifenden" Geräusche sind höher als die „sausenden", „blasenden", „hauchenden", „rauschenden", „giessenden". Die sehr seltenen „musicirenden" Geräusche sind Klänge; man kann ihre musikalische Höhe leicht bestimmen, sie werden als „singend", „geigend" bezeichnet und entstehen wohl durch Schwingen gespannter Sehnenfäden. Die meisten Geräusche währen länger, viele sehr viel länger als die Töne, es gibt aber auch Geräusche, welche ganz oder fast so kurz sind als Töne und sich dennoch von diesen unterscheiden lassen. Im Verlauf der weiteren Eröterungen erhellt vielleicht, dass der eben gemachte Vergleich mit den Tönen der Geige nicht so stark hinkt, als es vielleicht auf den ersten Blick den Anschein haben könnte. Sehr kurze Geräusche sind übrigens nie laut und stets leiser als ein „gleich langer" Ton.

Die Frage nach der Entstehung der Geräusche ist vornehmlich gefördert worden durch Beobachtungen, die man an von Wasser durchströmten Röhren gemacht hat. Unter diesen Experimenten stehen namentlich die von Kiwisch von Rotterau und von Th. Weber oben an. Letzterer formulirte unter Anderem folgende Sätze:

1. Die Geräusche entstehen durch Schwingungen der Röhrenwand, nicht durch Reibung der Flüssigkeitstheilchen unter einander; die Flüssigkeit spielt nur die Rolle der erschütternden Körper, wie etwa ein Geigenbogen.

2. Röhre und Flüssigkeit mögen beschaffen sein wie sie wollen; wenn man die Stromgeschwindigkeit immer mehr steigert, so entsteht zuletzt ein Geräusch, natürlich an allen Stellen, wenn die Röhre überall gleichartig ist.

3. In ein und derselben Röhre bringen dünnflüssige Liquida leichter (bei geringerer Geschwindigkeit) Geräusche hervor als zähflüssige, schwere leichter als leichte. Die untersuchten Flüssigkeiten folgten sich in dieser Beziehung daher in der Ordnung, dass am leichtesten Quecksilber Geräusche erzeugte, dann Wasser, Milch, verdünntes Blut und am allerschwersten reines Blut.

4. Rauhigkeiten an der inneren Röhrenfläche begünstigen die Entstehung eines Geräusches, so dass man es bereits bei einer geringeren Geschwindigkeit hört, als wenn die Röhre glatt wäre.

5. In dünnwandigen Röhren entstehen leichter Geräusche als in dickwandigen.

6. Bei gleichem Verhältnisse von Lumen und Wandstärke entstehen Geräusche leichter in weiten Röhren als in engen (wegen der grösseren Berührungsfläche).

7. Es bedarf einer viel grösseren Geschwindigkeit, um in starren Röhren (aus Glas oder Messing) Geräusche hervorzubringen, als in biegsamen (aus Kautschuk, Venenwand, Darmwand).

8. Am allerleichtesten entstehen Geräusche an solchen Stellen, wo der Strom aus einem engeren Theile seines Bettes in einen weiteren übergeht, und zwar ganz besonders dann, wenn er nicht central in die erweiterte Stelle eintritt, oder wenn er nicht in der Axe derselben verläuft, sondern schräg gegen ihre Wand gerichtet ist. Vermehrung

oder Verminderung der Spannung scheint keinen namhaften Einfluss
auf die hier betrachteten Erscheinungen zu haben.

Die von Th. Weber in seinem ersten Satz aufgestellte These,
dass die Geräusche durch Schwingungen der Röhrenwand entstehen, ist
vor ihm schon von Williams und v. Kiwisch vertreten worden.
Letzterer hat namentlich eingehend gezeigt, wie solche Schwingungen der
Wand zu Stande kommen, wenn der Flüssigkeitsstrom aus einer engen
Stelle des Rohrs in eine weitere übertritt. Der Vorgang vollzieht sich
dabei folgendermassen. Die der Wand benachbarten Flüssigkeitstheilchen
verfolgen beim Uebertritt in den weiteren Gefässabschnitt ihren Weg
nicht in ihrer alten Richtung geradlinig weiter, sondern bleiben der
Wand adhärent und begeben sich also weiter nach aussen. Dadurch
entsteht, indem auch ihre Nachbarn dieser Bewegung folgen, in der
Mitte des Flüssigkeitstroms eine Saugwirkung, welche durch die ex-
perimentelle Physik ja thatsächlich festgestellt ist. Es müsste ein leerer
Raum in der erweiterten Stelle sich bilden; dies wird aber dadurch
verhindert, dass die elastische Wand des Rohres collabirt, nach innen
schwingt, damit wird die Saugwirkung geringer und die Wand schwingt
wieder nach aussen, was noch dadurch begünstigt wird, dass unter dem
Einfluss der Saugkraft von oben her mehr Flüssigkeit (wegen des
stärkeren Gefälles) in den weiteren Theil geströmt ist. Sobald die
Wand nach Aussen geschwungen ist, wiederholt sich das nämliche
Spiel, es vollzieht also die Gefässwand transversale Schwingungen im
Bereich des erweiterten Rohrabschnittes. In der Discussion, welche
in der Würzburger physik.-med. Gesellschaft durch v. Kiwisch's Arbeit
angeregt wurde, zeigte der Physiker Osann, dass auch oberhalb der
erweiterten Stelle, also im engeren Rohrabschnitt, die Wand transversale
Schwingungen ausführen müsse. Durch die mit den Schwingungen
der Gefässwand im erweiterten Theile wechselnde Saugkraft fliesst von
oben bald mehr, bald weniger Flüssigkeit ab und die Folge davon ist
auch oben ein im gleichen Rhythmus sich vollziehendes Schwingen der
Gefässwand. Während die Wand unter der Erweiterungsstelle nach
innen schwingt, begibt sich die oberhalb derselben nach aussen und
umgekehrt, so dass also beide Gefässabschnitte mit ihrer Wand um die
Erweiterungsstelle wie um einen Knotenpunct und zwar mit einem
Phasenunterschied von einer halben Wellenlänge schwingen.

Dass in ähnlicher Weise auch oberhalb und unterhalb einer einfachen Stenose, also beim Uebergang aus einem weiten Abschnitt in
einen engeren, Schwingungen der Wand sich einstellen müssen, falls
diese elastisch ist, lässt sich ebenfalls leicht zeigen. Eine derartige
Stenose verlangsamt den Flüssigkeitsstrom, der Druck oberhalb derselben steigt, damit geht die Wand nach aussen, die Stenose wird
weiter, es strömt mehr Flüssigkeit durch die Stenose, die Wand oben
schwingt nach innen und das alte Spiel beginnt wieder von vorn;
auch unterhalb der Stenose ist rhythmische Vermehrung und Verminderung der Füllung und demgemäss rhythmisches Schwanken des Kalibers,
i. e. Schwingen der Wand vorhanden.

Dem wäre noch eine weitere Betrachtung hinzuzufügen. Ist das
Lumen eines Gefässes (gleichviel wie dehnbar und elastisch seine Wand
ist) durch ein elastisches Diaphragma theilweise verschlossen, so geräth
dieses durch den Flüssigkeitsstrom in Schwingungen, indem es dem

wachsenden Druck nachgibt, eine grössere Spalte frei lässt, mit sinken-
dem Drucke zurückschwingt und die Stenose wieder vergrössert u. s. w.,
ganz so wie die Schwingungen der Lippen einer Labialpfeife sich vollziehen.

Es ist selbstverständlich, dass auch in Gefässen von überall gleichem
Kaliber bei genügender Geschwindigkeit des Flüssigkeitsstromes Schwingungen der Wand und damit Geräusche entstehen können, denn keine
Wand ist absolut glatt und Rauhigkeiten wirken nicht anders als sehr
viele kleine Stenosen; dass Geräusche in überall gleich weiten Röhren
um so leichter entstehen, je rauher die innere Oberfläche der Röhrenwand ist, wurde von Th. Weber experimentell festgestellt. In diesem
Sinn kann es nur verstanden werden, wenn davon die Rede sein soll,
dass Geräusche durch Reibung der Flüssigkeit an der Röhrenwand
entstehen.

Die Möglichkeit einer solchen äusseren Reibung ist von Einzelnen
(Hamernjk, Rosenstein, Eichhorst) bestritten worden, weil nach
den Untersuchungen von Helmholtz, Neumann u. A. die äusserste
Schichte von Flüssigkeiten, welche die Wand benetzen (dies trifft für
Wasser und Blut zu), stets in Ruhe bleibt. Benetzt eine Flüssigkeit
die Wand, so ist die Adhäsion an dieser grösser als die Cohäsion der
einzelnen Flüssigkeitstheilchen unter einander und demgemäss die äussere
Reibung grösser als die innere; darauf beruht es gerade, dass die aller-
äusserste Flüssigkeitsschichte in Ruhe bleibt und nicht von der nächsten
mit fortgerissen werden kann; die „Constante der äusseren Reibung" ist
in solchen Fällen sogar unendlich gross. Die äusserste, ruhig bleibende,
der Wand adhärirende Schichte ist von molecularer Feinheit und folgt
allen Unebenheiten der Wand auf das Genaueste, durch sie wird die
nächste Schichte in ihrer Bewegung verzögert u. s. f. Ohne Reibung
an der (benetzten) Wand, d. h. an der mit einer unmessbaren ruhigen
Schichte überzogenen Wand, wäre eine Reibung und Verzögerung des
ganzen Flüssigkeitsstromes überhaupt nicht denkbar. Was von den
Schwingungen der Wand gesagt wurde, gilt also streng genommen
nur für die mit einer unmessbaren feinen Flüssigkeitsschichte untrenn-
bar überzogene Wand, das ist der ganze Unterschied.

Die entwickelte Theorie, wonach die Geräusche durch transversale
Schwingungen der Gefässwand, resp. elastischer, stenosirender Diaphragmen entstehen, hat den unbestreitbaren Vorzug, dass transversale
Schwingungen begrenzter elastischer Membranen eo ipso stehende
sind. Auf stehende Wellenbewegung muss man aber nothwendig re-
curriren, wenn die viel umstrittene Frage, ob die Geräusche in der
Wand oder im Blut ihre Entstehung finden, überhaupt einen Sinn
haben soll. Weder die Wand noch der flüssige Inhalt eines Gefässes
kann für sich allein schwingen, weil nirgends ein leerer Raum entstehen kann, im Einen aber sind nur secundäre, fortlaufende Schallwellen vorhanden, während das Andere stehende Wellenbewegungen
ausführt und der Schallgeber ist. Der Unterschied ist so fundamental, dass man gut daran thut, sich denselben durch einen einfachen
Versuch zu veranschaulichen. Schlägt man an die Wand eines grossen
leeren Becherglases, so hört man den hellen, glockenähnlichen Klang,
der den stehenden Schwingungen des aus seiner Gleichgewichtslage gebrachten Glases seine Entstehung verdankt. Fortlaufende Wellen, die

die Luft im Innern des Glases und aussen davon durcheilen, bringen
den Schall zu unserem Ohr, sie sind in Rhythmus und Form abhängig
von der Art, wie die gläserne Wand schwingt. Percutirt man dagegen
ein Plessimeter über der Oeffnung des Becherglases und bringt dadurch
die Luft im Inneren desselben aus ihrem Gleichgewicht, so bilden sich
in der Luft des Hohlraumes nach früher erwähntem Gesetz durch Reflexion und Interferenz stehende Wellen. Jetzt schallt die Luft des
Hohlraums und gibt einen tympanitischen Schall, der von dem Klang
der gläsernen Wand an Höhe und Klangfarbe durchaus verschieden ist.
        Die erwähnte, namentlich von Kiwisch und Th. Weber ver-
tretene Lehre, dass die Geräusche in der Gefässwand entstehen, ist fast
vollständig verlassen, und alle neueren Autoren sprechen sich dahin
aus, dass sie im Blut ihre Entstehung finden. Corrigan hat (1840)
zuerst „Wirbelbildung" im Blut als Ursache der Geräuschbildung bezeichnet, ihm folgend im Jahre 1850 Rienecker einen „Strudel". Niemeyer's Ansicht vom „Presstrahl" läuft noch am plausibelsten darauf
hinaus, dass durch rhythmisches Vorrücken des Blutes durch eine Stenose, ähnlich wie in der Luft, Verdichtungen und Verdünnungen entstehen und so Veranlassung zur Schallbildung geben müssten. Mit dem
jetzt allgemein gebräuchlichen Wort „Wirbel" ist natürlich gar keine
Erklärung gegeben, auch auf „innere Reibung" kann man die Entstehung der Geräusche nicht zurückführen. Die innere Reibung ist um
so grösser, je zäher eine Flüssigkeit ist, die Reibungsconstante ist geradezu der Ausdruck der Viscosität einer Flüssigkeit. Man müsste also
bei gleicher Geschwindigkeit in zähen Flüssigkeiten leichter Geräusche
zu hören bekommen als in dünnflüssigen, das Gegentheil davon ist aber
durch Th. Weber (Satz 3) bewiesen. Stehende Wellen kommen unter
allen Körpern, in den flüssigen am allerschwersten zu Stand, und wie
A. Fick ganz richtig bemerkt, geben Flüssigkeiten Geräusche nur
unter Bedingungen zu hören, wie sie im thierischen Körper sicher nie
gegeben sind. Will man doch daran festhalten, dass auch in Herz
und Gefässen aus den Vibrationen der Flüssigkeitstheilchen durch Reflexion und Interferenz wie in der Luft stehende Wellen entstehen
könnten, dass also das Blut das Geräusch bilden würde, so kommt man
zu entschieden unrichtigen oder ungereimten Resultaten, wenn man aus
den gegebenen Längen der betreffenden Herzabschnitte z. B. die Zahl
der Schwingungen berechnet, die dem tiefsten Eigenton des Hohlraums
entsprechen. Bei dieser Rechnung muss darauf Rücksicht genommen
werden, dass der Schall in Flüssigkeiten sich sehr viel rascher fort-
pflanzt als in Luft. Es lässt sich zeigen, dass der tiefste in einem
Herzgeräusch enthaltene Ton immer noch ca. $1\frac{1}{2}$ Octaven höher sein
muss als der amphorische Widerhall über einer Caverne, die gleichen
Dimensionen wie der betreffende Herzabschnitt hat. Geräusche von der
musikalischen Höhe beispielsweise des 1. Herztones (nach Funke
= 198 Schwingungen in der Secunde) könnten nur in einem ca. $1\frac{1}{2}$ m
langen Ventrikel entstehen u. s. w. Nach diesen Ausführungen kann
es nicht mehr zweifelhaft sein, dass alle Herz- und Gefässgeräusche
lediglich den (stehenden) transversalen Schwingungen der
elastischen Wände resp. auch elastischer Diaphragmen ihre
Entstehung verdanken, dass sie also in dieser Beziehung ganz
gleichwerthig sind mit den Tönen. Um den in der That sehr treffenden

Vergleich Weber's vom Geigenbogen noch weiter auszuspinnen, spielt das Blut bei der Erzeugung der Töne das Pizzicato, bei der Erzeugung der Geräusche, ob nun diese kurz oder lang sind, das Stringendo. Geräusche werden, wenn sie leis und kurz sind, nur am Ort ihrer Entstehung gehört, wo ein engerer Gefässabschnitt in einen weiteren übergeht, unterhalb der Erweiterungsstellen; daher die Regel, dass Geräusche sich am besten in der Richtung des Blutstroms fortleiten, durch den sie entstehen. Laute und namentlich zugleich lang währende können auf grössere Entfernung wahrnehmbar sein, so z. B. das systolische Geräusch bei Aortenstenose, das man gelegentlich nicht nur am ganzen Körper, sondern selbst an der Lehne des Stuhls soll hören können, auf dem der Kranke sitzt. Auch Geräusche in Aneurysmen der Aorta können so laut sein, dass man sie allenthalben am Thorax hört. Dergleichen laute Geräusche hört mitunter der Kranke selbst. Es ist gut, sich daran zu erinnern, dass die Lautheit des Geräusches ganz besonders auch von der Geschwindigkeit des Flüssigkeitsstroms abhängig ist; bei stärkerer Herzthätigkeit kann ein Geräusch deutlich werden oder erst zum Vorschein kommen, das in der Ruhe fehlte; mit Nachlass der Herzkraft finem vitae versus werden Geräusche sehr gewöhnlich schwächer oder verschwinden ganz. Diese Regel gilt aber nur für jene Fälle, wo die Stenose, welche das Geräusch liefert, bei starker und bei schwacher Herzthätigkeit selbst gleich bleibt. Dies trifft beispielsweise nicht zu, wenn bei schwachem Herzmuskel auch die entkräfteten Papillarmuskeln die Segel der Vorhofsklappen nicht mehr richtig zu stellen vermögen und an der Klappe während der Systole ein offener Spalt bleibt (relative Insufficienz der Klappe). Wird der Herzmuskel z. B. durch Digitalis wieder kräftiger, so kann diese Insufficienz und damit das Geräusch zurückgehen.

Normalerweise ist weder im Herzen noch im Gefässsystem Gelegenheit zur Geräuschbildung gegeben. Nirgends ist eine plötzliche bedeutende Erweiterung oder Verengerung des Blutstroms vorhanden, und die Geschwindigkeit des letzteren reicht offenbar nicht hin, in dem auf kurze Strecken stets ziemlich gleich weiten Rohre ein Geräusch zu erzeugen, da die gesunde Intima sehr glatt ist. Wird diese z. B. durch Atherom rauh, so kann, wie wir oben gesehen haben, sich ein Geräusch bilden.

Die Auscultation des Herzens wird ausschliesslich mittels des Stethoskops vorgenommen. Es handelt sich nicht nur darum, Schallphänomene, die eventuell auf kleinem Raum entstehen (Schwingungen der Klappen etc.) gut zu hören, sondern namentlich auch darum, das, was man hört, zu localisiren. Die anatomischen Verhältnisse sind für die Erreichung dieses Zweckes keineswegs günstig; so liegen die arteriellen Klappen der Aorta und Pulmonalis so nah bei einander oder vielmehr zum grössten Theil hinter einander, dass man, wollte man direct über ihnen auscultiren, nimmermehr unterscheiden könnte, welchen Antheil an den Schallphänomenen die Klappen der Aorta oder der Pulmonalis haben. Nicht ganz, aber fast so schlimm steht es mit den beiden Vorhofsklappen, zudem liegt die Mitralis den beiden arteriellen Ostien sehr nah. Töne wie Geräusche pflanzen sich auch stets in eine mehr oder weniger grosse Entfernung fort, und so kommt es, dass es im einzelnen Falle mitunter schwer hält, die Entstehung

dessen, was man gerade mit dem Stethoskop an einer Stelle hört, an
einen bestimmten Ort am Herzen zu verlegen. Bei jeder Untersuchung ist es zum Mindesten erforderlich, alle vier Klappen zu auscultiren.
Die Stellen, an denen es am besten geschieht, entsprechen, wie
es nach Obigem begreiflich ist, durchaus nicht vollständig der anatomischen Lage der Klappen, sondern sind erst durch vielfältige klinische Erfahrung ausprobirt und gefunden worden. Man auscultirt:
die Mitralis an der Herzspitze,
„ Pulmonalklappe im II. linken Intereostalraum neben dem Sternum,
„ Aortenklappe im II. rechten   „   „   „   „
„ Tricuspidalis im V. „   „   „   „   „
oder auf diesem selbst in gleicher Höhe.

Dass man die Mitralis so weit von ihrer eigentlichen Lage entfernt
auscultirt, hat seinen Grund darin, dass man hier am wenigsten Gelegenheit hat, eine Verwechslung mit Schallphänomenen von der Aorta
oder Pulmonalis her zu begehen. Die Herzspitze wird normalerweise
vom rechten und linken Ventrikel gebildet, und man bekommt den
Ton, welchen der linke Ventrikel sammt seiner Klappe im Beginn der
Systole gibt, an der Herzspitze mit Sicherheit zu hören. Anders bei
Geräuschen, die durch pathologische Veränderungen an der Mitralis
hervorgerufen werden. Einen Theil davon bekommt man auch an der
Herzspitze gut zu hören, ein grosser Theil ist aber entschieden deutlicher oder selbst allein wahrzunehmen über dem III. linken Rippenknorpel oder noch höher oben im II. linken Intercostalraum, da wo
man gewöhnlich die Pulmonalis auscultirt. Diastolische Aortengeräusche
sind mitunter am besten auf dem Sternum in der Höhe des III. Rippenknorpels oder selbst 1—2 cm links vom Sternum im III. Intercostalraum zu hören. Handelt es sich darum, zwei Töne mit einander zu
vergleichen, die nah bei einander entstehen, z. B. die Stärke des
II. Tons an der Aorta und an der Pulmonalis vergleichsweise abzuschätzen,
so wird das Resultat sicherer, wenn man rechts und links sich in un-
mittelbarer Nähe der Schallquelle mit seinem Stethoskop hält. Eine
einfache geometrische Ueberlegung ist hiefür maassgebend. Wollte man
weit ab vom Sternum auscultiren, z. B. rechts und links in einer Entfernung von 5 cm, so würde die Entfernung an der Mitte der Aorten-
und der Pulmonalklappen vom Stethoskop ca. 5, resp. 6 cm betragen, auscultirt man dagegen unmittelbar am rechten und linken
Sternalrand, so beträgt die Entfernung 1, resp. 2 cm; im ersten Falle
müsste ein Verhältniss der Stärke von 25 : 36, im letzten von 1 : 4
aufgefasst werden, was offenbar viel leichter ist.
Das angegebene, wohl allgemein acceptirte Schema der Herzaus-
cultation ist jedenfalls nur dann zulänglich, wenn offenbar normale
Verhältnisse vorliegen, überall reine Töne gehört werden. Ist Herzhypertrophie vorhanden oder der II. Pulmonalton stärker als der
II. Aortenton, so ist damit schon, auch wenn an den typischen Stellen
nur reine Töne vernommen werden, die Nothwendigkeit gegeben,
über der ganzen Herzgegend, namentlich links vom Sternum um den
III. Rippenknorpel herum nach einem Geräusch zu fahnden. Ist ein
Geräusch an irgend einer Stelle vorhanden, so muss unter allen Um-

ständen der Ort festgestellt werden, wo es am deutlichsten zu hören ist, und zwar ohne alle Voreingenommenheit durch eine etwa schon aufgetauchte Vermuthung eines bestimmten Herzfehlers. Sind an zwei oder mehr Ostien Geräusche zu vernehmen, so muss die Frage entschieden werden, ob sie nicht von einem Entstehungsort an den anderen nur als fortgeleitete erscheinen. Man ist selten in der glücklichen Lage, aus dem verschiedenen Timbre von vornherein einen sicheren Entscheid zu geben, denn bei einem fortgeleiteten Geräusch wird sehr gewöhnlich auch die Klangfarbe nicht unwesentlich modificirt, namentlich sind fortgeleitete Geräusche meist nicht nur etwas leiser und kürzer, sondern zugleich auch etwas „weicher", so dass ein sägendes, raspelndes Geräusch in grösserer Entfernung blasend, ein rauschendes hauchend u. s. w. erscheinen kann; dies gilt sogar in manchen Fällen für die exquisit rauhen pericardialen Reibegeräusche.

Die ungemein wichtige Frage, ob ein Geräusch systolisch oder diastolisch ist, lässt sich keineswegs immer leicht lösen, den besten Anhaltspunct gibt für gewöhnlich, wie schon oben bemerkt, die grosse Herzpause. Alles, was erst nach dieser kommt, ist systolisch, Alles, was sie ausfüllt, rein diastolisch. Erscheint die grosse Herzpause durch ein kurzes Geräusch am Ende derselben abgekürzt, so bezeichnet man dieses Geräusch als präsystolisch. Diese Unterscheidung ist durchaus keine müssige, sie gründet sich nicht nur auf klinische Erfahrung, sondern auch auf die physiologische Thatsache, dass die Contraction der Vorhöfe erst im letzten Theil der Erschlaffung der Ventrikel sich vollzieht, vorher sind während der Diastole eine kurze Zeit lang alle Theile des Herzens schlaff („Herzpause" im Sinne der Physiologie). Im Gegensatz hiezu ist die Druckdifferenz zwischen den grossen Arterien und den Ventrikeln im Beginn der Diastole am grössten, und es ist demgemäss vorauszusehen, dass Geräusche, welche im Ventrikel während der Diastole durch einströmendes Blut entstehen, erst am Ende der Diastole am stärksten werden, wenn der Vorhof das Blut liefert (präsystolisches Geräusch), am lautesten dagegen schon im Beginn der diastolischen Erschlaffung des Ventrikels (rein diastolisches Geräusch), wenn das Blut aus der Arterie regurgitirt.

Die sichere Verlegung der Geräusche in Systole oder Diastole ist namentlich dann schwierig, wenn zu gleicher Zeit zwei Geräusche gehört werden. Ein wichtiger und entscheidender Anhaltspunct ist dann gegeben, wenn man neben den beiden Geräuschen überhaupt noch einen Ton hören kann; dieser ist dann stets ein II. Herzton (meistens II. Pulmonalton), und Alles, was sich ihm direct anschliesst, ist diastolisch. Es gibt auch Fälle, wo man am Herzen überhaupt nichts weiter hört, als ein einziges langgezogenes Geräusch; man muss dann von einem Geräusch sprechen, das sich durch die ganze Systole und Diastole hinzieht. Ist in einem solchen einzigen Geräusch eine plötzliche tonartige Verstärkung des Schalles wahrzunehmen, so handelt es sich auch hier um einen II. Ton.

Es kann nicht genug betont werden, dass man bei der Beobachtung der auscultatorischen Herzphänomene vollkommen objectiv zu Werke gehen muss und sich nicht durch eine vorgefasste Meinung von dem zu diagnosticirenden Vitium cordis leiten lassen darf. Die Beherzigung dieser Regel wird gerade da, wo es sich um complicirte

Verhältnisse und anscheinend sich widersprechende Befunde handelt, bei der Formulirung der Diagnose ihre guten Früchte tragen.

Das pericardiale Reibegeräusch kommt zu Stand, wenn die Innenfläche der Pericardialblätter durch entzündliche Auflagerungen (Fibrin), durch die Aussaat miliarer Tuberkel oder miliarer Carcinomknötchen rauh geworden ist, bei der Verschiebung, welche die Theile des visceralen Blattes an denen des parietalen während jeder Herzrevolution erleiden. Das Reibegeräusch ist als solches häufig durch seinen rauhen, kratzenden oder schabenden Character zu erkennen, immer trifft dies aber nicht zu, es gibt wenigstens so weiche (namentlich länger bestehende) pericardiale Geräusche, dass sie leicht mit etwas rauheren endocardialen verwechselt werden können, so z. B. mit manchen Formen präsystolischer Geräusche bei Stenose des linken venösen Ostiums. Gewöhnlich ist das Reibegeräusch kurz, oder in mehreren kurzen Absätzen erfolgend; characteristisch ist für dasselbe, dass es in seiner Entstehung keineswegs mit Systole oder Diastole zeitlich glatt zusammenfällt, sondern unregelmässig auf die einzelnen Phasen der Herzaction vertheilt ist. Vom zarten, leisen Reiben kann sich in selteneren Fällen seine Intensität bis zum lauten Knarren steigern, manchmal ist es nur mit Mühe an einer kleinen Stelle nachzuweisen, andere Male fast über die ganze Herzgegend verbreitet. Am häufigsten trifft man es etwa in der Gegend des linken IV. Rippenknorpels, wohl weil die hier liegenden Theile der Herzwand während der Systole und Diastole die grössten Excursionen machen. Man möchte der Vermuthung Raum geben, dass das Reibegeräusch nicht während der Verschlusszeit, sondern erst mit der Austreibungsperiode entsteht, hiedurch würde sein nicht genauer zeitlicher Zusammenfall mit der Systole, die man vom I. Ton an rechnet, begreiflich erscheinen. Mitunter hört man ein Reibegeräusch, wenn der Kranke aufrecht steht oder selbst den Rumpf vorbeugt, das wieder verschwindet, wenn der Patient die Rückenlage einnimmt. Augenscheinlich wird die Entstehung des Reibegeräusches begünstigt, wenn die beiden Blätter des Pericardiums mit einiger Gewalt gegen einander gepresst werden; man kann dies mit Vortheil durch etwas vermehrten Druck mit dem Stethoskop erreichen, wodurch manche Reibegeräusche deutlich verstärkt werden. Bei aller Unregelmässigkeit im zeitlichen Ablauf ist ein Reibegeräusch, das an der Innenfläche der pericardialen Blätter entsteht, doch immer dadurch ausgezeichnet, dass es mit der Herzthätigkeit und lediglich mit ihr synchron ist. Am Herzen kommen aber auch noch Reibegeräusche vor, welche deutlich abhängig von der Herzaction und zudem von der Athmung sind. Diese entstehen sicher an der äusseren Fläche des parietalen Blattes und zugleich an der äusseren der Pleura, welche als Fortsetzung der Pleura costalis die kleine Lungenparthie (Lingula und Umgebung) deckt, welche an das Herz angrenzen (ektopericardiales Reibegeräusch). Rauhigkeiten, die ebenfalls an der äusseren Seite des Pericardium parietale sitzen, aber in dem Bereich, in welchem das Herz nicht von Lunge überlagert ist, sondern der Brustwand frei anliegt, können ebenfalls ein Reibegeräusch hervorrufen. Dieses aber ist ausschliesslich synchron mit den Herzrevolutionen und eine Unterscheidung desselben von einem endopericardialen nicht mehr möglich. Ohne Zweifel muss auch an der unteren und hinteren Oberfläche des

Herzbeutels gelegentlich einer weiter verbreiteten Entzündung ein Reibegeräusch entstehen, wir vermögen dasselbe aber, weil es zu weit entfernt ist, niemals wahrzunehmen, das Fehlen eines Reibegeräusches
spricht also mit Sicherheit nur dafür, dass nicht vorn zwei rauhe
Flächen sich an einander verschieben. Auch eine nicht sehr beträchtliche Menge von Flüssigkeit im Herzbeutel kann dies in Rückenlage
verhindern, da das schwerere Herz in der Flüssigkeit nach hinten sinkt
und vorn das Fluidum die beiden Blätter des Pericardiums von einander trennt.

Die Auscultation der Gefässe.

An den Ursprungsstellen der Aorta und Pulmonalis hört man
in der Norm zwei reine Töne, auch andere grössere Arterien geben
(zum Theil nur unter bestimmten Umständen) einen Ton. Man auscultirt die Gefässe ausschliesslich mit dem Stethoskop. Der Ort, an
welchem ein grösseres Gefäss oberflächlich genug liegt, ist zugleich
der, an welchem man es auscultiren kann. Pathologische Fälle abgerechnet, kommen Schallerscheinungen nur vor an der Carotis, Subclavia, Cruralis, dann an der Vena Jugularis, den Gefässen
des Uterus und seiner Adnexa, den Gefässen im kindlichen Schädel.

Arterien: An der Carotis hört man bei ganz leis aufgesetztem
Stethoskop in der Regel einen oder auch zwei reine Töne, ebenso an
der Subclavia, an der Cruralis nur einen. Drückt man mit dem Stethoskop stärker, so erscheint statt des I. Tones ein Geräuch, treibt
man die Compression des Gefässes noch weiter, so verschwindet das
Geräusch und an dessen Stelle tritt wieder ein dumpfer Ton, der als
unächter (Druckton) aufzufassen ist. Das Geräusch, welches bei einem
mittleren Grade von Compression erzeugt wird, ist meist zischend und
offenbar in loco durch die künstlich herbeigeführte Stenose entstanden,
also ein Druckgeräusch.

Dass an den grösseren Arterien für gewöhnlich nur ein systolisches und nicht auch ein diastolisches erzeugt wird, hängt ohne Zweifel
damit zusammen, dass, wie die sphygmographischen Untersuchungen
lehren (p. 56), die Erweiterung der Arterie sich viel rascher als ihre
Verengerung vollzieht.

Beim Pulsus celer ist dies anders und hier beobachtet man auch
thatsächlich häufig an den peripheren Arterien, so namentlich an der
Cruralis zwei Töne, einen (herz-)systolischen und -diastolischen Ton.
Es ist möglich, dass beim Pulsus altus et celer, wie bei der Aorteninsufficienz die Druckschwankung in den peripheren Arterien gross
genug ist, um Schwingungen der Wand, also einen wirklichen Arterienton während der Systole und während der Diastole hervorzubringen.
Beweise hiefür könnten nur eigens angestellte Versuche und Beobachtungen bringen, die noch nicht angestellt sind, aber nicht allzuschwer
anzudenken wären. Vorläufig muss man sich darauf beschränken, das
auszuführen, was bis jetzt über den Doppelton in peripheren Arterien
bekannt ist.

Auf den Doppelton an peripheren Arterien hat zuerst Traube
die Aufmerksamkeit gelenkt und die Erklärung für das Phänomen

darin gefunden, dass sowohl plötzliche starke Spannung als auch Entspannung die Arterienwand zum Tönen bringe. Falls es sich hiebei
wirklich um mehrere Schwingungen der Arterienwand handelt, so ist
das Wesentliche, wie oben gezeigt wurde, dass die Gefässwand sowohl
bei der Systole als auch bei der Diastole plötzlich eine andere
Gleichgewichtslage erreicht, diese vermöge ihrer Trägheit überschreitet
und um sie vermöge ihrer Elasticität eine kurze Zeit schwingt. Es
wurde schon bemerkt, dass der Doppelton, den man an der Carotis und
Subclavia häufig hört, nur vom Herzen her fortgeleitet ist. (Die Erklärung, dass der II. Ton durch die Contraction des Vorhofs bewirkt
werde, ist wohl unrichtig.) An weiter vom Herzen abgelegenen Arterien (Cruralis, Brachialis) ist das Auftreten eines Doppeltons stets
abnorm und deutet mit Sicherheit an, dass die Verengerung der Arterie
sehr rasch sich vollzieht; der Doppelton ist also unter allen Umständen
nur dem Pulsus celer eigen, wenn er auch denselben durchaus nicht
immer begleitet. Man wird ihn am sichersten erwarten können, wenn
der Puls zugleich hoch ist und in der That kommt er bei dem Pulsus
altus magnus celer der Aorteninsufficienz sehr häufig zur Beobachtung.
Er ist für diesen Herzfehler aber nicht characteristisch, wie man längere
Zeit glaubte, ebensowenig wie ein hüpfender Puls nur bei Schluss-
unfähigkeit der Aortenklappen vorkommt. Beispielsweise kann man
bei Chlorose gar nicht selten einen Doppelton an der Cruralis vernehmen.

Ein Ton an kleinen peripheren Arterien wird haupt-
sächlich bei Aorteninsufficienz mit gewaltiger Hypertrophie des linken
Ventrikels angetroffen, man findet ihn beispielsweise an der Brachialis,
Radialis, selbst am Hohlhandbogen ist er schon constatirt worden.

Wie jeder systolische Gefässton durch stärkeren, passenden Druck
mit dem Stethoskop in ein kurzes Geräusch verwandelt werden kann.
so gelingt dies häufig auch am II. Ton. Das hiedurch entstehende
Doppelgeräusch ist von Duroziez entdeckt und als pathognomisch
für Aorteninsufficienz angesehen worden, auch v. Bamberger hat
später diese Meinung auf das Nachdrücklichste verfochten. Man muss
ihm insofern beipflichten, als das Duroziez'sche Doppelgeräusch ein
entschieden besseres Symptom für die Annahme einer Aortinsufficienz
ist als der Traube'sche Doppelton. Ueber die Erklärung des Phänomens ist viel gestritten worden; am wahrscheinlichsten lautet die von
Bamberger: die Arterienwand wird durch die herankommende Pulswelle ausgedehnt und dadurch stärker gespannt. Der Druck, den diese
Spannung auf den flüssigen Inhalt ausübt, kann das Blut normalerweise nur nach einer Richtung, gegen die Capillaren hintreiben, da der
anderen Richtung der Weg durch den Schluss der halbmondförmigen
Klappen verlegt ist. Sind letztere aber insufficient, so geht ein Theil
des Blutes für die Bewegung nach der Peripherie verloren und strömt
zum Herzen zurück. Diese rückläufige Welle soll beim Durchtritt
durch die mit dem Stethoskop gesetzte Stenose das zweite Geräusch
erzeugen. — In dem Augenblick, in welchem die Pulswelle unter dem
Stethoskop durchgegangen ist, herrscht peripher vom Stethoskop ein
stärkerer Druck in der Arterie als im Abschnitt unter demselben. Diese
Druckdifferenz muss nothwendig stets zu einer rückläufigen Welle
Veranlassung geben, und sie ist offenbar mitunter gross genug, um

einen so starken rückläufigen Strom zu erzeugen, dass ein Geräusch dadurch gebildet wird, auch wenn keine Aorteninsufficienz vorliegt. Es wurde schon mehrfach beobachtet und ich selbst kann es mit Sicherheit bestätigen, dass auch bei einfacher Chlorose mit vollkommen schlussfähigen Aortenklappen ein Doppelgeräusch an der Cruralis auftreten kann. Es kommt, damit ein solches sich bildet, lediglich darauf an, dass hinter der Pulswelle ein rasches Sinken des arteriellen Drucks sich einstellt; hiezu führt Aorteninsufficienz wohl am häufigsten, aber nicht ausschliesslich, in letzter Instanz ist auch das Doppelgeräusch lediglich Ausdruck eines extrem schnellenden Pulses.

Die erwähnten Arteriengeräusche sind sämmtlich künstliche, Druckgeräusche. Spontangeräusche bilden sich nur, wenn die Wand eines grossen Gefässes sehr rauh ist, oder das Blut aus einer engen Stelle in eine weitere oder durch eine Stenose fliesst. Geräusche, die nur durch Rauhigkeit der Gefässwand entstehen, sind im Ganzen selten, man findet sie wohl ausschliesslich an der Aorta, wenn die Intima stark atheromatös und verkalkt ist. Stets ist ein solches Geräusch sehr kurz, manchmal von einem unreinen Ton kaum zu unterscheiden. Für die anderen Entstehungsursachen von Spontangeräuschen kommen plötzliche Erweiterungen und Verengerungen des Gefässrohrs in Betracht. Das systolische Geräusch in einem Aneurysma ist bald kurz, hauchend, häufiger länger und rauschend. Ist ein Aneurysma von Gerinnseln zum Theil ausgefüllt, durch welche das Blut in überall gleich weitem Rohr sich bewegt, so kann das Geräusch vollkommen fehlen. Ein diastolisches Geräusch neben einem systolischen stellt sich wohl nur bei gleichzeitiger Aorteninsufficienz ein, die Möglichkeit aber kann nicht geleugnet werden, dass es auch ohne solche vorkommen kann. Die physikalische Bedingung für das Entstehen eines Doppelgeräusches in einem Aneurysma sind offenbar die nämlichen wie beim Duroziez'schen Phänomen: rasches Sinken des arteriellen Drucks hinter der Pulswelle. Aneurysmen-Geräusche sind häufig sehr laut, mitunter so stark, dass sie der Kranke selbst hört, sie pflanzen sich dann auf grosse Entfernungen fort, Geräusche die in einem Aneurysma der Brustaorta entstehen, werden häufig am Rücken (links neben der Wirbelsäule) gut gehört. Liegt das Aneurysma oberflächlich, so erzeugt das Schwingen der Gefässwand oft ein deutlich fühlbares Schwirren. Reine Stenosen kommen am häufigsten an der Ursprungsstelle der Aorta und Pulmonalis vor, sei es, dass angeboren oder durch einen im späteren Leben erworbenen pathologischen Process das arterielle Ostium verengt ist (Stenose im Sinne der pathologischen Anatomie), sei es, dass rigide gewordene, verkalkte Klappensegel ins Lumen des Gefässes hineinragen. In der Peripherie können Arterien durch Tumoren, schrumpfendes Bindegewebe comprimirt werden; solche Dinge geben aber nur selten Veranlassung zu einem deutlichen Geräusch. Stenosengeräusche sind häufig auffallend langgezogen und ziemlich hochliegend, stöhnend, seufzend, pfeifend, unterhalb der Stenose meist am deutlichsten, oft in grosser Entfernung zu hören, mitunter aber auch kurz und schwach. Wesentlich für die Stärke des Geräusches ist das Verhalten der Herzkraft. Der betreffende Ventrikel hypertrophirt jedenfalls nur dann, wenn die Stenose ein merkliches Hinderniss für den Gesammtkreislauf setzt, bei Stenosen kleinerer peripherer Arterien also

nicht, am stärksten dann, wenn das arterielle Ostium verengt ist.
Durch eine Stenose an solcher Stelle wird auch die Dauer der Austreibungsperiode verlängert und so sind Geräusche bei Aortenstenose
gewöhnlich nicht nur sehr laut, sondern zugleich auch sehr lang gedehnt.

Unter Hirnblasen versteht man ein systolisches Geräusch, das
man am Schädel von Kindern im Alter von 3 Monaten bis zu 6 Jahren
hören kann; es ist isochron mit dem Carotispuls. Man hört es gewöhnlich am deutlichsten über der grossen Fontanelle, zuweilen aber
auch an andern Stellen, so über den andern Fontanellen, in der Schläfen-
gegend, am Hinterkopf, sogar über den Dornfortsätzen der obersten
Halswirbel. Es kommt auch dann vor, wenn die Fontanellen geschlossen sind und hat auch mit der Rachitis der Schädelknochen nichts
zu thun, ist überhaupt ein physiologisches Phänomen. Früher verlegte
man seine Entstehung in den Sinus longitudinalis, nach den Untersuchungen von Jurasz muss man wohl annehmen, dass es in den
Hirnarterien entsteht. Jurasz glaubt, dass im Canalis caroticus für
die Carotis, im Foramen spinosum für die Arteria meningea media im
kindlichen Alter eine physiologische Stenose für diese Gefässe bestehe.
welche sich später ausgleiche.

Venen: Töne entstehen, so viel man weiss, in Venen fast nie.
Gelegenheit hiezu ist nur gegeben bei Insufficienz der dreizipfeligen
Klappe mit consecutivem Venenpuls, sonst findet in Venen keine Pulsation statt, jene seltenen Fälle abgerechnet, wo namentlich bei Insufficienz der Aortenklappen nicht nur starker Capillarpuls, sondern sogar
noch eine schwache Pulsation der periphersten Venen beobachtet wird;
diese Pulsation ist aber auch zu schwach, um ein Tönen der Venenwand herbeizuführen, wenigstens ist von einem solchen nichts Sicheres
bekannt, und Töne, die man sonst an Venen zu beobachten geglaubt
hat, sind ausnahmslos fortgeleitet von der benachbarten Arterie.

Auch für Geräuschbildung sind die Verhältnisse in den Venen
insofern sehr ungünstig gelagert, als das Gefälle und damit die Stromgeschwindigkeit in ihnen sehr gering ist. Dagegen ist für die Geräuschbildung günstig die Dünnheit der Wand und das starke Kaliber der
grossen Venen. Geräusche in den Venen beruhen selbstverständlich
auf der nämlichen Ursache wie Geräusche in den Arterien oder im
Herzen, nach früheren Ausführungen also auf Schwingungen der Wand.
Beim Auscultiren der Venen darf das Stethoskop nur sehr behutsam
aufgesetzt werden, um nicht eine künstliche Stenose zu erzeugen.

In Betracht kommt fast nur das Nonnensausen*) (Nonnengeräusch,
bruit de diable), das sich namentlich bei Chlorotischen, aber auch bei
ganz Gesunden in der Vena jugularis interna nicht selten vorfindet.
Man versteht darunter ein andauerndes Sausen, das in der That einigermassen an das Geräusch erinnert, das ein Brummkreisel zu hören gibt.
Man muss wohl unterscheiden, ob das Geräusch bei ganz gerade ge-
haltenem Halse und erschlafften Muskeln oder nur dann zum Vorschein
kommt, wenn der Kranke den Kopf stark nach der anderen Seite dreht.
In letzterem Falle ist das Geräusch ein arteficielles, entstanden indem
der gespannte Musculus omohyoideus die Vene comprimirt. Bei den

---

*) Le diable, der Brummkreisel, in österreichischer Mundart „die Nonne"
(S k o d a).

meisten Menschen kann man auf diese Weise ein Nonnensausen künstlich hervorrufen. Das spontane Nonnensausen kommt dagegen hauptsächlich bei allgemeiner Blutarmuth (Chlorose, Kachexien, hämorrhagischen Diathesen) vor. Man hat geglaubt, für die Entstehung des Geräusches· eine Verdünnung des Blutes verantwortlich machen zu · müssen, da ja nach dem dritten Weber'schen Satz Geräusche bei dünnflüssigem Fluidum leichter entstehen als bei zäherem. Abgesehen davon, dass hiemit die Begünstigung eines Geräusches durch Verdünnung des Blutes ohne Zweifel überschätzt wird, spricht noch weiter ein Umstand mit Sicherheit gegen diese Deutung, dass nämlich ein solches dann auch in den arteriellen Gefässen entstehen müsste, erst recht sogar in diesen, weil hier eine grössere Stromgeschwindigkeit herrscht, und das Blut gleich dünn in Venen und Arterien ist. Viel ansprechender und wohl jetzt allgemein angenommen ist die Erklärung, die zuerst Hamernjk gegeben hat. Mit Abnahme der gesammten Blutmenge collabiren vorzugsweise die Venen; sie können dies leicht wegen ihrer weichen, nachgiebigen Wand. Die Vena jugularis ist aber bei ihrem Durchtritt durch die Fascia colli derart an das vordere Blatt der Fascie angeheftet, dass sie gerade hier nicht collabiren kann. An dieser Stelle tritt also das Blut aus dem peripher gelegenen, engen Theil der Vene plötzlich in eine weite Stelle, womit die Möglichkeit zur Geräuschbildung gegeben ist. Da der Blutstrom in der Vene nicht rhythmisch, sondern continuirlich vorschreitet, so ist die ununterbrochene Dauer des Geräusches selbstverständlich. Das Nonnensausen ist mitunter nur auf einer Seite, dann meist rechts zu hören, auch an anderen Stellen, so an stark erweiterten Venen des Bauches bei Lebercirrhose ist es beobachtet worden.

Ein systolisches Geräusch in einer peripheren Vene kommt vor, wenn bei gleichzeitiger Verletzung einer Arterie und der dicht dabei gelegenen Vene eine Communication ihrer Lumina sich eingestellt hat (Varix aneurysmaticus). Zur Zeit, wo noch der Aderlass sehr häufig ausgeführt wurde, war ein solches Ereigniss an den Venen des Arms nicht allzu selten.

Die Auscultation des Oesophagus

kann unmittelbar oder mittels des Stethoskops ausgeführt werden links dicht neben der Wirbelsäule vom VI. Halswirbel bis zum X. Brustwirbel. Der Patient nimmt etwas Wasser in den Mund und verschluckt dasselbe auf Commando. Vortheilhaft gibt man das Zeichen hiezu durch einen leichten Druck mit dem Finger auf das Zungenbein des Kranken; man kann an den Bewegungen des letzteren fühlen, ob und wann der Kranke der Aufforderung zu schlucken nachkommt (Hamburger). Normalerweise hört man beim Schlucken in der ganzen Länge der Speiseröhre ein deutliches, giessendes, rieselndes Geräusch. Am X. Brustwirbel folgt 6—7 Secunden nach dem Schluckact ein zischendes Geräusch (Durchpressgeräusch), dem manchmal ein anderes (Durchspritzgeräusch) vorangeht. Von Bedeutung ist die Auscultation der Speiseröhre nur dann, wenn letztere stenosirt ist, und man aus irgend einem Grunde (z. B. weil ein Aneurysma auf den Oesophagus drückt) die Sondirung nicht vornehmen will. Das Schluckgeräusch hört an der Stenose auf oder wird viel leiser, auch das Durchpressgeräusch kann sehr verspätet erfolgen.

Auscultation am Abdomen.

Ein Reibegeräusch bei Peritonitis vernimmt man gewöhnlich
nur über der Leber oder Milz, wenn deren Bauchfellüberzug durch die
Entzündung und Fibrinauflagerung rauh geworden ist. Dieses Reiben
erfolgt durch die Verschiebung der beiden Organe mit der Respiration
und kann mitunter mittels des Stethoskops besser gehört werden als
mit dem aufgelegten Ohr, manchmal ist es stark und grob genug, um
gefühlt werden zu können. Circumscripte Perihepatitis oder Peri-
splenitis, ohne Mitbetheiligung des übrigen Bauchfells, wird nicht selten
durch ein eng umschriebenes Reibegeräusch kenntlich. Am übrigen
Inhalt der Bauchhöhle hört man ein Reibegeräusch nur äusserst selten,
da weder Magen noch Därme sich bei der Respiration für gewöhnlich
verschieben. Damit ein solches peritoneales Reiben vorkommt, muss
die Peristaltik eine ziemlich starke, die Oberfläche der Därme rauh,
aber nicht verklebt sein und gerade bei der Peritonitis pflegt die peri-
staltische Bewegung gelähmt zu sein.

Von Seiten der Aorta abdominalis hört man bei hinreichend tiefem
Druck mit dem Stethoskop einen Doppelton, der wohl vom Herzen her
fortgeleitet ist, bei mageren Personen mit schlaffer Bauchwand kann
man auch wohl ein künstliches systolisches Stenosengeräusch durch
stärkeren Druck erzeugen. Aneurysmen der Bauchaorta geben die nämlichen auscultatorischen Erscheinungen wie die der Brustaorta. Unterhalb der Leber wird die Aorta abdominalis der Untersuchung zugänglich;
sie verläuft bekanntlich links von der Mittellinie bis zum IV. Bauch-
wirbel. Auch die Auscultation der Art. iliac. communis und externa
ist mitunter möglich, hat aber kein practisches Interesse.

Die fötalen Herztöne hört man nach Schröder von der 18.
bis 20. Schwangerschaftswoche an. Das Phänomen besteht in einem
rhythmischen leisen Doppelschlag, der in seiner Frequenz zwischen
120—160 in der Secunde wechseln kann (höhere Frequenz soll bei
Föten weiblichen Geschlechts häufiger sein, das Geschlecht des Kindes
lässt sich aber daraus im einzelnen Fall nicht sicher bestimmen). Man
hört die kindlichen Herztöne am deutlichsten, wo der Rücken des Fötus
liegt, in der Mehrzahl der Fälle also im Hypogastrium, häufiger links
als rechts. Ist der Unterschied auffallend, oder sind die Herztöne nur
an einer Stelle zu hören, so kann dies mit zur Diagnose der Kinder-
lage benutzt werden. Man auscultirt das Phänomen nur mittels des
Stethoskopes, das man tief in die Bauchdecken eindrückt. Grosse Aufmerksamkeit bei der Untersuchung, die sich oft fast über das ganze
Abdomen erstrecken muss, ist nothwendig, um die leisen Töne aufzufinden. Stets muss man sich überzeugen, ob die Frequenz eine auffallend höhere als die Pulszahl der Schwangeren ist, um Täuschungen
durch fortgeleitete Aortentöne zu vermeiden. Ist die Pulsfrequenz der
letzteren ebenfalls bedeutend, so hilft nur genaues Zählen beider Phänomene nach der Secundenuhr. Kann man an zwei Stellen kindliche
Herztöne vernehmen, die an Frequenz deutlich verschieden sind, so ist
dies ein beweisendes Zeichen für Zwillingsschwangerschaft, der umgekehrte Schluss ist aber nicht gültig. Von höchstem Werth ist das

sichere Constatiren von fötalen Herztönen überhaupt, weil hiedurch der absolute Beweis für das Bestehen einer Gravidität und zudem dass das Kind lebt, gegeben ist. Das Uteringeräusch (fälschlich auch Placentargeräusch genannt) ist ein blasendes, zischendes Geräusch, das man am häufigsten am schwangeren Uterus vorfindet. Nach Schröder tritt es häufig im 4. Monat, nicht selten schon im 3. Monat der Gravidität auf. Es wird gewöhnlich an beiden Seiten, manchmal an einer stärker gehört, selten fehlt es ganz, mitunter an einer Seite allein, wechselt oft seine Stelle. Das Geräusch ist isochron mit der Herzthätigkeit der Mutter und unterscheidet sich dadurch vom „Nabelschnurgeräusch". Man hat die Entstehung dieses Geräusches lange Zeit in die Venen, speciell der Placenta, verlegt. v. Kiwisch glaubte seine Entstehung in der Arteria epigastrica inferior nachweisen zu können. Dass es arteriellen und nicht venösen Ursprungs ist, erscheint bei der geringen Stromgeschwindigkeit in den Venen sehr glaubhaft. Keinesfalls ist es gestattet, aus der deutlicheren Wahrnehmung des Geräusches an einer Stelle einen Schluss auf den Sitz der Placenta zu ziehen; mit dieser hat das Geräusch sicher nichts zu thun, da es auch beim nichtschwangeren Uterus vorkommt, wenn letzterer aus anderer Ursache vergrössert oder selbst von einer anderen Geschwulst (z. B. Ovarialtumor) auf die Seite gedrängt ist. In neuerer Zeit nimmt man an, dass das Geräusch in den Arterien des Uterus zu Stande kommt, um so leichter natürlich, wenn diese im Verlauf einer Schwangerschaft bedeutend erweitert sind. Die Ansicht von Kiwisch scheint mir noch nicht genügend widerlegt zu sein, doch kann ich, Mangels eigener grösserer Erfahrung, ein sicheres Urtheil hierüber nicht abgeben. Bei der Auscultation dieses Geräusches darf und soll das Stethoskop tief eingedrückt werden. Das „Nabelschnurgeräusch" (auch „fötales Herzgeräusch" genannt) ist ein kurzes einfaches oder auch doppeltes blasendes bis kratzendes Geräusch, das am Uterus in der zweiten Hälfte der Schwangerschaft zur Beobachtung kommt. Es ist isochron mit der Herzthätigkeit des Fötus und statt der reinen Herztöne oder auch neben diesen zu hören. Allgemein glaubte man, dass es in der Nabelschnur entstehe; diese Ansicht ist aber von Bumm erschüttert worden, der am Herzen asphyctisch geborener Kinder das gleiche Geräusch nachweisen konnte, auch soll das Geräusch an der Stelle, wo man die fötalen Herztöne am lautesten hört, am stärksten sein, also an der dem Rücken des Kindes entsprechenden Stelle, während die Nabelschnur auf der Vorderseite desselben und zwischen dessen Beinen gelegen ist. Die Ansicht von Nieberding, dass das Geräusch in der Hohlvene resp. im rechten Vorhof entsteht, hat wenig Wahrscheinlichkeit für sich. Das Nabelschnurgeräusch kann kommen und gehen, ohne dass dies, wie es scheint, von klinischer Bedeutung ist.

Geräusche,
die aus der Entfernung wahrgenommen werden können.

Athmung: Stöhnen ist eine tönende, langgezogene Exspiration bei enger Glottis und zusammengezogenem Pharynx, bewirkt durch stärkeres Pressen. Es ist stets ein Zeichen von körperlichen oder seelischen Leiden, kommt auch bei anscheinend völlig Bewusstlosen vor und ist dann wichtig für die Annahme einer schmerzhaften Affection.

Seufzen (suspirium) besteht in einem tiefen und langsamen Einathmen (meist durch den offenen Mund), worauf eine hauchende oder tönende Exspiration folgt. Auch das Seufzen kann ein Zeichen von körperlichen oder psychischen Qualen sein, häufig ist es aber auch ein feines Reagens auf Dyspnoe, namentlich auf cardiale.

Schnarchen (stertor) kann als sägendes, raspelndes, stöhnendes, pfeifendes Geräusch bei der In- und Exspiration gebildet werden, wenn mit offenem Munde geathmet wird und das Gaumensegel mit Uvula, schlaff herunterhängend, ins Vibriren kommt. Dabei muss der Pharynx durch das nach hinten sinkende Gaumensegel abgesperrt sein, es findet sich also der Stertor hauptsächlich in Rückenlage bei tief Schlafenden oder soporösen Kranken. Eine Schluckbewegung oder Lageänderung macht dem Schnarchen häufig ein Ende.

Keuchen (anhelitus) besteht in schnellen und kurzen In- wie Exspirationen, ist ein Zeichen von sehr aufgeregter Athmung, wie sie besonders nach körperlicher Anstrengung auch bei Gesunden, leichter bei Krankheiten der Lunge und des Herzens, die mit Dyspnoe verlaufen, sich einstellt.

Schluchzen (singultus) ist eine kurze und heftige, stossweise erfolgende Inspiration, die nur durch die Contraction des Zwerchfells allein herbeigeführt wird und die durch einen plötzlichen Schluss der Glottis jäh unterbrochen wird. Der Stoss kann den ganzen Körper erschüttern, die Inspiration ist besonders dann laut tönend, wenn der Mund offen ist. Schluchzen kommt als Ausdruck depressorischer Gemüthsaffecte, so während des Weinens und nachher vor, ferner reflectorisch ausgelöst vom Vagus aus, bei Ueberladung des Magens, namentlich mit kalten Getränken, kann ein wichtiges und ominöses Zeichen von peritonealer Reizung sein, wo es — unstillbar — Stunden lang ununterbrochen dem Exitus letalis vorangeht. Auch central (Hysterie) kann Singultus ausgelöst werden.

Gähnen (oscitatio) ist eine tiefe und langsame Inspiration durch den übermässig weit geöffneten Mund, wobei starke Contraction der Muskeln, welche den Kiefer herunterziehen, bemerkbar sein kann. Das Gaumensegel ist hoch erhoben und die Glottis sehr weit, mitunter folgt ein kurzes tönendes Exspirationsgeräusch nach. Strecken der oberen Extremitäten oder des ganzen Körpers begleitet das Gähnen hauptsächlich bei der Form, welche das behagliche Gefühl von Müdigkeit und Schläfrigkeit bei Gesunden auszudrücken pflegt. Sonst kann häufiges Gähnen Theilerscheinung von Dyspnoe sein, auch von „verdorbenem Magen" kommen, bekanntlich auch von psychischen Einflüssen (Langeweile, Imitation) abhängen.

Schnauben besteht in sehr tiefen und sehr heftigen Athemzügen, wodurch in der Nase oder auch in dem halbgeöffneten Mund, namentlich während der Exspiration, ein Stenosengeräusch erzeugt wird. Es kommt (abgesehen von Verstopfung der Nase) vornehmlich bei bewusstlosen Kranken (Apoplexie, Coma diabeticum, uraemicum, Intoxicationen) vor.

Stridor, ein zischendes, pfeifendes, mitunter auch stöhnendes oder sägendes Geräusch, entsteht bei Verengerung oder theilweiser Verlegung der ersten Luftwege bis zu den gröberen Bronchien hinunter. Der Stridor kommt sowohl isolirt, inspiratorisch als exspiratorisch, sowie während beider Phasen vor. Die betreffende Athmungsphase ist dabei zugleich auch mehr oder weniger deutlich verlängert. Harmlos ist der Stridor, der durch eine verstopfte Nase hervorgebracht wird, doch hat Traube vor langer Zeit gezeigt, dass bei Agonisirenden sogar der Exitus letalis beschleunigt werden kann, wenn durch Lähmung des Dilatator narium an den Nasenlöchern eine Stenose für die Inspiration geschaffen wird. Diese ist kenntlich an dem inspiratorischen Einsinken der Nasenflügel. Laryngealer, trachealer und bronchialer Stridor ist stets von der allergrössten Wichtigkeit wegen der mit jeder hier sich befindenden Stenose verbundenen Lebensgefahr, auch nicht der leiseste Stridor darf vom Arzte übersehen oder verkannt werden. Beim Croup tritt der Stridor meist inspiratorisch auf und ist zischend, pfeifend oder krähend. Stenosen der Trachea und der grossen Bronchen (Struma, Aneurysma arcus aortae, Mediastinaltumoren, Fremdkörper, Narbenstenosen besonders bei Lues) geben einen Stridor von entschieden tieferer Tonlage, während der Exspiration oft laut, keuchend, fast brüllend.

Niesen (sternutatio) besteht in einer gewaltsamen, explosiven Exspiration, der eine tiefe, langsame Einathmung voranging. Zwischen beiden ist häufig eine kürzere oder längere Pause bemerkbar, während deren der Athem angehalten wird. Die Exspiration wird zur explosiven dadurch, dass die Mundhöhle durch die gegen Zähne oder harten Gaumen gepresste Zunge abgesperrt und dieses Hinderniss durch die gewaltige Exspiration plötzlich überwunden wird. Hiedurch wird der characteristische Schall „z" oder „zi" erzeugt. (Wenn der Verschluss und die Lösung desselben nicht zu Anfang, sondern im Verlauf der Exspiration stattfindet, „hatzi".) Das Niesen wird reflectorisch und zwar nur durch Reizung der Trigeminuszweige ausgelöst, welche die Nasenschleimhaut, allenfalls auch noch derjenigen, welche die Conjunctiva versorgen; wenigstens kann heftiger Lichtreiz das Niesen mitunter herbeiführen. Das Niesen ist insofern ein nicht unwichtiges Symptom, als es zweierlei beweist: das Vorhandensein eines Reizes in der Nase (meist acuter Catarrh oder Fremdkörper), der durch den Luftstrom beseitigt werden soll, und ferner, dass die betreffenden Trigeminusäste leitungsfähig sind.

Der Husten (tussis) gehört zu den gewöhnlichsten und wichtigsten Krankheitserscheinungen. Nach einer tiefen und kräftigen Inspiration erfolgt eine tönende, heftige Exspiration. Explosiv wird diese dadurch, dass die Glottis zu Beginn der Exspiration geschlossen gehalten wird, bis der Druck dahinter durch die Contraction der Bauchpresse hoch gestiegen ist. Fehlt dieser Glottisschluss (doppelseitige Stimmbandlähmung, Bulbärparalyse, grosse Schwäche), so wird der Husten tonlos und zugleich so schwach, dass er keine Schleimmassen oder Fremdkörper mehr aus den Luftwegen herausbefördern kann, was doch eigentlich sein — höchst wichtiger — Zweck ist. Geht der Exspiration keine oder nur eine sehr oberflächliche Inspiration voraus, so entsteht das Hüsteln (auch „unterbrochener, coupirter" Husten genannt). Auch dieses kann Zeichen von Schwäche sein, man trifft es aber besonders häufig bei schmerzhaften Affectionen der Athmungsorgane

und der Brustwand (Pneumonie, Pleuritis, Muskelrheumatismus, Pleuro-
dynie). Der unterbrochene Husten ist trocken wie viele andere Formen
von Husten (Phthise im 1. Stadium, Bronchitis sicca, Laryngitis im
1. Stadium). Der „feuchte" Husten lässt die Fortbewegung flüssiger
Massen (Schleim, Eiter, Blut, aspirirte Getränke) deutlich erkennen.
Der „heisere, bellende" Husten kommt vornehmlich der Laryngitis zu,
bei Lähmung der Kehlkopfmuskeln kann er klang- und tonlos werden.
Der Husten bei Croup ist rauh, heiser, tönend oder „eigenartig hohl
klingend". „Hohler" Husten, selbst von Metallklang begleitet, kommt
bei Phthise mit grossen Cavernen vor, die mit dem Bronchialbaum in
weit offener Verbindung stehen. Auch die Art, wie der Husten auftritt, ist von Bedeutung. Zu förmlich krampfartigen Hustenanfällen
kommt es bei Aspiration eines Fremdkörpers, ferner wenn der Bronchialbaum plötzlich von Schleim, Blut oder Eiter überfluthet wird, so z. B.
beim Durchbruch eines Empyems, bei Pyopneumothorax und Bronchiectasie, während der Kranke die Lage wechselt, und vor Allem beim
Keuchhusten. Die Hustenparoxysmen dieser Krankheit verlaufen so,
dass eine grössere Anzahl der heftigsten, aber kurzen, dabei tönenden, oft
krähenden Exspirationen wie in einem Zuge erfolgen und der Kranke
kaum ab und zu Zeit hat, eine rasche von Stridor begleitete Inspiration
auszuführen.

Der Husten entsteht durch Reizung des Hustencentrums, das man
an den Boden des IV. Ventrikels (Ala cinerea) verlegt hat. Selten,
wie bei Hysterie, erfolgt die Reizung central, meist wird der Husten
auf dem Wege des Reflexes ausgelöst und zwar fast stets durch Reizung
sensibler Vagusfasern, zu denen auch der dem XI. Hirnnerven beigemischte Nervus laryngeus superior zu zählen ist. Von drei Stellen aus
wird der Husten am leichtesten ausgelöst: Regio interarytaenoidea und
Bifurcation der Trachea (Nothnagel) und Pleura (Kohts). Viel
weniger empfindlich sind Nase, Zungenwurzel, Pharynx, oberer Theil
des Kehlkopfs, Trachea, Bronchien, Oesophagus. Auch vom äusseren
Gehörgang aus (Nervus auricularis vagi) sowie bei Reizung von Leber
und Milz (Naunyn) kann Husten erzeugt werden, ebenso ist der
„Magenhusten" bei den verschiedensten Affectionen dieses Organs nicht
vollständig in das Gebiet der Fabel zu weisen. In wie weit der „reflectorische" Husten bei Krankheiten des Uterus und seiner Adnexa
nicht hysterischer Natur ist, steht noch dahin. Auch von der Haut
aus kann, namentlich bei Kältereiz (Brücke) reflectorisch Husten ausgelöst werden. Bemerkenswerth ist die zutreffende Angabe von Fränkel,
dass nach Ablauf von Krankheiten der Respirationsorgane noch einige
Zeit Uebererregbarkeit der Nerven und ein „nervöser Husten" anhalten kann.

Wie der reflectorische, unwillkürliche Act des Hustens, so bezweckt das willkürliche Räuspern (exsecratio) ein Herausbefördern
von Schleimmassen u. dgl. aus den Luftwegen und dem Pharynx. Es
besteht aus einer oder mehreren sich schnell folgenden Exspirationen,
die dadurch tönend werden, dass sie in ihrem Ablauf vorübergehend
durch Schluss der Glottis unterbrochen werden.

Die Stimme (vox) ist zu prüfen auf ihre Stärke, Höhe und
Klangfarbe. Die „schwache, klanglose" Stimme kommt bei grosser allgemeiner Schwäche, z. B. im Choleraanfall (Vox cholerica), auch sonst

bei Agonisirenden und Erschöpften vor. Durch locale Schwäche der Kehlkopfmuskeln kann vollständige Aphonie, d. h. die Unmöglichkeit, überhaupt eine Stimme zu bilden, herbeigeführt werden, so z. B. bei doppelseitiger Stimmbandlähmung. Eine tiefe (zugleich rauhe) Stimme kommt bei Glottisödem, ferner („Kehlbass") bei geschwüriger Zerstörung der wahren Stimmbänder und bei Lähmung des M. thyreo-aryt. internus, wo sie zugleich monoton wird, vor. Die „Fistelstimme" kommt häufig, aber nicht immer einseitiger Recurrenslähmung zu, ausserdem stellt sie sich leicht ein bei catarrhalischer Entzündung des Kehlkopfs mit secundärer Schwäche der Kehlkopfmuskeln. Letztere versagen bei grösserer Anstrengung dann leicht ihren Dienst und die Stimme „schlägt" in das Falset „um". Die „belegte, heisere" Stimme (Vox rauca) ist vorzugsweise mit Catarrhen des Larynx verknüpft. Häufig kann der Kranke noch mit grösserer Anstrengung eine leidliche Stimme bilden, während bei Nachlass der Muskeln complete Heiserkeit und selbst Aphonie sich einstellt. Die Heiserkeit ist zum Theil bewirkt durch Verdickung der Stimmbänder selbst, zum Theil durch ödematöse Durchtränkung und Schwächung der Stimmbandspanner. Aphonie beruht auf Lähmung derjenigen Muskeln, welche die Stimmbänder einander nähern.

Der Schrei ist eine unarticulirte Stimmbildung unter dem Einfluss von heftigen, meist unangenehmen Affecten. Bei kleinen Kindern drückt er, wie Gerhardt sehr richtig bemerkt, nicht nur augenblickliche Beschwerden, sondern auch ein gutes Stück Anamnese aus. Die Veränderungen der Stimme können auch auf den Schrei Anwendung finden. Der „mühsame" Schrei, unter Verziehung des Gesichts, wobei die Beinchen an den Leib gezogen werden, weist bei kleinen Kindern mit Wahrscheinlichkeit auf eine schmerzhafte Affection des Unterleibs (Kolik) hin, der „durchdringende" Schrei auf starke Schmerzen im Allgemeinen. Ein während der Nacht plötzlich einsetzender durchdringender Schrei soll einigermassen characteristisch für Hydrocephalus acutus sein (Cri hydrencéphalique). Das Schreien ganz kleiner Kinder nach Nahrung kann von manchen, sorgsam beobachtenden Müttern sehr wohl vom Schmerzensschrei unterschieden werden. Wenn dagegen ein Säugling nach dem Trinken nicht ruhig ist und schläft, sondern wieder zu schreien anfängt, so ist dies ein fast absolut sicheres Zeichen, dass er nicht genug bekommen hat. Der „erstickte, klanglose" Schrei (Wimmern) kommt unmittelbar nach der Geburt, ausserdem bei so grosser Schwäche vor, dass die Kinder eben nicht mehr kräftig schreien können. Ein kräftiges Geschrei gehört zu dem, was man, mit Maass und Ziel, was die Dauer anlangt, von jedem Säugling erwarten darf und was er für die Entwicklung seiner Lungen nothwendig braucht, nur muss er unbedingt nach dem Stillen Ruhe geben, sonst ist etwas nicht in Ordnung.

Borborygmen sind gurrende, kollernde Geräusche, welche durch Bewegung der Darmgase hervorgerufen werden. Von Bedeutung ist diese Erscheinung nur, wenn sehr stürmische Darmbewegungen, wie bei Koliken, beim Ileus, dadurch angezeigt werden. Bei manchen hysterischen Personen hört man ein beständig andauerndes rhythmisch erfolgendes Gurren oder Knurren, man glaubt, dass es in einzelnen Fällen auf einen sanduhrförmigen Magen bezogen werden musste, dessen beide

Abtheilungen sich alternirend contrahirten; ich habe einen derartigen
Fall in Scanzoni's Klinik gesehen.

Der Ructus, das Entweichen von Magengasen nach oben, ist
ebenfalls leicht aus der Entfernung schon zu hören, wenn gerade der
Mund offen steht. Der Ructus ist für gewöhnlich eine physiologische
Erscheinung, die namentlich nach dem Genuss von kohlensäurehaltigen
Getränken sich leicht einstellt. Bei Magenkrankheiten kann das Symptom in verstärktem Maasse auftreten und dem Kranken selbst sehr
lästig werden. Auffallend lautes, gegen die Umgebung rücksichtsloses
Rülpsen characterisirt oft genug — soll man sagen die Krankheit oder
die Ungezogenheit — einer Hysterica.

Humani nil infra me puto, auch der Flatus, der Abgang von
Darmgasen per anum, muss erwähnt werden, der sich leider nicht
immer willkürlich so lautlos gestalten lässt, als es wünschenswerth erscheinen möchte, doch kann auch hier die Stärke der Explosion durch
active Betheiligung der Bauchpresse wesentlich vermehrt werden. Der
Abgang von Flatus ist überall da von der allergrössten Bedeutung, wo
der Verdacht auf eine Darmstenose Platz gegriffen hat. Eine vollständige Darmstenose kann kaum 24 Stunden bestehen, ohne dass die
Entleerung von Darmgasen vollständig sistirt ist, wenn auch die Verengerung weit oben ihren Sitz hat. Sitzt sie tief unten, so hört die
Entleerung von Stuhl und von Gasen sofort auf. Behebung einer Stenose, z. B. durch Reposition eines eingeklemmten Bruches bringt als
erstes erfolgverkündendes Symptom den Flatus. Unfähigkeit, den Flatus
zurückzuhalten, findet sich nicht nur bei Krankheiten des Mastdarms
mit Betheiligung des Sphincters, sondern auch bei Schlaffheit dieses
Muskels, wie sie beim Opfer der Päderastie, beim „Pathicus" nicht
selten angetroffen wird, was die boshaften Satyriker von Hellas und
Rom schon sehr wohl wussten.

Ein künstlich hervorzurufendes, aber schon aus der Entfernung
wahrnehmbares Schallphänomen ist das Plätschergeräusch, das
man durch stossweises Betasten des Magens erhält, wenn dieser zum
Theil mit Luft, zum anderen Theil mit Flüssigkeit gefüllt ist. Es ist
richtig, dass dieses Plätschergeräusch vornehmlich über einem erweiterten Magen zu erhalten ist, es kommt aber der Gastrectasie nicht
ausschliesslich zu, sondern findet sich auch über Mägen von normaler
Grösse.

Specieller Theil.

Nachdem wir die Phänomene kennen gelernt haben, welche die
physikalischen Untersuchungsmethoden an gesunden und kranken Körpertheilen liefern können, und, so weit man dies bis jetzt vermag, versucht
haben, das Walten allgemeiner physikalischer Gesetze in den Erscheinungen nachzuweisen, müssen wir uns jetzt einer weiteren Aufgabe zu-
wenden. Es handelt sich hier darum, an typischen Beispielen zu

zeigen, wie pathologische Aenderungen im physikalischen Zustand der Organe und ihrer Theile (nach Lage, Grösse, Gehalt an Luft, an Feuchtigkeit, nach Elasticität, Consistenz, Bewegung) auch eigenthümliche Combinationen von Aenderungen der physikalischen Symptome nach sich ziehen. Darin besteht freilich nur eine Seite der Aeusserungen des pathologischen Agens, eine andere Wirkungssphäre betrifft häufig zugleich oder allein Abänderung des Stoffwechsels, der Ex- und Secrete, welche kennen zu lehren Aufgabe des zweiten Theils dieses Lehrbuches bildet.

Die Prüfung der physiologischen Wirksamkeit des Nervensystems endlich soll im nächsten Abschnitt abgehandelt werden. Damit ist dann die Aufgabe der Diagnostik erschöpft und die Formulirung der Diagnose kann nach den Regeln geschehen, wie sie die specielle Pathologie aufstellt.

Anatomische Veränderungen von Trachea und Bronchien.

Die anatomische Lage der Trachea und der Hauptbronchien ist nach Luschka folgende. Die Trachea, 12 cm lang, erstreckt sich vom Körper des V. Halswirbels bis zur Mitte des Körpers des IV. Brustwirbels. Die Bifurcation liegt hinter dem rechten Aste der Arteria pulmonalis und direct über dem oberen Umfang des linken Vorhofs. Der rechte Luftröhrenast läuft mehr in querer Richtung hinter dem rechten Ast der Arteria pulmonalis und über der rechten Lungenvene. Vor ihm liegt der Stamm der oberen Hohlader und über ihm tritt im Bogen das obere Ende der unpaarigen Vene hinweg. Der linke Bronchus liegt zum Theil hinter, zum Theil unter dem linken Ast der Arteria pulmonalis, indem diese, sowie der Bogen der Aorta über ihn hinwegziehen.

Entzündungen.

Die physikalischen Erscheinungen bei Tracheitis und Bronchitis sind ziemlich eintönig und beschränken sich wesentlich nur auf Rhonchi und verschiedene Rasselgeräusche. Der Percussionsschall ist bei heftiger und verbreiteter Bronchitis allerdings zuweilen in toto etwas gedämpft, was wohl auf die grössere Spannung der Respirationsmuskeln durch die Dyspnoe und den Husten zurückzuführen ist, niemals aber ist der Schall bei uncomplicirter Bronchitis tympanitisch, wie auch auscultatorische Consonanzerscheinungen, überhaupt Abänderungen des Athmungsgeräusches selbst fehlen. Allerdings können die Nebengeräusche so zahlreich und so laut sein, dass man vom Athmungsgeräusch gar nichts mehr zu hören vermag. Was diese Nebengeräusche anbelangt, so fehlen sie in einem guten Theil der Fälle und stets da, wo die feineren Bronchien von den catarrhalischen Entzündungen verschont bleiben. Doch kann man auch hier, und zwar durch die entfernte Auscultation, für die Beurtheilung des Krankheitsprocesses werthvolle Anhaltspuncte gewinnen. Vor Allem ist die Prüfung der Sprache wichtig. Sie wird bei bedeutenderen Affectionen des Kehlkopfs, insoweit sie die Stimmbänder mitbetreffen, heiser, rauh, schliesslich ganz klanglos und flüsternd. Mitunter kann durch stärkere

Anstrengung der Kehlkopfmuskeln (Thyreo-arytaenoideus internus, Crico-thyreoideus med.) und bei starkem Anblasestrom, also bei forcirt lauter Sprache, noch ein leidlich guter Klang erzeugt werden, der aber bei Nachlass der wirkenden Kräfte leicht ins Falset oder in den Flüsterton umschlägt. Namentlich im Beginn sind Catarrhe des Kehlkopfs von lebhaftem Hustenreiz bekleidet, der Husten ist ausserordentlich häufig, kurz, trocken, bellend, rauh, heiser. Sobald mehr Schleim secernirt wird, scheint der Husten lockerer, feuchter, man hört aus der Ferne, wie mit eigenthümlichem feuchtem Krachen die Schleimmassen flott werden, um zur Expectoration zu gelangen. In dem Stadium, wo das catarrhalische Secret durch viel beigemischte Leukocyten und abgestossenes Epithel trüb, dick und eitrig geworden ist, kann man namentlich Morgens nach längeren Pausen im Husten wieder heisere oder selbst vollkommen klanglose Stimme beobachten, bis das im Larynx zu Krusten eingetrocknete Secret unter, mitunter sehr lebhaften, Hustenstössen herausbefördert wird. Catarrhe der Trachea und der grösseren Bronchien machen objectiv die unbedeutendsten Erscheinungen. Auch sie können durch Befallen der Bifurcation zu lebhaftem Hustenreiz Veranlassung geben, auch hier ist der Husten im Anfang kurz und häufig, erfolgt später in Paroxysmen, die durch längere Pausen von einander getrennt sind, und auch diesen Hustenstössen hört man es an, wenn dabei Schleimmassen in Bewegung gesetzt werden. Wenn der Kranke erst mehrere anstrengende, trockene Hustenstösse hervorbringt und dann erst feuchtes Rasseln zum Vorschein kommt, so beweist dies, dass der Catarrh schon tiefer in die Luftwege eingedrungen ist, denn erst nachdem das catarrhalische Secret schon weit nach oben bis in die Trachea oder wenigstens in einen grossen Bronchus gelangt ist, vermag man sein Rasseln aus der Ferne, besonders bei geöffnetem Munde, zu hören. Sind die Kräfte der Expectorationsmuskeln noch leidlich gut und namentlich der zum Hustenmechanismus erforderliche Schluss der Glottis ungestört, so wird nach Auftreten des feuchten Rasselns in der Regel nach wenigen Hustenstössen das catarrhalische Secret expectorirt und der Kranke kommt wieder zur Ruhe. Bei verminderter Reflexerregbarkeit der nervösen Centren, wie z. B. bei überhandnehmender Kohlensäureintoxication Sterbender, oder im Coma diabeticum, im Coma uraemicum, oder bei directen Hirnläsionen durch Schlagfluss, werden Hustenstösse auch durch die Anwesenheit grosser Schleimmassen in der Trachea nicht mehr ausgelöst. Die Athmungsluft bewegt letztere dabei nur einfach hin und her und erzeugt dadurch ein sehr grossblasiges, feuchtes und klingendes, lautes Rasselgeräusch, das Trachealrasseln, das weithin gehört werden kann. Mit kleinerblasigem, ebenfalls feuchtem und klingendem Rasseln kann es, namentlich beim Lungenödem, gemischt sein, wenn auch in der Tiefe viel Flüssigkeit mit Luft schaumig gemischt ist. Aber auch bei harmloseren Affectionen, bei einer einfachen Tracheitis und Bronchitis, kann längere Zeit ein solches feuchtes Rasseln „auf der Brust" den Kranken selbst und ihrer Umgebung auffällig sein, bis plötzlich ein heftiger Hustenparoxysmus diesem Spiel durch Expectoration der Schleimmassen ein Ende macht. Man muss sich daran erinnern, dass nicht alle Stellen des Respirationsapparats gleich geeignet sind zum reflectorischen Erzeugen von Husten. Nur von der Schleimhaut des Kehlkopfs, von der

Bifurcation der Trachea und von der Pleura aus kann Husten leicht reflectorisch angeregt werden; sobald der Schleim eine dieser Stellen erreicht, wird er durch heftigen Husten ausgeworfen.

Erst wenn eine catarrhalische Entzündung weiter in die Bronchien hinabreicht, werden bei directer Auscultation Veränderungen gegenüber der Norm wahrgenommen. Ist die Schleimhaut nur geschwollen und mit wenig zähem Secret bedeckt, so hört man entsprechend der gesetzten Stenose die Rhonchi sonori, die aus den relativ gröberen Bronchien, die sibilantes, die aus den feineren herstammen. Namentlich bei chronischer Bronchitis, wie sie besonders bei älteren Leuten und hier sehr häufig vergesellschaftet mit Emphysem zur Beobachtung kommt, kann man die bunteste Mischung von Zischen, Schwirren, Pfeifen, Brummen, Schnurren vernehmen, ab und zu sind diesem Concert beigemengt einzelne oder zahlreichere trockene, nicht klingende Rasselgeräusche. Die beschriebenen Phänomene lassen die Diagnose einer Bronchitis sicca zu. Wo aber die Rasselgeräusche einen exquisit feuchten Character annehmen, spricht man von einer Bronchitis humida. Die Rasselgeräusche sind bei dieser kleinblasig, mittelgrossblasig, gemischt-grossblasig, stets ohne Consonanz, zu vernehmen. An Zahl und Intensität wechseln sie bedeutend, selbst bei einem und dem nämlichen Kranken mitunter binnen weniger Minuten. Es hängt dies von den Ortsveränderungen des Schleims durch die Respiration und namentlich durch den Husten ab. Die Rhonchi und die sonstigen Rasselgeräusche sind häufig hinten leichter wahrzunehmen als vorn und stets unten zahlreicher als an den Oberlappen und Lungenspitzen, insoweit es sich um einfache primäre Catarrhe und nicht um Begleiterscheinungen einer tiefer gehenden Lungenkrankheit (Phthise) handelt.

Das Fortschreiten der Entzündung bis in die feinsten Bronchien (Bronchiolitis) ist characterisirt durch das Auftreten eines sehr feinblasigen Rasselns; der feuchte Character ist häufig, aber nicht immer deutlich ausgesprochen. Das Rasselgeräusch ähnelt dem Phänomen des Knisterrasselns, ist auch während des Inspiriums am deutlichsten, wenn auch nicht mit absoluter Strenge darauf beschränkt. Es ist bei aller Feinheit doch etwas grobblasiger und auch etwas feuchter als das eigentliche Knistern, man hat es daher wohl auch „subcrepitirendes Rasseln" geheissen. Es findet sich mit Vorliebe nach längerer Rückenlage an den Unterlappen seitwärts von der Wirbelsäule, indem in dieser Lage diese Theile am wenigsten gelüftet werden und der Schleim der Schwere nach nach unten sich verbreitend, nicht vom Luftstrom nach aussen befördert wird. Bei anderer Lage oder Stellung kann das subcrepitirende Rasseln auch an anderen Orten zur Beobachtung kommen. Handelt es sich um einen sehr heftigen specifischen Catarrh, wie bei Influenza, Masern, Keuchhusten, so kann, unabhängig von der Lage-, bald hier-, bald dorthin weiterschreitend, die Bronchiolitis und das subcrepitirende Rasseln an den verschiedensten Stellen der Lungen hervorbringen, obwohl auch hier die Prädilectionsstelle die Unterlappen abgeben. Mit dem Eindringen catarrhalischer Secrete in die Bronchiolen wird auch der für die Percussion in Betracht kommende Luftgehalt der Lunge vermindert und der Schall weniger voll. Meist ist allerdings dies Leererwerden des Per-

cussiousschalls als erstes Zeichen einer Bronchopneumonie
zu betrachten, zu welcher die Bronchiolitis leider so häufig führt.

Stenose der grossen Luftwege.

Eine Verengerung in den grossen Luftwegen muss bei der Athmung zu Geräuschbildung Veranlassung geben. Das Geräusch wird aber
nur gehört, wenn die Verengerung den Larynx, die Trachea oder einen
Hauptbronchus betrifft, und zwar durch indirecte Auscultation. Von der
Brustwand aus hört man das Stenosengeräusch, solang das Lungengewebe seinen normalen Luftgehalt besitzt, nicht (ein wichtiger Grund
gegen die Annahme, dass das Vesiculärathmen bloss fortgeleitetes und
modificirtes Athmungsgeräusch aus den Bronchien sei), nur ist das
Vesiculärathmen schwächer, leiser und eventuell verlängert. Am deutlichsten wird dies, wenn ein Hauptbronchus allein verengt ist, dann ist
bei vergleichender Untersuchung auf der kranken Seite das Athmungsgeräusch nicht nur leiser, sondern auch länger, nachschleppend zu
hören gegenüber der gesunden Seite. Dem entspricht auch, dass die erkrankte Seite des Thorax bei tiefer Inspiration anfangs hinter der anderen
zurückbleibt und erst später ihre grösste Ausdehnung erreicht. Eine
Verengerung mittelgrosser Bronchien gibt in seltenen Fällen ein leises
Stenosengeräusch bei directer Auscultation zu hören. Der Stridor, der
auf die Entfernung, namentlich bei geöffnetem Munde hörbar wird, ist
häufig ungleich auf In- und Exspirium vertheilt. Für gewöhnlich sind
beide Phasen verlängert, das Exspirium aber mehr und während dessen
ist dann auch das Geräusch am lautesten. Viele Stenosen, namentlich
solche des Kehlkopfs, werden aber auch vornehmlich während der Inspiration deutlich, gerade dann kann man auch ein Heruntertreten des
Kehlkopfs ins Jugulum während der Inspiration beobachten. Man
hat dieses Phänomen geradezu für pathognomonisch für Kehlkopfstenosen
gegenüber weiter unten sitzenden Verengerungen angesehen. Bei angestrengter Inspiration kann die äussere Luft bei verengten Luftwegen
nicht rasch genug in den Thoraxraum einströmen, in welchem also ein
luftverdünnter Raum entsteht. Sitzt die Stenose im Kehlkopf, so dachte
man, müsse die äussere Luft auf diese verengte Stelle und damit den
Larynx nach unten drücken. Das Nämliche kommt aber auch dann
zu Stand, wenn die Stenose weiter unten sitzt, dann muss eben die
Trachea bei der Inspiration nach unten rücken, nothwendigerweise aber
den Kehlkopf mit sich ziehen. Der Unterschied liegt nur darin, dass
die Configuration der Theile im Larynx, die Stellung der wie Ventile
wirkenden Stimmbänder viel mehr das Zustandekommen eines Hindernisses gerade für die Einathmung und damit wesentlich inspiratorische
Dyspnoe begünstigt (vgl. p. 21).

Verengerung der feineren Luftwege. Atelectase.

Wird und bleibt ein Bronchus für längere Zeit verschlossen und
damit der zu ihm gehörige Lungentheil dem Gaswechsel dauernd entzogen, so wird in dieser abgesperrten Parthie der Lunge die Luft allmälig vom Blut resorbirt und der betreffende Lungenabschnitt wird
schliesslich ganz luftleer, atelectatisch. Damit geht natürlich eine

Volumsverkleinerung des Abschnittes Hand in Hand, es sei denn, dass Hyperämie und Entzündung sich hinzugesellt, wodurch das alte Volumen nicht nur wieder erreicht, sondern selbst übertroffen werden kann. Im Beginn des Resorptionsprocesses ist aber stets eine Abnahme des Volumens vorhanden. Damit kommt auch für das sich retrahirende Lungengewebe die normale Spannung in Wegfall und der Percussionsschall wird tympanitisch. Mit weiterer Abnahme des Luftgehaltes wird der Schall zugleich leerer, und wenn sich entzündliche Infiltration hinzugesellt, gedämpft-tympanitisch. Schliesslich kann der tympanitische Charakter fast oder ganz verloren gehen, man findet an der betreffenden Stelle nur noch eine Dämpfung des Lungenschalls: es liegt jetzt ein luftleerer, infiltrirter Lungentheil vor, der die freien Schwingungen der darunter gelegenen lufthaltigen Theile hindert. Der Schall wird hier aber nur selten ganz leer, etwas von lufthaltigem Lungengewebe schallt fast immer noch, wenn auch gedämpft durch. (Fast alle neueren Autoren sprechen in einem solchen Fall von relativer Dämpfung, gegenüber der „absoluten", wie sie beispielsweise über bedeutenden Exsudaten in der Pleurahöhle beobachtet wird.) Die auscultatorischen Veränderungen beschränken sich auf abgeschwächtes Athmen, das nur noch aus der Ferne herklingt, oder es kann das Athmungsgeräusch bei umfänglicher Atelectase auch ganz aufgehoben sein. Wenn der betreffende Lungenabschnitt erschlafft, aber nicht ganz luftleer geworden ist und damit ein besserer Leiter zwischen den Bronchien und der Thoraxwand liegt, so kommt Bronchialathmen und Bronchophonie zum Vorschein. Jetzt ist auch der Stimmfremitus verstärkt, vorher und bei völliger Luftleerheit abgeschwächt oder aufgehoben. Bei Kindern wird der Thorax über atelectatischen Theilen inspiratorisch eingezogen. Wo es sich um vorübergehenden, wechselnden Verschluss der kleineren Bronchien handelt, wie bei Bronchiolitis, wo Schwellung der Schleimhaut und Ansammlung von Schleim heute da, morgen dort vorhanden oder geschwunden sein kann, ändern sich die Symptome eventuell von Tag zu Tag. So ist der mitunter rasche Wechsel in den Erscheinungen bei Catarrhalpneumonie verständlich, zumal diese häufig in kleinen zersprengten, oft der Diagnose kaum zugänglichen Herden auftritt (lobuläre Pneumonie).

Krankheiten der Lunge.

Zur Orientirung über die anatomische Lage der einzelnen Lungenlappen dienen folgende Angaben von Luschka. Der Sulcus sup. zwischen oberem und unterem Lappen der rechten Lunge beginnt in den hinteren zwei Dritttheilen des VI. Intercostalraums und zieht dann hinter dem vorderen Ende des Knochens der VII. Rippe bis zum Zwerchfell herab. Der kleinere Abschnitt, der den oberen Lappen in einen oberen grösseren und unteren kleineren („Mittellappen") theilt, nimmt seinen Lauf entsprechend der vorderen Hälfte des V. Intercostalraums. An der linken Lunge beginnt der Sulcus in der Höhe des hinteren Endes des IV. Intercostalraums und endigt hinter dem Knorpel der VII. Rippe.

Infiltration des Lungengewebes.

Die acute croupöse Pneumonie

kann die Krankheit darstellen, bei der eine vollkommen luftleer gewordene, infiltrirte Lunge die reinsten physikalischen Symptome liefert. Dieser Zustand ist gegeben während der (rothen oder grauen) Hepatisation der Lunge.

Die percussorischen Erscheinungen einer infiltrirten Lunge bestehen in gedämpftem Schall. Dieser ist in der Regel nicht vollständig leer, weil auch bei weit verbreiteter Infiltration (lobäre Pneumonie) doch die angrenzenden noch lufthaltigen Theile bei der Percussion

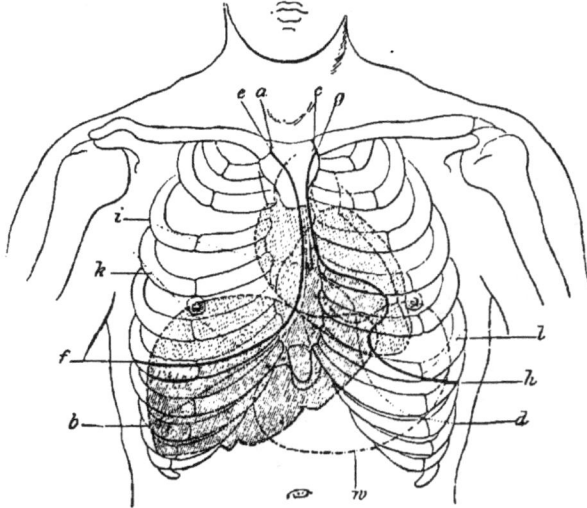

Fig. 40. Lage der Eingeweide von vorn. (Nach Weil-Luschka.)

mitschwingen. Geschieht dies, so ist der gedämpfte Schall auch nicht ganz klanglos, sondern, für ein feines Ohr wenigstens, von tympanitischem Klang. Die mitschallenden lufthaltigen Parthien sind nämlich entweder von dem in diesem Stadium vergrösserten entzündeten Lungenabschnitt comprimirt und demgemäss entspannt, oder im Zustand collateralen entzündlichen Oedems. Schliesslich wäre noch zu überlegen, ob man nicht durch einen gleichmässig infiltrirten Lungenlappen hindurch die grösseren Bronchien percutiren könne, und ob der tympanitische Beiklang des gedämpften Schalles nicht auf das Mitschwingen der Luft in den Bronchien zu beziehen sei. Dieser Gedanke lässt sich nicht ganz von der Hand weisen, und ganz über allen Zweifel klar liegt die Sache wenigstens da, wo in geringer Tiefe ein Hauptbronchus oder in grosser Nähe die Trachea gelegen ist, wie vorn unter dem Schlüsselbein. Dortselbst kann man in der That durch infiltrirte Lunge hindurch die Trachea direct percutiren, damit tympanitischen Schall und noch andere hiefür beweisende Phänomene (Schallwechsel) wahrnehmen (Williams'scher Trachealton).

Schon früher wurde ausführlich erörtert, warum gerade im infiltrirten, starrgewordenen Lungengewebe die stehenden Luftwellen, welche durch Respiration und Stimme in den groben Bronchien entstehen, eine gute Fortleitung bis in die Nähe der Thoraxwand finden. Demnach ist es erklärlich, dass jetzt die Consonanzerscheinungen hörbar werden, und zwar ein Bronchialathmen und eine Bronchophonie, wie sie wohl bei keiner anderen Lungenaffection so rein zum Vorschein kommen. Der Stimmfremitus ist gleichzeitig hiemit verstärkt. Er kann wohl zeitweise abgeschwächt sein oder auch fehlen, dann ist auch

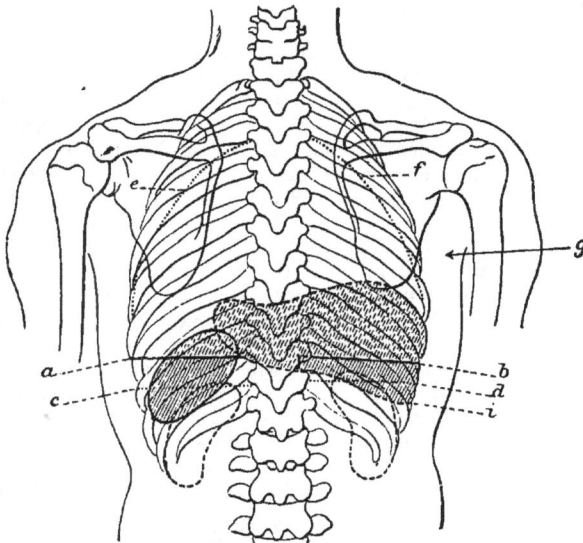

Fig. 44. Lage der Eingeweide von hinten. (Nach Weil-Luschka.)

das Bronchialathmen leise, die Bronchophonie schwächer. Der Grund ist in den meisten Fällen darin zu suchen, dass ein Schleimpfropf den zuleitenden Bronchus diesseits der Uebergangsstelle verlegt hat; häufig stellt sich nach kräftigem Husten das für die Infiltration typische Verhalten wieder ein. Manchmal aber auch nicht. Gerade bei recht bedeutenden, umfänglichen pneumonischen Infiltrationen mit starker Dämpfung kann mitunter der Stimmfremitus während der ganzen Krankheit dauernd abgeschwächt sein. Damit können bedeutende Schwierigkeiten bezüglich der differentiellen Diagnose gegenüber Pleuritis exsudativa gegeben sein. Es lässt sich nicht wohl annehmen, dass bei der geringen Secretion, die bei der mit Bronchitis nicht complicirten Pneumonie sich findet, ein grösserer Bronchus 7 Tage lang durch Schleim verschlossen sein sollte, so dass kein Husten ihn frei macht. Näher liegt vielleicht die Erklärung, dass in solchen, immerhin sel-

tenen Fällen eine Compression des zuführenden Bronchus durch den
mächtig infiltrirten und geschwollenen Lungenlappen jenseits der Uebergangsstelle eingetreten ist. Die Möglichkeit dieses Geschehens wird
nicht ganz zu leugnen sein, wenn man sich der Bilder erinnert, die
mitunter bei der Obduction gefunden werden, wo auf den geschwollenen,
sich vordrängenden pneumonischen Lungenlappen die Rippen tiefe
Furchen eingeprägt haben. Manche glauben auch, in diesem Druck auf
die Thoraxwand, der ihre Schwingungen beeinträchtigen soll, den Grund
für die Abschwächung des Stimmfremitus zu finden.

Dem Stadium der Hepatisation geht ein Stadium der blutigen Anschoppung (Engouement) vorher. Während dessen wird der erkrankte
Lungentheil hyperämisch und in die Alveolen eine eiweiss- und bluthaltige,
erst später gerinnende Flüssigkeit ausgeschwitzt. Der geringere Luftgehalt manifestirt sich durch Leererwerden des Schalls, in der Regel in
sehr bedeutendem Grade, ausserdem ist der Schall in diesem Stadium exquisit tympanitisch, mitunter tympanitisch und voll mit einer Spur von
Dämpfung. Nach der verbreitetsten Erklärung werden dabei die Alveolenwände mit Flüssigkeit imbibirt, verlieren dadurch ihre Spannung und so
kommt der tympanitische Schall der retrahirten Lunge zum Vorschein. Beim
Kapitel Lungenödem werden wir noch näher auf diesen Punct eingehen
müssen und versuchen, ein bessere Erklärung zu geben. Bemerkenswerth ist, dass der tympanitische Schall tief ist, um so tiefer, je
grösser der erkrankte Lungenbezirk. Das einzige auscultatorische Phänomen besteht in dem allerdings characteristischen Knisterrasseln, der
„Crepitatio index". Bald reichlich, bald spärlich, bald laut und
deutlich, bald leise und kaum zu hören, ist es stets auf die Inspiration
beschränkt. Das Vesiculärathmen ist in diesem Stadium noch unverändert
vorhanden, manchmal vom Knistern freilich verdeckt, gut aber wahrzunehmen und zu erkennen, wenn, wie dies häufig geschieht, das
Knistern erst am Ende des Inspiriums sich einstellt. Die Crepitatio index
scheint häufig bei der Pneumonie zu fehlen, d. h. sie ist schon vorüber,
wenn man den Kranken zum ersten Mal untersucht. Andere Male aber
kann man das Knistern tagelang beobachten, ja es gibt entschieden
croupöse Pneumonien, wo alle akustischen Symptome mit diesem
Knistern erschöpft sind, wo es also gar nicht zu einer ordentlichen
Infiltration der Alveolen kommt. Aber auch neben den Consonanzerscheinungen kann die Crepitation mitunter bis zum Schluss der
Krankheit gehört werden, hauptsächlich am Rand der Infiltration und
bei jenen Formen, die nicht mit einem Schlage ihre volle definitive
Ausbreitung erlangen, sondern wo die Entzündung von einem anfangs kleinen Herde aus von Tag zu Tag an Terrain gewinnt (Pneumonia migrans). Zu verwechseln ist diese Crepitation nicht mit dem
fein- aber feuchtblasigen Rasseln, welche das jedenfalls häufiger vorhandene als nachweisbare collaterale Oedem am Rand der Pneumonie
zu begleiten pflegt.

Im III. Stadium, mit dem Eintritt der Krisis und der Resolution,
erscheint das Knistern, falls es vorher verschwunden sein sollte, wieder
(„Crepitatio redux"). Manchmal kommt es mit oder schon wenig
vor dem kritischen Abfall des Fiebers und sehr reichlich über dem
ganzen infiltrirten Lappen zum Vorschein, und die Zeichen der Infiltration, die Consonanzerscheinungen, gehen so schnell zurück, wie

sich die Kraft der Krankheit überhaupt in wenigen Stunden gebrochen zu haben scheint. Dann verliert sich auch die Crepitatio redux gewöhnlich schnell, etwas feuchteres und grösserblasiges, übrigens in der Regel nicht sehr reichhaltiges Rasseln tritt an seine Stelle, auch dies geht zurück und so kann auch die örtliche vollständige Reparation sich in kurzer Zeit vollendet haben, viel rascher als dies bei günstigem Ausgang einer. Catarrhalpneumonie beobachtet wird. Doch kommen auch bei der echten croupösen Pneumonie Ausnahmen vor, auch dann, wenn die Temperatur unter kritischem Schweiss fällt und normal bleibt, wenn der Kranke schon die völlige Euphorie eines Genesenden empfindet, der Schlaf ungestört, die Respiration ruhig, der Appetit vortrefflich ist, will sich halt über dem infiltrirten Lappen kein Knistern einstellen und die Consonanzerscheinungen bleiben Tage oder selbst bis. zu 2, 3 Wochen noch nachweisbar, bis sie allmälig zurückgehen; die Crepitatio redux wird in solchen Fällen auch niemals stark und reichlich. Uebrigens gibt die schlechte und verzögerte Lösung der Infiltration noch zu keinen prognostischen Bedenken Veranlassung, wenn nur die Temperatur niedrig bleibt. Will der Kranke aber nach der Krise nie ganz fieberfrei werden, zeigt er immer noch Temperaturen, welche wenigstens als subfebril angesehen werden müssen, dann ist selbst eine leichte restirende Dämpfung höchst suspect, wenn auch sonst örtlich Alles wieder in Ordnung sein sollte; in den meisten Fällen dieser Art kommt dann noch als Nachkrankheit ein Empyem zum Vorschein.

Abweichungen im beschriebenen Typus der akustischen Phänomene kommen vor, betreffen aber fast nur die quantitative Entwicklung derselben. Nur eine wandständige Pneumonie oder ein der Pleura wenigstens sehr nahegelegener pneumonischer Herd macht überhaupt akustische Symptome. Centrale Pneumonieen bleiben mitunter während ihrer ganzen Dauer den physikalischen Untersuchungsmethoden unzugänglich, weil immer noch zu viel normales Lungengewebe zwischen ihnen und der Thoraxwand ist. Beherzigenswerth ist der Rath v. Leube's, in solchen Fällen den Thorax sorgfältig nach dem Auftreten von Bronchophonie abzusuchen. In der That ist es nicht selten die Bronchophonie, welche an einer einzigen Stelle auftritt und als einziges physikalisches Symptom den tiefgelegenen Infiltrationsherd entlarvt. Den physikalischen Grund dafür, dass wir im Allgemeinen Bronchophonie besser wahrnehmen als das Bronchialathmen, selbst als dessen Exspirium, haben wir früher p. 105 kennen gelernt.

Bei weiter Verbreitung des pneumonischen Processes, bei „doppelseitiger" oder „gekreuzter Pneumonie" können die percussorischen und auscultatorischen Erscheinungen fast den ganzen Thorax einnehmen und man findet dann kaum mehr irgendwo normalen Lungenschall und Vesiculärathmen. Zu dem Bereich der eigentlichen Infiltration kommt nämlich dann auch noch ein Theil des angrenzenden Lungengewebes, dessen Spannung durch den Druck der andrängenden entzündeten Theile nachgelassen hat, und liefert weniger vollen, tympanitischen Schall oder bei stärkerer Compression selbst Consonanzerscheinungen. Will man über die Ausbreitung der pneumonischen Infiltration sich ein möglichst genaues Urtheil bilden, so ist aber noch ein weiterer Umstand wohl zu beachten. Die lauten akustischen Phänomene, welche ein

ganzer grosser, in toto hepatisirter Lungenlappen liefert, sind nicht
nur über diesem selbst, sondern auch bis zu einer gewissen, nicht unbeträchtlichen Entfernung seitab davon zu hören. So darf man bei
Entzündung eines Unterlappens nicht ohne Weiteres eine noch hinzu-
gekommene auch des anderen, eine doppelseitige Pneumonie annehmen,
wenn man auch auf der anderen Seite neben der Wirbelsäule Bronchialathmen zu hören bekommt; es schallt dies eventuell aus der anderen
Thoraxhälfte herüber, klingt allerdings dann etwas entfernter. Selbst
die Möglichkeit ist nicht ganz von der Hand zu weisen, dass durch eine
colossale entzündliche Infiltration der Lunge das Mediastinum nach der
anderen Seite gedrängt und damit die erkrankte Lunge leichter von der
anderen Seite her der Auscultation zugänglich wird. Ich sah in der
Privatpraxis eine sehr heftige Pneumonie des linken Unterlappens mit
einer Verdrängung des Herzens nach rechts um 1—2 Querfinger verlaufen, dabei war die linke Seite um volle 5 cm erweitert und doch
ein pleuritisches Exsudat sicher nicht vorhanden!

Wandständige Pneumonieen gehen wohl stets wenigstens mit fibrinöser, eventuell auch serofibrinöser Pleuritis einher. Das pleuritische
Reibegeräusch ist, so lang Knistern besteht, durchaus nicht immer
leicht von diesem zu unterscheiden, wenn es sich auf das Inspirium
beschränkt. Zudem pflegen so frische Entzündungen der Pleura stark
zu schmerzen, wodurch die Kranken am tiefen Athmen gehindert
werden, und ausserdem ist ein infiltrirter Lungenlappen zur Athmung
und Volumsänderung nur in minimalem Maasse tauglich. Daher kommt
es, dass ein Reibegeräusch auch bei complicirender Pleuritis sicca
durchaus nicht immer entsteht oder wenigstens nicht immer deutlich
wird. Auch die Dämpfung, die von einem pleuritischen Exsudat
herrührt, kann über einem infiltrirten Lungenlappen nicht immer ihrer
Natur nach leicht erkannt werden. Starkes Gefühl der Resistenz bei
der Fingerpercussion ist ein werthvolles Zeichen für Pleuropneumonie,
ebenso dauernd abgeschwächter oder aufgehobener Fremitus gerade da,
wo die Dämpfung am stärksten ist.

In zum Glück recht seltenen Fällen endet die pneumonische Infiltration nicht mit Lösung, sondern der mächtig infiltrirte und durch
die Compression der Gefässe blutleer gewordene Lappen wird gan-
gränös oder er vereitert und es bildet sich ein Lungenabscess.
Es bleiben dann die Infiltrationszeichen (Dämpfung, Consonanzerscheinungen) bestehen, dabei fiebert der Kranke weiter fort. Mit der Ab-
stossung gangränösen Lungengewebes oder der Entleerung des Eiters
durch einen Bronchus nach aussen treten dann eventuell alle „Höhlensymptome" in die Erscheinung, welche wir später noch im Zusammenhang beim Kapitel Phthise besprechen werden. In höchst seltenen
Fällen kommt eines dieser Höhlensymptome, das „amphorische
Athmen", aber auch bei der croupösen Pneumonie zur Beobachtung,
ohne dass Gangrän oder Abscess mit im Spiel ist (vgl. p. 102). Die
physikalische Erklärung des amphorischen Widerhalls bei Pneumonie
spottet bisher jeden Versuchs. Man könnte daran denken, dass ein
grosser Bronchus direct auscultirt würde, aber auch dann wäre der
amphorische Widerhall im höchsten Grade befremdend, im luftleeren
Lungengewebe kann er aber auch nicht entstehen. Am einfachsten
wäre es noch, an ein Mitschwingen des hochstehenden, mit Luft ge-

füllten Magens oder Darms zu denken, das wäre wenigstens für die
Pneumonieen des linken Unterlappens plausibel.

Chronische Infiltrationen.

Prototyp hiefür ist die Phthisis pulmonum. Die „Infiltration"
ist hier repräsentirt durch Peribronchitis, interstitielle Pneumonie, Aus-
saat miliarer Tuberkel, umfänglichere Ablagerungen käsigen Materials.
Die Affection beginnt fast stets an einer oder beiden Lungenspitzen.
Der nachweisbaren Infiltration geht der Catarrh der Lungenspitzen
voran, und seine Erscheinungen begleiten die Krankheit durch jedes
Stadium. Anfangs hört man nur ein leises Brummen oder ein paar
Rhonchi, oder ein rauhes Geräusch, das gerade so gut von einer
trockenen Pleuritis herkommen, als wirkliches Rasseln sein kann.
Häufig sind diese Symptome flüchtig, kommen, verschwinden wieder
für längere Zeit, sind oft nur bei sehr tiefer und energischer Respiration deutlich. Schon in diesem Stadium ist mitunter eine Differenz
des Athmungsgeräusches zwischen rechts und links kenntlich, indem
die befallene Spitze weniger stark athmet und das im Uebrigen unveränderte Athmungsgeräusch leiser, schwächer erscheint. Noch bevor
der Catarrh sich steigert und blasiges Rasseln sich entwickelt, pflegen
sich die ersten Zeichen geringer Infiltration einzustellen. Zu allererst
wird das Exspirium etwas verlängert und auch etwas verschärft, wird
dem puerilen Athmen ähnlicher. Nach der früher entwickelten Auffassung, wonach das normale Exspirium ein Restsymptom des bronchialen
ist, versteht es sich leicht, warum gerade dieses bei besseren Fort-
leitungsbedingungen zuerst sich anschickt, seinem ursprünglichen Character sich zu nähern. Nach Skoda's Ansicht aber bedeutet ein rauhes
und verlängertes Exspirium stets ein Hinderniss in den Bronchien
(Schwellung der Schleimhaut), es würde also auf die gleiche Stufe mit
einem Rhonchus etwa zu stellen sein. Nun pflegt auch die Percussion
ein positives Ergebniss zu liefern. Der Schall wird zunächst auf der
ergriffenen Seite etwas höher, wie Skoda sehr richtig bemerkt hat,
und zugleich etwas kürzer dauernd (leerer), er ist aber noch vollkommen
hell. Hievon kann man sich aber nur dann mit Sicherheit überzeugen,
wenn man mit äusserster Sorgfalt genau symmetrische Stellen rechts
und links mit einander vergleicht. Häufig findet man hinten eine deutliche Differenz, während sie in den beiden Infraclaviculargruben nicht
besteht, oder umgekehrt. Ein solcher Befund ist, wenn sicher, von der
weittragendsten Bedeutung, falls es sich um ein erwachsenes Individuum
handelt und nicht Emphysem vorliegt, und zwar auch dann, wenn
augenblicklich auscultatorische Veränderungen nicht nachzuweisen sind,
bei gesunden Kindern und Emphysematikern kommt eine solche Differenz aber nicht zu selten vor. Die feinsten Unterschiede findet man,
wenn man beiderseits dicht unter der oberen Lungengrenze percutirt.
Letztere muss in jedem Fall genau festgestellt werden, steht sie auf
der einen Seite auch nur um $1/2$ cm tiefer (grössere Genauigkeit zu verlangen hat keinen Sinn), so handelt es sich bereits um eine Schrumpfung
der Lungenspitze als Folge der interstitiellen Pneumonie.
  Ein weiteres Fortschreiten des Processes verräth sich dadurch,
dass eine leichte Dämpfung in grösserer Ausdehnung (ganze Fossa supra-
clavicularis, hinten 1—2 Querfinger breit) deutlich, auch das Inspirium

rauher und verschärft, aber nicht länger wird, das Exspirium exquisit
verlängert und verschärft bleibt, oder vielleicht schon einen leichten
hauchenden Beiklang an einzelnen Stellen zeigt. Oft genug sind die
beiden Athmungsgeräusche begleitet oder selbst zum Theil verdeckt
durch trockene oder feuchte, nicht klingende Rasselgeräusche oder
durch ein Lederknarren, das sich an der rauh gewordenen Pleura bildet.
Die jetzt ebenfalls vorgeschrittene Schrumpfung der Spitze lässt die
obere Schlüsselbeingrube etwas tiefer erscheinen als auf der anderen
Seite, und bei genauem Zuschen erkennt man auch schon, dass die
befallene Seite bei der Athmung etwas hinter der anderen zurückbleibt,
man kann dies sehen, noch bevor das Bandmaass sicheren Aufschluss
gibt. Die vitale Capacität ist in diesem Stadium nur dann unter der
Norm, wenn das Individuum von Haus aus durch schlecht entwickelten
Thorax zur Phthise disponirt schien; befällt die Lungentuberculose
einen robusten Körper, so kann die vitale Capacität gut und sogar sehr
gut sein, selbst noch für längere Zeit, und gerade so verhält es sich
mit den pneumatometrischen Werthen.

In diesem Stadium fehlen sichtbare Aenderungen des Gesammt-
körpers, Blässe der Decken und Abmagerung, nicht selten noch ganz,
während auf der anderen Seite diese zur Zeit schon stark entwickelt
sein können und häufig den ersten nachweisbaren Localsymptomen der
tückischen Krankheit geraume Zeit vorausgingen. Sind sie vorhanden,
so ist fast keine Hoffnung da, dass die gefundenen Aenderungen an
der Lunge auf etwas Anderem beruhen als auf Tuberculose, und das
Gleiche gilt auch für intercurrente Steigerungen der Innentemperatur,
falls diese nicht durch eine flagrante Ursache in Form einer nachweisbaren anderweitigen Infectionskrankheit auftreten.

Indem die Dämpfung und Leerheit des Percussionsschalles an Intensität allmälig zunimmt, gewinnt sie auch an Ausbreitung, so dass
die ganze Fossa supraspinata und vorn auch die Fossa infraclavicularis
davon befallen erscheint. Nun vollzieht sich häufig eine Aenderung
des Schalls in der Hinsicht, dass er zwar gedämpft ist, aber an Völle
anscheinend etwas zugenommen hat. Bei genauerem Hören merkt man,
dass dies seinen Grund darin hat, dass jetzt der Schall angefangen hat,
tympanitisch zu werden. Dieser gedämpft-tympanitische Schall ist höher
als der Lungenschall auf der gesunden Seite, ein vorzügliches Characte-
risticum gibt hiefür die vergleichende directe Percussion der beiden
Schlüsselbeine. Ein deutliches Bronchialathmen lässt manchmal länger
auf sich warten, als man vermuthen sollte, namentlich kann das Exspirium schon ausgesprochen bronchial sein, während das Inspirium
zwar rauh und scharf ist, aber kaum mehr als unbestimmt genannt
werden kann. Die Klangfarbe ähnelt fast stets dem „h" und nicht
dem „ch" der croupösen Pneumonie. Manchmal ist zu Anfang einer
Inspiration das Athmen vesiculär und wird im Ablauf derselben bronchial (metamorphosirendes Athmen, verschleierter Hauch, souffle voilé).
Die begleitenden Rasselgeräusche sind feuchter, reichlicher, klingend
geworden. Sie sind auch grossblasiger, und dies ist an den Spitzen
das erste Zeichen, dass die Infiltration schon mit beginnender Einschmelzung und Cavernenbildung einhergeht. An den Lungenspitzen
verzweigen sich normalerweise nur Bronchien von so geringem Durchmesser, dass in ihnen grossblasige Rasselgeräusche nicht entstehen

können, es muss also ein weiterer Hohlraum durch Zerfall des Lungengewebes geschaffen worden sein. Von einer sicheren physikalischen Diagnose einer solchen durch anderweitige Symptome ist aber vorläufig keine Rede. Wohl findet man jetzt schon bei dünnem, elastischem Thorax vorn unter der Clavicula häufig das Geräusch des gesprungenen Topfes, dieses kann aber für die Annahme einer Caverne nicht verwerthet werden. Auch Wintrich'scher Schallwechsel ist bei weiterer Verbreitung des gedämpft-tympanitischen Schalls unterhalb des Schlüsselbeins nicht selten schon in diesem Stadium der Infiltration nachweisbar, noch dazu recht leicht, und der Schall wird beim Schliessen des Mundes beträchtlich tiefer. In einem solchen Fall handelt es sich um den Williams'schen Trachealton, und die Tympanie ist dann vorzügsweise durch diesen bedingt. Trifft dies zu, so ist der tympanitische Schall nicht oder nicht auffallend höher als auf der gesunden Seite, und ein Ungeübter, der im volleren Schall die Tympanie nicht erkennt, glaubt auf der anderen Seite die Krankheit suchen zu müssen. Auch respiratorischer Schallhöhenwechsel kann sich einstellen, indem der Schall während der Inspiration höher, während der Exspiration tiefer erscheint. Nur in dem Fall, dass Williams'scher Trachealton mit Wintrich'schem Schallwechsel ebenfalls nachweisbar ist, ist die Erklärung zulässig, dass Weiter- und Engerwerden der Glottis den Höhenwechsel herbeiführt, sonst muss die Erhöhung des Schalls auf die stärkere Spannung des Lungengewebes bei der Inspiration bezogen werden.

Das Gefühl des Widerstandes bei der Percussion kann über infiltrirten Lungenspitzen ein ziemlich beträchtliches werden, namentlich wenn sich dickere pleuritische Schwarten gebildet haben, im weiteren Stadium der Höhlenbildung vermindert sich die Resistenz wieder und erreicht überhaupt niemals die hohen Grade wie bei Durchwachsung der Lunge von einem Tumor.

In dem beschriebenen vorgeschrittenen Stadium der Infiltration geht man wohl nie fehl, wenn man vermuthet, dass kleinere Einschmelzungen von Lungenparenchym, Cavernen sich schon etablirt haben (cf. II. Theil „Elastische Fasern im Auswurf"). Das Auftreten von Cavernensymptomen, womit das sogenannte III. Stadium der Lungenphthise eingeleitet wird, begründet dagegen die Annahme, dass wenigstens ein Hohlraum von erheblicherer Grösse in der Lunge sich gebildet hat. Es lässt sich nicht genau sagen, wie gross eine Caverne mindestens sein muss, damit sie sicher durch die physikalischen Untersuchungsmethoden erkannt werden kann. Neben der Grösse spielt ja auch eine wichtige Rolle die mehr oder weniger oberflächliche Lage des Hohlraums, eine etwa vorhandene Communication mit einem grösseren Bronchus, die Gestaltung und Beschaffenheit ihrer Wand sowie ihre jeweilige Füllung mit dünnerem oder zäherem Fluidum. So erklärt es sich, dass zwar die Angabe, eine Caverne werde sicher diagnosticirbar, wenn sie einen Durchmesser von ca. 5—6 cm besitze und im Uebrigen von glatten, reflexionsfähigen Wandungen ausgekleidet sei, für die grosse Mehrzahl der Fälle wohl Gültigkeit hat, dass aber auch gelegentlich viel kleinere Höhlen (z. B. von Taubeneigrösse) ihre Anwesenheit durch sichere Zeichen kundthun. Sogar metallische Phänome sind, allerdings ganz ausnahmsweise, über so kleinen Höhlen beobachtet worden, sonst kommen sie, wie schon Wintrich angegeben hat, nur

über glattwandigen und von reflexionsfähiger Wandung allseitig oder bis
auf eine kleine Oeffnung begrenzter Hohlräume vor, die die angegebene
Grösse anzeigen. Cavernen, welche durch Lungentuberculose entstanden
sind, werden sehr gewöhnlich von einer ziemlich derben Bindegewebs-
haut ausgekleidet, die zwar da und dort arrodirt und zerklüftet sein
mag, immer aber noch bessere Verhältnisse für die Schallreflexion
bietet als ein rapider Zerfall des Gewebes, z. B. bei Gangrän. Uebrigens darf man, gerade was die regelmässige Gestaltung der Oberfläche
anlangt, keineswegs verlangen, dass auch nur annähernd derselbe Grad
davon vorhanden sei, den man an künstlichen Hohlräumen wahrnimmt.
Selbst ein System kleinerer Cavernen, wofern sie nur durch sehr weite
Oeffnungen mit einander communiciren, kann unter sonst günstigen
Umständen die schönsten Höhlensymptome, sogar die metallischen Phänomene in aller Reinheit liefern.

Was die Wichtigkeit der einzelnen Höhlensymptome für die
Diagnose angeht, so stehen die metallischen Phänomene (Metallklang,
amphorischer Widerhall, metallklingendes Rasseln, fallender Tropfen,
Succussionsgeräusch, metallische Resonanz der Herztöne) oben an, nicht
weil sie am häufigsten auftreten, sondern weil, wenn sie vorhanden sind,
der Schluss auf die Anwesenheit eines grösseren Hohlraums mit grosser
Sicherheit gemacht werden darf. Dabei ist nicht zu verlangen, dass
mehrere oder gar alle metallischen Phänomene vorhanden sind, ein
einziges sicheres genügt schon.

Metallklang, amphorischer Widerhall und metallklingendes Rasseln
stehen an Häufigkeit so ziemlich auf einer Stufe und werden oft zur
selben Zeit über einer Caverne wahrgenommen. Nicht selten will es
nur schwer oder gar nicht gelingen, bei der Percussion einen schönen
Metallklang zu erhalten, aber die auscultatorischen Erscheinungen vermitteln ihn aufs Schönste. Diesem Verhalten begegnet man vorzüglich
dann, wenn die Brustwand noch nicht stark abgemagert ist oder die
Caverne nicht oberflächlich genug liegt; man wird aber in solchen Fällen
auch den percussorischen Metallklang um so seltener vermissen, je mehr
man sich daran gewöhnt, die Stäbchen-Plessimeterpercussion mit gleichzeitiger Auscultation auszuüben. Umgekehrt kann der percussorische
Metallklang rein und schön zum Vorschein kommen und die entsprechenden auscultatorischen Erscheinungen können fehlen, wenn der
zur Caverne führende Bronchus mit Schleim verlegt ist oder die ganze
Seite nur schwach oder fast gar nicht mehr athmet. Trifft letzteres
zu, so hört man über der erkrankten Lunge bei der Auscultation
eventuell nichts als ein leises Summen, das man sogar für ein weiches
Vesiculärathmen halten könnte; das sind dann jene Fälle, wo der
Diagnostiker am Leichentische seinen Fehler damit entschuldigen
möchte, dass die so schwer erkrankte Lunge fast gar nicht mehr geathmet habe; hätte er der Percussion grössere Aufmerksamkeit geschenkt, so wäre der Fehler vermieden worden.

Damit amphorisches Athmen und metallisch klingendes Rasseln
sich bildet, dazu ist es keineswegs unerlässliche Bedingung, dass ein
Bronchus frei mit der Caverne communicirt. Wie Wintrich seiner
Zeit schon gelehrt hat, reicht es schon hin, wenn die Geräusche, die
im Bronchus entstehen, nur durch eine dünne Wand vom Hohlraum
getrennt sind, in welchem sie dann ihre metallische Resonanz finden.

Das metallisch klingende Rasseln ist stets auch grossblasig, manchmal reichlich, manchmal auf einige spärliche Schallerscheinungen beschränkt oder für längere Zeit ganz fehlend. Es ist nicht unmöglich, dass das (in Cavernen seltene) Symptom des Blasenspringens wirklich dem Springen einzelner Blasen seine Entstehung verdankt. Succussionsgeräusch könnte sich nur in einer sehr grossen Caverne bei zum Theil dünnflüssigem, zum Theil luftförmigem Inhalt bilden, der Caverneneiter ist aber so zäh, dass diese Bedingungen wohl nie oder doch nur äusserst selten verwirklicht sind, und demgemäss spricht das Succussionsgeräusch zwar mit aller Sicherheit für die Anwesenheit eines grossen Hohlraums, fast ebenso sicher aber dafür, dass dies n i c h t eine phthisische Caverne sei. Metallische Resonanz der Herztöne in einer benachbarten Caverne gehört zu den seltenen Vorkommnissen. Es gehört schon eine sehr umfängliche Zerstörung der Lungensubstanz dazu, um eine Caverne bis in die unmittelbare Nähe des Herzens reichend entstehen zu lassen. Viel häufiger ist der Metallklang durch Mitschallen des aufgeblähten Magens bewirkt; entleert man aus diesem einen Theil der Luft durch die Magensonde und füllt ihn mit Wasser, so muss der Metallklang verschwinden.

Das Auftreten des W i n t r i c h'schen Schallwechsels ist keineswegs an eine gewisse Grösse und Wandbeschaffenheit der Caverne gebunden wie die metallischen Phänome. Für sein Zustandekommen ist vor Allem massgebend, ob der Hohlraum oder das Convolut von Hohlräumen mit einem Bronchus frei communiciren oder wenigstens von diesem nur durch eine dünne Wand getrennt sind. Der Schall pflegt beim Oeffnen und Schliessen des Mundes seine Höhe in der Regel nur so unerheblich zu ändern, dass man schon genau hören muss, um dies zu erkennen. Am deutlichsten wird das Phänomen, wenn der Untersucher das Ohr nahe an den Mund des Kranken bringt. Man muss darauf achten, nur den Schall während der Inspiration oder nur während der Exspiration zu vergleichen, weil respiratorischer Schallwechsel daneben vorhanden sein kann. Findet man W i n t r i c h'schen Schallwechsel nur in einer bestimmten Körperstellung, z. B. nur beim Aufsitzen oder nur bei Rückenlage, so ist dieser „unterbrochene W i n t r i c h'sche Schallwechsel" nicht nur ein ausgezeichnetes Symptom für die Anwesenheit einer Caverne überhaupt, sondern auch dafür, dass in sie ein grösserer Bronchus frei mündet.

G e r h a r d t'scher Schallwechsel findet sich bei Weitem nicht immer, aber doch oft über Cavernen, leider häufiger in der Form, dass der Schall beim Aufsitzen höher, bei Rückenlage tiefer wird, in welcher er nichts beweist. Annähernd ovoide grössere Cavernen, die ihren grössten Durchmesser in sagittaler Richtung haben, sind offenbar im Oberlappen selten zu treffen.

Respiratorischer Schallwechsel ist für die Annahme einer Caverne nur dann beweisend, wenn der Schall beim Einathmen tiefer, beim Ausathmen höher wird. Diese Art von Schallwechsel, welche gegenwärtig allgemein den Namen des F r i e d r e i c h'schen trägt, wurde schon im Jahre 1856 von A. G e i g e l gefunden und richtig erklärt*).

---

*) F r i e d r e i c h wusste dies wohl, denn er betheiligte sich damals selbst an der Discussion der phys.-med. Gesellschaft zu Würzburg. In seiner kurze Zeit darauf folgenden Arbeit und in seinen späteren Publicationen über respiratorischen Schallwechsel erwähnt er A. G e i g e l's Beobachtung und Erklärung mit keinem Wort.

Es handelt sich dabei um eine Vergrösserung des Volumens der Caverne während der Inspiration. Diese Art von Schallwechsel („progressiver inspiratorischer Schallwechsel" nach Friedreich) findet sich übrigens nicht oft vor, offenbar weil selten eine Caverne in der Lage ist, sich während der Inspiration in erheblichem Maasse zu erweitern. Dagegen ist der regressive inspiratorische Schallwechsel ein häufig zu constatirendes Phänomen, das aber nichts für die Annahme einer Caverne entscheidet. Mag man Aenderungen in der Glottisweite oder in der Spannung des Lungengewebs (oder Cavernenwand) als Ursache für dasselbe gelten lassen, stets kann dasselbe in einer infiltrirten Lunge ohne Caverne sich in gleicher Weise einstellen.

Das Geräusch des gesprungenen Topfs ist über anfänglicheren Cavernen oder Convoluten von solchen eine recht gewöhnliche Erscheinung, besonders dann, wenn die Thoraxwand mager und biegsam ist. Man kann auch über Cavernen das Phänomen am leichtesten, manchmal nur dann constatiren, wenn man sein Ohr dem offenen Munde des Kranken nähert; dass es keineswegs beweisend für die Annahme eines Hohlraums ist, wurde schon öfter erwähnt.

Beim Suchen nach einer Caverne darf man nie versäumen, auch in der Achselhöhle zu auscultiren, nicht selten kann man von hier aus einen Hohlraum entdecken, der an der gewöhnlichen Stelle (unter dem Schlüsselbein) nicht nachgewiesen werden konnte.

Ist gleich der Befund von elastischen Fasern im Auswurf das feinste Reagens auf Einschmelzung des Lungengewebes, so gibt doch die grosse Menge von solchen gar keinen Anhaltspunct für die Grösse der angerichteten Zerstörung, hier sind wieder die physikalischen Untersuchungsmethoden im Vortheil, indem, wenn beweisende Cavernensymptome durch sie geliefert werden, damit eo ipso schon eine nicht unbeträchtliche Grösse des Hohlraums dargethan ist. Es hat auch nicht an Versuchen gefehlt, genauer die Grösse einer Caverne zu bestimmen. Den Weg hiezu hat vor vierzig Jahren zuerst A. Geigel beschritten, indem er zeigte, dass man unter gewissen Voraussetzungen aus der Höhe des amphorischen Widerhalls das Volumen einer Caverne berechnen könne. Nach ihm ist für die Höhe des gelieferten Schalls massgebend der längste Durchmesser, das Gesammtvolumen und die Weite des zuführenden Bronchus. Da die Bronchien im Oberlappen im Diameter 0,5 cm nicht überschreiten, so ist allerdings die Rechnung durchführbar, wenn man die Ausdehnung der Caverne von oben nach unten nach den Resultaten der Percussion bestimmt, weil erfahrungsgemäss bei den meisten Cavernen der senkrechte Durchmesser der längste ist. Diese Methode hat ebenso wenig Eingang in die Praxis gefunden wie die von Gerhardt angegebene, bei welcher die Resonanz kugelförmiger Resonatoren von verschiedener Grösse zur Volumsbestimmung der Cavernen verwendet wurde. Für practische Zwecke dürfte es auch ausreichen, wenn man die Ausdehnung des tympanitischen Schalls einer Caverne bestimmt und sich so eine Anschauung von der Grösse der Zerstörung bildet. Tympanitisch ist der Schall (im Gegensatz zum Pneumothorax) über einer Caverne immer, auch dann, wenn Metallklang vorhanden ist, denn so hohe Grade von Spannung der Wand, dass die Tympanie vernichtet würde, kommen schlechterdings an Cavernen nie vor. Nun ist allerdings auch im infiltrirten

Lungengewebe rings um eine Caverne tympanitischer Schall vorhanden, der ist aber, wie A. Geigel gezeigt hat, von anderer Höhe und der tympanitische Schall, der von der Caverne herrührt, stets von gleicher Höhe mit dem amphorischen Widerhall, den der Hohlraum gibt. Merkt man sich die Höhenlage des letzteren bei der Auscultation, so kann man also durch topographische Percussion die Grenzen der Caverne hinlänglich genau bestimmen.

Ueber die neben den eigentlichen Cavernensymptomen vorhandenen Phänomene ist nicht viel zu sagen. Der gedämpft-tympanitische Schall erstreckt sich weit, das Gefühl der Resistenz ist namentlich vorn ein nur geringes, die Dämpfung manchmal nur angedeutet, manchmal stärker, die Spitze bedeutender geschrumpft. Das Bronchialathmen ist gewöhnlich ausgesprochen und laut, auch diese Regel hat aber ihre Ausnahmen; je weniger die so schwer erkrankte Lungenparthie an der Athmung sich betheiligt, desto undeutlicher wird das Bronchialathmen, und manchmal bekommt man nur bei tiefer Respiration einen kurzen amphorischen Widerhall und sonst nichts zu hören. Aehnliches gilt von den Rasselgeräuschen, die im Allgemeinen sehr zahlreich, mittel- und grossblasig, trocken und feucht, klingend und metallklingend vorhanden sind, aber stark wechseln, je nachdem der Kranke tief athmet oder durch Husten die Schleimmassen nach aussen befördert.

Nicht ausnahmslos, aber doch in den allermeisten Fällen ist eine deutliche Blässe der Haut und Abmagerung des ganzen Körpers kenntlich, oft in erschreckendem Maasse. Dann hat sich auch der Thorax paralyticus, haben sich die Scapulae alatae eingestellt, und über dem zerstörten Lungentheil ist die Brustwand eingesunken, flach oder selbst eingezogen, die Schlüsselbeingruben und das Jugulum tief, bei der Athmung ist ein Zurückbleiben der erkrankten Seite unverkennbar, ebenso die Werthe, welche die Messung mit dem Bandmaass, mit dem Spirometer und dem Pneumalometer ergibt, entschieden pathologisch. An den Händen macht sich in diesem Stadium neben starker Abmagerung zugleich auch Stauung geltend. Hiedurch kommt es zu „kolben-förmiger Auftreibung der Nagelglieder" („Trommel-schlägelfinger").

Für Höhlen anderer Provenienz in den Lungen sind zwar die physikalischen Erscheinungen ganz natürlich die nämlichen. Combination und Entwicklung derselben aber hat häufig manchen characteristischen Zug.

Bronchiectatische Cavernen bilden sich mit Vorliebe in den Unterlappen. Stets ist in ihrer Umgebung das Lungengewebe infiltrirt und starker Catarrh vorhanden. Bevor die erweiterten Bronchien richtige Höhlensymptome geben, ist schon Bronchialathmen, gedämpft-tympanitischer Schall, klingendes Rasseln und verstärkter Stimmfremitus, Bronchophonie da und characteristisch für Bronchiectasie ist häufig schon, dass das Rasseln exquisit grossblasig und dem Ohr sehr nahe erscheint. Für vollentwickelte bronchiectatische Cavernen wäre nur das zu wiederholen, was für die phthisischen schon gesagt wurde, nur Eines ist bezeichnend für die ersteren, der rasche Wechsel in den percussorischen und auscultatorischen Erscheinungen, was damit zusammenhängt, dass in bronchiectatischen Hohlräumen grosse Mengen von Secret längere Zeit Platz finden können, den Schall dämpfen, die

Cavernensymptome aufheben, bis die „maulvolle" Expectoration, die nach Wintrich's treffender Aeusserung dieser Krankheit eigen ist, die Caverne entleert und damit tympanitischen Schall, Metallklang, amphorisches Athmen u. s. w. zum Vorschein kommen kann. Die Ursache dieses Unterschiedes liegt darin, dass der Caverneneiter viel zäher und schwerer beweglich ist als das Contentum bei Bronchiectasie.

Auch beim Lungenabscess kommen Cavernensymptome sehr rasch zur Entwicklung, dann, wenn er z. B. nach einem Bronchus durchbricht und der Eiter nach aussen entleert wird. Vor diesem Ereigniss war kaum mehr als eine circumscripte Dämpfung nachweisbar, Bronchialathmen und die übrigen Consonanzerscheinungen fehlten und stellten sich erst beim Durchbruch ein. Dieser rasche Wechsel in den akustischen Symptomen vollzieht sich beim Abscess in der Regel nur einmal, indem später der Eiter in ziemlich dem nämlichen Maasse expectorirt wird, in dem er sich bildet, doch können auch Schwankungen in der Füllung der Cavernen und demnach in den Symptomen auftreten.

Bei gangränösem Zerfall der Lunge gehen wohl stets ausgesprochene Zeichen starker Infiltration vorher und in einem solchen infiltrirten Lungentheil entwickelt sich dann erst secundär die Gangrän. Die Höhlensymptome treten subacut auf, viel schneller als bei Phthise und Bronchiectasie, langsamer als beim Abscess. Nur wenn in kurzer Zeit grosse Lungenstücke zu Grund gehen und ausgehustet werden, bekommt man schöne metallische Phänomene, sonst ist die Cavernenwand in der Regel viel zu zerfetzt, brüchig, morsch und zur Schallreflexion wenig geeignet.

Wird die Lunge von einem Tumor durchwachsen, so ist das wichtigste Symptom die Dämpfung, welche dieser liefert. Sobald der Tumor wandständig geworden ist, wird die Dämpfung absolut und die Resistenz bei der Percussion geradezu bretthart. Darüber ist das Athmungsgeräusch wohl abgeschwächt, selbst aufgehoben, in seiner Klangfarbe aber nicht verändert, Bronchophonie ist nicht vorhanden, der Fremitus abgeschwächt, an den Rändern aber können alle Consonanzerscheinungen voll entwickelt sein, Catarrh kann den Process begleiten, die Erscheinungen gehen aber über Rhonchi und spärliche, nicht klingende Rasselgeräusche nicht hinaus, Reibegeräusch ist häufig und selbst ein Frühsymptom. Mit der Geringfügigkeit dessen, was man von Catarrh in den kleineren Bronchien findet, contrastirt oft das starke Rasseln und Stöhnen in der Trachea, das man auf weithin hören kann und das namentlich bei Compression der Trachea sehr intensiv und für den Kranken selbst quälend sein kann.

Bezeichnend für die Natur der Krankheit ist vor Allem die Ausbreitung der Dämpfung. Dass an den Oberlappen, wie gewöhnlich beim Tumor, eine so starke Dämpfung mit abgeschwächtem oder aufgehobenem Fremitus bei so geringen sonstigen Zeichen für „Infiltration" sich einstellt, ist schon verdächtig genug, noch mehr, wenn die Verbreitung der Dämpfung über den Thorax eine unregelmässige ist, z. B. die eine Spitze frei, in der Höhe der II. oder III. Rippe eine starke Dämpfung, die andere Spitze ganz gedämpft ist u. dgl. Kommt schliesslich noch ein pleuritisches Exsudat, so kann an der Diagnose nicht mehr gezweifelt werden. Von besonderer Wichtigkeit ist das Auftreten einer Dämpfung über Corpus und Manubrium sterni, weil die meisten Lungentumoren vom Mediastinum aus sich entwickeln.

Lungenödem (Oedema pulmonum).

Beim Oedem der Lungen sind diese in ihrer physikalischen Beschaffenheit insofern verändert, als ihr Luftgehalt verringert ist und sie dafür ausgeschwitztes Blutwasser in grösserer oder geringerer Menge enthalten. Bei gewissen Formen von Lungenödem, so beim terminalen Oedem von Herzkranken, ist daneben auch noch Stauungshyperämie in den Gefässen zugegen und trägt ihrerseits dazu bei, den Luftgehalt des Organs zu beeinträchtigen.

Das Blutwasser in den Alveolen und in den feineren Bronchien ist, wenigstens zu Anfang, mit den Resten von Luft innig verquirlt und schaumig, schliesslich freilich sind ganze Bezirke der Lunge nur von reichlichen Flüssigkeitsmengen ohne Beimischung von Luft erfüllt und nur in den gröberen Luftwegen findet man noch Schaum. Der Percussionsschall erscheint demgemäss zu verschiedenen Zeiten verschieden, anfangs weniger voll und tympanitisch, kann er schliesslich ziemlich leer werden und den Klang verlieren. Das Auftreten tympanitischen Schalls über ödematösen Lungen ist häufig zu constatiren und wird meist in der Weise gedeutet, dass die Wandungen der Alveolen dabei feucht werden, sich mit Flüssigkeit imbibiren und dadurch ihre Spannung verlieren, so müsste dann der tympanitische Schall des entspannten Lungengewebes zum Vorschein kommen. So wird bekanntlich das gespannte Fell einer Trommel bei feuchtem Wetter schlaffer und das Instrument gibt einen tieferen und bei gehöriger Benetzung des Fells, das sich dann in Falten wirft, gar keinen Ton mehr. Ein Vergleich mit dem Lungengewebe und damit die obige Erklärung ist aber aus dem einfachen Grunde nicht zulässig, weil das Lungengewebe schon normalerweise so feucht ist, dass es auch bei Lungenödem nicht noch feuchter werden kann. Allenfalls könnten die Alveolarepithelien mehr Wasser beim Oedem aufnehmen, da sie bei der Respiration unter normalen Verhältnissen an die Athmungsluft jederzeit viel Wasser abgeben. In der That findet man auch bei Lungenödem einen Theil der abgestossenen Lungenepithelien gequollen (Ziegler). Diese zarten Epithelien sind es aber ganz gewiss nicht, die durch ihre Spannung den ursprünglich tympanitischen Schall der Lunge vernichten, sondern das in der Lunge vorhandene elastische Gewebe. Der Beweis dafür, dass dieses elastische Gewebe beim Lungenödem wesentlich wasserreicher wird, ist noch nicht erbracht und wird wohl auch in Zukunft nicht geführt werden können. Es ist auch wahrlich gar kein Zwang vorhanden, zu einer so unwahrscheinlichen Hypothese seine Zuflucht zu nehmen, da wir doch beim Lungenödem in dem sich in Bronchien und Alveolen ansammelnden Schaum eine Masse vor uns haben, von der wir nach A. Geigel's Experimenten ganz sicher wissen, dass sie einen tympanitischen Schall bei der Percussion liefert. Es ist absolut gar kein Grund einzusehen, warum diese Masse in der Lunge, mit deren Gewebe sie ja in gar keiner näheren Verbindung steht, anders schwingen und schallen soll, als ausserhalb des Körpers. In diese Ansammlung von mit Flüssigkeit innig gemischten, allerkleinsten Lufträumen müssen wir also das Entstehen des tympanitischen Schalls sowohl beim Lungenödem als auch bei der Pneumonie im I. Stadium und während der Resolution verlegen.

Die auscultatorischen Veränderungen bei Lungenödem sind zwar recht eintönig, sie bestehen in dem schon erwähnten feinblasigen feuchten Rasseln, sein Verständniss ist nicht mit der geringsten Schwierigkeit verknüpft, dafür aber die genaue practische Kenntniss und Erkenntniss desselben von der allergrössten Bedeutung, weil allgemeines Lungenödem ein höchst allarmirendes, gefahrdrohendes Symptom ist und das sofortige richtige therapeutische Eingreifen des Arztes erheischt, falls überhaupt noch etwas genützt werden kann. Namentlich gilt dies für das Oedem, das sich bei Pneumonie einstellt und wo man in der That die Katastrophe noch eventuell hinausschieben und hintanhalten kann, bis die Krisis einsetzt und der Kranke gerettet ist. Und gerade bei dieser Krankheit finden wir das Symptom, das am leichtesten mit dem feinblasigen Rasseln des Oedems verwechselt werden kann, die Crepitation. Beide zudem häufig zu einer Zeit und in einem Stadium der Krankheit, wo man das eine wie das andere erwarten konnte, beide eventuell unter allgemeinem Schweissausbruch und raschem Sinken der Temperatur, unter Abnahme der subjectiven Beschwerden sich meldend. Beim einen ist's aber der rieselnde, duftende Schweiss, der die Entfieberung und die Genesung einleitet, beim andern der kalte Todesschweiss, der unter zunehmender Somnolenz und Empfindungslosigkeit die Haut des kalt werdenden Sterbenden überzieht! Die so wichtigen differentiellen Kennzeichen zwischen Knistern und Oedemrasseln lauten freilich einfach genug, denn Oedemrasseln ist doch etwas grobblasiger als die Crepitation, vor Allem von ganz entschieden feuchtem Character und nicht streng aufs Inspirium beschränkt. Mit dieser Aufzählung ist aber nicht viel gewonnen, die Hauptsache bleibt, durch fleissiges Auscultiren sich den Unterschied in der Gehörswahrnehmung so fest und sicher einzuprägen, dass man beide nicht mehr mit einander verwechseln und auch die ersten Anfänge eines Lungenödems schon richtig diagnosticiren kann. Wenn freilich schon gröberes Rasseln sich hinzugesellt, Alles auf der Brust zu kochen scheint, der von Dyspnoe gequälte Kranke unter weithin hörbarem, feuchtem, gemischt-grossblasigem Rasseln ein dünnes, flüssiges, schaumiges, durch Blut tingirtes Sputum herausbefördert, dann bedarf es keines geübten Ohres mehr, um die Diagnose auf Lungenödem zu stellen, dann aber ist's auch zu erfolgreichem Handeln zu spät.

Lungenemphysem (Emphysema pulmonum).

Die pathologischen Veränderungen bei dieser Krankheit bestehen im Wesentlichen in einer angeborenen oder erworbenen Verringerung der Elasticität des Lungengewebes. Daraus lässt sich alles Weitere im Krankheitsbild geradezu construiren und steht mit den Erfahrungsthatsachen der Art bis ins Einzelne im Einklang, dass man nur wünschen möchte, es wäre mit unserem physikalischen Verständniss anderer Krankheitsprocesse nicht sehr viel schlechter bestellt. So werden wir in der folgenden Besprechung, dem Leser vielleicht zum Ueberdruss, immer wieder finden: „der Verlust der Elasticität des Lungengewebes bringt es mit sich", „dieser Verlust der Elasticität bewirkt" und so beruht denn zunächst auf ihm, dass der Thorax permanent in einer Inspirationsstellung stärkeren oder geringeren Grades sich befindet. Die ruhige Exspiration wird fast ganz durch die sich retrahirende Lunge vollzogen, sobald die Action der Inspirationsmuskeln aufhört. Zieht sich die Lunge nicht mehr in hinreichendem Maasse zusammen, weil aus irgend einem Grund die elastischen Kräfte der Lunge eine Einbusse erlitten haben, so wird dadurch die Lungenlüftung ungenügend und zum Ausgleich muss die Inspiration tiefer werden. Damit wird die Lunge stärker angespannt und sie treibt jetzt wirklich zunächst ein hinreichendes Quantum von Luft während der Exspiration aus, dem Sauerstoffbedürfniss des Individuums wird fürs Erste Genüge geleistet. Wie man aber sieht, ist die Breite der Respiration zwar jetzt die nämliche wie bei Gesunden, hat sich aber im Ganzen verschoben: Auf der Höhe des Inspiriums sowie auch nach der Exspiration ist grössere Ausdehnung der Lunge vorhanden, als es der gleichen Phase der Respiration beim Gesunden entspricht. Wir haben also hier schon eine mittlere Erweiterung der Lunge vor uns, die sich auch durch die Percussion bei ruhiger Athmung nachweisen lassen muss. Es ist leicht begreiflich, in welcher Weise das Uebel sich steigern kann. Wie jeder elastische Körper, der immer wieder über Gebühr gedehnt und gedehnt gehalten wird, schliesslich überdehnt wird und seine Elasticität verliert, so geht es auch dem elastischen Gewebe der Lunge. Wenn so allmälig die mittlere Ausdehnung der Lunge der normalen Inspirationsstellung sich nähert, vermag der Kranke, bei Anstrengungen wenigstens, seinen Lufthunger nur durch noch stärkere Thätigkeit der Inspirationsmuskeln zu stillen. Schliesslich kommt er der obersten Grenze der maximalen Inspiration so nahe, dass er kaum mehr in der Ruhe von Dyspnoe verschont bleibt und nur dadurch sich noch erhält, dass er nicht nur alle auxiliären Muskeln der Inspiration in Thätigkeit versetzt, sondern auch die, welche normalerweise das Exspirium nur bei heftigem Pressen, beim Schreien, Husten unterstützen, in erster Linie also die Bauchpresse. Diesem Vorgange entsprechen ganz bestimmte und leicht verständliche Zeichen am Körper des Kranken, die in ihrer quantitativen Entwicklung einfach Schritt halten mit dem Fortschreiten des Leidens.

Schon die Inspection gibt werthvolle Zeichen für die Erweiterung der Lunge. Der Thorax ist meist in allen seinen Durchmessern vergrössert, namentlich auch in seinem sagittalen (Sternovertebral-) Durchmesser. Wo schon die Hülfsaction der Bauchpresse, wenigstens zu Zeiten grösserer Anstrengung, nöthig erscheint, ist dabei die untere Thoraxapertur relativ verengt und die untersten Rippen sind nach innen gezogen; so erhält der Thorax die sogenannte „Fassform", die man nicht mit Unrecht als characteristisch für Emphysem angesehen hat. Immer findet sie sich freilich nicht, sie kann sogar bei recht bedeutendem Emphysem fehlen und der Thorax nur weit und lang sein, oder auch gar keine auffallendere Formveränderung zeigen. Dagegen ist in vorgeschritteneren Stadien wenigstens bei tiefem Athmen die Geringfügigkeit der Athmungsexcursionen ohne Weiteres deutlich, die Exspiration erfolgt dabei unter sichtlicher Mithülfe der Bauchpresse.

Die Percussion ergibt in vielen Fällen allein schon für die Diagnose
ein entscheidendes Resultat. Man findet die untere Lungengrenze zu
tief, in der Mamillarlinie am unteren Rand der VII., an der VIII. Rippe
oder noch weiter unten. Damit ist zunächst nur ein Volumen pulmonis auctum constatirt, das nicht absolut auf Emphysem zu beruhen
braucht. Es kann sich um einen Zustand acuter Lungenblähung nach
bedeutenden körperlichen Anstrengungen handeln, wobei an die Athmung grosse Ansprüche gestellt wurden, oder wie sie nach heftigem
und häufigem Husten, z. B. im Gefolge von Keuchhusten, nach forcirtem
Spielen von Blasinstrumenten sich einstellen kann; nicht immer gehen
solche mechanisch rasch entstandene Lungenblähungen in chronisches
Emphysem über. sie können namentlich unter geeigneter Therapie auch
wieder zurückgehen; sie sind übrigens anamnestisch und durch ihren
Verlauf schon hinreichend gekennzeichnet. Ferner kann es sich aber
um eine von Haus aus zu gross gerathene, im Uebrigen vollkommen
normale und gesunde Lunge handeln, also um einen Pulmo excessivus.
Das Emphysem unterscheidet sich von diesem durch die schlechte Beweglichkeit der Lungengrenzen bei tiefer Respiration. Während bei
dieser die untere Lungengrenze leicht um ein bis zwei Intercostalräume
nach abwärts rücken soll, bleibt sie beim Emphysem ganz oder nahezu
unverändert während der ganzen Respiration stehen. Auch sehr tiefer
Zwerchfellstand macht diese Probe auf die Verschieblichkeit der unteren
Lungengrenzen nicht überflüssig, der Pulmo excessivus reicht zwar nur
selten über den unteren Rand der VII. Rippe herab, kann aber auch
sich bis zur VIII. erstrecken. Ich habe selbst einen solchen Fall gesehen, wo bei diesem beträchtlichen Tiefstand das Zwerchfell während
der Inspiration noch um zwei Intercostalraumbreiten nach abwärts sich
bewegte und die Lunge eine vollkommen gute, ja reichliche vitale
Capacität, laut spirometrischer Messung, zeigte. Die Mamillarlinie ist
meist der geeignetste Ort, um die untere Lungengrenze und ihre Verschieblichkeit zu bestimmen, man kann aber auch am Rücken untersuchen und findet dann die Grenze statt am XI. Brustwirbel am XII. oder
sogar am I., ja II. Lendenwirbel. Dagegen kann man die Lage der
oberen Lungengrenze kaum je zur Diagnose des Emphysems mitbenützen.
Es ist ja richtig, dass die emphysematöse Blähung der Lunge häufig
gerade in den oberen Parthieen am mächtigsten entwickelt ist, es verräth sich dies aber im Leben nur durch eine, mitunter allerdings sehr
deutliche Vorwölbung der Supraclaviculargruben, sowie durch die noch
weiter zu besprechenden Veränderungen des Percussionsschalls und des
Athmungsgeräusches. Dagegen ist die percussorische Grenze der Lunge
gegen das Herz in typischer Weise verlagert. Die Grösse der Herzdämpfung ist in allen Dimensionen verkleinert, mitunter kann man
kaum noch an einer thalergrossen Stelle eine leichte Dämpfung des
Lungenschalls herauspercutiren. Es hat dies seinen doppelten Grund;
die geblähten Ränder der emphysematösen Lunge überlagern das Herz und
verdecken mit ihrem hellen, vollen Schall den leeren des Herzens, ferner
aber sinkt dieses Organ, das schief nach hinten und oben gerichtet
auf dem Zwerchfell ruht, beim Emphysem mit diesem herab und entfernt sich so mit seinem grössten Theile von der Herzwand. Diesen
beiden Momenten für Verkleinerung der Herzleere wirkt allerdings
einigermassen entgegen die Hypertrophie, welche der rechte Ventrikel, wie

wir noch sehen werden, beim Emphysem regelmässig eingeht. Es muss aber schon eine sehr gewaltige Hypertrophie vorliegen, wenn bei bedeutendem Emphysem auch nur normale Herzgrenzen noch erhalten sein sollen.

Der Percussionsschall über den emphysematös geblähten Lungen ist überaus hell und voll, ein sogenannter sonorer Lungenschall. Häufig ist Biermer'scher „Schachtel- oder Kissenton" vorhanden. Diese eigenthümliche Qualität des Percussionsschalls steht zwischen tympanitischem und nichttympanitischem Schall in der Mitte. Er ist nicht so klangarm wie der normale Lungenschall und doch auch nicht so klangreich wie der ächte tympanitische. Der Verlust an Spannung des Lungengewebes ist offenbar noch nicht so gross, als dass die reine Tympanie der vollständig erschlafften Lunge zum Vorschein kommen könnte, und doch ist wieder der Grad der Spannung an der emphysematösen Lunge nicht so bedeutend, dass die Tympanie des Schalls durch sie völlig vernichtet würde. Die grösste Aehnlichkeit mit dem Percussionsschall bei Emphysem hat nach Biermer, und jeder, der den Versuch wiederholt, wird ihm beipflichten, der Schall, den man bei Percussion eines Kissens erhält. Es ist bemerkenswerth, dass in einem solchen Kissen, ähnlich wie in schäumender Flüssigkeit, aber in unregelmässigerer Gestalt und Anordnung, sich kleine Lufträume zwischen anderen Schallleitern finden und historisch vielleicht nicht uninteressant, dass A. Geigel seine öfter schon erwähnten Experimente über den Lungenschall zuerst an einem Convolut von Federn anstellte; die erhaltene Tympanie hatte aber nicht die erwünschte Deutlichkeit. Die Aehnlichkeit einer emphysematösen Lunge in physikalischer Beziehung mit einem Kissen ist sogar eine ziemlich weitgehende, wenn man bedenkt, dass die Erweiterung der Vesikeln nicht nur sehr bedeutend sein, sondern auch durch Zusammenfliessen mehrerer zur Bildung grösserer unregelmässiger Blasen führen kann, die sich eventuell in grosser Anzahl im Lungengewebe auch dicht unter der Pleura zerstreut finden. Die Klangähnlichkeit des Kissentons ist immerhin eine so auffallende, dass man ihn mit Leichtigkeit in seiner Höhe abschätzen und ohne Weiteres als tief bezeichnen kann.

Die auscultatorischen Veränderungen sind beim Emphysem, was das Athmungsgeräusch angeht, sehr einfach. Man hört allenthalben, so weit es nicht von Nebengeräuschen übertönt wird, vesiculäres Athmen. Dieses hat allerdings bei Emphysem ein eigenthümlich weiches Timbre, durch das es dem erfahrenen Ohr sofort kenntlich wird. Offenbar steht diese Aenderung der Tonfarbe mit der Erweiterung der Lungenvesikeln in Zusammenhang, sie kommt eben thatsächlich nur beim Lungenemphysem vor, eine physikalische Erklärung dafür zu geben oder auch nur eine Vermuthung über die Genese dieses Athmungsgeräusches zu geben, sehen wir uns aber ausser Stande. Dagegen begreift man wohl, warum das Exspirium manchmal verlängert, manchmal ganz leis erscheint oder selbst unhörbar wird. Eine der Hauptkräfte für die Exspiration liefert ja die Elasticität des Lungengewebes. Verringerung derselben lässt das Exspirium langsam erfolgen und wird dabei der Anblasestrom gar zu schwach, so hört man über der emphysematösen Lunge auch kein Exspirationsgeräusch mehr, oder ein leises, manchmal kürzeres, manchmal verlängertes.

Das Verhalten des Stimmfremitus beim Emphysem ist ein auffallendes. Man sollte erwarten, dass die geblähte Lunge eben wie ein dickes Kissen der Fortpflanzung der Vibrationen bis zur Thoraxwand ein unübersteigliches Hinderniss entgegensetze. Das Gegentheil ist der Fall. Wenn nicht eine stärkere Bronchitis das Emphysem complicirt, ist der Stimmfremitus mindestens normal, oft sogar auffallend stark. Zur Erklärung könnten zwei Momente herangezogen werden, die beim Emphysem offenbar vorhanden sind. Fliessen mehrere Alveolen durch Schwinden ihrer Scheidewände in einander, und wird aus mehreren Bläschen eine einzige grössere, so vermindert sich dadurch die Zahl der Reflexionsstellen für hindurchgehende Wellen. Von grosser Bedeutung wird dies aber wohl kaum sein, wichtiger ist vielleicht die Spannungsabnahme des Organs; nach den Versuchen von Zamminer leitet ja collabirte Lunge den Schall besser als gespannte.

Bei keiner anderen Krankheit sind die verschiedenen Methoden der Messung so wichtig wie beim Emphysem. Schon das Bandmaass gibt wichtige Aufschlüsse. Wenn die maximale Erweiterung des Thorax bei der tiefsten Inspiration bis auf 1—2 cm gesunken ist, so ist dies mindestens ein so wichtiges Zeichen wie die schlechte oder fehlende Verschieblichkeit der Lungengrenzen. Man ist aus diesem Verhalten sogar zur Diagnose auf Emphysem berechtigt, wenn die untere Lungengrenze sich an der normalen Stelle vorfindet. Die Prüfung mittels des Spirometers und Pneumatometers hat weniger diagnostischen Werth, als sie für die Prognose von Bedeutung ist. Die vitale Capacität ist bei Emphysema pulmonum ausnahmslos niedrig, oft bis zu extremen Graden, bis auf 900—1000 ccm gesunken, die pneumatometrischen Werthe erscheinen anfangs nur für das Exspirium, in späteren Stadien auch für das Inspirium zu klein, stets ist dann aber der Exspirationsdruck mehr erniedrigt (Waldenburg). Der physikalische Grund für dieses Verhalten ist leicht einzusehen. Dem Emphysematiker wird es immer schwerer, seine Reserveluft ins Spirometer zu entleeren, später verharrt sein Thorax permanent in Inspirationsstellung, es kommt also für seine vitale Capacität auch noch die „Respirationsluft", schliesslich sogar ein Theil der Complementärluft in Wegfall. Mit Verlust der Elasticität des Lungengewebs, die normalerweise sich bedeutend an der Bildung des Exspirationsdrucks betheiligt, muss letzterer natürlich sinken, schliesslich erlahmen auch die stets angestrengten Exspirationsmuskeln, wodurch der positive Druck beim Ausathmen noch weiter erniedrigt wird. Um seinen Sauerstoffhunger zu befriedigen, stellt der Kranke immer grössere Anforderungen an seine Inspirationsmuskeln, bis schliesslich auch diese zu erlahmen beginnen und damit der negative Inspirationsdruck sinkt.

Der Blutkreislauf wird beim Emphysem in doppelter Weise geschädigt. Die Respiration begünstigt diesen normalerweise und wenn jene schlechter wird, muss auch dieser ungünstig beeinflusst werden. Ferner, und dies ist ohne Zweifel noch wichtiger, veröden beim Zusammenfliessen mehrerer Lungenbläschen die früher in ihren Zwischenwänden verlaufenden Capillaren und so wird das Stromgebiet der Arteria pulmonalis enger, der Widerstand im kleinen Kreislauf grösser. So kommt es anfangs zu Cyanose im Gesicht und an den Extremitäten, schliesslich stellt sich Hydrops ein, der an den Füssen beginnt, von da weiter nach oben schreitet und durch Höhlenwassersucht das Ende herbeiführen kann.

Veränderungen der Pleura.

Entzündung.

Normalerweise verschieben sich die glatten Pleurablätter bei der Athmung vollständig lautlos an einander. Wird die Oberfläche durch entzündliche Producte, z. B. Fibrinauflagerungen, rauh, so hört man ein Reibegeräusch, das je nach der Art der Rauhigkeiten feiner oder gröber ist. Sind die beiden Pleurablätter mit einander lose verklebt, so bekommt man ein Geräusch zu hören, das einem Knisterrasseln täuschend ähnlich sein kann und oft dadurch ausgezeichnet ist, dass es schon nach einem Athemzuge oder nach wenigen verschwindet. Längeres Tiefathmen lässt überhaupt häufig bei frischen Processen das Reiben leiser werden oder ganz verschwinden, wohl weil sich die Rauhigkeiten dabei einigermassen abschleifen und glätten, wesshalb man gut thut, wenn man auf Reibegeräusche fahnden will, dies zu Beginn der Untersuchung zu thun. Gewöhnlich hört man das Reiben während der Inspiration am deutlichsten, oft auch gegen Ende derselben, es kann aber auch während der Exspiration vorhanden und über beide Phasen ungleichmässig vertheilt sein. Seiner Klangfarbe nach wechselt das Reibegeräusch vom feinen, weichen und zarten bis zum groben und rauhen Kratzen und Knattern (Neuledergeräusch), ebenso ist es seiner Ausbreitung nach bald auf eine markstückgrosse Stelle beschränkt, bald über einen grossen Theil des Thorax oder fast überall an ihm zu hören. Das Auffinden des Reibegeräusches ist die nothwendige, aber auch hinreichende Bedingung, eine Pleuritis sicca diagnosticiren zu können, über die Natur derselben ist aber dabei gar nichts ausgesagt. Manche Autoren geben an (z. B. v. Jürgensen), dass bei Durchsetzung der Pleura pulmonalis mit miliaren Tuberkeln ein eigenthümlich weiches Reibegeräusch auftrete, das für diese Affection characteristisch sei.

Die Pleuritis sicca ist fast stets die Ursache von Schmerzen. Diese werden als stechend bezeichnet, sind oft aber durchaus nicht immer von den Kranken auf die Stelle der Entzündung richtig projicirt. Es kommt selbst vor, dass die Schmerzen bei rechtsseitiger Pleuritis links empfunden werden und umgekehrt, aber nur dann, wenn die Affection nahe an der Wirbelsäule sitzt. Man glaubt, dass eine theilweise Kreuzung der Nervi intercostales in dieser Gegend Ursache dieses subjectiven Irrthums sei. Die Schmerzen sind stets deutlich abhängig von der Athmung, viel weniger von anderen Bewegungen des Thorax. Häufig sind die Kranken durch ihren Schmerz gezwungen im Bett eine bestimmte Lage einzuhalten, werden die Schmerzen durch äusseren Druck beträchtlich gesteigert, so liegen sie auf der gesunden Seite, Andere liegen auf der erkrankten, weil dabei diese in der Athmung so ziemlich ruhig gestellt wird und die andere, gesunde Thoraxhälfte fast allein das Athmungsgeschäft besorgen muss. Druck auf die Intercostalräume kann den Schmerz steigern und dies für die Diagnose von Werth sein. Trockene Pleuritis über den Lungenspitzen muss stets den Verdacht auf beginnende Phthisis pulmonum wachrufen und nicht mit Unrecht werden von vorn nach hinten die Brust durchbohrende Stiche

vom Volk in dieser Beziehung als ominös angesehen (vergl. aber auch
Lungentumor p. 154). Pleuritiden sonstigen Ursprungs entstehen weit
häufiger über den untersten Parthien der Lunge und häufig sogar im
Sinus pleurocostalis, so dass man nur unterhalb der normalen Lungen-
grenze bei sehr tiefer Inspiration das Reiben hört. Auf den beiden
Seiten über der Milz resp. Leber hört man auch das mitunter sehr
deutliche Reibegeräusch, das objectiv dem Seitenstechen nach langem
Laufen und Springen, kurz nach sehr frequenter und angestrengter
Athmung entspricht.   Der mechanische Reiz, der durch die heftige
Bewegung der Lungen auf die Pleurablätter ausgeübt wird, reicht offenbar hin, um eine leichte und rasch wieder zurückgehende Hyperämie
und Entzündung derselben herbeizuführen.
     Eine Dämpfung des Percussionsschalls führt trockene
Pleuritis nur dann herbei, wenn es sich um dicke Schwartenbildung
handelt.   Häufig spielt aber dabei eine nicht unwesentliche Rolle eine
gleichzeitige Infiltration des Lungengewebs, wenigstens der periphersten
Theile.   Schrumpfung der Lunge, Tiefstand der Lungenspitzen u. s. w.
ist auf Rechnung dieser begleitenden interstitiellen Pneumonie zu setzen.
Eine sichere Diagnose der pleuritischen Schwarte ist selten
möglich, man kann diese aber mit grosser Wahrscheinlichkeit vermuthen, wenn die Dämpfung eine intensive mit starkem Gefühl
des Widerstands ist über einer Lungenspitze, welche ausweislich
der übrigen Phänomen wenig oder gar nicht erkrankt ist und wenn
deutliche Erscheinungen einer Pleuritis sicca längere Zeit schon be-
standen.   Abgesackte pleuritische Exsudate an den Spitzen gehören zu
den grossen Seltenheiten, Verwechslungen mit einem Tumor sind aber
kaum mit Sicherheit zu vermeiden.   An den untersten Lungenparthien
vollends kann eine dicke pleuritische Schwarte von einem Exsudat fast
gar nicht unterschieden werden, allenfalls ist die absolute Unverschieb-
lichkeit der Dämpfung ein Grund, an eine Schwarte zu denken, aber
auch Exsudate verhalten sich oft so.   Beweisend ist es nur, wenn über
der stärksten Dämpfung ein deutliches Reibegeräusch gehört wird, das
über einem Exsudat sich natürlich nicht bilden kann. Aber auch über
einer Schwarte fehlt das Reiben oft, wenn die Pleurablätter verwachsen
sind.   Ferner ist, wenn ein Exsudat vorliegt, die betreffende Thoraxhälfte erweitert, bei einer Schwarte häufig etwas verengert. Mit grösserer
Sicherheit kann man eine pleuritische Schwarte auch über einem Exsudat dann erkennen, wenn man mit einer Pravaz'schen Nadel einsticht und versucht, den flüssigen Inhalt der Pleurahöhle zu aspiriren.
Man findet entweder gar keine Flüssigkeit und nur wenige Tropfen
Blut oder man gelangt zum Exsudat bei tiefem Einstechen und dabei
fühlt man von Seiten der verdickten Pleura einen bedeutenden Widerstand und oft knirscht selbst die Nadel beim Durchstechen des fast
knorpelharten Gewebs.
     Bei Verwachsung der Pleurablätter, wie sie in Folge von Pleuritis
sich nicht selten einstellt und mit Schwartenbildung sehr oft verbunden ist, hört das Reibegeräusch und die respiratorische Beweglichkeit der Lunge an der betreffenden Stelle auf.   Hat die Verwachsung
fast die ganze Oberfläche einer Lunge betroffen, so findet man an der
anderen häufig vicariirendes Emphysem und die Ungleichheit der Athmung auf beiden Seiten ist schon bei der Inspection deutlich, sowie

durch Bandmaass und Kyrtometer nachweisbar. Eine so weitgehende
Verwachsung pflegt auch subjective und objective Dyspnoe und Störung
des Kreislaufs, Cyanose, herbeizuführen. Noch mehr ist dies der Fall,
wenn eine Verwachsung der Pleura mit dem äusseren Blatt des Herzbeutels eingetreten ist oder schwielige Mediastinitis sich entwickelt hat;
die weiteren Symptome dieser schweren und qualvollen Krankheit werden
im Kapitel über Pericarditis abgehandelt werden.

Flüssigkeit in der Pleurahöhle.

(Pleuritis exsudativa, Empyema, Hydrothorax, Hämatothorax.)

Sammelt sich im Pleuraraum Flüssigkeit an, so nimmt diese,
wenn nicht Verwachsungen sie daran hindern, stets die tiefste Stelle
ein und die Lungen schwimmen oben. So kommt es, dass bei aufrechter Stellung des Rumpfes zwischen der untern Fläche der Lunge
und dem Zwerchfell eine nicht unbeträchtliche Menge von Fluidum
(ca. 300 ccm) Platz finden kann, ohne dass sie sich durch das Auftreten einer Dämpfung verräth. Ein grösseres Quantum bewirkt eine
Dämpfung und mit der Feststellung von deren oberer Grenze hat
man auch den Stand des Ex- oder Transsudates bestimmt. Ausdehnung und Intensität der Dämpfung sind abhängig von der Menge der
Flüssigkeit, sobald letztere so erheblich geworden, dass eine Dämpfung
von ca. 3 Querfingern auftritt, pflegt die Dämpfung wenigstens unten
ziemlich absolut zu werden.

Mittelgrosse Exsudate reichen bis etwa zum Angulus scapulae,
sehr grosse können am Rücken fast über die ganze eine Seite sich
erstrecken.

Das Gefühl des Widerstandes ist bedeutend, bei grossen
Exsudaten fast bretthart. Das Athmungsgeräusch ist abgeschwächt
bis aufgehoben, häufig von bronchialem Character. Stets findet man
Bronchialathmen gegen die obere Grenze einer umfänglichen Dämpfung
hin und über ihr. Hierselbst ist auch Bronchophonie vorhanden und der
Stimmfremitus verstärkt, während er im Bereich der intensivsten
Dämpfung abgeschwächt oder aufgehoben ist. Auch deutlich tympanitischer Schall kann sich oberhalb eines Exsudats einstellen, er ist ebenso
wie Bronchialathmen, Bronchophonie, verstärkter Fremitus, darauf zu
beziehen, dass die Lunge vor dem anwachsenden Exsudat sich retrahirt
und ihre Spannung verliert resp. mehr oder weniger comprimirt wird.
Ebenso ist es zu erklären, dass bei mächtigem Exsudat das hinten
hoch steht, vorn unter dem Schlüsselbein, etwa bis zur III. Rippe ein
deutlicher sonorer und tiefer tympanitischer Percussionsschall sich einstellt. Findet man diesen, so kann man schon mit Sicherheit erwarten,
am Rücken ein massenhaftes Exsudat anzutreffen. Im Bereich der eigentlichen Dämpfung fehlt pleuritisches Reibegeräusch stets, nur an ihrer
oberen Grenze, wo sich die beiden Pleurablätter noch berühren, ist
Gelegenheit zu seiner Entstehung gegeben. Reicht ein Exsudat etwa
bis zum Angulus scapulae, so hört man recht häufig an seiner oberen
Grenze Aegophonie, die verschwindet, wenn das Exsudat sinkt oder
noch weiter steigt. Werden die Bronchien durch Schleim verlegt, so
kann das Phänomen für einige Zeit fehlen. Es scheint eben, dass ge-

rade mittelgrosse Exsudate den richtigen Grad von Compression der Bronchien zu Stande bringen, wie er für die Entstehung der Aegophonie nothwendig ist. Das Ziegenmeckern kommt wohl auch anderweitig vor und fehlt selbstverständlich bei vielen Exsudaten, sei es, dass sie zu gross oder dass sie zu klein sind, ist aber doch, wenn vorhanden, ein recht gutes Zeichen für eine Flüssigkeitsansammlung in der Pleurahöhle.

Die Verschieblichkeit des Exsudates und der Dämpfungsgrenze beim Lagewechsel ist am grössten bei Hydrothorax. Bei diesem steht, wenn nicht alte Verwachsungen daran hindern, bei aufrechter Stellung die obere Grenze der Dämpfung vorn und hinten gleich hoch, sie verschwindet vorn in der Rückenlage, hinten, wenn der Rumpf stark nach vorn gebeugt wird, oft schon in Bruchtheilen einer Minute. Pleuritische Exsudate sind, worauf namentlich Gerhardt mit Recht aufmerksam gemacht hat, meist auch nicht ganz unverschieblich, aber ihr zäheres Fluidum, das zudem in seiner Fortbewegung wohl stets mit frischeren und älteren Adhäsionen zu kämpfen hat, folgt der Schwerkraft doch entschieden viel langsamer. Bei ganz frischen serösen Exsudaten ist übrigens schon während der Untersuchung eine Verschieblichkeit so deutlich, dass man beim Aufrichten eines bettlägerigen Kranken ein Exsudat von mehreren Querfingern Höhe nur bei der ersten sofortigen Percussion entdeckt, dann sinkt die Grenze der Dämpfung rasch und kann nicht viel langsamer als beim Hydrothorax ganz verschwinden. Exsudate von geringem Volumen (unter 300 ccm) können, wenn man schnell untersucht, noch erwischt werden, bevor sie unter der Lunge sich dem Nachweis entziehen. Je mehr Fibrin mit dem Serum zur Ausscheidung kommt, desto schwerer beweglich wird das Exsudat, auch Empyeme ändern ihre Lage wenig oder gar nicht. Bei bettlägerigen Kranken findet man demgemäss die Exsudate, so lang sie nicht sehr umfänglich sind, nur am Rücken und die Dämpfung fällt nach der Seite und nach vorn hin allmälig ab, während sie von der Wirbelsäule bis fast zur hinteren Axillarlinie nach oben von einer Horizontalen begrenzt werden. Sehr bedeutende Exsudate bewirken aber auch vorn, eventuell bis zur Brustwarze oder noch weiter hinauf Dämpfung, stets reicht sie dann aber hinten viel höher hinauf. Bei einem Individuum, das schon früher, vielleicht schon mehrmals, eine Pleuritis überstanden hatte, können durch Adhäsionen gelegentlich Exsudate eine unregelmässig begrenzte Dämpfung hervorgerufen und sogar in den oberen Parthien allein, während unten heller Lungenschall sich findet; ich selbst habe aber dergleichen, ausser bei Tumoren, weder im Leben beobachtet noch bei Sectionen gesehen.

Grosse einseitige Exsudate bringen eine sicht- und messbare Erweiterung der befallenen Thoraxhälfte, Vorwölbung der Intercostalräume mit sich und bewirken oft eine nachweisbare Verdrängung der benachbarten Organe des Herzens und der Leber. Am Herzen erscheinen der Choc und die Grenzen der Herzdämpfung gleichmässig nach der anderen Seite verschoben, eine sichere Entscheidung, ob der Befund nicht durch eine Vergrösserung des Herzens selbst hervorgerufen ist, kann aber keineswegs immer getroffen werden, wenn das Exsudat rechts sitzt, der unterste Theil des Sternums gedämpften Schall liefert und der Choc ausserhalb der linken Mamillarlinie zu fühlen ist, denn das Gleiche kann auch eine Hypertrophie des rechten Ventrikels leisten. Dagegen ist die Annäherung des Chocs an das Sternum beweisend für eine Verlagerung des Herzens nach rechts. Ebenso steht der untere Leberrand abnorm tief, sowohl bei einer Vergrösserung dieses Organs, als auch, wenn es durch ein massenhaftes rechtsseitiges pleuritisches Exsudat nach unten gedrängt ist. In letzterem Falle findet allerdings oft eine Drehung der Leber um ihr Aufhängeband in dem Sinn statt, dass der rechte Leberlappen nach unten, der linke nicht oder selbst etwas nach oben verlagert ist. Ein wichtiges Unterscheidungsmerkmal, hier wie beim Herzen, gibt die Verschieblichkeit der Lungengrenze bei tiefer Inspiration. Ein hypertrophisches Herz und eine vergrösserte Leber wird dabei von dem sich aufblähenden Lungenrand zum Theil überlagert und die Dämpfung wird verkleinert, während eine Ausbreitung des Lungenschalles hier nicht stattfindet, wenn ein Exsudat an Herz oder Leber angrenzt. Aus diesem Grund ist eine Verschiebung der Milz bei linksseitigem Exsudat nicht zu constatiren, weil sie bei der Inspiration so ziemlich unbeweglich bleibt. Fühlt man sie, so kann man ruhig eine Diagnose auf Vergrösserung der Milz stellen.

Die Hauptunterscheidungsmerkmale gegenüber einer Infiltration der Lunge mögen noch einmal kurz zusammengestellt werden, weil die diagnostische Erwägung, ob Exsudat, ob Infiltration eine häufige und wichtige ist. Beim Exsudat ist die Dämpfung und die Resistenz erheblicher, Athmungsgeräusch, eventuell Bronchialathmen, Bronchophonie, Fremitus, abgeschwächt oder aufgehoben, gerade über den Stellen der ausgesprochensten Dämpfung. Das Umgekehrte gilt für die Infiltration. Erweiterung der Thoraxhälfte und Verdrängung der Organe spricht für ein Exsudat, bei sehr starken pneumonischen Infiltrationen der Lunge kommt es allerdings auch zu messbarer Erweiterung des Thorax. Reibegeräusch am oberen Rand der Dämpfung entscheidet nichts, im Bereich der intensivsten Dämpfung spricht es entschieden gegen ein Exsudat, Aegophonie ist ein gutes Zeichen für ein mittelgrosses Exsudat.

Betreffs der Natur der Flüssigkeit kann man durch die Percussion und Auscultation nur den Hydrothorax und das pleuritische Exsudat unterscheiden. Hydrothorax ist fast stets doppelseitig entwickelt, das Exsudat häufiger einseitig, ein Reibegeräusch spricht für eine Pleuritis. Lässt man den Kranken den Rumpf weit vorn überbeugen (wenn möglich sollte er dabei das Bett verlassen und den Oberkörper auf das Bett stützen oder im Bett sich auf den Bauch legen) und verschwindet dabei die Dämpfung in wenigen Secunden, so hat man es mit Hydrothorax zu thun. Letzterer ist ferner wahrscheinlich, wenn zugleich Hydropericard oder Ascites, Anasarka besteht, während er als einzige Hydropsie fast nur beim Tumor mediastinalis oder auch bei sinkender Herzkraft in den letzten Stunden des Lebens erscheint.

Ob klares Serum, serofibrinöse Flüssigkeit, Blut oder Eiter ausgeschieden wurde, kann man nicht, wie man früher glaubte, aus dem Grade der Dämpfung zu bestimmen, die dem Empyem intensiver sein sollte als beim serösen Exsudat, und ebensowenig führt die Auscultation zu einem bessern Resultat. Baccelli hat auf die Auscultation der Flüsterstimme grossen Werth gelegt, die bei eitrigen Exsudaten viel mehr abgeschwächt sein sollte als bei serösen; eine sichere Unterscheidung ist auch durch diese Methode nicht ermöglicht, wie soll eine dünne Eiterschichte die Stimme mehr dämpfen als ein massenhaftes seröses Exsudat, bei dem die Uebergangsstellen in der abgedrängten, zudem comprimirten Lunge von der Thoraxwand weit abliegen!

Es ist zum Glück auch gar nicht nöthig, auf solche differentiell-diagnostische Kunststückchen, die doch kein sicheres Resultat geben, Zeit und Mühe zu verwenden, da wir in der Probepunction ein sicheres, einfaches und bei richtiger Ausführung auch gefahrloses Hülfsmittel besitzen, um über die Natur eines Exsudats ins Klare zu kommen. Es ist durch vielfältige Erfahrung bewiesen, dass selbst der Stich in die Lunge, mit feiner Nadel und unter aseptischen Cautelen ausgeführt, keine unangenehmen Folgen nach sich zieht. Ist man ja schon so weit gegangen, die Probepunction dann auszuführen, wenn der Zweifel — ob Infiltration, ob Exsudat — besteht; bekommt man Flüssigkeit, so ist's ein Exsudat, bekommt man keine, eine Infiltration. Das heisst nun doch wohl etwas zu weit gegangen und man thut besser, die Probepunction nur dann auszuführen, wenn schon durch die physikalische Untersuchung ein Exsudat nach bestem Ermessen als nachgewiesen gelten kann. Hat man sich doch geirrt und Manche geben an, dass man sich unter zehn Fällen einmal irren dürfe, und sticht demgemäss die infiltrirte Lunge an, so muss und darf man das, als ein dem Irrthum unterworfener Mensch und nicht leichtfertiger Untersucher, in Kauf nehmen. Jedenfalls muss an der Regel festgehalten werden, nur da einzustechen, wo der Fremitus aufgehoben oder zum mindesten deutlich abgeschwächt ist, will man nicht unter zehn Fällen die Probepunction neunmal umsonst machen, was denn doch ein tolles Spiel wäre. Eine Ausnahme von dieser Regel wäre allenfalls dann gestattet, wenn bei pyämischem Fieber ein verborgener Abscess vermuthet wird und wo die Indicatio vitalis es erheischt, denselben sobald als möglich zu entdecken, um ihn der Kunsthülfe der Chirurgen zu überantworten. Unter solchen Umständen ist man wohl berechtigt,, bei Verdacht auf Lungen-, Leber- oder Milzabscess u. dgl. am wahrscheinlichsten Ort einmal und selbst mehrmals die Nadel einzusenken. Auch bei sorgfältig schon nachgewiesenem pleuritischem Exsudat liegt die Berechtigung zur Probepunction nicht sowohl in der Befriedigung diagnostischer Neugier, als vielmehr in der Aussicht, eventuell einen Anhaltspunct für einen folgenden therapeutischen Eingriff (Thoracocentese) zu bekommen.

Technik der Probepunction.

Zur Probepunction verwendet man eine einfache Pravaz'sche Spritze. Diese wird mitsammt der zu verwendenden Nadel mehrmals mit 5%iger Carbolsäure gefüllt und ausgespritzt, wobei man sich überzeugt, dass sie vollkommen dicht schliesst und gut saugt, zuletzt lässt man sie gefüllt bis zum Gebrauch in 5%iger Carbolsäure liegen und daneben wird ein markstückgrosses englisches Pflaster bereitgelegt. Kurz vor der Punction wird nochmals untersucht und die gewählte Stelle gemerkt. Es empfiehlt sich im Allgemeinen von hinten, zwischen Scapular- und hinterer Axillarlinie einzustechen. Nachdem die Hände des Arztes mit Seife und Bürste und dann mit absolutem Alcohol gereinigt sind, wird die Haut des Kranken am gewählten Ort mit absolutem Alcohol und dann mit Schwefeläther abgewaschen. Letztere

vermindert durch seine Verdunstungskälte die Schmerzhaftigkeit des
geringen Eingriffes etwas, aber nicht viel, der Aetherspray macht freilich locale Anästhesie, schmerzt aber, bis diese eintritt, selbst mehr als
ein Nadelstich. Nun wird die Spritze entleert, mit der linken Hand
verschiebt man über der gewählten Einstichstelle die Haut etwas und
mit der rechten Hand ergreift man Spritze und Nadel und sticht am
oberen Rand einer Rippe senkrecht zur Körperaxe ein. (Am unteren Rippenrand würde man Gefahr laufen, eine Arteria intercostalis
zu verletzen.) Glaubt man in der Pleurahöhle zu sein, so ergreift die
Linke den Tubus der Nadel und den untersten Theil der Spritze, die
Rechte zieht den Spritzenstempel und zwar zunächst zur Hälfte heraus. Kommt nichts, so kann man noch etwas tiefer einstossen oder,
falls man schon tief gegangen war, die Spritze wieder etwas herausziehen und den Stempel vollends zurückziehen, also nochmals saugen.
Mitunter gelingt es erst beim zweiten Manöver, das Exsudat zu aspiriren. Gleichviel ob man Fluidum erhalten hat oder nicht, jetzt wird
die Nadel herausgezogen und die Stichöffnung sofort mit dem Finger
der linken Hand gedeckt und dann mit dem bereitgelegten Stück englischen Pflasters, das man mit 3 %iger Carbolsäure anfeuchtet, verschlossen.
      Das Resultat hat man jetzt in der Spritze vor Augen, entweder
nichts oder nur ein paar Tropfen Blut, die gar nichts beweisen, oder
ein Exsudat, dessen einfache Besichtigung schon lehrt, ob es serös,
eitrig oder hämorrhagisch ist. Die genauere, mikroskopisch-chemische
Untersuchung von Punctionsflüssigkeiten wird im II. Theil dieses Buches
zur Sprache kommen, wir haben aber schon den Entscheid darüber,
ob nicht statt des einfachen pleuritischen Exsudates oder des Hydrothorax, die beide ein klares Fluidum liefern, ein Empyem vorhanden
ist, während vollends ein hämorrhagisches Exsudat (abgesehen von Verletzungen, Scorbut, schweren Blutkrankheiten wie Morbus maculosus
Werlhofii etc.) mit grosser Sicherheit auf Tuberculose oder Carcinose
der Pleura hinweist.

Luft allein oder mit Flüssigkeit zusammen in der Pleurahöhle.

Pneumothorax. Pyopneumothorax.

      Traumatischer Pneumothorax entsteht entweder durch eine pene-
trirende Brustwunde oder, wenn die spitzen Enden einer gebrochenen
Rippe die Lunge anstechen und aus dieser Luft in die Pleurahöhle
entweicht. Bricht ein inneres lufthaltiges Organ, eine oberflächlich gelegene Caverne oder der ulcerirte Oesophagus (ausnahmsweise der
Magen oder Darm nach örtlicher Zerstörung des mit ihm verwachsenen Zwerchfells) nach dem Brustfellraum durch, so kann man den entstehenden Pneumothorax nicht mehr einen traumatischen nennen, obwohl die Katastrophe häufig durch eine mechanische Läsion, Fall,
Druck, Sondirung, heftiges Pressen u. dgl. herbeigeführt wird.
      Beim traumatischen Pneumothorax kann sich die Wunde der
Brustwand oder der Lunge rasch wieder schliessen, so dass nur wenig
Luft in die Pleurahöhle dringt; ist diese steril und ergiesst sich nicht
zugleich viel Blut in den Pleuraraum, so bleibt es beim einfachen
Pneumothorax. Nicht so bei den Formen, welche dem internen Medi-

einer häufiger zu Gesicht kommen. Die Perforationsöffnung eines
inneren Organs, durch welche Luft in den Pleuraraum gelangt, schliesst
sich, wenn überhaupt, erst nach einiger Zeit und so kommt so viel
Luft in die Pleurahöhle, als diese nur immer fassen kann, daneben
aber häufig auch festflüssiger Inhalt von Seiten des perforirten Organs
und stets Eitererreger in Menge. So wird aus dem Pneumothorax
in kürzerer oder längerer Frist ein Pyopneumothorax, indem die
entzündete Pleura Serum und Eiter zu secerniren beginnt.

Sobald die äussere oder innere, directe oder indirecte Communication der Pleurahöhle mit der äusseren Atmosphäre sich gebildet hat,
retrahirt sich die elastische Lunge, insofern sie daran nicht durch Verwachsungen gehindert ist, gegen den Lungenhilus hin, wo sie als
dünner, schlaffer, luftarmer Körper liegen bleibt. Das Einströmen der
Luft wird durch jede inspiratorische Bewegung begünstigt. So lang
die Fistel offen ist (offener Pneumothorax) enthält die Pleurahöhle
während der Inspiration mehr, während der Exspiration weniger Luft.
Ist die Fistelöffnung verklebt (geschlossener Pneumothorax), so
ist die Athmung ohne Einfluss auf das Volumen des Hohlraumes und
ist die Fistel nur bei der Inspiration offen, bei der Exspiration geschlossen (Ventilpneumothorax), so pumpt sich die Pleurahöhle bis
zu ihrer grösstmöglichen Ausdehnung voll Luft und behält dann ihr
Volumen für längere Zeit constant bei, bis eventuell eine allmälige
Resorption der Luft sich geltend macht. Wenn die Luft nicht durch
Verwachsungen der beiden Pleuroblätter unter einander daran gehindert
ist, verbreitet sie sich in der Pleurahöhle überall hin gleichmässig
(freier Pneumothorax), im andern Fall erfüllt sie einen je nach der
Sachlage grösseren oder kleineren Hohlraum um die Fistelöffnung herum
(abgesackter Pneumothorax).

Ein überall gleicher, sehr heller und voller (sonorer) Percussionsschall characterisirt den freien Pneumothorax. Dieser Schall ist
tympanitisch, wenn der Druck im Hohlraum ein geringer ist
(offener Pneumothorax und manche Formen von geschlossenem
Pneumothorax), nichttympanitisch stets beim Ventilpneumothorax. Metallklang ist stets, zum mindesten mittels der Stäbchen-
Plessimeterpercussion nachzuweisen. Ist die Fistel geschlossen, so hört
man ein Athmungsgeräusch gewöhnlich gar nicht, oder ganz aus
der Ferne klingend mit deutlich bronchialem Character und amphori-
schem Widerhall; beim offenen Pneumothorax ist lautes Flaschensausen
zu vernehmen, es entsteht durch das Ein- und Ausstreichen der Luft
durch die Fistel bei der Athmung. Der Stimmfremitus fehlt fast
ausnahmslos völlig und auch Bronchophonie ist nicht oder nur abgeschwächt vorhanden, weil die Lunge zu weit ab von der Thoraxwand
liegt und die Schallwellen beim zweimaligen Uebergang von der festen
Lunge in Luft, von Luft in die feste Thoraxwand eine bedeutende Abschwächung durch Reflexion erfahren. Aus dem nämlichen Grund ist
auch das Bronchialathmen, das beim geschlossenen Pneumothorax in
der retrahirten Lunge ohne Zweifel entsteht, gewöhnlich nicht zu vernehmen. Ausnahmen von diesem geradezu gesetzmässigen Verhältniss
sind ausserordentlich selten, doch erinnere ich mich eines Falles von
freiem Pneumothorax, den v. Leube in seiner Klinik vorstellte, über
dem ein deutlicher und kaum schwach zu nennender Stimmfremitus

nachzuweisen war. Wahrscheinlich handelt es sich in solchen Fällen um eine strangförmige Adhäsion der collabirten Lunge mit der Pleura costalis, durch welchen Strang, wie durch eine gespannte Schnur, die Wellenbewegungen ihre Fortleitung zur Thoraxwand finden (v. Leube).

Beim freien Ventilpneumothorax ist die ganze Seite der Brust bedeutend erweitert, was auf den ersten Blick sichtbar und durch das Bandmaass bestätigt wird, die Intercostalräume sind nicht nur verstrichen, sondern oft sogar vorgewölbt, die Nachbarorgane verdrängt. Am Herzen kann dies jeder Zeit leicht nachgewiesen werden. Bei links-seitigem Pneumothorax erscheint eine rechtsseitige Herzdämpfung und der Choc und die linke Grenze der Herzdämpfung sind gegen das Sternum hin verlagert, bei rechtsseitiger der Choc nach aussen von der Mamillarlinie gerückt, ohne dass der unterste Theil des Sternums ge-dämpften Schall wie bei rechtsseitiger Herzhypertrophie darböte, und es kann sogar links vom Sternum noch ein Streif hellen Schalls be-merkbar werden und die rechte und linke Grenze der Herzdämpfung sind in gleichem Maasse nach links verlagert. Aus der Verdrängung des Herzens kann Knickung der grossen Gefässe, vor Allem wohl der dünnwandigen Hohl- und Lungenvenen resultiren und so kommt es zu einer das Leben des Kranken oft direct bedrohenden Circulations-störung, die sich durch Schlechtwerden des Pulses, Cyanose und eine Dyspnoe äussert, welche die auch sonst stets beim Pneumothorax vor-handene noch erheblich übertrifft. Die Leber ist bei rechtsseitigem Pneumothorax nach unten verlagert, der untere Rand steht abnorm tief, und dass dies nicht seinen Grund in einer Vergrösserung des Organs hat, kann mit Leichtigkeit durch die percussorische Bestim-mung der oberen Lungengrenze nachgewiesen werden, die ebenfalls um einen oder selbst mehrere Intercostalräume nach unten gerückt ist. Das nämliche Verhalten lässt sich bei linksseitigem Pneumothorax durch die Percussion an der Milz nachweisen, gefühlt kann dieses Organ aber, auch wenn es sehr tief steht, falls es nicht vergrössert ist, nicht werden, weil das Zwerchfell links und damit die Milz sich bei der Respiration nicht verschiebt. Beim freien Ventilpneumothorax steht die mächtig erweiterte Thoraxhälfte während der Respiration vollständig still und nur die andere Seite besorgt mit frequenter, angestrengter Thätigkeit das Athmungsgeschäft; es ist aus diesem Grunde den Kranken unmöglich, auf der gesunden Seite zu liegen, sie bekommen beim Ver-such hiezu die furchtbarste Dyspnoe. Diese ist subjectiv und objectiv beim freien Pneumothorax stets vorhanden, der Eintritt der Katastrophe durch plötzlich entstehende starke Athemnoth, häufig auch durch einen durchdringenden, den Kranken ausser Fassung bringenden Schmerz in der Brust characterisirt.

Der geschlossene freie Pneumothorax ist, wenn die Luft im Hohlraum unter hohem Druck steht, vom Ventilpneumothorax nicht verschieden, denn der Ventilpneumothorax ist ja schliesslich auch ein geschlossener. Es hat also nur einen Sinn, von geschlossenem Thorax zu sprechen, wenn die Fistel sich sehr rasch geschlossen hat, bevor die Thoraxseite sich ad maximum ausgedehnt hat, oder, was häufiger zutrifft, wenn der geschlossene Pneumothorax sich nicht aus einem Ventil-, sondern einem offenen Pneumothorax entwickelt. Der Per-cussionsschall über einem solchen ist stets tympanitisch, wenn auch nicht immer sehr deutlich, mit Metallklang verbunden, die auscultatorischen Erscheinungen sind wie die schon geschilderten. Die starke Erweiterung der befallenen Brusthälfte und die Verdrängung der benachbarten Organe fehlen, Athembewegungen sind auf der erkrankten Seite vorhanden, aber schwach.

Der offene Pneumothorax unterscheidet sich hievon hauptsächlich durch ein lautes amphorisches Athmen, eventuell durch Wintrich'schen Schallwechsel, falls die Fistelöffnung gross ist und durch eine Caverne direct in einen grossen Bronchus führt. Ferner ist bezeichnend für den offenen Pneumothorax, dass die Brustwand auch auf der erkrankten Seite ergiebige Athembewegungen ausführt; weitere Unterscheidungsmerkmale werden wir beim Pyopneumothorax kennen lernen.

Die gleichzeitige Anwesenheit von Fluidum, welche den Pyopneumothorax characterisirt, bewirkt zunächst ein noch weiteres Abwärtstreten des Zwerchfelles, welch letzteres sogar nach unten convex ausgebaucht werden kann; dementsprechend stehen Leber und Milz tief, deren obere Grenze kann aber, da über diesen Organen jetzt nicht Luft, sondern Flüssigkeit sich befindet, durch die Percussion nicht immer festgestellt werden, manchmal wohl, wenn die Menge der Flüssigkeit keine sehr bedeutende ist und diese sich bei Rückenlage des Kranken ganz von der anderen Seite der Thoraxwand zurückzieht. Der Stand des Fluidums bedingt eine entsprechend weit nach oben ragende Dämpfung des Percussionsschalls, welche nach Lagewechsel der Kranken sich sofort ändert, da sich die Flüssigkeit im freien Pneumothorax leicht verschieben kann; die obere Grenze der Dämpfung ist stets durch eine horizontale Ebene gegeben. Für die gleichzeitige Anwesenheit von Luft und Flüssigkeit im Hohlraum sprechen folgende auscultatorische Erscheinungen. Vor Allem kommt das Succussionsgeräusch in Betracht, das man mit dem aufgelegten Ohr leicht und deutlich wahrnimmt, wenn man den Rumpf des Kranken leicht schüttelt. Das eigenthümliche, metallisch klingende Plätschern ist gar nicht zu verkennen, man muss sich nur vor Verwechslungen mit dem halbgefüllten Magen oder gar einem Wasserkissen, auf dem vielleicht der Kranke liegt, hüten. Sehr viel seltener ist das Geräusch des fallenden Tropfens, wo es vorhanden ist, kann es ebenfalls leicht erkannt werden. Das Gleiche gilt für das „Wasserpfeifengeräusch", das manchmal nur bei bestimmter Lage des Kranken gehört wird. Es entsteht, wenn die offene Fistel unter den Spiegel der Flüssigkeit zu liegen kommt, indem die Luft in brodelnden, klingenden Blasen durch die Flüssigkeit streicht. Dieses Symptom kommt natürlich nur dem offenen Pyopneumothorax zu, während die anderen Erscheinungen auch den beiden anderen Formen gemeinsam sind. Bei offener Fistel kann auch bei Lagewechsel eine Aenderung in der Höhe des Percussionsschalls und des amphorischen Widerhalls eintreten. Ist Wintrich'scher Schallwechsel vorhanden, so verschwindet dieser, wenn die Fistel von der Flüssigkeit verlegt wird, es tritt also unterbrochener Wintrich'scher Schallwechsel auf, gerade wie eventuell bei einer Caverne. Mit dem völligen Verschluss der Fistelöffnung wird der Schall, wie schon vor vielen Jahren A. Geigel gezeigt hat, nicht etwa tiefer, wie man erwarten sollte, sondern bedeutend höher. Diese Aenderung lässt auch, wenn sie rasch und bleibend eintritt, erkennen, dass ein offener Pneumothorax sich in einen geschlossenen verwandelt hat. So lang amphorisches Athmen überhaupt gehört wird, hat es die nämliche musikalische Höhe wie der Percussionsschall. Beim Pyopneumothorax, in welchem die Flüssigkeit stets leicht verschieblich ist, findet sich häufig ein Schallhöhenwechsel bei Lageänderung. Gewöhnlich wird der Schall bei aufrechter Stellung des Rumpfes tiefer. Biermer hat diesen Schallwechsel entdeckt, der jetzt seinen Namen trägt. Nach der unangefochtenen Erklärung Biermer's kommt der Schallwechsel so zu Stande, dass das schwere Exsudat das Zwerchfell noch weiter nach unten ausbaucht und so der längste Diameter des Hohlraums vergrössert wird. Das entgegengesetzte Verhalten, wobei der Schall beim Aufsitzen höher, bei Rückenlage tiefer wird, kommt aber auch nicht selten vor. Entweder gilt hiefür die Erklärung, die für den Gerhardt'schen Schallwechsel gegeben wurde, oder es handelt sich um vermehrte Spannung der Wände des Hohlraums durch den Zug des schweren Exsudats bei aufrechter Stellung.

Einen freien Pneumothorax oder Pyopneumothorax übersieht oder verkennt man nicht, dagegen gehört die Diagnose eines abgesackten Pneumothorax oder Pyopneumothorax manchmal zu den schwierigen Dingen. Die physikalischen Erscheinungen, die dem Pneumothorax eigen sind, gelten auch für den abgesackten, sind hier aber auf einen eng begrenzten Raum beschränkt und finden sich zudem meistens da, wo auch Cavernen häufig auftreten. Von einer solchen oberflächlich gelegenen unterscheidet sich aber ein abgesackter Pyopneumothorax anatomisch nur dadurch, dass er bloss durch die Pleura costalis von der Brustwand getrennt, jene auch noch von der Pleura pulmonalis gedeckt ist. Von vornherein scheint also wenig Aussicht vorhanden zu sein, diese beiden Dinge zu unterscheiden. In vielen Fällen kann man aber doch unter Berücksichtigung folgender Kriterien zum Ziele kommen. Succussio Hippocratis kann sowohl im abgesackten Pneumothorax als in der Caverne fehlen, ist sie aber vorhanden, so darf sie als ein gutes Zeichen für den Pneumothorax betrachtet werden, denn der mit Schleim gemengte Caverneneiter ist zu zäh, um das Phänomen zu liefern. Ist die Brustwand eingezogen, so spricht dies direct für eine Caverne, ist sie vorgewölbt, ebenso sicher für einen abgesackten Pneumothorax; schlimm für die Diagnose sind nur jene allerdings häufigeren Fälle, wo an der Brustwand keine derartige Veränderung nachgewiesen werden kann. Verstärkter Stimmfremitus kann nur von einer Caverne herrühren, ist er dauernd abgeschwächt oder fehlend, so ist ein Pneumothorax wahrscheinlicher, aber auch noch nicht sicher, weil solches auch über einer Caverne vorkommen kann. Ist Verlagerung der Nachbarorgane nachweisbar, so sind sie bei einer Caverne auf die erkrankte Seite gezogen, beim Pneumothorax nach der anderen verdrängt; beides kommt aber nur dann vor, wenn die Caverne oder der abgesackte Pneumothorax ein sehr beträchtliches Volumen besitzt. Sollte sich Wasserpfeifengeräusch finden, so ist dies nur mit der Annahme eines offenen Pyopneumothorax vereinbar. Metallklang, amphorisches Athmen, Bronchialathmen, Bronchophonie mit metallischem Beiklang, die verschiedenen Formen des Schallwechsels können sich ebenso gut in der einen wie in der anderen Höhle bilden, dagegen ist lautes, klingendes oder metallisch klingendes Rasseln (nicht zu verwechseln mit dem Wasserpfeifengeräusch) wohl nur über einer Caverne vernehmbar.

Zur Unterscheidung der einzelnen Formen des Pneumothorax kann man nach Weil's Vorgang auch die Messung des Drucks benützen, unter welchem die Luft im Hohlraum steht. Zu diesem Zweck stösst man eine Hohlnadel ein, welche durch einen Gummischlauch mit einem Manometer verbunden ist. Letzteres füllt man nach Aron am zweckmässigsten mit Glycerin, weil Wasser zu starke der Athmung entsprechende Schwankungen machen, Quecksilber, seines hohen specifischen Gewichtes halber, zu unempfindlich sein würde. Wasserfreies Glycerin hat ein specifisches Gewicht von 1,261; um die erhaltenen Zahlen auf Quecksilberdruck umzurechnen, müssen sie also mit $\frac{1,261}{13,59}$ multiplicirt werden; da Glycerin aber aus der Luft Wasser anzieht, thut man gut, das specifische Gewicht des verwendeten Glycerins jedesmal mittels des Aërometers zu bestimmen und die erhaltene Zahl statt 1,261 einzusetzen. Aron fand in der Pleurahöhle (nach Aspiration eines Empyems) den mittleren Druck (im Liegen) bei der Inspiration $= - 4$ mm Hg, bei der Exspiration $= - 1,9$ mm Hg, dagegen bei einem Ventilpneumothorax bei der Inspiration $= + 7,93$ mm Hg, bei der Exspiration $= + 10,48$ mm Hg. Durch Entleerung der Luft durch den Schlauch gelang es nicht, den Druck unter Null sinken zu machen. Es ist das offenbar characteristisch für den Ventilpneumothorax, der durch die Klappe immer wieder von Neuem mit Luft gefüllt wird, wenn ein Theil der alten abgelassen wurde, und erklärt zusammen mit den hohen Druckwerthen nicht nur die starke Verdrängung der anliegenden Organe mit den damit zusammenhängenden Gefahren, sondern auch die geringe Aussicht, durch eine Punction erheblichen Nutzen für den Kranken zu schaffen, so lang das Ventil noch nicht definitiv verlöthet und der Pneumothorax ein geschlossener ist. Beim offenen Pneumothorax muss sich natürlich der Atmosphärendruck finden, in den beiden Schenkeln des Manometers die Flüssigkeit gleich hoch stehen.

Physikalische Veränderungen am Circulationsapparat.

Bemerkungen über die anatomische Lage der einzelnen Herzabschnitte
(aus Luschka).

Das Herz liegt zu $1/_3$ in der rechten, zu $2/_3$ seines Volumens in in der linken Körperhälfte. Rechts liegen: der rechte Vorhof mit Ausnahme der Spitze seines Herzohrs, die rechte Hälfte des linken Vorhofs (also auch die ganze Scheidewand der Vorhöfe), ein in seiner Mitte 2 cm breites, an den Enden spitz auslaufendes Stück des rechten Ventrikels und der Kammerscheidewand, welche das ganze Ostium venos. dextr. umschliesst. Links liegen: weitaus der grösste Theil der rechten, die ganze linke Kammer, die Spitze des rechten Herzohrs, die Hälfte des Atrium sin.

Septum atriorum liegt parallel einer Linie, vom Sternalende des II. rechten Intercostalraums bis zur Sternalinsertion der III. linken Rippe gezogen.

Septum ventriculorum ist seiner Mittellinie nach durch eine schwach gekrümmte Bogenlinie bezeichnet, welche hinter der Sternalinsertion der III. und IV. Rippe und schief hinter den inneren zwei Drittheilen des V. linken Rippenknorpels hingezogen wird.

Vorhöfe. Hinterer oberer Umfang entspricht dem oberen Ende des Körpers vom VI. Brustwirbel, hinterer unterer Umfang der Höhe des Körpers vom VI. und VII. Brustwirbel.

Herzspitze: ein Daumen breit einwärts vom Ende einer Linie, die senkrecht durch die Brustwarze gezogen und 3 Querfinger lang ist: Mitte des V. Intercostalraums. Senkrechtes Einstechen einer Nadel hart am Rand des Knorpels der V. Rippe trifft die Spitze sicher.

Rechter Vorhof. ²/₃ liegen nach aussen von der rechten Sternallinie, ¹/₃, darunter fast nur das rechte Herzohr, hinter dem Corpus sterni. Das obere Ende liegt in einer Horizontalebene, entsprechend der Mitte des vorderen Endes des II. rechten Intercostalraums. Das untere Ende reicht bis zum Sternalende des Knorpels der V. rechten Rippe.

Rechte Kammer. ¹/₃ hinter dem Brustbein vom Sternalende des Knorpels der III. rechten Rippe bis zum Anfang des Process. xiphoid., ²/₃ in der grössten Breite von nahezu 3 Querfingern aussen vom linken Sternalrand von der Mitte des vorderen Endes des II. linken Intercostalraums bis unter das äusserste Ende des Knorpels der V. linken Rippe.

Conus arteriosus neben dem linken Sternalrand von der Mitte des III. bis gegen die Mitte des II. linken Intercostalraums.

Ostium venosum dextrum. Vom Sternalende des III. linken Intercostalraums bis zum Sternalende des V. rechten Rippenknorpels. Die Mitte des Ostiums liegt hinter der linken Hälfte des Brustbeins in der Höhe des Sternalendes des Knorpels der IV. Rippenpaares.

Ostium arteriosum dextrum, hart neben dem linken Rande des Brustbeins, entsprechend der Mitte des vorderen Endes des II. linken Intercostalraums, nicht selten aber auch tiefer, dem Sternalende des III. linken Rippenknorpels gegenüber.

Linker Vorhof. Von vorn kann nur die Spitze des Herzohrs gesehen werden, das sich um den linken Umfang der Art. pulmonalis herumlegt. Die eine Hälfte liegt hinter dem Brustbein, die andere ragt über den linken Rand desselben hinaus, die obere Grenze dem unteren Rand des Sternalendes des Knorpels der II., die untere Grenze dem gleichen Rande des Knochens der III. Rippe entsprechend.

Linke Kammer. Der an der Bildung der vorderen oberen Fläche des Herzens sich betheiligende (daumenbreite) Abschnitt erstreckt sich von der Mitte des II. bis zur Mitte des V. linken Intercostalraums, mit seinem äusseren Umfang der Verbindung des Knorpels mit dem Knochen der III., IV. und V. linken Rippe nahezu entsprechend.

Ostium venosum sin. in den meisten Fällen zum grössten Theil hart über dem oberen Rand der III. linken Rippe (hinter und wenige Millimeter unter den angewachsenen Rändern der Semilunarklappen der Pulmonalis), neben dem Brustbeinrande, zu einem sehr kleinen Theile hinter dem Sternalende der III. linken Rippe.

Ostium arteriosum sin. schief von rechts nach oben und links hinter dem Conus arteriosus, tiefer als das Ostium venos. dextr., in

weitaus den meisten Fällen hinter dem Sternalende des III. linken
Rippenknorpels und erstreckt sich in der Regel eher weiter nach innen
vom linken Sternalrand als nach aussen davon. Die Ränder der Klappe
ragen zum Theil in die Mitte des Sternalendes des II. linken Intercostalraums hinein.

Insufficienz der Herzklappen und Stenose der Herzostien.

Die physikalischen Untersuchungsmethoden im engeren Sinn geben
nur Aufschluss darüber, ob die Ventile des Herzens in Ordnung und
dessen Ostien von der gehörigen Weite sind. Ob daran nachweisbare
Veränderungen auf diese oder jene Krankheitsursache zu beziehen sind,
ob eine Insufficienz der Mitralklappe durch Endocarditis rheumatica oder
septica, oder durch zu geringe Spannung der Papillarmuskeln bewirkt
ist, ob der Blutstrom im Anfangstheil der Aorta ein Hinderniss an
rigid gewordenen, vorstehenden, halbmondförmigen Klappen findet oder
desswegen, weil das Ostium selbst zu eng ist, darüber sagen diese Untersuchungsmethoden zunächst gar nichts aus. Es würde den Rahmen dieses
Buches sehr weit überschreiten, wollten wir zeigen, wie man nach den
ätiologischen Momenten, dem Verlauf der Krankheit, dem Gang der
Temperatur, den Nebenerscheinungen eine klinisch befriedigende Diagnose
stellen kann; es ist Sache der speciellen Pathologie, dies zu leisten,
und nur wenige Winke, die uns hiezu die physikalischen Untersuchungsmethoden geben, sollen gelegentlich ins Auge gefasst werden.

Ist irgend eine Klappe des Herzens (gleichviel, ob venöse oder
arterielle Klappe) schlussunfähig, insufficient, so kann ein I. Ton
über dem betreffenden Herzabschnitt überhaupt nicht gebildet werden,
weil eine Verschlusszeit fehlt und der Ventrikel nur allmälig seiner
neuen Gleichgewichtslage entgegengeht (conf. pag. 110). Eine Ausnahme von diesem sonst allgemein gültigen Satz ist nur in jenen Fällen
gegeben, wo bei Insufficienz der Aortenklappen der hohe Druck in
diesem Gefäss von dem sich contrahirenden Ventrikel nicht sofort überwunden werden kann, also trotz insufficienter Klappen dennoch eine
Art Verschlusszeit oder „Spannungszeit" (Schmidt) gebildet wird.
Hört man somit bei insufficientem Klappenapparat einen reinen I. Ton
(neben einem systolischen Geräusch), so ist dieser in der anderen, intacten Kammer gebildet und als fortgeleitet anzusehen. Dass ein
solcher fortgeleiteter reiner I. Ton keineswegs immer gehört wird, dass
er vielmehr auch über dem gesunden Herzabschnitt sehr häufig fehlt
und vom fortgeleiteten Geräusch des kranken Ventrikels ersetzt ist,
legt die Annahme nahe, dass beide Ventrikel in ihrer Zusammenziehung
keineswegs immer so unabhängig von einander sind, als man dies bisher
stillschweigend vorausgesetzt hat, dass mit anderen Worten für viele
Fälle nur die Entstehung von drei Herztönen als zutreffend anerkannt werden darf, von denen einer der plötzlichen isochronen Zusammenziehung beider Ventrikel sein Dasein verdankt. Es ist hier
noch ein weites Feld für die klinische Forschung offen, wobei besonders darauf zu achten ist, unter welchen Umständen bei einseitiger
Herzaffection, z. B. bei Mitralinsufficienz, ein reiner I. Ton neben einem
systolischen Geräusch gehört wird und unter welchen dieses den fehlenden I. Ton einfach versetzt.

Sowohl wenn eine Klappe insufficient, als auch wenn ein Ostium stenosirt wird, hat der Blutstrom Gelegenheit, eine enge Stelle zu passiren und in einen weiteren Raum sich zu ergiessen, alle Geräusche, die hiedurch entstehen, sind also im früher erwähnten Sinn Stenosengeräusche. Das Geräusch ist um so lauter, je enger die Oeffnung und je grösser die Stromgeschwindigkeit ist.

Je nachdem der Blutstrom während der Systole oder während der Diastole durch die enge Stelle fliesst, kommt ein systolisches oder diastolisches Geräusch zu Stand; welches von beiden, kann man, wenn man von Herzthätigkeit und Blutkreislauf überhaupt eine Kenntniss hat, leicht voraussagen, und es ist nichts thörichter, als die Art der Geräusche bei den einzelnen Herzklappenfehlern auswendig zu lernen. Ebenso sind die mechanischen Folgen der Kreislaufstörung, wie sie Insufficienz der Ventile oder Stenose der Ostien mit Sicherheit herbeiführt, leicht begreiflich. Die Störung des Kreislaufs macht sich stets so geltend, dass zu wenig Blut im Sinne des normalen Kreislaufs weiter befördert wird, dass eine Stauung des Blutes eintritt. Diese Stauung reicht bis zur nächsten stromaufwärts liegenden Klappe, die noch schlussfähig ist. Der bis dahin reichende Abschnitt des Circulationsapparates muss zu viel Blut fassen und wird dilatirt. Die musculösen Theile dieses Abschnittes ertragen, falls sie in ihrer Kraft nicht schon schwer geschädigt sind, die Dilatation nicht ohne darauf mit einer stärkeren Thätigkeit zu reagiren. Indem an sie die Anforderung gestellt wird, eine grössere Masse von Blut in Bewegung zu versetzen, verwenden sie hiezu ihre Reservekraft, die ihnen für grössere Leistungen zur Verfügung steht. Geschieht dies andauernd, so werden die mehr arbeitenden Muskeln hypertrophisch, wie man dies ganz allgemein an allen Muskeln des Körpers beobachtet, denen eine bedeutende Arbeit zugemuthet wird. Im Bereich der Stauung gesellt sich also zur Dilatation die Hypertrophie der musculösen Theile, zur excentrischen Hypertrophie die concentrische. Die stromaufwärts liegende, noch schlussfähige Klappe begrenzt das Gebiet der Stauung und zugleich das der Dilatation, nicht immer aber das der Hypertrophie musculöser Theile, sondern nur, wenn die schlussfähige Klappe eine Vorhofsklappe ist. Der Vorhof findet bei seiner Contraction keine Schwierigkeit, sein Blut in den erweiterten Ventrikel zu entleeren. Ist die letzte schlussfähige Klappe aber eine arterielle, so steht diese am Ende der Diastole in Folge der Stauung unter einem abnorm hohen Druck, den der Ventrikel bei seiner systolischen Entleerung überwinden muss: die Folge davon ist concentrische Hypertrophie dieses Ventrikels. Stauung im grossen Kreislaufs führt zur Hypertrophie des linken Ventrikels, Stauung im kleinen Kreislauf zur Hypertrophie des rechten. Dilatation ist einfache mechanische Folge, ein Beweis für Stauung; Hypertrophie in ihrem Bereich oder weiter stromaufwärts ist eine Selbsthülfe des Organismus, durch welche die Kreislaufstörung für kürzere oder längere Zeit in vollkommenem oder weniger ausreichendem Maasse ausgeglichen wird (compensatorische Hypertrophie). Ist die Compensation aber nicht ganz ausreichend, so kommt es im angestauten Capillargebiet zur Stromverlangsamung, dann zur Ausschwitzung von Blutwasser: im kleinen Kreislauf zu hartnäckigen Ca-

tarrhen, Dyspnoe, cardialem Asthma, Lungenödem, im grossen
Kreislauf zu Cyanose, venöser Hyperämie der grossen Drüsen,
Hydrops.

Die einzelnen Formen der Herzfehler.

Bei der Mitralinsufficienz fehlt die Verschlusszeit und ein
I. Ton wird nicht gebildet. Ein Theil des Blutstroms geht während
der Systole durch die zum Theil offen stehende Klappe rückwärts in
den linken Vorhof und so bildet sich ein systolisches Geräusch.
Man hört dieses häufig, aber durchaus nicht immer, am deutlichsten an
der Herzspitze. Oft ist es besser, oder selbst ausschliesslich, im II. (oder
im III.) linken Intercostalraum („an der Pulmonalis") zu hören. Die
Pulmonalis hat natürlich mit diesem Geräusch gar nichts zu thun,
wohl aber wird hier ein Theil des linken Vorhofs, das linke Herzohr,
der Auscultation zugänglich. Das Geräusch ist bald blasend, bald
hauchend oder stöhnend, bald weicher, bald rauher, nie aber, ausser
bei ganz frischer Endocarditis, kratzend, bald nur an einer einzigen
Stelle, bald wieder fast überall am Herzen zu hören; es ist mit dem
Beginn der Systole am lautesten und, ob es kürzer oder länger ist,
stets streng auf diese beschränkt. Manchmal ist das Geräusch nur in
der Rückenlage deutlich, manchmal nur bei angestrengterer Herzthätigkeit, z. B. nach längerem Gehen, es kann zeitweise vermisst
werden oder durch einen „unreinen I. Ton" ersetzt sein. Nicht selten
wird das Geräusch als systolisches Schwirren fühlbar. Es kann
ferner trotz vollständiger Zerstörung des Klappenapparats völlig fehlen,
weil dann die Stenose, wie sie das weite Ostium venosum sin. darbietet, zu gering ist zur Erzeugung eines Geräusches. Die Stauung
im kleinen Kreislauf ist gekennzeichnet durch eine mässige Verstärkung des II. Pulmonaltons. Die Klappensegel werden mit
bedeutender Gewalt in eine neue Gleichgewichtslage geworfen, um
welche sie kurze Zeit schwingen. Um den hohen Druck in der Pulmonalis zu überwinden, muss sich der rechte Ventrikel stärker contrahiren und erfährt eine concentrische Hypertrophie. Diese wird bemerkbar dadurch, dass der Choc nach aussen von der Mamillarlinie im
V. Intercostalraum zu liegen kommt und die Herzdämpfung eine Verbreiterung nach rechts erführt. Der Herzchoc, der dabei vorwiegend
vom rechten Ventrikel geliefert wird, ist verstärkt, mitunter sogar
hebend und eventuell über zwei Intercostalräume verbreitet, er kann weit
über die Mamillarlinie hinaus reichen, bleibt aber im V. Intercostalraum.
Dem linken Ventrikel fliesst während seiner Diastole aus dem erweiterten
linken Vorhof mehr Blut zu, wesswegen er dilatirt wird Er muss
diese grössere Masse während seiner Systole fortbewegen, einen Theil
zurückwerfen durch die insufficiente Klappe, einen anderen Theil gegen
die Aorta hin, er hypertrophirt im Bestreben, dieser Aufgabe gerecht
zu werden. Diese Hypertrophie des linken Ventrikels bei Mitralinsufficienz war den älteren Autoren keineswegs unbekannt, in der
neueren Zeit ist sie etwas über Gebühr betont worden; so viel ist
sicher, dass sie bei Obductionen häufig angetroffen wird, dass sie aber
in vivo nur sehr selten nachgewiesen werden kann: es gehört gewiss zu den Ausnahmen, dass der Choc im VI. Intercostalraum gefunden wird. Der Puls ist bei compensirter Mitralinsufficienz von

ziemlich normaler Völle und Höhe. Die typischen Zeichen für die Mitralinsufficienz sind demnach: statt des I. Tons ein systolisches Geräusch (an der Spitze oder an der Pulmonalis), mässige Verstärkung des II. Pulmonaltons, mässige rechtsseitige Herzhypertrophie, Puls ohne characteristische Veränderungen.

Gerade bei diesem häufigsten aller Herzfehler ist sehr oft die Frage von der grössten Bedeutung, ob nicht die Klappe anatomisch intact ist und nur ein sogenanntes anämisches (auch „accidentelles", „anorganisch" genanntes) Geräusch vorliegt. Die Herzhypertrophie und die Verstärkung des II. Pulmonaltons sind bei der Mitralinsufficienz keineswegs immer deutlich ausgeprägt und beides kommt zudem in vielen Fällen vor, wo die Klappe nicht erkrankt ist und es sich nur um eine functionelle Insufficienz der Klappe handelt. Eine solche kann sich dann einstellen, wenn die schwachen Papillarmuskeln die Klappensegel nicht gehörig in ihrer Stellung fixiren, so dass diese etwas Blut während der Systole zwischen sich entweichen lassen. Geschieht dies, so ist die nothwendige Folge eine Stauung im kleinen Kreislauf und Verstärkung des II. Pulmonaltons gerade so gut, als wären die Klappen durch eine Endocarditis insufficient geworden. Zudem ist eine Vergrösserung der Herzdämpfung und Verlagerung des Herzchocs über die linke Mamillarlinie hinaus bei Anämischen in Folge der Ausdehnung des schwachen Herzmuskels eine gewöhnliche Sache. Die Art des Geräusches bietet auch keinen Anhalt, eine Unterscheidung zu treffen, ob man ein „organisches" oder „anorganisches" vor sich hat; anämische Geräusche sollen wohl im Allgemeinen „weicher" sein, fast so laut oder noch lauter als die anderen sind sie wohl immer. Fehlen die mechanischen Folgen einer Mitralinsufficienz bei bestehendem systolischen Geräusch, so steht die Annahme eines Herzfehlers auf schwachen Füssen, sind sie da, so ist damit noch nichts bewiesen, wie denn R. Landerer auf v. Leube's Klinik bei einem grossen Procentsatz von Chlorotischen alle Erscheinungen der Mitralinsufficienz wohl ausgeprägt nachweisen konnte. In solchen Fällen muss man in seiner Diagnose zurückhaltend sein, bis der weitere Verlauf Klarheit bringt. Gehen die Erscheinungen mit dem Besserwerden der Herzthätigkeit, mit der Heilung der Anämie zurück, so lag kein Herzfehler vor. Mittel, welche die Herzthätigkeit kräftigen, lassen ein Geräusch, das durch anatomische Veränderungen an der Klappe bedingt ist, lauter hervortreten wegen der grösseren Stromgeschwindigkeit, functionelle Geräusche können dabei verschwinden, weil auch die Papillarmuskeln kräftiger geworden sind und die Klappe nunmehr schliesst.

Was man sonst für die Entstehung accidenteller Geräusche hat verantwortlich machen wollen, „schlechte Spannung", „unregelmässige Schwingungen" der Klappe, dünnes Blut u. dgl., sind Muthmassungen, welche keinerlei physikalische Begründung für sich haben.

Ob eine relative Insufficienz der Mitralklappe bei Erweiterung des linken Ventrikels auftreten kann in dem Sinn, dass der völlig intacte Klappenapparat nicht mehr hinreicht, das zu weite Ostium zu schliessen, muss sehr bezweifelt werden. Die Mitralis ist die beste Klappe des ganzen Herzens und bedeutender Dehnung fähig, wovon man sich bei Sectionen häufig überzeugen kann, wo die Segel eine gewaltige Vergrösserung

aufweisen, um (etwa bei Aorteninsufficienz) das Ostium des dilatirten
linken Ventrikels abzusperren. Das systolische Geräusch, das man bei
reiner Aorteninsufficienz so häufig zu hören bekommt, entsteht, wie
später gezeigt werden soll, auf eine ganz andere Weise.

    Die Stenose des linken venösen Ostiums (gewöhnlich
„Mitralstenose" genannt) setzt für den Blutstrom ein Hinderniss, wenn
das Blut während der Diastole aus dem linken Vorhof in die Kammer
strömen soll. Es ist der verhältnissmässig schwache Vorhof, der die
Triebkraft für den Blutstrom abgibt, und demgemäss ist das Geräusch
stets leiser als das bei Mitralinsufficienz. Während des ersten Theils
der Diastole fliesst das Blut aus dem Vorhof, wo ein etwas höherer
Druck herrscht, in den erschlafften Ventrikel ohne active Betheiligung
der Vorhofswand, die sich erst zu Schluss der Ventrikeldiastole contrahirt. So kommt es, dass die Stromgeschwindigkeit gewöhnlich erst
gegen Ende der Diastole gross genug ist, um ein hörbares Geräusch
zu erzeugen. Ein solches Geräusch, das also dem I. Herzton unmittelbar vorangeht, pflegt man als präsystolisch zu bezeichnen.
Ist aber die Stauung im kleinen Kreislauf eine bedeutende, so kann
auch im ersten Beginn der Diastole das Blut aus dem prall gefüllten
und gespannten Vorhof mit so grosser Gewalt in den Ventrikel strömen,
dass ein kurzes, rein diastolisches Geräusch entsteht; dieses schliesst
sich dann ganz unmittelbar an den II. Herzton an. Die Stauung im
kleinen Kreislauf ist kenntlich an der Verstärkung des II. Pulmonaltons. Diese pflegt viel beträchtlicher zu sein als bei der Mitralinsufficienz, nicht selten wird durch den heftigen Stoss des Blutes
gegen die geschlossenen Semilunarklappen der Pulmonalis die Brustwand derart erschüttert, dass man dies fühlen kann. Solch einen übermässig lauten Ton pflegt man wohl auch als „paukend" zu bezeichnen.
Folge der Stauung im kleinen Kreislauf ist Hypertrophie des rechten
Ventrikels, und auch diese ist bedeutender als bei einfacher Mitralinsufficienz. Der Choc ist weit nach links verlagert, bleibt im V. Intercostalraum, die Herzdämpfung ist nach rechts verbreitet, oft um
1—2 Querfinger den rechten Sternalrand überschreitend. Sehr bedeutende Vergrösserung des rechten Herzens ist allerdings stets ein
Zeichen, dass es sich nicht mehr bloss um Hypertrophie, sondern auch
um Dilatation handelt, dass also der compensatorisch hypertrophirte
Ventrikel zu erlahmen begonnen hat. Der linke Ventrikel hat keine
Ursache, zu hypertrophiren, er bekommt durch das enge venöse Ostium
zu wenig Blut und atrophirt in nicht wenigen Fällen. Nur vereinzelt hat man dagegen Hypertrophie des linken Ventrikels gefunden.
Wahrscheinlich bestand hier längere Zeit reine Mitralinsufficienz, zu der
sich erst zuletzt die Stenose hinzugesellte. Da er zu wenig Blut empfängt,
kann der linke Ventrikel auch nicht genug hergeben, und so ist der
Puls in den Arterien stets klein, was im Gegensatz zu der augenscheinlich verstärkten Herzarbeit, dem eventuell hebenden Choc, den
aber der rechte Ventrikel bildet, besonders auffallen muss.

    Die schulmässigen Zeichen für die Stenose des linken venösen
Ostiums wären hienach: Präsystolisches, seltener kurzes diastolisches Geräusch an der Spitze, Hypertrophie des
rechten Ventrikels, bedeutende Verstärkung des II. Pulmonaltons, kleiner Puls.

Man darf aber nicht glauben, alles dies in jedem Fall deutlich ausgesprochen zu finden. Namentlich das Geräusch fehlt oft wegen der Schwäche des linken Vorhofs, und selbst bei völlig negativem Befund ist eine Stenose des linken venösen Ostiums gar nie mit absoluter Sicherheit auszuschliessen, es ist dies der Herzfehler, der weitaus am häufigsten von allen latent bleibt und erst bei der Section gefunden wird. Wir besitzen noch keine Mittel, um diesen Irrthum immer zu vermeiden.

Bei der Insufficienz der Aortenklappen strömt ein Theil des Blutes aus der Aorta während der Diastole in den erschlafften Ventrikel. Hiedurch entsteht ein diastolisches Geräusch, das entsprechend dem hohen Druck in der Arterie gewöhnlich sehr laut ist. Man hört es häufig nicht im II. rechten Intercostalraum am lautesten, sondern links vom Sternum „auf dem Aortenweg" (vgl. p. 122). Es ist rein diastolisch, meist von „rauschender", „giessender" Klangfarbe. Der II. Ton an der Aorta fehlt und auch der II. Ton an der Pulmonalis wird oft vom Geräusch übertönt. Nur wo das Geräusch ausnahmsweise kurz und leis ist, vernimmt man den fortgeleiteten II. Pulmonalton auch an der Aorta, an ihn schliesst sich dann das Geräusch unmittelbar an. Der linke Ventrikel bekommt während der Diastole Blut vom Vorhof und von der Arterie her, wird übermässig gefüllt und dilatirt. Dieser leistungsfähigste Theil des ganzen Herzens antwortet auf die vermehrten Anforderungen an seine Kraft mit Hypertrophie seiner musculösen Wand. Die Dämpfung ist nach links verbreitet, der Herzchoc ist sehr gewöhnlich nicht nur verstärkt, sondern selbst erschütternd und hebend, ausserhalb der linken Mamillarlinie im VI., auch VII. Intercostalraum zu fühlen und zu sehen. Nicht selten ist der Choc ausgesprochen diastolisch, indem eine Verschlusszeit fehlt und der Ventrikel sich sofort mit Beginn der Systole verkleinert; die Vorwölbung der Brustwand geschieht dann, wenn die linke Kammer während der Diastole rasch und unter grossem Druck von der Arterie her mit Blut gefüllt wird. Nicht immer aber vermag, trotz offenen Ostiums, der Ventrikel den hohen Druck in der Aorta im Anfang seiner Contraction zu überwinden, dann besteht eine Verschlusszeit und der Herzchoc ist systolisch. An der Herzspitze, häufiger noch an der Aorta oder links vom Sternum ist diastolisches Schwirren zu fühlen. So lang der Herzfehler compensirt ist, ist der Puls stets gross und voll, und wenn nicht Atherom der Arterien vorhanden, ausgeprägt hüpfend — Pulsus altus, magnus, celer. Die Celerität des Pulses entsteht dadurch, dass das Blut in der ausgedehnten Arterie nach zwei Seiten abfliessen kann, gegen die Capillaren zu und durch das offene Ostium arteriosum zurück ins Herz.

Die Gewalt, mit welcher das Blut in die Arterien geworfen wird, ist so gross, dass der Puls auch an kleinen peripheren Arterien gefühlt oder gesehen werden kann. So pulsiren der Hohhandbogen, die Arterien der Finger, die Arteria pediaea und viele andere. Auch an der Leber und an der Milz ist Pulsation beobachtet worden. An letzterer kann die Pulsation natürlich nur nachgewiesen werden, wenn sie vergrössert und so fühlbar geworden ist. Nach Gerhardt wird die Milzpulsation bei Aorteninsufficienz begünstigt durch Fieber, chronische Bleivergiftung, Schwangerschaft. Nach ihm und Prior kommt Milzpulsation übrigens

auch ohne Aorteninsufficienz vor. Dass selbst Capillarpuls, ein mit
dem Puls synchrones Eröthen und Erblassen der Haut, sich einstellt,
ist bei Aorteninsufficienz ein gewöhnliches Ereigniss. Man findet ihn an
künstlich geröteten Hautstellen, an der Lunula der Nägel, im Augen-
hintergrund, nach F. Müller auch am Gaumen. Er ist nicht beweisend
für Aorteninsufficienz, da er auch bei Gesunden, wenngleich selten, vorkommt. Die Blutwelle ist häufig in kleineren peripheren Arterien noch
stark genug, um die Wand zum Tönen zu bringen, so tönen eventuell die
Brachialis, Cubitalis, Radialis, der Hohlhandbogen, die Poplitaea und andere.
Das rasche Vorübereilen des Pulsus celer bringt es mit sich, dass die mächtig
ausgedehnte Arterie sich plötzlich wieder stark verengt und wieder um
ihre neue Gleichgewichtslage schwingen kann. So kommt der Traube'sche
Doppelton zu Stand, den man am häufigsten an der Arteria cruralis
findet, aber auch an der Axillaris, Brachialis, Cubitalis und anderen
ist er beobachtet worden. Weil hinter dem Pulsus celer der arterielle
Druck ungemein rasch absinkt, strömt aus dem Theil der Arterie, der
gerade durch den Puls ausgedehnt und unter höheren Druck versetzt
ist, ein Theil des Blutes zurück. Comprimirt man die Arterie mit dem
Stethoskop halb, so erzeugt dieser rückläufige Strom an der gesetzten
Stenose ein Geräusch, wie es auch der regulär vorschreitende that,
und man hört das Duroziez'sche Doppelgeräusch.

Die sphygmographische Curve ist in den meisten Fällen characteristisch (Fig. 24). Der Pulsus celer offenbart sich in raschem Aufstieg
und raschem Abfallen der Welle. Der Gipfel hat manchmal zwei
Spitzen, nicht selten ist die zweite Spitze etwas höher als die erste,
ein kurzer Anacrotismus also ausgeprägt. Man schiebt die Spaltung des
Gipfels auf eine doppelte Vibration der gewaltig ausgedehnten Arterienwand, mit welchem Recht ist schwer zu sagen, das Phänomen kommt
auch bei anderen Formen von grossem und namentlich von gespanntem
Puls vor. In reinen Formen von Aorteninsufficienz fehlt die Rückstosselevation im Pulsbild oder ist doch nur wenig angedeutet. Dies spricht
entschieden dafür, dass die Rückstosselevation in der That durch den
Rückprall des Blutes an den halbmondförmigen Klappen entsteht. Ist
die Aorteninsufficienz complicirt mit einer Insufficienz der Mitralklappe,
so kommt in der Pulscurve die Rückstosselevation wieder sehr ausgesprochen zum Vorschein (Fig. 46). Der Rückprall des Blutes vollzieht sich
hier im linken Ventrikel, der vom erweiterten linken Vorhof her schon
stark mit Blut gefüllt ist, wenn die rücklaufende Blutwelle aus der Aorta
ankommt. Ist aber zugleich das linke venöse Ostium verengt, so kann
die rasche und übermässige Füllung der Kammer vom Vorhof her
nicht geschehen und die Rückstosselevation fehlt oder ist nur schwach
angedeutet.

Die Symptome der Aorteninsufficienz sind hienach: rein diastolisches, meist lautes Geräusch an der Aorta oder links
vom Sternum (eventuell diastolisches Schwirren), bedeutende
linksseitige Herzhypertrophie, Pulsus magnus altus celer,
Pulsiren und Tönen peripherer Arterien, Doppelton,
Doppelgeräusch, Capillarpuls. Ist all' dies deutlich, so ist die
Diagnose eine Kleinigkeit, es kann aber manches fehlen, und keines
der einzelnen Symptome ist absolut pathognomonisch für die Aorteninsufficienz. Am ehesten noch das rein diastolische Geräusch an der

Aorta. Es kann zur Verwechslung Veranlassung geben mit Insufficienz der Pulmonalis und gewissen congenitalen Herzfehlern (offenes Foramen ovale). Fehlt das Geräusch, so steht die Diagnose auf schwachen Füssen, ist aber damit noch nicht endgültig abgethan, wofern es sich um ein älteres Individuum handelt. Das diastolische Geräusch kann offenbar nur so zu Stande kommen, dass die bei der Systole ausgedehnte Arterie sich wieder contrahirt und hiedurch Blut durch die offene Klappe in den Ventrikel zurücktreibt. Nothwendige Bedingung für die Entstehung des Geräusches ist also Dehnbarkeit der elastischen Arterienwand. Ist diese durch Atherom vermindert oder verloren gegangen, so ist das Geräusch nur kurz oder kann sogar völlig fehlen. Es ist nicht so selten, dass bei Obductionen älterer Leute eine bedeutende Aorteninsufficienz entdeckt wird, die sich im Leben nicht durch ein Geräusch verrathen hat, und gerade bei sehr ausgedehnten Zerstörungen der Klappen ist dies begreiflich, wenn für das Minimum des zurückströmenden Blutes ein weites Loch offen steht. Bei jugendlichen Individuen darf das nicht vorkommen und eine Aorteninsufficienz nicht übersehen werden.

Die Fälle sind nicht selten, wo bei reiner Aorteninsufficienz auch ein systolisches Geräusch, und zwar statt eines I. Tones beobachtet wird. Man ist versucht, eine complicirende Mitralinsufficienz zu diagnosticiren und sieht sich bei der Section getäuscht. Es wurde schon mehrfach darauf hingewiesen, warum bei Aorteninsufficienz der I. Ton fehlen kann oder eigentlich fehlen muss, wenn nicht der hohe Druck in der Arterie die Entleerung des Ventrikels im ersten Beginn seiner Contraction verhindert. Das Geräusch entsteht offenbar, indem für die grosse Menge Bluts, welche der Ventrikel mit gewaltiger Kraft in die Aorta schleudert, das normal weite Ostium schon eine (physiologische) Stenose darstellt.

Die Stenose des Aortenostiums ist bedeutend seltener als die drei schon beschriebenen Herzfehler. Bei der Systole treibt der linke Ventrikel das Blut durch die enge Stelle, und so entsteht ein systolisches Geräusch. Es ist der mächtigste Herzabschnitt, der die Triebkraft hergibt, und demgemäss das Geräusch in der Regel laut, sich auf weite Entfernungen fortpflanzend, so dass es in extremen Fällen sogar an dem Sessel gehört werden kann, auf dem der Kranke sitzt. Es ist gewöhnlich zischend oder stöhnend, häufig langgezogen und die ganze Systole ausfüllend. Man hört es am lautesten an der Aorta, sehr gewöhnlich auch noch an der Carotis und Subclavia. Dabei kann die Systole sogar auffallend verlängert sein, indem der Ventrikel mehr Zeit braucht, um sein Blut durch die enge Stelle los zu werden. Die vermehrte Arbeitsleistung, die von ihm gefordert wird, beantwortet er mit concentrischer Hypertrophie, eine Dilatation fehlt, so lange der Ventrikel stark genug bleibt, sich in genügendem Maasse zu entleeren. Die Herzdämpfung ist demgemäss nur wenig oder gar nicht nach links verbreitert, der Choc im VI. Intercostalraum zu fühlen, selten zu sehen. Trotz der bedeutenden Anstrengung des hypertrophischen Ventrikels ist der Choc häufig sogar auffallend schwach und kann manchmal gar nicht nachgewiesen werden. Man hat dies früher im Sinn der Gutbrod-Skoda'schen Rückstosstheorie leicht zu erklären vermocht, da mit dem langsamen Ausfliessen des Blutes durch das enge Aortenostium natürlich auch der Rückstoss gering ausfallen muss. Noch

neuerdings wird dies Verhalten des Chocs bei Stenose des Aortenostiums
für einen gewichtigen Einwand gegen die Theorie angesehen, wonach
die plötzliche Formveränderung und Erhärtung des Ventrikels den Choc
bildet. Wohl nicht mit Recht, denn nach dieser Theorie kommt der
Choc während der Verschlusszeit zu Stand, während deren also der
Ventrikel wohl einer neuen Gleichgewichtslage zustrebt, aber sein Blut
noch nicht austreiben kann. Er kann dies, wie wir sahen, desswegen
nicht, weil in der Aorta ein sehr hoher Druck herrscht, den der Ventrikel im Anfang seiner Contraction nicht zu überwinden vermag. Bei
Stenose des Aortenostiums nun herrscht in der Arterie nur ein verhältnissmässig niedriger Druck, weil sie allmälig vom Ventrikel gefüllt
wird und während der verlängerten Systole schon Zeit hat, viel Blut
in die Peripherie abzugeben. Der Ventrikel kann demnach schon im
ersten Beginn seiner Contraction die Klappen der Aorta eröffnen und
sich entleeren, eine Verschlusszeit existirt nicht, die Austreibungszeit
beginnt sofort mit Anfang der Systole, und der Ventrikel verkleinert
sich zu der Zeit, zu welcher er den Choc bilden sollte; so fehlt denn
dieser oder ist nur schwach entwickelt, wie auch der I. Ton fehlt und
durch das Geräusch ersetzt ist. Trotz angestrengter Thätigkeit des
hypertrophischen Ventrikels bekommen die Arterien in der Zeiteinheit
wenig Blut, der Puls ist klein und ausgesprochen träg, Pulsus parvus,
tardo-rotundus. In Fällen bedeutender Stenose wird der Puls faden-
förmig und eine auffallende Blässe der Haut und Schleimhäute macht
sich bemerkbar, dann pflegt auch subjective und objective Dyspnoe
vorhanden zu sein, weil das Athmungscentrum nur ungenügend mit
sauerstoffhaltigem Blut versorgt wird.

Die beschriebenen Symptome: statt des I. Tons systolisches
Geräusch an der Aorta, Hypertrophie des linken Ventrikels (in reinen Fällen schwer nachweisbar), kleiner träger
Puls, lassen die Diagnose leicht stellen, falls es sich um einen reinen
Fall und nicht um ein Vitium cordis complicatum handelt. Die mög-
liche Verwechslung mit Stenose des Pulmonalostiums und namentlich
mit offen gebliebenem Ductus Botalli wird weiter unten zur Sprache
kommen.

Die Insufficienz der Tricuspidalis findet sich als isolirter,
im postfötalen Leben erworbener Herzfehler nur äusserst selten, dagegen ist es etwas häufiger der Fall, dass eine recurrirende Endocarditis, die schon andere Klappen befiel, schliesslich auch die dreizipfelige
Klappe ergreift, und um so leichter wird dann die Klappe insufficient,
wenn der rechte Ventrikel stark dilatirt ist, so dass auch nur sehr
wenig geschrumpfte Segel nicht mehr hinreichen, das Ostium venosum
dextrum völlig zu verschliessen. Ob eine reine relative Insufficienz
der anatomisch ganz intacten Klappe vorkommen kann, dürfte noch
strittig sein. Unter den während des fötalen Lebens erworbenen Herzfehlern ist die Tricuspidalinsufficienz der häufigste.

Der Blutstrom, welchen der rechte Ventrikel bei seiner Contraction durch die Oeffnung zwischen den Klappensegeln treibt, liefert
ein systolisches Geräusch, es ist am lautesten an der Tricuspidalis,
nicht selten als fortgeleitetes auch an anderen Stellen der Herzgegend
zu hören. Die Stauung setzt sich in das Gebiet der Hohlvenen fort
und findet ihr Ende an der ersten noch schliessenden Venenklappe.

Der Schluss dieser Klappe am Bulbus der Vena jugularis kann als kurzer Schlag gefühlt und („Jugularklappenton", Bamberger) gehört werden. Diese zarten Klappen halten selten lange Stand, und so kommt es bald zur sichtbaren Erweiterung der Venen am Hals. Cyanose und Hydrops stellen sich früher ein als bei anderen Herzfehlern. Der rechte Vorhof wird erweitert und auch der rechte Ventrikel wird dann während der Diastole stärker mit Blut gefüllt, von dem er einen Theil nach den Lungen, einen Theil nach seinem Vorhof treiben muss. Folge davon ist eine Vergrösserung des rechten Herzens, ausgiebige Verbreiterung der Herzdämpfung nach rechts, der Choc ist verstärkt im V. Intercostalraum, häufig über einer grossen, mehrere Intercostalräume umfassenden Fläche bemerkbar, der Spitzenantheil nach aussen von der Mamillarlinie gerückt, lebhafte Pulsation im Epigastrium, woselbst auch Schwirren über dem rechten Ventrikel gefühlt werden kann. Von einer Verstärkung des II. Pulmonaltons kann natürlich keine Rede sein, im Fall der besten Compensation kann höchstens die Pulmonalarterie ziemlich das normale Quantum von Blut geliefert bekommen. Der Arterienpuls zeigt keine characteristischen Veränderungen, er wird nur, wenn die Compensation des Herzfehlers mangelhaft wird, klein und schlecht. Dagegen ist der Venenpuls für die Insufficienz der Tricuspidalklappe von hervorragender Bedeutung. Der Stoss des durch die offen bleibende Klappe regurgitirenden Blutes pflanzt sich als Pulswelle in die Hohlvenen fort. Die ersten Klappen in den grossen Venen widerstehen dem nur kurze Zeit und dann wird die Pulswelle an den Venen des Halses nachweisbar; es entleert dann auch der rechte Vorhof bei seiner präsystolischen Entleerung nicht nur sein Blut in den rechten Ventrikel, sondern zum Theil auch in die Venen bis zur ersten schliessenden Klappe. Man hört dann mitunter an der V. cruralis einen oder auch zwei (präsystolische und diastolische) Töne. Die von der Contraction des Vorhofs herrührende Welle bewirkt an den Halsvenen nur ein leichtes Wogen, „Undulation der Venen", und eine solche Undulation kommt bei bedeutender Stauung im grossen Kreislauf überhaupt zu Stand, auch ohne dass die Tricuspidalklappe insufficient ist. Ein deutlicher Puls an den Venen aber entsteht nur durch die kräftige Contraction des Ventrikels und fast nur dann, wenn die Tricuspidalklappe insufficient ist. Beim ächten Venenpuls ist stets auch der präsystolische Vorschlag von der Contraction des Vorhofs her an der Pulscurve bemerkbar und demgemäss der Puls ausgesprochen anadicrot (Fig. 45).

Aechter Venenpuls kommt fast nur bei Tricuspidalinsufficienz vor. Es wäre nur denkbar, dass bei starker Stauung in den Venen und offenen Venenklappen, aber schliessender Tricuspidalis die plötzliche Anspannung dieser letzteren eine kleine fortschreitende Welle gegen das Venensystem hin auslöste. Venenpuls bei Insufficienz der Mitralis und zugleich offenem Foramen ovale ist von Reisch beobachtet worden.

Um das Symptom des Venenpulses richtig zu erkennen, muss man sich vor Verwechslungen mit dem häufigen An- und Abschwellen der Venen, synchron mit der Athmung, in Acht nehmen, was keine Schwierigkeiten hat. Wichtiger ist die Frage, ob die Ausdehnung der Venen mit der Herzsystole zusammenfällt oder nicht, nur im ersten Fall handelt es sich um ächten Venenpuls. Die von Riegel in neuerer

Zeit vorgeschlagene Unterscheidung zwischen „systolischem und diastolischem Venenpuls" trifft ohne Zweifel das Richtige, indem der letztere
der Contraction des Vorhofs seine Entstehung verdankt und klinisch
irrelevant ist, der letztere der Systole des Ventrikels, und characteristisch
ist für die Tricuspidalinsufficienz, was auch schon den Autoren nicht unbekannt war, die vor langen Jahren über dieses Phänomen schrieben.
Auch an der Leber (A. Geigel) hat man Venenpuls beobachten können.
Figur 45b zeigt eine Curve, die von der unteren Hohlvene stammt.
Ferner kann man, wie ebenfalls A. Geigel gezeigt hat, bisweilen den
Venenpuls an der Jugularis deutlicher machen oder selbst hervorrufen,
wenn man die untere Hohlvene durch Druck auf die Leber comprimirt.

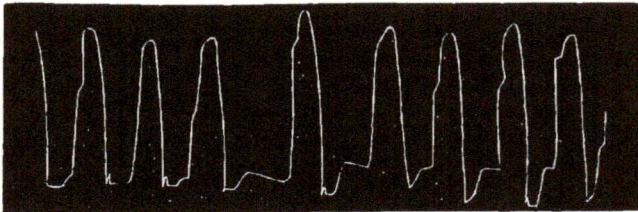

a Vena jugularis interna.

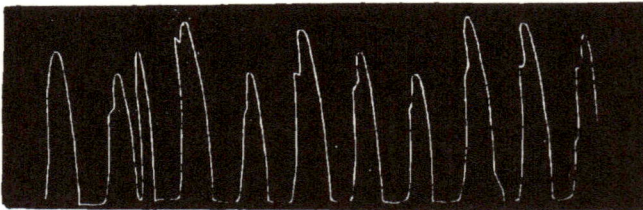

b Vena cava interior.

Fig. 45. Venenpuls bei Insufficienz der Tricuspidalis. (Nach A. Geigel.)

Von den Symptomen: systolisches Geräusch an der Tricuspidalis, rechtsseitige Vergrösserung des Herzens, Stauung
im grossen Kreislauf und Venenpuls, ist nur das letzte beweisend
für die Tricuspidalinsufficienz.

Die Stenose des rechten venösen Ostiums wird wohl kaum
je ganz isolirt und rein beobachtet. Theoretisch muss man erwarten,
ein präsystolisches Geräusch, an der Tricuspidalis am lautesten zu hören,
Verbreiterung der Herzdämpfung nach rechts in Folge starker Dilatation
des Vorhofs und an den Venen präsystolischen Puls. Dieser muss
wohl ganz besonders stark ausgeprägt sein, denn der rechte Vorhof
arbeitet stärker, um das Hinderniss am Ost. ven. dextr. zu überwinden,
und dieser Widerstand bewirkt, dass ein beträchtlicher Theil des Blutes
nach den Hohlvenen hingetrieben wird. Bedeutende Stauungen im
grossen Kreislauf sind zu erwarten und Hydrops bleibt gewiss nicht
lang aus. Kann man Schwirren im rechten V. Intercostalraum fühlen,
so gewinnt die Diagnose an Halt, weil dies direct für die Entstehung

des Geräusches an Ort und Stelle spricht, während von der Mitralis her fortgeleitete Geräusche hier sehr häufig gehört werden. Stenose des rechten venösen Ostiums verhindert, wie Gerhardt bemerkt, eine Hypertrophie des Herzens, das im Ganzen zu wenig Blut bekommt. Dass Ausnahmen vorkommen, beweist ein Fall von v. Leube, wo bei Stenose und Insufficienz der Mitralis trotz gleichzeitiger (durch die Section erwiesener) Stenose an der Tricuspidalis linksseitige Herzvergrösserung nachweisbar war.

Da Stenose des rechten venösen Ostiums stets mit Insufficienz der Tricuspidalis gepaart vorkommt, so findet man also: **präsystolisch-systolisches Geräusch, eventuell ebensolches Schwirren im rechten V. Intercostalraum, rechtsseitige Herzhypertrophie, Venenpuls, starke Stauung im grossen Kreislauf, Puls klein, II. Pulmonalton schwach.**

Die Fehler an der Pulmonalarterie sind wie die an der Tricuspidalis meistens schon im fötalen Leben entstanden. Bei sehr bedeutender Stauung im kleinen Kreislauf (Stenose des linken venösen Ostiums) können die Semilunarklappen der Pulmonalis relativ insufficient werden, wie ich dies seiner Zeit auf Rossbach's Klinik bei einer Section gesehen habe.

Bei der Insufficienz der Pulmonalklappen strömt ein Theil des Blutes aus der Pulmonalis in den rechten Ventrikel zurück und bildet ein diastolisches Geräusch. Dieses hört man am besten an der Pulmonalis und über dem rechten Ventrikel selbst. Es ist rein diastolisch, rauschend, giessend, oft zwar so laut, wie das bei Insufficienz der Aortenklappe erzeugte, häufiger aber als dieses kürzer und leiser.

Der rechte Ventrikel wird dilatirt und hypertrophirt. Der Choc wird ausschliesslich von ihm gebildet, ist verstärkt, erschütternd, hebend, mit dem Spitzenantheil ausserhalb der Mamillarlinie liegend, oft über mehrere Intercostalräume verbreitet. Die Herzdämpfung ist beträchtlich nach rechts vergrössert, überragt den rechten Sternalrand gewöhnlich um mehr als Fingerbreite. Alle Pulmonalfehler führen zu einer ungenügenden Speisung des kleinen Kreislaufs, mangelhafter Decarbonisation des Blutes, dieses wird nie ganz hellroth und so folgt eine allgemeine Blausucht, mit welcher die Kinder geboren werden und die sie zeitlebens nicht verlässt, doch ist bei Insufficienz die Blausucht viel geringer als bei Stenose und kann bei guter Compensation selbst ganz in den Hintergrund treten.

Das diastolische Schwirren über der Pulmonalis kann als fortgeleitetes selbst über dem Schwertfortsatz und bis gegen das Schlüsselbein hin wahrgenommen werden (v. Leube), man fühlt es mitunter selbst unterhalb des Schwertfortsatzes, wenn man mit dem Finger tief eingeht oder der mächtig erweiterte rechte Ventrikel dortselbst mit seiner Kante hervorschaut. Ferner wird bei der Auscultation am Rücken besonders während des Exspiriums das Athmungsgeräusch manchmal in zwei bis drei hauchenden Absätzen erfolgend gehört (Gerhardt).

Statt eines ersten reinen Tones kann ein kurzes systolisches Geräusch auftreten aus den nämlichen Gründen wie bei Insufficienz der Aorta.

Unter den Symptomen: diastolisches Geräusch an der Pulmonalis, rechtsseitige Herzhypertrophie, steht das erstere
bei differentiellen Diagnosen an Wichtigkeit obenan.

Bei Stenose des Ostium pulmonale wird während der Systole
an der Pulmonalis ein Geräusch gebildet, das man als ein langgezogenes, zischendes oder stöhnendes mitunter am ganzen Thorax
hören kann. Der rechte Ventrikel geht eine concentrische Hypertrophie
ein, die Vergrösserung wird aber wohl nur dann nachweisbar, wenn
sich als Folge der Ueberarbeitung eine Dilatation hinzugesellt. Dann
hat man Verbreiterung der Herzdämpfung nach rechts, Verlagerung des
Chocs nach links im V. Intercostalraum, eventuell über eine grössere
Fläche verbreitet, vor sich. Der Choc ist aus dem gleichen Grund wie
bei der Stenose des linken Ostium arteriosum schwach, manchmal
schwer oder gar nicht nachzuweisen. Die Blausucht ist in der Regel
im höchsten Grade vorhanden, die starke Stauung macht sich nicht
selten auch durch kolbige Auftreibung der Endphalangen an Händen
und Füssen bemerkbar. Der II. Pulmonalton ist in der Mehrzahl der
Fälle nicht verstärkt oder selbst schwach. Bei guter Compensation
(Gerhardt) kann er aber selbst verstärkt sein. Eine Verstärkung des
II. Pulmonaltons kann ferner entstehen, wenn die Stenose nicht das
arterielle Ostium selbst, sondern die Arteria pulmonalis erst in ihrem
weiteren Verlaufe betrifft, z. B. durch Tumoren, Lungencirrhose herbeigeführt ist. Dann hört man das Geräusch am lautesten am rechten
Sternalrand und hinten links zwischen Schulterblatt und Wirbelsäule
(v. Leube). Auch bei gleichzeitig offen stehendem Ductus Botalli
kann eine Verstärkung des II. Pulmonaltons bemerkbar werden, wie
denn überhaupt Stenosen der Pulmonalis fast nie rein, sondern fast stets
mit sonstigen Bildungshemmungen complicirt vorkommen. So hat
Meyer in 92 Fällen einen Defect im Septum der Ventrikel nur einmal vermisst.

Die beschriebenen Symptome: lautes systolisches Geräusch an der Pulmonalis, rechtsseitige Herzhypertrophie
und starke Blausucht, werden bei Erwachsenen nur selten angetroffen, denn die damit Geborenen werden gewöhnlich nicht alt, und
im späteren Leben erworbene Stenose des rechten Ostium arteriosum
ist eine Avis rarissima.

Vitia cordis complicata

sind eigentlich fast häufiger als die ganz reinen einzelnen Formen der
Herzfehler. Namentlich gilt dies für die sehr gewöhnliche Form der
Insufficienz der Mitralis mit Stenose des linken venösen Ostiums. Hat
doch ein so erfahrener Beobachter wie v. Leube den Rath gegeben,
dass man bei jeder Diagnose einer Mitralinsufficienz die Stenose eigens
ausschliessen müsse. Bei dieser Combination schliesst sich an das präsystolische Geräusch das systolische so unmittelbar an, dass man
mitunter ein einziges langgezogenes zu hören glaubt, das dann mit
einem klappenden Ton, dem verstärkten II. Pulmonalton, abschliesst.
Bei genauerem Aufmerken kann man aber manchmal wohl bemerken,
dass an dem Geräusch zwei Phasen zu unterscheiden sind. Es beginnt
leiser, steigert sich dann plötzlich, um wieder allmälig abzuklingen.
Dieses präsystolisch-systolische Geräusch, das den meisten Fällen

von „Insufficienz und Stenose der Mitralis" eigenthümlich ist, erfolgt aber meist wie in einem Zug, ist etwas rauher als das Hauchen und Blasen bei einfacher Mitralinsufficienz. Gar nicht selten kann man es besser fühlen als hören. Das langgezogene präsystolisch-systolische Schwirren hat man nicht unpassend mit dem Gefühl verglichen, das man an der Trachea eines schnurrenden Katers wahrnimmt (Katzenschnurren, Frémissement cataire). Die Vergrösserung des rechten Herzens, die Verstärkung des II. Pulmonaltons und die Kleinheit des Pulses hängen vorwiegend von der Stenose ab, und gerade die bedeutende Entwicklung dieser Symptome muss bei Stellung der Diagnose veranlassen, sich mit der Annahme einer reinen Mitralinsufficienz nicht zu begnügen. Nicht in allen, aber in vielen Fällen und namentlich bei solchen mittleren Grades, bei anämischen Individuen, wo zudem eine leidliche Compensation besteht, findet sich, wie A. Geigel gezeigt hat, ein gespaltener II. Herzton.

Nach der Erklärung, die A. Geigel hiefür gegeben hat, handelt es sich hiebei um einen ungleichzeitigen Schluss der halbmondförmigen Klappen an Aorta und Pulmonalis. Letztere ist mit Blut überfüllt und überdehnt, die elastische Kraft der ersteren, die nur wenig Blut bekommt, ist geschont, die Systole des spärlich gefüllten linken Ventrikels, seine Austreibungsperiode ist früher zu Ende als die des rechten. So kommt es, dass die Klappen der Aorta früher „angespannt" werden als die der Pulmonalis. Der zweite Theil des gespaltenen Tons würde also von der Pulmonalis geliefert werden, und dass er diesem verstärkten Ton wirklich entspricht, davon kann man sich leicht überzeugen, indem der zweite Theil des Phänomens in der That deutlich lauter gehört wird als der erste. In jüngerer Zeit hat Neukirch eine andere, originelle Erklärung für das in Frage stehende Phänomen gegeben. Neukirch macht darauf aufmerksam, dass die beiden Schallerscheinungen, welche den gespaltenen Ton liefern, zeitlich weiter aus einander liegen als bei dem gespaltenen II. Ton, den man nicht selten bei Gesunden, wie er nachgewiesen hat, namentlich bei aufgeregter Herzthätigkeit (auch bei Schwäche des rechten Ventrikels in der Reconvalescenz nach schweren Krankheiten) beobachten kann.

Diesen physiologisch gespaltenen Herzton hört man am deutlichsten an den beiden grossen Gefässen, den gespaltenen Herzton bei Stenose des linken venösen Ostiums, worauf auch Friedreich hingewiesen hat, „am lautesten über dem anatomischen Sitz der Mitralis und an der Spitze, überhaupt über den Ventrikeln". Nach Neukirch entsteht der zweite Theil des gespaltenen Tons bei Stenose an der Mitralis, und zwar als ein ganz neuer präsystolischer Ton. Ist das Ostium dadurch stenosirt, dass die Klappensegel der Mitralis mit einander theilweise verwachsen sind, so legen sich diese während der Diastole nicht an die Ventrikelwand an, sondern bilden ein elastisches Diaphragma für den Blutstrom. Dieses Diaphragma wird bei der Contraction des linken Vorhofs angespannt, zum Schwingen gebracht und liefert so den präsystolischen Ton. Natürlich ist hier Gelegenheit gegeben, dass bei hinreichender Enge des Schlitzes, der zwischen den verwachsenen Klappensegeln noch frei bleibt, statt des Tones ein Geräusch entsteht. So geistreich diese Theorie Neukirch's auch ist, so ist sie doch nicht haltbar aus folgenden Gründen. Würde es sich um

einen Ton handeln, der erst in der Präsystole entstünde, so würde
dieser dem systolischen Ton näher liegen als dem diastolischen, man müsste
also den I. Herzton gespalten hören und nicht den II. Ferner ist
der zweite Theil des gespaltenen Tons, wie auch Neukirch zugibt,
der lautere. Dies begreift sich, wenn man ihn nach A. Geigel als
den verstärkten II. Pulmonalton deutet; es ist aber nicht verständlich, wie der schwache linke Vorhof die Mitralsegel so stark zum Tönen
bringen soll, dass der Ton lauter wird als der an den halbmondförmigen
Gefässen, in welcher ein unvergleichlich höherer Druck herrscht als
im Vorhof. Hienach muss es also wohl bei der Erklärung A. Geigel's
sein Bewenden haben, die auch gegenwärtig wohl ziemlich allgemein
immer noch als richtig anerkannt ist.

Häufig ist ferner die Combination von Insufficienz der Aortenklappen und Stenose des Ostium aorticum, obwohl bei Weitem
nicht so oft thatsächlich vorhanden, als sie diagnosticirt wird. Wenn
neben einer Aorteninsufficienz ein systolisches Geräusch noch beobachtet
wird, darf man, wie wir gesehen haben, keineswegs ohne Weiteres die
Diagnose auf diese Combination stellen. Damit man die Diagnose einer
complicirenden Stenose rechtfertigen kann, muss das Geräusch schon

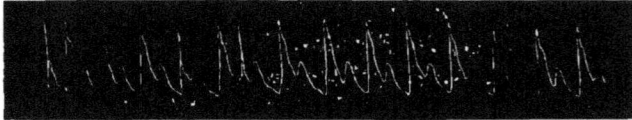

Fig. 46. Rückstosselevation bei Insufficienz der Aorta und Mitralis.

ziemlich lang gezogen sein und vor Allem muss der Puls deutlich von
dem sich unterscheiden, welcher der reinen Aorteninsufficienz eigen ist,
die Celerität darf nicht mehr ausgesprochen sein, der Puls muss etwa
die Mitte zwischen flüchtigem und trägem halten. Systolisches Schwirren
an der Aorta darf wohl mit Recht für ein gutes Zeichen für complicirende Stenose gehalten werden.

Ein systolisches Geräusch bei Aorteninsufficienz kann ferner den
Verdacht auf gleichzeitig vorhandene Insufficienz der Mitralis erwecken,
aus den angeführten Gründen ebenfalls häufig nicht mit Recht. Nothwendig für die Diagnose ist rechtsseitige Herzhypertrophie, die allerdings bei Mitralinsufficienz durchaus nicht immer leicht nachgewiesen
werden kann, und eine geringe Verbreiterung der Herzdämpfung nach
rechts kommt bei colossalen Vergrösserungen des linken Ventrikels gerade in Folge von Aorteninsufficienz auch vor. Das Verhalten des
II. Pulmonaltons lässt im Stich, denn der II. Aortenton fehlt zur Vergleichung in der Stärke, und es ist misslich, diese schätzungsweise zu
beurtheilen. In zweifelhaften Fällen kann wohl das Pulsbild eine Entscheidung liefern. Es scheint, dass schon von mehreren Seiten das
Auftreten einer deutlichen Rückstosselevation (Fig. 46) bei der Combination von Insufficienz der Aorta und Mitralis beobachtet worden ist.
Die Rückstosselevation fehlt bei gleichzeitiger Stenose des Ostium
venos. sin.

Von grösserer practischer Bedeutung ist es noch, wenn zu einem
Fehler am linken Herzen sich eine Tricuspidalinsufficienz

hinzugesellt. Gewöhnlich ist die Sache so, dass eine Insufficienz der Mitralis mit Stenose des linken Ostium venosum schon eine sehr beträchtliche Erweiterung des rechten Ventrikels herbeigeführt hat, und dass die Tricuspidalklappe schon bei geringer Schädigung relativ insufficient wird. Die Folge davon ist, dass die Stauung im kleinen Kreislauf eben wie beim Aufgehen eines Ventils sinkt und die Verstärkung des II. Pulmonaltons verschwindet. Dafür setzt sich jetzt die Stauung auf die Venen des grossen Kreislaufs fort, es erscheint der Venenpuls und der Hydrops ist nicht mehr fern. Gelingt es, durch Herzreize, z. B. durch Digitalis, das Herz zu kräftigen und die Ermüdungsdilatation zu beheben, so können die Erscheinungen der complicirenden relativen Tricuspidalinsufficienz wieder für einige Zeit verschwinden. Nur in diesem Fall ist es möglich, eine „relative" Tricuspidalinsufficienz von einer solchen zu unterscheiden, bei welcher die zerstörten Klappen ein normal weites Ostium nicht mehr völlig abschliessen, wobei dann die Symptome der Insufficienz unter allen Umständen permanent bleiben.

Es ist ganz unmöglich jede Combination von Herzfehlern, die vorkommen kann, zu besprechen. Theoretisch geben die 8 Formen 28 Combinationen zu 2, 56 zu 3, 70 zu 4, 56 zu 5, 28 zu 6, 8 zu 7 und 1 zu 8, im Ganzen also 247! Es muss genügen, die wichtigsten Regeln aufzustellen, an die man sich halten soll, wenn man ein Vitium cordis complicatum richtig diagnosticiren will.

Die Wirkungen zweier oder mehrerer gleichzeitig vorhandener Herzfehler addiren sich. Dies gilt nicht nur von der Anzahl der Geräusche, sondern insbesondere von den mechanischen Folgen für Herz und Kreislauf. So ist beispielsweise die Verstärkung des II. Pulmonaltons bei Stenose des linken Ostium venosum und Mitralinsufficienz ceteris paribus bedeutender als bei jedem allein. Der Aorteninsufficienz ist ein hoher Puls eigen, tritt eine Stenose des Aortenostiums hinzu, die die Höhe des Pulses in negativem Sinne beeinflusst, so resultirt eine Pulshöhe, die etwa in der Mitte liegt und ungefähr normal sein kann u. s. w. Von dem gerade auf diesem Gebiete so viel erfahrenen Fräntzel ist der Rath gegeben worden, die Geräusche bei Stellung der Diagnose erst in zweiter Linie zu berücksichtigen. Sicher fährt der besser, welcher aus den mechanischen Folgen, als der, welcher aus dem Geräusch allein die specielle Form des Vitium diagnosticirt. Kommen doch auf der einen Seite viele Fälle vor, wo ein lautes Geräusch, aber kein Herzfehler vorhanden ist, und auf der anderen seltenere von Herzfehlern ohne Geräusch. Doch möchten wir im Ganzen den Geräuschen keine so ganz untergeordnete semiotische Bedeutung zuerkennen und vor Allem betonen, dass ohne auscultatorische Veränderungen an Herz und Gefässen die Diagnose auf ein Vitium cordis denn doch in der Luft schwebt. Auch für die genauere Präcisirung der Diagnose haben die Geräusche hohen semiotischen Werth. Gerhardt's und v. Leube's Rath, dabei stets, wenn ein diastolisches Geräusch mit vorhanden, von diesem auszugehen, verdient alle Beachtung, schon desswegen, weil accidentelle diastolische Geräusche am Herzen nicht vorkommen. Es ist keine Schande, bei der ersten Untersuchung über die Diagnose: „Vitium cordis complicatum" zunächst nicht hinauszugehen und die genauere Bestimmung der Art der weiteren Be-

obachtung zu überlassen. Gerade bei complicirten Herzfehlern wechseln
je nach der mehr oder minder kräftigen Herzthätigkeit die Symptome
in beträchtlichem Maasse, und bei einer zweiten oder dritten Untersuchung kann deutlich werden, was bei der ersten zu erkennen unmöglich war. Damit soll aber nicht gesagt sein, dass man bei der ersten
Untersuchung von vornherein auf eine präcise und erschöpfende Diagnose verzichten solle, und diese muss als letztes Ziel bei jeder Untersuchung betrachtet werden. Dagegen ist es rathsam, bei moribunden
Kranken von der Stellung einer exacten Herzdiagnose überhaupt ganz
abzusehen; sie würde doch nur falsch werden, bei der schon beträchtlich gesunkenen Herzkraft und vor Allem möge man durch den finem
versus erhaltenen Befund sich nicht verleiten lassen, an der Diagnose
etwas zu ändern, die man etwa früher schon festgestellt hat.

Bildungshemmungen des Herzens und der grossen Gefässe.

Offenbleiben des Foramen ovale macht in den meisten Fällen
gar keine Erscheinungen, manchmal ein präsystolisches Geräusch. Be-
merkenswerth ist ein Fall, wo gleichzeitig Insufficienz der Mitralklappe
bestand und dadurch ächter Venenpuls hervorgerufen wurde (Reisch).
Von einer Diagnose des offenen Foramen ovale ist nicht die Rede.
Defecte des Septum ventriculorum sind sehr häufig mit
Stenose der Pulmonalis verbunden, kommen auch isolirt vor. Man hat
Hypertrophie des rechten Ventrikels, systolisches Geräusch an der Spitze,
Verstärkung des II. Pulmonaltons beobachtet; eine sichere Diagnose ist
nicht zu stellen und Verwechslungen mit Mitralinsufficienz sind nicht
zu vermeiden.
Bei Persistenz des Ductus arteriosus Botalli tritt systolisches Geräusch und eventuell Schwirren an der Pulmonalis auf; diese
ist stärker mit Blut gefüllt, erweitert und zeigt mitunter Vorwölbung
und deutliche Pulsation im II. linken Intercostalraum. Der zweite
Pulmonalton ist verstärkt, der rechte Ventrikel dilatirt und hypertrophisch. Das Geräusch kann sich nach Gerhardt in die Carotis und
die Aorta descendens gut fortleiten; nach dem nämlichen Autor findet
sich zuweilen ein schmaler, viereckiger Streifen gedämpften Schalls links
vom Sternum von der IV. bis zur II. Rippe; längere Zeit wird diese
Bildungsanomalie ohne Schaden ertragen, bis später alle Beschwerden
und Gefahren eines Herzkranken sich einstellen. Die Diagnose ist bei
guter Entwicklung der beschriebenen Symptome möglich, die Anomalie
ist selten, ich habe nur einen Fall auf Gerhardt's Klinik und einen
zweiten vor Kurzem in der Praxis gesehen. Noch seltener ist die Persistenz des Isthmus Aortae, des zwischen Ductus Botalli und Abgang der linken Art. subclavia gelegenen, im fötalen Leben engen Abschnittes der Aorta. Ich weiss davon aus eigener Anschauung nichts
und halte mich in Nachfolgendem lediglich an v. Leube's Schilderung.
Die Arterien, welche vom Aortenbogen nach oben abgehen, sind weit,
in ihrem Gebiet ist der Puls gross, es kommt leicht zu Fluxionen gegen
den Kopf, die Arterien der unteren Körperhälfte sind dagegen eng, der
Puls in der Aorta abdominalis und Cruralis kommt verspätet an, ist
klein, schwer fühlbar, der linke Ventrikel ist hypertrophisch. Es entwickelt sich ein Collateralkreislauf zwischen Art. subclavia —

mammaria interna — cruralis (durch A. epigastrica sup. und infer.) einerseits und Aorta descendens thoracica (durch Aa. intercostales — posteriores — Aorta descendens thoracica) andererseits; ferner subclavia — transversa colli — dorsalis scapulae, welche, am inneren Rand der Scapula gelegen, mit den Aa. intercostales post. (aus Aorta descendens) communicirt. Die verbindenden Arterien sind bedeutend erweitert, pulsiren stark, besonders deutlich am inneren Rand des Schulterblatts und an der vorderen Brustwand. Selbst ein systolisches Geräusch (das dem I. reinen Ton nachfolgt) und Schwirren kann an ihnen bemerkbar werden, besonders im Gebiet der Art. mammaria int. Eine Dilatation des Aortenbogens kann sich einstellen und hinter dem Manubrium sterni fühlbar werden.

Krankheiten des Herzbeutels.

(Pericarditis, Concretio Pericardii, Hydropericardium, Pneumopericardium.)

Trockene Pericarditis bringt, wenn sie die vorderen Theile des Herzüberzugs befällt, ein Reibegeräusch hervor, dessen Hauptcharacter früher (p. 124) schon geschildert wurde. Sobald die Pericardialblätter durch ausgeschwitzte Flüssigkeit von einander getrennt werden, eine Pericarditis exsudativa sich gebildet hat, verschwindet in ihrem Bereich das Reiben, kann aber eventuell am Rande der Flüssigkeit noch lange Zeit nachweisbar sein. Das Reibegeräusch erscheint wieder, wenn bei Ausheilung der Entzündung das Exsudat aufgesaugt ist. Dann kann es kürzere oder längere Zeit, selbst Jahre lang ziemlich unverändert gehört werden, bis es immer weicher und leiser wird und endlich verschwindet. Ein solch weich gewordenes pericardiales Reibegeräusch kann von Einem, der den Verlauf nicht kennt, recht leicht für ein endocardiales, speciell präsystolisches Geräusch gehalten werden. Definitives Verschwinden des Reibegeräusches bedeutet keineswegs stets völlige Ausheilung, sondern ist manchmal durch eine feste Verwachsung der beiden Pericardialblätter unter einander (Concretio pericardii) bedingt. Bei diesem unseligen Zustand ist die Herzthätigkeit in hohem Grade behindert, alle Zeichen subjectiver und objectiver Dyspnoe kommen zum Vorschein, die Symptome der Stauung, Cyanose und Hydrops brechen über den Kranken herein und dieser geht einem qualvollen Ende entgegen. Am Herzen ist dabei objectiv keine Vergrösserung und kein Geräusch nachzuweisen. Ist der Herzbeutel auch noch mit dem Mediastinum fest verwachsen (durch schwielige Mediastinitis), so erscheint der sogenannte Pulsus paradoxus oder Pulsus respiratione intermittens. Der Zug, welcher bei der Inspiration auf das Herz und die grossen Gefässe ausgeübt wird, erschwert die Entleerung der linken Kammer der Art, dass der Puls so lange in der Arterie ausbleibt oder wenigstens nicht gefühlt wird. In seinen extremsten Graden kann der Pulsus paradoxus wohl als ein gutes Zeichen für Concretio pericardii mit schwieliger Mediastinitis angesehen werden; ist er nur andeutungsweise vorhanden, so beweist er gar nichts, denn auch bei Gesunden wird durch tiefe Inspiration das Blut so stark nach dem Cavum thoracis angesaugt, dass eine nicht unbeträchtliche Verkleinerung des Radialpulses die Folge davon ist (vgl. p. 36).

Die Ansammlung von Flüssigkeit im Herzbeutel, sei
es durch Pericarditis exsudativa, sei es beim Hydropericar-
dium, bewirkt eine entsprechende Vergrösserung der absoluten
Herzdämpfung. Diese Vergrösserung erstreckt sich nach beiden
Seiten gleichmässig und vor Allem rückt auch die obere Grenze der
Dämpfung beträchtlich in die Höhe, mehr als man dies bei Vergrösserungen des Herzens selbst zu sehen bekommt (annähernd dreieckige
Gestalt der Herzdämpfung). Ebstein hat darauf aufmerksam gemacht,
dass geringe Mengen von Fluidum im Herzbeutel zu allererst eine
Dämpfung rechts vom Sternum über der Leber (im „Herz-Leberwinkel")
hervorrufen, und dass man bei palpatorischer Percussion durch das
Gefühl der Resistenz solche kleine Dämpfungsbezirke besonders sicher
auffinden kann.

Der stricte Beweis jedoch, dass wirklich Flüssigkeit im Herzbeutel
und nicht ein grosses Herz die ausgedehnte Dämpfung des Schalls bewirkt hat, lässt sich nur aus dem Verhalten des Chocs entnehmen. In
der Rückenlage ist der Ictus cordis gewöhnlich gar nicht oder
mit Mühe kaum angedeutet zu finden und dies ist schon ein gutes
Unterscheidungsmerkmal gegenüber der Herzhypertrophie, bei der der
Choc gewöhnlich sogar verstärkt ist. Kann man den Choc (z. B. beim
Aufrichten des Kranken) nachweisen, so liegt er mit seinem Spitzenantheil noch ganz im Bereich der Dämpfung. Ob das Herz
vergrössert ist oder nicht, und wie weit auch der Spitzenantheil nach
links verschoben sein mag, die linke Grenze der Herzdämpfung reicht
stets noch weiter, denn zu der Dämpfung, welche dem Herzen selbst
angehört, kommt noch ein mehr oder weniger breiter Streif, herrührend von der Flüssigkeit, welche die beiden Blätter des Herzbeutels
aus einander gedrängt hat. Ohne dass solche sich fände, fällt die linke
Herzgrenze höchstens mit dem Spitzenantheil des Chocs zusammen und
sehr gewöhnlich überragt sogar der Spitzenantheil die Dämpfung deutlich, weil die kleine und dünne Herzspitze, zudem überlagert von Lunge,
nicht mehr herauspercutirt werden kann. Die Unterscheidung zwischen
Pericarditis exsudativa und Hydropericard ist häufig nur bei Kenntniss des Verlaufs und im Zusammenhalt mit den anderen Krankheitserscheinungen möglich. Kann man an der Grenze der Dämpfung oder
beim Vornüberbeugen des Kranken ein Reibegeräusch hören, so handelt
es sich sicher um Pericarditis. Ob das Exsudat serös resp. serofibrinös
oder eitrig oder blutig ist, ergibt sich aus dem Character der Grundkrankheit (z. B. Tuberculosis, Sepsis, Scorbut, überhaupt hämorrhagischen Diathesen u. s. w.). Sicheren Aufschluss erhält man nur durch
die Probepunction. Zu dieser ist man berechtigt, wenn der Verdacht auf Pericarditis suppurativa vorliegt, weil dann die Paracentese
und Drainage des Herzbeutels zu therapeutischen Zwecken indicirt ist,
sowie dann, wenn ein massenhafter Erguss (gleichviel ob Pericarditis
exsudativa oder Hydropericardium) die Herzthätigkeit in lebensgefähr-
licher Weise benachtheiligt. Unter solchen Umständen ist die Entleerung des Exsudats geboten und man hat das Recht, diesen keinesfalls gleichgültigen Eingriff unter den strengsten Cautelen der Asepsis
(vgl. p. 166) zu wagen. Vorher müssen die Herzgrenzen angezeichnet
und namentlich auch der Stand des Zwerchfells genau bestimmt sein.
Wo es angeht, begnügt man sich nicht mit der üblichen linksseitigen

construirten Zwerchfellslinie, sondern versucht die untere Herzgrenze
direct percussorisch festzustellen. Gerade bei Pericarditis exsudativa
resp. Hydropericard kann man nicht selten wenigstens einen Theil der
unteren Grenze mit Sicherheit bestimmen, da wo das Herz resp. Exsudat unten an den mit Luft gefüllten Magen stösst. Für die Punction
wählt man am besten den IV. oder V. linken Intercostalraum, etwa in
der Parasternallinie, nachdem man sich unmittelbar vorher nochmals
vom Fehlen des Chocs in dieser Gegend überzeugt hat. Die Punction
muss stets in Rückenlage des Kranken ausgeführt werden, die Nadel
sticht man am oberen Rand der Rippe gerade von vorn nach hinten
ein, um eine Verletzung der Arteria intercostalis zu vermeiden. Bei
Einhaltung dieser Vorsichtsmassregeln ist die Gefahr keine grosse und
selbst penetrirende Herzwunden, mittels einer feinen Nadel gesetzt,
heilen anstandslos aus. Wir können hierin aber keine Aufforderung
dazu erblicken, rücksichtslos, lediglich diagnostischer Neugier willen,
in die Herzgegend einzustechen.

Luft im Herzbeutel (Pneumopericardium).

Beim Pneumopericardium fehlt in Rückenlage die Herzdämpfung
völlig und ist ersetzt durch hellen tympanitischen Schall, der Herzchoc
ist ganz verschwunden. Beim Vornüberbeugen des Kranken kommt
dagegen das Herz mit der Brustwand wieder in Berührung und der
Schall wird gedämpft, der Choc fühlbar. Manchmal gelingt es, in be-
friedigender Weise die Grenzen des tympanitischen Schalls gegen die
lufthaltige Lunge bei leiser Percussion festzustellen, eine beträchtliche
Erweiterung des Herzbeutels wird man wohl nur dann nachweisen
können, wenn (ähnlich wie beim Ventilpneumothorax) z. B. aus einer
Oesophagusfistel die Luft inspiratorisch in den Herzbeutel angesaugt
wird und exspiratorisch nicht entweichen kann. Dann kann auch die
Spannung des Herzbeutels so bedeutend werden, dass der Schall nicht
tympanitisch bleibt, sondern schöner Metallklang zum Vorschein
kommt. Diesen findet man vornehmlich mittels der Stäbchen-Plessimeterpercussion und auch die Herztöne können von Metallklang begleitet sein. Geringe Grade von Pneumopericardium sind keineswegs
leicht mit Sicherheit zu diagnosticiren. Auch bei Gesunden kann zeitweilig die Herzdämpfung anscheinend vom tympanitischen Schall ersetzt
sein (fortgeleitet vom geblähten Magen oder Quercolon), und selbst
Metallklang kann sich unter solchen Umständen finden. Jedenfalls verdienen nur die Resultate Berücksichtigung, die man bei leiser Percussion erhält. Pneumopericardium ist stets eine schwere Affection;
fehlt Oppressionsgefühl, schlechte Herzthätigkeit, ist das Individuum
überhaupt nur leicht ergriffen, so thut man gut, ein Pneumopericardium
von vornherein als höchst unwahrscheinlich zu betrachten. Sehr gewöhnlich ist der Eintritt von Luft in den Herzbeutel von einer heftigen
Entzündung gefolgt, und es entwickelt sich ein Pyopneumopericardium. Mit der Diagnose dieses Zustandes ist nicht viel zu machen,
denn eine mit der Lageänderung ihre Grösse wechselnde Dämpfung an
der unteren Grenze kann auch durch das verschiebliche Herz hervorgerufen werden. Nur wenn freies Pneumopericardium sichergestellt
war und bei Rückenlage jede Dämpfung in der Herzgegend völlig fehlte,
und sich später ebenfalls in Rückenlage ohne Rückgang oder unter

Steigerung der übrigen Erscheinungen eine solche einstellt, kann die Diagnose gemacht werden. Succussio Hippocratis kommt wegen der Kleinheit des Hohlraums dem Pyopneumopericardium wohl niemals zu. Bei sicherer Diagnose, deutlichem Metallklang, bedeutender Herzschwäche und unmittelbar drohender Lebensgefahr ist eine Probepunction und Aspiration der Luft gestattet oder selbst gefordert. Man sticht im IV. linken Intercostalraum oder selbst im III., jedenfalls im Bereich des hellen Schalls, ein.

Krankheiten der Gefässe.

Atherom der Arterien.

Atherom der Aorta setzt nur dann Erscheinungen, wenn der Anfangstheil sammt dem Klappenapparat davon befallen ist. Manchmal hört man einen auffallend kurzen und klirrenden II. Ton, andere Male sind die Klappen schlussunfähig geworden, es erscheint ein gewöhnlich nur kurzes, diastolisches Geräusch. Rigide Klappen, die sich bei der Systole nicht mehr glatt an die Wand legen, wirken wie eine Stenose und bewirken ein systolisches Geräusch. Bei weit verbreiteter Atheromatose ist der Gesammtwiderstand für den Blutkreislauf derart gewachsen, dass der linke Ventrikel eine compensatorische Hypertrophie eingeht, auch ohne dass die Klappen geschädigt sind. Atherom der peripheren Arterien wird durch das Gesicht und das Gefühl erkennbar. Oberflächlich liegende Arterien, wie die Temporalis, Radialis sind stark geschlängelt und als drehrunde Wülste vorspringend. Sie fühlen sich hart an, lassen sich schwer oder gar nicht comprimiren; gleitet man mit dem Finger über sie hin, so findet man eine deutliche Rauhigkeit oder ungleiches Kaliber, von gröberen Kalkeinlagerungen herrührend. Das Pulsbild ergibt eine träge Welle mit rundem Gipfel, Pulsus tardorotundus (Fig. 25). Die normale Elasticität der Arterienwand ist bekanntlich ein mächtiges Förderungsmittel für die Circulation. Letztere leidet bei starker Atheromatose und Verengerung peripherer Arterien mitunter in dem Grade, dass Spontangangrän an den Extremitäten eintritt. Andeutungen von Ernährungsstörung der Gewebe findet man regelmässig bei älteren Leuten am Auge. Der Rand der Cornea wird weisslich getrübt, was schliesslich auch ohne künstliche Beleuchtung leicht sichtbar wird (Greisenbogen). Auch Trübung der Linse, Cataract, kann sich einstellen oft einseitig und auf der Seite, wo auch die Carotis die stärkere Atheromatose aufweist. Es ist übrigens misslich, über den Grad dieser Veränderung ein sicheres Urtheil abzugeben, wenn der Unterschied zwischen rechts und links nicht sehr bedeutend ist. Atherom der Coronararterien führt zu frequenter, schwacher und irregulärer Herzthätigkeit, oft bis zu förmlichem Delirium cordis. Ein solcher Zustand kann in geringerem Grade längere Zeit bestehen oder entwickelt sich in kurzer Frist zu voller Höhe mit rasch folgendem Exitus letalis. Letzterer kann ganz plötzlich eintreten durch Herzstillstand, andere Male mussten erst alle Beschwerden und Qualen eines Herzkranken durchgekostet werden, besonders die so überaus grausamen Anfälle von Angina pectoris. Nur eine Vermuthungsdiagnose ist gerechtfertigt, weil auch andere Processe von Myocarditis das gleiche Bild liefern können und nicht selten das Atherom nur den Bulbus der Aorta mit den Ostien der Coronararterien befallen hat. Ueberhaupt ist es mit der Diagnose des Atheroms im Ganzen nicht gut bestellt. Man kann wohl bei jedem Menschen jenseits des 30. Lebensjahres wenigstens eine leichte atheromatöse Veränderung an der Aorta voraussetzen, man kann das Atherom leicht erkennen, wenn oberflächliche Arterien davon ergriffen werden, ohne daraus aber zu einem Schluss auf die Beschaffenheit der tiefer gelegenen berechtigt zu sein. Schrumpfniere ist sehr häufig mit starker Atheromatose der Arterien verknüpft, aber auch hier besitzen wir kein Mittel, Genaueres über den Grad und namentlich über die Localisation dieses Processes zu ermitteln. Dass dieser weit verbreitet sei, kann man bei linksseitiger Herzhypertrophie, klirrendem Arterienton (resp. kurzem Geräusch an der Aorta), sowie nachgewiesener Verhärtung und Schlängelung der peripheren Arterien bei einem betagten Individuum annehmen. Von hoher diagnostischer Bedeutung kann die ophthalmoskopische Untersuchung des Augenhintergrundes sein.

Aneurysma der Aorta (und Mediastinaltumor).

Aneurysmen der Aorta sitzen häufiger an der Aorta ascendens und am Arcus aortae, als an der Aorta descendens. Ist das Aneurysma gross genug, so liefert es eine Dämpfung des Percussionsschalls. Diese sitzt entweder (vergl. p. 75) links vom Sternum der Herzdämpfung thurmförmig auf, oder erscheint als ein davon abgesprengter rundlicher Bezirk im rechten II. Intercostalraum oder, wenn sie grösser geworden ist, nimmt sie den oberen Theil des Sternums sammt den angrenzenden Theilen ein. Bei weiterem Wachsthum sind die benachbarten Lungenränder comprimirt und man hört über ihnen Bronchialathmen. Compression der Trachea ist an dem keuchenden Athmen, dem Stridor, zu erkennen, der meist bei der Exspiration stärker ist; daneben kann sich weithin hörbares, grobes, klingendes Schleimrasseln in der Luftröhre bemerkbar machen. Letzteres tritt namentlich beim Abklingen der schweren asthmatischen Anfälle auf, wenn solche durch Druck auf den Lungenvagus ausgelöst werden. Auch Stenose der Bronchien kann sich entwickeln (vergl. hierüber p. 140). Druck auf den Oesophagus macht das Hinunterschlingen von festen Speisen schwierig, diese bleiben stecken oder werden wieder herausgewürgt. Die Stauungserscheinungen, welche durch Compression der Venen entstehen, sind besonders dann characteristisch, wenn sich einseitiges Oedem im Gesicht oder am Arm einstellt. Auf lebensgefährliches Glottis- oder Lungenödem muss man jederzeit gefasst sein. Druck auf den Sympathicus kann Ungleichheit der Pupillenweite bewirken, viel häufiger ist linksseitige Stimmbandlähmung durch Druck auf den linken Nervus recurrens, der sich unter dem Aortenbogen durchschlingt. Die bisher beschriebenen Symptome kommen jedem Tumor zu, der sich im Mediastinum entwickelt, ob dieser ein Neoplasma oder ein Aneurysma ist. Gesellt sich dazu noch eine Pleuritis, so ist die Diagnose auf Neoplasma zu stellen, es muss aber ein Reibegeräusch vorhanden sein, denn einseitiger Hydrothorax kann auch durchs Aneurysma hervorgerufen werden. Eine fühlbare höckerige Geschwulst im Jugulum, metastatische Anschwellung der Lymphdrüsen am Hals und in der Achselgrube sichert die Annahme eines malignen Tumors. Dagegen hat auch das Aneurysma besondere characteristische Zeichen. Vor Allem ist schon die Localisa-

tion der Dämpfung von einiger Bedeutung. Der Mediastinaltumor
pflegt anfangs nur den Schall über dem Sternum selbst zu dämpfen,
während die thurmförmige Dämpfung links vom Sternum und die ab-
gesprengte Dämpfung im rechten II. Intercostalraum bezeichnend sind
fürs Aneurysma; dies trifft aber nur für den Anfang der Krankheit zu,
mit dem Wachsthum der Geschwulst resp. des Aneurysma verwischt
sich der Unterschied. Ein Geräusch über dem Tumor kommt fast
ausschliesslich dem Aneurysma zu, doch ist die Möglichkeit keineswegs
ausgeschlossen, dass ein grosser Mediastinaltumor die grossen Gefässe
derart comprimirt, dass ein Geräusch entstehen kann. Das Geräusch
in einem Aneurysma ist systolisch, häufig sehr laut, zischend, sausend,
rauschend, je nach dem Grad der Erweiterung und der Herzkraft. Es
leitet sich ziemlich gut weiter fort und wird namentlich auch am Rücken
regelmässig gehört, wenn das Aneurysma den Arcus oder die Aorta
descendens betrifft. Es kann aber, wie schon früher (p. 127) erwähnt,
auch über faustgrossen Aneurysmen dauernd fehlen. Aneurysmen der
Aorta entwickeln sich unter dem mächtigen Andrang des Blutes mit
Vorliebe im Gefolge von Insufficienz der Aortenklappen, desswegen
findet man häufig neben dem systolischen Geräusch auch noch ein diastolisches. In anderen Fällen, wo das Aneurysma den Anfangstheil der
Aorta befällt, ist die Insufficienz der Aorta secundär durch übermässige
Erweiterung des Ostium aorticum herbeigeführt, die Insufficienz also
eine relative. Hier muss übrigens bemerkt werden, dass die Aorta in
vielen Fällen von Aorteninsufficienz etwas erweitert ist, in ihrem Bulbus
mitunter so bedeutend, dass eine kleine Dämpfung im II. rechten
Intercostalraum nachweisbar wird, ohne dass man gerade von einem
Aneurysma bei der Obduction sprechen könnte. Es ist von Wichtigkeit nachzuweisen, dass das systolische Geräusch, das man hört, nicht
vom Aortenursprung her fortgeleitet ist. Sicher wird diese Unterscheidung dann, wenn man ein Schwirren im Verlauf der Aorta fühlen
kann. Dringt man mit dem Finger tief ins Jugulum, wobei der
Kranke den Kopf ein wenig vorbeugen muss, so kann man eventuell
das pulsirende Aneurysma des Arcus fühlen und dabei noch mitunter
ein Schwirren wahrnehmen. Nicht in allen, aber in vielen Fällen ist
der Radialpuls rechts und links ungleich (Pulsus differens), aber
nur dann, wenn der Arcus aortae an der Bildung des Aneurysma mitbetheiligt ist. Auf der einen Seite ist dann der Puls deutlich kleiner
und kommt mitunter etwas später an, als auf der andern Seite. Ver-
zerrung der Ursprungsstellen von Arteria anonyma resp. subclavia
sinistra und einseitige Verengerung des Lumens ist Ursache für den
Pulsus differens. Je nachdem die Anonyma oder die Subclavia sin.
betroffen ist, findet sich der kleinere Puls rechts oder links vor.
v. Ziemssen hat in neuerer Zeit wieder mit Recht auf die diagnostische
Bedeutung des Pulsus differens bei Aneurysma aortae hingewiesen,
absolut beweisend ist das Phänomen aber keineswegs, denn auch bei
Gesunden trifft man gar nicht selten den Puls auf beiden Seiten ungleich gross wegen ungleicher Entwicklung oder Lage der Radialarterie
rechts und links. Liegt die Arterie tief, so fühlt man den Puls
schwerer und auch das sphygmographische Bild gibt eine niedrigere
Curve. Noch schlimmer liegt die Sache, wenn eine bedeutendere Anomalie im Verlauf der Radialis vorliegt, was allerdings im Ganzen nur

selten der Fall ist. Am häufigsten gibt die Radialis zu weit oben die
Arteria princeps pollicis als einen so starken Ast ab, dass ihre eigene
Fortsetzung nur noch einen dünnen Strang bildet, dessen Puls man
schwer oder selbst gar nicht fühlen kann; die Princeps pollicis findet
man dann als pulsirendes Gefäss am lateralen Rande des Radius oder
selbst etwas gegen die Streckseite hin verlaufen. Wächst das Aneurysma vornehmlich gegen die Brustwand zu und kommt als pulsirender,
schwirrender Tumor unter der schliesslich gerötheten Haut zum Vorschein, so kann man kaum bei der grössten Unachtsamkeit in der
Diagnose fehlen. Und doch soll es schon vorgekommen sein, dass ein
Arzt Blutegel ansetzte, um den „Abscess" zur Reife zu bringen!

Verhielte sich immer Alles so schulgemäss, wie es beschrieben
wurde, so wäre die Diagnose des Aneurysma aortae nie eine schwierige.
Manche Aneurysmen tödten aber durch Vaguslähmung, Lungen- oder
Glottisödem, namentlich aber durch Ruptur, bevor sie deutliche Erscheinungen machen, oder wenigstens bevor beweisende Symptome auftreten. So ist die Diagnose ohne nachweisbares Geräuch oder Schwirren
und ohne dass man einen pulsirenden Tumor fühlt, stets nur eine mehr
oder weniger sichere Vermuthung. Bedeutend schwerer noch ist ein
A n e u r y s m a d e r B a u c h a o r t a zu erkennen. Tumoren der retroperitonealen Lymphdrüsen liegen dem Gefäss unmittelbar an und auf
und theilen passiv dessen Pulsation. Nur wenn man den Tumor von
beiden Seiten umfassen kann und pulsatorische Anschwellung oder gar
Schwirren fühlt, kann er als Aneurysma sicher erkannt werden. Man
kann die Aorta abdominalis nicht wohl anders als mit tiefem Druck
des Stethoskopes auscultiren, und dabei läuft man stets Gefahr, das
Gefäss zu comprimiren und ein systolisches Geräusch künstlich hervorzurufen.

Von den

Krankheiten der Venen

ist für den internen Mediciner nur die V e n e n t h r o m b o s e mit oder
ohne nachfolgende Venenentzündung (Thrombophlebitis) von Wichtigkeit. Bei den zahlreichen Anastomosen peripherer Venen unter einander entwickelt sich ein Collateralkreislauf ungemein leicht und
häufig kann nur durch das Gefühl die Thrombosirung einer oberflächlich gelegenen Vene erkannt werden, oder Schmerzen, streifenförmige
Röthung entlang der Vene weisen auf eine Phlebitis hin. Sind Haupt-
stämme der Venen verlegt, so kommt es, wenigstens im Anfang, zur
Stauung, und wenn nur e i n Hauptstamm für den Rückfluss des Blutes
verfügbar ist, so folgt auf eine Thrombose desselben mit Nothwendigkeit Austritt von Blutwasser, Oedem oder auch von Blut selbst aus
den Gefässen.

So beobachtet man Ascites und blutiges Erbrechen, blutige Stühle
bei Thrombose der Pfortader, Blutharnen bei Thrombose der Nieren-
venen. Bei Thrombose einer Vena cruralis schwillt das Bein ödematös
an und die E i n s e i t i g k e i t des Oedems muss auf die wahrscheinlich
vorhandene Thrombose schon aufmerksam machen. Sicher wird die
Diagnose dann, wenn man in der Schenkelbeuge das thrombosirte Gefäss fühlen kann; diese Untersuchung muss aber sehr behutsam ausgeführt werden wegen der damit verbundenen Lebensgefahr (vergl.

p. 8). Erstreckt sich die Thrombose weiter hinauf in die Vena iliaca communis, so betrifft die Stauung auch die Beckenorgane, Oedem der äusseren Geschlechtstheile und der Regio pubica gesellt sich hinzu.

Krankheiten der Speiseröhre.

Verengerung. Stenosis oesophagi.

Eine Verengerung des Oesophagus kann durch Druck von aussen (Struma, Aneurysma, Mediastinaltumor), durch Narbenschrumpfung (nach Verätzung mit Säuren, Alkalien, bei Syphilis), durch Krampf der Musculatur und endlich durch Neoplasmen der Speiseröhre selbst hervorgebracht werden. Letztere geben so häufig die Ursache für eine Stenose der Speiseröhre ab, dass man bei einem betagten Individuum und bei Ausschluss einer Verätzung bestehende Symptome einer Oesophagusstenose schon mit grosser Wahrscheinlichkeit auf ein Carcinom beziehen kann. Die Lieblingsstellen für solche Verengerungen sind die Cardia, die Stelle, wo die Platte des Ringknorpels dem Oesophagus anliegt und die Kreuzungsstelle mit dem linken Bronchus. Die Angaben des Kranken, dass die Speisen an einer bestimmten (meist schmerzenden) Stelle stecken bleiben, eventuell wieder herausgewürgt werden, sowie die früher (p. 129) besprochenen akustischen Erscheinungen reichen zu einer sicheren Diagnose nicht aus und diese kann nur mittels der Sondirung des Oesophagus geliefert werden.

Einführung der Schlundsonde. Es kommen im Handel drei Sorten von Schlundsonden vor, von denen jede ihre Liebhaber bei den Aerzten aufzuweisen hat. Die weichen, aus ganz schmiegsamem Gummi verfertigten Schlauchsonden (Jaque's Patent) sind nach v. Leube's Angabe gefertigt. Sie sind so biegsam, wie dünne Gummischläuche, und unterscheiden sich von diesen nur dadurch, dass sie unten durch eine abgerundete Spitze geschlossen sind, dafür auf der Seite, nahe dem unteren Ende, zwei über einander und je auf der entgegengesetzten Seite liegende Augen haben. Unten offene Schläuche können denn auch ein Abhebeln des Epithels bewirken und verbieten zudem die Verwendung eines Leitstabes (Mandrins). Ein solcher ist aber fast stets zur Einführung der Sonde nöthig oder wenigstens sehr erwünscht, wenn es sich nicht um ein geübtes und an die Sonde gewöhntes Individuum handelt, das den weichen Schlauch austandslos selbst verschlucken kann. Als Mandrin für die Schlauchsonde dient ein dünner, glatter Stab aus spanischem Rohr, der um mehrere Centimeter länger als die Sonde sein und in diese sich leicht einschieben lassen muss. Vor dem Gebrauch muss der Mandrin gut mit Oel oder Salepschleim bestrichen werden, sonst kann man ihn nach Einführung der Sonde aus dieser nicht herausziehen. Beim Einkauf der Sonde achte man darauf, dass die Augen gut abgerundet, nicht mit scharfen Rändern versehen sind, sowie darauf, dass das blinde Ende der Sonde nicht zu seicht ist, das unterste Auge also der Spitze nicht zu nahe liegt, sonst schlüpft die Spitze des Mandrins gar zu leicht aus diesem Auge heraus und könnte verletzen oder dem Kranken wenigstens Schmerzen bereiten. Dieses Vorkommniss vermeidet man ferner am

besten dadurch, dass bei der Einführung das unterste Auge stets nach
der Bauchseite des Kranken, also nach der concaven Seite der Sonden-
krümmung sehen muss. Unter diesen Vorsichtsmassregeln ist es unnöthig, durch Anlegen eines Quetschhahns an dem oberen Ende der
Sonde den Mandrin in letzterer zu fixiren, es genügt, beim Vorschieben
der Sonde diese mit dem Finger fest zu packen und gegen den Mandrin
zusammenzupressen.

Die beiden anderen Sorten von Sonden sind für sich steif genug,
um ohne Mandrin eingeführt werden zu können. Die englische (rothe)
Sonde muss sogar vor dem Gebrauch durch Einlegen in warmes Wasser
erst biegsam gemacht werden. Auch unter diesen sind unten offene,
glatt abgeschnittene Sonden zu verwerfen und nur solche mit gut abge-
rundeter Spitze zu wählen. Die schwarzen (französischen) Sonden verbinden
mit dem richtigen Grad der Stärke eine herrliche Schmieg- und Bieg-
samkeit und sind namentlich für Sondirungen von engen Stenosen entschieden das beste Material, nur schade, dass sie so leicht Brüche bekommen. Auch einem recht geübten Untersucher mit schonender Hand
kann es passiren, dass er nach einander zwei oder drei solcher zudem
ziemlich theuren Sonden opfert, und eine Sonde, die einen Bruch bekommen hat, darf zum anderen Male nicht mehr eingeführt werden.
Dem gegenüber ist (das allerdings noch theurere) Jaque's Patent
nahezu unverwüstlich, namentlich bei häufigem Gebrauch; ruht die
Sonde aber ungebraucht im Kasten, so wird der Gummi nach etwa
4 Jahren steif und brüchig; manchmal gelingt es durch Einlegen in
warmes Wasser und starkes Dehnen Zoll für Zoll die alte Elasticität
wieder hervorzurufen.

Bevor man sich entschliesst, die Sonde einzuführen,
muss stets durch eine sorgfältige Untersuchung ein Aneurysma der Aorta ausgeschlossen sein.

Bei der Einführung der Sonde soll der Patient, wenn es angeht,
sitzen. Die Sonde wird mit Wasser benetzt und mit der rechten
Hand ca. 10 cm von der Spitze ergriffen. Die Spitze wird auf den
Rücken des linken Zeigefingers diesem möglichst parallel gelegt und
der linke Mittelfinger darüber aufgedrückt, so dass die Spitze die
Finger um etwa 2 cm überragt. So wird die Sonde in den weit geöffneten Mund des Kranken etwas links von der Mittellinie ein- und
bis nahe an die hintere Pharynxwand gebracht mitsammt den sie fest-
haltenden beiden Fingern der linken Hand. Dortselbst gibt der Mittelfinger der Sondenspitze die erforderliche Biegung nach unten, worauf sie
durch die rechte Hand vorgeschoben wird. So gelingt es bei einiger
Uebung die schwierigste Stelle zu passiren, die hinter der Platte des
Ringknorpels gelegen ist; leichter ist dies, wenn der Patient den Kopf
mässig nach vorn beugt, als wenn er denselben nach hinten streckt,
wie dies die meisten aus Angst und Scheu vor der Sonde thun. Bei
Ungeübten wird häufig sofort ein Würgreflex hervorgerufen oder die
Zeichen drohender Erstickung treten ein. Es folgt der energische Be-
fehl, laut „a" zu sagen. Gelingt dies, so ist man sicher nicht in der
Glottis und die Sonde wird ruhig und sicher vorgeschoben, wobei man
den Patienten auffordert, tief zu athmen; hierdurch wird der Würgreiz
am besten niedergekämpft. Ist die Sonde etwa einen Decimeter weit
nach unten vorgeschoben, so wird der Mandrin herausgezogen und die

leere Sonde kann dann in der Regel auch ohne diesen nach unten gebracht werden. Das Vorschieben muss mit schonender, feinfühlender
Hand geschehen, beim ersten gefühlten bedeutenderen Widerstand
unterbrochen werden. Das Herausziehen der Sonde ist eine einfache
und leichte Sache; glaubt man mit der Sonde im Magen gewesen zu
sein, so darf sie aber nicht ohne Weiteres herausgezogen werden.
Durch das Pressen und Würgen könnte die Magenschleimhaut in ein
Auge der Sonde gedrängt worden sein und würde beim Herausziehen
nothwendig abgerissen werden. Dies lässt sich vermeiden, wenn man
an die Sonde durch ein kurzes gläsernes Verbindungsstück einen Schlauch
mit Trichter ansetzt, letzteren durch eine assistirende Person mit Wasser
füllen und hochhalten lässt und dann erst die Sonde herauszieht. Dabei
wird allenfalls gefangene Schleimhaut durch den Wasserdruck aus dem
Auge der Sonde herausgebracht.

Bei Kindern thut man gut, sich vor dem Beissen durch einen
Kork zu schützen, der zwischen die Backzähne geklemmt wird, bei
Erwachsenen hat man nur sehr selten Gelegenheit, die Ausserachtt-
lassung dieser Vorsichtsmassregel zu bereuen. Aengstlichkeit und
Widerspenstigkeit von Seite der Kranken wird am besten durch
sehr energischen, befehlartigen Zuspruch bekämpft, vor Allem auch
durch möglichste Abkürzung der Vorbereitungen. Zu letzteren gehört übrigens als unerlässliche auch die Reinigung der eigenen
Hände und zwar vor den Augen des Kranken. Die wieder heraus-
gezogene Sonde muss sofort genau besichtigt werden, ob Blut an
der Spitze klebt, ob Schleimhaut mit herausgerissen wurde, ob die
Sonde selbst Schaden gelitten hat. Auch die oben angeführte Vorsichtsmassregel verhütet ein Läsion der Magenschleimhaut keineswegs
immer. Mir ist es nach langjähriger, ohne Unfall verlaufener Uebung
mehrmals nach einander passirt, dass ich (bei der Ewald'schen Expressionsmethode) kleine Stückchen Schleimhaut mit der Sonde nach
oben befördert habe, trotz aller angewandten Cautelen. Es ist dies
begreiflich: wenn der Kranke mit Gewalt pressen muss, kann er die
Magenschleimhaut nicht nur in das Sondenauge hineindrücken, sondern
auch, und ohne dass wir dies bei einer weichen Sonde hindern könnten,
diese selbst dann verschieben, wodurch das gefangene Schleimhautstück
leicht abgerissen werden kann. Einen Schaden hievon habe ich nicht
beobachtet, immerhin empfiehlt es sich, ebenso wie dann, wenn Blut-
spuren an der Sonde oder im Spülwasser bemerkt werden, dem
Patienten den Rath zu geben, Speisen und Getränke zunächst nur kühl
zu sich zu nehmen und am besten 24 Stunden im Bett zu bleiben.
Bei Blutungen kann man 8 Tropfen Liquor Ferri sesquichlorati in
einem Weinglas (destillirten) Wassers nehmen lassen.

Die Diagnose einer Verengerung der Speiseröhre wird durch den
Widerstand gegeben, welchen die Sonde bei ihrem Vordringen an einer
bestimmten Stelle findet. Man markirt mit dem Finger die Stelle der
Sonde, die an den Schneidezähnen liegt und misst nach dem Herausziehen die Länge bis zur Sondenspitze. Die Entfernung von den
Schneidezähnen bis zur Cardia beträgt bei einem Erwachsenen von
mittlerer Grösse 42 cm. Beträgt die gefundene Länge nun gerade so
viel, so sitzt eine Stenose an der Cardia, beträgt sie weniger, so sitzt
sie im Oesophagus weiter oben. Im ersteren Fall kann, wenn Zweifel

bestehen, ob man im Magen war, die Reaction des mitgebrachten
Schleims an der Sonde die Entscheidung geben. Man drückt blaues
Lakmuspapier darauf, röthet es sich nicht, so hatte die Spitze sicher
nicht in den sauren Mageninhalt eingetaucht. Das Gefühl des Widerstandes ist manchmal ein trügerisches, indem ein Krampf des Oesophagus die Sonde festklemmen kann. Dies verräth sich schon dadurch,
dass der nämliche Widerstand sich auch dem versuchten Herausziehen
der Sonde entgegenstellt. Man warte einige Zeit und kann dann häufig
mit Leichtigkeit nach Abklingen des Krampfes die Sonde weiter nach unten
und bis in den Magen selbst führen. Ist trotz schonender Einführung an
der Spitze der herausgezogenen Sonde Blut, so spricht dies mit Sicherheit für eine Stenose und zwar für eine carcinomatöse.

Es empfiehlt sich, die Sondirung mit einer weichen Sonde von
ca. 1 cm Durchmesser zu beginnen, bringt man diese anstandslos bis
in den Magen, so kann eine Stenose als ausgeschlossen betrachtet
werden. Findet man eine Verengerung, so muss der Grad derselben
durch Einführung dünnerer Sonden festgestellt werden, und da sind
dann die steifen Sonden, namentlich die französischen am Platz, von
denen man zu diesem Zweck ein Sortiment verschieden dicker Nummern
vorräthig haben muss.

Erweiterung der Speiseröhre. Divertikel.

Allgemeine Erweiterung der Speiseröhre findet sich sehr
selten und ist nicht sicher zu diagnosticiren. Anhaltspuncte für die
Annahme einer solchen geben Schlingbeschwerden (ähnlich wie
bei der Stenose), aber mit völlig entgegengesetztem objectiven Befund:
leichtes Hinabgleiten der Sonde, rasch eintretendes Durchspritzgeräusch.

Partielle Erweiterungen stellen sich nicht selten oberhalb
einer Stenose ein. Characteristisch für sie ist das Erbrechen oder
Heraufwürgen von Speisen in grösserer Menge, als sie im normalen
Oesophagus Platz finden können, einige Zeit nach der Mahlzeit oder
diese unterbrechend. Die regurgitirten Speisen sind natürlich völlig
unverdaut und enthalten keine Magensäure. Auch durch Abtasten
mittels der (steifen) Sonde oberhalb der Stenose kann man die allseitige
Erweiterung feststellen.

Von den Divertikeln können nur die grösseren (Pulsions-)
Divertikel diagnosticirt werden, sie befallen fast ausschliesslich die
hintere Wand des Oesophagus und zwar in der Gegend der Ring-
knorpelplatte. Ist das Divertikel mit Speisen gefüllt, so comprimirt
es den Oesophagus und setzt also eine Stenose, ausserdem kann der
Sack als eine sicht- und fühlbare Geschwulst neben der Trachea erscheinen, deren Grösse mit der Füllung zu- und abnimmt. Bei der
Untersuchung kommt man häufig mit der Sonde in das blinde Ende
des Sacks, also nicht mehr weiter, andere Male neben dem Divertikel
vorbei und glatt in den Magen. Dieser Wechsel ist, wenn vorhanden,
charakteristisch für das Divertikel. v. Leube hat eine besondere
Divertikelsonde angegeben, mit der die Diagnose des Leidens leichter
gelingt. Das untere Ende kann willkürlich im Winkel abgebogen
werden; kommt man mit dieser Sonde in das muthmaassliche Divertikel,

so zieht man sie zurück, biegt um, schiebt wieder vor und gelangt so mitunter ohne Weiteres am falschen Weg vorbei und nach unten in den Magen.

Krankheiten des Magens.

Magenerweiterung. Gastrectasie.

Klinisch ist, wie Ewald bemerkt, zu unterscheiden der zu grosse Magen (Megalogastrie), der als angeborene oder erworbene Abnormität an und für sich nicht pathologisch und „dessen anatomisch-abnormer Zustand functionell compensirt" ist, und die eigentliche Dilatatio ventriculi oder Gastrectasie, welche mit einer krankhaften Störung der Function verknüpft ist. Ich glaube nur einmal einen grossen Magen von bedeutenden Dimensionen beobachtet zu haben, und zwar bei einem gesunden Japaner, bei dem vielleicht der stete Genuss von fast ausschliesslicher Reisnahrung (natürlich in relativ sehr grossen Mengen) die Abnormität verschulden mochte. Für die physikalischen Untersuchungsmethoden allein ist übrigens eine Trennung des grossen und des dilatirten Magens nicht möglich, wir können mittelst derselben nur den Grad der Ausdehnung des Magens bestimmen, ohne Rücksicht auf die Ursache, es sei denn, dass es sich um eine Stenose am Pförtner, also um eine augenscheinlich secundäre Dilatation handelt.

Die sicht- und fühlbare Vortreibung der Magengegend, das leichte und tiefe Hinuntergleiten der Magensonde, das laute Plätschergeräusch sind Alles nur Dinge, welche eine Erweiterung wahrscheinlich machen; wichtiger ist ein eigenthümlich fein brodelndes Geräusch, wie bei einer entkorkten Selterswasserflasche, auf das Pauli zuerst aufmerksam gemacht hat, und das man in vielen Fällen von Gastrectasie mit gährendem Mageninhalt hören kann. Sicheren Aufschluss gibt nur die Abgrenzung des Magens nach unten (und oben, um Verwechslung mit Gastroptose zu vermeiden), während die genaue Bestimmung auch der seitlichen Grenzen immer eine missliche Sache ist. Nach v. Leube's Vorgang kann man eine steife Sonde möglichst tief (aber schonend!) in den Magen einführen und versuchen, die Spitze durch die Bauchdecken zu palpiren, was gelingt, wenn diese dünn sind. Findet man die Sondenspitze unterhalb der Nabelhöhe, so ist eine Erweiterung sicher gestellt. Schreiber hat an das Ende der Sonde einen dünnen Gummiballon befestigt, der nach der Einführung mit Luft stark aufgeblasen wird und den man ebenfalls fühlen kann. Wichtiger ist die Percussion der unteren Magengrenze, bezüglich deren auf früher Gesagtes verwiesen werden muss. Die Dämpfung, welche das eingegossene Wasser erzeugt, verschwindet in der Rückenlage; hiemit ist aber, wie Ewald richtig bemerkt, durchaus noch keine Sicherheit dafür gegeben, dass sie dem Magen angehört, denn auch ein zum Theil mit flüssigem Inhalt gefülltes Quercolon kann den nämlichen „Schallwechsel" liefern; beweisend ist es nur, wenn der Schallwechsel ausbleibt, nachdem man das Wasser aus dem Magen wieder abgelassen hat. Diese Controle ist aus noch anderen Gründen stets nöthig, desswegen ist die Füllung des Magens mittels der Sonde dem Vorschlage Dehio's, wonach der Patient nüchtern in vier Absätzen $1/4$ l Wasser trinken muss, unbe-

dingt vorzuziehen. Das Entleeren der Flüssigkeit geschieht in der einfachsten Weise durch Aushebern, indem man den gefüllten, durch einen
Gummischlauch mit der Sonde verbundenen Trichter unter die Höhe
des Magens senkt. Bevor die Sonde herausgezogen wird, muss der
Trichter immer noch einmal hoch erhoben werden (vgl. p. 200). Findet
sich der untere Rand der Dämpfung unter Nabelhöhe und kann ein
Herabtreten des Magens in toto (vgl. Gastroptose) nicht nachgewiesen
werden, so ist der Magen wenigstens augenblicklich zu weit. Wird
dieser tiefe Stand der unteren Magengrenze nur bei starker Füllung
wahrgenommen und zieht sich die Grenze mit dem Aushebern der
Flüssigkeit wieder auf normale Breite zurück, so handelt es sich nur
um eine Schwäche der Wand, Atonie des Magens, im anderen Fall
um wirkliche Erweiterung.

Nach den Angaben der erfahrensten Autoren (v. Leube,
Ewald u. A.) muss daran festgehalten werden, dass ein normaler
Magen nie unter Nabelhöhe hinabreicht. Auch die neuen Untersuchungen
von Meltzing (unter Leitung von Martius), in welchen die Magengrenze durch „optische Abtastung" mittels elektrischer Durchleuchtung
bestimmt wurde, können vorläufig daran nicht irre machen. Es scheint
bei diesen Untersuchungen der principielle Fehler begangen worden zu
sein, dass die äusserste Grenze des wahrnehmbaren Lichtscheins zugleich
auch als Magengrenze gedeutet wurde, während selbstverständlich nur
die Mitte des Lichtscheins einen Anhalt zur Ortsbestimmung des
Glühlichtes abgeben kann. Aus diesem Grunde steht auch das, was
dabei über die Lage und Configuration des Magens gesagt wurde, noch
auf recht schwachen Füssen. Auch neuere Untersuchungen, die mit
Berücksichtigung des erwähnten Umstandes ausgeführt werden müssten,
könnten im besten Fall nur eine Umgrenzung des Theiles vom Magen
liefern, wohin gerade die Sondenspitze mit dem Glühlicht gelangen
kann und insoweit sie bei ihrer Wanderung sich nicht allzusehr von
der Bauchwand entfernt. Rechte und linke Grenze sind also nur sehr
unsicher zu bestimmen und eine Abgrenzung von einer dünnen überlagernden Leberschichte ist auch nicht möglich.

Eine genaue Bestimmung des Volumens des Magens ist bis jetzt
nicht möglich. Füllt man den Magen mit Wasser, so weiss man nicht,
wann er voll ist, bläst man ihn (nach Ewald mit einem Doppel-
gebläse) ad maximum mit Luft auf, so entweicht dabei eine uncontrolirbare Menge durch den Pylorus in den Darm (Kelling und
Ewald), abgesehen davon, dass man nicht wissen kann, wie viel
Fluidum oder wie viel Gas schon vorher im Magen war.

Bei der Gastroptose (Descensus ventriculi) steht nicht nur die
grosse, sondern auch die kleine Curvatur des Magens abnorm tief. Dies
kann nur erkannt werden, wenn man nach Ewald's Vorgang den
Magen mittels des Doppelgebläses ad maximum mit Luft füllt und den
tiefen, vollen Schall percussorisch abgrenzt. Oberhalb der kleinen
Curvatur findet man die Dämpfung oder tympanitischen Schall von
anderer Höhe, auch kann über dem Magen das Pankreas als ein
länglicher Tumor gefühlt werden. Uebrigens kommt die Gastroptose
selten allein vor, sondern meist vergesellschaftet mit Verlagerung der
Leber, der Nieren, auch des Colon transversum nach unten (En-
teroptose).

Ueber die Tumoren des Unterleibs, Ascites, Peritonitis, ist im allgemeinen Theil schon das Erforderliche gesagt worden. Auch bezüglich der

Krankheiten der Leber

verweisen wir auf den allgemeinen Theil; an dieser Stelle wissen wir keine bessere Synopsis der klinischen Bilder zu geben als sie in v. Leube's „Specielle Diagnose der inneren Krankheiten" in tabellarischer Anordnung*) sich findet. Hienach besteht:

Verkleinerung der Leber bei: einfacher Atrophie, atrophischer Muskatnussleber, Cirrhose, Leberlues (atrophische Form, übrigens selten), acuter gelber Leberatrophie.

Vergrösserung bei: Leberabscess, Diabetesleber, Fluxionshyperämie, Icterusleber, Fettleber, passiver Hyperämie, Leberlues, I. Stadium der Lebercirrhose, Leukämie, bindegewebiger Hyperplasie, Amyloid, Carcinoma hepatis, Echinococcus hepatis.

Die Consistenz ist weich (bis fluctuirend) bei: Fettleber, Leberabscess, Echinococcus;

derb, etwas härter als normal, bei: einfacher Atrophie, Icterusleber, Hyperämie;

hart bei: Cirrhosis, Luesleber, bindegewebiger Hyperplasie, Echinococcus multilocularis (weich werdend), Amyloid, Carcinom.

Der Leberrand ist glatt bis scharf bei: Fettleber, Icterus, Hyperplasie (zuweilen leicht gerundet), Echinococcus, einfacher Atrophie;

dick, abgerundet bei: Fettleber, Hyperämie, Amyloid;

höckerig-lappig bei: Cirrhose (in seltenen Fällen überhaupt fühlbar), Abscess, Carcinom, Leberlues.

Die Oberfläche ist glatt bei: Cirrhose im I. Stadium, Hyperämie, Fettleber, Icterusleber, Elephantiasis, Amyloid, Leukämie, Diabetes, acuter gelber Leberatrophie;

höckerig bei: Cirrhose, Abscess, Luesleber, Carcinom, Echinococcus.

Icterus fehlt bei: Amyloid, Pylephlebitis adhaesiva, Fettleber;

ist selten bei: Echinococcus, Leberlues (bei diesen beiden dann vorhanden, wenn Gallengänge direct getroffen werden), Leberabscess;

ist häufig bei: Hyperämie, Echinococcus multilocularis, Cirrhose, Carcinom, Elephantiasis, acuter gelber Leberatrophie, Icterusleber.

Ascites fehlt bei: Fettleber, Elephantiasis, Icterusleber, Echinococcus, Abscess;

ist vorhanden bei: Carcinom, Lues mit Vernarbung, Cirrhose, Pylephlebitis (speciell) adhaesiva, Amyloid (bei diesem durch die Grundkrankheit), Echinococcus multilocularis, Hyperämie (in späteren Stadien constant).

---

*) So geordnet, dass im Allgemeinen in jeder Reihe das Symptom der betreffenden Krankheit mehr zukommt als der vorher genannten.

Schmerz ist vorhanden bei: Echinococcus multilocularis, acuter
gelber Leberatrophie, Carcinom, Leberlues, Abscess.

Milzvergrösserung fehlt bei: Carcinom, Fettleber;
ist vorhanden bei: Echinococcus simplex (selten durch Stauung
im Pfortadersystem), Leberhyperämie, Echinococcus multilocularis, Leberlues, Cirrhose, hypertrophischer Cirrhose, Amyloid,
acuter gelber Leberatrophie, Abscess (bei den beiden letzten
durch allgemeine Infection).

Untersuchung des Nervensystems.

Allgemeine Symptomatologie.

Krankheitsprocesse, die das Nervensystem befallen, können in
zweierlei Weise wirken. Entweder wird der ergriffene Theil ange-
trieben, seine normalen Functionen in pathologisch gesteigertem Maasse
auszuüben, er geräth in „Reizzustand" oder wird in höherem oder
niederem Grade unfähig gemacht, diese seine Functionen zu bethätigen,
es stellt sich ein „Lähmungszustand" ein. Nicht alle Theile sind
reizempfänglich, aber alle können gelähmt werden. Oft genug ruft
die nämliche Krankheitsursache im Anfang ihrer Wirkung und wenn
sie gelinder auftritt, Reizung, später aber, oder wenn sie stärker ein-
greift, Lähmung hervor. Eine dritte Qualität der Beeinflussung des
Nervensystems durch Krankheitsprocesse gibt es nicht. Auch jene
Störungen, z. B. der Psyche oder der Sprache, welche ohne Weiteres
nicht als Steigerung oder Schwächung der normalen Thätigkeit, sondern als Aenderung in der Qualität der letzteren imponiren, müssen
sich ausnahmslos bei genauerer Analyse auf nur quantitative Aenderungen der Componenten zurückführen lassen, als deren Resultante die
Leistung des oder der betreffenden Hirnabschnitte im gesunden und im
kranken Zustand anzusehen ist. Es gilt dies nicht nur für das Gehirn,
sondern für das Nervensystem ganz im Allgemeinen, ja höchst wahrscheinlich für den ganzen Organismus, auch für die feinsten Vorgänge
in den Zellen. Selbst bei sehr complicirten Vorgängen in letzteren,
wie sie gewissen Stoffwechselerkrankungen unzweifelhaft zu Grund
liegen, dürfte der ganze Krankheitsprocess nur auf einseitige exces-
sive Steigerung, mehr oder minder bedeutende Herabsetzung normaler
Vorgänge, nicht auf Schaffung ganz neuer Wirkungsqualitäten zurückzuführen sein.

Gebiet der centrifugalen Nerven.

Die Symptome von Reizzuständen auf dem motorischen Gebiet sind
bekannt unter dem Namen der Krämpfe, Spasmen und der Convulsionen. Bestehen letztere aus einzelnen auf einander folgenden
Zuckungen, so spricht man von klonischem Krampf oder Klonus,

folgen die einzelnen Zuckungen so rasch auf einander, dass zwischen ihnen die Muskelfaser nicht Zeit findet zu erschlaffen, sondern kürzere oder längere Zeit contrahirt bleibt, so haben wir einen Tonus, einen tonischen Krampf oder einen Tetanus vor uns. Einen Muskel, der überhaupt seinen verkürzten Zustand beibehält, nennt man contracturirt und spricht dann von einer Streck- oder Beugccontractur, je nachdem die Strecker oder die Beuger eines Gliedes in einem solchen Verhalten beharren.

Lähmungen auf dem Gebiet der Motilität werden mit diesem Namen schlechtweg bezeichnet. Die geringeren Grade heissen Paresen, die vollständigen Lähmungen, bei denen jede Spur von activer Beweglichkeit aufgehoben ist, Paralysen.

Lähmungen, welche nicht zugleich mit Reizerscheinungen, wirklichen oder anscheinenden Spasmen (Contracturen u. s. w.) verbunden sind, heisst man „schlaffe Lähmungen", während man im entgegengesetzten Fall von „spastischen Lähmungen" spricht. Eine „atrophische Lähmung" wird angenommen, falls die gelähmte Musculatur einen bemerkbaren Schwund aufweist und die elektrische Untersuchung partielle oder complete Entartungsreaction (siehe später) ergibt. Je nach dem Sitz der Läsion oberhalb oder unterhalb der Nervenkerne handelt es sich um eine centrale oder periphere Lähmung, je nach der Ausbreitung der letzteren erscheint eine auf die Hälfte des Körpers verbreitete und beschränkte Lähmung (Hemiplegia) oder sie ergreift beide Körperhälften, aber nur in bestimmter Höhenausdehnung — Paraplegia (beide Arme sind gelähmt: Paraplegia superior, beide Beine: Paraplegia inferior). Ist nur ein einziges Glied, dieses aber mit allen seinen motorischen Aesten an der Lähmung betheiligt, so ist das eine Monoplegia. Lähmung eines einzigen Nerven wird als Nervenlähmung (Radialis-, Facialislähmung u. s. w.) schlechtweg bezeichnet.

Von den motorischen Reizerscheinungen werden folgende Formen unterschieden. Die Krämpfe können nicht nur als reiner Tonus oder Klonus, sondern auch als „gemischte", „klonisch-tonische" auftreten. Tonischer Krampf der Kaumuskeln heisst Kiefersperre, Trismus, der Nackenmuskeln Genickkrampf oder Opisthotonus, welcher sich auch auf die langen Strecker der Wirbelsäule verbreiten kann und dann zum Orthotonus führt. Weit verbreitete tonische Anspannung der Körpermusculatur heisst Tetanus im engeren Sinn des Wortes. Geringere Grade von pathologischer Muskelspannung werden mit dem Namen Muskelrigidität belegt. Rhythmische Hin- und Herbewegungen der Extremitäten u. s. w. bilden das Zittern, den Tremor, der sich bei auffallender Stärke der Excursionen bis zum „Schütteln" steigern kann. Verschwindet der Tremor in der Ruhe und kommt bei willkürlichen Bewegungen, oder wird er wenigstens durch letztere ausnehmend verstärkt, so nennt man diesen Tremor Intentionszittern.

Intentionskrämpfe (Seeligmüller) bestehen in einem Spasmus der Muskeln, der durch intendirte Bewegungen angeregt wird. Die „Myotonie" befällt meist, aber nicht ausschliesslich die innervirten Muskeln, manchmal ergreift sie auch andere Muskelgruppen, z. B. die Antagonisten zugleich oder auch allein. Der Spasmus kann auch ausgelöst werden durch faradische Reizung der Muskeln; er tritt bei mässig starken Strömen ein und überdauert die Reizung verschieden lange Zeit. Bei schwachen Strömen hat man eine Undulation an den Muskeln, ein Muskelwogen wahrgenommen, Süsskandt hat solches auch bei galvanischer Reizung der Muskeln (bei Thomsen'scher Krankheit) beobachtet, wo „wellenförmige Contractionen in rhythmischer Folge über die Muskelgruppe von der Kathode gegen die Anode hinzogen". Myotonie kommt am häufigsten bei der Thomsen'schen Krankheit vor (Myotonia congenita, Strümpell) und hier sind es meist die Finger und Zehen, welche in eigenthümlicher Weise langsam gespreizt und extendirt werden und für einige Zeit bleiben.

Diese Form der Bewegung wird als Athetose bezeichnet. Athetotische Bewegung bei Thomsen'scher Krankheit kommt selten an Armen und Beinen vor, Eichhorst hat sie auch an den Muskeln der Lippe, des Nasenflügels, des Unterkiefers gefunden.

Von Krankheitsprocessen, welche das immerhin seltene Symptom der Myotonie aufweisen, seien noch genannt: disseminirte Sklerose (Erb), Paralyse mit Irresein, acute aufsteigende Paralyse, encephalitische Hemiplegie bei einem Kind (Leyden), Amyotrophia progressiva hypertrophica (v. Frankl-Hochwart), Hysterie (v. Frankl-Hochwart, Talma). Ich habe selbst eine exquisite Myotonie bei einem 20jährigen Mädchen an den Streckern der rechten Hand gesehen, die Diagnose auf hysterischen Character der Affection wurde durch eine überraschend schnelle Heilung durch den elektrischen Pinsel bestätigt.

Förmliche Contracturen nach activen Bewegungen sind gesehen worden bei verschiedenen Rückenmarkskrankheiten (Leyden), Tabes spastica (Strümpell), Wirbelcaries und sec. Myelitis, amyotrophischer Lateralsklerose (v. Frankl-Hochwart).

Als Paramyotonia congenita hat Eulenburg Fälle beschrieben, bei welchen die Steifheit der Muskeln durch Kältereiz ausgelöst wurde. Auch hier gelang es, durch Galvanisation oder Faradisation das Phänomen hervorzurufen, bei längerer Dauer der Procedur fiel die Contraction immer kürzer aus und verschwand schliesslich ganz, ein Verhalten, das sich bei den andern Formen von Myotonie auch nach häufigen, willkürlich intendirten Bewegungen zeigen soll (Jolly).

Treten klonische, tonische und gemischte Convulsionen in Anfällen auf, wie man dies am häufigsten bei der Epilepsie beobachtet, so werden sie epileptiforme genannt; sie können halbseitig, allgemein oder, auf einzelne Nervengebiete beschränkt, als partielle erscheinen.

Alle bis jetzt betrachteten Krampfarten haben das Gemeinsame, dass die Action der Musculatur vollständig planlos, kein regelmässiges Zusammenwirken synergischer Musculatur erfolgt.

Im Gegensatz hiezu stehen die sogenannten statischen oder coordinirten Krämpfe, indem bald von einzelnen Gliedmassen bestimmte vollständig coordinirte Bewegungen ausgeführt werden, welche sich von normalerweise activ ausgeführten nur dadurch unterscheiden, dass sie ganz unabhängig vom Willen des Kranken auftreten — Zwangsbewegungen — bald sich die sogenannten Zwangslagen einstellen, in welche sich, wieder ganz ohne vom Patienten gewollt zu sein, der Körper oder ein Theil desselben, durch regelrechte aber

„spontanes" Functioniren, hauptsächlich der Rumpfmusculatur begibt. Hieher gehört auch das Symptom der Propulsion und Retropulsion, wobei der Kranke, passiv nach vorn oder auch nach hinten gestossen, nicht anhalten kann, in schiessendes Laufen geräth, bis er anstösst oder aufgehalten wird (Paralysis agitans).

Uebergangsformen stellen die choreatischen Bewegungen dar, bei denen combinirtes Zusammenwirken der Muskeln nicht zu verkennen, denen aber auf der andern Seite planloses Herumfahren eigenthümlich ist.

Zu den coordinirten Krämpfen gehören auch in Anfällen auftretende sehr complicirte Bewegungen: die Wein-, Lach-, Nieskrämpfe und andere. Fast stets sind solche der Ausdruck von Hysterie.

Auch die sogenannten „Mitbewegungen", welche sich mitunter bei richtig intendirten und ausgeführten Bewegungen in anderen Muskeln, welche der ganze Vorgang gar nichts angeht, einstellen, gehören in die Kategorie der motorischen Reizerscheinungen. So können gelähmte Glieder bei Bewegung der contralateralen gesunden in Mitbewegung gerathen. Treten klonische Zuckungen nur in einzelnen Muskelbündelchen auf, so dass dieselben bald da, bald dort im Muskelbauch vorspringen, so werden dieselben fibrilläre Zuckungen genannt, sie werden zum Muskelwogen, wenn alle oder fast alle Fibrillen dabei abwechselnd an die Reihe kommen, so dass die ganze Oberfläche des Muskels in fortwährender Unruhe sich befindet. Den anderen Grenzpunct grösster örtlicher Verbreitung stellt die „allgemeine motorische Unruhe" dar, bei welcher die Kranken den unaufhörlichen, unmotivirten Drang zeigen, mit allen Muskeln combinirte Bewegungen auszuführen, Ortsveränderungen vorzunehmen, mit den Händen zu tändeln, zu sprechen, hüpfen u. s. w.

Reizsymptome sind immer der Ausdruck dafür, dass entweder ein abnormer Reiz auf die motorische Bahn einwirkt (z. B. Tumor an der vorderen Centralwindung), oder dass ein Zustand grösserer Erregbarkeit im motorischen System Platz gegriffen hat, so dass auch Reizen, die für gewöhnlich wegen ihrer Schwäche keinen Effect zu äussern vermögen, dies jetzt gelingt (z. B. bei Entzündungszuständen, Anämie), oder endlich, dass beide Momente mit einander concurriren. Ob das eine oder das andere vorliegt, darüber gibt kein Reizsymptom zunächst auch nur den geringsten Aufschluss. Nur ob der Reiz, der, wenn auch in normaler Stärke, immer zum Auslösen irgendwelcher Krampfform gehört, im Centrum oder in der Peripherie einwirkt, ist mitunter leicht zu sagen. Im letzteren Fall vermag der z. B. an der Haut oder den Sehnen angreifende Reiz, natürlich auf sensiblen Bahnen fortgeleitet, erst in einem Centrum sich auf das motorische Gebiet zu übertragen, er wirkt auf dem Weg des Reflexes (reflectorische Krämpfe), im ersten Fall spricht man von central bedingten Krampfformen.

Der ganze motorische Nervenapparat ist wesentlich aus zwei centrifugal, aber entgegengesetzt wirkenden Fasersystemen zusammengesetzt. Während die einen die Erregung vom Centrum zum Muskel leiten und denselben in Contraction versetzen, schwächen die letzteren diese Wirkung, sie werden desshalb als Hemmungsfasern bezeichnet. Auf dem richtigen quantitativen und zeitlichen Zusammenwirken beider Systeme

beruht die Fähigkeit des Menschen, die Bewegung seiner Muskeln zu
einer zielbewussten zu machen, so dass weder ein Zurückbleiben in der
Excursion eines Gliedes, z. B. hinter dem gesteckten Maass, noch ein
Ueberschreiten desselben in irgend welcher Richtung stattfinden kann.
Die richtige Abwägung in der Innervation der erregenden und der
hemmenden Fasern lernt das Individuum erst mit der Zeit, für feinere
Abstufung bei complicirten und difficilen Bewegungen wie beim Schreiben,
Sprechen, Singen, Spielen von Instrumenten u. s. w. regelmässig erst
durch sehr lange Uebung; sie wird mit dem Namen der Coordination
bezeichnet, die Bewegungen, welche daraus resultiren, nennt man
coordinirte. Dabei ist noch zu bedenken, dass keine einzige willkürliche Bewegung der Gliedmassen Wirkung der Contraction eines
einzigen Muskels oder einer einseitig wirkenden Muskelgruppe (der
Flexoren beispielsweise beim Ballen der Faust) ist, sondern dass regelmässig eine genau abgestufte Gegenwirkung von Antagonisten hiezu benöthigt wird, ein Verhältniss, das man mit Duchenne,
dem berühmten Entdecker desselben, mit dem Namen der synergi-
schen Function bestimmter Muskeln und Muskelgruppen belegt.

Wo die Fähigkeit geschädigt wird, die Innervation der erregenden
und hemmenden Fasern für die einzelnen Muskeln und synergisch wirkenden Antagonisten richtig abzustufen, da kommt es zur Ataxie und
zum Auftreten von atactischen Bewegungen.

Zu den centrifugal leitenden Nerven gehören auch die vasomoto-
rischen Nerven, ferner jene, welche die Secretion von Drüsen
beherrschen, die Vasomotoren und jene, welchen trophische Einflüsse auf
die von ihnen versorgten Gewebe (Muskeln, Gelenke, Haut u. s. w.) zugeschrieben werden. Zu den Drüsen, deren Secretion ohne Weiteres beobachtet werden kann und ganz sicher in hervorragendem Maasse vom
Nervensystem beherrscht wird, gehören die Speichel- und die Schweissdrüsen. Speichelfluss (Ptyalismus), Anidrosis, Hyperidro-
sis, sowie vasomotorische Störungen, Erythem, Herpes u. s. w.
sind gelegentlich, namentlich wenn sie einseitig entwickelt sind, wichtige
Zeichen für eine Nervenaffection.

Eine Störung der ebenfalls centrifugal wirkenden trophischen
Einflüsse des Nervensystems kennzeichnet sich, wenn sie auf das
Gebiet einzelner Nerven sich beschränkt, durch eine mehr oder weniger
rasch eintretende Atrophie, welcher die Musculatur, die Gelenk-
enden der Knochen verfallen, in Ernährungsstörungen der
Haut und ihrer Adnexa. Auch der allgemeine Ernährungs-
zustand des Körpers und dessen gesammter Stoffwechsel
werden in hervorragendem Maasse vom Nervensystem, speciell auch vom
Gehirn beeinflusst. Seit Claude Bernard's berühmtem Versuch weiss
man, dass Verletzung einer bestimmten Stelle am Boden des IV. Ventrikels
Ausscheidung von Zucker im Urin, Glycosurie, zu erzeugen vermag.
Genaueres vermag man sonst über die Lage trophischer Centren im
Hirn nicht anzugeben, Thatsache ist, dass bei manchen Hirnkrankheiten,
z. B. Meningitis, sich die tiefeingreifendsten Aenderungen des Stoffwechsels, z. B. ein so rapider Marasmus entwickeln kann, dass man zu
dessen Erklärung wohl oder übel die Schädigung „trophischer Centren"
im Gehirn anzunehmen genöthigt ist.

Gebiet der centripetal leitenden Nerven.

Die centripetal leitenden Nerven vermitteln zum Theil Sinneseindrücke (im weitesten Sinn) dem Bewusstsein, zum Theil wird ihre Erregung nur bis zu niederen, automatischen Bewegungscentren fortgeleitet und dortselbst aufgespeichert, bis von hier aus (ohne Betheiligung der Willkür) motorische Nerven erregt werden und eine Reflexbewegung entsteht. Zu den ersteren gehören alle höheren Sinnesnerven, dann die sensiblen Nerven der Haut, der Schleimhäute, der Muskeln, Sehnen, Fascien, Gelenksbänder. Die einzelnen Qualitäten der zum Bewusstsein gebrachten Empfindungen werden später unterschieden werden. Die centripetal leitenden Nerven der Eingeweide können nur die Allgemeingefühle Schmerz, Hunger, Durst, Begattungsdrang, Ekel dem Gehirn übermitteln, sowie Reflexe auslösen.

Reizzustände auf dem Gebiet centripetaler Fasern führen zu Hyperästhesie, Lähmungen zu Anästhesie im weitesten Sinn des Wortes. Beide können höhere und niedere Grade aufweisen (geringere Grade von Anästhesie werden Hypästhesie genannt); die Anästhesie kann eine unvollkommene und vollkommene sein, beide können als partielle oder totale vorkommen, indem bald nur einzelne Empfindungsqualitäten, die Tast-, Temperatur-, Schmerzempfindung u. s. w., bald alle von der Störung betroffen sind. Für Störungen der Schmerzempfindung hat man die Namen Analgesie, Hypalgesie, Hyperalgesie in Gebrauch, einseitige Störung heisst Hemianästhesie resp. Hemianalgesie. Nicht alle centripetalen Nervenfasern leiten, wie erwähnt, eine periphere Erregung bis zu den psychischen Centren fort, manche dienen bloss als „sensibler Theil eines Reflexbogens", d. h. ihre Erregung vermittelt nicht Perception von Seiten der Psyche, sondern dient lediglich dazu, einen bestimmten Reflex auszulösen. Eine Schädigung dieser Bahnen wird sich also in Störung der Reflexe bemerkbar machen; eine solche tritt aber auch dann ein, wenn der motorische Theil des Reflexbogens oder die zwischen sensiblen und motorischen Ast eingeschalteten Ganglienzellen betroffen sind. Aus diesen drei Theilen setzt sich der „Reflexbogen" zusammen. Dieser steht aber häufig noch unter dem Einfluss von centrifugalen Nervenfasern, welche den ungezügelten Ablauf des Reflexes verhindern, sie werden als reflexhemmende Fasern bezeichnet. Auch Störung dieser reflexhemmenden Fasern verändert den Reflexvorgang, bei Reizung derselben ist der Reflex abgeschwächt, bei Lähmung derselben gesteigert.

Untersuchungsmethoden.

Centrifugal leitende Nerven.

Um Störungen auf dem Gebiet der Motilität zu entdecken, ist vor Allem eine sorgfältige Inspection von der allergrössten Bedeutung. Die Wirkung der Schwere und der Zug antagonistischer Muskeln gibt gelähmten Theilen des Körpers ausserordentlich häufig schon in der Ruhe eine Stellung, welche von der Norm in charcteristischer Weise abweicht und oft schon auf den ersten Blick die wichtigsten Anhaltspuncte für eine Diagnose abgibt. In den meisten Fällen aber ist es unerlässlich, den Patienten mit den auf ihre active Beweglichkeit zu prüfenden Organen ·Bewegungen willkürlich ausführen zu lassen. Vergleichung symmetrischer Theile, wie z. B. beider Gesichtshälften beim Zeigen der Zähne, beim Pfeifen u. s. w. lässt dann leicht auch geringere Störungen der Motilität erkennen. Auch da, wo anscheinend keine Lähmung vorliegt, die Schwere der Glieder vom Patienten noch anstandslos, wie es scheint, überwunden werden kann, vermag man bei der Prüfung der rohen motorischen Kraft geringere Grade der Lähmung zu entdecken, indem man die Patienten auffordert, versuchten passiven Bewegungen den grösstmöglichsten Widerstand entgegenzusetzen, beispielsweise das im Knie gebeugte Bein nicht strecken zu lassen, und durch den Versuch sich davon überzeugt, wie viel Anstrengung es erfordert, den gesetzten Widerstand zu überwinden. Auch ein Arzt von herkulischer Kraft

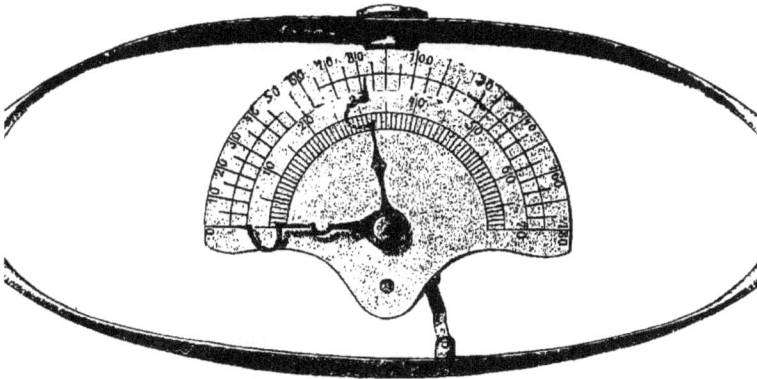

Fig. 47. Dynamometer nach Collin.

vermag bei einem gesunden, sonst weit schwächeren, erwachsenen Individuum die Wirkung des Quadriceps femoris oder der Flexoren des Oberschenkels nicht zu überwinden. An den Oberextremitäten spielt eine Hauptrolle die Prüfung des Händedrucks mit Vergleichung beider Seiten. Es ist rathsam, nicht zwei, sondern nur einen einzigen Finger dem Kranken anzuvertrauen, weil so die Sicherheit der Diagnose bei einiger Erfahrung nicht nothleidet und auch die mächtigste Faust einen einzigen Finger nicht bis zum Schmerz zu drücken vermag, weil er viel zu dünn ist. Oft habe ich gesehen, dass mit Mühe der Arzt die beiden gequetschten Finger aus der Falle befreite, in welche er unvorsichtigerweise gerathen war.

Das Dynamometer (Fig. 47) ist ein Instrument, welches den Druck der zur Faust geballten Hand in Kilogrammen abzulesen gestattet. Presst man die beiden convexen Stahlbügel zusammen, so wird ein Zeiger entlang einer Scala emporgeschoben und dieser nimmt einen zweiten mit, der dann bei Nachlass des Druckes an der höchsten erreichten Stelle stehen bleibt.

Von der allergrössten Bedeutung ist es, den Kranken mit den zu
untersuchenden Gliedmassen die alltäglichen gewöhnlichen Bewegungen
ausführen zu lassen und letztere auf die Promptheit und anscheinende
Kraft, mit der sie vollzogen werden, zu prüfen. Bezüglich der leichtesten
Störungen der activen Motilität ist man in letzter Instanz freilich auf
die subjectiven Angaben der Kranken angewiesen, welche klagen, dass
diese oder jene Bewegung ihnen schwerer als in gesunden Tagen falle,
dass sie das Gefühl von Schwere in einzelnen Gliedern haben, sowie
dass sich bei activen Bewegungen unverhältnissmässig bald das Gefühl
von Müdigkeit einstelle. Derartige Angaben, welche freilich, wie
alle subjectiven Krankheitssymptome überhaupt, stets mit Vorsicht aufzunehmen sind, bilden oft einen integrirenden Bestandtheil aller Krankheitssymptome und der Verlauf des Leidens lässt sie mitunter eine über-
raschende, gar nicht geahnte Bedeutung im Krankheitsbilde gewinnen
und leichtfertige Vernachlässigung derselben rächt sich nicht selten so
schwer, als blindes Vertrauen auf falsche Wege zu führen pflegt.

Die Erkennung von motorischen Reizzuständen erfordert
nur ein offenes Auge und allerdings oft länger fortgesetzte Beobachtung.
Namentlich sind es spontane Contractionen einzelner Muskelbündelchen,
die oben erwähnten „fibrillären Zuckungen", sowie vereinzelte klonische
Zuckungen, welche oft nur bei grosser Aufmerksamkeit und nur ab
und zu als rasch vorübergehende Erscheinungen — von grossem diagnostischen Werth — zu erkennen sind. Fibrilläre Zuckungen kommen
übrigens regelmässig auch bei Gesunden unter dem Einfluss der Kälte
vor, beim Entblössen vorher bedeckter Körpertheile; diese Factoren
müssen ausgeschlossen sein, wenn das Symptom für die Diagnose verwerthbar sein soll. Leicht kann man ferner in Versuchung kommen, da
einen motorischen Reizzustand, einen Tetanus anzunehmen, wo es sich
um nichts Anderes handelt, als um dauernde Contraction der Musculatur
in Folge von Lähmung der Antagonisten (paralytische Contractur). Im
letzteren Fall sieht man bei intendirten Bewegungen von Seiten des
Kranken kein Vortreten der gelähmten Muskelbäuche, diese sind meist,
wenigstens durch Inactivität, deutlich atrophisch. Leichte tonische
Contraction der Muskeln verschwindet oft im Schlaf, jedenfalls in der
Chloroformnarkose, Contractur in Folge von Lähmung nicht. Niemals
wird eine Contractur bei Versuchen, durch passive Bewegungen sie aus-
zugleichen, stärker, im Gegentheil gibt sie in der Regel, wenn auch
nur wenig, nach, während ein Tetanus oft durch solche Versuche noch
gesteigert wird.

Störungen in der Coordination verrathen sich durch das Auftreten von Ataxie. Die activen Bewegungen fallen zweckwidrig aus, indem
das innervirte Glied das Ziel verfehlt, darüber hinausschiesst oder hinter
demselben zurückbleibt. Bestehen höhere Grade von Ataxie, so ist sie
für den, der das Symptom schon gesehen hat, sehr leicht zu erkennen.
Der hastige, fahrige Character der Bewegungen, die sich ruckweise
in einzelnen Stössen und Absätzen vollziehen, ist überaus bezeichnend.
Man braucht nur den Gang bei Störungen auf dem Gebiet der unteren
Extremitäten zu betrachten, mit den Oberextremitäten z. B. einen
Gegenstand, ein Glas Wasser ergreifen zu lassen, um die mangelhafte
Coordination zu erkennen. Die Füsse werden schleudernd vor- und
seitwärts bewegt und unverhältnissmässig stark (mit den Fersen

stampfend) auf den Boden aufgesetzt, das Glas Wasser nach mehr-
maligen Bemühungen erst ergriffen, der Inhalt dann auf dem Weg zum
Munde grösstentheils verschüttet. Leichtere Grade von Coordinations-
störungen entdeckt man, indem man den Patienten in Rückenlage mit
dem Fuss einen Kreis in der Luft beschreiben, der eckig ausfällt, oder
die vorgehaltene Hand mit der Fussspitze berühren lässt, wobei das
Ziel verfehlt wird. Bei Störungen auf dem Gebiet der oberen Extremitäten lässt man den Kranken seine Kleidungsstücke auf- und zu-
knöpfen, eine Nadel einfädeln u. s. w., was gesunde weibliche Individuen
jedenfalls viel besser fertig bringen müssen, als der Arzt; besonders
characteristisch wird aber bei Ataxie der oberen Extremitäten die
Schrift verändert, worauf wir später nochmals zu sprechen kommen.
Selbstverständlich vermag auch Zittern die beschriebenen Bewegungen
so zu modificiren, dass der verlangte Zweck nicht erreicht wird; die
Art und Weise, wie das aber geschieht, ist bei beiden Zuständen eine
total verschiedene. Die atactische Bewegung führt eine Extremität nur
auf grossen Umwegen ihrem angestrebten Ziele entgegen, beim Tremor
wird die gewollte Richtung im Allgemeinen durch die Bewegung eingehalten und das Glied führt um die Richtungslinie nur grössere oder
kleinere Schwankungen gleichmässig nach beiden Seiten aus.

Die beschriebenen atactischen Phänomene werden als motorische
Ataxie bezeichnet. Vermag ein Kranker seine Glieder und sich nicht
durch richtig abgemessene Action der Muskeln in Ruhe zu halten, so
kommt es zur statischen Ataxie. Vornehmlicher Ausdruck davon
ist Schwanken bei geschlossenen Augen und aufrechter
Stellung (Romberg'sches Symptom). Dies tritt besonders dann
leicht ein, wenn die Fussspitzen bis zur Berührung einander genähert
sind, die Basis also möglichst klein ist. Auch das Schwanken bei
raschen Kehrtwendungen gehört hieher, es kann so stark werden, dass
die Kranken ohne fremde Hülfe zu Boden stürzen. Prototyp für diese
Dinge ist die Tabes dorsalis. Wohl nicht allein (Leyden), aber doch
zum Theil sind diese Erscheinungen von einer Störung sensibler Nerven
(Hautanästhesie, Muskelsinnstörung) abhängig.

Störungen auf dem Gebiet vasomotorischer und
trophischer Fasern verrathen sich durch Veränderungen an der Haut
und ihren Adnexa, den Gelenken, Knochen, Muskeln. An der Haut
beobachtet man eventuell Brüchigwerden und Ausfallen der
Haare, abnorme Trockenheit oder Schweissbildung, Pigment-
anomalien oder wohlcharacterisirte Exantheme (Herpes, Urticaria),
oder ein Oedem, das an symmetrisch gelegenen Parthieen acut auftritt und schwindet oder Aehnliches. Näheres über diese Verhältnisse
lehrt die specielle Pathologie. Es genügt hier, hervorzuheben, dass
grosse Flüchtigkeit der Erscheinungen und ganz besonders Beschränkt-
bleiben derselben auf das umgrenzte Gebiet eines einzelnen Nerven,
Symmetrie auf beiden Körperhälften, Ausschlus anderweitiger Ursachen
auf den neurotischen Character der Störung hinweisen kann. Freilich
gibt es Veränderungen an der Haut und ihren Anhangsgebilden, auf
welche namentlich das erste Moment durchaus nicht passt.

Trophische Störungen in Nerv und Muskel treten bei
Vernichtung oder Abschneidung der trophischen Centren, welche in den
Nervenkernen, resp. in den grauen Vordersäulen des Rückenmarks ge-

legen sind, auf. Ihren sichtbaren Ausdruck findet sie in einer mehr
oder weniger rasch sich entwickelnden Volumsabnahme der
Musculatur. welche bei einseitigem Bestehen durch das Bandmaass
controlirt, resp. in zweifelhaften Fällen erkannt werden kann. Da
auch anderweitige Ursachen, so namentlich längere Inactivität, eine
bedeutende Reduction der Musculatur bewirken können, so ist zur Feststellung einer Läsion der trophischen Fasern die elektrische Untersuchung von Nerv und Muskel unbedingt geboten. Die Wichtigkeit
dieser Untersuchungsmethode erfordert, dieselbe später gesondert und
eingehender zu besprechen.

Pathologische Gangarten.

Nach dem Rath des vielerfahrenen Griesinger soll man keine
Untersuchung eines Nervenkranken abschliessen, bevor man ihn hat
gehen lassen.

Beim paretischen Gang wird das betroffene Bein mit Mühe,
oft unter deutlicher Bewegung des Beckens, in nach aussen convexem
Bogen nach vorn gebracht oder einfach nachgeschleift. Da das Gebiet
des N. peroneus vorzugsweise gelähmt zu sein pflegt (Pes equino-varus
paralyticus), so klebt die Fussspitze und der äussere Rand am Boden,
an diesen Stellen wird das Schuhwerk rasch abgenützt. Eventuell,
namentlich bei Paraplegie, ist das Gehen nur mit Hülfe von Stöcken,
Krücken oder durch Führen möglich.

Beim spastischen Gang werden die Beine steif, fast wie wenn
sie aus Holz wären, bewegt, namentlich tritt die Steifigkeit in dem
Moment auf, in welchem der Fuss den Boden berührt und auf ihn das
Körpergewicht verlegt wird. Durch Dehnung der Wadenmusculatur etc.
bei erhöhter Reflexerregbarkeit kann es dabei zu einem Emporschnellen
des ganzen Körpers kommen. Mischformen heissen spastisch-pare-
tischer Gang.

Der hüpfende Gang kann durch den spastischen vorgetäuscht
werden, der exquisit tanzende (saltatorische) ist Ausdruck allgemeiner motorischer Unruhe, so namentlich bei der Tanzwuth (Chorea
maior).

Der atactische Gang ist dadurch gekennzeichnet, dass in den
Bewegungen der Beine kein Maass und Ziel gehalten wird. Schleudernd
werden sie nach vorn geworfen, mit den Fersen stampfend auf den
Boden aufgesetzt. Dabei geräth der Kranke leicht von der gewollten
Richtung ab, muss mit den Augen seine Bewegungen controliren, auf
die Füsse und den Boden sehen, stürzt, wenn er nach oben blickt, ist
eventuell auf die Mithülfe eines Stockes angewiesen.

Der taumelnde Gang, wie bei einem Berauschten (namentlich
bei Krankheiten der hinteren Schädelgrube vorkommend), ist davon
wesentlich verschieden. Die Beine werden über und durch einander
geworfen, zwischendurch schwankende Bewegungen nach vorn, hinten und
nach den Seiten mit dem ganzen Körper ausgeführt, schliesslich wird
das Gehen, eventuell bei gut erhaltener motorischer Kraft, ohne fremde
Hülfe ganz unmöglich.

Auch Zwangsbewegungen können im Gang bemerkbar
werden, so die constante Abweichung nach einer Seite (Cours de cercle
oder Cours de manège) bei Krankheitsherden in einem Crus cerebelli ad

pontem. Auch das Phänomen der Propulsion und Retropulsion bei
Paralysis agitans (vgl. p. 208) gehört hieher.
    Zur feineren Prüfung auf geringere Störungen des Ganges,
namentlich auf Ataxie und Zwangsbewegungen lässt man den Kranken
auch bei geschlossenen Augen auf ein vorher angegebenes Ziel
losgehen.

Untersuchung des centripetal leitenden Nervensystems.

    Auf die Prüfung der höheren Sinnesnerven von Auge und
Ohr kann hier nicht näher eingegangen werden, sie muss nach den
Vorschriften der Augen- und Ohrenheilkunde und zwar mit viel Sorgfalt ausgeführt werden; sie ist für die Diagnose von Nervenkrankheiten
von der allergrössten Wichtigkeit. Die Perceptionsfähigkeit des Olfactorius wird geprüft, indem man verschiedene, angenehm und unangenehm riechende Substanzen, Rosenwasser, Eau de Cologne,
Schwefelkohlenstoff u. dgl. unter jedes Nasenloch bei Verschluss des
anderen bringt. Verlust des Geruches bezeichnet man mit dem Namen
der Anosmie. Die gröbsten Irrthümer können nicht vermieden

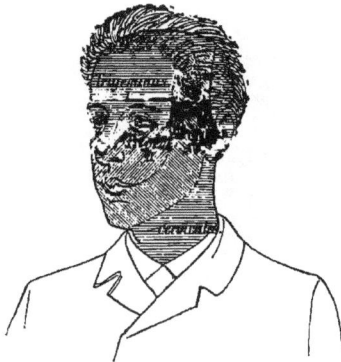

Fig. 48. Vertheilung der sensiblen Hautnerven im Gesicht. (Nach Pierson.)

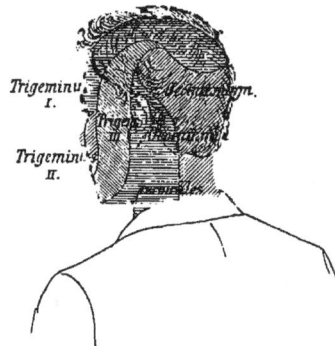

Fig. 49. Hautnerven am Hinterkopf und
Hals. (Nach Pierson.)

werden, wenn man nicht mittels Spiegel und Sonde eine genaue Exploration der Nasengänge vornimmt, um chronischen Catarrh, Hypertrophie der Schwellkörper, Polypen und Aehnliches mit Sicherheit als
Ursache einer „Anosmie" ausschliessen zu können. Es empfiehlt sich,
den Kranken gegen eine kalte Glas- und polirte Metallplatte durch die
Nase athmen zu lassen, dabei müssen zwei gleich grosse, symmetrische
Beschläge mit Wasserbläschen auf der Platte entstehen, wenn beide
Nasenhälften gleich durchgängig sind (Zwaardemaker). Aetzammoniak, Essigsäure u. dgl. dürfen als Riechproben keine Verwendung
finden, denn auch der Trigeminus, der die Nasenschleimhaut versorgt,
wird durch diese flüchtigen Stoffe gereizt. Versuche, den Geruchsinn
quantitativ zu prüfen (Zwaardemaker, Reuter), haben keine
klinische Bedeutung, wie denn überhaupt die ganze Untersuchung des
Olfactorius nur einen recht beschränkten Werth hat. „Respiratorische

Anosmie" ist nie ganz sicher auszuschliessen, weil man den obersten
Naseugang nicht untersuchen kann, und auch „essentielle Anosmie"
lässt nur einen sehr unsicheren Schluss auf Störung im Nervus olfactorius
oder im Riechcentrum zu, wer kann denn eine Läsion des Riechepithels
selbst ausschliessen!

Mit einem Haarpinsel, der in Lösungen von Zucker, Essigsäure,
Kochsalz oder Chininum sulfuricum getaucht ist, bestreicht man die

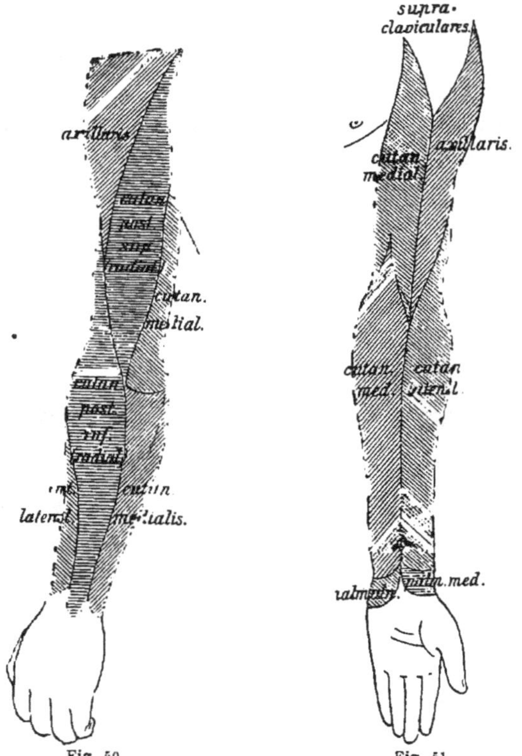

Fig. 50.   Fig. 51.
Hautnerven an der Oberextremität. Streck- und Beugeseite. (Nach Pierson.)

Ränder der vorgestreckten Zunge nach einander, um die Geschmacks-
empfindung für jede Seite und für die Geschmacksqualitäten süss,
sauer und salzig (die meisten Leute sagen für das letztere „sauer")
und bitter festzustellen. Die Zunge darf nicht zurückgezogen werden,
damit nicht die Lösung im Inneren des Mundes auf die andere, vielleicht gesunde Seite der Zunge übertragen werden kann. Die Prüfung
mit Chinin muss zuletzt vorgenommen werden, weil nach diesem furcht-
bar bitteren Mittel nichts Anderes mehr geschmeckt wird. Verlust
des Geschmacks (Ageusie) kann auf diese Weise leicht erkannt
werden.

Die Prüfung des Gefühls mit allen seinen Empfindungsqualitäten erfordert oft ausserordentlich viel Mühe und Sorgfalt, die Resultate sind häufig nur von sehr zweifelhaftem Werth, weil man sich bei der

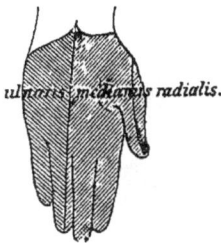

Fig. 52. Sensible Nerven der Hohlhand. (Nach Pierson.)

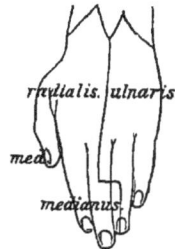

Fig. 53. Sensible Nerven des Handrückens. (Nach Pierson.)

Untersuchung natürlicher Weise ganz auf die Angaben des Patienten verlassen muss und letztere, wie man sich oft überzeugen muss, von Tag zu Tag, von Stunde zu Stunde entgegengesetzt ausfallen können.

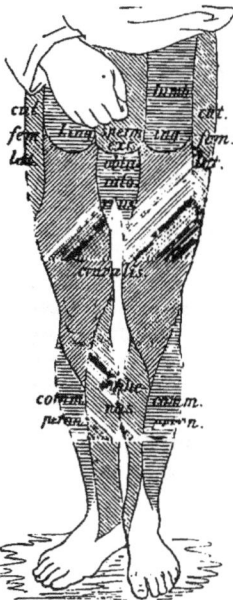

Fig. 54. Sensible Nerven der Unterextremität, Vorderseite. (Nach Pierson.)

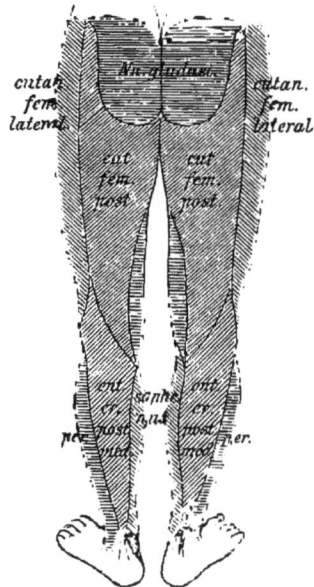

Fig. 55. Sensible Nerven der Unterextremität, Rückseite. (Nach Pierson.)

Hautsensibilität.

Die Figuren 48 bis 58 (nach Pierson) bringen die Verbreitungsbezirke der Hautnerven zur Anschauung. Bei der klinischen Prüfung

muss aber ausserdem noch auf die verschiedenen Empfindungsqualitäten Rücksicht genommen werden, welche die sensiblen Nerven
vermitteln.

Druckgefühl. Die Fähigkeit, die feinsten Berührungen (tactile

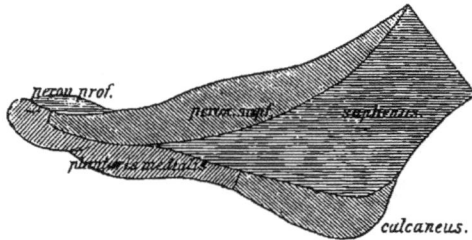

Fig. 56. Sensible Nerven am Fuss, Innenseite. (Nach Pierson.)

Reize) zu empfinden, untersucht man am besten mit dem Knopf einer
Stecknadel, der mit ganz leisem oder stärkerem Druck die Haut streift.
Normalerweise wird schon die Berührung der Wollhaare, welche be-

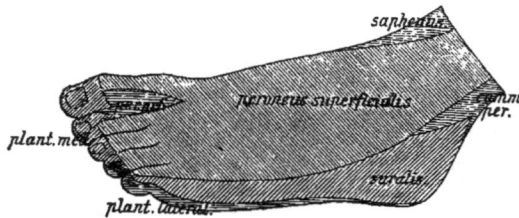

Fig. 57. Sensible Nerven am Fuss, Aussenseite. (Nach Pierson.)

kanntlich die ganze Haut mit Ausnahme der Hohlhand und Fusssohlen
bedecken, empfunden, ebenso Berührung mit einem Haar, einem Flöckchen Watte. Um stärkere Störungen in der Perception tactiler Reize nach

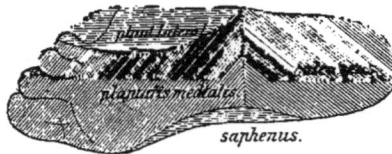

Fig. 58. Sensible Nerven der Fusssohle. (Nach Pierson.)

ihrem Grade zu bestimmen, sind Instrumente (Aesthesiometer) angegeben
worden, welche den Druck bestimmen lassen, der zur Erzeugung einer
Gefühlswahrnehmung nothwendig ist, z. B. das Barästhesiometer von
Eulenburg, das Aesthesiometer von R. Fick (Fig. 59); beide geben den
Druck in Grammen an, ersteres drückt mit einer kleinen flachen Platte,
letzteres mit der Spitze einer Nadel. An der Stirnhaut wird ein Druck

von 0,002 g, an den Fingern von 0,005—0,015 g, an Kinn, Bauch, Nase von 0,04—0,05 g, an den Fingernägeln von 1 g vom Gesunden noch wahrgenommen (Kammler und Aubert*).

Der Drucksinn erlaubt die Grösse eines auf die Haut wirkenden Druckes qantitativ abzuschätzen. Um ihn zu prüfen, muss das lastende Gewicht stets auf die gleiche Fläche drücken. Zu dem Zweck ist das Eulenburg'sche Barästhesiometer recht geeignet. Man kann auch auf die zu prüfende Stelle einen dünnen flachen Teller von Holz oder Stroh und auf diesen nach einander verschieden schwere Gewichte auflegen. Der Kranke muss bei geschlossenen Augen angeben, welches

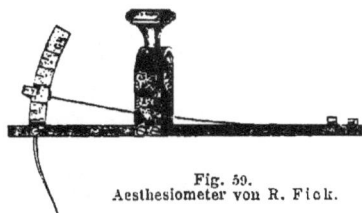

Fig. 59.
Aesthesiometer von R. Fick.

das schwerere ist. Wendet man nicht gar zu leichte oder gar zu schwere Gewichte an, so bemerkt ein Gesunder an den Fingerspitzen einen Unterschied von $\frac{1}{30}$, unterscheidet also zwei Gewichte, die sich wie 29 : 30 verhalten, an den Vorderarmen wie 18,2 : 20 (Hering**).

Nach Eulenburg empfinden Stirn, Lippen, Zungenrücken, Wange, Schläfe eine Differenz von $\frac{1}{40} - \frac{1}{30}$ (bei Belastung von 200—300 g);

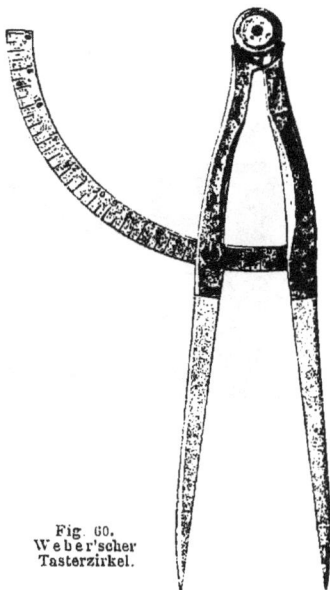

Fig. 60.
Weber'scher
Tasterzirkel.

die Dorsalseite der letzten Fingerphalanx, des Vorderarms, der Hand, der I. und II. Phalanx, die Volarseite der Hand und des Vorderarms, der Oberarm Differenzen von $\frac{1}{10} - \frac{1}{20}$ (bei ca. 200 g Belastung); Vorderseite des Unterschenkels und Oberschenkels ähnlich wie der Vorderarm, dann folgten Fussrücken, Dorsum der Zehen; viel schwächer war die Empfindlichkeit an der Plantarfläche der Zehen, der Planta pedis, an der hinteren Seite des Ober- und Unterschenkels.

Das Tastgefühl prüft man, indem man Spitze und Knopf einer Nadel abwechselnd sanft auf die Haut drückt, was der Kranke bei geschlossenen Augen unterscheiden muss, oder man untersucht den Raumsinn mittels des Weber'schen Tasterzirkels (Fig. 60) oder des Aesthesio-

*) Cit. nach Landois.
**) Cit. nach Landois.

meters von Sieveking (Fig. 61). Je näher die beiden Spitzen dieser
Instrumente stehen dürfen, um noch ein Doppelgefühl zu bedingen, je
kleiner also die „Tasterkreise", desto feiner ist das Tastgefühl. Wie die
nachfolgenden Zahlen lehren, ist die Feinheit der Tastempfindung schon
normalerweise beim Gesunden an verschiedenen Stellen eine sehr ungleiche, so dass bei der Untersuchung nur vollkommen correspondirende
Gegenden mit einander verglichen werden dürfen. Stets müssen beide
Spitzen des Zirkels zu gleicher Zeit aufgesetzt werden; folgt eine
später, so wird leichter ein doppelter Eindruck gefühlt.

Die kleinsten Entfernungen, bei welchen die zwei Zirkelspitzen
getrennt wahrgenommen werden, betrugen nach Landois bei einem
gesunden Erwachsenen in Millimetern: Zungenspitze 1,1, dritte Fingerphalanx volar 2—2,3, Lippenroth 4,5, zweite Fingerphalanx volar
4—4,5, erste 5—5,5, dritte Fingerphalanx dorsal 6,8, Nasenspitze 6,8, Metacarpalköpfchen volar 5—5,5—6,8, Daumenballen
6,5—7, Kleinfingerballen 5,5—6, Hohlhandmitte 8—9, Zungenrücken
Mitte und Rand, Lippenhaut, Metacarpus des Daumens 9, dritte
Phalanx Grosszehe plantar 11,3, zweite Phalanx Finger dorsal, Backe,

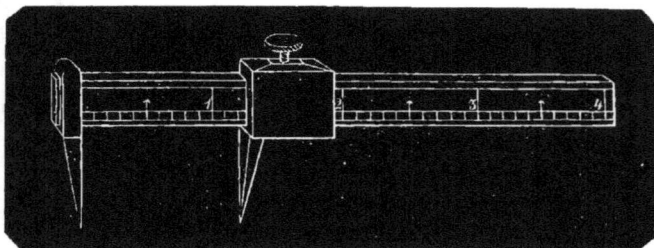

Fig. 61. Aesthesiometer von Sieveking. (Nach Baas.)

Lid 11,3, harter Gaumen Mitte 13,5, unteres Drittel des Vorderarms
volar 15, Jochbein Haut vorn 15,8, Metatarsus hallucis plantar 15,8,
erste Fingerphalanx dorsal 15,8, Metacarpalköpfchen dorsal 18, innere
Lippe 20,3, Jochbeinhaut hinten 22,6, Stirn unten, Ferse hinten 22,6,
Hinterhaupt unten 27,1, Handrücken 31,6, Unterkinn, Scheitel 33,8,
Kniescheibe 36,1, Kreuzbein und Glutäen 40,6, Unterarm und Unterschenkel 34,6, Fussrücken nahe den Zehen 40,6, Sternum 45, Nacken
hoch, Rückgrat (V. Brustwirbel), untere Brust und Lendengegend 54,1,
Nackenmitte, Oberarm, Oberschenkel und Rückenmitte 67,7.

Zur weiteren Prüfung des Raumsinns berührt man verschiedene
Stellen der Körperoberfläche und der Patient muss die Lage bei geschlossenen Augen angeben, mit dem Finger bezeichnen, dass die
Empfindungen richtig localisiren können. Nach einer von v. Leube
angegebenen Methode macht man mit einem spitzen Gegenstand Längs-
und Querstriche auf der Haut, der Kranke muss beide Richtungen
richtig unterscheiden und bei geschlossenen Augen bezeichnen können.

Zur Prüfung des Temperatursinnes sind verschiedene Instrumente angegeben worden, so das Eulenburg'sche Thermästhesio-
meter, zwei kleine Thermometer mit unten abgeplatteter Birne. Das
eine wird erwärmt, beide werden abwechselnd auf die Haut gesetzt und

der Kranke muss angeben, welches das wärmere ist. Nach Nothnagel werden Temperaturdifferenzen von 0,4° an der Brust, von 0,9° am Rücken, von 0,3° am Handrücken, von 0,4° an der Vola manus und am Fussrücken, von 0,2° am Arm, von 0,5° am Oberschenkel, von 0,6° am Unterschenkel, von 0,4—0,2° an der Wange, von 0,4—0,3° an der Schläfe noch wahrgenommen.

Soll eine pathologische Abschwächung der Temperaturempfindung angenommen werden, so müssen die gefundenen Werthe beträchtlich höher liegen. Für klinische Zwecke reicht man ohne Zweifel aus, wenn man zwei Reagenzgläser mit Wasser, das eine mit kaltem, das andere mit warmem füllt und mit diesen die zu prüfende Hautstelle in wechselnder Reihenfolge berührt; der Kranke muss jedesmal „kalt" oder „warm" angeben.

Irrt er sich dabei constant oder in der Mehrzahl der Fälle, so ist dies als abnormer Befund zu betrachten. Vexirversuche sind bei dieser Prüfung ebenso wie bei den übrigen Prüfungen der Sensibilität stets nöthig.

Die bisher besprochenen Empfindungsqualitäten bilden zusammen die Grundlage des Tastsinns, mittels dessen wir uns über die physikalische Beschaffenheit berührter Dinge unterrichten, über ihre räumliche Ausdehnung, Gestalt und Oberflächenbeschaffenheit, über ihre

Fig. 62.   Erb'sche Sensibilitätselektrode.   (Nach Hirt.)

Härte und Temperatur (ihr Gewicht zum Theil). Summarisch kann der Tastsinn geprüft werden, indem man dem Kranken, der die Augen geschlossen hat, kleine Gegenstände, Münzen, Zündhölzchen, Messer, Schlüssel u. dgl. in die Hand gibt, die er durch das Gefühl erkennen soll.

Die elektrocutane Empfindlichkeit wird mittels eines in seiner Stärke abstufbaren faradischen Stromes geprüft. Der schwächste noch gefühlte Strom (dem grössten Abstand der beiden Rollen entsprechend) ist als Reizschwelle zu betrachten. Als Reizelektrode muss stets eine von bestimmtem Querschnitt verwendet werden. Am meisten empfiehlt sich eine trockene Metallelektrode und zwar die von Erb angegebene Sensibilitätselektrode (Fig. 62). Auf der Fläche tritt eine bestimmte Anzahl (400) von glatt abgeschnittenen metallischen Drähten zu Tage, die den aus nichtleitendem Hartgummi verfertigten Elektrodenknopf durchbohren.

Die Prüfung der Schmerzempfindung geschieht in der einfachsten Weise, indem man mit einer (desinficirten) Nadel in die Haut einsticht, oder letztere stark mit den Fingern kneift. Dabei muss der Kranke, dessen Augen verdeckt sind, genau instruirt werden, „au" zu sagen wenn er Schmerz empfindet, „jetzt" wenn er nur überhaupt die Berührung fühlt, denn Schmerz- und Druckgefühl sind zwei verschiedene Dinge, von denen jedes für sich gestört sein kann.

Die Prüfung der Hautsensibilität mittels der vorstehenden Untersuchungsmethoden kann bei Kranken folgende abnorme Resultate er-

geben. Allgemeine Anästhesie liegt vor, wenn alle Empfindungsqualitäten zusammen aufgehoben oder deutlich herabgesetzt sind,
partielle, wenn nur eine oder einige davon es sind. Beim Tastsinn
heisst man dies Hypo- resp. Apselaphesie, beim Temperatursinn
Thermanästhesie, bei der Schmerzempfindung Analgesie. Eine
Störung des Raumsinns, bei welcher der Patient nicht mehr erkennen
kann, ob er rechts oder links berührt wird, heisst Allochirie (Ober-
steiner).

Partielle Erhöhung der Sensibilität, Verschärfung des Tastsinns
(Hyperpselaphesie) und des Temperatursinns werden nicht durch Nerven-
krankheiten, sondern durch Hautkrankheiten hervorgerufen. Allgemeine
Hyperästhesie und Hyperalgesie sind dagegen häufiger Ausdruck von
Nervenleiden.

Stärkere Erregung eines sensiblen Nerven springt mitunter (auch
bei Gesunden) auf das Gebiet eines anderen (zumeist — aber nicht
immer — nahe gelegenen) Nerven über und erzeugt eine Mitempfin-
dung. Quincke hat über diese umfangreichere Untersuchungen angestellt, von den verschiedenen Formen, die er unterschieden und analy-
sirt hat, kommen hier in Betracht:

„Einfache Irradiation, z. B. Kitzelgefühl bei umschriebener
Hautberührung, Gefühl im Hals bei Berührung des Gehörgangs (seitliches Ueberspringen auf eine andere, meist nahe gelegene Nervenbahn
und excentrische Projection)."

„Dabei ist zu unterscheiden zwischen primärer und secundärer
Empfindung; ist letztere ungefähr gleich stark, so wird eine Doppel-
empfindung ausgelöst." So erklärt es sich, warum bei Prüfung mit
dem Weber'schen Tasterzirkel Manche auch bei Berührung mit nur
einer Spitze angeben, zwei zu fühlen; allein hieraus den Schluss auf
Simulation zu ziehen, wäre also verfehlt. „Ist die primäre Empfindung
sehr gering oder gleich Null und wird die secundäre allein wahrgenommen, so gibt dies die paradoxe Empfindung." Beispiele hiefür aus
der Pathologie sind der Schulterschmerz bei Leberleiden, Armneuralgie
bei Herzkrankheiten.

Wirken mehrere Hautreize nach einander ein, so kann es zu einer
Summation der Wirkungen kommen. So kann nach Gad und Goldscheider die Reizung mittels des faradischen Stroms von einer zweiten
Empfindung (im Mittel nach $^9/_{10}$ Secunden) gefolgt sein. „Die secundäre Empfindung fehlt bei einem einzigen Oeffnungsschlag und wird
nur durch eine Reihe solcher Reize hervorgebracht. Die secundäre
Empfindung hat im Allgemeinen denselben Charakter wie die primäre,
ist aber nicht discontinuirlich. Das Optimum für ihre Entstehung
findet sich bei mittlerer Reizstärke."

Die secundäre Empfindung wird von Gad und Goldscheider
als Summationsvorgang, als eine Ansammlung des Reizes in sensiblen
Ganglienzellen gedeutet, ähnlich wie nach den Untersuchungen von Stil-
ling und Kronecker der Reflexvorgang auf eine Summation in den
motorischen Ganglienzellen des Reflexbogens zurückgeführt wurde.

Eine solche Ansammlung von Reizen bewirkt auch die Verlangsamung der sensiblen Leitung, wie sie bei verschiedenen Nervenkrankheiten angetroffen wurde, zum Theil kommt aber dabei auch wohl
einfach vermehrter Widerstand in der geschädigten Leitungsbahn in

Betracht. Verlangsamung der Schmerzleitung bei Tabes dorsalis ist zuerst von Cruveilhier, verspätete Schmerzempfindung bei Verletzungen des N. ulnaris zuerst von Kraussold beschrieben und sowohl bei Tabes, als auch bei Neuritis seither noch oftmals gesehen worden. Naunyn hat zuerst doppelte Empfindung des Nadelstiches bei Tabes und chronischer Myelitis beobachtet, die zweite Empfindung kam 2 Secunden nach der ebenfalls verspätet eintretenden primären und war intensiver als letztere. Nach Gad und Goldscheider handelt es sich auch hier um Summation des Reizes in Ganglienzellen, die sich überdies im hyperalgetischen Zustand befinden. Mitunter verhält sich die Sache auch so, dass einfache Berührung als solche und dann später als Schmerz empfunden wird, oder dass der Nadelstich zuerst nur das Gefühl einfacher Berührung, nach einer Pause das des Schmerzes auslöst. Bei allen solchen Untersuchungen muss der Kranke angewiesen werden, bei einfacher Berührung „jetzt", beim Schmerz „au" zu sagen.

Muskelsensibilität.

Die Muskelsensibilität macht sich geltend als Ermüdungsgefühl nach stärkeren Anstrengungen, als Empfindlichkeit gegen tiefen Druck, Stoss, Quetschen mit den Fingern (Erb), als Schmerz beim Muskelrheumatismus und beim Crampus, ferner als eine eigenthümliche Sensation, wenn der Muskel durch den faradischen Strom zur tetanischen Contraction gebracht wird: elektromusculäre Sensibilität (Duchenne). Letztere ist einer quantitativen Prüfung durch verschieden starke Ströme fähig.

Die klinische Prüfung des Muskelsinns hat nach Goldscheider zu berücksichtigen:

1. Das Gefühl für passive Bewegungen. Dem Kranken werden die Augen verdeckt und mit seinen Gliedern verschiedene Bewegungen ausgeführt, Strecken, Beugen, Abduciren, Adduciren, Rollbewegungen, die er erkennen und richtig benennen muss, nachdem er vorher über die betreffenden Bezeichnungen belehrt worden ist.

2. Das Gefühl für active Bewegungen. Der Kranke führt selbst (bei geschlossenen Augen) verschiedene Bewegungen aus und controlirt dann mit den geöffneten Augen, ob das eingetreten ist, was er sich gedacht hat (nur bei intelligenten Kranken vorzunehmen).

3. Wahrnehmung der Lage im Raume (stereognostischer Sinn). Der Kranke hat die Augen geschlossen, man fasst eine Extremität, führt sie ein paarmal in verschiedenen Richtungen hin und her und hält sie zuletzt in einer bestimmten Lage fest. Der Kranke muss angeben, ob die Extremität gebeugt, gestreckt, nach rechts, nach links liegt u. s. w. Controle von Seite eines intelligenten und wahrheitsliebenden Kranken, mit geöffneten Augen, darüber, ob die Extremität ganz da sich befindet, wo er sich dieselbe dachte, lässt leichtere Störungen entdecken.

Das Bewegungs- und Lagerungsgefühl wird übrigens (Duchenne, Goldscheider) mit Recht auch abhängig gemacht von der Empfindungsleitung durch die sensiblen Nerven der Gelenksenden, Bänder und Sehnen.

4. Der Kraftsinn (Weber), die Empfindung der Schwere

und des Widerstandes (Goldscheider) kann nur dann geprüft
werden, wenn der Drucksinn ausgeschaltet wird und dies geschieht am
besten, indem man das zu prüfende (frei gehaltene) Glied dick mit
einer Gummibinde umwickelt und daran eine Waagschale hängt, in
welche verschieden schwere Gewichte gebracht werden, oder man
schlingt ein Tuch schleuderförmig um das Glied und legt in dasselbe
die Gewichte (H. F. Müller). Der Kranke soll angeben, ob das Gewicht leichter, schwerer oder gleich schwer ist als das vorher aufgelegte (Prüfung der Widerstandsdifferenz) oder es wird das geringste
Gewicht bestimmt, dessen Last der Kranke noch wahrnimmt (Prüfung
des Widerstandsminimums).

Nach Chavet*) erkennt der Gesunde mit der Oberextremität 1 g
Belastung, bei 15 g Belastung den Zuwachs von 1 g, bei 50 g Belastung einen von 2, bei 100 g Belastung einen von 3 g, mit der
Unterextremität (Belastung am Knie) 30—40 g, oft erst ein grösseres
Gewicht. Nach Hitzig ist es zweckmässig, an den unteren Extremitäten schwerere Gewichte zur Prüfung der Widerstandsdifferenz zu verwenden; von diesem Forscher ist auch ein besonderer Apparat zur Messung des Kraftsinns (Kinästhesiometer) construirt worden.

Die Prüfung der Reflexe

ist von grosser klinischer Bedeutung schon desswegen, weil Störungen
derselben oft das einzige objective Symptom im Krankheitsbilde darstellen, das ganz unabhängig vom guten oder bösen Willen des Patienten
zur Erscheinung kommt. Störungen der Reflexthätigkeit, Steigerung
oder Abschwächung derselben kann zunächst ebenso gut auf Läsion im
Reflexbogen wie an den reflexhemmenden Fasern hinweisen, worüber erst
eine vollständige Untersuchung des Nervensystems Klarheit bringt. Folge
gesteigerter Reflexthätigkeit können Spasmen in den Muskeln sein,
welche auf geringfügige Reize hin, mitunter sogar (anscheinend) spontan
eintreten.

Nachfolgende Beschreibung der wichtigsten Reflexe gibt ohne
Weiteres auch den Weg, dieselben zu prüfen.

Der Niesreflex wird (nicht bei allen Gesunden) ausgelöst durch
Kitzeln der Nasenschleimhaut mittels einer Federfahne oder Riechen an
Aetzammoniak.

Conjunctivalreflex: Leise Berührung der Conjunctiva sclerae
bedingt raschen Schluss der Augenlider.

Pupillenreflex: Belichtung der vorher beschatteten Bulbi bewirkt
prompte Verengerung der Pupillen. Das Fehlen des Reflexes, reflectorische Pupillenstarre, ist vornehmlich ein wichtiges Zeichen für
Tabes dorsalis und progressive Paralyse (Robert-Arghyl'sches Symptom).

Schlund- oder Würgreflex: Berührt man mit einem Sondeu-
knopf das Gaumensegel oder die hintere Pharynxwand, so hebt sich das
erstere und es tritt Würgbewegung, mitunter sogar reflectorisches Erbrechen ein.

Der Hustenreflex wird ausgelöst durch Betastung des Kehlkopfinnern, namentlich der wahren Stimmbänder und der Regio inter-

---

*) Cit. nach Landois.

arytaenoidea mittels einer Kehlkopfsonde; häufig kommt es nicht zum Husten, sondern zunächst zum Spasmus glottidis, zu einem förmlichen Erstickungsanfall.

Die Hautreflexe werden ausgelöst durch rasches Streichen, etwa mit dem Stiel eines Percussionshammers, Kneifen oder Stechen. Es erfolgt eine Contraction der unter der gereizten Haut liegenden Muskeln oder eine weiter verbreitete Bewegung. Die wichtigsten Hautreflexe sind:

Der Bauchreflex (epigastrischer und Abdominalreflex): Contraction der Bauchmuskeln beim Ueberfahren mit einem spitzen Gegenstand.

Der Plantar- oder Kitzelreflex entsteht in Form eines lebhaften Zurückziehens des ganzen Beins, wenn die Fusssohle gestrichen oder gekitzelt wird. Die Intensität des Reflexes wird auch bei Gesunden sehr verschieden angetroffen. Er findet sich auch bei harter Sohle (bei Barfussgängern), manchmal führt auch das andere Bein oder selbst der ganze Körper eine „Abwehrbewegung" aus.

Der Obliquus- oder Leistenreflex besteht in einer Contraction der untersten Faser des Musc. obliquus abdominis internus oberhalb und längs des Lig. Poupartii. Er kommt beiden Geschlechtern zu und wird ausgelöst durch Streichen der Haut des Oberschenkels hoch oben an der Innen- und Vorderseite von unten nach oben. Beim Mann wird gleichzeitig, weil ein Theil der Obliquusfasern, den Leistenring durchbrechend, sich an der Umhüllung des Hodens betheiligt, der letztere auf der gereizten Seite gehoben und dann eventuell durch länger dauernde Contraction der glatten Muskeln der Tunica tardos gehoben gehalten .(Cremasterreflex).

Der Intercostalreflex wird durch Streichen entlang der Rippen geprüft, ohne grosse practische Bedeutung, ebenso wie der

Interscapularreflex, der durch Streichen entlang der Basis des Schulterblatts, und der

Glutäalreflex, der in seltenen Fällen durch starkes Streichen der Haut am Gesäss ausgelöst werden kann.

Die Hautreflexe sind wohl zum Theil Schmerz-, zum Theil Kitzelreflexe; letztere fehlen bei Neugeborenen vollständig (sogar der bei Erwachsenen so intensive Plantarreflex), und stellen sich erst gegen Ende des ersten und im Verlauf des zweiten Lebensjahres ein. Die Hautreflexe ermüden ungemein rasch, wesshalb bei der Prüfung auf das Resultat des ersten Versuchs mit der grössten Genauigkeit zu achten ist. Die Kitzelreflexe sind ihrer Intensität nach entschieden vom Temperament des Kranken abhängig. Der Reflexbogen für die Hautreflexe ist wohl in der grauen Hirnrinde, der für die Sinnesnerven in den Kernen derselben zu suchen.

Im Gegensatz zu den Reflexen, welche durch Reize von der Haut und den Schleimhäuten aus bewirkt werden und welche desshalb die „oberflächlichen Reflexe" heissen, stehen die sogenannten „tiefen Reflexe". Man löst diese durch mechanische Reizung, meist durch Schlag auf die Sehnen, Fascien, das Periost der Knochen, die Muskeln aus.

Masseterenreflex: Beim Beklopfen des Kieferwinkels erfolgt Contraction dieses Muskels. Dieser Reflex ist nicht deutlich bei Gesunden.

Die klinische Bedeutung eines tiefen Reflexes hat auch das Kniephänomen. Das Knie wird passiv gebeugt und unterstützt, der
Patient muss alle Muskeln erschlaffen (am besten wird in sitzender, etwas
vornüber gebeugter Stellung das zu prüfende Bein über das andere
geschlagen und hängt dann los herab); man führt einen kurzen Schlag
mit dem Percussionshammer, einem Schlüssel oder der Kante der flachen
Hand gegen die Sehne des Quadriceps unterhalb der Patella. Es erfolgt eine Contraction des Musculus quadriceps, gewöhnlich eine kurze,
schleudernde Streckung des Unterschenkels bewirkend. v. Leube gibt
den Rath, gegen den Rand der Sehne zu klopfen. Manchmal gelingt
es nur mittels des „Jendrassik'schen Verfahrens" das Kniephänomen
auszulösen. Dabei muss der Kranke beide Hände über dem Kopf zu-
sammenhalten, auf das Commando eins, zwei, drei sie mit Macht
auseinanderzureissen suchen, gleichwohl sie festhalten. Im nämlichen Augenblick führt man den Schlag gegen die Sehne des Quadriceps. Dieser
Kunstgriff hat offenbar nur den Zweck, die Aufmerksamkeit des Kranken
von dem zu prüfenden Theil abzulenken. Obwohl das Kniephänomen
in physiologischem Sinn nicht als ächter Reflex anzusehen ist, ist es
doch wie ein solcher in seiner Erscheinung an die Leistung der centripetalen und centrifugalen Nerven geknüpft. Es fehlt aber auch bei
allgemeiner Schwäche, z. B. in Reconvalescenz nach schwerem Typhus,
bei Diabetes mellitus; constant fehlt es bei Tabes dorsalis und progressiver
Paralyse der Irren. (Der gewöhnlichere Name für das Kniephänomen
ist „Patellarsehnenreflex".)

Das Fussphänomen ruft man durch kurze, heftige Dehnung
der Sehne hervor. Man fasst mit der vollen Hand den Fuss und führt
mit ihm eine energische, rasche Dorsalflexion aus. Es kommt dann
eventuell (aber nur bei gesteigerter Reflexthätigkeit) zu einem
klonischen Schütteln des Fusses (Dorsalklonus).

Ein ähnliches Schütteln kann mitunter an der Hand bei rascher
Extension beobachtet werden (Handphänomen).

Der Tricepsreflex wird durch Beklopfen der Tricepssehne resp.
des Oberarms hervorgerufen; er macht sich durch eine Contraction des
Triceps und Streckung des Vorderarms bemerkbar.

Analog verhalten sich der Bicepssehnenreflex, der Periostreflex an der vorderen Tibiafläche, der Periostreflex
am unteren Ende der Vorderarmknochen, der Achillessehnenreflex, insoweit er durch einfaches Beklopfen der Sehne ausgelöst wird. Sie sind bei Gesunden durchaus nicht constant, zum Theil
selten, immerhin aber doch so häufig, dass aus ihrem Vorhandensein kein
ganz sicherer Schluss auf Steigerung der Reflexe gezogen werden darf.

Nachfolgende Tabelle gibt eine im Allgemeinen orientirende Uebersicht, in welcher Häufigkeit die wichtigsten Reflexe bei Gesunden gefunden werden. Die Untersuchungen wurden auf der medicinischen
Klinik zu Würzburg angestellt, die bezüglich der Männer, gerade 100
an der Zahl, von L. Plaesterer.

Es fand sich bei Männern

	in %
der epigastrische Reflex	62
„ Abdominalreflex	99
„ Cremasterreflex	66
„ Plantarreflex	98

in %

der Interscapularreflex 15

„ Glutäalreflex 28

„ Periostreflex an der vorderen Tibia-

fläche 5

„ Periostreflex am unteren Ende des

Vorderarmknochens 29

„ „Patellarreflex" 98

„ Achillessehnenreflex 57

(nicht der Dorsalklonus!)

„ Bicepssehnenreflex 47

„ Tricepssehnenreflex 48

Bei Frauen fand sich

	vorhanden	fehlend	einseitig	fraglich
	%	%	%	%
der Plantarreflex (berechnet aus 100 Fällen)	88	11	1	—
„ Bauchhautreflex (berechnet aus 88 Fällen)	92	7	—	1
„ Intercostalreflex (berechnet aus 85 Fällen)	16	82	2	—
„ Interscapularreflex (berechnet aus 86 Fällen)	13	86	1	—
„ Glutäalreflex (berechnet aus 73 Fällen)	11	89	—	—

Hieraus ergibt sich, dass die weniger bekannten Reflexe, z. B. der Glutäal-, Interscapular-, Intercostal-, die Periost- und Sehnenreflexe (ausschliesslich des Kniephänomens), in der That so wenig constant sind, dass ihre Prüfung mit Recht für gewöhnlich unterlassen werden kann. Gegebenenfalls könnte man nur bei positivem Resultat den Schluss ziehen, dass der betreffende Reflexbogen intact sei; der umgekehrte Schluss ist aber nicht zulässig, weil jene Reflexe auch bei Gesunden gar zu häufig fehlen.

Allgemeines über die Prüfung der Reflexe.

Aufhebung sämmtlicher Reflexe beobachtet man bei tiefer Bewusstlosigkeit (z. B. Chloroformnarkose, frischem apoplectischem Insult). Die tiefen Reflexe sind aufgehoben oder abgeschwächt bei Krankheiten der peripheren Nerven oder solchen des Rückenmarks, bei denen ihr Reflexbogen in Mitleidenschaft gezogen wurde. Die oberflächlichen Reflexe sind vernichtet oder abgeschwächt bei Krankheiten der peripheren Nerven (vornehmlich Anästhesie), des Rückenmarks oberhalb des Eintritts der betreffenden Nerven und des Gehirns. Eine Steigerung der tiefen Reflexe findet sich wohl nur bei Krankheiten des Gehirns und des Rückenmarks oberhalb des Reflexbogens durch Reizung reflexhemmender Fasern. Steigerung der oberflächlichen Reflexe kommt vor als Ausdruck von Hyperästhesie (vornehmlich bei Meningitis, Hysterie), dann beim Tetanus und bei der Strychninvergiftung, wo die Reflexcentren selbst überreizbar geworden sind.

Ueber die Lage der zu den einzelnen Reflexen in Beziehung stehenden Rückenmarkssegmente gibt folgende Tabelle nach Bramwell Aufschluss.

Interscapularreflex . . 7. Cervical-, 2. Dorsalnervenpaar

Epigastrischer Reflex . . . . . 4.—7.   „

Abdominalreflex . . . . . . 8.—12.   „

Cremasterreflex	1. u. 2.	Lumbalnervenpaar
Patellarsehnenreflex	2.—4.	„
Glutäalreflex	4.—5.	„
Plantarreflex (sich auf Bewegung des Fusses beschränkend, nicht „Kitzelreflex")	1.—3.	Sacralnervenpaar
Vesicalreflex		
Rectalreflex	2.—5.	„
Sexualreflex		

Die drei letzten erfordern wegen ihrer verwickelten Verhältnisse und ihrer grossen Wichtigkeit eine eingehendere Besprechung.

Die Entleerung der Blase.

Füllt sich die Blase mit Urin, so wird durch Reizung der sensiblen Blasennerven reflectorisch eine tonische Contraction zweier Muskeln bewirkt: des Detrusor vesicae und des Sphincter vesicae und dabei das Gefühl des H a r n d r a n g s erzeugt. Bei geringerer Füllung überwiegt die Kraft des Sphincter, bei stärkerer die des Detrusor, und der Urin wird entleert, wenn nicht w i l l k ü r l i c h die Action des Sphincter verstärkt und dadurch der Urin noch weiter zurückgehalten wird. Auch die Wirkung des Detrusor kann willkürlich und zwar durch Contraction der Bauchpresse verstärkt werden. Ausserdem ziehen noch zum Sphincter reflexhemmende Fasern, die ebenfalls willkürlich innervirt werden können. Der Act der s p o n t a n e n H a r n e n t l e e r u n g, M i n c t i o, vollzieht sich so, dass der Sphincter vesicae durch Action der reflexhemmenden Nerven willkürlich erschlafft wird und nun der Detrusor durch seine Contraction den Urin im Strahl und zwar vollständig heraustreibt. Die Kraft des Detrusor ist im jugendlichen Alter eine grössere, nimmt im Greisenalter ab. Nur wenn sehr rasche Entleerung des Urins bezweckt wird, braucht die Bauchpresse in Thätigkeit zu treten.

Bei L ä h m u n g d e s D e t r u s o r entleert sich bei willkürlicher Minction die Blase nur unvollständig, es sei denn, dass die Bauchpresse unterstützend eingreifen kann. Ist der sensible Theil des Reflexbogens unterbrochen, so sammelt sich der Urin, ohne dass Harndrang besteht, in der Blase bis zur grösstmöglichen Ausdehnung derselben an (R e - tentio urinae). Gibt schliesslich der Sphincter der wachsenden elastischen Spannung der Bauchwand nach, so tritt Harnträufeln ein, während die Blase voll bleibt (Ischuria paradoxa).

Bei K r a m p f d e s D e t r u s o r tritt schon bei mässiger Füllung ein heftiger Harndrang ein, dem der Patient nothgedrungen immer wieder nachgeben muss.

Ist der S p h i n c t e r r e f l e x g e l ä h m t, so bleibt die Harnröhre nur durch ihre Elasticität geschlossen, so lang wenig Urin in der Blase ist. Schon bei mässigem Harndrang gibt der Verschluss nach und der Urin wird u n w i l l k ü r l i c h e n t l e e r t (Incontinentia urinae). Dieses Ereigniss kann durch den Willen des Kranken hintangehalten werden, wogegen es im Schlaf (Enuresis) oder bei Unachtsamkeit eintritt. Ist eine völlige motorische Lähmung des Sphincter vorhanden, so fällt die Wirkung des Willens weg und die Blase wird unwillkürlich entleert, sobald sie stärker gefüllt ist.

Da mit zunehmender Füllung der Blase der Detrusorreflex dem Sphincterreflex überlegen wird, so tritt Incontinentia urinae, Enuresis ein, sobald der Willenseinfluss ausgeschaltet ist (bei Comatösen, zuweilen in der Narkose, im epileptischen Anfall, bei diesem um so leichter, als mitunter ein sehr reichlicher dünner Urin — Urina spastica — von den Nieren geliefert wird).

Falls die Innervation der Blase selbst nicht gestört ist, erfolgt dabei die Entleerung derselben in ziemlich regelmässigen Intervallen, stets annähernd das nämliche Quantum von Urin liefernd. Von Harndrang ist unter solchen Umständen natürlich keine Rede. Es kann aber auch bei Bewusstlosen ein Krampf des Sphincter da sein und trotz der Bewusstlosigkeit ein vielleicht recht quälender Harndrang bestehen; stöhnt ja doch mancher vom Schlag Gerührte so lang, bis der Arzt endlich an die Blase denkt, sie gefüllt findet und mit dem Catheter entleert.

Ist der Sphincter nur paretisch, so merkt dies der Kranke und eilt, die nur mässig gefüllte Blase zu entleeren, wohl wissend, dass er ihn nicht mehr lange halten kann, obwohl der Harndrang selbst nicht bedeutend ist. Kommt ihm eine stärkere Pressbewegung (Husten, Lachen) zuvor, so wird eine kleine Quantität Urin im Strahl oder auch die ganze Blase entleert. Bei Frauen, die entbunden haben, ist eine geringe Schwäche des Sphincter sehr häufig vorhanden, wesshalb bei starkem Lachen oft einige Tropfen Urin verloren gehen. Das Lachen wirkt übrigens nur zum Theil einfach mechanisch, zum Theil wird durch die psychische Erregung der Tonus des Sphincter aufgehoben. Das Nämliche kann auch durch andere Affecte (Schreck, Angst) hervorgerufen werden. Selbst durch sexuelle Erregung soll beim weiblichen Geschlecht unwillkürlicher Abgang des Urins herbeigeführt werden können*). Ferner ist bekannt, dass bestimmte Geräusche (fliessendes Wasser) die Entleerung des Urins einleiten oder begünstigen können, und dass auch bei Enuresis nocturna oft Träume ähnlichen Inhalts eine Rolle spielen (in einem Theil der Fälle ist aber Enuresis nocturna uur eine Theilerscheinung nicht erkannter Epilepsia nocturna).

Beim Krampf des Sphincter kann der Kranke nur mit grösster Mühe kleine Quantitäten Urin entleeren (Dysuria spastica) oder gar nicht mehr (Ischuria spastica), wobei ein äusserst heftiger Harndrang empfunden wird.

Hyperästhesie der Blasenschleimhaut ist die gewöhnlichste Ursache für den gleichzeitigen Krampf des Detrusor und des Sphincter. Es besteht quälender Harndrang, dem bei geringerem Grade des Krampfs der Kranke mit Mühe nachkommen kann. Bei höherem Grade entsteht Harnträufeln (Enuresis spastica), bei den höchsten qualvolle Retentio urinae. Im höheren Alter wird häufiger sich meldender Harndrang nicht selten beobachtet, bei jugendlichen Individuen sind niedere Grade (irritabel bladder) eine nicht seltene Theilerscheinung allgemeiner Neurasthenie, hauptsächlich auf sexueller Grundlage. Auch die Beschaffenheit des Urins ist übrigens nicht ohne Einfluss auf den Harndrang. Dünner Urin (Urina potus) „treibt“ mehr als concentrirter.

---

*) „Prurientes feminas natura jubet micturire“ (Froberg). „Chironomon Ledam molli saltante Bathyllo Tuccia vesicae non imperat, Appula gannit, sicut in amplexu“ (Juvenalis).

Bekannt ist die Erfahrung, dass bei einem Trinkgelage die erste Entleerung des Urins lange auf sich warten lässt, dann aber solche sehr
rasch auf einander erfolgen, daher der Rath, bei Einladungen die Blase
nicht vorher ganz zu entleeren, damit der concentrirte Urin längeres
Ausharren zulässt.

Bei Anästhesie der Blase fehlt der Harndrang, die Reflexe des
Detrusor und des Sphincter sind vernichtet, es entsteht Harnträufeln
bei mässig gefüllter Blase. Letzteres stellt sich auch ein bei gleichzeitiger motorischer Lähmung beider Muskeln, wobei aber den
Kranken das Gefühl für die Füllung der Blase erhalten ist.

Die Entleerung des Darms.

Die Kothentleerung (defaecatio) geschieht durch die peri-
staltische, vom Willen unabhängige Contraction des Darms, während
der Tonus der Sphincteres ani durch reflectorische Erregung hemmen-
der Fasern aufgehoben ist. Der Wille kann dabei in der Weise ins
Spiel treten, dass jene hemmenden Fasern activ innervirt und dadurch
die Sphincteren erschlafft werden, sowie durch Zuhülfenahme der Bauchpresse. Letztere kann aber bei überwältigendem Stuhldrang auch
reflectorisch, ohne oder selbst gegen den Willen des Individuums in
Thätigkeit versetzt werden. Andererseits sind wir im Stand, innerhalb
gewisser Grenzen die Contraction des Sphincter externus zu verstärken,
also den Stuhl willkürlich zurückzuhalten. Die sensiblen Nerven des
untersten Darmabschnittes und des Anus vermitteln das Gefühl des
Stuhldrangs und das Gefühl der Entleerung und Erleichterung, wenn
der Stuhl abgesetzt ist.

Bei Bewusstlosen oder Benommenen, häufig im epileptischen Insult, und bei Erkrankungen des Rückenmarks, sowie der betreffenden
Sacralnerven kann die Stuhlentleerung automatisch, unwillkürlich erfolgen (Incontinentia alvi, Sedes involuntariae), sei es, dass
der Kranke gar nichts davon merkt, sei es, dass er nicht im Stande
ist, den Vorgang zu beeinflussen.

Es geht hier wie bei der Blase. Bei Füllung des Darms überwiegt zunächst der Tonus der Sphincteren die Kraft des Darms, bei
stärkerer Füllung, stärkerer Reizung des Darms gewinnt dieser die
Oberhand und es wird hiebei wohl auch eine Erschlaffung der Sphincteren reflectorisch angeregt. Andererseits kann bei Zerstörung des
Reflexbogens hartnäckiges Anhalten des Stuhls, Obstipatio sich einstellen, die nur durch künstliche Abhülfe behoben werden kann.

Starke Reizung der sensiblen Nerven (z. B. bei der Ruhr) bewirkt den Stuhlzwang (Tenesmus), wobei der fast leere Darm
immer und immer wieder gebieterisch die Entleerung fordert.

Eine eigenthümliche Parästhesie lässt auch nach erfolgter Defäcation das Gefühl der Befriedigung nicht aufkommen, es glauben die
Kranken, noch nicht „fertig" zu sein, oder einen Fremdkörper im
After zu spüren („Gefühl des Keils"). Liegen nicht innere Hä-
morrhoidalknoten oder ein Carcinoma recti vor, was durch die Palpation
leicht festgestellt werden kann, so handelt es sich fast immer um
Tabes dorsalis. Bei dieser Krankheit können auch heftige, in Anfällen
auftretende Schmerzen am Anus bemerkbar werden.

Krampf des Sphincter ist wohl fast immer durch örtliche Reizung, durch Entzündung, Rhagaden hervorgerufen, macht den Act der Defäcation zu einem ungemein schwierigen und schmerzhaften. Schon absonderlich harte Beschaffenheit der Kothballen kann dergleichen hervorrufen.

Bei Lähmung der Sphincteren kann der Stuhl, auch wenn der Kranke ihn kommen fühlt, nicht willkürlich zurückgehalten werden. Bei blosser Schwäche der Muskeln geschieht es leicht, dass beim Niesen, Husten, Lachen die Defäcation ohne und gegen den Willen des Kranken sich einstellt. Bei heftigen Anfällen von Pertussis oder starkem Erbrechen kann dies geschehen, auch ohne dass die Sphincteren paretisch sind. Paresen der Sphincteren können nicht nur durch Nervenkrankheiten, sondern auch durch örtliche Dehnung und Läsion für längere Zeit oder dauernd hinterbleiben. Schon die alten Satyriker wussten, dass dem der Pathicus ausgesetzt ist*).

Der Sexualreflex.

Bei der Häufigkeit und Wichtigkeit von Störungen im sexuellen Leben, die der Arzt noch öfter errathen muss, als er ihretwegen zu Rath gezogen wird, ist eine theoretische Kenntnissnahme vom normalen Verlauf des Geschlechtsactes und seiner Störungen schlechterdings geboten. Am Sexualreflex hängt einzig die Fortpflanzung des Menschengeschlechts, der Geschlechtstrieb ist die Quelle der reinsten und uneigennützigsten Liebe, hat von je die schönsten Blüthen der Kunst und Poesie getrieben, missbraucht und geschändet wird er zu jeder Stunde, aber auch verketzert von Zeloten und in den Schmutz gezogen.

Nach dem Eintritt der Geschlechtsreife (Pubertas) wird gelegentlich durch äussere Sinneseindrücke (von Seite des Opticus, des Tastsinns, des Geruchs, viel seltener des Gehörs) der Geschlechtsdrang (Impetus coeundi) wach gerufen. Diese nicht näher zu definirende Aenderung des Allgemeingefühls wird begleitet von einer Erection des Penis, und letzterer dadurch tauglich zum Act der Fortpflanzung gemacht. Eine weitere Aenderung des Allgemeingefühls (Libido) tritt durch mechanische Reizung (Friction) namentlich der Glans und des Frenulum praeputii in vagina ein, die Libido erreicht ihren höchsten Grad im Orgasmus, während dessen die Ejaculatio seminis erfolgt. Begleitet wird dieser Act der legitimen Cohabitation von starker Aufregung der Herzthätigkeit und der Athmung, gefolgt normalerweise vom Gefühl der Befriedigung und angenehmer Erschlaffung. Analoges findet sich beim weiblichen Geschlecht, die Erection betrifft hier die Schwellkörper der Clitoris**), doch soll dies nur den wenigsten Frauen zum Bewusstsein kommen. Die reizempfänglichsten Theile sind Clitoris, Nymphen, weniger die Schleim-

---

*) Acerrimi incutiuntur oppresso cruciatus, ac plerumque, si crassior infindat contus, deterrimi ex ea morbi petulantia enascuntur, quos nulla Aesculapii curet industria. Disruptis musculorum vinculis contingit postea excrementa effluere etiam invitis. Quo quid turpius? (Aloisia Sigaea).

**) Sed de clitoride me fugit dicere. Speciem penis refert membranosum corpus in extrema fere pubis parte. Ac si penis esset, obdurescit tentigine (Aloisia Sigaea).

haut der Vagina. Auch hier ist Impetus coeundi, freilich in keuschen
Herzen nur als dunkler, unverstandener Drang, von der Natur unweigerlich der Pubertät beigegeben, auch hier steigert sich die Libido
zum Orgasmus, und selbst die Ejaculation soll ihr Analogon finden *)
in der Ausstossung des Secrets der Bartholini'schen Drüsen, ein
Vorgang, der nur selten vom Weibe selbst bemerkt werden soll. Die
Libido soll beim Weibe den Act etwas länger überdauern und ist
normalerweise ebenfalls gefolgt vom Gefühl der Befriedigung.

Jeder einzelne Theil des Geschlechtsvorgangs und alle zusammen
können gestört sein.

Der Impetus fehlt häufig auch bei Gesunden nach schwerer
körperlicher Anstrengung, noch mehr nach strenger geistiger Arbeit,
nimmt im höheren Alter in physiologischer, aber individuell sehr ver-
schiedner Weise ab. Der Impetus wird vorübergehend vernichtet
durch consumirende Krankheiten, dauernd durch chronischen Marasmus,
namentlich aber durch Diabetes mellitus, Tabes dorsalis, progressive
Paralyse. Durch jeden Geschlechtsact wird der Impetus vorübergehend
herabgesetzt, durch fortgesetzte Excesse kann er es auf die Dauer
werden oder ganz verschwinden. Die Stärke des Impetus und die
Häufigkeit, mit der er sich einstellt, ist individuell ausserordentlich
verschieden, es gibt kalte Naturen, die nichts in Erregung versetzt,
und lebhafte, bei denen schon Reminiscenzen, Phantasieen und jeder
äussere Eindruck wirksam sind. Hiefür ist das Individuum, als für seine
Naturanlage, nicht verantwortlich, ob aber dem Impetus leicht und
gern nachgegeben wird, oder ob eine keusche Seele, gestützt auf eine
wohlerzogene Moral, dagegen mit Erfolg ankämpft und nur der legitimen Cohabitation mit dem Ehegatten freien Lauf lässt, ist eine andere
Sache. Krankhaft gesteigerter Impetus (Satyriasis beim Mann,
Nymphomanie beim Weib genannt) kommt im Initialstadium der
Tabes zuweilen, dann bei Krankheiten der weiblichen Geschlechtsorgane, sonst wohl nur als Ausdruck von Psychosen vor, zu denen
in dieser Hinsicht auch seltenere Formen der Hysterie zu zählen sind.
Damit soll aber nicht geleugnet werden, dass die Psychose selbst
gegebenenfalls auch eine Folge zügelloser Ausschweifungen und Sitten-
losigkeit sein kann.

Fehlende oder mangelhafte Erection kann durch fehlenden
Impetus verschuldet, oder trotz energischen Dranges vorhanden sein
(Miser, cui locus ille hebet iners, Ovidius). Letzteres kommt namentlich, aber nicht ausschliesslich, als Folge sexueller Ausschweifungen
vor. Psychische Eindrücke (Scham, Ekel, Widerwillen, Furcht vor Ansteckung, namentlich aber auch mangelndes Selbstvertrauen und Furcht
vor dem Misslingen) verhindern häufig die Erection oder lassen dieselbe, wenn vorhanden, rasch wieder verschwinden. Ob dergleichen
auch beim Weibe vorkommt, weiss man nicht, ist auch vollkommen
gleichgültig, denn nur beim Mann ist die Erection wichtig und unerlässlich für die Cohabitation; fehlt sie oder ist sie so unvollständig,
dass eine Immissio penis unmöglich wird, so resultirt hieraus Impo-
tentia coeundi, also Fortpflanzungsunfähigkeit. Das Gegen-

---

*) Quamquam ne sic quidem tribadis coitus semper plane siccus erit, cum
etiam feminae soleant saltante libidine colliquescere (Froberg).

theil, anhaltende, zudem meist schmerzhafte Erection (Priapismus) wird entweder durch örtliche Reize an der Urethra (z. B. Gonorrhoe) oder durch centrale (z. B. Läsionen des Halsmarks, Strangulation) herbeigeführt.

Libido und Orgasmus können jedes für sich individuell schwach oder stark bis zum rauschartigen Liebestaumel entwickelt sein.

Fehlt die Ejaculation, so kann dies an mangelnder Libido liegen, wobei allgemach die Erection nachlässt, oder es besteht ein organischer Fehler der Zeugungsorgane, Strictur der Harnröhre, Obliteration der Ductus ejaculatorii, womit zwar nicht die Facultas coeundi, wohl aber die Facultas generandi vernichtet ist. Präcipitirte Ejaculation (vor der Immissio penis) kann durch besonders heftige psychische Erregung zeitweilig bei Gesunden auftreten, ist sie dauernd, so ist auch hiemit Impotenz gegeben. Dieser somit abnorm rasche Ablauf des ganzen Actes ist häufig als Symptom „reizbarer Schwäche" anzusehen, wie sie oftmals als vorübergehende oder bleibende Folge von Excessen auftritt.

Die practisch und namentlich auch forensisch wichtige Untersuchung des Ejaculats wird im zweiten Theil besprochen werden. Reizbare Schwäche, rascher Ablauf des ganzen Reflexvorgangs soll auch bei Frauen vorkommen*), hat hier keine practische Bedeutung, weil die Cohabitation und die Conception dadurch nicht gestört wird, höchstens kann sie für die Beurtheilung allgemeiner Neurosen und Psychosen gelegentlich von Wichtigkeit werden.

Die allgemeine Aufregung, der Sturm der Athmung und der Herzthätigkeit mag den Act noch einige Zeit überdauern; währt dies länger, so ist es pathologisch, weist auf Erkrankungen des Herzens, der Gefässe, des Respirationstractus oder auf Störungen im Nervensystem (vornehmlich Neurasthenie) hin. Das Gefühl von Ermüdung und das Bedürfniss nach Schlaf nachher ist physiologisch, bedeutende Erschöpfung, die sich länger hinzieht, schon nicht mehr. Der Satz: „Omnis pecus post coitum tristis" ist in seiner Allgemeinheit nicht richtig (Fürbringer).

Abgesehen von der legitimen Cohabitation ist nur noch der nächtliche Samenerguss (Pollutio) ein physiologisches Ereigniss. Pollutionen stellen sich bei geschlechtsreifen Individuen im Schlaf, begleitet von erotischen Träumen, mit Libido, Erection und Orgasmus ein, sind vom Gefühl der Befriedigung gefolgt, wiederholen sich in verschiedenen Pausen, bald wöchentlich, bald seltener, auch wohl ab und zu etwas häufiger. Nur wenn alle diese Bedingungen zutreffen, ist der Vorgang ein normaler, wie er gebieterisch durch die Pubertät mit sich gebracht wird und dem, wenn man dem Zeugniss erotischer Schriftsteller glauben will, beide Geschlechter gleichmässig nothgedrungen unterliegen.

Dicke warme Decke, weiches Lager, reichliche Abendmahlzeit, voller Darm und volle Blase begünstigen das Ereigniss, harte, schwere körperliche Anstrengung schieben es hinaus. Sexuelle anormale Excesse und vor Allem eine frühzeitig verdorbene Phantasie lassen die Pollu-

---

*) Improba adeo titillatione feminas inflammat (clitoris) vividioris paulo naturae, ut adhibita manu, si irritentur ad venerem, plerumque non exspectato conscensore ipsae sponte colliquescant (Aloisia Sigaea).

tionen gehäuft erscheinen (Pollutiones nimiae), sie sind dann meist
gefolgt von wüstem Kopf, Abgeschlagenheit, Erschöpfung. Eine scharfe
Grenze gegenüber den normalen lässt sich aber hier schwer ziehen.
Dagegen sind Pollutiones diurnae stets als pathologisch aufzufassen
(Fürbringer). Pathologisch ist es auch, wenn Erection und Libido
fehlen, pathologisch ist die Defäcations- und die Mixtionssperma-
torrhoe, die durch Nachlass des Tonus der Ductus ejaculatorii herbeigeführt ist. Mit höherem Alter werden die Pollutionen seltener, um
schliesslich ganz aufzuhören, bei regelmässigem legitimen Geschlechts-
genuss bleiben sie in der Regel aus. Bei sexuellen Wüstlingen pflegt
auf die Periode der gehäuften Pollutionen sich mit zunehmender Impotenz eine zweite des Nachlassens und des Aufhörens früher oder
später einzustellen.

Das widerliche Kapitel der Geschlechtsverirrungen, der angeborenen und erworbenen Anomalie des Geschlechtstriebs können wir
getrost Specialwerken und den Psychiatern überlassen. Ein Arzt in
reiferen Jahren kann ja leider nicht umhin, sich auch mit diesen
Dingen bekannt zu machen.

Elektrodiagnostik.

Physikalische Propädeutik.

Bringt man zwei verschiedene Metalle, z. B. Kupfer und Zink,
mit einander in Berührung, so werden beide elektrisch, das Zink
(elektropositives Metall) lädt sich mit der Art von Elektricität, wie sie
bei der Reibungselektrisirmaschine an der Glasscheibe entsteht und wird
positiv elektrisch, das Kupfer (elektronegatives Metall) mit der, welche
am Reibzeug frei wird, wird negativ elektrisch. Kupfer mit Platin in
Berührung gebracht, verhält sich dagegen elektropositiv. das Platin
elektronegativ. Letzteres ist auch dem elektropositiven Zink gegenüber negativ, die Ladung ist aber stärker, wenn Platin als wenn Kupfer
das Zink berührt. Solche Versuche haben zur Aufstellung der sogenannten Spannungsreihe geführt. Jedes weiter oben stehende Metall
wird mit jedem weiter unten stehenden negativ elektrisch und umgekehrt. Die Vertheilung der Elektricität ist um so bedeutender, je
weiter aus einander die beiden verwendeten Metalle in der Spannungsreihe stehen. Taucht man nun zwei Metalle dieser Spannungsreihe,
z. B. Zink und Kupfer, in verdünnte Schwefelsäure, so dass ihre herausstehenden Enden sich nicht berühren, so gibt das Zink durch die
Flüssigkeit seine positive Elektricität an das Kupfer, dieses seine negative an das Zink ab. Beide häufen sich an den freien Enden der
Metallplatten an. Eine solche Vorrichtung heisst ein elektrisches
oder galvanisches Element, die herausstehenden Metallenden sind
seine Pole (Fig. 63). Am Zinkpol hat sich negative Elektricität an-
gehäuft, am Kupfer positive. Hätte man statt des Kupfers z. B. Kohle
verwendet. so wäre der Kohlenpol der positive, der Zinkpol der negative. Den positiven Pol heisst man die Anode, den negativen die
Kathode. Ungleichnamige Elektricitäten ziehen sich gegenseitig an.
Dass die Elektricität nicht von einem Pol zum anderen gelangt, liegt

daran, dass die Pole durch Luft von einander getrennt sind. Verbindet man die beiden Pole durch einen Metalldraht, so findet in der That ein Ausgleich zwischen positiver und negativer Elektricität statt, der aber sofort wieder durch Neuentwicklung von Elektricität im Element illusorisch gemacht wird. So entsteht ein continuirlicher Strom von Elektricität, bei welchem stets gleichviel negative Elektricität von der Kathode zur Anode, wie positive von der Anode zur Kathode fliesst. Wenn man von Stromesrichtung spricht, meint man aber stets nur die Richtung, in welcher sich die positive Elektricität bewegt, also von der Anode zur Kathode. Durch das Anlegen des Metalldrahtes wurde der Strom geschlossen, vorher war er offen oder unterbrochen. Offenbar unterscheidet sich der Metalldraht wesentlich von der Luft, indem er das Kreisen des Stromes ermöglicht, den Strom leitet, die Luft aber nicht. Körper, welche den Strom leiten, heisst man Leiter oder Conductoren (z. B. alle Metalle und Metalllegirungen, Lösungen von Salzen, Säuren), solche, welche dies nicht thun (z. B. Luft, Glas, Harze, Gummi), Nichtleiter oder Isolatoren.

Spannungsreihe nach Hankel:

+
Zn
Pb
Sn
Fe
Cu
Au
Ag
C
Pt
—

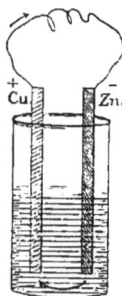

Fig. 63.
Galvanisches Element.

Schneidet man den verbindenden Metalldraht durch, so hört der Strom sofort auf und die Elektricität häuft sich nun an den Enden des Drahtes an. Die Kraft, mit der sie einen Ausgleich mit der ungleichnamigen Elektricität anstrebt, heisst die Spannung an den Polen oder elektromotorische Kraft des Elementes.

Die elektromotorische Kraft eines Elementes ist lediglich abhängig von der chemischen Beschaffenheit der Leiter, aus denen es zusammengesetzt ist. Je weiter die beiden der Spannungsreihe sich einfügenden Körper (Leiter I. Ordnung) in dieser Reihe aus einander stehen, eine desto grössere elektromotorische Kraft hat das Element. Dabei ist auch die Beschaffenheit der dazwischen geschalteten chemisch zusammengesetzten Leiters, der keinen bestimmten Platz in der Spannungsreihe hat (Leiter II. Ordnung) nicht gleichgültig. So gibt C und Zn (Bunsen'sches Element) oder Pt und Zn (Grove's Element) in Salpetersäure stehend eine grössere elektromotorische Kraft, als das oben gewählte Beispiel, wo Cu und Zn in verdünnter Schwefelsäure stehen (Volta's Element). Von der Form und Grösse eines Elementes ist aber seine elektromotorische Kraft vollständig unabhängig.

Der elektrische Strom hat bei seinem Fliessen stets einen gewissen Widerstand zu überwinden. Es gibt keine absoluten Leiter, wie es auch keine absoluten Nichtleiter gibt, sondern nur sehr gute und sehr schlechte mit allen möglichen Zwischenstufen. Der Widerstand (W) ist ausser von der Natur des durchflossenen Leiters (specifischer Leitungswiderstand c) noch abhängig von den Dimensionen desselben, er ist dies proportional der Länge (l) und umgekehrt proportional dem Querschnitt (q) des Leiters, als $W = \dfrac{c \cdot l}{q}$.

Der reciproke Werth des specifischen Widerstandes ist die specifische Leitungsfähigkeit eines Körpers. Setzt man diesen für Silber $= 100$, so findet er sich (nach Mathiessen) für Cu $= 77$, für Au $= 55$, für Fe $= 14$, für Pt $= 10$, für Hg $= 1,6$.

Der specifische Widerstand von Flüssigkeiten ist im Allgemeinen millionenmal grösser als der der Metalle. Wird der specifische Widerstand des Silbers $= 1$ gesetzt, so findet er sich:

für verdünnte Schwefelsäure
(1 cm³ H₂SO₄ und 11 cm³ H₂O) . . $= 1\,128\,000$
„ concentrirte Salpetersäure . . . . $= 1\,606\,000$
„   „   Lösung von NaCl . . . $= 3\,173\,000$
„   „   „   „ ZnSO₄ . . $= 17\,330\,000$
„   „   „   „ CuSO₄ . . $= 18\,450\,000$

Legt man die beiden Enden des Drahtes an den menschlichen Körper, so geht der Strom durch diesen hindurch, man beobachtet aber keinerlei Wirkung, der Strom ist zu schwach, um beispielsweise einen Nerven zu erregen. Wir müssen uns also nach Mitteln umsehen, durch die es gelingt, den Strom, den ein galvanisches Element liefert, zu verstärken. Hiezu ist vor Allem erforderlich zu wissen, wovon die Stromesstärke abhängig ist. Auskunft gibt die Ohm'sche Formel:

$$J = \frac{E}{W},$$

worin J die Intensität des Stromes, W den Widerstand bedeutet, den er auf seinem Weg findet, E die elektromotorische Kraft der Elektricitätsquelle, in unserem Fall also des galvanischen Elements*).

Aus der Ohm'schen Formel sieht man leicht, dass es zwei Wege gibt, die Stromesintensität zu steigern, entweder muss man die elektromotorische Kraft vergrössern, oder den Widerstand vermindern. Der Gesammtwiderstand, den der elektrische Strom zu überwinden hat, setzt sich aber aus zwei Theilen zusammen, dem Widerstand, den er im Element selbst findet (innerer oder wesentlicher Widerstand) und dem, der ihm ausserhalb desselben, in den Leitungsdrähten, dem eingeschalteten menschlichen Körper u. s. w. entgegensteht (äusserer

*) Das Gesagte gilt nur für den galvanischen Strom. Für den faradischen Strom trifft die Ohm'sche Formel E = J.W nicht zu. Die Rolle des Widerstandes spielt hier der „Widerstandsoperator", der sich aus Widerstand, Selbstinduction und Capacität zusammensetzt (Lord Rayleigh). Wie der Operator mit diesen drei Grössen zusammenhängt, kann hier nicht besprochen werden, da für die Ableitung die Mittel der Infinitesimalrechnung nothwendig sind. Erwähnt soll nur sein, dass für die Grösse des Widerstandsoperators auch die zeitliche Dauer des Stroms von Einfluss ist.

oder ausserwesentlicher Widerstand). Bezeichnet man den ersten mit W_1, den zweiten mit W_2, so muss die Ohm'sche Formel also lauten:

$$ J = \frac{E}{W_1 + W_2}. $$

Der nächstliegende Gedanke wäre, wenn ein Element zu schwach ist, statt dessen zwei, drei oder viele anzuwenden. Verbindet man in einer Reihe von Elementen den Kupferpol des einen stets mit dem Zinkpol seines Nachbarn und die beiden Endpole der ganzen Kette durch einen Leiter mit einander, so wirkt jedes Element mit seiner elektromotorischen Kraft. Vorausgesetzt, dass die n verwendeten Elemente ganz gleich sind, ist die elektromotorische Kraft der ganzen Reihe n-mal so gross geworden. Aber auch der innere Widerstand kommt dann in jedem Element von Neuem zur Geltung, so dass auch der auf das n-fache gewachsen ist. Wenn der zu überwindende äussere Widerstand sehr klein ist, z. B. die beiden Endpole der Kette durch einen kurzen, dicken Metalldraht verbunden sind, verschwindend klein gegenüber dem inneren Widerstand in den Flüssigkeiten der einzelnen Elemente, so ist die neue Stromesintensität $J = \frac{nE}{nW_1}$, d. h. man hat an Stromesstärke nichts gewonnen. Ist aber der äussere Widerstand so gross, dass man ihm gegenüber den inneren vernachlässigen darf, so folgt $J = \frac{nE}{W_2}$, d. h. die Stromesintensität ist proportional der Zahl der verwendeten Elemente und dieser Fall trifft stets dann zu, wenn der menschliche Körper in den äusseren Widerstand eingeschaltet ist. Der Widerstand auch im schlechtesten Element kommt practisch nicht in Anschlag gegenüber dem in der menschlichen Epidermis. Es hat also keinen Sinn, den inneren Widerstand verkleinern zu wollen, um die Stromesintensität zu steigern in allen den Fällen, wo der menschliche Körper vom Strom durchflossen werden soll, wohl aber dann, wenn der äussere Widerstand in lauter metallischen Verbindungen besteht, wenn man eine Platinschlinge zum Glühen bringen, einen umflossenen Eisenkern magnetisch machen will u. s. w. Weil der letztere Fall uns noch bei der Inductionselektricität beschäftigen wird, wollen wir also noch zusehen, wie man die Stromesintensität bei geringem ausserwesentlichem Widerstand steigern kann; offenbar nur, wenn man den inneren Widerstand verkleinert, denn mit der Vergrösserung der elektromotorischen Kraft durch Summation einmal gegebener Elemente ist, wie wir sahen, nichts gewonnen. Der innere Widerstand wird zum allergrössten Theil von den Flüssigkeiten in den Elementen geliefert, die metallenen, millionenmal besser leitenden Theile, kommen dem gegenüber gar nicht in Betracht. Den Widerstand in der Flüssigkeit kann man mit der Länge des Leiters verkleinern, aber die Metallplatten stehen schon in allen käuflichen Elementen so nah beisammen, als dies nur geschehen kann. Es bleibt nichts übrig, als den Querschnitt des Leiters zu vergrössern, also recht grosse Platten zu verwenden; aber auch das hat natürlich seine Grenzen aus practischen Gründen, denn man kann doch keine Elemente brauchen, die die Grösse eines Eimerfasses haben. Man kann sich aber auch mit einer grösseren

Zahl von kleinen Elementen helfen, wenn man dieselben gleichnamig mit einander verbindet, d. h. alle Kupfer- und alle Zinkpole mit einander. Bei dieser Anordnung geht der Strom nur einmal durch die Flüssigkeit und zwar in einem Querschnitt, der (bei völliger Gleichheit von n verwendeten Elementen) n-mal so gross ist als bei einem allein. Für den supponirten Fall von sehr kleinem äusserem Widerstand ist also auch hier $\left(J = \dfrac{E}{\dfrac{W_i}{n}} = n\,E \right)$ die Stromesintensität proportional der Zahl der verwendeten Elemente. Hat man eine Anzahl von Elementen zur Verfügung und handelt es sich darum, eine kurze Platinschlinge zu erhitzen oder magnetische (Inductions-)Wirkungen auszuführen, so wird man also die Elemente gleichnamig, „zur Säule" (Fig. 64), verbinden. Will man aber starke physiologische Wirkungen erzielen, z. B. am menschlichen Körper mit seinem enormen Widerstand elektrodiagnostische Untersuchungen vornehmen, so muss man die Elemente

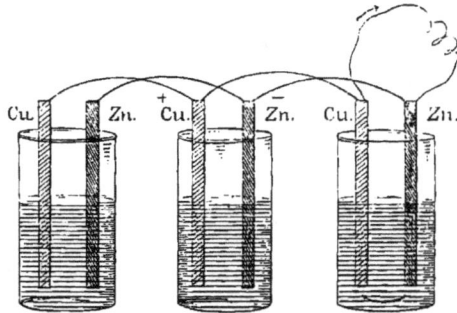

Fig. 64. Drei Elemente zur Säule verbunden.

ungleichnamig, „zur Kette oder Batterie" vereinigen (Fig. 65). Zu letzterem Zweck hat es keinen Sinn, besonders grosse Elemente zu verwenden und die Kleinheit derselben findet ihre Grenze nur aus practischen Gründen.

Nun hätten wir also in einer Batterie von 20 oder 30 Volta-schen Elementen einen hinreichend starken Strom für seine Anwendung am menschlichen Körper. Wollten wir eine solche verwenden, so würden wir bald erfahren, dass die Kraft der Batterie rasch bis zur Wirkungslosigkeit abnimmt. Der Grund hiefür liegt darin, dass ein jeder chemisch zusammengesetzte Körper, der vom elektrischen Strom durchflossen wird, von diesem in seine Componenten zerlegt wird. Dies geschieht auch mit der verdünnten Schwefelsäure in den Volta'schen Elementen. Der Vorgang der Zerlegung (Elektrolyse) endigt hier mit dem Freiwerden von Sauerstoff und Wasserstoff. Der erstere als der elektronegative Bestandtheil (Anion) des zerlegten Körpers (des Elektrolyts) geht an das elektropositive Zink und bildet mit diesem in statu nascendi ZnO, das sich mit der überschüssigen H_2SO_4 sofort unter Abspaltung von Wasser zu Zinkvitriol verbindet und in Lösung geht: $ZnO + H_2SO_4 = ZnSO_4 + H_2O$. Der elektropositive Wasserstoff (Kation) aber lagert sich in kleinen Bläschen an dem negativen Kupfer des Elementes ab. Wasserstoff ist noch elektropositiver als selbst das Zink. Von jedem Bläschen geht ein Strom durch die Flüssigkeit zum Zink, also in umgekehrter Richtung des Stroms, den das Element liefert. Hiedurch wird dieser Strom in seiner Wirkung geschwächt. Eine solche mit Wasserstoffbläschen beladene Platte heisst man polarisirt und den die Wirkung des Elementes schwächenden Strom den Polarisationsstrom.

(Der Polarisationsstrom findet nicht nur in der Elektrotechnik sondern auch in der Medicin schon vielfache Anwendung, er kommt in den sogenannten Accumulatoren zur Geltung. Diese werden durch einen starken Strom, z. B. einer Dynamomaschine, geladen, d. h. die Flüssigkeit in ihnen so zersetzt, dass sich die Platten mit den beiden Ionen beladen. Die Ione sind hier nicht Wasserstoff und Sauerstoff sondern feste Körper. Verbindet man die Endpole des Accumulators mit einander, so liefert dieser so lang einen Strom, bis die Ione sich wieder zur früheren chemischen Verbindung

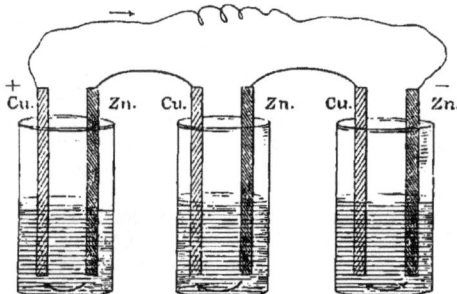

+
Cu.　　　Zn.

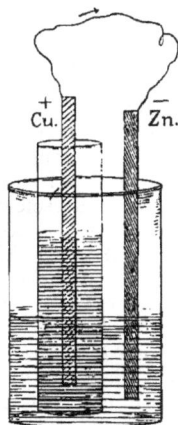

+
Cu.　Zn.　Cu.　Zn.　Cu.　Zn.

Fig. 65.
Drei Elemente zur Kette verbunden.

Fig. 66.
Daniell'sches Element.

vereinigt haben, und die alte Füllungsflüssigkeit regenerirt ist; dann muss der Accumulator von Neuem geladen werden.)

Will man einen Batteriestrom zur Verwendung bringen, so ist der entstehende Polarisationsstrom im höchsten Grade unerwünscht, nicht nur weil die Wirksamkeit der Batterie bald aufhört, sondern namentlich auch weil man mit einem Strom arbeiten muss, der seine Intensität beständig ändert. Diesem Missstand ist durch die Construction der sogenannten constanten Elemente abgeholfen worden. Als Beispiel eines solchen wollen wir das übersichtliche und zugleich älteste Element wählen, das bis auf heute von allen den constantesten Strom liefert und dessen Wirksamkeit für die elektrischen Maasse der Ausgangspunct geworden ist.

Auch bei diesem, dem Daniell'schen Element (Fig. 66) kommt Kupfer zur Verwendung. Das Zink steht in verdünnter Schwefelsäure, das Kupfer aber in einer gesättigten Lösung von Kupfervitriol. Damit die beiden Flüssigkeiten sich nicht mechanisch mischen, sind sie von einander durch ein poröses Diaphragma (thierische Blase oder porösen Thoncylinder) getrennt. Wird der Strom geschlossen, so wird wieder am Zink Sauerstoff frei; das gebildete Zinkoxyd löst sich in der überschüssigen Schwefelsäure als Zinksulfat. In der wässrigen Lösung von Kupfersulfat wird Wasserstoff frei, der kann aber an der Kupferplatte sich nicht ansetzen und diese polarisiren, denn er bildet in statu nascendi mit dem Kupfersulfat sofort Schwefelsäure unter Abscheidung von metallischem Kupfer ($2 H + CuSO_4 = H_2SO_4 + Cu$). Dieses Kupfer legt sich an die Kupferplatte an und an der Wirksamkeit des Elementes wird dadurch natürlich nichts geändert, denn es steht wieder reines Zink in der Schwefelsäure und reines Kupfer in der Kupfervitriollösung. Daniell'sche Elemente haben einen so beträchtlichen inneren Widerstand, dass man sie zu practischen Zwecken ziemlich gross machen, und eine so geringe elektromotorische Kraft, dass man ihrer sehr viele nehmen muss. Sie haben früher in Standbatterieen vielfach Verwendung gefunden, transportabel waren solche Batterieen nie, neuerdings sind sie durch stärkere und handlichere Elemente ersetzt worden, welche namentlich längere Zeit wirksam bleiben, bevor man ihre Füllung erneuern oder sie aus einander nehmen und reinigen muss. Vor Allem verdient das Léclanché-Element hervorgehoben zu werden. Es hat eine grössere elektromotorische Kraft als das Daniell'sche und behält seine Wirksamkeit bei mässigem Gebrauch wohl ein Jahr lang, bis man die Füllungsflüssigkeit erneuern muss, was sehr leicht geschehen kann. Bei diesem Element kommt Zink und Kohle zur Verwendung, beide stehen in derselben Flüssigkeit, nämlich einer concentrirten Lösung von Salmiak. Die Kohle ist umgeben mit Stücken Braunstein (Manganperoxyd), der Thoncylinder dieses Elementes dient nur dazu, diese Stücke vor dem Auseinanderfallen zu bewahren, kann im Uebrigen mit feineren Oeffnungen versehen sein. Wird der Strom geschlossen, so tritt folgende Zersetzung ein: $2 NHCl_4 = 2 Cl + 2 H + 2 NH_3$. Das freie Ammoniak entweicht gasförmig in die Luft, das Chlor verbindet sich mit Zink zu Zinkchlorid ($ZnCl_2$) und dieses geht in Lösung, der nascirende Wasserstoff wird von dem Manganperoxyd sofort zu Wasser oxydirt: $2 H + MnO_2 = H_2O + MnO$ (Manganoxydul). Bei den stärksten constanten Elementen, dem Bunsen'schen und dem Grove'schen, steht das Zink in verdünnter Schwefelsäure, Kohle resp. Platin in concentrirter Salpetersäure; diese oxydirt sofort den nascirenden Wasserstoff zu Wasser unter Bildung von salpetriger Säure, die in Form rother Dämpfe entweicht. Weil diese die Athmungsorgane heftig angreift, eignen sich solche Elemente nicht für die medicinische Praxis. Alle Elemente, welche ein Thondiaphragma haben, müssen des bedeutenden inneren Widerstandes wegen ziemlich gross gewählt werden und finden demgemäss ihre Anwendung nur in Standbatterieen oder zu einer oder zweien zur Treibung von Inductionsapparaten, sowie zur Galvanokaustik und elektrischem Glühlicht. Das Gleiche gilt auch für die sogenannten Trockenelemente, die ganz ohne Flüssigkeit arbeiten. Will man in einer tragbaren Batterie auf dem kleinsten Raum möglichst viele Elemente vereinigen, so muss das Diaphragma in Wegfall kommen. Es kann dies, unbeschadet der Constanz für kürzere Zeit, geschehen, wenn man in der Füllungsflüssigkeit einen stark oxydirenden Körper auflöst, der den nascirenden Wasserstoff sofort unschädlich macht. Bei den gebräuchlichsten derartigen Elementen (auch beim sogenannten „Flaschenelement") steht Zink und Kohle in einer Lösung von Schwefelsäure und doppeltchromsaurem Kalium (oder Chromsäure). Die Chromsäure oxydirt sofort den frei werdenden Wasserstoff zu Wasser unter Bildung von Chromoxyd, das sich in der überschüssigen Schwefelsäure als grünes Chromsulfat löst. Wenn die ursprünglich rothe Flüssigkeit grün geworden ist, muss sie erneuert werden. Frisch gefüllte derartige (Grenet-)Elemente haben bedeutende elektromotorische Kraft und sehr geringen inneren Widerstand; man kann sie aus letzterem Grunde ohne Schaden sehr klein machen und Batterieen von 40 Elementen sind noch gut tragbar.

Der Strom, den eine Verkettung von galvanischen Elementen beliebiger Construction liefert, heisst in der Medicin, gleichviel in wie weit er der Anforderung an Constanz in physikalischem Sinn entspricht, ein constanter oder Batteriestrom, im Gegensatz zum unterbrochenen, Inductionsstrom, faradischen Strom (nach dem berühmten Entdecker der Induction, Faraday, so genannt).

Fliesst durch einen Leiter, z. B. einen Draht, ein Strom und man nähert ihm einen zweiten, der ihm parallel verläuft, so durchfliesst auch diesen zweiten Leiter während der Annäherung ein Strom, und zwar in einer Richtung, die dem ersten Strom entgegengesetzt ist. Entfernt man den zweiten Leiter vom ersten, stromdurchflossenen, so entsteht, so lang die Vergrösserung des Abstandes sich vollzieht, wieder in ihm ein Strom, diesmal in gleicher Richtung mit dem Strom in diesem Leiter. Dieser Vorgang heisst Induction, der Strom im ersten Leiter, der z. B. durch ein Element gespeist wird, heisst der primäre oder inducirende, der im zweiten Leiter, der gar nicht mit einer Elektricitätsquelle in Verbindung steht, der secundäre oder inducirte Strom. Die Grösse der Induction und demnach die Stärke des inducirten Stromes ist abhängig von der Intensität des primären Stromes und der Schnelligkeit, mit welcher die Annäherung resp. Entfernung der beiden Leiter von einander geschieht. Bei gegebener Stromstärke im ersten Leiter erhält man also die stärkste Inductionswirkung, wenn man den zweiten Leiter parallel möglichst nahe an ihn heranbringt und den Strom im ersten Leiter rasch schliesst oder rasch öffnet; es ist dann geradeso, als wenn dem zweiten Leiter ein Strom von gegebener Stärke aus unendlicher Entfernung in eine sehr kleine plötzlich nahe- und aus dieser wieder in unendliche Entfernung weggerückt wäre. Windet man die beiden Leiter (Drähte) spiralförmig auf Rollen auf (Fig. 67) und schiebt diese über einander, so übt jede Windung des primären Leiters auf jede Windung des secundären bei Schluss und bei Oeffnung des Stromes eine inducirende Wirkung aus, wodurch der Effect der Induction entsprechend der Zahl der Windungen bedeutend verstärkt werden kann. Schliesst man den primären Strom, so durchzuckt den zweiten Leiter ein Strom von entgegengesetzter Richtung (Schliessungsschlag); dann bleibt, so lang auch der primäre Strom fliessen mag, im zweiten Leiter Alles in Ruhe, bis der Strom wieder geöffnet wird, dann wird der zweite Leiter vom Oeffnungsschlag durchflossen, der die gleiche Richtung wie der geöffnete primäre Strom hat. Man kann bei gegebener Stärke des primären Stromes die Wirkung der Induction im zweiten Leiter steigern, wenn man einen

schr langen Draht in vielen Windungen auf die secundäre Rolle auf-
wickelt. Es könnte scheinen, als wenn dies dem Gesetz der Erhaltung
der Kraft widerspräche, das ist aber nicht so. An Stromesintensität
gewinnt man hiedurch im zweiten Leiter gar nichts, im Gegentheil
verliert man, weil mit der zunehmenden Länge des Leiters der Widerstand wächst. Dagegen hat der Strom im secundären Leiter eine
grössere Spannung, d. h. er ist befähigt, äussere Widerstände leicht
zu überwinden, und dies macht ihn zu seiner Anwendung zu medicinischen Zwecken so überaus geeignet. Die Quantität der fliessenden
Elektricität im secundären Leiter ist eine ausserordentlich geringe, das
Gefälle, mit dem sie sich bewegt, ein sehr grosses. Masse mal Quadrat
der Geschwindigkeit ist bekanntlich die lebendige Kraft, und was an
Geschwindigkeit (Spannung) gewonnen wird, muss im entsprechenden
Maasse an Masse (Stromstärke) verloren gehen.

Ein weicher Eisenkern, der von einem Strom umflossen wird,
wird sofort magnetisch und verliert seinen Magnetismus ebenso schnell
wieder, wenn der umfliessende Strom geöffnet wird. Ein Magnet verhält sich wie ein von einem Strom umflossener Eisenkern. Bringt man
ihn in die Nähe einer Drahtspirale, so inducirt er in ihr einen Strom
von entgegengesetzter, entfernt man ihn, von gleicher Richtung wie
die von dem Strom ist, der ihn selbst umfliesst. Man kann demgemäss
die Inductionswirkung von zwei Drahtspiralen erheblich vergrössern,
wenn man in der inneren (primären) einen weichen Eisenkern anbringt, der mit Schluss des Stromes magnetisch wird, mit Oeffnung
desselben seinen Magnetismus wieder verliert. Vortheilhafter ist es,
statt eines Eisenstabes deren ein ganzes Bündel zu verwenden, die man
dadurch von einander isolirt, dass man sie mit Lack überzogen oder
einfach hat rosten lassen. Diese Inductionswirkung (Magnetinduction)
hört auf, wenn man den Eisenkern mit einer Metallhülse (Dämpfer)
umgibt.

Jede Windung der primären Spirale übt auf jede Windung der
secundären eine inducirende Wirkung aus, aber auch gerade so auf alle
in der nämlichen primären Spirale gelegenen Nachbarwindungen. Durch
diese Autoinduction schwächt sich also der Strom, wenn er in die
primäre Spirale einbricht, selbst ab, indem er einen Strom von entgegengesetzter Richtung in derselben Spirale erzeugt. Beim Oeffnen
des Stromes entsteht dagegen in der primären Spirale ein plötzlicher
Inductionsstrom von gleicher Richtung mit dem soeben geöffneten.
Dieser Oeffnungsstrom an der primären Spirale heisst Extrastrom
oder Extracurrent, er kann von den Klemmschrauben der Spirale
abgeleitet und zu elektrodiagnostischen, sowie elektrotherapeutischen
Zwecken verwendet werden. Alle Inductionsapparate, welche nur eine
einzige Spirale besitzen, arbeiten lediglich mit dem Extracurrent. Auch
für die Inductionswirkung an der secundären Spirale ist die Autoinduction auf der primären nicht gleichgültig. Das verzögerte Einbrechen bei der Schliessung, die plötzliche und sehr rasch abklingende
Verstärkung bei der Oeffnung lässt auch in der secundären Spirale
den Oeffnungsschlag stets viel stärker ausfallen als den
Schliessungsschlag. Obwohl in der secundären Spirale (im Gegensatz zur primären) bei jeder Schliessung und Oeffnung ein Strom von
der früheren entgegengesetzter Richtung entsteht, die Pole an der

secundären Spirale also fortwährend wechseln, kann man, falls nur auf den viel wirksameren Oeffnungsstrom Rücksicht genommen wird, doch von Anode und Kathode der secundären Spirale sprechen.

Die Schliessung und Oeffnung des primären Stromes wird an allen Inductionsapparaten durch einen selbstthätigen Unterbrecher (Wagner'scher oder Neef'scher Hammer) bewerkstelligt. Der primäre Strom umfliesst einen weichen Eisenkern, der gesondert angebracht ist oder in der primären Rolle steckt, und macht diesen bei seinem Schluss magnetisch. Der Magnet reisst einen Anker von einem Contact los, durch den der primäre Strom ebenfalls geleitet ist, und letzterer wird an dieser Stelle geöffnet. Der Eisenkern verliert sofort seinen Magnetismus und lässt seinen Anker fahren, der durch Federkraft gegen seinen Contact geschleudert wird und den Strom wieder schliesst u. s. f.

Fig. 67 stellt das Schema eines Inductionsapparates mit primärer und secundärer Rolle und selbstthätigem Unterbrecher dar. Die secundäre Spirale mit den beiden Klemmschrauben KK für die Leitungs-

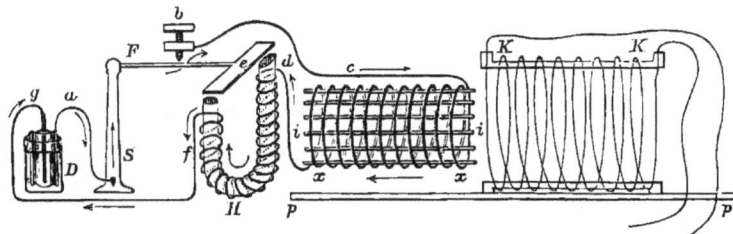

Fig. 67. Schema des Inductionsapparates. (Nach Hirt.)

schnüre ist auf der Bahn pp gegen die primäre Spirale xx verschieblich, diese enthält den Eisenkern ii. Der Strom wird von dem Element D geliefert und durchläuft in der Richtung der Pfeile die Strecke $abcdfg$. Er geht zunächst durch die metallene Säule S zu der Feder F des Neef'schen Hammers e. Von der Feder geht er durch eine Schraube b, welche die Feder gerade berührt, dann weiter durch die primäre Spirale xx, umfliesst den Hufeisenmagneten H und kehrt zum Element zurück. Dabei wird der eiserne Anker e von den beiden Polen des Magneten H angezogen und der Contact kei b unterbrochen. Die Feder F zieht den Hammer e, da jetzt der Magnet H seinen Magnetismus verloren hat, wieder gegen die Spitze der Schraube b und schliesst den Strom von Neuem, darauf das alte Spiel.

Die Zahl der Unterbrechungen in der Secunde ist abhängig von dem Weg, den der Hammer bei seinen Schwingungen zu durchlaufen hat und von der Geschwindigkeit, mit der er sich bewegt, letztere vom Trägheitsmoment des Ankers und von der Spannung der Feder. Man kann die Zahl der Unterbrechungen vergrössern, indem man die Contacte, die durch Schrauben (b Fig. 67) verstellbar sind, so stellt, dass der Hammer nur ganz kleine Excursionen ausführen kann, ferner durch schärferes Anziehen der Feder. Dies hat seine Grenze, denn ist die Feder zu stark, so kann der Magnet den Anker nicht mehr an sich reissen. An manchen Apparaten ist am Hammer eine verschiebbare kleine Metallkugel angebracht (Kugelunterbrecher); je näher diese an der Drehungsaxe des Hammers liegt, desto kleiner ist das Trägheitsmoment desselben und desto rascher schwingt derselbe ceteris paribus. Wie man das Umgekehrte, langsamere Unterbrechung erzielen kann, ist aus dem Gesagten von selbst verständlich. Wir werden sehen, dass die Zahl der gelieferten Inductionsschläge in der Secunde nicht zu klein sein darf, damit die direct oder indirect gereizten Muskeln in einen glatten Tetanus gerathen.

Elektrische Maasseinheiten und Messinstrumente.

Im Jahre 1881 wurden von dem in Paris tagenden internationalen Congress der hervorragendsten Elektriker magnetische und elektrische Maasseinheiten definirt, die gegenwärtig allgemein angenommen sind und als absolute Einheiten bezeichnet werden. Für unsere Zwecke kommen drei Einheiten in Betracht, die für die Stromesintensität, für die elektromotorische Kraft und für den Widerstand.

Ein Strom, der durch eine elektromotorische Kraft von der Stärke $= 1$ bei einem Widerstand $= 1$ erzeugt wird, hat selbst nach dem Ohm'schen Gesetz die Stärke 1 $\left(J = \dfrac{E}{W} \right)$. Diese so definirte Einheit für Stromesintensität heisst Ampère (A), die für die elektromotorische Kraft Volt (V) und die für den Widerstand Ohm (Ω). 1 Ampère Intensität wird also durch einen Strom von 1 Volt Kraft bei 1 Ohm Widerstand erzeugt.

1 Volt ist etwa gleich $8/9$ der elektromotorischen Kraft eines Daniell'schen Elementes, 1 Ohm ist gleich dem Widerstand, den der elektrische Strom in einer Quecksilbersäule von 1 cm² Querschnitt und 1,061 m Länge findet*). Ein Strom von 1 Ampère Stärke zersetzt durch Elektrolyse in der Secunde 0,000092 g H_2O und liefert dabei 0,172 cm³ Knallgas. Ein Strom von 1 Ampère ist viel zu stark für medicinische Zwecke, die für diese zur Verwendung kommende Einheit ist tausendmal kleiner und heisst 1 Milli-Ampère.

Instrumente, welche die elektromotorische Kraft (Spannung) zu messen gestatten — Voltmeter — finden in der Elektrodiagnostik keine Anwendung, wohl aber wird die Stromesintensität gemessen und gelegentlich auch der gegebene Leitungswiderstand bestimmt.

Instrumente, mit denen die Stromesintensität nach absolutem Maass gemessen werden kann, heissen absolute oder Einheitsgalvanometer, Ampèrometer (resp. Milli-Ampèrometer). Für exacte Elektrodiagnostik ist der Gebrauch eines solchen Galvanometers, wie wir noch sehen werden, unbedingt erforderlich und nur für gröbere practische Zwecke unter Beobachtung gewisser Cautelen bei der Untersuchung allenfalls zur Noth entbehrlich.

Die meisten Galvanometer beruhen auf dem bekannten Oerstedtschen Gesetz, wonach eine frei schwingende Magnetnadel von ihrer gegen

---

*) Statt des Ohms war früher die sogenannte Siemens'sche Einheit (S.E.) in Gebrauch, der Widerstand in einer Quecksilbersäule von 1 cm² Querschnitt und 1 m Länge. Viele Rheostaten sind noch nach Siemens'schen Einheiten geaicht.

den magnetischen Pol der Erde zeigenden Richtung abgelenkt wird, wenn sie von einem elektrischen Strom umflossen wird. Offenbar ist die Grösse des Ausschlages dabei nicht nur von der Stärke des ablenkenden Stromes, sondern auch von der Intensität des Erdmagnetismus, der die Nadel in ihrer alten Lage halten will, abhängig. Die Intensität des Erdmagnetismus ist aber an verschiedenen Orten der Erde eine verschiedene und seine Theilung in horizontale und verticale Intensität, wodurch die magnetische Declination und Inclination hervorgerufen wird, ebenfalls. Die Galvanometer geben eigentlich nur an einem bestimmten Orte der Erde das richtige Strommaass an. Dies gilt für die Horizontalgalvanometer, nicht aber in gleichem Maass für die Verticalgalvanometer. Letztere müssen stets so aufgestellt werden, dass die Axe der Nadel in den magnetischen Meridian des Ortes zu liegen kommt, was absolut genau nicht zu erzielen ist. Mit jeder Abweichung aber vom Meridian ändert sich die Einwirkung des Erdmagnetismus auf die Nadel und gibt diese demgemäss andere Werthe für die zu messenden Ströme an.

Die nähere Einrichtung der zum Theil sehr sinnreich und exact gearbeiteten Einheitsgalvanometer zu besprechen, würde viel zu weit führen, zudem sind den besseren Apparaten Beschreibungen beigegeben, durch die man sich über die Construction und Handhabung orientiren kann. Im Allgemeinen muss von einem brauchbaren Galvanometer gefordert werden, dass es Ströme zwischen 0 und 15—20 Milli-Ampères zu messen gestattet, die Scala von 1 zu 1 Milli-Ampère so gross ist, dass man Bruchtheile noch schätzen kann; eine Empfindlichkeit bis zu Zehntel-Milli-Ampères liefert bei den sonstigen unvermeidlichen Fehlerquellen der Elektrodiagnostik eine nur scheinbare grössere Exactheit, dagegen ist auf die gute Dämpfung des schwingenden Magnets grosses Gewicht zu legen. Wir werden sehen, dass bei der elektrischen Untersuchung von Nerv und Muskel der Strom häufig geschlossen und geöffnet werden muss, braucht dabei die Nadel längere Zeit bis sie, um ihre neue Gleichgewichtslage hin- und herschwingend, endlich in dieser zur Ruhe kommt, so ist dies geradezu unerträglich. Die vielen transportablen Batterieen beigegebenen, sehr billigen kleinen Verticalgalvanometer (bis 5 resp. 10 Milli-Ampères zeigend) leiden, so viel ich weiss, alle an diesem Fehler und haben nur für gewisse elektrotherapeutische Methoden, bei denen der Strom langsam verstärkt und abgeschwächt wird, Werth, nicht aber für elektrodiagnostische. (Die an älteren Apparaten angebrachten Verticalgalvanoskope haben willkürliche Scalen, sind als Messinstrumente gänzlich unbrauchbar, der Ausschlag der Nadel soll nur anzeigen, dass überhaupt Strom vorhanden ist.) Ob die Dämpfung durch einen dämpfenden Magnet, durch Wasser, auf dem die Nadel schwimmt oder sonst was bewirkt wird, bleibt sich practisch ziemlich gleich. Dem von Edelmann zuerst construirten Horizontalgalvanometer wird tadellose Aichung, Exactheit und Bequemlichkeit im Gebrauch nachgerühmt, auch andere Firmen liefern neuerdings ebenbürtige Instrumente. Bei meinen eigenen Untersuchungen habe ich mich fast ausschliesslich der Kohlrausch'schen Stromwaage (Fig. 68) bedient. Dieses Federgalvanometer ist nach ganz abweichendem Princip gebaut. Der zu messende Strom durchfliesst eine senkrecht gestellte hohle Drahtspirale. In die Höhlung dieser Rolle taucht die Spitze

einer senkrecht darüber hängenden magnetischen Stahlnadel. Diese
hängt an einer Spiralfeder von dünnem Draht und trägt eine Marke
in Gestalt einer kleinen horizontalen, kreisrunden Scheibe. Nadel,
Feder und Scheibe befinden sich in einer cylindrischen Glasröhre, die
an ihrer Aussenseite eine Scala nach Milli-Ampères trägt. Ohne Strom
zeigt die Marke auf *0*. Bricht ein Strom in die Drahtrolle ein, so
wird die magnetische Stahlnadel in die Rolle hineingezogen, um so
weiter, je stärker der Strom ist. Die entgegenwirkende Kraft der
Spiralfeder ist natürlich an allen Orten jederzeit die gleiche, falls nur
das Instrument durch drei Fussschrauben (in Fig. 68 sind davon *1* und *2*

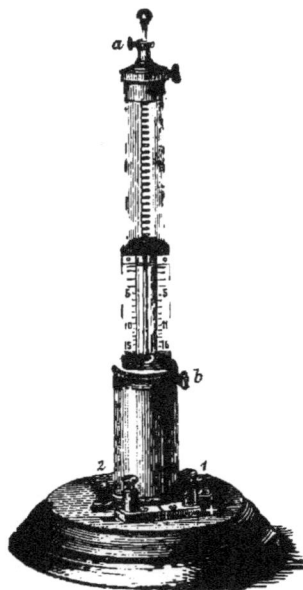

Fig. 68.
Kohlrausch'sche Stromwaage.
(Nach Hirt.)

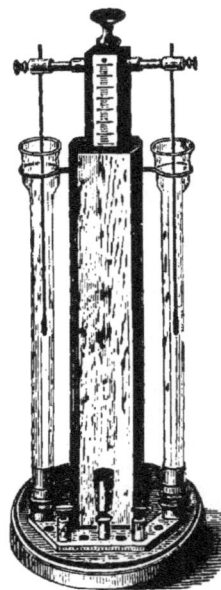

Fig. 69.
Flüssigkeitsrheostat von Stöhrer.
(Nach Hirt.)

sichtbar) sorgfältig senkrecht gestellt ist, kann man die Stromesintensität am Stand der Marke an der Scala ablesen und zwar sofort nach
jeder Stromesschwankung, denn das Instrument ist durch einen einfachen
und höchst sinnreichen Kunstgriff ganz ausgezeichnet gedämpft. Die
Glasröhre, in welcher die magnetische Nadel an ihrer Spiralfeder hängt,
ist nämlich im Lichten nur wenig weiter, als die kleine Scheibe gross
ist. Bewegt sich diese auf- oder abwärts, so findet sie an der Luft,
die nur durch einen schmalen ringförmigen Spalt rings um sie entweichen kann, einen beträchtlichen Widerstand und wird am Hin- und
Herpendeln um ihre neue Gleichgewichtslage verhindert. So begibt
sie sich beim Stromesschluss an die Marke, welche die richtige Stromesintensität anzeigt, und bleibt sofort an ihr stehen.

Die Stahlnadel mit scheibenförmiger Marke (steht in Fig. 68 bei *0*) und Spiralfeder ist an einem Metallstift befestigt, der durch die Schraube *a* in seiner Lage gehalten wird. Nach Lösung dieser Schraube kann man den Knopf oben mit dem Stift heben und senken und so leicht bei geöffnetem Strom die Marke auf *0* wieder einstellen, wenn sie sich zufällig einmal verschoben haben sollte. Die Schraube *b* dient zur Klemmung der Stahlnadel beim Transport des Instruments zur Schonung der Spiralfeder.

Ich habe mit diesem Instrument viel gearbeitet und kann es als ganz vorzüglich empfehlen. Es reicht für alle Fälle der Elektrodiagnostik (und Elektrotherapie) vollkommen aus und ist zudem nicht unwesentlich billiger als die sonstigen grösseren Galvanometer. Letztere bestechen freilich durch ihren complicirten, elegant gearbeiteten Mechanismus das Auge. An grossen, auch sonst luxuriös ausgestatteten Standbatterieen mag man ja wohl auch ein grosses Horizontalgalvanometer anbringen, zum Gebrauch mit transportablen Batterieen ist das Federgalvanometer entschieden das geeignetste, da man es leicht transportiren und überall leicht und sicher aufstellen kann. Nur den einen, aber leicht zu behebenden Nachtheil hat das Federgalvanometer, dass der Strom nur in e i n e r Richtung durch das Instrument geleitet werden darf (die Richtung ist an den Klemmschrauben mit $+$ bezeichnet, ein umgekehrter Strom würde die magnetische Nadel nicht herunterreissen, sondern nach oben treiben). Man muss also, wenn man bei elektrischen Untersuchungen die Pole wechselt, das Instrument neu mit der Batterie verbinden, oder, wie ich es seit Jahren machte, das Instrument zwischen Batterie und Stromwender einschalten (vgl. unten).

Zur Messung des galvanischen Widerstandes dient der R h e o s t a t. Dies ist ein Instrument, welches gestattet in den Stromkreis einen Widerstand von beliebiger Grösse einzuschalten, der Strom wird durch einen Metalldraht von der Batterie durch das Instrument geführt und in letzterem der Widerstand auf die erwünschte Höhe gebracht. In den Flüssigkeitsrheostaten (Fig. 69) wächst der Widerstand mit der Länge der durchflossenen Flüssigkeitssäule, die beliebig geändert werden kann, je nachdem man einen Metalldraht, der den Strom weiter leitet, tiefer oder seichter in die Flüssigkeit eintaucht, an deren unterem Ende der Strom eintritt. In den Graphitrheostaten liefert den Widerstand eine dünne Schicht von Graphit, auf der ein Schleifcontact hin- und herbewegt werden kann. Je weiter der Schleifcontact von der Eintrittsstelle des Stromes entfernt wird, eine desto grössere Länge des Graphits, der einen bedeutenden Widerstand abgibt, muss durchflossen werden und desto grösser wird also der Widerstand. Flüssigkeits- und Graphitrheostaten sind sehr bequem zu handhaben und geben bei kleinen Dimensionen, entsprechend dem bedeutenden specifischen Widerstand der verwendeten Materialien, schon einen hinreichend grossen Widerstand von vielen tausend Ohm. Da sie zudem verhältnissmässig billig sind, verwendet man sie mit Vortheil überall da, wo es nur darauf ankommt, den Strom, den eine Batterie gibt, auf eine gewünschte Stärke herabzubringen, welche Stärke controlirt wird durch die Einschaltung eines Einheitsgalvanometers. Wo es sich aber darum handelt, beispielsweise den Widerstand numerisch zu bestimmen, den der menschliche Körper dem elektrischen Strom entgegensetzt, sind sie unbrauchbar, weil ihre Aichung, falls sie eine solche überhaupt besitzen, viel

zu grob ist. Zu solchen Zwecken sind nur die freilich viel kost-
spieligeren grossen Kurbel- oder Stöpselrheostaten verwendbar. Bei
diesen wird durch Drehung der Kurbel mit Contactfeder (Fig. 70) oder
durch Ausziehen der Contactstöpsel der Strom gezwungen, eine Reihe
von Spiralen zu durchfliessen, auf denen ein sehr dünner Metalldraht
in einer grösseren oder geringeren Anzahl von Windungen aufgewickelt
ist. Der Widerstand einer jeden Rolle ist genau bekannt und aus der
Summe der eingeschalteten Rollen ergibt sich der zur Anwendung

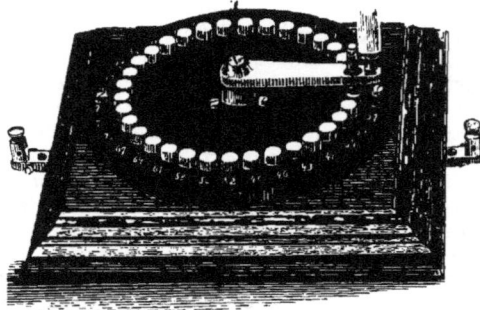

Fig. 70. Kurbelrheostat von Hirschmann. (Nach Hirt.)

kommende Gesammtwiderstand des Rheostaten. Bei der ungleich grösseren
Leitungsfähigkeit des Metalls muss die Länge der Drähte, i. e. die
Anzahl der Windungen auf den einzelnen Rollen ungeheuer gross genommen werden, um z. B. einen Widerstand von 100 000 Ohm hervorzubringen. Ein für medicinische diagnostische Zwecke taugliches Instrument soll einen höchsten Gesammtwiderstand von ca. 200 000 Ohm
besitzen, der mindestens von 10 zu 10 Ohm abstufbar ist. Ein älteres
Instrument, das Siemens'sche Einheiten gibt, ist vollkommen brauchbar, man muss die angegebene Zahl nur mit 1,061 multipliciren, um
die Zahl der Ohm zu erhalten.

Stromverzweigung. Stromesdichtigkeit.

Verbindet man die beiden Pole eines Elementes oder einer Batterie
statt durch einen Draht durch zwei Drähte, so geht der Strom durch
alle beide. Dabei gilt das Gesetz, dass die Theilmenge von Elektricität,
welche jeden einzelnen Draht durchfliesst, umgekehrt proportional
ist dem Widerstand des betreffenden Leiters. Sind die
beiden Drähte sonst ganz gleich, der eine aber doppelt so lang als der
andere, so bekommt der erstere nur die Hälfte der Stromesstärke, die
den letzteren durchfliesst, wegen des doppelt so grossen Widerstandes.
Sind sie beide gleich lang, der eine aber von dreifach grösserem Querschnitt
als der andere, so leitet der erstere $^3/_4$ des gesammten Stromes. Tauchen
die beiden Drahtenden einer Batterie in ein Gefäss mit Wasser, so fliesst
in der geraden Verbindungslinie beider Drahtenden die meiste Elek-
tricitätsmenge, durch alle anderen Flüssigkeitsschichten aber auch ein
Theil des Stromes, ein um so geringerer, je grösser der Weg ist, den

der Strom dabei in der Flüssigkeit zurücklegt. In der Geraden ist die Stromesdichtigkeit am grössten, diese auf allen anderen Verbindungslinien geringer (Fig. 71), um so mehr, je weiter sie sich von der Geraden entfernen und diese an Länge übertreffen. Dies gilt nur für einen h o m o g e n e n Leiter. Legt man z. B. durch die Flüssigkeit von einem Pol zum andern einen Metalldraht, so darf dieser ganz an der Wand des Gefässes einen weiten Weg verlaufen, und trotzdem leitet er entsprechend seinem millionenfach kleineren Widerstand fast den ganzen Strom und die Flüssigkeit nur einen verschwindend kleinen Theil desselben. Geht der Strom der Reihe nach durch eine Anzahl von Leitern von verschieden grossem Widerstand und verschieden grossem Querschnitt, so gilt das Gesetz, dass in der Zeiteinheit der Querschnitt jedes Leiters an jeder Stelle von der gleichen Menge von Elektricität durchflossen wird (Bedingung des constanten Fliessens der Elektricität überhaupt), die Stromesintensität ist also an allen Stellen die gleiche. Dagegen ist die S t r o m e s d i c h t i g - k e i t an den dünnen Stellen eine grössere, an den dicken eine geringere, gerade desswegen, weil der überall gleich starke Strom an ersteren auf

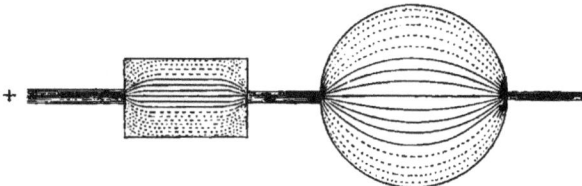

Fig. 71. Schema der Stromverzweigung und der Stromesdichtigkeit in zusammengesetzten Leitern.

einen kleinen Querschnitt zusammengepresst ist, an letzteren sich auf einen grösseren vertheilt (Fig. 71). Die Wirkung des Stromes auf d e n L e i t e r s e l b s t ist demgemäss abhängig von der S t r o m e s d i c h t i g k e i t. Wo viele Stromesfäden die Querschnittseinheit treffen, ist die Wirkung eine intensivere als da, wo die nämliche Anzahl von Stromesfäden auf einen grösseren Querschnitt sich vertheilt. So wird ein eingeschalteter dünner Metalldraht bei hinreichender Stromesintensität glühend, während die zuleitenden dicken Metalldrähte sich kaum erwärmen, obwohl in allen die nämliche Stromesintensität herrscht, die gegeben ist durch die elektromotorische Kraft der verwendeten Elektricitätsquelle, dividirt durch den Widerstand im dünnen Draht plus dem in dem dicken, plus dem in der Batterie. F ü r d i e p h y s i o l o g i s c h e W i r k u n g d e s S t r o m e s a u f N e r v u n d M u s k e l k o m m t l e d i g l i c h d i e S t r o m e s d i c h t i g - k e i t i n d i e s e n i n B e t r a c h t, n i c h t d i e I n t e n s i t ä t d e s v e r - w e n d e t e n S t r o m s als solche, also nur der Theil der im Körper sich verzweigenden Stromesfäden, die den Nerv oder Muskel wirklich durchfliessen. Je grösser die Zahl der Stromesfäden in Nerv und Muskel, je grösser also die Stromesdichtigkeit in ihnen ist, desto bedeutender die Wirkung.

Soll eine auf den Körper aufgesetzte Elektrode die sensiblen Hautnerven bei gegebener Stromesstärke möglichst wenig reizen, so muss man die Elektrodenplatte gross wählen, damit die Stromesdichtigkeit

darunter eine geringe wird. Soll ein motorischer Nerv intensiv getroffen werden, so ist die Platte kleiner zu nehmen, allzu kleine knopfförmige Elektroden verbieten sich aber wegen ihrer grossen Schmerzhaftigkeit.

Die Apparate, Nebenapparate und ihre Behandlung.

Unentbehrlich für elektrische Untersuchungen am menschlichen
Körper ist ein Inductionsapparat und eine constante Batterie
nebst den dazugehörigen Nebenapparaten, den Leitungsschnüren
und Elektroden, für wissenschaftlich brauchbare Resultate ferner noch
ein Einheitsgalvanometer, erwünscht ein Rheostat, aber nicht unum-
gänglich nothwendig, ausser wenn man den Leitungswiderstand der
Gewebe zu diagnostischen Zwecken bestimmen will. Es liegt nicht
in der Aufgabe dieses Buches, die verschiedenen Constructionen der
Apparate, ihre Vor- und Nachtheile aus einander zu setzen, es muss genügen, die principiell wichtigen Dinge hervorzuheben. Dabei ist wohl
zu unterscheiden zwischen dem, was für die Privatzwecke des einzelnen
Arztes zur Stellung einer Diagnose unter gewissen Cautelen ausreicht
und dem, was für vollendete klinische Untersuchung gefordert werden
muss. Kommt nur der erste Standpunct in Betracht, so kann der
faradische Apparat äusserst primitiv sein. Nur eines muss von
ihm verlangt werden, dass er in stetiger Weise die Stromestärke abzustufen gestattet. Dies kann schon bei den allerkleinsten, wohlfeilen
Instrumenten, die nur eine Spirale haben und lediglich mit dem Extracurrent arbeiten, geschehen, indem der Eisenkern verschiebbar ist oder
ein diesen umgebender Dämpfer von Messingblech ein- und ausgeschoben
werden kann. Eisenkern oder Dämpfer müssen dann aber eine Scala
tragen, an der man ihren Stand zur primären Rolle ablesen kann. Viel
besser sind die Apparate, welche eine secundäre Rolle tragen, die gegen
die primäre verschiebbar ist. Die Entfernung der Mittelpuncte beider
Rollen von einander, der Rollenabstand (R.A.), muss messbar sein.
Auf diese werden wir in Folgendem ausschliesslich Rücksicht nehmen.
Apparate, bei welchen die Stromesstärke durch Einschaltung neuer in-
ducirender Spiralen mittels eines Schleifcontacts verstärkt wird, sind
zu diagnostischen Zwecken (und auch zu therapeutischen wegen ihrer
geradezu rohen Wirkung) nicht brauchbar. Für die Bedürfnisse des
Practikers ist es gleichgültig, ob ein Grenet-, ein Léclanché- oder ein
Tauchelement die primäre Spirale speist (auch ein Thermoelement nach
Noet kann man verwenden, in welchem durch eine kleine Spirituslampe
eine Anzahl von Löthstellen zwischen Antimon- und Wismuthdrähten
erwärmt wird), es entscheidet hier nur die practische Verwendbarkeit,
leichte Handhabung und Dauerhaftigkeit des Apparates. Maassgebend
ist es vor Allem auch, ob man in leichter Weise eingetretene Störungen
erkennen und beseitigen kann, denn elektrische Apparate haben es im
Allgemeinen darauf abgesehen, ihre Besitzer zu chicaniren. Soll der
Apparat nicht häufig transportirt werden, so steht an Einfachheit und
Sicherheit in der Wirkung der Dubois-Reymond'sche Schlittenapparat
oben an. Unter den transportablen Apparaten möchte ich bei Weitem
den Preis dem Stöhrer'schen Inductionsapparat zuerkennen und zwar
dem mit einem Element (Fig. 72) (der mit zwei ist schon etwas schwer
und hat vor Allem einen zu complicirten Unterbrecher). Damit soll

gegen andere Apparate kein Tadel ausgesprochen werden, namentlich verdienen die Inductionsapparate von Hirschmann (mit Léclanché-Element) die wärmste Empfehlung. Für wissenschaftliche Untersuchungen ist, um vergleichbare Resultate zu erhalten, die Benützung eines faradischen Normal-(Schlitten-)Apparates erforderlich, wie er vom Elektrikercongress normirt worden ist. Ein solcher hat ganz bestimmte Dimensionen, wird durch ein Element von gegebener constanter elektromotorischer Kraft getrieben und der Strom wird durch eine bestimmte Anzahl von Schwingungen des Hammers in der Zeiteinheit unterbrochen und geschlossen. Die meisten Firmen liefern solche Apparate, viel weiter in der Exactheit der Untersuchung kommt man mit ihnen aber auch nicht, da immer noch der uncontrolirbare, wechselnde Widerstand

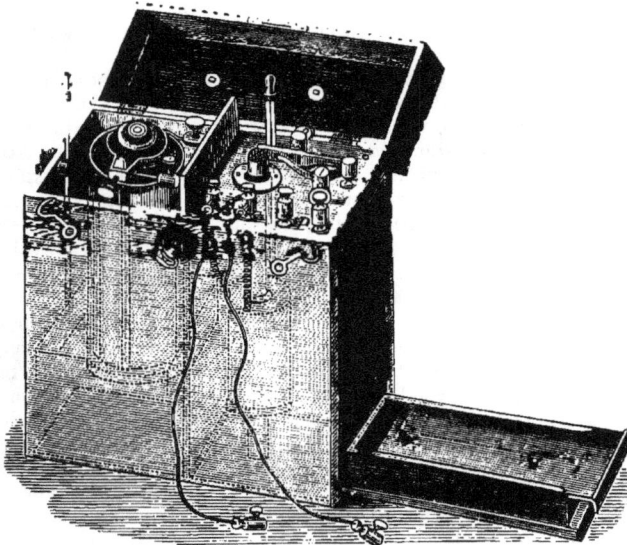

Fig. 72. Inductionsapparat von Stöhrer. (Nach Hirt.)

des menschlichen Körpers in Frage kommt, dessen Einfluss auf die Stromesintensität man bezüglich der hoch gespannten Inductionsströme noch nicht hat in Rechnung bringen können (vergl. p. 236).

Für gewöhnliche klinische Zwecke hat es keinen Sinn, die Geschwindigkeit der Unterbrechungen genau zu reguliren und zu messen, man darf froh sein, wenn der Apparat überhaupt geht. Es ist aber zweckmässig, die Zahl der Unterbrechungen (durch Nähern des Hammers an den Magneten) womöglich so hoch zu nehmen, dass ein gleichmässiges Summen oder Schnurren vernehmbar wird. Langsamere, gröbere Stösse werden von den Patienten viel unangenehmer empfunden.

Die Inductionsströme haben eine beträchtliche Spannung und Oxydation der Contacte an den Leitungsschnüren und Elektroden ist von wenig Belang, wenn der Apparat kräftig ist. Gerade diese hohe Spannung erfordert aber eine gute Isolirung des Stromes auf seinem

ganzen Weg. Sehr zu empfehlen sind hier Leitungsschnüre, die durch
Gummischläuche gezogen sind; das Ueberspringen des Stromes aus einem
anliegenden, schlecht oder gar nicht isolirten Draht auf die Haut des
Patienten pflegt einen sehr heftigen, brennenden Schmerz hervorzurufen. Die Elektroden sind die nämlichen wie beim constanten Strom.

Die Batterie, welche den constanten Strom zu liefern hat, darf
nur aus kleinen Elementen zusammengesetzt sein, wenn der Apparat
leicht transportabel sein soll, denn zur Erzeugung eines für alle Zwecke
hinreichend starken Stromes braucht man mindestens 20—30 Elemente.
Bei der Construction von Standbatterieen hat man bezüglich der Elemente
freiere Wahl und thut gut, grössere Typen anzuwenden, welche, ohne
einer Nachfüllung zu bedürfen, Jahr und Tag ihre volle Schuldigkeit
thun. An die erste Bedingung, einen Strom von hinreichender
Stärke zu liefern, der sich nicht in zu kurzer Zeit verbraucht, ist
die zweite zu knüpfen, dass der Strom in seiner Stärke abstufbar sei. Dies geschieht in der einfachsten, aber auch unvollkommensten
Weise mittels des Stromwählers oder Elementenzählers. Aus
der Zahl der vorhandenen Elemente wird durch dieses Instrument
(Schleifcontacte oder Gabelschnur) eine beliebige Zahl zur Kette und
mit den Leitungsdrähten verbunden. Da die Stromesintensität bei dem
grossen äusseren Widerstand in der Epidermis proportional der Zahl der
angewendeten Elemente wächst, hat man es in der Hand, mit stärkeren
oder schwächeren Strömen zu untersuchen, je nach der Zahl der eingeschalteten Elemente. Stromzähler, die nur immer je zwei Elemente
ein- oder auszuschalten gestatten, sind für diagnostische Zwecke unbrauchbar, da muss ein Rheostat die feinere Abstufung der Stromesstärke
besorgen. Auch die Verstärkung von Element zu Element erweist
sich, namentlich wenn die Batterie frisch gefüllt und auf den Glanz
hergerichtet ist, mitunter noch für feinere Untersuchungen als zu grob.
Jede Batterie soll ferner drittens einen Stromwender besitzen, mittels
dessen man die auf Nerv oder Muskel aufsitzende Elektrode beliebig zur
Anode oder Kathode machen kann, ohne dass man die Leitungsdrähte los
und in verkehrter Anordnung wieder an die Pole der Batterie anschraubt.
Dieses Instrument (Commutator, Rheotrop) (Fig. 73) ist gegenwärtig
auch wohl jedem der käuflichen Apparate beigegeben, bei vielen fest
mit ihnen verbunden. Fig. 73 gibt die Einrichtung der gewöhnlichen
Rheotrope an. K ist der positive (Kohlen-)Pol, Z der negative (Zink)-
Pol der Batterie. Die kreisrunde Scheibe ist aus Hartgummi und nur
zum Theil mit Messingstreifen belegt. Die Schleifcontacte, an denen
sie sich verschiebt, sind, wie aus der Figur zu sehen ist, mit den beiden
Klemmschrauben verbunden, die zur Aufnahme der Leitungsdrähte dienen.
Diese Klemmschrauben sind an den Apparaten mit $+$ und $-$ (K und Zn)
bezeichnet. Diese Bezeichnungen gelten dann, wenn der Griff des Rheotrops
in Normalstellung, bei N (Fig. 73 a) sich befindet. Führt man den Griff
nach W (Wendung, Fig. 73 b), so ist jetzt die $+$- (oder K-)Klemmschraube
mit dem Zinkpol, die $-$- (oder Zn-)Klemmschraube mit dem Kohlenpol der Batterie in Verbindung; die Elektroden haben also ihre Pole
gewechselt, der Strom im untersuchten Körper ist gewendet. Steht
der Griff zwischen N und W, so treffen zwei isolirende Hartgummistellen
auf zwei Contacte und der Strom ist unterbrochen. Wünschenswerth,
aber nicht nothwendig ist ferner ein Galvanoskop.

Die Spannung des Stromes ist bei den constanten Batterieen ohne Vergleich geringer als bei den Inductionsapparaten. Geringe Erhöhung des äusseren Widerstandes schwächt den Strom schon merklich. Desswegen müssen die L e i t u n g s s c h n ü r e aus vielen dicken Metalldrähten zusammengeflochten sein, die sicher (am besten durch Verlöthen) mit den Endstiften verbunden sind. Die käuflichen, zudem relativ theueren, mit Gummischläuchen überzogenen Leitungsschnüre entsprechen keineswegs immer gerechten Anforderungen und nicht gerade selten möchte man meinen, die Gummischläuche dienten nicht zum Isoliren sondern eigens dem Zweck, zu verbergen, welch miserables Machwerk im Innern vorhanden ist. Am rathsamsten ist es, sich einfacher umsponnener solider Kupferdrähte zu bedienen, wie sie gegenwärtig, für wenige Pfennig pro Meter käuflich, so weit verbreitete Verwendung für Haustelegraphen u. dgl. finden. Ein Abspringen des Stromes auf den Körper des Kranken ist beim constanten Strom nicht zu fürchten, bricht je der Draht einmal, so ist der pecuniäre Schaden ein minimaler und man

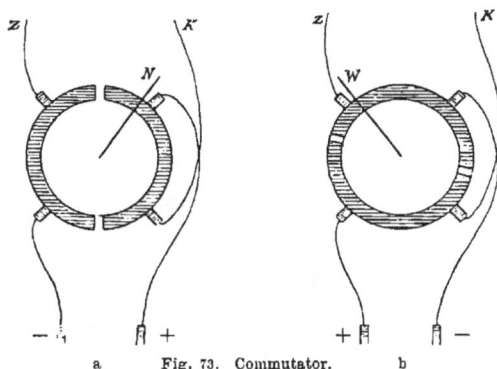

a   Fig. 73. Commutator.   b

nimmt, ohne sich mit Reparaturen aufzuhalten, eben einen neuen. Es ist rathsam, zwei Drähte von verschiedener Farbe zu verwenden, man gewöhne sich dann, den einen stets mit dem positiven, den andern mit dem negativen Pol zu verbinden; so vermeidet man am leichtesten Irrthümer in der Application der Pole.

Unter E l e k t r o d e n im engern Sinn oder Stromgebern versteht man die Instrumente, welche zur Ueberleitung des Stromes auf den menschlichen Körper direct aufgesetzt werden. Leitet man den Strom durch blanke Metallplatten oder Drähte durch die Haut, so entsteht bei der für diagnostische Zwecke nöthigen Stromesintensität ein unerträglicher Schmerz. In diesem Fall bietet nämlich die trockene Epidermis einen so enormen Widerstand, dass der Strom fast ausschliesslich durch die Poren der Haut, durch die Talg- und Schweissdrüsen in den Körper einbricht. Auf diesen sehr dünnen Wegen ist aber die Stromesdichtigkeit eine sehr enorme und wehe den Endästen der sensiblen Hautnerven, welche durch diese Stromesfäden getroffen werden! Hieraus folgt, dass die Elektrodenplatten a n g e f e u c h t e t sein müssen, damit unter ihnen der Widerstand der mit Wasser durchtränkten gesammten Epidermis bedeutend

herabgedrückt wird. Es genügt nicht, die Elektrodenköpfe mit einer
einfachen Schicht von anzufeuchtendem Waschleder zu überziehen,
sondern es muss ein grösserer Vorrath von Wasser in dicken Lagen
von Filz, Flanell, Badeschwamm u. dgl. vorhanden sein. Von den besonders präparirten Mooskissen, wie sie Hirschmann in Berlin an
seinen Elektroden anbringt, kann ich nur Gutes berichten.

Zu diagnostischen Zwecken braucht man nur zwei Elektroden,
eine grössere von etwa 100 cm², und eine kleinere, am besten von 3 cm²
Durchmesser der Platte. Schliessen und Oeffnen des Stromes geschieht
nie durch Einsenken oder Ausheben der Metallplatten in den Elementen

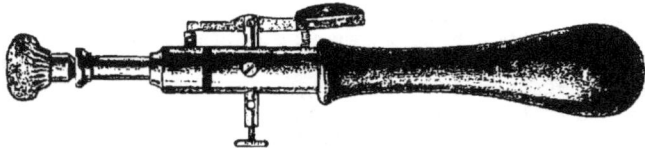

Fig. 74. Stintzing'sche Einheitselektrode mit Meyer'schem Unterbrechungsgriff.

oder Aufsetzen und Abheben der Elektroden, sondern stets „im metallischen Leiter". Man kann wohl das Schliessen und Oeffnen des Stromes
am Commutator besorgen, für die Anwendung des faradischen Stromes
ist aber die Verwendung einer Meyer'schen Unterbrechungs-
elektrode nothwendig und auch für den galvanischen Apparat sehr

Fig. 75. Fixationselektrode von Leiter.

erwünscht. In Fig. 74 ist eine solche abgebildet. Ein durch das ganze
Heft gehender isolirter Ring aus Gummi oder Elfenbein wird über-
brückt durch den metallenen Unterbrecher. Dieser wird durch Federkraft auf seinen Contact gedrückt. Durch Druck auf den Knopf des
Unterbrechers wird dieser Contact gelöst und der Strom unterbrochen,
bei Nachlassen des Drucks durch eine Feder der Contact wieder hergestellt und der Strom geschlossen. Um stets immer den nämlichen
Punct unter der Elektrode zu haben, ist die Verwendung einer Fixationselektrode bequem, aber nicht nothwendig. Fig. 75 stellt eine solche
(von Leiter) dar. Das (in der Figur nach oben geschlagene) Band
wird um den betreffenden Körpertheil geschlungen und durch Drehen
des Knopfes wird die Elektrode auf den ausgewählten Punct aufgedrückt und festgehalten.

Grosse Elektrodenplatten sollen biegsam sein, damit man sie überall mit ihrer ganzen Fläche anlegen kann. Unpolarisirbare Elektroden vermeiden die Elektrolyse der Gewebe und die damit verbundenen Schmerzen. Am einfachsten sind sie herzustellen, wenn man die Platten aus amalgamirtem Zink verfertigt und mit Flanell oder Leder überzieht, das mit einer Lösung von Zinksulfat getränkt ist. Bei Widerstandsbestimmungen ist die Verwendung von unpolarisirbaren Elektroden unerlässlich.

Instandhaltung der Apparate und Nebenapparate.

Wenige Winke in dieser Beziehung sind vielleicht willkommen. Tauchelemente lasse man nur so lange eingetaucht, als man den Strom wirklich braucht, und auch dann nur so tief, als dies zur Schliessung des Stromes erforderlich ist. Chemisch reines Zink löst sich in der Schwefelsäure nur, so lang der Strom geschlossen ist, auf, käufliches Zink ist aber nicht chemisch rein, sondern mit As, Sb, Pb und Anderem verunreinigt. Taucht ein solches Zink in Schwefelsäure, so entstehen zu den verschiedenen Partikelchen der genannten Metalle kleine Strömchen vom Zink, und letzteres wird von der Schwefelsäure angegriffen. Dieser unnöthige Aufwand lässt sich durch Amalgamiren des Zinks vermeiden. Die Zinke werden, wenn sie ihr Amalgam verloren haben, neu mit demselben versehen, indem man sie erwärmt, in verdünnte Schwefelsäure zur Lösung der Oxyde bringt und dann auf der blanken Oberfläche Quecksilber mittels eines Leders oder einer alten Zahnbürste verreibt. Zusatz von schwefelsaurem Quecksilberoxyd zur Füllungsflüssigkeit · (falls diese Schwefelsäure enthält) ersetzt das verlorene Amalgam durch längere Zeit von selbst wieder.

Namentlich nützen sich Batterieen, die „kurz geschlossen" sind (einen sehr geringen äusseren Widerstand zu überwinden haben), ungemein rasch ab. Aus diesem Grund ist es nicht empfehlenswerth, wie dies früher häufig geschah, zur Stromabstufung einen Rheostaten in eine Nebenleitung einzuschalten. Man muss dies freilich thun, wenn der Rheostat nur eine geringe Anzahl von Ohm (resp. S.E.) im Maximum gibt, um in der Hauptleitung, die durch den Körper führt, den Strom in seiner Intensität hinreichend variiren zu können. Die modernen Graphit- oder Wasserrheostaten mit ihrem grossen Widerstand können und sollen „in die Hauptleitung", d. h. auf den Weg zum Körper in die Leitung eingeschaltet werden.

Alle Contacte, Klemmschrauben mit den hineinpassenden Stiften u. s. w. müssen stets blank gehalten werden, da Oxyde der Metalle viel schlechtere Leiter sind als diese selbst. Die Reinigung erfolgt am besten mit feinem Smirgelpapier (nicht grobem Glaspapier!). Man hüte sich aber, an funkelnagelneuen Apparaten den feinen Goldlack wegzuputzen. Sobald dies geschehen ist, fängt die Oxydation an, und man kann mit dem Reinigen nimmer fertig werden. Auch an den Elektrodenplatten sollte man eigentlich alle paar Wochen den Ueberzug entfernen, um sie zu reinigen, doch schaden hier die Oxyde wegen der grösseren Fläche weniger. Elektrodenknöpfe aus Kohle bleiben stets rein, sind aber nur für die kleinen Dimensionen empfehlenswerth, da sie nicht biegsam sind.

Elektrische Apparate sind vornehmlich dazu da, ihren Besitzer

zu ärgern, wenn derselbe sie nicht richtig behandeln kann oder zeitweilig ungeübten Händen überlassen muss. So lang ein Apparat seine
Schuldigkeit thut, ändert man an seinen einzelnen Theilen nichts,
schraubt auch nicht am Neef'schen Hammer des Inductionsapparates
herum.

Versagt der Inductionsapparat, so sucht man den
Fehler in folgender Weise.

1. Der Apparat geht und die Elektroden geben dem Körper
keinen Strom. Man prüft, indem man zwei benetzte Finger auf die
Klemmschrauben des Apparates legt, spürt man den Strom, so liegt
der Fehler an den Leitungsschnüren oder an den Elektroden. Spürt
man ihn nicht, so verkleinert man den Rollenabstand, bleibt der Strom
unfühlbar, so ist die Leitung von der secundären Spirale zu den
Klemmschrauben unterbrochen oder hier irgendwo ein Nebenschluss
vorhanden, der Mechaniker muss helfen.

2. Der Apparat geht nicht. Man schraubt die Feder am
Unterbrecher los und führt den Hammer zu seinem Contact.

a) Es entsteht, wenn man den Hammer vom Contact
entfernt, hier ein kleiner Funke (Extracurrent) und es liegt der
Fehler wahrscheinlich nicht am Element, sondern an der Stellung des
Hammers, resp. der Spannung der Feder. Nun entspannt man die
Feder völlig und schraubt alle Contacte so weit zurück, dass der
Hammer frei in der Luft liegt. Dann bringt man den Hammer durch
Anziehen der betreffenden Schrauben dem Eisenkern, resp. Magneten
so nahe, dass er angezogen wird, und dann erst spannt man die Feder
so weit an, dass sie gerade im Stand ist, den Hammer bei geöffnetem
Strom wieder zurück zu seinem Contact zu reissen. Bleibt dann der
Hammer an seinem Contact kleben, so ist der Strom zu schwach, auch
die geringste Federkraft zu überwinden, und das Element muss neu
gefüllt werden.

b) Beim Lösen des Hammers vom Contact wird kein
Funke sichtbar: der Fehler liegt am Element, das neu gefüllt
werden muss, oder an der Verbindung desselben mit der primären
Spirale oder (sehr selten) in dieser selbst oder endlich in der Ver-
bindung mit dem Unterbrecher. Das Element wird frisch gefüllt, die
Contacte gereinigt, die Leitungsdrähte zur primären Spirale und zum
Hammer auf Bruch geprüft; wenn dann gleichwohl der Funke aus-
bleibt, so kann nur der Mechaniker helfen.

Um einen constanten Apparat auf seine Wirksamkeit zu
prüfen, werden die Elemente eingetaucht, der Commutator wird auf
N gestellt, die Leitungsdrähte mit den Elektroden werden angeschraubt.
Bringt man nun die angefeuchteten Platten der letzteren mit einander
in Berührung, so muss die Nadel des Galvanoskops ausschlagen. Der
Ausschlag erfolgt nach der anderen Seite, sowie man den Strom vermittels des Commutators wendet. Bekommt man keinen oder einen
zu schwachen Strom, so sucht man den Fehler nach folgendem Schema.

Man schaltet alle verfügbaren Elemente ein.

1. Der Ausschlag der Nadel ist bedeutend, aber
nicht sehr stark (bei Wendung auch nach der andern Seite): die
Kraft der Batterie hat nachgelassen, und diese bedarf, wenn man mit
sehr starken Strömen operiren will, der Nachfüllung.

2. Die Nadel schlägt nicht aus. Man wendet den Strom.

a) Die Nadel schlägt aus: Fehler am Commutator, an dem ein Contact in Unordnung ist.

b) Die Nadel schlägt auch in der II. Stellung nicht aus. Im letzteren Fall verbindet man die beiden Klemmschrauben der Batterie mit einander, z. B. durch einen darüber gelegten Hausschlüssel, eine Messerklinge u. dgl. Schlägt die Nadel aus, so lag der Fehler an den Leitungsdrähten, resp. Drähten, die auf sichere Verbindung, Bruch u. dgl. nachgesehen werden müssen. Schlägt die Nadel nicht aus, so liegt der Fehler am Apparat, und man geht in folgender Weise weiter.

Man verbindet den ersten Kohlenpol mit dem letzten Zinkpol der Batterie direct durch einen Metalldraht; sieht man beim Abheben desselben einen kleinen (Trennungs-)Funken entstehen, so ist die Verbindung zwischen Batterie, Commutator und Endklemmschrauben an irgend einer Stelle unterbrochen. Bleibt der Funke aus, so ist mindestens eines der Elemente schadhaft. Dieses findet man am schnellsten, indem man die beiden Klemmschrauben der Batterie (z. B. durch einen Schlüssel oder die zusammengelegten Elektroden) dauernd verbunden lässt und jetzt die Hälfte aller Elemente einschaltet.

Schlägt die Nadel aus, so gehört das schadhafte Element der zweiten Hälfte, schlägt sie nicht aus, der ersten Hälfte aller Elemente an, es wird nun wieder halbirt, im ersten Fall $3/4$, im zweiten $1/4$ aller Elemente eingeschaltet, und indem man so (wie beim Einschiessen durch Kurz- und Weitschüsse) das „Ziel in die Gabel nimmt", findet man rasch z. B., dass bei 10 Elementen noch Strom vorhanden ist, bei 11 und mehr nicht, der Fehler liegt also an Nr. 11.

Hat man so das schadhafte Element ausfindig gemacht (es können deren auch mehrere sein, die aber alle höhere Nummern tragen müssen), so ist zuerst nachzusehen, ob die Flüssigkeit nicht ausgelaufen, die Kohle nicht gebrochen ist; ist dies nicht der Fall und kommt auch bei Neufüllung des Elements kein Strom, wenn man es zunächst ganz allein mit den als intact befundenen einschaltet, so muss das Element auseinandergenommen, gereinigt und vorsichtig und richtig wieder zusammengesetzt werden (eventuell vom Mechaniker). Die Probe, ob die Reparatur gelungen ist, wird zunächst mit den intacten Elementen und dem reparirten allein vorgenommen. Kein Ausschlag — mangelhafte Reparatur, Ausschlag — Weiterprüfung mit allen Elementen. Auch hier Ausschlag: Alles in Ordnung. Kein Ausschlag: wenigstens noch ein Element von höherer Nummer schadhaft u. s. w.

In dieser Weise kommt man verhältnissmässig rasch und sicher zum Ziel. Mit planlosem Herumsuchen und Herumexperimentiren vergeudet man nur seine Zeit und Mühe.

Um sich zu vergewissern, dass die Bezeichnungen N und W am Commutator richtig angesetzt, bezw. die Pole der Batterie mit dem Stromwender in richtiger Weise verbunden sind, taucht man die Leitungsdrähte nahe an einander mit ihren Enden in angesäuertes Wasser und lässt einen starken Strom durchgehen. Der eine Draht schwärzt (oxydirt) sich, es ist die Anode, der andere, die Kathode, belegt sich mit kleinen Bläschen von Wasserstoff. Noch rascher und auch bei schwachen Strömen führt diese elektrolytische Prüfung zum Ziel, wenn man den Strom durch dünnen Jodkaliumstärkekleister leitet; die Stärke wird an der Anode durch abgeschiedenes Jod gebläut. Uebrigens braucht man nur die Reizelektrode (vgl. unten) auf einen Muskel eines Gesunden aufzusetzen und bei beiden Stellungen des Stromwenders den Strom zu prüfen; die Kathode gibt die ungleich stärkere Zuckung.

Physiologische Propädeutik.

Zu den Reizen, durch welche Nerv und Muskel erregt werden können, gehört auch der elektrische Strom. Gleichmässiges Fliessen eines Stromes ist ein Reiz für die sensiblen Nerven, nicht aber für die motorischen und die Muskeln. Diese beiden letzteren werden nur durch positive oder negative Stromesschwankungen erregt *). Der Reiz ist um so grösser, je grösser die Stromesschwankung ist und je plötzlicher sie eintritt, ceteris paribus ist die positive Stromesschwankung der stärkere Reiz. Ausser der Reizwirkung kommt aber noch eine zweite Wirkung des Stromes auf den Nerven in Betracht, letzterer wird durch den Strom in seiner Erregbarkeit und Leitungsfähigkeit verändert (elektrotonisirt), der hervorgebrachte Zustand heist Elektrotonus. Legt man die beiden Elektroden eines Stromes auf einen frei präparirten Nerven und schliesst den Strom, so findet sich unter der Kathode erhöhte Leitungsfähigkeit und Erregbarkeit (Katelektrotonus), unter der Anode verminderte Leitungsfähigkeit und Erregbarkeit (Anelektrotonus). Beide Zustände breiten sich im Nerven von den Elektroden an über eine gewisse Strecke aus, nach aussen (extrapolar) und zwischen beiden Elektroden (in der intrapolaren Zone). Wo hier der Katelektrotonus an den Anelektrotonus angrenzt, heben sich beide auf (indifferente Zone). Diese Stelle liegt näher an der Anode, der Katelektrotonus breitet sich also weiter aus als der Anelektrotonus, er erreicht auch eher seine volle Entwicklung als dieser und ist auch quantitativ der bedeutendere. Oeffnet man den Strom, so ist zunächst der Nerv unter der Kathode in seiner Leitungsfähigkeit und Erregbarkeit vermindert, unter der Anode besteht Uebererregbarkeit und erhöhte Leitungsfähigkeit. Nach einiger Zeit nach der Oeffnung tritt letzterer Zustand auch unter der Kathode ein.

Beim Schliessen und Oeffnen wird der Nerv allemal nur an einer Stelle gereizt, unter der Kathode beim Schluss, unter der Anode beim Oeffnen des Stromes. Es ist also für den Nerv das Entstehen des Katelektrotonus und das Verschwinden des Anelektrotonus ein Reiz, ersterer ist der stärkere. Trifft ein solcher Reiz von hinreichender Stärke einen motorischen Nerven, der noch mit seinem Muskel in leitender Verbindung steht, so zuckt letzterer einmal, ist die Leitung zwischen Reizstelle und Muskel unterbrochen, so bleibt auch bei stärkstem Reiz die Zuckung aus. Hierauf beruht

---

*) Hoorweg's neuen, interessanten Untersuchungen gegenüber möchte ich noch nicht gern Stellung nehmen. Es scheint durch ihn das Dubois'sche Gesetz erschüttert zu sein, klinische Bedeutung haben seine Resultate bis jetzt noch nicht erhalten.

das sogenannte Pflüger'sche Zuckungsgesetz. In nachfolgender Tabelle ist das Resultat (Z = Zuckung, R = Ruhe) angegeben, das man erhält, wenn man ein lebendfrisches Nerv-Muskelpräparat bei Schliessung (S) und Oeffnung (O) schwacher, mittelstarker und sehr starker, absteigender wie aufsteigender Ströme untersucht. Absteigend heisst der Strom, wenn die Anode central, die Kathode peripher auf den Nerven aufgelegt ist, aufsteigend bei umgekehrter Anordnung der Pole.

Pflüger'sches Zuckungsgesetz am Nerv-Muskelpräparat.

Stromstärke	Absteigender Strom		Aufsteigender Strom	
	Schliessung	Oeffnung	Schliessung	Oeffnung
schwach	Z	R	Z	R
mittelstark	Z	Z	Z	Z
stark	Z	R	R	Z

Die Resultate bei schwachen und bei mittelstarken Strömen sind leicht erklärlich. Bei schwachen Strömen ist nur das Entstehen des Katelektrotonus, die positive Stromesschwankung ein hinreichend starker Reiz, um den Nerven zu erregen, der Muskel zuckt nur beim Schluss des Stromes. Steigert man die Stromstärke, so wird der Nerv auch durch das Verschwinden des Anelektrotonus erregt, bei mittelstarken Strömen zuckt also der Muskel sowohl beim Schluss als bei der Oeffnung. Bei sehr starken Strömen aber wird der Anelektrotonus stark genug, um die Leitungsfähigkeit des Nerven aufzuheben. Beim absteigenden Strom wird der Nerv bei der Oeffnung central (an der Anode) gereizt, der Reiz kann sich aber nicht bis zum Muskel fortsetzen, denn auf dem Weg zu diesem sitzt die Kathode, unter welcher bei der Oeffnung des Stromes die Leitungsfähigkeit herabgesetzt ist. Beim Schluss des Stromes ist dagegen der Weg frei, denn die Erregung findet an der peripheren Elektrode (Kathode) statt. Ebenso ist der Weg bei der Oeffnung des aufsteigenden Stromes frei, denn die Anode, an welcher der Reiz angreift, ist hier die periphere, der Muskel zuckt. Dagegen wird beim Schluss des aufsteigenden Stromes der Nerv an der central sitzenden Kathode gereizt und die Bahn zum Muskel ist durch den mächtigen Anelektrotonus an der peripheren Anode unterbrochen, der Muskel bleibt in Ruhe.

Das Pflüger'sche Zuckungsgesetz hat auch für den menschlichen Nerven Gültigkeit. Der Nachweis hievon gelingt stets da, wo man dem Strom eine bestimmte (auf- oder absteigende) Richtung im Nerven geben kann. Dies trifft vor allem für den Nervus acusticus zu, der in seinem Verlauf durch das knöcherne, schlecht leitende Felsenbein relativ gut isolirt ist, bei den anderen Nerven nur unter besonders günstigen Umständen. Für gewöhnlich macht die Einbettung der Nerven in lauter Gewebe, die den Strom mindestens so gut leiten als

der Nerv selber, das Unternehmen illusorisch, auf- oder absteigende
Ströme durch den Nerven zu schicken, wie aus dem Gesetz der Stromes-
verzweigung sich ohne Weiteres ergibt (vgl. Fig. 76).

Die Untersuchung der motorischen Nerven und Muskeln geschieht demgemäss nicht nach der „Richtungsmethode", sondern ausschliesslich nach der von Brenner eingeführten „polaren Methode".
Bei dieser wird bald die Kathode, bald die Anode auf die zu prüfende
Stelle, die andere Elektrode weit weg davon auf eine indifferente Stelle
(Sternum) aufgesetzt und der Strom abwechselnd geschlossen und geöffnet. Auch bei dieser Methode hat sich ein Zuckungsgesetz ergeben, das im Folgenden seinen Ausdruck findet. Zuckt der Muskel,
wenn man mit der Kathode prüft und den Strom schliesst, so heisst
man dies Kathodenschliessungszuckung (KSZ), zuckt er bei der
Oeffnung: Kathodenöffnungszuckung (KOZ). Prüft man mit der

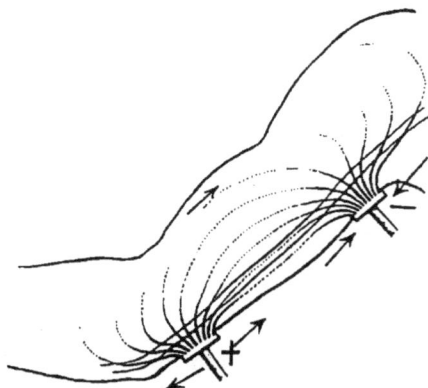

Fig. 76. Stromvertheilung und -Dichtigkeit im menschlichen Körper. (Nach Erb.)

Anode und zuckt der Muskel beim Schluss, so ist dies eine Anoden-
schliessungszuckung (ASZ), zuckt er bei der Oeffnung, eine
Anodenöffnungszuckung (AOZ).

Prüft man, mit den schwächsten Strömen anfangend, und diese
immer mehr verstärkend, so erhält man zuerst eine KSZ, dann bei
ziemlich gleich hohen Strömen eine AOZ und ASZ und erst die allerstärksten Ströme lassen eine KOZ erscheinen. Dieses normale
Zuckungsgesetz des menschlichen Nerven erweist sich als
richtig, sowohl wenn man einen motorischen Nerven reizt (indirecte
Reizung) als auch wenn man die Elektrode auf den von diesem
Nerven versorgten Muskel selbst aufsetzt (directe Reizung). Bei
Gesunden ist auch die letztere Reizung eigentlich eine indirecte und
der Effect, die Zuckung, ist ausgelöst durch Reizung der feinen
Nervenäste, die in den Muskel eintreten und sich in diesem verzweigen.
Ist der Nerv erkrankt und unerregbar geworden, so gelingt unter
Umständen noch eine directe Reizung der Muskelsubstanz selbst, das
Zuckungsgesetz findet sich aber dann eventuell verändert (vgl. unten).

Es ist von Interesse zu sehen, wie etwa das Zuckungsgesetz des menschlichen Nerven sich auf das Pflüger'sche Zuckungsgesetz und damit auf die Phänomene des Elektrotonus zurückführen lässt. Jeder Nerv ist am unversehrten Körper in lauter gut leitendes Gewebe eingebettet. Hat der Strom aus der darüber aufsitzenden Anode einmal die schlecht leitende Epidermis durchschlagen, so verbreitet er sich rasch nach allen Seiten in den Geweben. In nächster Nähe seiner Eintrittsstelle in den Nerven ist er so dünn geworden, dass man (Helmholtz) ohne Fehler annehmen kann, er trete an dieser Stelle wieder aus. Es liegt also, wenn man die Anode auf einen solchen Nerven aufsetzt, ober- und unterhalb derselben (der reellen Anode) eine (virtuelle) Kathode. Umgekehrt entstehen unter der aufgesetzten Kathode ausserdem zwei Pole von entgegengesetztem Vorzeichen neben der reellen Kathode, also noch zwei virtuelle Anoden. Man hat durch Prüfung der Erregbarkeit den entsprechenden Elektrotonus an dem reellen Pol und an dem virtuellen Pol sogar direct nachweisen können. Wie man nun diese thatsächlich eintretende Polarisirung der menschlichen Nerven in plausibler Weise für die Entstehung des normalen menschlichen Zuckungsgesetzes verwerthen kann, ist in folgender Weise von Erb gezeigt worden. Sitzt die Kathode auf einem Nerven, so wird dieser beim Schluss an dem reellen Pol, bei der Oeffnung an dem virtuellen Pol gereizt; prüft man mit der Anode, so findet die Reizung beim Schluss an den virtuellen Polen, bei der Oeffnung am reellen Pol statt. Die Stromesdichtigkeit ist ohne Zweifel an den virtuellen Polen eine geringere als am reellen, es mag angenommen werden, dass sie sich zu dieser wie 1 : 2 verhält. Das Schliessen des Stromes ist ein stärkerer Reiz als das Oeffnen desselben; es sollen sich diese einmal ebenfalls verhalten wie 2 : 1. Wir haben nun

$$KS \text{ wirkt mit Dichtigkeit 2, Stärke 2, } 2 \times 2 = 4$$
$$AS \quad \text{„} \quad \text{„} \quad \text{„} \quad 1, \quad \text{„} \quad 2, \quad 1 \times 2 = 2$$
$$AO \quad \text{„} \quad \text{„} \quad \text{„} \quad 2, \quad \text{„} \quad 1, \quad 2 \times 1 = 2$$
$$KO \quad \text{„} \quad \text{„} \quad \text{„} \quad 1, \quad \text{„} \quad 1, \quad 1 \times 1 = 1$$

Aus dieser Tabelle ersieht man wenigstens so viel, dass unter den im menschlichen Körper gegebenen physikalischen Bedingungen die KSZ die stärkste, die KOZ die schwächste sein wird, dazwischen kommen, etwa bei annähernd der gleichen Stromestärke, die beiden Anodenzuckungen.

Die Zeit, während welcher ein Strom den Nerven oder Muskel durchfliesst, ist für die Reizgrösse nicht durchweg gleichgültig. Nach den Untersuchungen von A. Fick erregt ein Strom von kürzerer Dauer als 0,0015 Secunden den Nerven überhaupt nicht. Es ist wichtig, dass die contractile Substanz des gesunden (noch mehr des kranken) Muskels nicht unerheblich länger dauernder Ströme zu ihrer Erregung bedarf als der Nerv.

Auch für die Ausbildung des Elektrotonus ist die Dauer des den Nerven durchfliessenden Stroms von Belang. Lässt man einen, wenngleich schwachen, Strom einen Nerven längere Zeit in der nämlichen Richtung durchfliessen, so erfolgt bei der Oeffnung keine Zuckung des innervirten Muskels, sondern dieser geräth in Tetanus, der erst nach einiger Zeit abklingt. Man kann den Tetanus sofort zum Verschwinden bringen, wenn man einen dem geöffneten Strom gleichgerichteten in den Nerven einbrechen lässt, man kann den abgeklungenen wieder

hervorrufen durch einen Strom von entgegengesetzter Richtung. Als
wichtigstes Resultat dieser Lehre vom Ritter'schen Tetanus ist zu
bemerken, dass ein Nerv, der längere Zeit von einem Strom
durchflossen wird, überempfindlich wird gegen einen Strom
von entgegengesetzter Richtung, an Empfindlichkeit verliert gegen einen gleichgerichteten Strom. Auch am menschlichen Nerven ist vor vielen Jahren von Rosenthal der Ritter'sche
Tetanus nachgewiesen worden; in jüngster Zeit ist das Vorkommen
desselben bei percutaner Untersuchung mit allen modernen Cautelen
der Untersuchung ausser Zweifel gestellt. Später werden wir ein sehr
einfaches Mittel kennen lernen, wodurch es gelingt, durch Ströme von
verhältnissmässig kurzer Dauer rasch ad maximum zu polarisiren (vgl.
unten „Compressionsreaction").

Treffen viele Reize nach einander einen motorischen Nerven resp.
den Muskel, so geräth dieser in Tetanus, wenn die Zahl der einzelnen
Reize ca. 20—30 in der Secunde übersteigt. Reizt man mit einem rasch
unterbrochenen Inductionsstrom, so erhält man also nicht Einzelzuckun-
gen, sondern einen glatten Tetanus der Musculatur, genau so aber auch,
wenn man mit einem constanten Strom reizt, der z. B. durch ein Zahn-
oder Blitzrad rasch geöffnet und wieder geschlossen wird. Bei einem
solchen tetanisirenden Strom ist dann die Reizgrösse nicht nur von der
Grösse und Plötzlichkeit der einzelnen Stromesschwankungen abhängig,
sondern innerhalb gewisser Grenzen von der Zahl derselben in der
Zeiteinheit; es summiren sich innerhalb dieser Grenzen die einzelnen
Reizwirkungen zu einem Gesammteffect. Für die physiologische Wirkung eines Inductionsapparates ist also neben anderen, schon erwähnten
Factoren auch noch die Zahl der Schwingungen des Neef'schen
Hammers in der Secunde von Belang.

Widerstand des menschlichen Körpers.

Alle Gewebe des Körpers leiten den Strom im Verhältniss zu
ihrem Gehalt an Blut und Blutwasser. Sie verhalten sich also physikalisch ungefähr wie Körper, die mit einer halbprocentigen Kochsalzlösung von 37° C. mehr oder weniger getränkt sind. Gross sind demgemäss die specifischen Widerstände der Nerven, der Muskeln, Drüsen,
Gefässe, des Bindegewebs und Fettgewebs nicht, die Knochen leiten
schon erheblich schlechter. Die epidermidalen Gebilde sind es, welche
demgegenüber einen ausserordentlich hohen specifischen Widerstand
besitzen, also die Epidermis, die Haare, die Nägel. Nur die Epidermis kommt in Betracht, da man behaarte Stellen kaum elektrisch
untersuchen wird, nothwendigenfalls sie rasiren kann.

Nach Gärtner's Untersuchungen beträgt der Widerstand der
Haut am Vorderarm (12,5 cm² Elektrodenfläche) zwischen 100000 und
300000 S.E. Dass die Epidermis fast den ganzen Widerstand des
Körpers ausmacht, geht z. B. aus einem Versuche von Jolly hervor.
Es fand sich (bei 4 cm² Elektrode) der Widerstand des Körpers (von
Arm zu Arm) = 190000 S.E., nachdem die Epidermis entfernt war,
nur 640 S.E. Der Widerstand jeder Epidermisfläche betrug also trotz
der minimalen Dicke das 150fache vom Widerstand des Gesammt-
körpers. Der Widerstand der Epidermis wird bedeutend herabgesetzt,

wenn sie durchfeuchtet wird; dies geschieht überaus rasch und vollkommen, wenn feuchte Elektroden aufgesetzt sind, durch den galvanischen Strom selbst. Der galvanische Strom hat die Fähigkeit, Flüssigkeitstheilchen in seiner eigenen Richtung (von der Anode zur Kathode)
fortzubewegen, z. B. sie durch thierische Membranen zu treiben („kata-
phorische Wirkung" des Stromes). So wird die Epidermis unter
der Anode von der feuchten Elektrodenkappe, unter der Kathode von
der feuchten Cutis aus mit Flüssigkeit durchtränkt und der Widerstand sinkt dementsprechend rasch und bedeutend. So wurde in einem
Versuch von Gärtner ein Anfangswiderstand von 113 700 S.E. schon
durch einen Strom von nur 5 Secunden Dauer (12 Elemente Stöhrer)
auf 52 000 S.E. herabgesetzt. Jolly fand nach Application von
20 Elementen Siemens-Halske während einer Minute den Anfangswiderstand von 160 000 S.E. auf 5000 S.E. gesunken. Hohlhand und
Fusssohle haben nach diesen beiden Forschern den geringsten Anfangswiderstand, dieser lässt sich aber nur in unbedeutendem Maasse noch
weiter verringern, wobei das erzielbare Minimum zudem am raschesten
erreicht wird. Schläfen- und Wangengegend haben den bedeutendsten
Widerstand; dieser ist nicht nur an verschiedenen Hautstellen, sondern
auch bei verschiedenen Personen recht erheblichen Schwankungen unterworfen. Der faradische Strom setzt den „Leitungswiderstand" der
Haut nur in unbedeutendem Maasse herab. Nach den Untersuchungen
von Mann, Stintzing u. A. fallen individuelle und örtliche Ver-
schiedenheiten, sowie Dauer des Stromes bei Application des faradischen
Stromes nicht in die Waagschale. Alle diese Untersuchungen leiden an
dem principiellen Fehler, dass der Widerstand für den faradischen
Strom gleichbedeutend genommen wurde mit dem für den galvanischen
(vgl. p. 236), nur Hoorweg hat in seiner neuesten Arbeit Rücksicht
auf die Condensatorwirkung des menschlichen Körpers genommen.
Immerhin lässt sich den gewonnenen experimentellen Erfahrungen so
viel entnehmen, dass die übliche Untersuchung des menschlichen
Körpers mit dem faradischen Strom practisch brauchbare Resultate
geben kann.

Die elektrische Untersuchung. Motorische Puncte.

Sobald der Strom die schlecht leitende Epidermis durchbrochen
hat, zerfährt er sofort in viele Fäden, die sich im Körper vertheilen.
Leitet man den Strom z. B. von Hand zu Hand, so geht wohl der
grösste Theil davon quer durch die Brust von einem Arm zum anderen,
aber auch alle anderen Theile, der Kopf, der Bauch, die Füsse selbst
werden von schwächeren Stromfäden durchflossen, vor Allem werden
sämmtliche Nerven und Muskeln beider Arme in ziemlich gleichem
Maasse vom Strom getroffen. Erste Voraussetzung für die Möglichkeit
elektrodiagnostischer Untersuchungen ist aber die Bedingung, einen
beliebigen Nerven oder Muskel, und ihn ganz allein, in Reizzustand zu
versetzen, damit der sichtbare Effect der Zuckung des Muskels nicht
durch die Contractionen anderer beeinträchtigt und verwischt wird. Es
ist das unvergängliche Verdienst von Duchenne de Boulogne, gezeigt
zu haben, dass und wie diese Bedingung verwirklicht werden kann.
Verwendet man nicht trockene, sondern feuchte Elektroden, legt sie
nicht einfach lose an die Haut an, sondern drückt sie fest dagegen,

so findet man an der Oberfläche des Körpers eine Anzahl von Puncten, von denen aus einzelne Muskeln oder Muskelgruppen, die durch einen gemeinsamen motorischen Nerven versorgt werden, zur Contraction gebracht werden können. Diese Puncte, „Points d'élection", „Nerven- und Muskelpuncte", „motorische Puncte", sind in den beigefügten Zeichnungen (Fig. 77 mit 82) ihrer Lage nach angegeben. Durch v. Ziemssen's Untersuchungen hat sich ergeben, dass unter jedem solchen Punct entweder ein motorischer Nerv ziemlich oberflächlich liegt (Nervenpunct), oder dass der Punct jener Stelle entspricht, an welcher das letzte

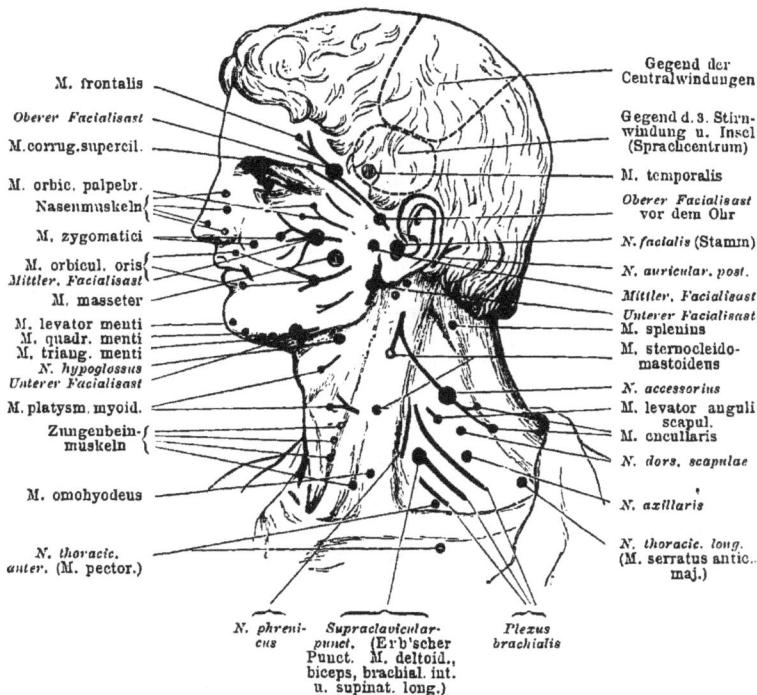

Fig. 77. Motorische Puncte an Kopf und Hals. (Nach Erb.)

Nervenästchen in den Muskel eintritt (Muskelpunct). Hiemit ist die physikalische Erklärung dafür gegeben, dass man mit Duchenne's Methode bei einer gewissen Stromesintensität die Wirkung localisiren kann. Die Anfeuchtung der Elektroden hat den schon erwähnten Zweck, ohne zu grossen Schmerz hinreichend starke Ströme durch die Epidermis senden zu können. Durch das Eindrücken der Elektrode kommt man erstens dem darunter gelegenen Nerven näher, zweitens wird an der Peripherie des Elektrodenknopfs die Flüssigkeit aus der Cutis zum Theil verdrängt, der Widerstand wächst hier und es geht weniger Elektricität nach den Seiten verloren. Die erste Aufgabe des

Arztes, der sich mit Elektrodiagnostik beschäftigen will, ist es, sich im Aufsuchen der motorischen Puncte zu üben und sich den Effect der gelungenen Reizung in Form der ausgelösten Zuckungen einzu-

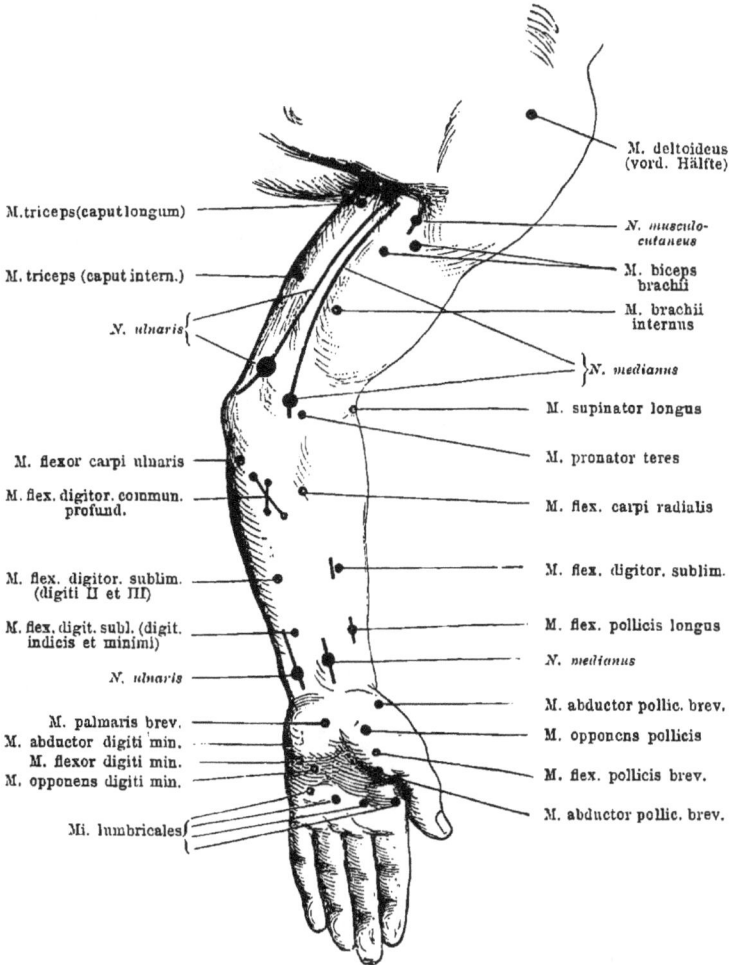

M. deltoideus (vord. Hälfte)

M.triceps(caput longum)

N. musculo-cutaneus

M. triceps (caput intern.)

M. biceps brachii

M. brachii internus

N. ulnaris

}N. medianus

M. supinator longus

M. flexor carpi ulnaris

M. pronator teres

M. flex. digitor. commun. profund.

M. flex. carpi radialis

M. flex. digitor. sublim. (digiti II et III)

M. flex. digitor. sublim.

M. flex. digit. subl. (digit. indicis et minimi)

M. flex. pollicis longus

N. ulnaris

N. medianus

M. abductor pollic. brev.

M. palmaris brev.
M. abductor digiti min.
M. flexor digiti min.
M. opponens digiti min.

M. opponens pollicis

M. flex. pollicis brev.

Mi. lumbricales

M. abductor pollic. brev.

Fig. 78. Motorische Puncte an der inneren Seite der Oberextremität. (Nach Erb.)

prägen. Man beginne mit der Anwendung des faradischen Stromes, der sich viel leichter localisiren lässt, denn seine dünnen Stromesfäden sind schon in der nächsten Nachbarschaft der Applicationsstelle nicht mehr dicht genug, um nahe gelegene Nerven u. s. w. zu erregen. Beim galvanischen Strom macht sich ein Ueberschlagen auf andere

Nervengebiete nicht selten in unbequemer Weise bemerkbar sobald
man mit stärkeren Strömen untersucht, auch ist der Effect, der Tetanus,
der indirect oder direct faradisch gereizten Muskeln für die Anfänger
leichter kenntlich, als die einzelne flüchtige Zuckung bei Anwendung
des constanten Stromes.

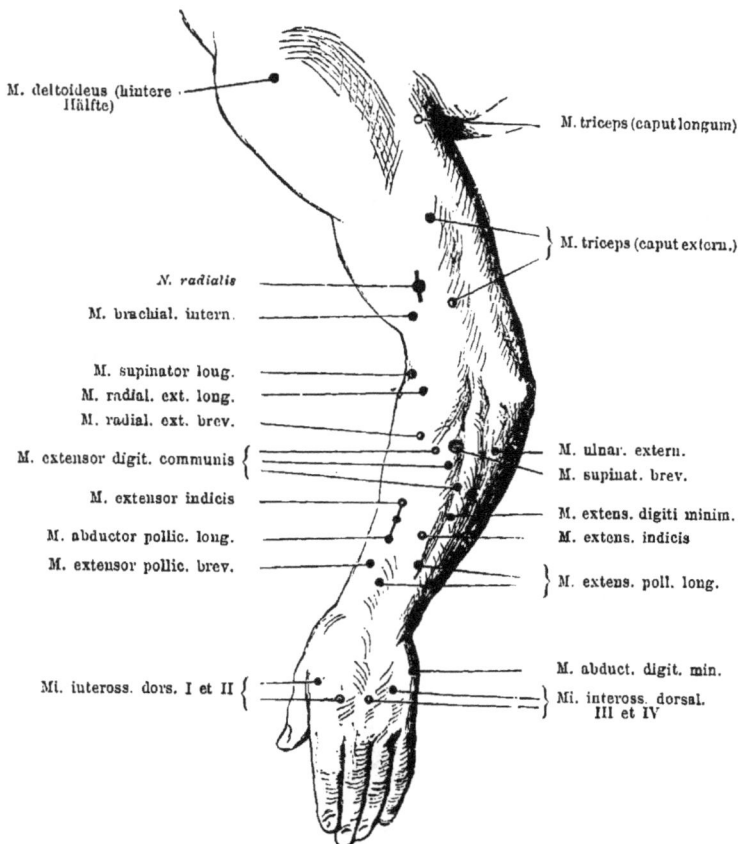

M. deltoideus (hintere
Hälfte)

M. triceps (caput longum)

M. triceps (caput extern.)

N. radialis
M. brachial. intern.

M. supinator loug.
M. radial. ext. long.
M. radial. ext. brev.

M. extensor digit. communis {

M. ulnar. extern.
M. supinat. brev.

M. extensor indicis

M. abductor pollic. loug.
M. extensor pollic. brev.

M. extens. digiti minim.
M. extens. indicis

} M. extens. poll. long.

M. abduct. digit. min.

Mi. iuteross. dors. I et II {

} Mi. inteross. dorsal.
III et IV

Fig. 79. Motorische Puncte au der äusseren Seite der Oberextremität. (Nach Erb.)

Die elektrische Untersuchung ist vorwiegend eine quantitative.
Es wird bestimmt, bei welcher geringsten Reizgrösse gerade
noch eine Contraction der (direct oder indirect) gereizten
Muskeln beobachtet werden kann. Da für die Reizgrösse die
Stromesdichtigkeit an der Reizstelle massgebend ist, so sind vergleichbare
Resultate nur dann zu erhalten, wenn man die Stromesintensität (J) direct
misst (was bis jetzt nur beim constanten Strom durchs Galvanometer
geschehen kann) und den Querschnitt der verwendeten Elektrode (Q)

bestimmt. $D = \dfrac{J}{Q}$ gibt die gesuchte Dichtigkeit. Von den als Ein-
heitselektroden empfohlenen ist die von Stintzing angegebene, die
3 cm² Durchmesser hat (Fig. 74), die brauchbarste und wird die andern
ohne Zweifel mit der Zeit ganz aus dem Felde schlagen. Die Reizgrösse bemisst sich also bei Anwendung des galvanischen Stroms nach
dem Quotienten $D = \dfrac{n\,M.A.}{3\,cm^2}$.

Bei der Prüfung mit dem faradischen Strom ist man leider noch
darauf angewiesen, den grössten Rollenabstand, bei dem gerade noch

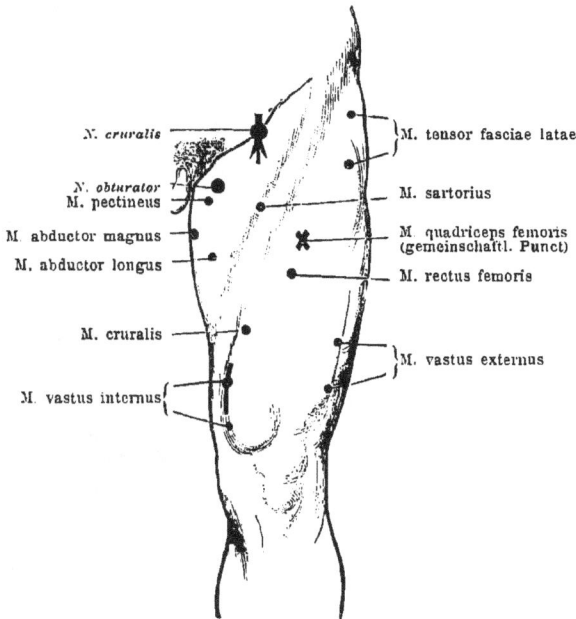

Fig. 80. Motorische Puncte an der vorderen Oberschenkelfläche. (Nach Erb.)

eine Zuckung ausgelöst werden kann, als Reizgrösse zu notiren.
Einigermassen vergleichbare Resultate können nur dann erhalten werden,
wenn man den vom internationalen Congress vorgeschriebenen Apparat
allseitig verwendet, stets mit derselben Anzahl von Unterbrechungen
in der Secunde und mit einer Einheitselektrode untersucht.

Alle erwähnten Cautelen der exacten Diagnostik haben nur dann
einen Sinn, wenn man den Nerven oder Muskel stets an der gleichen
Stelle untersucht. Eine geringe Verschiebung der Elektrode ändert
die Dichtigkeit im Nerven schon sehr bedeutend. Man wählt den
Punct zur Untersuchung, von dem aus die Reizung am leichtesten geschieht. Vortheilhaft ist es, sich diesen Punct mit einem Farbstift zu
bezeichnen und darauf die Elektrode bei der Untersuchung stets ganz

genau aufzusetzen, noch besser eine sogenannte Fixationselektrode aufzusetzen, die durch Federkraft während der ganzen Untersuchung un-
verrückbar an derselben Stelle gehalten wird (Fig. 75). Verwendet
man eine solche, so wird zur indifferenten Elektrode ein Meyer'sches
Unterbrechungsheft genommen, womit die Schliessungen und Oeffnungen
des Stromes vorgenommen werden. Anderenfalls ist es zweckmässiger,
die Elektrode mit Unterbrecher als Reizelektrode zu verwenden; man

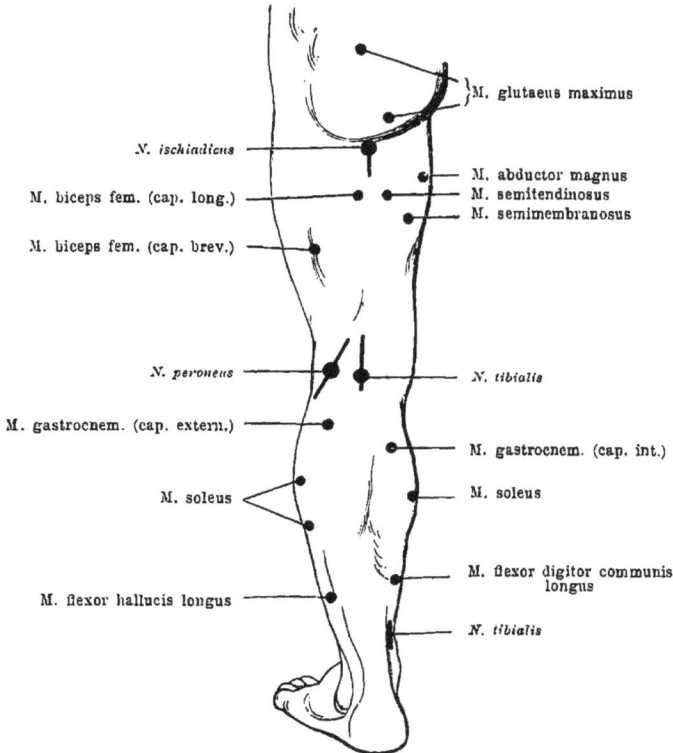

Fig. 81. Motorische Puncte an der Hinterseite der Unterextremität. (Nach Erb.)

findet damit die motorischen Puncte rascher, muss sich aber hüten,
die Elektrode beim Stromesschluss zu verrücken.

Zur vollständigen elektrischen Untersuchung eines
Nerven, eines Muskels oder einer Muskelgruppe gehört
die Untersuchung mit dem faradischen und mit dem constanten Strom des Nerven und des Muskels und zwar auf
beiden Seiten an den entsprechenden motorischen Puncten.
Bei einseitiger Erkrankung muss die Untersuchung erst an der gesunden Seite durchgeführt werden. Stets setzt man die Elektrode bei
geöffnetem Strom (Druck auf den Unterbrecher) auf den motorischen

Punct und schliesst erst dann, wenn man denselben getroffen zu haben glaubt. Dieses Suchen der motorischen Puncte soll immer mit starken Strömen geschehen; man prüft die Stromesstärke am einfachsten an der Musculatur des eigenen Daumenballens, die sich energisch contrahiren muss; untersucht man aber den Facialis, so ist der Strom am eigenen Gesicht zu prüfen, damit man zu schmerzhafte Ströme (Trigeminus!) vermeidet.

Man beginnt stets mit dem faradischen Strom. Die Anode der secundären Spirale wird mit einer ca. 100 cm² grossen Elektrode

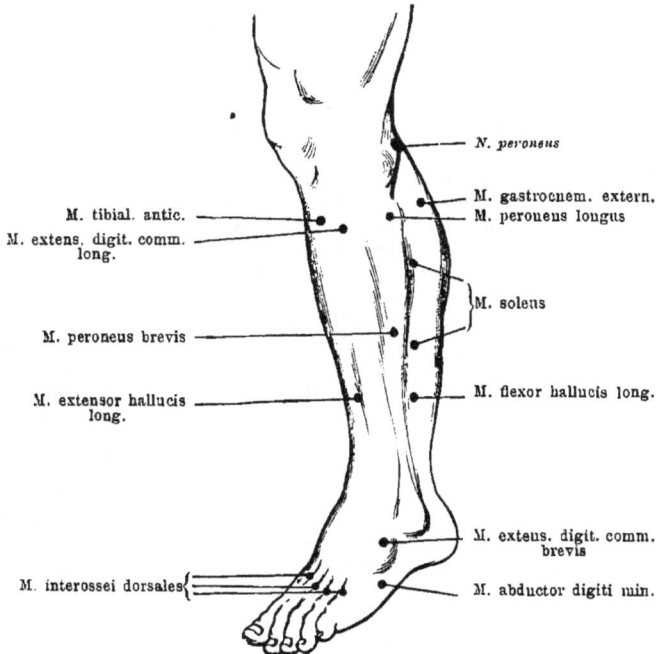

Fig. 82. Motorische Puncte an der äusseren Seite des Unterschenkels. (Nach Erb.)

verbunden und diese auf eine indifferente Stelle (Sternum) aufgesetzt (Schliessungselektrode). An der Kathode der secundären Spirale wird eine kleine knopfförmige (Stintzing'sche) Elektrode (von 3 cm² Diameter) befestigt, und diese (Reizelektrode) kommt auf die zu untersuchenden Puncte.

Durch Verschiebung der secundären Spirale bestimmt man (rechts und links) den grössten Rollenabstand, bei dem gerade noch eine Contraction der direct oder indirect gereizten Muskeln sichtbar (oder an Vorsprüngen von Sehnen u. dgl. fühlbar) wird. Eventuell müssen die am Eisenkern oder Dämpfer angegebenen Zahlen als Nothbehelf für das Maass des Rollenabstandes eintreten, falls dieser sich am verwendeten Apparat nicht messen lässt. Natürlich ist der Strom um so

stärker, je kleiner der Rollenabstand, je tiefer der Eisenkern, je weniger
tief der Dämpfer eingeschoben ist.

Die Untersuchung mit dem galvanischen Strom folgt erst
dann — aus zwei Gründen. Fürs Erste ist das Auffinden der richtigen
Puncte mit dem Inductionsstrom leichter, und fürs Zweite kann der
Nerv durch zu langes Herumprobiren mit dem constanten Strom nicht
unerheblich in seiner Erregbarkeit künstlich modificirt werden.

Auch beim galvanischen Strom wird die Reizelektrode bei geöffnetem Strom aufgesetzt, man schliesst, beobachtet, ob eine Zuckung
kommt, und öffnet nach etwa 2—3 Secunden wieder, beobachtet wieder,
ob eine Zuckung eintritt. Länger als wenige Secunden den Strom
geschlossen zu halten, ist nicht rathsam, denn sonst wird der Nerv elektrotonisirt und für die Oeffnung überempfindlich gemacht und man erhält
ein falsches Resultat, indem bei zu schwachen Strömen die Oeffnungszuckungen schon kommen. Auf der anderen Seite ist augenblickliches
Wiederöffnen des Stromes auch nicht zu empfehlen; denn der Unerfahrene
kann dabei eine allenfalls allein vorhandene Oeffnungszuckung für eine
Schliessungszuckung nehmen u. s. w.

Zuerst kommt die Anode in Form einer grossen, wohlangefeuchteten
Platte auf eine indifferente Stelle (Sternum) und man prüft mit der
Kathode. Erhält man eine Schliessungszuckung, so wird der Strom
durch Elementenzähler oder Rheostat so weit verringert, dass sie verschwindet, dann wieder gerade so weit verstärkt, dass eine minimale
Zuckung kommt, bei geschlossenem Strom der Stand des Galvanometers
abgelesen und der erhaltene Werth für die KSZ notirt. (Ein KOZ erhält
man zunächst fast nie, auf diese wird am besten am Ende der ganzen
Untersuchung eigens nochmals geprüft.) Jetzt wird der Strom gewendet,
mit der Anode gereizt, der Strom in gleicher Weise so lang verringert
und verstärkt, dass gerade ein SZ resp. OZ erscheint. Auch für die
letztere wird die Stromesstärke so bestimmt, dass man bei geschlossenem
Strom das Galvanometer abliest, dann öffnet, sich nochmals von der
folgenden minimalen Oeffnungszuckung überzeugt und den Werth notirt.
Damit ist dann gesagt: ein Strom von so und so viel Milli-Ampères
ruft bei seiner Oeffnung an der Anode eine Zuckung hervor. Ganz
zuletzt kann man noch einige Versuche machen, durch starke Ströme
eine KOZ zu erzielen; meist wird dem durch die zu grosse Schmerzhaftigkeit bald ein Ziel gesetzt, ohne dass man eine KOZ zu sehen
bekam, oft ist man nur in der Lage, die Stromesstärke, bei der sie einmal auftritt, zu vermerken, ohne den Minimalwerth genauer bestimmen
zu können. Selten ist man berechtigt, der Standhaftigkeit des Kranken
viel zuzumuthen, da es sich hier meist um ein Phänomen von untergeordnetem diagnostischem Werth handelt. Findet man irgend eine
Zuckung nicht, so wird die höchste Stromesintensität notirt, mit der
untersucht wurde, mit dem Vermerk, dass bei ihr die Zuckung ausblieb.

Bei diesem Gange der Untersuchung ist Werth darauf zu legen,
dieselbe, unbeschadet der Sicherheit, in möglichst kurzer Zeit zu voll-
enden (auch ein Geübter braucht gewöhnlich zur Aufnahme eines vollständigen elektrischen Status ca. $^3/_4$ Stunden), um den Patienten zu
schonen und um die Erregbarkeit des maltraitirten Nerven nicht künstlich zu verändern. Es ist zu empfehlen, die Abstufung des Stromes
zwecks Auffinden der minimalen wirksamen Reizgrösse nicht allmälig,

von Element zu Element auszuführen, sondern zunächst in grossen, dann immer kleineren Sprüngen (ganz wie beim Aufsuchen eines schadhaften Elements); man kommt so in viel kürzerer Zeit und sicherer zu einem richtigen Ergebniss. Stuft man den Strom mit dem Rheostaten ab, so schaltet man analog bei gefundener Zuckung sofort einen so grossen Widerstand ein, dass die Zuckung verschwindet, dann um die Hälfte weniger u. s. w.

Finden sich zwei Zuckungen, z. B. KSZ und ASZ, bei derselben Stromesintensität, resp. lässt die technische Einrichtung unserer Apparate und Messinstrumente keine feinere Abstufung zu, um zur Unterscheidung zu kommen, welche von ihnen bei niedrigerem Stromwerthe erscheint, so müssen bei gleicher minimaler Stromesstärke die beiden Zuckungen ihrer Intensität nach verglichen werden; je nach dem Ausfall wird das Resultat z. B. in der Form 2 M.A. KSZ $>$ ASZ, KSZ $=$ ASZ, KSZ $<$ AOZ notirt.

Hiemit ist die quantitative Untersuchung mittels beider Stromesarten beendet. Während sie vorgenommen wird, muss aber zugleich auf die Qualität der ausgelösten Zuckungen sorgfältig geachtet werden. Bei Schliessung und Oeffnung eines constanten Stromes contrahirt sich der direct oder indirect gereizte gesunde Muskel ausserordentlich schnell, um ebenso rasch wieder zu erschlaffen („prompte, blitzschnelle Zuckung"). In pathologischen Fällen tritt an deren Stelle eine „träge, langgezogene Zuckung", bei welcher wie bei der Bewegung eines Wurms das Maximum der Contraction langsam erreicht wird und auch die Erschlaffung langsam sich vollzieht. Mit dem Grad der Erregbarkeit hat dieses diagnostisch höchst wichtige Phänomen gar nichts zu thun, es kann durch ganz schwache Ströme, in anderen Fällen nur durch die allerstärksten ausgelöst werden. Man muss sich hüten, diese trägen Zuckungen, die langsam an- und langsam abschwellen, zu verwechseln mit einer anderen Zuckungsform, die auch langgezogen verläuft, bei der aber ganz plötzlich und höchst intensiv sich der Muskel contrahirt, um dann erst ganz allmälig wieder zu erschlaffen. Dies ist die sogenannte „Dauerzuckung (DZ oder Te)", wie sie auch bei Gesunden durch übermässige Steigerung der Stromesintensität hervorgerufen werden kann. Dabei erscheint stets zuerst KSDZ, dann ASDZ, AODZ, dagegen fast nie KODZ. (Von hervorragenden Elektrodiagnostikern wird im Untersuchungsschema auch die Bestimmung dieser Dauerzuckungen verlangt, wie mir scheinen will, vorläufig ohne grossen Vortheil für die Diagnose. Allenfalls kann ein Auftreten derselben bei relativ niederen Stromeswerthen mit für die Annahme einer elektrischen Uebererregbarkeit verwerthet werden.)

Die Kritik der Untersuchungsresultate.

Im elektrischen Verhalten des (künstlich nicht beeinflussten) Nerven oder Muskels kommen nur drei Abweichungen von der Norm vor: erhöhte Erregbarkeit, verminderte Erregbarkeit und Entartungsreaction. Mit der letzteren werden wir uns noch eingehend zu beschäftigen haben; die beiden ersten sind rein quantitativer Natur und betreffen stets die Erregbarkeit für beide Stromesarten im gleichen Sinn. Für den galvanischen Strom ist das Kriterium das

Auftreten einer minimalen KSZ. Leider haben wir keinen Anhaltspunct, um in allen Fällen eine sichere Entscheidung zu treffen, ob die
erhaltenen Werthe quantitativ noch in den Bereich des Normalen fallen
oder nicht. Die Lage der gereizten Nerven und dazu ihre Entfernung
von der Haut, vielleicht auch ihre Reizbarkeit selbst, ist bei den einzelnen Menschen innerhalb gewisser Grenzen verschieden, und diese
kennt man eben noch nicht. Der Anfang, Normalwerthe für die einzelnen Nerven zu geben, ist durch sehr dankenswerthe Untersuchungen
von Stintzing gemacht worden. Nachfolgende Tabellen sind ihnen
entnommen. Immerhin wird man gut thun, nur bedeutende Abweichungen
von den Normalzahlen mit Sicherheit als pathologisch anzusehen.

Nerven	Mittelwerthe	Grenzwerthe	Maximale Differenz beider Körperhälften
N. facialis	1,75	1,0—2,5	1,3
R. frontalis	1,45	0,9—2,0	0,7
R. zygomaticus	1,4	0,8—2,0	—
R. mentalis	0,95	0,5—1,4	—
N. accessorius	0,27	0,10—0,44	0,15
N. musculo-cutaneus	0,17	0,04—0,28	0,19
N. medianus	0,9	0,3—1,5	0,6
N. ulnaris (oberhalb d. Olecranon)	0,55	0,2—0,9	0,6
N. radialis	1,8	0,9—2,7	1,1
N. cruralis	1,05	0,4—1,7	0,6
N. peronaeus	1,1	0,2—2,0	0,5
N. tibialis	1,45	0,4—2,5	1,1
N. axillaris	2,8	0,6—5,0	0,7
N. thorac. ant.	1,75	0,09—3,4	1,3

Stromstärke, bei der ungefähr eine minimale KSZ an den einzelnen
Muskeln erscheint:

Muskel	M.A.	Muskel	M.A.
M. cucullaris	1,6	M. extens. poll. brev. . .	1,5—3,5
M. deltoideus	1,2—2,0	M. pronator teres	2,5—2,8
M. pectoralis maior	0,4	M. flex. digit. subl. . . .	0,3—1,5
M. pectoralis minor	0,1—2,5	M. ulnar. intern.	0,9—2,9
M. serratus ant. maior . .	1,0—8,5*)	M. abd. digit. min. . . .	2,5
M. supinator long.	1,1—1,7	M. rect. femoris	1,6—6,0
M. extens. digit. comm. . .	0,6—3,0	M. vastus internus . . .	0,3—1,3
M. extens. carp. radial. . .	0,8	M. tibial. ant.	1,8—5,0

*) „Wahrscheinlich pathologische Steigerung."

Bei der Prüfung mittels des Inductionsstromes ist die Sache insofern noch schlimmer, als wir bis jetzt kein Mittel besitzen, die Stromesintensität zu messen. Was von dem Strom, den der Apparat gibt,
durch den Widerstand der Epidermis vernichtet wird, lässt sich nicht
übersehen. Es bleibt uns nur übrig, den „Widerstand" der Epidermis

durch gutes Anfeuchten möglichst stark herabzusetzen, ohne eine Gewähr dafür, dass dies in jedem Fall in gleichem Maasse gelungen ist.

Günstig liegen die Verhältnisse dann, wenn es sich um eine einseitige Erkrankung handelt. Die Vergleichung mit der anderen gesunden Seite liefert dann den besten Maassstab zur Abschätzung der Resultate. Da hat denn die Erfahrung gezeigt, dass speciell bei Anwendung des faradischen Stromes und sorgfältiger Untersuchung an Gesunden an homologen Stellen keine grössere Differenz als 10 mm Rollenabstand zwischen rechts und links vorkommt; nur der Nervus radialis macht eine Ausnahme, eine Differenz von 1½ cm liegt noch im Bereich des Normalen. Bei doppelseitiger Affection, z. B. Paraplegie, lässt der Kunstgriff, homologe Stellen rechts und links zu vergleichen, natürlich im Stich. Es ist der Rath gegeben worden, in solchen Fällen zunächst vier Nerven zu untersuchen, um unter fast allen Umständen Vergleichsobjecte zu bekommen: den Nerv. facialis am Ohr, den äusseren Ast des Nerv. accessorius am Hals, den Nerv. ulnaris oberhalb des Olecranon und den Nerv. peronaeus oberhalb des Köpfchens der Fibula. Eine Differenz zwischen oben und unten grösser als 20 mm Rollenabstand ist als pathologisch aufzufassen, namentlich ist die minimale Reizgrösse für die Nerv. ulnaris und peronaeus durch viele Beobachtungen als fast dieselbe erkannt worden. Auch hier macht der Nerv. radialis eine Ausnahme, Differenzen von 25 mm Rollenabstand bedeuten noch nichts Abnormes. Die Zahlen gelten für die gewöhnlichen Schlittenapparate, wie sie namentlich zu physiologischen Untersuchungen dienen, und können auch den Untersuchungen der meisten besseren faradischen Apparate näherungsweise zu Grunde gelegt werden; dass man Stellen, an denen nachweisbare Veränderungen der Haut, z. B. Narben, Geschwülste u. s. w. vorliegen, vermeiden muss, ist selbstverständlich.

Es ist von Wichtigkeit, die Resultate der elektrischen Untersuchung in einem übersichtlichen Protokolle niederzulegen, z. B. in der Form, wie sie in nachfolgenden vier Tabellen eingehalten ist. Alle Untersuchungen sind mit Stintzing'scher Einheitselektrode angestellt, was durch Q (Querschnitt) = 3 cm² angedeutet ist. Ein Strich bedeutet, dass mit den stärksten zulässigen Strömen keine Contraction ausgelöst werden konnte. Es wurde Werth darauf gelegt, die Kranken nicht unnöthig zu plagen und ein Resultat zu erhalten, das eben für die klinische Diagnose ausreicht. Aus diesem Grund wurde auf KOZ nur im vierten Fall, auf Dauerzuckungen überhaupt nicht geprüft.

I.

Q = 3 cm²

W. G., 7 Jahre. 26. X. 91.

Faradische Reizung:

R.	N. peronaeus	L.
165 mm R.A.		155 mm R.A.

M. peronaeus longus

| 150 mm R.A. | | 120 mm R.A. |

Galvanische Reizung*):

N. peronaeus

1½ M.A. KSZ	2½ M.A. KSZ
2 „ AOZ	3½ „ AOZ
2½ „ ASZ	4 „ ASZ

M. peronaeus longus

2 M.A. KSZ	3 M.A. KSZ
4½ „ AOZ	5 „ ASZ
5½ „ ASZ	5½ „ AOZ
Zuckungen prompt	Zuckungen prompt

Elektrische Diagnose: Normal.

*) Auf KOZ nicht geprüft.

———

II.

$Q = 3 \, cm^2$

B. G., 36 Jahre.

(Atrophie des linken Arms nach Luxatio infraglenoidea.)

Faradische Reizung:

| R. | N. radialis | L. |
| 170 mm R.A. | | 140 mm R.A. |

M. ulnaris externus

| 160 mm R.A. | 140 mm R.A. |

Galvanische Reizung:

N. radialis

3 M.A. KSZ	5 M.A. KSZ
7 „ AOZ	10 „ ASZ
9 „ ASZ	13½ „ AOR

M. ulnaris externus

2 M.A. KSZ	8 M.A. KSZ
8 „ ASZ	14 „ ASZ
15 „ AOR	15 „ AOR
Zuckungen prompt	Zuckungen prompt

Elektrische Diagnose: Einfache Herabsetzung der elektrischen Erregbarkeit links
(Inactivitätsatrophie).

———

III.

$Q = 3 \, cm^3$

E. A., 16 Jahre.

(Der linke Mittel- und Ringfinger vor 14 Tagen durch Aetherinjection an der
Streckseite des Vorderarms gelähmt.)

Faradische Reizung:

| R. | N. radialis | L. |
| 155 mm R.A. | | — |

M. extensor digit. commun.

| 170 mm R.A. | — |

Galvanische Reizung:

N. radialis

3 M.A. KSZ   —
4¹/₂ „ ASZ   (11 M.A. KSR)
14 „ AOR

M. extensor digit. commun.

2¹/₂ M.A. KSZ   2 M.A. ASZ
4¹/₂ „ KSZ   4¹/₂ „ KSZ
5 „ AOZ

Zuckungen prompt   Zuckungen träg

Elektrische Diagnose: Complete Entartungsreaction.

IV.

Q = 3 cm²

W., 50 Jahre. Steinhauer. 13. X. 93.
(Polyneuritis.)

Faradische Reizung:

R.   N. radialis   L.
—   150 mm R.A.

M. extensor digit. commun.

—   100 mm

Galvanische Reizung:

N. radialis

9 M.A. { KSR   2 M.A. KSZ
{ ASR   6 „ ASZ
{ AOR   8 „ AOZ
{ KOR   11 „ KOR

M. extensor digit. commun.

6¹/₂ M.A. ASZ   3 M.A. KSZ
8¹/₂ „ KSR, AOR, KOR   4 „ ASZ
10 „ AOR, KOR

Zuckung träg   Zuckungen prompt

Elektrische Diagnose: Spätstadium einer completen Entartungsreaction.

Entartungsreaction.

In dem Protokoll Nr. III ist auf der linken Seite ein vom normalen in höchst auffallender Weise abweichender Befund erhoben: Die faradische Erregbarkeit des Nerven und des Muskels ist erloschen, ebenso die galvanische des Nerven. Der Muskel ist durch den galvanischen Strom erregbar, die Zuckungsformel aber verändert, indem ASZ > KSZ ist, und die Zuckungen selbst sind träg. Dies ist das Bild der typischen Entartungsreaction (EaR).

Im Jahre 1859 hatte Baierlacher die Entdeckung gemacht, dass bei einer Facialisparalyse der faradische Strom unwirksam war, mittels des galvanischen aber eine Contraction auf der gelähmten Seite ausgelöst werden konnte. Diese Beobachtung, bald von Mehreren bestätigt, bildete den Ausgangspunct für die Untersuchungen von Erb,

v. Ziemssen und Weiss, durch welche die in Betracht kommenden klinischen Symptome im Zusammenhang mit den pathologischen Veränderungen in Nerv und Muskel, man kann wohl sagen eine fürs Erste abschliessende Bearbeitung erfuhren.

Vor Allem stellte sich heraus, dass nicht, wie Baierlacher glaubte, der Nerv noch durch den galvanischen Strom erregbar ist, sondern dass die Zuckung wirklich durch directe Reizung der Muskelsubstanz selbst ausgelöst wird. Ferner wurde entdeckt, dass die Zuckungsformel umgekehrt sei, und dies gilt nicht nur für die beiden Schliessungszuckungen, sondern auch die KOZ kommt mitunter bei geringerer Stromesintensität als die AOZ, oder ist wenigstens dieser auffallend nahe gerückt.

Dann wurde als characteristisch für die EaR die träge, langgezogene Zuckung erkannt. Nachdem sich bald herausgestellt hatte, dass namentlich bei Verletzungen peripherer Nerven die EaR zur Beobachtung kommt, wurde eine typische Entwicklung der Phänomene vom Tag der Verletzung an (auch beim Thier) beobachtet und von Erb in Zusammenhang gebracht mit den während derselben Zeit in Nerv und Muskel sich einstellenden pathologischen Veränderungen.

Nach Erb gibt die elektrische Untersuchung vom Tage der Verletzung an folgenden Befund. Am Nerven kann am ersten und zweiten Tag die Erregbarkeit etwas, und zwar gleichmässig für beide Stromesarten, steigen. Dann, aber auch mitunter sofort, sinken beide gleichmässig und sind am Ende der ersten oder in der Mitte der zweiten Woche vollständig erloschen. Am Muskel sinkt im gleichen Tempo die faradische Erregbarkeit bis auf Null, so dass etwa am 10.—11. Tag die indirecte Erregbarkeit für beide Stromesarten und die directe für den unterbrochenen Strom gleichmässig erloschen ist. Auch die directe galvanische Erregbarkeit des Muskels sinkt während einiger Tage, um sich dann aber, im Verlauf der zweiten Woche, bis zur Norm und weiterhin sogar nicht unbeträchtlich über dieselbe zu erheben. Zugleich tritt die beschriebene qualitative Aenderung im Zuckungsgesetz ein. Die ASZ nähert sich der KSZ immer mehr, wird dieser gleich und übertrifft sie schliesslich sogar, und dieses Verhältniss ist bei nicht ausheilenden Fällen so lange erkennbar, als überhaupt noch ein letzter Rest von directer Erregbarkeit übrig bleibt. Gerade so geht es mit der Form der Zuckungen. Diese verlieren im Verlauf der zweiten Woche ihren prompten, blitzähnlichen Ablauf und werden exquisit träg und bleiben dies auch in unheilbaren Fällen, bis jede Erregbarkeit definitiv erloschen ist.

Hand in Hand mit diesen Veränderungen geht eine immer deutlicher werdende sichtbare Atrophie der Musculatur, die motorische Lähmung ist natürlich vom Augenblick der Verletzung an gegeben. Während des Stadiums der directen galvanischen Uebererregbarkeit des Muskels ist dieser auch für mechanische Reize mehr als normal empfänglich; klopft man auf einen solchen Muskel nur leis, so antwortet er mit einer trägen Zuckung.

Tritt eine Heilung des Processes ein, so ist das erste günstige Zeichen die Wiederkehr der activen Motilität und allmälige Reparation der Atrophie, erst später ändert sich der elektrische Befund. Nach und nach stellt sich die Erregbarkeit des Nerven für beide Stromes-

arten und die des Muskels für die faradische wieder ein, die ASZ tritt
wieder gegen die KSZ zurück, die Zuckungen werden prompt, doch
bleibt die Erregbarkeit nach schweren, lange dauernden Lähmungen
geraume Zeit, manchmal Jahre lang unter der Norm, und auch die
Promptheit der Zuckungen lässt länger zu wünschen übrig.

In schweren Fällen nimmt die directe galvanische Uebererregbarkeit der gelähmten und atrophischen Muskeln nicht nur bis zur Norm,
sondern noch weiter ab, vielleicht im Verlauf eines Jahres so weit,
dass nur noch mittels sehr starker Ströme eine Zuckung (ASZ) ausgelöst werden kann (Protokoll Nr. IV). Als letzter Rest elektrischer
Erregbarkeit findet sich in unheilbaren Fällen nur noch eine Zuckung
beim stärksten Reiz, den wir ausüben können, der plötzlichen Stromes-
wendung ("Volta'sche Alternative"), und zwar wenn man von der
Kathode auf die Anode wendet. Hiedurch und durch den trägen Verlauf der Zuckung verräth sich diese Zuckung als dem Endstadium
der Entartungsreaction angehörig. In veralteten Fällen von spinaler
Kinderlähmung kann man dergleichen am häufigsten zu Gesicht bekommen.

Parallel mit diesen klinischen Symptomen geht ein ganz bestimmter pathologisch-anatomischer Vorgang in Nerv und Muskel vor
sich, der, den nahezu erschöpfenden Untersuchungen Erb's folgend,
nur in seinen für unsere Zwecke wichtigen Theilen Erwähnung finden
kann. Am Nerven findet man in den ersten Tagen irritativ-entzündliche
Veränderungen am Neurilemm, sowohl im Endo- als im Perineurium,
Kernvermehrung in der Schwann'schen Scheide. Schon in 2—4 Tagen
stellt sich eine schollig-körnige Degeneration der Markscheide und ein
Zerfall des Axencylinders bis in die motorische Endplatte hinein ein,
so dass von diesen beiden von der zweiten Woche an nichts mehr zu
erkennen ist. Auch am Muskel finden sich Zeichen von irritativer Entzündung mit dann nachfolgender Bindegewebsneubildung. Die Muskel-
schläuche selbst atrophiren einfach, werden dünn, die Querstreifung wird
undeutlicher, auch wachsartige Degeneration kommt vor, fettiger Zerfall
ist aber, wenn vorhanden, nur in ganz untergeordneter Weise entwickelt. Bei Heilung der Läsion wird zuerst der Axencylinder neu
gebildet (nach Gessler's Untersuchungen zu allererst sogar der degenerirte Theil der motorischen Endplatte), und erst später umkleidet
sich der Nerv wieder mit einer Markscheide. Der Ausgleich der
Atrophie am Muskel vollzieht sich nur langsam und das Volumen der
Muskelbündel erreicht in schweren Fällen die Norm nur spät oder
überhaupt nicht wieder.

Man glaubt, das Anfangsstadium der Uebererregbarkeit zurückführen zu dürfen auf die irritativ-entzündlichen Vorgänge im interstitiellen Nervengewebe. Nach Erb's ansprechender Hypothese vermittelt
der Axencylinder den trophischen Einfluss der nervösen Centren (graue
Kerne der Hirnnerven, Vordersäulen in der Medulla) und leitet den
Willensimpuls zum Muskel fort, ist aber nicht selbst reizempfänglich,
dies ist vielmehr nur die Markscheide. Vielleicht, dass durch den elektrischen Strom in dieser elektrolytisch Substanzen abgespaltet werden,
welche specifische Reize für den Axencylinder sind. So erklärt es sich,
dass active Motilität und bessere Ernährung der Muskeln zu einer Zeit
sich einstellt, zu welcher der Nerv noch nicht elektrisch gereizt werden

kann, zu der Zeit nämlich, wo der Axencylinder schon wieder da ist, aber noch keine Markscheide hat.

Dass der seiner Nerven beraubte Muskel auf den faradischen Strom nicht reagirt, lässt sich verstehen, da schon der normale Muskel durch sehr kurz dauernde Ströme nicht erregt wird (p. 261). Dass hierin nicht ein specifischer Unterschied des Inductionsstromes gegenüber dem galvanischen zu erblicken ist, sondern von Bedeutung nur die überaus kurze Dauer jedes einzelnen Schlags, lässt sich leicht darthun, wenn man einen solchen Muskel durch einen galvanischen Strom reizt, der durch ein Blitzrad sehr rasch unterbrochen wird; es bleibt dann der Muskel in Ruhe. Dagegen ist es unserem Verständniss noch vollkommen verschlossen, warum der atrophische Muskel auf das Entstehen des Anelektrotonus leichter reagirt, als auf das Entstehen des Katelektrotonus, und ebenso müssen wir die Thatsache einfach hinnehmen, dass ein solcher Muskel nur träge, langgezogene Zuckungen ausführt.

Nicht immer ist das beschriebene Bild der typischen Entartungsreaction in allen seinen Theilen voll entwickelt, es gibt je nach der Schwere des Falles mancherlei Abweichungen davon, die man unter dem Namen der atypischen Entartungsreaction zusammenfasst. Bald ist die Erregbarkeit der Nerven für den galvanischen Strom, bald für beide erhalten, bald die indirect ausgelöste Zuckung eine träge, bald eine prompte, bald die ASZ überwiegend, bald nicht u. s. f. Auch träge Zuckungen bei Reizung mit dem faradischen Strom hat man beobachtet, der Muskel geräth dabei nicht plötzlich, sondern allmälig in Tetanus. Im Ganzen sind bisher meines Wissens siebzehn verschiedene Combinationen beobachtet und beschrieben worden. Nach Stintzing, der maassgebende Untersuchungen über diesen Gegenstand angestellt hat, lassen sie sich je nach der Schwere der Läsion in folgende Gruppen bringen:

    I. Gruppe (höchste Grade):
        EaR mit totaler Unerregbarkeit der Nerven (complete EaR).
    II. Gruppe (hohe Grade):
        EaR mit partieller Unerregbarkeit der Nerven.
    III. Gruppe (mittlere Grade):
        EaR mit faradischer Zuckungsträgheit vom Nerven aus,
        a) bei galvanischer Zuckungsträgheit vom Nerven aus,
        b) bei prompter galvanischer Zuckung vom Nerven aus.
    IV. Gruppe (niedere Grade):
        EaR mit prompter Zuckung vom Nerven aus (partielle EaR).

Allen diesen Formen ist die träge Zuckung des Muskels bei directer galvanischer Reizung gemeinsam und diese demnach einzig für die EaR allgemein characteristisch. Von diesem Satze möchte ich nicht abgehen, auch Angesichts neuerer Untersuchungen, wonach Formen von EaR bei prompter Zuckung des Muskels beschrieben sind. Solche Fälle deute ich als Uebergangsformen zwar zur EaR, kann sie aber zu dieser selbst noch nicht hinzurechnen. Ferner ist zu beachten, dass bei theilweiser, bündelweiser Atrophie der Muskeln, z. B. in Folge von Kernlähmung, die mit den atrophischen Fasern gemischten gesunden sehr leicht mit ihrer prompten Zuckung überwiegen können, so dass die ganze Zuckung als prompt imponirt.

Häufig kann man in solchen Fällen die EaR nur dann, dann aber auch deutlich erkennen, wenn man mit einem ganz feinen Elektrodenknopf die einzelnen Theile des Muskels (z. B. der Zunge bei Bulbärparalyse) untersucht, freilich unter Preisgabe der quantitativen Bestimmung, da ja die Feststellung der Stromesdichtigkeit eine Elektrode von gemessenem Querschnitt erfordert.

Die klinische Bedeutung der Entartungsreaction ist eine grosse. Wo sie nachgewiesen werden kann, ist der sichere Schluss auf die beschriebene degenerative Atrophie des motorischen Nerven gestattet. Man findet sie bei Affectionen des peripheren Neurons (Ganglienzelle und peripherer Nerv), nicht aber bei eigentlichen Muskelkrankheiten. Jeder diffuse Process, der im Rückenmark die grauen Vordersäulen mitbefällt, ruft auch Entartungsreaction hervor, und diese gibt dann den Anhalt, die Ausbreitung des Processes im Rückenmarksquerschnitt zu beurtheilen. Ferner gehen von den Systemerkrankungen mit EaR einher: die amyotrophische Lateralsclerose, die Bulbärparalyse, die Poliomyelitis anterior, die progressive Muskelatrophie (Type Aran-Duchenne). Bei diesen ist atypische EaR die Regel, und auch diese (vgl. oben) mitunter nur schwer nachzuweisen. Am regelmässigsten und ausgesprochensten findet sie sich aber bei Erkrankungen der peripheren Nerven, sei es, dass dieselben durch Trauma, Infection, Vergiftung bewirkt sind, sei es, dass es sich um Neuritis oder „rheumatische" Lähmung handelt.

Grundsätzlich ist daran festzuhalten, dass functionelle Neurosen als solche keine EaR nach sich ziehen können. Ausnahmen hievon, EaR bei hysterischen Lähmungen, sind in jüngerer Zeit bekannt geworden, sie dürften den obigen allgemein gültigen Satz keineswegs erschüttern, denn warum soll nicht auch einmal eine Hysterica tota quanta eine Nervenaffection mit anatomischer Grundlage acquiriren dürfen?

Anhang.

I. Unter dem Namen Compressionsreaction ist eine eigenthümliche Veränderung der Zuckungsformel zu verstehen, die willkürlich bei Gesunden hervorgerufen werden kann. Umschnürt man eine Extremität mit einem elastischen Schlauch, oder comprimirt mit den Fingern Arterien und Nerven wie bei Anstellung des Trousseau'schen Versuches, so findet man unterhalb der Compression am Nerv eine bedeutende Steigerung der Oeffnungszuckungen. Namentlich betrifft dies die KOZ, die auf diese Weise mit Leichtigkeit und mitunter schon bei sehr geringen Stromesstärken beobachtet werden kann. Als Beispiele mögen folgende Untersuchungsprotokolle dienen:

Compressionsreaction beim (Nerven-)Gesunden.

D., 18jähriges Mädchen, Gonorrhoe. 18. XI. 92.

$$D = \frac{n \text{ M.A.}}{3 \text{ cm}^2}$$

N. median. dexter

		Schlauchcompression am Oberarm
1 M.A. KSZ		1¼ M.A. KSZ
2 „ ASZ		1½ „ ASZ > AOZ
3 „ AOZ		
10 „ KOR		1¾ „ KOZ

Compressionsreaction bei Neuritis multiplex.

(Beispiel einer der bunten möglichen Formen.)

G. W., 41jähriger Steinhauer. 28. XII. 92.

$$D = \frac{n \, M.A.}{3 \, cm^2}$$

M. extensor digitor. commun.

Schlauchcompression

2	M.A.	KSZ	1¼	M.A.	KSZ
1¾	„	ASZ (träg)	2¼	„	ASZ
11	„	AOR	11	„	AOR
12	„	KOR	12	„	KOR

Die Umkehr der Zuckungsformel (EaR) ist durch die Compression aufgehoben.

Ob zur Erzeugung der Compressionsreaction der Druck auf den Nerven oder der auf die Arterie das Ausschlaggebende ist, konnte noch nicht sichergestellt werden, vorderhand scheint es, als ob Beides zusammen nöthig sei zur Erzeugung des characteristischen Symptomencomplexes. Bei letzterem handelt es sich nicht um einfache Steigerung der Erregbarkeit (die faradische Erregbarkeit erwies sich als unverändert). Vielmehr ist die eigenthümliche Abänderung der Zuckungsformel auf eine ungemein rasche Polarisirung des comprimirten und blutleeren Nerven durch den galvanischen Strom zurückzuführen, wodurch er gegen einen Strom von entgegengesetzter Richtung überempfindlich wird. Dabei fällt auch hier der Katelektrotonus stärker aus und in Folge dessen wächst die KOZ weit mehr als die AOZ.

Es scheint, dass die Compressionsreaction in pathologischen Fällen ganz anders ausfallen kann, es liegen aber darüber bis jetzt viel zu wenig Untersuchungen vor, wesswegen die ganze Compressionsreaction theoretisch wohl nicht uninteressant, diagnostisch aber vorläufig noch von gar keiner Bedeutung ist. Für die Praxis ist aus ihr der Wink zu entnehmen, künstliche Läsion, Druck auf den Nerven bei elektrischen Untersuchungen zu vermeiden, um ein ungetrübtes, nicht künstlich verändertes Resultat zu erhalten. Aus dem nämlichen Grund ist es auch nicht gestattet, den Strom zu lang in einer Richtung durch den Nerven gehen zu lassen, denn auch ohne Compression tritt dann allmälig eine Uebererregbarkeit für die Stromesöffnung auf.

II. Auch die statische Electricität hat man zu diagnostischen Zwecken verwendet. Als Electricitätsquelle dient eine Influenzmaschine, die Entladungen werden eventuell durch Condensatoren verstärkt und heissen Franklin'sche oder Spannungsströme. Der Name „Strom" ist ebenso unpassend wie der des „Inductionsstromes", denn beide bestehen aus einer Reihe discontinuirlicher Schläge. Die Spannung und die Frequenz der Franklin'schen Entladungen ist eine enorme, die Quantität der jedesmal überspringenden Elektricität eine ungemein geringe. Physiologisch verhalten sie sich wie die Schläge eines Inductionsapparats. Man hat selbst Franklin'sche Entartungsreaction nachweisen können, characterisirt durch träge Zuckung der direct gereizten Muskeln. Sie steht auf einer Stufe mit der oben erwähnten „faradischen Zuckungsträgheit". So lang nicht neue, wichtigere Thatsachen gefunden sind, hat die Untersuchung von Nerv und Muskel mittels der Franklin'schen Ströme keine klinische Bedeutung, und kommt für die Praxis um so weniger in Frage, als die Töpler'sche Influenzmaschine mit Motor ein recht kostspieliges Instrument ist.

Die Untersuchung der Sprache.

Man unterscheidet die Wort-, Schrift- und Zeichensprache.
Die Wortsprache prüft man, indem dem Kranken eine Anzahl von ihm wohlbekannten Gegenständen vorgelegt werden (z. B. Bleistift, Feuerzeug, Brod, Glocke, Messer, Löffel, Trinkglas). Der
Kranke wird

1. aufgefordert, dieselben zu benennen. Gelingt ihm dies nicht
oder nur schwer, so wird geprüft, ob er sie überhaupt kennt, man
fragt ihn, was damit zu machen ist. Läutet er mit der Glocke, führt
Löffel und Trinkglas zum Mund etc., so liegt „motorische Aphasie"
(Broca) und eine Störung in der Umgebung der III. linken Stirn-
windung (Broca'schen Windung) vor. Kennt er sie nicht, so ist entweder das Bewusstsein gestört oder er sieht die Gegenstände nicht
oder undeutlich (Prüfung der Augen!) oder endlich er sieht sie zwar,
kennt sie aber nicht — „Seelenblindheit" (Krankheitsherd im Occipital-
lappen).

2. Man nennt dem Kranken die Gegenstände und er muss den
genannten ergreifen. Misslingt dies, so ist „Worttaubheit, sen-
sorische Aphasie" (Wernicke) vorhanden: Krankheitsherd in der
I. Temporalwindung.

3. Der Kranke kann nicht willkürlich sprechen, wohl aber vor-
gesagte Worte nachsprechen: es handelt sich um „transcorti-
cale Aphasie".

4. Der Kranke verwechselt beim willkürlichen Sprechen einzelne
Worte, namentlich solche, die ähnlich klingen, oder einzelne Worte,
häufig immer dieselben, untermischen sich seiner Rede immer wieder:
„Leitungsaphasie, Paraphasie". Dieses Phänomen weist auf eine
Unterbrechung der Leitung zwischen „Klangfeld" (I. Temporalwindung)
und motorischem „Wortfeld" (III. Frontalwindung) und zwar in der
Gegend der Insula Reilii hin.

5. Eine eigenthümliche Art von Aphasie, die von Grashey entdeckte „amnestische Aphasie" besteht darin, dass der Kranke längere
Worte nicht aussprechen kann, weil er in der Mitte derselben schon
wieder vergessen hat, was er sagen will. Er bringt es schliesslich
doch zu Stande, wenn er das gedachte Wort Buchstaben für Buchstaben niederschreibt und dann in einem Zuge abliest.

6. Der Kranke versteht Alles, was man ihm sagt, und kann auch
richtig sprechen, aber er spricht nur mühsam und langsam, muss sich
anstrengen, seine Gedanken zusammenzuhalten. Kommt vor bei Ermüdung, Erschöpfung, Somnolenz, bei Vergiftungen und Psychosen.

7. Der Kranke spricht ohne äusseren Anlass oft in einem
fort. Es ist dies ein Zeichen psychischer Erregung, wie im Fieber,
im Delirium, bei acuter Alcoholvergiftung etc. Andeutungen hievon
(Peroriren) kommen auch bei Gesunden vor, die sich unbeobachtet
glauben, häufig begleiten lebhafte Gesticulationen das Peroriren.

8. Der Kranke spricht überhaupt nicht, gibt auf Fragen
keine Antwort oder ist dazu nur mit Mühe zu bewegen: im Sopor und

Coma, bei schweren Vergiftungen, grosser Schwäche, bei Psychosen,
namentlich Melancholie, Stupor, Zwangsvorstellungen, Wahnideen und
Hallucinationen bestimmten Characters.

9. Der Inhalt der Rede ist abnorm, entweder ganz zusammen-
hanglos wie bei Verwirrtheit, beim Schwach- und Blödsinn, im Rausch,
oder durch Wahnideen characteristisch gefärbt bei verschiedenen Psychosen und im Delirium, z. B. bei hohem Fieber, Cholämie, Urämie
und anderen Vergiftungen des Grosshirns.

10. Der Ausdruck der Rede ist auffallend und der Lage,
dem Bildungsgang, dem Alter des Kranken nicht entsprechend. So
kann ängstliche, zögernde, verlegene Sprache oder unter sichtlich heiterer
Stimmung ein Wortschwall oder lautes Singen etc. sich einstellen,
namentlich im Fieber und bei Psychosen. „Pathetische Sprache",
wie im Predigerton, lautes Beten und Recitiren findet sich nicht selten
bei schweren erschöpfenden Krankheiten, als Zeichen gereizter Hirnthätigkeit, z. B. bei Meningitis, Typhus. Nicht zu verwechseln ist
damit jener tief ergreifende Moment, wo Sterbende ihre letzte Kraft zu
einem lauten Gebet zusammenraffen und der Tod ihnen die Lippen schliesst.

11. Es besteht eine Störung in der mechanischen Bildung
der Sprache, in der richtigen Innervation und Synergie der Muskeln
der Sprachwerkzeuge. So entsteht die „Anarthrie". Vom Stottern
und Stammeln bis zum unverständlichen Lallen kann diese Störung
gehen. Von besonderer klinischer Bedeutung ist das „Silbenstolpern",
bei dem die einzelnen Silben und Laute kunterbunt durch einander
geworfen werden. Dies, aber auch Stottern und Stammeln, ersichtlich
mühsames Sprechen („häsitirende Sprache") ist vornehmlich für die progressive Paralyse der Irren bezeichnend. Freilich kommen solche
„Sprachfehler" auch angeboren oder sonstwie erworben vor, die mannig-
fachste Combination bei Erkrankungen des Bulbus medullae mit theilweiser Lähmung der Nerven für Lippen, Zunge, Kehlkopf. So kann
Monotonie der Sprache oder schleppendes, mühsames Sprechen, Stottern,
Stammeln und Lallen entstehen. Für die multiple, inselförmige Sclerose
ist das „Scandiren" characteristisch, wobei zwischen jeder Silbe eine
kleine Pause gemacht wird.

Andeutungen von Anarthrie kommen auch bei Gesunden im Affect
und bei Ermüdung vor.

Die Prüfung auf Anarthrie stellt man so an, dass man
längere, schwieriger zu bildende Worte oder eine Reihe von solchen
nachsagen lässt. Wohl jedem bekannte Kinderscherze geben dazu ein
recht brauchbares Material. An den kleinen Verschen, die auch ein
Gesunder nur mit Mühe dreimal rasch hinter einander aussprechen
kann, leidet ein an Anarthrie laborirender Kranker schon beim ersten
Versuche unweigerlich Schiffbruch. So z. B.: „Strittige Streitpuncte",
„Geh' dreimal die dritte Domtreppe 'nauf", „Metzger wetz' dein Metzger-
messer", „In Ulm, um Ulm und um Ulm rum", „Messwechsel und
Wachsmaske" etc. etc.

Die Schriftsprache kann analoge Störungen aufweisen.

Die „Agraphie" entspricht der motorischen Aphasie.

Das Nachschreiben ist eigens zu prüfen.

Das Verschreiben könnte in Parallele mit der Paraphasie gestellt werden,

Auslassen von Buchstaben und Silben (so häufig auch bei Gesunden. namentlich in der Eile) mit der amnestischen Aphasie.

Auch die Anarthrie hat ihr Analogon in Lähmungen, Krämpfen und in der Ataxie der oberen Extremitäten, in den verschiedenen Formen (paretische, spastische, atactische) des Schreibkrampfs (Mogigraphie), die freilich als eine functionelle Krankheit prognostisch ganz anders zu rubriciren ist.

Die Prüfung der Schriftsprache ergibt sich von selbst, ist natürlich der Bildung und dem Ideenkreise des Kranken anzupassen.

Der sensorischen Aphasie entspricht auf dem Gebiet der Schriftsprache die „Alexie", wobei den Kranken das Verständniss des geschriebenen (oder gedruckten) Wortbildes abhanden gekommen ist. Mitunter kennen die Patienten noch die einzelnen Buchstaben und können buchstabirend lesen, haben aber kein Verständniss für das Gelesene, mitunter ist die Kenntniss des Alphabets verloren gegangen. Von v. Leube ist ein eigenthümlicher Fall von Alexie beschrieben worden, wobei die Kranke längere Worte buchstabirend nicht lesen konnte, dagegen konnte sie das geschriebene Wort richtig erfassen und dies aussprechen, wenn das Wort rasch wieder verdeckt wurde, die Kranke also nicht buchstabirte, sondern das Wort als Ganzes auffasste. Es ist wohl damit ein Analogon für die amnestische Aphasie gegeben.

Die Prüfung der Zeichensprache ist von sehr untergeordneter klinischer Bedeutung. Eine Störung (Amimie) entspricht der motorischen Aphasie.

Die Untersuchung der Mund- und Rachenhöhle, des Kehlkopfs und der Nase.

Den Zwecken dieses Buches entspricht es, nur die Methode der Untersuchung zu besprechen. Die pathologischen Veränderungen, die man durch sie erkennen kann, haben Lehrbücher dieser speciellen Disciplinen zu schildern. Es kommt die Palpation und die Inspection in Betracht, letztere überwiegt an Wichtigkeit die erstere bedeutend und so muss die Palpation mehr nebenbei erwähnt werden. Die Besichtigung des Kehlkopfs,

Laryngoskopie,

wurde von Türck im Jahre 1857 erfunden. Czermak hat sich grosse Verdienste um ihre ebenbürtige Einreihung in die übrigen klinischen Untersuchungsmethoden erworben.

Damit ein Körper gesehen werden kann, muss er Lichtstrahlen aussenden und diese müssen zum Auge des Beobachters gelangen können. Beide Bedingungen treffen beim Kehlkopf ohne Weiteres nicht

zu. Er muss beleuchtet werden, damit er reflectirtes Licht ausstrahlen
kann und durch Ablenkung dieser Strahlen müssen diese zum Mund
heraus gegen das Auge des Untersuchenden geleitet werden. Diese
Bedingungen werden in folgender Weise verwirklicht.

Die Strahlen einer Lampe werden durch einen grösseren Spiegel
(Reflector), der sich vor dem Auge des Beobachters befindet, in den
offenen Mund des Kranken geworfen. Senkrecht über dem Eingang
des Kehlkopfs treffen die Strahlen einen um 45⁰ geneigten kleinen
Spiegel (Kehlkopfspiegel), durch den sie (Einfallswinkel = Reflexionswinkel) senkrecht nach unten in den Kehlkopf geleitet werden
und diesen beleuchten. Das reflectirte Licht, das vom Kehlkopf ausgeht, geht den nämlichen Weg wieder zurück zum Kehlkopfspiegel und
von da zum Reflector. Dieser besitzt in seiner Mitte ein Loch, durch
welches das centrale Strahlenbündel das Auge des Beobachters trifft.
Letzteres sieht also durch das Loch des Reflectors hindurch das Bild
des beleuchteten Kehlkopfs im Kehlkopfspiegel erscheinen. Dieses Bild
ist durch die Spiegelung umgekehrt, so dass die hinteren Theile des
Kehlkopfs im Spiegelbild unten, die vorderen oben erscheinen; die
Seiten rechts und links sind dagegen nicht vertauscht. Die Lichtstrahlen, die vom Kehlkopf ausgehen, sind divergent und nur ein kleines
Bündel davor trifft die Mitte des Reflectors und damit das beobachtende
Auge. Ist der Reflector nicht zu gross, so geht bei passender Entfernung vom Mund des Kranken auch noch ein Theil der Strahlen am
Reflector vorbei. Desshalb kann man auch am Rand des Reflectors vor-
beisehend, noch den beleuchteten Kehlkopf erblicken. Den besten
optischen Effect, die grösste Helligkeit erhält man aber durch die centrale Oeffnung des Reflectors schauend.

Mit Ausnahme der weissen wahren Stimmbänder reflectirt die
rothe, sammtartige Schleimhaut des Kehlkopfs das eingeworfene Licht
sehr schlecht. Damit man Einzelheiten erkennen kann, ist also eine
möglichst intensive Beleuchtung von der grössten Wichtigkeit.

Lichtquelle. Mit der Flamme einer Kerze zu laryngoskopiren
gelingt kaum. Das Licht einer gewöhnlichen Petroleumlampe muss
häufig hinreichen; man thut dann jedenfalls gut, das Zimmer möglichst
zu verdunkeln und darf namentlich, um das Auge nicht zu blenden,
den Kranken nicht vor einen hellen Hintergrund (Fenster) setzen. Ein
Argandbrenner kann als allgemein hinreichende Lichtquelle bezeichnet
werden, viel Besseres leistet das Gasglühlicht und das elektrische Licht.
Letzteres dürfte wegen der Umständlichkeit der Handhabung vom Gasglühlicht immer mehr verdrängt werden. Ganz besondere Vortheile
gewährt das Tageslicht (von Wintrich zuerst angewendet). Man
lässt es durch eine ca. 1 Decimeter im Quadrat haltende Oeffnung in
das durch gut schliessende Läden völlig verdunkelte Zimmer treten
oder verwendet Sonnenlicht. Man hat dann nicht nur eine sehr helle
Beleuchtung, sondern sieht auch die Theile in ihrer wahren Farbe.
Man muss sich beim Lernen daran gewöhnen, auch bei minderwerthiger
Beleuchtung gut zu laryngoskopiren, beim Untersuchen in der Praxis
ist die beste, die man sich verschaffen kann, gerade gut genug.

Um bei gegebener Lichtquelle die Beleuchtung des Kehlkopf-
inneren möglichst gut zu gestalten, macht man das Strahlenbündel, das
von der Lampe ausgeht, convergent. Dies geschieht bei den Laryngo-

skopirlampen durch Convexgläser und dadurch, dass man als Reflector einen Concavspiegel verwendet.

Der Reflector, durch dessen Durchbohrung der Larynx gesehen werden soll, muss so weit von den Stimmbändern abstehen, dass man dieselben möglichst deutlich sehen kann. Diese Entfernung beträgt für Emmetropen etwa 25 cm. Nach Luschka liegt die Glottis 7 cm unter der Höhe des Zungenrückens, ebenso gross ist die Entfernung des Kehlkopfspiegels von der Mundöffnung nach Türck. Der Reflector muss also ca. 11 cm vor dem Munde des Kranken seine Stelle finden. Nun ist die Frage zu erledigen, wie gross die Brennweite des Reflectors und der Abstand der Beleuchtungsflamme zu wählen ist. Hohlspiegel von grösserer Brennweite geben ein helleres, aber kleineres Flammenbild im Focus. Man will möglichst helle Beleuchtung haben, aber das reflectirte Flammenbild soll doch auch nicht zu klein sein, damit man den ganzen Larynx auf einmal beleuchten kann. Nothwendigerweise geht stets, wenn das Bild vergrössert wird, entsprechend Helligkeit desselben verloren. Die photometrischen Untersuchungen von Fränkel und die Berechnungen von Hirschberg ergaben übereinstimmend, dass für die hier vorliegenden Zwecke Reflectoren von 5—7 Zoll, also rund 12—15 cm Brennweite die passendsten sind.

Die Brennweite eines Hohlspiegels erfährt man sehr einfach, wenn man mit ihm die (parallelen) Sonnenstrahlen auffängt und gegen einen Schirm wirft. Der Abstand des letzteren vom Spiegel, bei dem das reflectirte Bild möglichst klein wird, entspricht der Brennweite.

Die Beleuchtung wird um so intensiver, je kleiner der Einfallswinkel der Strahlen zur Axe des Hohlspiegels ist. Die Beleuchtungslampe muss also möglichst dicht neben, vor oder hinter dem Kopf des Kranken ihre Aufstellung finden. Der Abstand der Flamme vom Reflector muss so gewählt werden, dass die reflectirten Strahlen wirklich in 25 cm Entfernung, also im Larynx, zur Vereinigung kommen. Dieser Abstand lässt sich leicht aus der Formel

$$\frac{1}{F} = \frac{1}{A} + \frac{1}{A'}$$

berechnen, worin F die Brennweite des Hohlspiegels, A den Abstand der Flamme, A' den Bildabstand (25 cm) bedeutet. Zwei Beispiele mögen dies erläutern. Es soll 1) der Reflector eine Brennweite von 15 cm haben. Dann ist $\frac{1}{15} - \frac{1}{25} = \frac{1}{A}$ oder $\frac{2}{75} = \frac{1}{A}$ oder A = 37,5, die Flamme muss also 37 ½ cm von dem Reflector stehen. 2) Die Brennweite betrage 12 cm, dann ist $\frac{1}{12} - \frac{1}{25} = \frac{1}{A}$ oder $\frac{13}{300} = \frac{1}{A}$, woraus A = rund 23 cm folgt; in dieser Entfernung vom Reflector muss sich die Flamme befinden. Man sieht leicht ein, dass im letzteren Fall der um 14 cm der Flamme näher stehende Spiegel mehr Licht von der Flamme bekommt, dafür wird aber auch sein reflectirtes Bild grösser und verliert dadurch an Helligkeit. Die angegebenen Maasse sind für die Besichtigung des Kehlkopfs im Allgemeinen brauchbar,

weil die Höhenunterschiede in diesen nur wenig betragen. Will man
aber tiefer in die Trachea hineinblicken, so muss entsprechend der bedeutenden Länge derselben (12—15 cm) auch das reflectirte Flammenbild weiter vom Reflector weg verlegt werden. Es ist keineswegs nöthig,
hiezu einen besonderen Reflector von grösserer Brennweite zu benützen. Es lässt sich dies sehr gut durch Abänderung des Abstandes
der Flamme vom Reflector erreichen. So muss, wie eine einfache
Rechnung zeigt, da Λ jetzt = 40 cm wird, die Flamme einem Reflector
von 15 cm Brennweite bis auf 22 cm genähert werden. Mit blosser
Annäherung an den Mund des Kranken reicht man nicht aus, zudem
kann man aus leicht begreiflichen Gründen sich nicht mit dem Reflector
bis unmittelbar an den Mund hin begeben.

Grosse Reflectoren sind natürlich lichtstärker als kleine. Es empfiehlt sich aber nicht über einen Durchmesser (von etwa 10 cm) hinauszugehen, der grösser ist als der doppelte Pupillenabstand, damit das
zweite, unbewaffnete Auge noch neben dem Rande vorbei sehen, der
Untersucher also mit beiden Augen zugleich beobachten kann.

Die centrale Durchbohrung des Reflectors muss erheblich grösser
als die Pupillenweite sein, sonst verdunkelt die geringste Verschiebung
des Reflectors das Gesichtsfeld. Andererseits opfert man auch nicht
gern unnöthig viel von der reflectirenden Fläche, die noch dazu in ihren
centralen Theilen die hellsten Bilder liefert. Am häufigsten werden
mit Recht Durchbohrungen von etwa 8 mm Durchmesser angebracht.
Die meisten Reflectoren sind in dieser Ausdehnung total perforirt, bei
wenigen ist nur ein Kreis von dem angegebenen Durchmesser vom
Spiegelbelag frei, aber vom Spiegelglas verschlossen. Es soll dies ein
Schutz für das beobachtende Auge gegen ausgehusteten, eventuell in-
ficirenden Schleim sein, ist aber kaum zu empfehlen, weil die kleine,
tiefgelegene runde Glasscheibe leicht verschmutzt, trüb wird und nur
schwer gereinigt werden kann. Die neueren Reflectoren sind wohl alle
belegte Glasspiegel. Metallspiegel mit Hochpolitur sind viel theurer
und erblinden leichter.

Beim Kramer'schen Stirnspiegel (Fig. 83) ist der Reflector durch
ein Kugelgelenk au einer Binde befestigt, die stramm um Stirne und
Kopf des Untersuchenden gebunden wird. Das Kugelgelenk erlaubt
es, den Reflector um alle Axen innerhalb der nöthigen Grenzen zu
drehen und den reflectirten Lichtkegel in den Mund des Kranken hin-
einzuleiten. Der Arzt kann dann durch leichte Bewegungen seines
Kopfes denen des Kranken folgen und so stets für gute Beleuchtung
der gerade zu untersuchenden Theile sorgen. Bei Semeleder's Brille
(Fig. 84) wird der Reflector an ein Brillengestell statt eines Brillen-
glases befestigt. Reflectoren, deren Griff von dem Arzt mit den Zähnen
gehalten wird (Fig. 85), sind wohl nicht mehr viel im Gebrauch, man
kann ja mit ihnen beim Laryngoskopiren nicht einmal verständlich mit
dem Kranken reden.

Vielfach im Gebrauch sind eigene Laryngoskopirlampen.
Prototyp für diese ist die erste, die Tobold'sche Lampe (Fig. 86)
geworden. Die Lichtquelle, Petroleum-, Gasflamme etc. ist in ihrer
Höhe verstellbar. $^3/_4$ Zoll (2 cm) von der Flamme stehen dicht hinter
einander 2 Linsen von je $2^1/_2$ Zoll (ca. 6 cm) Brennweite, 5 Zoll
($12^1/_2$ cm) weiter davon eine von 5 Zoll ($12^1/_2$ cm) Brennweite. Erstere

sollen die Lichtstrahlen der Flamme „sammeln", letztere, die den Reflector beleuchtet, trägt den Namen der „Beleuchtungslinse". Der Reflector von 7½ Zoll (ca. 19 cm) Brennweite ist durch Charnierverbindung an einem

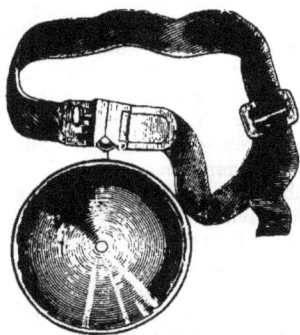

Fig. 83. Kramer'scher Stirnspiegel.
(Nach Stoerk.)

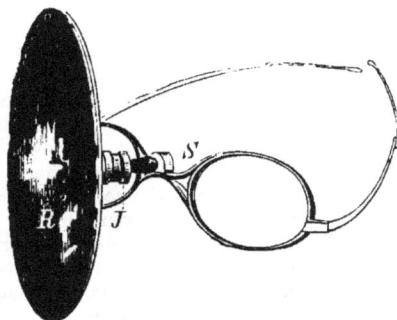

Fig. 84. Reflector von Semeleder.
(Nach Stoerk.)

Stangengefüge befestigt, welches wieder an dem Lampenstativ festgeschraubt ist. Durch Stangengefüge und Charnier ist Drehung des

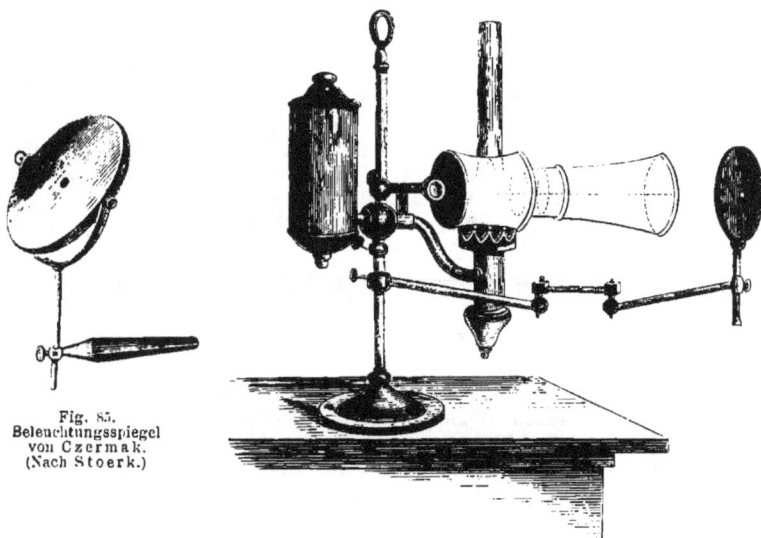

Fig. 85.
Beleuchtungsspiegel
von Czermak.
(Nach Stoerk.)

Fig. 86. Tobold'sche Lampe. (Nach Stoerk.)

Reflectors nach allen Richtungen möglich. Der Reflector selbst wird am passendsten ca. 5 cm vor der Beleuchtungslinse und in gleicher Höhe mit dieser aufgestellt.

Die Tobold'sche Lampe ist ehrwürdig durch die vielen schönen Entdeckungen, die mit ihr gemacht wurden, aber keineswegs ein guter optischer Apparat. Die scharfe Kritik, die Weil an ihm geübt hat, ist nur zu sehr berechtigt. Das reflectirte Flammenbild kommt noch vor dem Mund des Kranken zu Stand (nach Hirschberg's Berechnung auf Grund der von Tobold angegebenen Constanten 5 Zoll vor dem Reflector). Auf den Kehlkopfspiegel und in den Larynx fällt also ein divergirendes Strahlenbündel, das in seinem Verlauf natürlich immer mehr an Helligkeit verliert. Namentlich bei Besichtigung der tiefer gelegenen Theile der Trachea muss sich dies unangenehm bemerkbar machen. Nur zwei augenscheinliche Vortheile hat die Tobold'sche Lampe vor dem einfachen Reflector. Der Lichtkegel ist breit und das von ihm entworfene Zerstreuungsbild ist durch Uebereinanderlagerung der Zerstreuungskreise in allen seinen Theilen gleichmässig hell, während das nur vom Hohlspiegel entworfene kleine Flammenbild aussen hellere, in der Mitte einen dunkleren Streifen aufweist. Ferner muss man mit einem einfachen Reflector durch Regulirung der Abstände sorgfältig darauf achten, wirklich den Focus in den Larynx zu bringen, bei der Tobold'schen Lampe ist solche Genauigkeit weniger von Belang, weil der Lichtkegel in nicht zu weiten Abständen annähernd gleich gute oder vielmehr gleich schlechte Beleuchtung liefert.

Von Weil ist gezeigt worden, dass der Apparat sofort Besseres leistet, wenn man die Beleuchtungslinse herausnimmt, auch lassen sich die andern beiden Sammellinsen durch eine einzige von halber Brennweite vortheilhaft ersetzen. Fränkel und Hirschberg haben ebenfalls dem (Lewin'schen) „Einlinsenapparat" unbedingt den Vorzug vor dem Dreilinsenapparat eingeräumt. Ohne Zweifel ist ein solcher unter sonst gleichen Verhältnissen auch dem einfachen Reflector optisch überlegen. Dem gegenüber ist aber der Reflector unzweifelhaft bequemer in der Handhabung und im Transport und verdrängt, wie es scheint, immer mehr und mit Recht die Laryngoskopirlampen, die nur mehr im Untersuchungszimmer von Kliniken und Specialisten ihre Rolle spielen.

Der dritte unentbehrliche Theil des laryngoskopischen Apparats ist der Kehlkopfspiegel, ein kleiner, planparalleler, an einem ca. 10—15 cm langen dünnen Stiel befestigter Spiegel (Fig. 87).

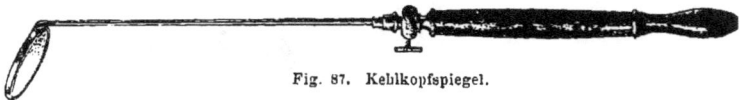

Fig. 87. Kehlkopfspiegel.

Wird der Stiel in der Mitte und horizontal eingeführt, so muss der Spiegel mit ihm einen Winkel von 135° bilden, damit die vom Reflector kommenden Strahlen senkrecht nach unten in den Kehlkopf geleitet werden. Damit man den Spiegel auch zu anderen Zwecken (Rhinoskopia posterior) verwenden kann, muss der Stiel (ein ca. 1 mm dicker Neusilberdraht) einigermassen biegsam und seine Verbindung mit dem Spiegel eine so gute sein, dass kleine Correcturen am Winkel durch Verbiegen angebracht werden können, ohne dass Bruch eintritt. Man will mit der reflectirenden Fläche des Spiegels der hinteren Pharynxwand möglichst nahe kommen, damit die Beleuchtung und der

Einblick in den Kehlkopf möglichst günstig wird. Aus diesem Grund sind zu dicke Spiegel zu verwerfen, denn jeder Spiegel steht mit seiner Oberfläche von der hinteren Pharynxwand mindestens um seine Dicke ab. Die Metallfassung soll über die Vorderfläche des Spiegels nicht übergreifen, dadurch würde die reflectirende Fläche unnöthig verkleinert. Ein grosser Spiegel gibt grössere Helligkeit und ein grösseres Gesichtsfeld, stets ist daher der grösste Spiegel zur Untersuchung zu wählen, den der Kranke verträgt, und der nach den gegebenen Dimensionen der Rachenhöhle eben noch verwendbar ist. Für Kinder und Frauen braucht man kleinere Spiegel als für Männer, bei hypertrophischen Mandeln ist manchmal kaum mit den kleinen Nummern durchzukommen. Im Handel ist dem Reflector gewöhnlich eine Serie von verschieden grossen Kehlkopfspiegeln beigegeben, die durch eine Schraube an einem Handgriff befestigt werden können (Fig. 87); die Nr. IV (2 ½ cm im Durchmesser) ist die gewöhnlich verwendbare. Gegenwärtig werden fast nur noch kreisrunde Spiegel angewendet. Ovale Spiegel haben

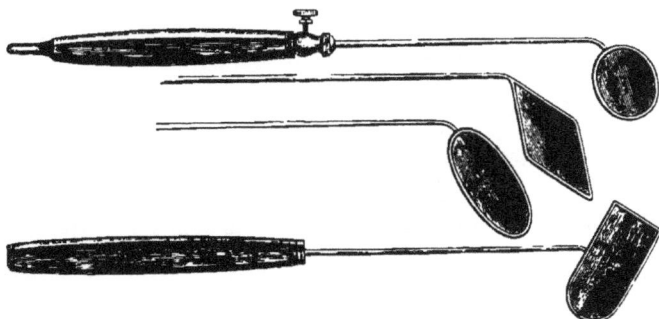

Fig. 88. Verschiedene Formen von Kehlkopfspiegeln. (Nach Stoerk.)

bei engem Aditus pharyngis ihren Vortheil, ihr grösserer Längsdurchmesser ersetzt einigermassen den Lichtverlust, der durch den nothgedrungen klein gewählten Querdurchmesser verursacht ist. Rautenförmige Kehlkopfspiegel mit abgerundeten Ecken sind kaum mehr in Gebrauch, ebenso Metallspiegel, die theuer sind und leicht ihre Hochpolitur verlieren. Fig. 88 zeigt verschiedene, früher viel gebrauchte Formen von Kehlkopfspiegeln. Obgleich das Quecksilberamalgam den besten optischen Effect garantirt, sind mit Quecksilber belegte Kehlkopfspiegel doch nur für den Geübten und Vorsichtigen zu empfehlen. Man muss beim Gebrauch den Kehlkopfspiegel stets über der Flamme erwärmen, und hiebei wird bei geringer Achtsamkeit das Amalgam durch Ueberhitzen leicht verdorben und der Spiegel blind. Spiegel, deren Glas auf der Rückseite mit Silberfolie überzogen ist, sind viel haltbarer.

Man hat immer wieder versucht, durch optische Vergrösserung des Bildes genauere Erkennung der Einzelheiten im Kehlkopf zu ermöglichen, ohne dass eines der empfohlenen Mittel sich eine dauernde Stellung in der Methodik erworben hätte. Fernrohrähnlich construirte und wirkende Instrumente, am Reflector angebracht, wären zu um-

ständlich in der Handhabung. Das Einfachste ist und bleibt, als Kehlkopfspiegel einen kleinen Hohlspiegel zu verwenden; damit lässt
sich wohl eine Vergrösserung des Bildes im Ganzen, aber nur eine
geringe, erzielen. Dieser Vortheil wird mehr als aufgewogen durch
einen Nachtheil, den diese mit jeder anderen optischen Vergrösserung
theilt. Der besteht darin, dass das Auge entsprechend der Brennweite des Spiegels nur in einer ganz bestimmten Entfernung ein deutliches Bild erhält. Beim Untersuchen ist das Einhalten dieser Bedingung ungemein schwer, ich habe meistens mit dem Hohlspiegel gar
kein deutliches Bild erhalten, in den laryngoskopischen Cursen, die ich
früher zu halten hatte, mochte keiner der Studirenden mit dem einzigen
Hohlspiegel, der da war, untersuchen und ich auch nicht. Rationeller
sind für manche Zwecke eher noch Convexspiegel mit schwacher
Krümmung. Sie verkleinern das Bild zwar etwas, haben dafür aber
ein grosses Gesichtsfeld, deutliches Sehen ist aus jeder Entfernung
möglich und mit einem Blick kann man den ganzen Larynx übersehen,
zum ersten raschen Orientiren bei sehr empfindlichen Kranken können
also solche Convexspiegel wohl einmal mit Vortheil verwendet werden.
Bei der Untersuchung mit dem Kehlkopfspiegel sitzt der
Kranke dem Arzt gerade gegenüber oder, wenn er zu Bett liegt,
schaut ihm der Arzt gerade von vorn ins Gesicht. Die Lampe ist
links vom Arzt neben und hinter dem Kopf des Kranken aufgestellt.
Der Kranke muss den Mund möglichst weit öffnen und die Zunge stark
nach vorn strecken, in dieser Lage mit dem Daumen und Zeigefinger
der rechten Hand, die er mit dem Taschentuch umwickelt, festhalten.
Hiedurch wird zweierlei bewirkt. Der Zungenrücken flacht sich ab
und man kann mit dem Spiegel über ihm hinweg in den Aditus
pharyngis gelangen. Ausserdem wird der Kehldeckel gehoben und der
Eingang des Kehlkopfs frei. Dies geschieht durch die Action des
M. genioglossus und hyo-thyreoideus, und der Kranke muss aus diesem
Grund ausdrücklich angewiesen werden, die Zunge nicht mit der Hand
herauszuziehen, sondern sie, so viel er nur kann, vorzustreken. Manchmal freilich, bei ungeschickten und furchtsamen Leuten bleibt dem Arzte
nichts übrig, als selbst mit der umwickelten linken Hand die Zunge zu
ergreifen, vorzuziehen und festzuhalten; so gelingt es dann wenigstens
für ein paar Secunden, Fluchtversuche zu vereiteln, und diese paar
Secunden müssen für die Ausführung der Untersuchung hinreichen.
Nach dieser Vorbereitung wird durch Drehung des Reflectors der Lichtkegel in den Mund des Kranken und auf die hintere Pharynxwand
geworfen, wenigstens auf das Gaumensegel, falls dieses weit herabhängen sollte. Erst wenn Alles völlig in Ordnung ist, darf mit der
Einführung des Kehlkopfspiegels begonnen werden, sonst plagt man
den Kranken unnöthig und erhöht durch zahlreichere ergebnisslose
Versuche schliesslich seine Reizbarkeit so, dass die Untersuchung ab-
gebrochen werden muss. Zu den nothwendigen Vorbereitungen gehört
auch die Erwärmung des Spiegels. Der kalte Spiegel beschlägt
sich bei der ersten Exspiration sofort mit feinen Wasserbläschen, denn
die Luft, die aus der Lunge kommt, ist 37° C. warm und mit Wasser-
dampf vollkommen gesättigt. Mindestens so warm muss die vordere
Spiegelfläche sein, damit sie nicht beschlägt. Man erwärmt den Spiegel
über der Lampe, und falls man mit Sonnen- oder elektrischem Licht

untersucht, über einer Lampen- oder Kerzen- oder Spiritusflamme. Man soll die Vorderfläche des Spiegels erwärmen und an der hinteren prüfen, ob der Spiegel warm genug und ob er nicht zu heiss ist. Die vordere darf nicht beschlagen und die hintere berührt die Schleimhaut des Kranken und darf sie nicht brennen. Wenn der leise Hauch gerade verfliegt, der den Spiegel beim Halten über den Cylinder der Lampe überzieht, ist die Temperatur etwa recht. Nie darf aber der Spiegel eingeführt werden, ohne dass man seine Rückfläche sich selbst vorher auf die Haut gebracht hat. Die Streckseite der Hand ist empfindlich genug, eine Ueberhitzung des Spiegels zu erkennen; dessen Temperatur an der eigenen Wange zu prüfen, ist, wenn man schon einmal im Mund des Kran-

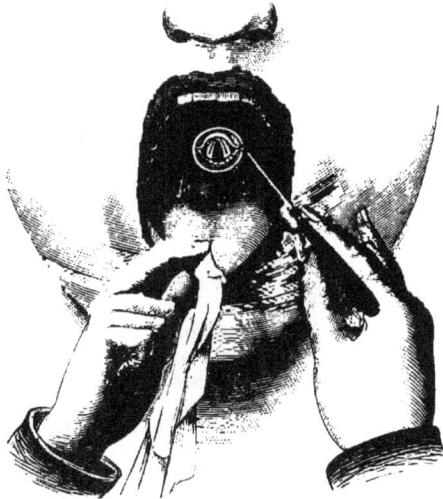

ken gewesen war, entschieden unappetitlich, und der Spiegel muss vor j e d e r Einführung wieder neu erwärmt werden. Bei der Einführung sollen die Zähne und der Zungenrücken nicht berührt werden. Der Stiel wird mit der rechten*) Hand wie eine Schreibfeder und steil nach oben gehalten und der Spiegel vom rechten Mundwinkel aus eingeführt (Fig. 89). Parallel dem Zungenrücken wird der Spiegel rasch gegen den weichen Gaumen vorgeschoben, dieser wird in seiner Mitte mitsammt dem Zäpfchen auf die Rückfläche des Spiegels geladen und ruhig und sicher nach hinten und oben geschoben. Dann wird der rechte Arm, der den Spiegel

Fig. 89.
Haltung der Zunge und Einführung des Kehlkopfspiegels.
(Nach S t o e r k.)

hält, wenig erhoben und dadurch dem Spiegel eine Drehung um die frontale Axe gegeben. Diese Drehung soll dem Spiegel die richtige Lage zur Beleuchtung und Besichtigung des Kehlkopfs geben, sie ist der wichtigste Handgriff bei der ganzen Untersuchung. Hebung des weichen Gaumens und Drehung des Spiegels muss in zwei getrennten Zeiten, aber unmittelbar auf einander folgen. Zugleich muss der Kranke intoniren, und zwar ein lautes Ä. Dadurch wird der Kehldeckel noch weiter gehoben, ausserdem rückt der Kehlkopf weiter aufwärts und ferner bekommt man die wahren Stimmbänder während ihrer Thätigkeit und normalerweise die geschlossene Glottis zu sehen. Der Kranke muss unterwiesen sein, nach jedem Ä, das ihm der Arzt vorsagt und

---

*) Von Anfängern muss die Führung des Spiegels auch mit der linken Hand geübt werden, wegen des späteren Gebrauchs der Kehlkopfsonde und anderer Kehlkopfinstrumente unter Leitung des Spiegels.

das er nachsagen muss, sofort wieder tief Athem zu holen. Dieses tiefe Athemholen nimmt den Reiz, den das Einführen des Spiegels verursacht, am besten fort, und ferner kann man während der Inspiration die unter der Stimmritze sichtbar werdenden Theile, sowie die Auswärtsbewegung der Stimmbänder selbst besichtigen. Kommt man nicht zum Ziel, so lässt man ein hohes „I" intoniren, wobei der Kehlkopf noch weiter nach oben rückt. Von Rossbach habe ich den Kunstgriff gelernt, dass man die Kranken lebhaft schluchzen lässt, d. h. stark inspiriren und die Inspiration mit einem schluchzenden Laut durch den Schluss der Glottis unterbrechen. Der Arzt muss das dem Kranken vormachen. Wenn alles Andere nicht helfen will, kommt man damit wenigstens ganz sicher dazu, für einen Augenblick den Kehlkopfeingang und die geschlossenen Stimmbänder zu sehen.

Das grösste Hinderniss für die Untersuchung pflegt der Reiz des eingeführten Spiegels zu sein, der reflectorisch Würgen und selbst Erbrechen herbeiführen kann. Geübte, die schonend untersuchen können, kommen natürlich eher und sicherer zum Ziel als Anfänger in der Kunst. Man muss sich besonders vor Berührung der hinteren Rachenwand bei reizbaren Personen und ebenso auch vor Anstreifen am Zungengrund hüten. Ruhiger Druck gegen die einmal berührte Schleimhaut wird bei Weitem leichter ertragen, als ganz leises oder gar zitterndes Anstreifen. Immerhin gibt es genug Leute, bei denen selbst die schonendste Untersuchung einen schier unüberwindlichen Reiz zum Schlucken, Würgen oder Husten auslöst, ja bei denen schon der Gedanke an das Einführen des Spiegels und die Vorbereitungen dazu zum Erbrechen führen können. Wer häufiger laryngoskopirt wird, gewöhnt sich schliesslich an die Sache, Neulinge sind viel schwerer zu untersuchen und unter diesen namentlich Potatoren und Raucher mit ihrem chronischen Rachencatarrh und Vomitus matutinus. Bei Kindern scheitert die Untersuchung häufig an dem Widerstand, der leider nicht selten von den klugen Eltern Unterstützung findet, völlig, mit den ganz kleinen wird man fertig, wenn man über eine genügende und vernünftige Assistenz verfügt, die den Kopf des Kindes ruhig und sicher fixirt. Sobald Würgreiz auftritt, muss man den Spiegel sofort zurückziehen und dem Kranken Ruhe gönnen; alle Versuche, die Untersuchung forciren zu wollen, verfehlen ihren Zweck. Mit Geduld in der ersten Sitzung schliesslich wenigstens die Stimmbänder zu Gesicht zu bekommen, ist von der Geschicklichkeit des Arztes zu verlangen, wenn nicht ganz besondere anatomische Hindernisse im Wege stehen. Ein solches kann neben allen möglichen Anschwellungen oder Verwachsungen auch die Epiglottis bilden. Falls diese nach hinten liegt (Schwäche des M. thyreo-epiglotticus), kann man nur dann einen Blick in den Kehlkopf thun, wenn man sie mit einer feinen gekörnten Zange fassen und aufrichten kann. „Sattelförmige" Gestalt des Kehldeckels ist eine nicht seltene Abnormität und kann den Einblick in den Kehlkopf wenigstens recht erschweren.

Für die allermeisten Fälle wird man eine Anästhesirung der Fauces und des Rachens entbehren können. Letztere ist nur dann gerechtfertigt, wenn nach der Lage der Dinge sofort eine Diagnose gestellt werden muss und die Reizbarkeit eine übermässige ist. Es scheint, als wenn dieses bequeme Mittel von Seite der Aerzte doch

etwas häufiger angewendet wird, nur um die Untersuchung dem
Kranken und namentlich auch sich selbst zu erleichtern. Die Anästhesirung wird mit einer 10%igen Cocainlösung vorgenommen, mit der
man rasch den Gaumen und den erreichbaren Theil der hinteren
Pharynxwand bepinselt. Nach etwa 3—5 Minuten ist die Empfindlichkeit der Schleimhaut hinreichend abgestumpft und bleibt es einige
Zeit lang.

Das normale laryngoskopische Bild zeigt Fig. 90. Man kann
mit einem Planspiegel nicht alle Theile auf einmal übersehen, die

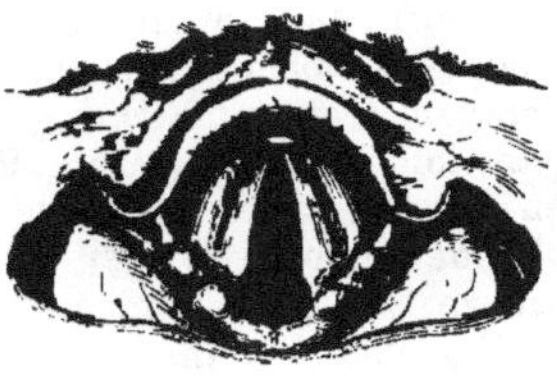

Fig. 90. Laryngoskopisches Bild bei
der Inspiration, natürliche Grösse.
(Nach Stoerk.)

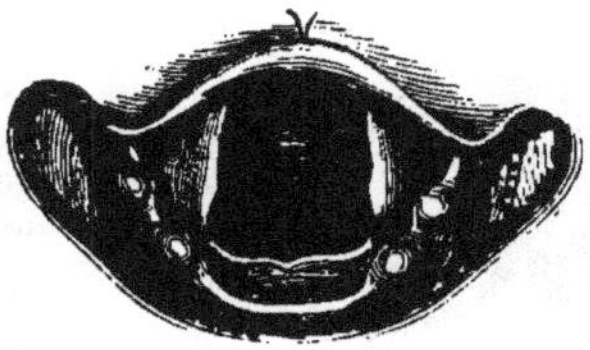

Fig. 91. Das laryngoskopische Bild der
hinteren Kehlkopf- und Luftröhrenwand
mit d. Bifurcationsstelle. (Nach Stoerk.)

seitlich gelegenen sucht man durch leichte Drehung des Kehlkopfspiegels auf. Durch Hebung der Hand bekommt man mehr die vorderen (im Bild oberen), durch Senken die hinteren (im Bild unteren)

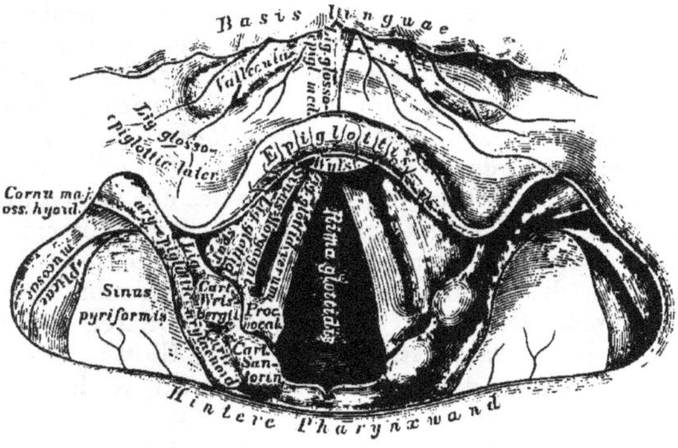

Fig. 92. Laryngoskopisches Bild, zweimal vergrössert. (Nach Heitzmann.)

Theile zu Gesicht. Um tiefer in die Trachea hinunter sehen zu können,
muss der Kranke tief einathmen, damit die Stimmbänder weit ausein-
andergehen. Ferner muss man mit dem Reflector näher an den Kopf
des Kranken heranrücken oder besser (vgl. p. 286) die Lampe dem
Reflector mehr nähern, damit der Focus der Lichtstrahlen weiter nach
unten geworfen und die Beleuchtung der tief gelegenen Theile hinreichend stark wird. Im günstigsten Fall kann man bis zur Bifurcationsstelle hinunter blicken und sieht dann selbst noch einige Ringe
von den Bronchen (Fig. 91). Für den Lernenden ist es von der
grössten Bedeutung, alle sichtbaren Theile des Kehlkopfs erkennen und

richtig benennen (Fig. 92) zu können, sich die normale Gestalt, Farbe und gegenseitige Lage derselben gehörig einzuprägen, desgleichen auch die Lageveränderungen, welche durch Intonation und Respiration normalerweise hervorgebracht werden.

Bei ruhiger Athmung bildet die Stimmritze einen dreieckigen Spalt, dessen Spitze vorn, dessen Basis hinten liegt. Man unterscheidet zwei Theile, den vorderen (Glottis vocalis sive ligamentosa) und den hinteren (Glottis respiratoria sive cartilaginea). Die erste reicht hinten bis zum Processus vocalis der Giesskannenknorpel, die letztere wird seitlich von diesem, hinten von der hinteren Larynxwand begrenzt. Bei

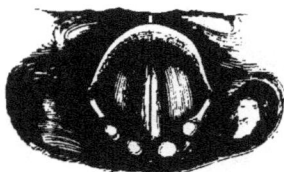

Fig. 93. Laryngoskopisches Bild bei der Phonation, natürliche Grösse. (Nach Stoerk.)

tiefer Inspiration wird die Stimmritze noch weiter, indem beide Stimmbänder ganz gleichmässig nach aussen treten (Wirkung der Mm. crico-arytaenoidei postici, Fig. 91). Beim Intoniren eines Vocales klappen die beiden Stimmbänder genau in der Mitte und in ihrer ganzen Länge zusammen (Phonationsstellung, Fig. 93), auf diesen kurzen Moment des Glottisschlusses folgt dann eine sehr geringe Erweiterung in Form eines feinen Längsspaltes, die Stimmbänder sind entsprechend der Höhenlage des gegebenen Lautes gespannt. Wird vor den Vocal die Aspirate „h" gesetzt, so verengt sich die Glottis von Anfang an nur bis zu dieser Spalte.

Die Bewegung der Stimmbänder zur Bildung der Sprache geschieht zugleich in dreierlei Weise. 1. Die Basis der beiden Giesskannenknorpel rückt nach innen bis zur Juxtaposition (Wirkung des M. arytaenoideus transversus). 2. Die Processus vocales werden nach innen gedreht ebenfalls bis zur Juxtaposition (Wirkung der Mm. crico-arytaenoidei laterales. 3. Die Stimmbänder erhalten die erforderliche Spannung. Dies geschieht vorwiegend durch die Contraction des M. crico-thyreoideus medialis, wodurch die Entfernung des Ansatzes der beiden Stimmbänder am Schildknorpel von der hinteren Larynxwand vergrössert wird. Eine feinere Abstufung in der Spannung behufs Modulation der Höhe der Stimme ist durch die Action der Mm. thyreo-arytaenoidei int. möglich, die in den Stimmbändern selbst von vorn nach hinten verlaufen. Hienach lässt sich die characteristische Form der Glottis, wie sie bei der Lähmung der einzelnen Muskeln beobachtet wird, leicht deuten.

Bilder bei Lähmung der Kehlkopfmuskeln.

Es findet sich bei der Phonation, wenn der M. interarytaenoideus (sive transversus) gelähmt ist, im Bereich der Knorpelglottis ein dreieckiger Spalt mit der Basis nach hinten. Die Spitze wird durch die an einander liegenden Processus vocales gebildet, deren Juxtaposition ja von der Wirkung eines anderen Muskels, der des Crico-arytaenoid. lat. herrührt (Fig. 94). Ist letzterer isolirt gelähmt (enorm selten!), so hat die gesammte Glottis die Form einer Raute. Die Basis der Giesskannenknorpel hat hinten einen Verschluss bewirkt, aber die Drehung der Processus vocales blieb aus (Fig. 95). Bei mangelhafter Spannung beider Stimmbänder bleibt die Glottis in Form eines längsovalen Spaltes offen, die schlaffen Bänder bilden nicht die kürzeste Verbindung ihrer Ansatzpuncte, die Gerade (Lähmung des M. thyreoaryt. int.) (Fig. 96). Daneben kann auch noch ein Schlottern und Tieferstehen der Mitte an den Stimmbändern beobachtet werden, dann, wenn die Spannung auch durch Lähmung der M m. crico-thyreoid. m ed. in Wegfall kommt. Der Effect einseitiger Lähmungen versteht sich hienach von selbst. Ist die gesammte Kehlkopfmusculatur auf einer Seite gelähmt, so nimmt das betreffende Stimmband jene Stellung ein, welche ihm durch den elastischen Zug der Theile zugewiesen wird, eine Mittelstellung zwischen Phonations- und Inspirationsstellung; man bezeichnet sie mit dem Namen der „Cadaverstellung (Fig. 97); sie ist characteristisch für Lähmung des N. recurren s. Unter solchen Umständen gelingt es dem Kranken noch durch grössere Anstrengung der Muskeln auf der anderen Seite eine Juxtaposition der Stimmbänder und die Bildung einer vernehmlichen Stimme zu erzwingen. Das nicht gelähmte Stimmband muss hiezu die Mittellinie überschreiten und dabei überkreuzen sich die beiden Stellknorpel manchmal so, dass der der gelähmten Seite unten, der andere weiter oben liegt, manchmal auch

Fig. 94.	Fig. 95.	Fig. 96.	Fig. 97.	Fig. 98.
Transversus-lähmung.	Lateralis-lähmung.	Internus-lähmung.	Recurrenslähmung, rechtsseitig.	Posticus-lähmung.

umgekehrt. Bei Lähmung der Mm. crico-aryt. postici weichen die Stimmbänder bei tiefer Inspiration nur wenig aus einander (Fig. 98).

Ausser diesen Lageveränderungen an der Glottis ist auch die Bewegungsfähigkeit des Kehldeckels ins Auge zu fassen. Dieser hebt sich bei der Phonation, und zwar um so mehr, je höher der gebildete Ton ist; bei Lähmung des M. thyreo-epiglotticus fällt diese Hebung weg, der Kehldeckel bleibt rückwärts geneigt ruhig liegen und bildet dadurch, wie schon erwähnt, ein sehr unangenehmes Hinderniss für den Einblick in den Kehlkopf.

Ueber die so sehr wichtigen und vielfachen Veränderungen in der Farbe der Schleimhaut, die Schwellungen, Ulcerationen, Geschwülste u. s. w. ist hier in dem Rahmen dieses Buches kein Wort zu verlieren. Kann man diese Dinge sehen, so muss man durch die Uebung, die man sich unter der Leitung eines erfahrenen Lehrers angeeignet hat, im Stande sein, sie als das zu erkennen, was sie sind. Die Verwerthung dieser Veränderungen für die Stellung der Diagnose wird in Werken der speciellen Pathologie und in Specialwerken über die Kehlkopfkrankheiten besprochen. Im Ganzen gehört diese Aufgabe zu den verhältnissmässig leichtesten der ganzen Diagnostik, da Alles, was sichtbar ist, und nur was sichtbar ist, Verwerthung findet. Von diesem Standpunct aus also ist, abgesehen von der grösseren technischen Schwierig-

keit, die Laryngoskopie nichts Weiteres als eine specielle Form der
Inspection, wie sie bei den Hautkrankheiten, den Augenkrankheiten und
vielen anderen Dingen auch ausschliesslich ausreichen muss.

Nur in Ausnahmsfällen kommt bei der Untersuchung des Kehlkopfs der Inspection die Palpation zu Hülfe. Die ganze vordere
Fläche und die Seiten zum guten Theil sind bei nicht zu fettem Hals
von aussen abtastbar. Schwellungen, Schmerzhaftigkeit bei Druck,
Fluctuation u. dgl. kann hiedurch festgestellt werden. Vom Mund aus
kann man mit dem Finger die Spitze der Epiglottis erreichen und
sogar tiefer eingehend den Aditus laryngis
befühlen. Dies ist immerhin von practischer
Bedeutung, man kann hiedurch, wenn ein
Spiegel nicht zur Hand ist, den Verschluss
des Kehlkopfs durch einen grossen Fremdkörper,
durch Glottisödem constatiren. Zugleich ist dann damit die Möglichkeit
gegeben, wieder ohne Spiegel sofort mit dem Finger oder unter
Leitung des Fingers mit einem Instrument den Fremdkörper zu entfernen oder die geschwollene Schleimhaut der ary-epiglottischen
Falten anzustechen, um den Abfluss des Oedemwassers herbeizuführen.

Fig. 99.
Kehlkopfsonde.

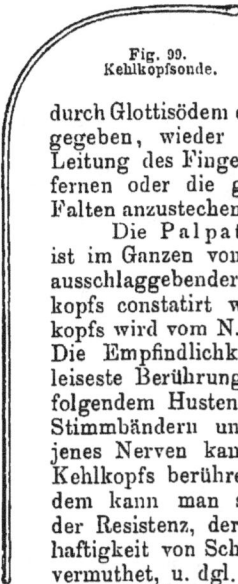

Die Palpation des Kehlkopfinnern mittels der Sonde
ist im Ganzen von untergeordneter diagnostischer Bedeutung. Von
ausschlaggebender Wichtigkeit ist sie, wo Anästhesie des Kehlkopfs constatirt werden soll. Die Schleimhaut des ganzen Kehlkopfs wird vom N. laryngeus sup. aus mit sensiblen Fasern versorgt.
Die Empfindlichkeit jener ist normalerweise so gross, dass die
leiseste Berührung sofort einen heftigen Glottiskrampf mit darauf
folgendem Husten auslöst. Namentlich gilt dies von den wahren
Stimmbändern und der Regio interarytaenoidea. Bei Lähmung
jenes Nerven kann man die Sonde einführen und die Theile des
Kehlkopfs berühren, ohne dass der heftige Reflex eintritt. Ausserdem kann man sich noch durch Berührung mit der Sonde von
der Resistenz, der Beweglichkeit von Tumoren, von der Schmerzhaftigkeit von Schwellungen, unter denen man etwa einen Abscess
vermuthet, u. dgl. unterrichten.

Die Kehlkopfsonde (Fig. 89) ist ein geknöpfter, biegsamer
Draht. Man gibt ihm eine Krümmung von $1/4$ Kreisbogen, der nach unten
gerichtete Theil muss ca. 7 cm lang sein. Die Einführung unter Leitung
des Spiegels, den man mit der linken Hand dirigirt, geschieht so, dass
man die Sonde vom rechten Mundwinkel aus über die Zunge, ohne diese
oder den Gaumen zu berühren, nach hinten bis über den Kehlkopf
bringt, dann muss der Knopf der Sonde gesenkt werden. Diese Senkung
darf nicht aus dem Handgelenk geschehen, man kommt sonst niemals
in den Kehlkopf, sondern stets in den Oesophagus. Vielmehr muss
der ganze Arm gehoben werden, so dass der Ellenbogen hoch zu stehen
kommt. Die Sonde darf am Lebenden nur der einführen, der sich
durch Uebung am Phantom eine hinreichende Sicherheit in der Handhabung derselben erworben hat. Sowie man die Lage der Sonde nicht
mehr mit Hülfe des Spiegels controliren kann, sowie die Beleuchtung
im Stich lässt, muss die Sonde unverzüglich, aber ohne Hast auf dem
nämlichen Weg wieder zurückgezogen werden.

ist theoretisch die einfachste der Welt, practisch eine der allerwichtigsten Untersuchungsmethoden. Zur Beleuchtung genügt es, sich zwischen das Fenster und den Kranken zu stellen und das Tageslicht in dessen offenen Mund scheinen zu lassen, oder man hält eine Lampe, Kerze vor den Mund und schaut neben der Flamme vorbei. Bei bettlägerigen Kranken, die man nicht aufrichten darf, ist die Verwendung des Reflectors ausserordentlich bequem, für gewöhnlich jene einfachere Beleuchtung aber vorzuziehen, weil man bei ihr das ganze Untersuchungsfeld beleuchtet findet und mit einem Blick übersehen kann; der schmale Lichtkegel des Reflectors dagegen gestattet nur, immer eine kleine Stelle auf einmal hell zu beleuchten und zu untersuchen. Bei Untersuchung der äusseren Mundhöhle lässt man den Kranken die Zähne schliessen und zieht von diesen die geöffneten Lippen und die Wangen mit einem Spatel, Löffelstiel u. dgl. ab. So kann man die Beschaffenheit der Zähne, des Zahnfleisches und der Wangenschleimhaut, sowie die Ausmündungsstelle der Speichelgänge untersuchen.

Damit man die innere Mundhöhle in Augenschein nehmen kann, muss der Kranke den Mund möglichst weit öffnen. Handelt es sich nur darum, die Zahnreihe und das Zahnfleisch an ihrer Innenseite zu untersuchen, so genügt es, die Zunge einfach bei Seite zu schieben; meist handelt es sich nun aber um Veränderungen an der Zunge, am Gaumen, namentlich am weichen Gaumen und an den Tonsillen, die man sehen will. Da muss die Zunge, die der Kranke nicht vorstrecken darf (damit sie nachgiebig bleibt), kräftig nach unten, gegen den Boden der Mundhöhle zu gedrückt werden. Hiezu dient der Mundspatel. Wie dieser beschaffen ist, ist ziemlich gleichgültig, nur muss er überall abgerundet sein, damit man nichts verletzen kann. Zu schmale Spatel thun weh und schaffen für die Besichtigung nicht genug Raum. Gläserne Mundspatel sind entschieden am reinlichsten und leicht und sicher zu desinficiren, dagegen sind sie zu dick und nehmen zu viel Platz in der Mundhöhle ein; ein runder Löffelstiel ist ein gar nicht zu verachtender Nothbehelf, den man überall vorfindet, im Nothfall thut's auch ein zugeschnittener und geglätteter Holzspahn und bei kleinen Kindern der kleine Finger. Haben die Kinder schon ihre Schneidezähne, so nimmt man die Unterlippe mit hinein zwischen die Zahnreihen, dann beissen sie nicht; den Finger durch breite Metallringe davor zu schützen ist überflüssig. Mit dem Spatel geht man bis über den Zungenrücken und indem man diesen niederdrückt, sollen die Kranken laut „A“ sagen. Hiedurch wird der weiche Gaumen gehoben und man erhält einen Ueberblick über die Fauces, die Tonsillen und einen Theil der hinteren Rachenwand.

Häufig muss ein einziger Blick zur Orientirung genügen, es erfolgt Würgen, die Kranken weichen zurück, reissen den Spatel heraus, blasen das Licht aus u. dgl. mehr. Die grössten Schwierigkeiten findet man natürlich bei Kindern, bei denen kein Zureden helfen will; nur der Widerstand der ganz Kleinen und wird leicht überwunden. Unter genügender Assistenz läuft man nicht Gefahr, unverrichteter Dinge abziehen zu müssen; werden aber kräftige, unbändige, ungezogene und widerspenstige Kinder noch von dummen Eltern unterstützt, so kann es einen harten Kampf kosten, der am besten mit einer Offensive gegen die letzteren eröffnet wird. Die Aerzte sollten allen ihren Einfluss bei ihrer Clientel dahin geltend machen, dass die Eltern ihre Kinder auf diese Untersuchung, so lang sie gesund sind, und anfangs wie im Spiel einüben, damit sie im Ernstfall, in der Krankheit, nicht zu ihrem eigenen Schaden dem Ungewohnten den heftigsten Widerstand entgegensetzen; gewöhnlich bekommt man aber in Gegenwart des Kindes, das dies schon verstehen kann, die ermuthigende Versicherung: „O, in den Hals sehen lässt es sich nicht!" Da es nun aber unabweisbare Pflicht des Arztes ist, bei jeder fieberhaften Krankheit eines Kindes diese Untersuchung auszuführen, so muss sie, wenn auch die Versprechung „eines lebendigen Pferdchens" nicht helfen will, erzwungen werden. Während der Kopf des Kleinen fixirt wird, kann das Kind es nicht hindern, dass man zwischen Wange und Zahnreihe mit dem Spatel bis hinter den letzten Zahn kommt. So fest auch die Zähne geschlossen werden, hier kommt man durch, und dann rückt man langsam hebelnd weiter gegen die Mitte zu, immer mit Geduld und sorgend, dass gute Beleuchtung schon für den Moment da ist, wo man nach hinten weiter gehend die Fauces berührt. In diesem Augenblick erfolgt heftiges Würgen, der Mund wird weit geöffnet, man hilft noch mit Druck auf die Zunge nach, die Gaumenbögen werden gehoben

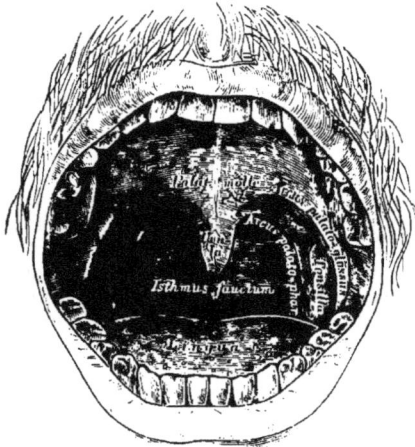

Fig 100. Bild der Mundhöhle und der Fauces.
(Nach Heitzmann.)

und das ganze Terrain kann überblickt werden — einen Augenblick lang. Bei dieser gewaltsamen Untersuchung bleibt es auch einem sehr geübten Arzte trotz aller Vorsicht und Schonung keineswegs immer erspart, leichte Verletzungen mit geringer Blutung herbeizuführen, namentlich wenn auch noch rasch mit dem Spatel versucht wird, einen „Belag" wegzuwischen, was diagnostisch von Wichtigkeit sein kann.

In Fig. 100 ist das Bild gezeichnet, das man bei geglückter Untersuchung übersehen kann. Veränderungen an der Zunge, dem harten Gaumen, beiden Gaumenbögen mit der Uvula, den Tonsillen und einem Theil der hintern Pharynxwand können erblickt und vom Erfahrenen gedeutet werden nach Regeln, welche die specielle Pathologie angibt; denn wir können hier unmöglich alle die Veränderungen schildern oder auch nur aufzählen, welche pathologische Processe an diesen Theilen herbeiführen, nur wenige Dinge von allgemeiner Bedeutung können Erwähnung finden.

Die Schleimhaut der Zunge ist bei jugendlichen Individuen

normalerweise **feucht** und **rosig**. Bei älteren und namentlich bei
Rauchern ist ein leichter weisser oder selbst gelblicher **Belag** (**Fuligo**)
von geringer Ausdehnung, namentlich gegen den Zungengrund und
in der Mitte·so häufig, dass man ihn kaum als pathologisch ansehen
kann, die Ränder aber und die Spitze müssen feucht und roth sein.
Stärkerer Belag, wobei die Zunge dick belegt, wie filzig aussehen kann,
ändert seine Farbe vom Weissen leicht ins Gelbe, Braune, selbst
Schwarze. Dann ist die fuliginöse Zunge auch meist **trocken** und
rissig. Trockenheit kommt aber auch ohne allen Belag vor, so z. B.
im Typhus in nicht zu spätem Stadium; die Zunge sieht dann „wie
rohes Fleisch" aus. Bei stärkerem, schmierigem Belag pflegen die
todten, abgelagerten Massen zu faulen und verbreiten einen **üblen**
Geruch, „**Foetor ex ore**"; hier ist also auch die Nase ein diagnostisches Instrument. (Foetor ex ore kann aber natürlich auch von
anderen Dingen herrühren [cariösen Zähnen, aufgebrochenen Abscessen,
faulenden Pfröpfen bei Tonsillitis follicularis u. s. w.].)

Atrophie der Zunge wird, wenn sie nicht einseitig entwickelt
ist, nur in ihren hohen Graden leicht erkannt, es kann dann die Zunge
wie ein dünner Streif am Boden der Mundhöhle liegen. Für leichtere
Vergrösserungen ist ein gutes Merkmal der Abdruck der Zähne
am Rand der Zunge. Bewegungsstörungen werden erkannt,
wenn man die Zunge herausstrecken, zurückziehen, wölben, nach den
Seiten biegen, mit der Spitze den Gaumen, die Unterlippe berühren
lässt u. dgl.

Bewegungsstörungen des weichen Gaumens werden deutlich,
wenn die Kranken intoniren, es hebt sich dann der eine oder andere
Gaumenbogen nur unvollkommen. Auch in der Ruhe kann der Tiefstand des einen Gaumensegels gegenüber der anderen Seite bemerkbar
sein. Auf einen Schiefstand der Uvula allein ist wenig Werth zu
legen, er kommt auch ohne Innervationsstörung allzu häufig vor.

Veränderungen in der Speichelsecretion werden erkannt,
nachdem man die Mundhöhle mit einem trockenen Tuch ausgewischt
hat; bei einseitiger Störung wird die eine Seite bald wieder feucht
und man kann selbst das Vorquellen des Speichels aus der Mündung
des Speichelganges deutlich sehen, auf der anderen Seite fehlt dieses
Symptom und die Schleimhäute bleiben trocken.

Alle sichtbaren Theile sind auch der **Palpation** mittels des
Fingers zugänglich.

Die Besichtigung der Nase

kann von **vorn** (Rhinoscopia anterior) und von **hinten** (Rhinoscopia posterior) geschehen. Letztere dient auch zur Untersuchung
des Nasenrachenraums.

Rhinoscopia anterior. Die Beleuchtung ist die nämliche, wie
bei der Laryngoskopie. Die Nasenhöhle wird durch Einführung eines
„Nasenspiegels" zugänglich gemacht. In Fig. 101 und 102 sind
zwei der gebräuchlichsten und empfehlenswerthesten Formen abgebildet.
Beim Gebrauch wird die Nasenspitze in die Höhe gezogen, das leicht er-
wärmte Speculum bis zum knorpeligen Theil der Nase geschlossen eingeführt und dann werden die Blätter durch den Zug einer Schraube

oder Zusammendrücken der Handgriffe so weit geöffnet, als es die
Spannung des häutigen Nasenflügels nur erlaubt. Der Kranke sitzt
gerade vor dem Arzt und der Lichtkegel des Reflectors wird direct durch
das Speculum von vorn nach hinten geschickt. Man bekommt dadurch
den Nasenboden, das Septum, die untere Muschel und einen Theil der
mittleren zu Gesicht, kann also den unteren und mittleren Nasengang
überblicken. Bei Manchen kann man durch den weiten unteren Nasengang auch noch ein kleines Stückchen der hinteren Rachenwand, also
durch die ganze Nase hindurchsehen. Durch leichtes Neigen des
Kopfs werden die unteren, durch Erheben die oberen besser sichtbar.
Geringfügige Blutungen sind oft nicht zu vermeiden, zudem da stets
zugleich die Palpation mittels der Sonde vor-
genommen werden muss. Die Kehlkopfsonde
lässt sich zu diesem Zweck sehr gut verwenden,
wenn man ihre Krümmung insoweit corrigirt,
dass sie in ihrer Mitte einen sehr gestreckten
Bogen bildet und von da an geradlinig bis zum
Knopf verläuft. Mit der Sonde kann man
die Muscheln oder pathologische
Schwellungen der Schleimhaut,
Polypen u. dgl. noch ein wenig
zur Seite schieben und so einen
Einblick in dahinter gelegene Theile
bekommen. Ferner gibt die Betastung mit der Sonde darüber Aufschluss, ob die Schleimhaut geschwollen und eindrückbar ist, ob
sie glatt und unverschiebbar den
Knorpel oder den Knochen überzieht, oder ob man gar letztere
blossgelegt vor sich habe, dann
auch über den Verlauf und die
Tiefe von Geschwüren, Perfora-

Fig. 101. Ohrspeculum von
Kramer (Nasenspeculum).
(Nach Bürkner.)

Fig. 102.
Fränkel's
Rhinoskop.
(Nach
Niemeyer.)

tionen, Fistelgängen u. dgl. Nach
Umständen muss die Sonde für
diese besonderen Zwecke eine ge-
eignete Krümmung erhalten. Die pathologischen Veränderungen, welche
Gegenstand dieser einfachen Untersuchungsmethode sind, können hier
keine Erwähnung finden.

Die Rhinoscopia posterior ist viel schwieriger auszuführen,
wird aber vom Anfänger gewöhnlich noch mehr gefürchtet als nöthig
ist. Das Princip besteht darin, einen kleinen Spiegel so hinter das
Gaumensegel zu bringen, dass er durch den offenen Mund einen starken
Lichtkegel vom Reflector her bekommt, diesen auf die Wände der
Nasenrachenhöhle und auf die hintere Nasenöffnung wirft und nach
dem bei der Laryngoskopie erläuterten Reflexionsvorgang die Bilder
dieser Theile dem Auge zuführt, das durch den Reflector blickt. Die
Beleuchtung ist die nämliche wie bei der Laryngoskopie, nur ist noch
grösserer Werth auf möglichst intensives Licht zu legen, denn es
kann nur ein sehr kleiner Spiegel zur Anwendung gelangen.

Die Einführung des letzteren ist nur möglich, wenn die Zunge

stark herabgedrückt wird. Dies geschieht am besten mittels des
Türck'schen Zungenhalters (Fig. 103). Der Kranke öffnet den Mund
weit, streckt aber die Zunge nicht heraus; der Arzt setzt mit der
linken Hand die Platte des Zungenhalters auf die Mitte der Zunge und
drückt diese kräftig gegen den Boden der Mundhöhle hinab. So wird
der Einblick in das Gaumenthor frei, vernünftigen Patienten kann
man dann den Spatel selbst zum Halten mit der rechten Hand geben.
Die Einführung des Spiegels hat nur dann Erfolg, wenn das Gaumensegel vollständig schlaff nach unten hängt. Bei der geringsten Würgbewegung zieht es sich nach oben, legt sich an
die hintere Rachenwand an und verlegt den Lichtstrahlen den Weg nach oben völlig. Auf der
anderen Seite bleibt bei herabhängendem Gaumensegel nur wenig Raum für den Spiegel frei und
namentlich eine grosse, dicke Uvula kann sehr
hinderlich sein. Damit sind die Hauptschwierig-
keiten erklärt. Man hat vorgeschlagen, den Kranken

Fig. 103.
Türck'scher
Zungenhalter.

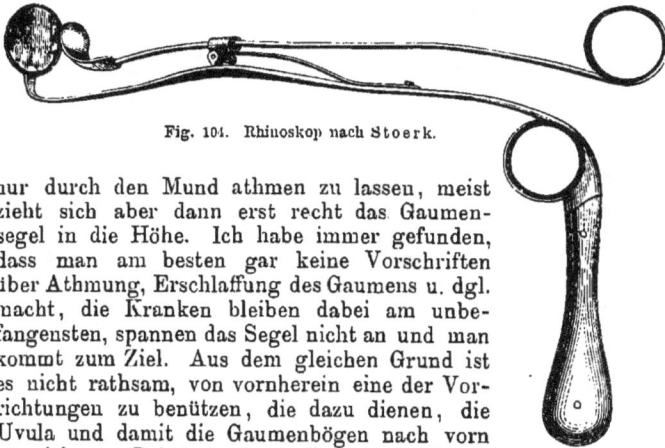

Fig. 104. Rhinoskop nach Stoerk.

nur durch den Mund athmen zu lassen, meist
zieht sich aber dann erst recht das Gaumensegel in die Höhe. Ich habe immer gefunden,
dass man am besten gar keine Vorschriften
über Athmung, Erschlaffung des Gaumens u. dgl.
macht, die Kranken bleiben dabei am unbe-
fangensten, spannen das Segel nicht an und man
kommt zum Ziel. Aus dem gleichen Grund ist
es nicht rathsam, von vornherein eine der Vorrichtungen zu benützen, die dazu dienen, die
Uvula und damit die Gaumenbögen nach vorn
zu ziehen. Bei besonderer Enge der Theile
kann man aber dazu gezwungen sein. Man kann zu diesem
Zweck um die Uvula eine Fadenschlinge führen und sie mit dieser
nach vorn ziehen — unbequem. Man hat vorgeschlagen, sie durch
einen Gummischlauch anzusaugen und mit diesem vorwärts zu bewegen
— Spielerei. Am einfachsten fasst man das Zäpfchen mit einer Korn-
zange, aber das erfordert eine schonende Hand, sonst wehe der armen
Uvula! Fig. 104 stellt einen Spiegel mit Gaumenhalter dar; das Instrument nimmt nur ein bischen viel Platz ein.
Als Spiegel kann man recht wohl einen kleinen Kehlkopfspiegel
verwenden. Man führt ihn mit hocherhobenem Stiel ein, so dass sich
die Rückfläche parallel über der Zunge nach hinten bewegt. Hat man
das Gaumenthor passirt, so wird der Stiel gesenkt und die spiegelnde
Fläche dadurch nach oben und vorn gewendet. Diese Bewegung wird
bei dem Spiegel von Michel (Fig. 105) in recht practischer Weise durch

Druck auf einen Hebel bewirkt, der am Griff angebracht ist; der Spiegel selbst ist hier in einem Charnier beweglich. Verwendet man einen kleinen Kehlkopfspiegel, so muss der Winkel, in dem dieser am Stiel befestigt ist, etwas steiler gemacht werden, als es für laryngoskopische Zwecke vortheilhaft ist.

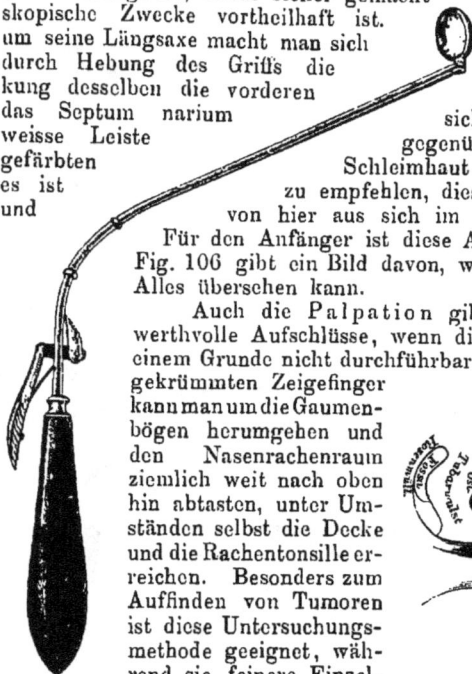

um seine Längsaxe macht man sich durch Hebung des Griffs die kung desselben die vorderen das Septum narium weisse Leiste gefärbten es ist und Durch Drehung des Stiels die seitlichen Theile, hinteren und durch Sen- Theile, die Choanen und sichtbar. Letzteres ist als gegenüber der sonst überall roth Schleimhaut sehr gut kenntlich, und zu empfehlen, dieses vor Allem aufzusuchen von hier aus sich im Spiegelbild zu orientiren. Für den Anfänger ist diese Aufgabe keineswegs leicht. Fig. 106 gibt ein Bild davon, was man im günstigen Fall Alles übersehen kann.

Auch die Palpation gibt unter Umständen sehr werthvolle Aufschlüsse, wenn die Besichtigung aus irgend einem Grunde nicht durchführbar ist. Mit dem hakenförmig gekrümmten Zeigefinger kann man um die Gaumenbögen herumgehen und den Nasenrachenraum ziemlich weit nach oben hin abtasten, unter Umständen selbst die Decke und die Rachentonsille erreichen. Besonders zum Auffinden von Tumoren ist diese Untersuchungsmethode geeignet, während sie feinere Einzelheiten begreiflicherweise nicht erkennen lässt; übrigens ist sie für den

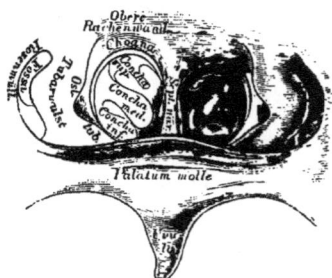

Fig. 105.
Rhinoskop
von Michel.

Fig. 106.
Rhinoskopisches Bild
(Nach Heitzmann.)

Patienten keineswegs sehr angenehm und besonders bei Kindern thut man gut, sich durch einen zwischen die Zähne geklemmten Kork vorm Beissen zu schützen. Auch mit der Sonde, die eine stärkere Krümmung, ähnlich wie die Kehlkopfsonde, erhalten muss, kann man, unter Leitung des Spiegels eine Exploration der Nasenrachenhöhle und der Choanen vornehmen.

II.

CHEMISCHE UND MIKROSKOPISCHE UNTERSUCHUNGSMETHODEN.

VON

DR. FRITZ VOIT.

Untersuchung des Blutes.

Die genaue mikroskopische und chemische Untersuchung des Blutes ist für die Diagnose von sehr weittragender Bedeutung. Der ausgedehnten chemischen Untersuchung steht nur das Erforderniss grösserer Blutmengen und die schwierige Gewinnung derselben im Wege. Brauchbar für die Praxis sind lediglich diejenigen Methoden, welche bei einer gewissen Einfachheit nur einen oder einige wenige Tropfen Blutes erheischen. Dadurch muss natürlich die Genauigkeit der chemischen Untersuchung Schaden leiden.

Es sind einige einfache Methoden ausgearbeitet worden, zu deren Ausführung nur geringe Blutmengen nöthig sind und welche trotzdem eine genügende Genauigkeit besitzen, um für diagnostische Zwecke werthvoll zu sein. Nur diese sollen hier besprochen werden; die complicirteren und grössere Blutmengen erfordernden können keine Erwähnung finden, da sie practisch für die Diagnose nicht verwerthet werden können.

Methode der Blutentnahme.

Man entnimmt das zur Untersuchung nöthige Blut meistens durch Einstich in die Fingerkuppe oder in den Nagelfalz (oder in das Ohrläppchen). Die Haut muss vor dem Einstechen mit Alcohol und Aether sorgfältig gereinigt und getrocknet werden, damit einerseits dem Blut keine fremden Bestandtheile beigemischt werden und andererseits der hervorquellende Blutstropfen auf der ungereinigten fettigen Fläche sich nicht zu rasch und weit ausbreitet. Nach der Reinigung wird mit einer ebenfalls vorher sorgfältig gereinigten Lancette oder Nadel in die Fingerkuppe eingestochen. Der Blutstropfen muss spontan hervortreten; jedes Drücken und Pressen am Finger ist zu vermeiden, weil die chemische und morphologische Zusammensetzung des Blutes in den quantitativen Verhältnissen dadurch geändert werden kann.

Ein brauchbares Instrument zur Entnahme von Blut aus der Fingerbeere stellt die Francke'sche Nadel (Fig. 107) dar, welche es gestattet, den Einstich immer in der gewünschten Tiefe auszuführen. Ausserdem geschieht mittels derselben der Einstich so rasch, dass er kaum schmerzhaft ist. Die Nadel trägt im Inneren eine feine Lanzette *a*, welche durch Anziehen des Knopfes *b* in die Hülse *c* zurückgezogen wird. Ein Druck auf den Hebel d lässt die Lanzette durch Entspannung einer Spiralfeder plötzlich vorschnellen. Durch Vor- oder Zurückschrauben an der Hülse c kann man ein grösseres oder kleineres Stück der Nadel hervortreten lassen und damit die Tiefe des Einstiches reguliren.

Grössere Blutmengen kann man mittels blutiger Schröpfköpfe sich verschaffen, oder dadurch, dass man am Oberarm eine Aderlassbinde anlegt und aus einer grösseren geschwellten Vene das Blut mittels einer Pravaz'schen Spritze entnimmt, deren Canüle nicht zu eng sein darf. Diese letztere Art der Blutgewinnung, welche für gewisse bacteriologische Untersuchungen einen grossen Werth besitzt, ist für quantitative chemische Blutuntersuchungen nicht anzuwenden, weil sich durch die Stauung die quantitative Zusammensetzung des Blutes sehr stark verändert.

Fig. 107.
Francke-
sche Nadel
zur Blut-
entnahme.

Reaction des Blutes.

Das Blut reagirt alkalisch; nur als grosse Ausnahme wird in einigen Fällen von Cholera eine saure Reaction des Blutes angetroffen. Die alkalische Reaction ist der Hauptsache nach hervorgerufen durch Dinatriumphosphat (Na_2HPO_4). Da bei der gewöhnlichen Prüfung mit Lakmuspapier die rothe Eigenfarbe des Blutes störend ist, so bedient man sich zur Prüfung der Reaction des Blutes besonderer Kunstgriffe. Man feuchtet das rothe Lakmuspapier mit concentrirter Kochsalzlösung tüchtig an, bringt dann einen kleinen Tropfen Blut mittels eines Glasstabes auf das Papier und saugt ihn nach einigen Secunden mit Filtrirpapier wieder ab. Oder man benützt Thonplättchen, welche mit Lakmustinctur getränkt sind. Diese nehmen nur die Flüssigkeit auf, während die Blutkörperchen und damit der Blutfarbstoff nach kurzer Zeit mit destillirtem Wasser abgespült werden.

Quantitative Bestimmung der Alkalescenz.

In neuerer Zeit ist der quantitativen Alkalescenzbestimmung des Blutes eine grössere Aufmerksamkeit geschenkt worden. Man hat erfahren, dass bei verschiedenen Krankheitszuständen die Alkalescenz des Blutes regelmässig abnimmt, wie z. B. bei Erkrankungen, welche mit erhöhtem Eiweisszerfall einhergehen, Fieber, Carcinom, etc. etc., dann bei Diabetes mellitus, speciell beim Coma diabeticum, bei Urämie u. s. w. Doch kann der Diagnostiker im Allgemeinen bis jetzt kaum noch einen Nutzen aus der Aklalescenzbestimmung des Blutes ziehen, da die Methoden nicht sehr verlässig und demzufolge die gewonnenen Resultate schwankende sind. Die grossen Fehlerquellen sind bedingt durch die kleinen Mengen des zur Bestimmung verfügbaren Materials einerseits und andererseits durch die rasche Veränderung, welche der Alkalescenzgrad des aus der Gefässbahn ausgetretenen Blutes erleidet. Die normale Alkalescenz des Blutes wird auf 260—300 mg Aetznatron angegeben, d. h. 100 ccm Blut besitzen den gleichen Alkalescenzgrad wie 260—300 mg NaOH. Am ehesten führt zum Ziele eine von Landois angegebene und von v. Jaksch etwas modificirte Methode, deren Princip folgendes ist: Man bereitet sich eine Reihe von Weinsäurelösungen von bekanntem Gehalt an Weinsäure und fügt zu je 1 ccm der verschiedenen Lösungen eine bestimmte, immer gleiche, kleine Blutmenge, rührt um und prüft die Reaction, wie es oben beschrieben wurde. Diejenige Mischung, welche eben neutral reagirt, zeigt den Alkalescenzgrad des Blutes an. Die Weinsäurelösungen werden in folgender Weise hergestellt:

Man verfertigt zunächst eine ¹/₁₀-Normalweinsäure (über Begriff und Herstellung von Normallösungen s. p. 304), indem man 7,5 g reiner Weinsäure in Wasser löst und auf 1 l auffüllt (das Moleculargewicht der Weinsäure $C_4O_6H_6 = 150$, das Aequivalentgewicht, da sie eine zweibasische Säure ist, = 75). Aus dieser ¹/₁₀-Normalweinsäurelösung stellt man sich durch 10fache Verdünnung eine ¹/₁₀₀- und durch 100fache Verdünnung eine ¹/₁₀₀₀-Normalweinsäure her. Aus diesen beiden letzteren werden nun weitere Verdünnungen bereitet, und zwar nicht durch Zusatz von Wasser, sondern durch Zusatz von concentrirter Glaubersalzlösung (Natriumsulfat), weil durch Zusatz von Glaubersalz die rothen Blutkörperchen erhalten bleiben und die rasche Gerinnung des Blutes verhindert wird. Es werden folgende 18 Mischungen hergestellt:

1. 9 ccm ¹/₁₀₀-Normalweinsäure + 1 ccm Glaubersalzlösung,
2. 8 „ ¹/₁₀₀ „ + 2 „ „
3. 7 „ ¹/₁₀₀ „ + 3 „ „
   u. s. f.,
10. 9 „ ¹/₁₀₀₀ „ + 1 „ „
11. 8 „ ¹/₁₀₀₀ „ + 2 „ „
   u. s. f. bis
18. 1 „ ¹/₁₀₀₀ „ + 9 „ „

Von jeder dieser 18 Lösungen wird je 1 ccm in ein Uhrschälchen gebracht. Nun wird von einem durch Einstich in die Fingerkuppe gewonnenen Blutstropfen in eine geaichte Pipette 1 cmm Blut aufgesaugt und rasch in die Lösung Nr. 9 eingespritzt, die Lösung gut gemischt und mit Lakmus die Reaction geprüft; ist dieselbe sauer, so geht man, am besten nicht der Reihe nach, sondern sprungweise zu schwächeren Weinsäurelösungen, ist sie dagegen alkalisch, zu stärkeren über, bis man neutrale Reaction findet. Dies ist dann die Weinsäurelösung, welche eine dem Alkalescenzgrad des Blutes entsprechende Acidität besitzt. Die gefundene Alkalescenz wird auf Natronlauge umgerechnet. Da nach der Definition der Normallösungen 1 ccm der ¹/₁₀-Weinsäurelösung gleichwerthig ist 1 ccm einer ¹/₁₀-Normalnatronlauge, so entspricht 1 ccm der ersteren = 4 mg NaOH und 1 ccm der ¹/₁₀-Normalweinsäure = 0,4, 1 ccm der ¹/₁₀₀₀-Normalweinsäure = 0,04 mg NaOH. Da nun 1 ccm der Lösung Nr. 1 0,9 ccm ¹/₁₀₀-Normalweinsäure enthält, so entspricht sie 0,9 × 0,4 = 0,36 mg NaOH, die Lösung 2 0,8 × 0,4 = 0,32, die Lösung 10 0,09 × 0,4 = 0,036 u. s. w. Hat man also z. B. bei Lösung 4 neutrale Reaction erhalten, so entspricht die Alkalescenz von 1 cmm des untersuchten Blutes = 0,6 × 0,4 = 0,240 mg NaOH, oder wie man sich gewöhnlich ausdrückt, diejenige von 100 mg des untersuchten Bluts = 240 mg Aetznatron.

Specifisches Gewicht.

Das specifische Gewicht des normalen menschlichen Blutes beträgt im Durchschnitt 1055 mit Schwankungen nach unten bis zu 1045 und nach oben bis zu 1075. Die Bestimmung desselben am Krankenbette hat noch keine besondere Bedeutung erlangt. Sie geschieht in der Weise, dass man sich verschiedene Mischungen von Glycerin und Wasser herstellt, mit Abstufungen des specifischen Gewichts von etwa 1020—1100. Von jeder dieser Mischungen werden je einige Cubikcentimeter in Reagensgläser eingefüllt und nun langsam in eines derselben aus einer Pipette ein Blutstropfen eingesenkt. Steigt derselbe aufwärts, so ist sein specifisches Gewicht ein niedrigeres als das der gewählten Lösung und man hat mit einer dichteren Probe den gleichen Versuch anzustellen, und ebenso umgekehrt, bis man eine Lösung trifft, in welcher der Tropfen weder auf- noch absteigt; deren specifisches Gewicht gibt direct dasjenige des Blutes an.

Bestimmung des Hämoglobingehaltes.

Von ausserordentlichem Werthe für die Diagnose erweist sich die quantitative Hämoglobinbestimmung, für welche genügend genaue und einfache Methoden, die nur eine sehr geringe Blutmenge erfordern, ausgearbeitet sind.

Das normale Blut enthält im Durchschnitt in 100 ccm 14 g Hämoglobin. In Krankheiten kann diese Menge sehr bedeutend reducirt werden, wobei entweder das einzelne rothe Blutkörperchen weniger Hämoglobin enthält als in der Norm, oder wobei das einzelne rothe Blutkörperchen eine normale Menge Farbstoff einschliesst, aber die Zahl der Erythrocyten vermindert ist. Beide Fälle müssen ein Absinken des Hämoglobingehaltes in einer bestimmten Blutmenge ergeben.

Mehr oder weniger herabgesetzt erscheint der Hämoglobingehalt des Blutes bei allen Anämieen, bei der Chlorose, den einfachen secundären Anämieen und bei der progressiven perniciösen Anämie. Während aber bei den beiden ersteren der Hämoglobingehalt der einzelnen Erythrocyten gegenüber der Norm vermindert ist, enthält bei der perniciösen Anämie das rothe Blutkörperchen annähernd die normale Hämoglobinmenge. Denn bei der perniciösen Anämie geht der Hämoglobinschwund ziemlich parallel mit der Verringerung der Zahl der rothen Blutkörperchen, in den anderen Fällen dagegen überwiegt immer der Hämoglobinmangel bei Weitem eine etwa vorhandene Verminderung der Erythrocyten.

Hämoglobinometer von Gowers.

Mit Recht hat den weitesten Eingang in die Praxis das von Gowers angegebene Hämoglobinometer sowohl wegen seiner einfachen Handhabung, als auch wegen seiner Billigkeit gefunden. Die Methode beruht auf colorimetrischem Princip, indem man die Farbe des zu untersuchenden Blutes mit derjenigen einer Normallösung, welche in der Farbe einer Hämoglobinlösung von bestimmtem Gehalt entspricht, vergleicht.

Die einzelnen Theile des Apparates sind folgende (Fig. 108):

1. Zwei gleich hohe und gleich weite Glasröhrchen. Das eine derselben, *a*, ist an beiden Enden zugeschmolzen und enthält die zum Vergleich dienende Flüssigkeit, nämlich 2 ccm einer Lösung von Picrocarmin in Glycerin, welche genau in der Farbe normalem, auf das Hundertfache verdünntem Blut entsprechen soll. Das zweite am oberen Ende offene Glasröhrchen *b* trägt von unten nach oben eine Graduirung von 0 bis 140, so dass genau in der gleichen Höhe mit dem Flüssigkeitsniveau im ersten Röhrchen die Zahl 100 zu stehen kommt.

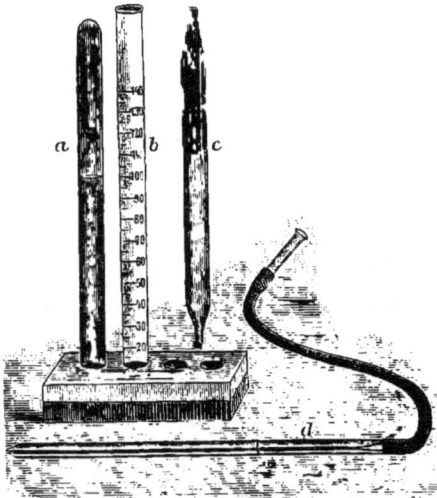

Fig. 108. Hämoglobinometer von Gowers.

2. Eine kleine, nicht graduirte Pipette c, welche am unteren Ende sich verjüngt, so dass Wasser aus ihr leicht tropfenweise abgelassen werden kann. 3. Eine Capillarpipette d zum Abmessen des zur Bestimmung zu benützenden Blutes. Sie fasst bis zu der auf ihr angegebenen Marke 20 cmm. Am oberen Ende trägt sie einen mit einem gläsernen Mundstück versehenen Gummischlauch, welcher ein bequemes und genaues Abmessen des Blutes beim Ansaugen gestattet.

Man lässt nun durch Einstich in eine Fingerkuppe einen Blutstropfen hervortreten und saugt von diesem möglichst rasch, damit keine Gerinnung des Blutes erfolgt, so viel in die Capillarpipette auf, dass die Blutsäule genau an der Marke abschneidet. Die Spitze der Pipette wird dann vorsichtig mit Filtrirpapier von dem aussen anhaftenden Blut befreit, wobei man sehr darauf zu achten hat, dass nicht aus der Capillare selbst Blut heraustritt, und darauf der ganze Inhalt in das mit der Eintheilung versehene Röhrchen, welches vorher schon mit einigen Tropfen Wasser beschickt wurde, ausgespritzt. Um das an der Innenwandung der Capillarpipette haftende Blut nicht zu verlieren, saugt man ein paar Mal bis etwas über die Marke Wasser auf und spritzt dieses ebenfalls in die graduirte Röhre ein. Die beiden Röhrchen a und b werden nun in einem kleinen, dem Apparat beigegebenen Korkpflöckchen senkrecht aufgestellt; dann wird mit der Pipette so lange unter gutem Umschütteln Wasser in das Röhrchen b geträufelt, bis die Blutmischung in demselben den nämlichen Helligkeitsgrad und die gleiche Farbennuance erreicht hat, wie die Normalfarblösung im Röhrchen a. Beim Umschütteln ist darauf zu achten, dass sich kein Schaum bildet. Der Vergleich der beiden Röhrchen hat in der Weise zu geschehen, dass man dieselben gegen einen hellen Hintergrund, am besten gegen weisses Papier, hält. Es ist zu bemerken, dass die Untersuchung nur bei Tageslicht angestellt werden darf, da bei künstlichem Licht die Picrocarminlösung mit einer 1%igen Blutlösung nicht mehr übereinstimmt. (Uebrigens werden auch Röhrchen mit dunklerer Picrocarminlösung nach der Angabe von Sahli gefertigt, welche für die Untersuchung bei künstlichem Licht geaicht sind.)

Sind die beiden Flüssigkeiten gleich, so wird an dem Stand der Flüssigkeit in dem graduirten Röhrchen direct der Hämoglobingehalt des untersuchten Blutes in Procenten der Norm abgelesen. Hat man z. B. bis 100 aufgefüllt, so ist der Hämoglobingehalt 100 % des gesunden Blutes, also normal, steht die Flüssigkeit aber nur bei 45, so enthält das Blut nur 45 % vom Hämoglobingehalt des normalen.

Die Controlflüssigkeit ändert nach längerer Zeit in ihrer Farbe etwas ab, so dass dadurch bedeutende Fehler unterlaufen können. Man hat desshalb dieselbe von Zeit zu Zeit mit normalem Blut oder mit einem frischen Röhrchen zu vergleichen.

Aus der abgelesenen Zahl lässt sich leicht der wirkliche Procentgehalt des Blutes an Hämoglobin berechnen. Da, wie erwähnt, das normale Blut durchschnittlich 14 % Hämoglobin enthält, so ist auch, wenn bis zum Theilstrich 100 aufgefüllt wurde, der Hämoglobingehalt des untersuchten Blutes 14 %. Wurde dagegen z. B. nur bis 45 zur Erzielung der Gleichheit aufgefüllt, so ist der Hämoglobingehalt des untersuchten Blutes $\dfrac{14 \times 45}{100} = 6{,}3\,\%$.

Bei genauem Arbeiten betragen die Fehler nicht mehr als 5 %,
was für practische Zwecke vollkommen ausreichend ist.

Hämometer von v. Fleischl.

Auch die Bestimmung mittels dieses Instrumentes ist eine colorimetrische. Es wird aber dabei die Gleichheit nicht durch Verdünnen
des Blutes erzielt, sondern durch Veränderung des Vergleichsobjects,
was leicht ersichtliche Vortheile mit sich bringt. Die mit dem Fleischl-
schen Apparat erhaltenen Resultate sind etwas genauer als die mit
dem Gowers'schen gewonnenen; dagegen hat das erstere Instrument
den Nachtheil grösserer Kostspieligkeit. Ferner ist das Fleischl'sche
Hämoglobinometer für künstliches Licht eingestellt, also am Tage,
wenn man nicht ein Dunkelzimmer
zur Verfügung hat, nicht zu gebrauchen.

An einem festen, kurzen Stativ
mit hufeisenförmigem Fusse ist eine
viereckige Tischplatte befestigt, die
zwei vor einander liegende Oeffnungen besitzt, eine vom Stativ
entferntere, runde a (Fig. 109) und
eine demselben näher liegende, läng-
lich-ovale, b. Unter der feststehenden Platte befindet sich eine zweite,
schlittenartig mittels einer Schraube h
verschiebbare Platte c, welche eine
Scala trägt, die unter die länglich-
ovale Oeffnung des festen Tisches zu
liegen kommt, so dass durch diese
immer ein kleiner Theil der Scala

Fig. 109. Hämometer von v. Fleischl.

sichtbar ist. Ferner trägt diese Platte c ein keilförmiges rothes Glas d und
dann eine Spalte e von der gleichen Breite wie der Glaskeil. Keil und
Spalte liegen unter der runden Oeffnung der feststehenden Platte so, dass
sie genau in der Mitte des Loches an einander grenzen. In die runde
Oeffnung wird ein kurzes, unten durch eine Glasplatte verschlossenes, durch
eine metallene Scheidewand in zwei Kammern getheiltes Metallrohr f so
eingesetzt, dass die eine Kammer desselben über den rothen Glaskeil,
die andere über den Spalt zu stehen kommt. In die runde Oeffnung
wird von unten mittels einer nach Art der Mikroskopspiegel drehbaren
weissen Gypsplatte das Licht von einer künstlichen Quelle geworfen.
Endlich gehört noch zum Apparat die „automatische Blutpipette" g,
ein feines, 8 mm langes und 6,5 cmm fassendes Capillarröhrchen, um
dessen Mitte zur leichteren Handhabung ein Draht geschlungen ist.

Zur Bestimmung werden zunächst die beiden Hälften des Metallrohres f halb mit Wasser gefüllt; dann lässt man aus einem durch
Einstich in eine Fingerkuppe hervorquellenden Blutstropfen Blut in
die Capillare g eintreten mit der Vorsicht, dass die Aussenwand der
Capillare rein bleibt, was am besten dadurch erreicht wird, dass man
dieselbe ganz leicht einfettet. Dann taucht man die gefüllte Capillare
in diejenige Kammer des Metallrohres ein, welche über den Spalt zu

liegen kommt, mischt und füllt beide Kammern mit Wasser voll. Nun
wird der Glaskeil *d* durch Drehung der Schraube *h* so lange verschoben, bis die Flüssigkeit in beiden Hälften des Metallrohres gleich
intensiv roth gefärbt erscheint. Derjenige Theilstrich der verschieb-
lichen Scala, welcher in dieser Stellung mit einer am Rande der ovalen
Oeffnung *b* angebrachten Marke zusammenfällt, gibt wie beim Gowers-
schen Hämoglobinometer direct den Hämoglobingehalt des untersuchten
Blutes in Procenten vom normalen Blute an.

Hämatoskop von Hénocque.

Die Bestimmung des Hämoglobingehaltes mit dem Hämatoskop
von Hénocque ist keine colorimetrische, sondern eine diaphano-
metrische, indem dabei der Grad der Undurchsichtigkeit des Blutes bestimmt wird. Dadurch verliert die Methode etwas an Genauigkeit
gegenüber den beiden vorher beschriebenen, da die Durchsichtigkeit
des Blutes nicht allein vom Hämoglobingehalt, sondern auch von der
Zahl der Blutkörperchen abhängig ist. Man erhält mit dieser Methode
meist etwas höhere Werthe, als mit der von Gowers und v. Fleischl.
Der Apparat besteht aus zwei Theilen (Fig. 110).

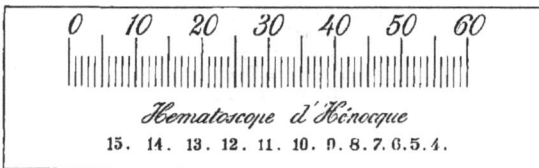

Fig. 110a. Emailplatte.

1. Aus einer Emailplatte, welche in ihrem oberen Theil eine
Millimeterscala von 0 bis 60, und darunter in nach rechts hin sich ver-
kleinernden Zwischenräumen die Zahlen 15 bis 4 trägt.

Fig. 110b. Hämatoskop von Hénocque, mit Blut gefüllt.

Fig. 110c. Hämatoskop von Hénocque, Seitenansicht.
(Nach v. Jaksch.)

2. Aus einer gleich grossen Glasplatte, in welche ebenfalls eine
Millimeterscala so eingeschrieben ist, dass sie sich mit derjenigen der
Emailplatte beim Aufeinanderlegen der beiden Platten genau deckt.

An beiden Seiten dieser Glasplatte befinden sich Metallhülsen, mittels
welcher eine schmale Glasplatte auf der ersten, breiteren, befestigt ist
und zwar so, dass sich bei dem Theilstrich 0 der Millimeterscala die
Flächen der Platten berühren, während bei 60 ein 0,3 mm tiefer
Zwischenraum bleibt, was dadurch bewirkt wird, dass sich an dieser
Stelle an der unteren, grösseren Glasplatte eine kleine Erhebung
befindet.

Man lässt das unverdünnte Blut zwischen die beiden Platten eintreten, bis der von ihnen gebildete keilförmige Raum vollständig damit
angefüllt ist. Dann wird die Emailplatte untergelegt, so dass sich die
beiden Millimeterscalen genau decken. Es befinden sich dann die
Zahlen 15 bis 4 der Emailplatte unterhalb der Blutschicht, und man
wird bemerken, dass auf der rechten Seite ein Theil der Ziffern unsichtbar geworden ist. Diese sind nun so gewählt, dass die letzte
noch lesbare Zahl direct das in 100 ccm Blut enthaltene Hämoglobin
in Grammen angibt.

Um das Resultat in Procente des normalen Hämoglobingehaltes
des Blutes, wie sie der Gowers'sche und der Fleischl'sche Apparat
angeben, umzurechnen, hat man, da 14 g Hämoglobin als Durch-
schnittsmenge in 100 ccm Blut gelten können, die erhaltene Zahl mit
100 zu multipliciren und mit 14 zu dividiren.

Sehr exacte Resultate erhält man mittels der in der neueren Zeit weit ausgebildeten quantitativen spectroskopischen Untersuchung des Blutes. Doch sind
hiezu sehr genaue und theure Instrumente erforderlich, so dass die quantitative
Bestimmung des Hämoglobins auf diesem Wege für rein practische Zwecke keine
allgemeine Anwendung finden wird. (Ueber die qualitative spectroskopische Blut-
untersuchung s. S. 328.)

Zählung der Blutkörperchen.

Von besonderem Werth für die Diagnose ist die Bestimmung der
Zahl der in einer abgemessenen Menge Blutes befindlichen rothen und
weissen Blutkörperchen. Sie kann in manchen Fällen entscheidend für
die Diagnose werden, ausserordentlich häufig dient sie als werthvolle
Unterstützung anderer Untersuchungsmethoden.

Das normale Blut enthält beim Mann im Durchschnitt 5 Mil-
lionen, beim Weibe 4,5 Millionen rothe Blutkörperchen im Cubik-
millimeter. Diese Zahlen unterliegen in Krankheiten grossen Schwankungen.
Verminderung der rothen Blutkörperchen trifft man bei allen secundären
Anämieen; im höchsten Grade wird sie bei der progressiven perniciösen
Anämie beobachtet.

Die Zahl der weissen Blutkörperchen in der gleichen Blutmenge
ist eine viel schwankendere; sie beträgt zwischen 6000 und 10000,
im Mittel 8000. Bei Kindern ist die Mittelzahl höher anzusetzen. Das
Verhältniss der weissen zu den rothen beträgt im Mittel ca. 1 : 700.
Die Zahl der weissen Blutkörperchen zeigt viel grössere Differenzen als
diejenige der rothen, was nicht nur in den grösseren Fehlern bei der
Zählung ihren Grund hat. Wir sehen vielmehr unter vollständig normalen Verhältnissen Vermehrung der Leukocytenzahl eintreten und
sprechen dann von physiologischer Leukocytose. Diese tritt
in drei Formen auf:

1. Als Verdauungsleukocytose, kurz nach Aufnahme von Eiweiss, wobei die Leukocytenzahl ihr Maximum nach 3—4 Stunden erreicht und um 30—40 % erhöht sein kann.

2. Als Schwangerschaftsleukocytose, welche namentlich in der zweiten Hälfte der Schwangerschaft zur Beobachtung kommt. Die Vermehrung der Leukocyten ist dabei noch beträchtlicher, als bei der Verdauungsleukocytose.

3. Als Leukocytose der Neugeborenen. Bei dieser kann die Leukocytenzahl oft im Cubikmillimeter das 2—3fache derjenigen des erwachsenen Menschen betragen.

Pathologische Leukocytose trifft man bei den verschiedensten Erkrankungen an. Zunächst kommt sie vor bei allen chronisch-kachectischen Zuständen, wobei sie in der Regel mit Verminderung der Erythrocyten und des Hämoglobins einhergeht, so dass die absolute Zahl der Leukocyten oft nur wenig erhöht, dagegen das Verhältniss der weissen zu den rothen beträchtlich gesteigert erscheint. Wichtig ist ferner ihr Auftreten bei einer Reihe von Infectionskrankheiten — entzündliche Leukocytose — wie bei septischen Erkrankungen, bei der Diphtherie, dem acuten Gelenkrheumatismus, dem Erysipel u. s. w. Am ausgesprochensten ist diese entzündliche Leukocytose bei der croupösen Pneumonie, wobei sich bis zu 60000 weisse Blutkörperchen im Cubikmillimeter finden können. Im Gegensatz hiezu wird bei Typhus abdominalis anscheinend regelmässig die entzündliche Leukocytose vermisst. Dieses verschiedene Verhalten kann differentialdiagnostisch von grosser Bedeutung sein.

Weitaus die mächtigste und zwar dauernde Vermehrung erfahren die weissen Blutkörperchen bei der Leukämie. Hier stellt sich das Verhältniss der Leukocyten zu den Erythrocyten in vielen Fällen wie 1:20 und noch höher. Es kommen Fälle zur Beobachtung, bei welchen das Verhältniss wie 1:2 und 1:1 ist, ja bei welchen sogar die weissen die rothen Blutkörperchen an Zahl übertreffen.

Zählung der rothen Blutkörperchen.

Die Zählung der rothen Blutkörperchen geschieht gegenwärtig fast ausnahmslos mit dem von Zeiss und Thoma (Fig. 111) construirten Apparate. Derselbe besteht aus zwei getrennten Theilen, aus der Zählkammer und aus dem Blutmischer, dem Mélangeur.

1. Der Mélangeur a dient zum Abmessen und Verdünnen des Blutes und ist gebildet aus einer Capillarpipette, welche im oberen Theile ampullenartig erweitert ist. In diese Erweiterung ist eine frei bewegliche Glasperle eingeschmolzen. Die Capillarröhre trägt zwei Theilstriche, von welchen der eine, der Ausbauchung zunächst liegende, mit 1, der andere mit 0,5 bezeichnet ist. (Manche Instrumente sind mit zehn Theilstrichen versehen.)

Oberhalb der Ampulle verengt sich das Rohr wiederum zu einer Capillare und trägt hier die Marke 101, d. h. der Cubikinhalt der Erweiterung ist 100mal so gross, als derjenige der Capillarröhre. Zum leichteren Ansaugen ist am oberen Ende ein Gummischlauch mit einem Glasansatz angebracht.

2. Die Zählkammer b. Ein grosser glatt geschliffener Object-

träger trägt eine viereckige Glasplatte aufgekittet, die in ihrer Mitte mit einem kreisrunden Ausschnitt versehen ist. Dadurch entsteht eine Vertiefung, in welcher ein feines kreisförmiges Glasplättchen befestigt ist, welches einerseits einen geringeren Breitendurchmesser besitzt, als der Ausschnitt, so dass es von einer ringförmigen Furche umgeben ist, und andererseits auch einen um 0,1 mm geringeren Dickendurchmesser hat. Durch Auflegen eines starken Deckglases mit planparallelen

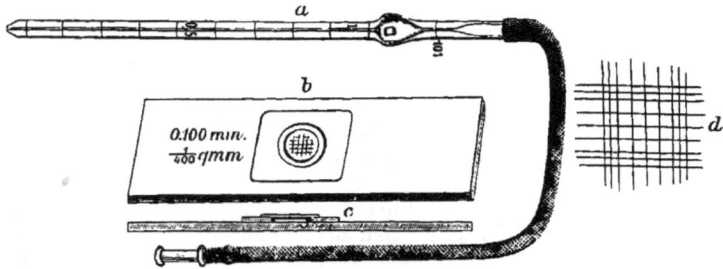

Fig. 111. Blutkörperchen-Zählapparat von Thoma-Zeiss.
a Mélangeur, b Zählkammer, c Zählkammer im Profil, d Theilung der Zählkammer.

Flächen entsteht so eine Kammer von 0,1 mm Tiefe. Auf das Glasplättchen ist eine feine quadratische Eintheilung (d) eingeritzt, in der Weise, dass die Seite eines jeden Quadrates $^1/_{20}$ mm misst; der über einem solchen Grundquadrate liegende, oben durch das aufgelegte Deckgläschen begrenzte Raum beträgt demnach $^1/_{20} . ^1/_{20} . ^1/_{10} = ^1/_{4000}$ cmm. Es sind $20 \times 20 = 400$ solcher Quadrate. Um die Orientirung zu erleichtern, ist in horizontaler und sagittaler Richtung jedes fünfte Quadrat durch eine weitere Linie halbirt, so dass dadurch eine leicht erkennbare Eintheilung in grössere Quadrate bewirkt wird, von welchen jedes 16 der kleineren umfasst. Zur Zählung muss das Blut verdünnt werden. Dies darf nicht mit Wasser geschehen, weil durch dasselbe die Erythrocyten aufgelöst würden. Am besten benützt man zur Verdünnung die Hayem'sche Flüssigkeit von folgender Zusammensetzung:

Hydrargyr. bichlorat. . 0,5
Natrii sulfur. 5,0
Natrii chlorat. 2,0
Aq. destill. 200,0

Man kann aber auch eine 3%ige Kochsalzlösung oder eine 5%ige Glaubersalzlösung verwenden.

Man saugt in den Mélangeur bis zur Marke 1 (bei sehr reichlicher Blutkörperchenmenge bloss bis 0,5) Blut auf, wischt die Spitze mittels Filtrirpapier ab und saugt von einer der angegebenen Verdünnungsflüssigkeiten bis zur Marke 101 nach. Man erhält dadurch eine Verdünnung des Blutes von 1 : 100 (hat man nur bis 0,5 aufgesaugt, von 1 : 200). Nachdem durch Schütteln der in der Ampulle befindlichen Glasperle Flüssigkeit und Blut gut gemischt sind, wobei der Mélangeur beiderseits mit den Fingern geschlossen werden muss,

wird die in der Capillare befindliche nicht mit Blut gemischte Ver-
dünnungsflüssigkeit ausgeblasen. Darauf wird ein kleiner Tropfen von
der Mischung auf den Boden der Zählkammer gebracht und das vorher mit Alcohol und Aether gut gereinigte Deckglas aufgelegt. Dabei
ist sorgfältig darauf zu achten, dass zwischen Deckglas und den Rand
der Zählkammer keine Flüssigkeit eindringt, weil dadurch die Tiefe der
Kammer verändert und die Zählung falsch würde. Dies möglichst zu
verhindern, ist der Zweck der erwähnten ringförmigen Vertiefung,
welche das überschüssige Blut aufnimmt. Das Deckgläschen liegt dann
gut, wenn bei leichtem Druck auf dasselbe an den dem Objectträger
aufliegenden Theilen die sogenannten Newton'schen Farbenringe erscheinen: farbige, um einen dunklen Mittelpunct gelagerte, mit dunklen
Ringen abwechselnde Kreise. Dieselben müssen auch beim Aufhören
des Druckes bestehen bleiben.

Ehe man zur Zählung schreitet, lässt man das fertiggestellte
Präparat etwa eine Minute lang horizontal liegen, damit sich die Blutkörperchen zu Boden setzen. Dann wird dasselbe unter das Mikroskop
gebracht. Es ist gut, zuerst mit schwacher Vergrösserung sich zu
überzeugen, ob die Vertheilung der Blutkörperchen im Gesichtsfeld
eine gleichmässige ist, widrigenfalls man ein neues Präparat anzu-
fertigen hat. Die Zählung selbst nimmt man mit mittlerer Vergrösserung vor. Sie geschieht am besten in der Weise, dass man mit dem
links oben liegenden Quadrat beginnt und nun reihenweise die Zahl
der in einem grossen Quadrat, also in 16 kleinen Quadraten liegenden
rothen Blutkörperchen notirt. Um nicht eine Anzahl von Blutkörperchen doppelt zu rechnen, werden von den auf den Grenzlinien liegenden Körperchen nur diejenigen in das Quadrat eingezählt, welche die
obere und die linke Grenzlinie berühren. Je mehr Quadrate gezählt
werden, um so zuverlässiger wird das Resultat. Kommt es auf grosse
Genauigkeit an, so empfiehlt es sich, sämmtliche Quadrate durchzu-
zählen. Man hat dann, genaues Arbeiten vorausgesetzt, mit einem
Fehler von höchstens 1—2% zu rechnen. Im Allgemeinen genügt die
Zählung von etwa 100 kleinen Quadraten.

Aus der Summe der notirten Zahlen nimmt man das arithmetische
Mittel und erhält so den Mittelwerth für die in je 16 kleinen Quadraten
gelegenen rothen Blutkörperchen (= x). Um daraus zu berechnen,
wie viel rothe Blutkörperchen auf 1 cmm des untersuchten Blutes
treffen, hat man sich zu erinnern, dass das Blut im Mélangeur 100fach
(eventuell 200fach) verdünnt wurde, und dass ein kleines Quadrat einen
Rauminhalt von $1/4000$ cmm, demnach ein grosses einen solchen von
$1/250$ cmm hat. Daraus ergibt sich, dass die Zahl der rothen Blutkörperchen in 1 cmm x × 100 × 250 beträgt (bei der stärkeren Verdünnung = x × 200 × 250).

Nach der Zählung sind die einzelnen Theile des Apparates sorgfältig zu reinigen, namentlich hat man den Mélangeur zunächst mit
Wasser durchzuspülen und dann mit Alcohol und Aether zu trocknen.
In der Capillare oder Ampulle angetrocknete Blutreste, welche sich
nur sehr schwer wieder entfernen lassen, können beträchtliche Fehler
bei der Zählung verursachen.

Zählung der weissen Blutkörperchen.

Zur Zählung der weissen Blutkörperchen dient im Princip der nämliche Zeiss-Thoma'sche Apparat. Man bedarf aber wegen der geringeren Zahl der weissen Blutkörperchen einer geringeren Blutverdünnung. Man verwendet daher einen anderen Mélangeur, durch welchen das Blut nur eine 10fache Verdünnung erfährt. Er trägt die Marken 0,5 und 1, über der Ampulle aber die Marke 11. Die Verdünnung des Blutes geschieht hiebei mit 0,3—0,5 %iger Essigsäure, welche zweckmässig durch Zusatz von etwas Gentianaviolett- oder Methylenblaulösung schwach blau gefärbt wird. In dieser Flüssigkeit lösen sich die rothen Blutkörperchen auf, während sich die weissen blau tingiren und dadurch deutlich sichtbar werden. Die Zählung und die Ausrechnung des Zählresultates geschieht in der nämlichen Weise wie bei den rothen Blutkörperchen, nur hat man die erhaltene Mittelzahl nicht mit 100×250, sondern, entsprechend der geringeren Verdünnung, nur mit 10×250 zu multipliciren.

Untersuchung der morphotischen Beschaffenheit der Blutkörperchen.

Gewisse Veränderungen, welche die Blutkörperchen in Krankheiten erfahren, lassen sich schon im frischen und einfach an der Luft getrockneten Präparate erkennen. Meist aber ist eine besondere Behandlung mit Farbstoffen nach vorhergegangener Fixirung nothwendig.

Untersuchung im nichtgefärbten Präparat.

Um Irrthümer zu vermeiden, sind auch bei der Herstellung eines einfachen, frischen Blutpräparates gewisse Vorsichtsmassregeln zu befolgen. Vor Allem müssen die nöthigen Manipulationen möglichst rasch gemacht werden, weil die Blutkörperchen an der Luft schnell ihre normale Gestalt einbüssen, schrumpfen, zackig, „morgenstern- oder stechapfelförmig" werden. Weiterhin muss die zu untersuchende Blutschicht eine möglichst dünne sein, und endlich darf beim Anfertigen des Präparates keinerlei Druck auf dasselbe ausgeübt werden, weil dadurch die Gestalt der Blutkörperchen recht beträchtliche Veränderungen erleiden kann.

Will man ein frisches, nicht getrocknetes Präparat zur Untersuchung, so bringt man einfach einen kleinen Blutstropfen auf den Objectträger und bedeckt ihn rasch mit einem Deckglas. Besser aber ist es, zwei aufeinandergelegte Deckgläser oder Objectträger und Deckglas mit der Kante an den aus dem Einstich hervorquellenden Blutstropfen heranzubringen, wodurch das Blut in den capillaren Raum emporsteigt und in sehr dünner Schicht betrachtet werden kann. Soll das Präparat sich einige Zeit unverändert halten, so muss man das Deckgläschen mit Oel umranden, damit keine Luft zutreten kann.

Wegen der Undauerhaftigkeit dieser frischen Präparate, und um sie weiterhin besser mit Farbstoffen behandeln zu können, stellt man gewöhnlich Trockenpräparate her, indem man das Blut in möglichst dünner Schicht an der Luft auf Deckgläschen trocknen lässt. Ist die Blutschicht dünn genug, so geschieht das Antrocknen so rasch, dass die Blutkörperchen ihre Gestalt dabei nicht verändern. Zur Erlangung guter Trockenpräparate ist eine vorherige gründliche Reinigung der benützten Deckgläschen mit Alcohol und Aether unerlässlich. Eine sehr feine Vertheilung des Blutes erlangt man am besten dadurch, dass man den Rand eines Deckgläschens mit dem frisch austretenden Blute benetzt und damit über die Fläche eines zweiten streift oder, was sich bei dünnerer Blutbeschaffenheit empfiehlt, indem man auf ein Deckgläschen einen kleinen Blutstropfen bringt und diesen durch Darüberhinziehen eines zweiten Deckglases auf der Fläche ausbreitet.

a) Rothe Blutkörperchen.

Das frische und getrocknete Präparat gestattet schon manche für die Diagnose wichtige Beobachtung. Zunächst ist die Form der rothen Blutkörperchen ins Auge zu fassen. An Stelle der kreisrunden, annähernd gleich grossen Erythrocyten sieht man bei allen schwereren Anämieen andere Formen auftreten. Es kommt dies nicht nur, wie man früher annahm, bei der progressiven perniciösen Anämie, sondern auch bei secundären Anämieen und bei hochgradiger Chlorose vor. Die rothen Blutkörperchen variiren dabei stark in ihrer Grösse; es treten abnorm grosse, welche als Makrocyten, und abnorm kleine, welche als Mikrocyten bezeichnet werden, auf. Daneben verändern sie aber auch ihre regelmässige, kreisförmige Gestalt. Man erblickt unter dem Mikroskop die abenteuerlichsten Formen. Die Blutkörperchen werden länglich-oval, oft gekrümmt, so dass sie eine posthorn-ähnliche Gestalt erlangen; andere haben Fortsätze, welche ihnen ein birnförmiges Aussehen geben können, wieder andere erscheinen als Sterne oder Kreuze

Fig. 112.
Makrocyten, Mikrocyten und Poikilocyten.

u. s. w. Man bezeichnet solche Formen als Poikilocyten (Fig. 112).

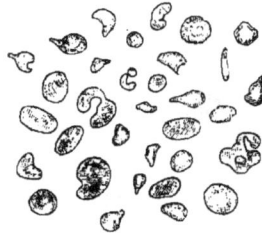

Die Eigenschaft der rothen Blutkörperchen, sich geldrollenförmig mit der Fläche an einander zu legen, wenn man einen grösseren Tropfen Blutes unter das Deckglas bringt, kann bei schweren Anämieen mehr oder minder verloren gehen.

Bei der Chlorose und bei secundären Anämieen gibt sich oft die Herabsetzung der Hämoglobinmenge im einzelnen Blutkörperchen durch ihr ausserordentlich blasses Aussehen kund.

b) Weisse Blutkörperchen.

Eine ausgesprochene Vermehrung der Leukocyten lässt sich häufig schon am einfachen, frischen Blutpräparat erkennen. Dieselbe ist in vorgeschrittenen Fällen von Leukämie so deutlich, dass lediglich die Stellung der Diagnose eine Zählung der Leukocyten nicht mehr erfordert. Während dieselben im normalen Blut nur vereinzelt im Gesichtsfeld auftreten, zeigen sie sich in solchen Fällen in grossen

Mengen, oft zu mehreren an einander liegend, manchmal so zahlreich,
dass sie an Zahl den rothen gleichkommen, ja dieselben sogar übertreffen können. Sie sind an der Farblosigkeit, an ihrer Granulirung
und an dem Kern unschwer von den rothen zu unterscheiden. Der
Kern kann durch Zusatz verdünnter Essigsäure noch deutlicher sichtbar gemacht werden.

Auch die Leukocyten lassen schon im frischen oder getrockneten,
ungefärbten Zustand manche für die Diagnose werthvolle Veränderungen
erkennen, wie die Zahl und Form der Kerne, die Körnung des Protoplasmas u. s. w. Genaueren Aufschluss über diese Verhältnisse erhält man aber aus dem gefärbten Präparat (s. unten).

c) Blutplättchen.

Endlich bekommt man im frisch bereiteten Trockenpräparat die
sogenannten Blutplättchen (Fig. 113) zu sehen. Auch kann man sie
im frischen, ungetrockneten Blute zur Anschauung bringen. Am besten
fängt man zu diesem Zweck das Blut direct unter einer Conservirungsflüssigkeit auf, indem man einen Tropfen einer solchen auf eine Fingerbeere bringt und durch den Tropfen hindurch einsticht.
Als solche Conservirungsflüssigkeit verwendet man entweder eine 1%ige Osmiumsäure- oder physiologische
(0,75%ige) Kochsalzlösung, welcher man zweckmässig
eine verdünnte (0,5%ige) Gentianaviolettlösung zusetzt,
wodurch die Blutplättchen blau gefärbt werden. Sie

erscheinen als kleine scheibenförmige oder auch mehr
eiförmige Plättchen. Man muss sich hüten, sie nicht
mit den in jedem nicht sehr sorgfältig verfertigten
Blutpräparat auftretenden Körnchen, welche vielfach als
Elementarkörnchen bezeichnet werden, zu verwechseln. Diese Elementarkörnchen stellen Zerfallsproducte von Blutkörperchen und Blutplättchen
dar. Die Blutplättchen sollen in verminderter Menge bei den perniciösen Anämieen, in vermehrter Zahl bei den übrigen Anämieen auftreten. Eine annähernd exacte Methode, sie zu zählen, ist bisher
nicht bekannt.

Untersuchung im gefärbten Präparat.

Zur genaueren Untersuchung der Blutkörperchen reicht die Betrachtung des frischen Präparates nicht aus. Bestimmteres erfahren
wir durch die in neuerer Zeit namentlich durch Ehrlich ausgebildeten
Färbemethoden.

Zur Färbung müssen die Präparate in geeigneter Weise vorbereitet
werden. Man lässt das in der auf p. 317 beschriebenen Weise her-
gestellte Präparat zum Trocknen mehrere Stunden an der Luft liegen.
(Zweckmässig, aber nicht nothwendig, ist das Einlegen desselben in
einen Exsiccator — eine Glasglocke, deren mattgeschliffener unterer
Rand mit Fett bestrichen wird, so dass er luftdicht auf einer ebenfalls
matten Glasplatte aufliegt, und in welcher sich in einem Gefäss zur
Absorption des Wassers concentrirte Schwefelsäure befindet.)

Nach dem Trocknen hat man die Blutschicht auf dem Deckglas zu fixiren, damit sie bei der folgenden Procedur des Färbens nicht heruntergespült wird. Dies geschieht durch 2stündiges Erhitzen auf 110—120 ⁰ C. in einem mit Thermoregulator versehenen Trockenschrank. Die Präparate dürfen nicht in den schon erhitzten Raum eingebracht werden, sondern müssen langsam erhitzt und ebenso langsam wieder abgekühlt werden.

Ebenso gute Resultate erzielt man durch Einlegen der Präparate auf 1—2 Stunden in eine Mischung von absolutem Alcohol und Aether zu gleichen Theilen.

Doppelfärbung mit Eosin-Hämatoxylin.

Die am meisten angewandte und, wenn nicht ganz besondere Ziele verfolgt werden, zweckmässigste Färbung ist die Doppelfärbung mit Eosin-Hämatoxylin, welche sowohl zur genaueren Untersuchung der rothen, als auch in den meisten Fällen der weissen Blutkörperchen geeignet erscheint.

Man hat dazu folgende zwei Farblösungen nöthig, welche dauernd haltbar bleiben:

1. Eosinlösung, bestehend aus einer mit Eosin gesättigten 5 %igen Carbolglycerinlösung.

2. Hämatoxylinlösung, als welche man entweder Böhmer'sches oder Delafield'sches Hämatoxylin benützt. Das Böhmer'sche Hämatoxylin wird in folgender Weise zubereitet: 1 g Hämatoxylin wird in 30 ccm absolutem Alcohol gelöst und davon tropfenweise zu einer ¹/₃ %igen wässerigen Alaunlösung zugesetzt, bis eine violette Färbung entsteht. Diese Lösung lässt man einige Tage stehen, wobei das Violett in ein dunkles Blau übergeht. Die Darstellung des Delafield'schen Hämatoxylins ist folgende: 2 g krystallinischen Hämatoxylins werden in 12,5 ccm absolutem Alkohol gelöst und dazu 200 ccm einer concentrirten wässerigen Alaunlösung gefügt. Das Ganze lässt man 4 Tage offen stehen, filtrirt dann und bringt 100 ccm Glycerin und ebenso viel Methylalcohol hinzu. Nach ein paar Tagen wird noch einmal filtrirt. Zur Färbung der Blutpräparate verdünnt man die Lösung mit gleichen Theilen Wasser.

Sowohl das Böhmer'sche, als auch das Delafield'sche Hämatoxylin soll jedesmal vor dem Gebrauch filtrirt werden.

Die Färbung geschieht am einfachsten und sparsamsten in der Weise, dass man auf die mit Blut bestrichene Seite eines Deckgläschens einen Tropfen der Eosin-Glycerinlösung bringt und darauf, mit der bestrichenen Seite nach unten sehend, ein zweites mit Blut beschicktes Deckglas legt. Die Farblösung lässt man mehrere Stunden einwirken, spült mit Wasser ab und bringt dann das Präparat für einige Minuten in eine der angegebenen Hämatoxylinlösungen, worauf mit Wasser abgespült, zwischen Filtrirpapier und eventuell vorsichtig über der Flamme getrocknet und in Canadabalsam eingeschlossen wird.

Diese Doppelfärbung kann auch in einem Act erzielt werden, wenn man die Ehrlich'sche Hämatoxylin-Eosin-Mischung verwendet, welche in folgender Weise hergestellt wird: Man bereitet sich eine Lösung von

Hämatoxylin   4,0—5,0
Aq. destill.
Alcohol
Glycerin āā   .   100,0
Eisessig   .   20,0

und bringt dazu Alaun im Ueberschuss. Die braune Lösung bleibt
4—6 Wochen im Lichte stehen, worauf ca. 1 g Eosin zugesetzt wird.

Die Färbung geschieht am besten in einem mit Deckel versehenen
Glasschälchen. Man lässt die Präparate 24 Stunden in der dem Lichte
ausgesetzten Flüssigkeit liegen. Dieselben werden dann tüchtig mit
Wasser abgespült, zwischen Filtrirpapier getrocknet und in Canadabalsam eingelegt.

Die hämoglobinhaltigen Zelltheile nehmen bei der Doppelfärbung
mit Eosin-Hämatoxylin eine intensiv gelb- bis rosarothe Färbung an,
während der hämoglobinfreie Zellleib der Leukocyten helllila, die Kerne
derselben dunkellila und diejenigen der Erythrocyten schwarzblau gefärbt werden. Endlich erhalten die sogenannten α-Granulationen der
eosinophilen Zellen eine leuchtend rothe Farbe (s. p. 322).

Veränderungen an den rothen Blutkörperchen.

Diese Doppelfärbung lässt an den rothen Blutkörperchen, neben
den schon im frischen Präparat zu constatirenden Formveränderungen
weitere die Diagnose unterstützende Momente erkennen. Dahin gehört
zunächst das Auftreten von kernhaltigen rothen Blutkörperchen in
zwei scharf zu trennenden Formen, welche als Normoblasten und
als Megaloblasten bezeichnet werden.

Die ersteren, die Normoblasten (s. Taf. Fig. 2a), haben die
Grösse normaler Erythrocyten; die Kerne, welche eine sehr intensiv
blauschwarze Färbung annehmen, liegen meist im Centrum, manchmal
an der Peripherie der Zelle. Häufig beobachtet man an dem Kerne
Theilungsvorgänge. Solche dunkel gefärbte Körper findet man nicht
selten frei ohne Protoplasmahülle im Präparat; sie werden als aus-
gestossene Kerne von Normoblasten aufgefasst. Sie können bei jeder
schwereren Anämie auftreten.

Die Megaloblasten (Gigantoblasten) (s. Taf. Fig. 2b) sind
3—5 mal so gross als normale rothe Blutkörperchen. Sie besitzen einen
central gelegenen Kern, welcher das Hämatoxylin weniger annimmt,
als der Kern der Normoblasten, daher weniger dunkel gefärbt erscheint.
Sie treten namentlich in grösserer oder geringerer Menge bei der progressiven perniciösen Anämie auf, werden aber gelegentlich auch im
Verlauf anderer Anämieen gefunden und können andererseits bei der
perniciösen Anämie fehlen.

Eine weitere am gefärbten Präparat erkenntliche Veränderung der
rothen Blutkörperchen betrifft den hämoglobinhaltigen Zellleib. Man
beobachtet bei Anämieen, und zwar hauptsächlich bei denjenigen, welche
nicht der perniciösen Form angehören, eine mangelhafte Tinction des
Protoplasmas mit Eosin. In vielen Zellen tritt an Stelle der hellen
rothen eine mehr verwaschene Färbung auf.

Dagegen nehmen bei der progressiven perniciösen Anämie nicht selten die Erythrocyten im Gegensatz zur Norm Hämatoxylin auf und erscheinen dadurch nicht mehr rosaroth, sondern mehr blauroth gefärbt. Man bezeichnet dies nach Ehrlich als anämische Degeneration (s. Taf. Fig. 1 c).

Veränderungen an den weissen Blutkörperchen.

Viel mannigfaltiger sind die Beobachtungen, welche man an den weissen Blutkörperchen machen kann. Die Leucocyten werden nach verschiedenen Merkmalen classificirt. In die Klinik hat die Eintheilung nach der Form des Zellkörpers und Zellkernes und diejenige Ehrlich's nach dem verschiedenen Vermögen der in den Zellen befindlichen Körnchen (Granula), sich mit gewissen Farbstoffen in bestimmter Weise zu färben, Eingang gefunden.

Nach der Form unterscheidet man folgende Arten von Leukocyten:

1. Einkernige kleine Leukocyten (Lymphocyten). Dieselben sind kleiner oder höchstens so gross als die rothen Blutkörperchen und haben einen verhältnissmässig grossen, runden Kern (s. Taf. Fig. 1 a).

2. Einkernige grosse Leukocyten (Markzellen). Sie sind grösser als die rothen Blutkörperchen; der Kern ist meist etwas eiförmig oder sichelförmig und seine Contour zeigt kleine Unregelmässigkeiten oder Lappungen; das Protoplasma ist feingekörnt (s. Taf. Fig. 3 a).

3. Polymorphkernige oder polynucleäre Leukocyten. Sie sind beträchtlich grösser als die Erythrocyten und besitzen ein feinkörniges, ziemlich stark lichtbrechendes Protoplasma. Der grosse Kern ist unregelmässig gestaltet mit lappigen Ausläufern, welche häufig nur durch eine ganz dünne Brücke von Kernsubstanz mit einander verbunden sind (polymorphkernige Leukocyten). Geht die Zerklüftung noch weiter, so kann sich dieser polymorphe Kern in mehrere Stücke theilen (polynucleäre Leukocyten) (s. Taf. Fig. 1 a).

4. Grobgranulirte Leukocyten (s. Taf. Fig. 3 b, c). Sie zeigen die nämlichen Formen wie die feingranulirten Leukocyten, zeichnen sich vor denselben aber durch viel stärker glänzende, gröbere Granulirung aus. Sie sind bei stärkerer Vergrösserung häufig schon im frischen Präparat zu erkennen. Bei der Behandlung mit Hämatoxylin-Eosin nehmen die groben Granula eine glänzendrothe Färbung an (eosinophile Zellen Ehrlich's). Die Annahme, dass diese grobgranulirten Leukocyten ausschliesslich dem Knochenmark entstammen, ist in jüngster Zeit zweifelhaft geworden.

Diese verschiedenen Formen lassen sich nicht in allen Fällen stricte von einander unterscheiden. Es kommen Zwischenstufen der verschiedensten Art vor, so dass man manchmal im Zweifel ist, in welche Klasse eine bestimmte Zelle einzureihen ist. Solche Uebergänge finden sich namentlich zwischen den einkernigen, grossen und den polymorphkernigen oder polynucleären Leukocyten.

Die von Ehrlich eingeführte Eintheilung der weissen Blutkörperchen gründet sich auf das verschiedene Verhalten der Zellgranula gegen Anilinfarbstoffe und zwar nach dem Ausdruck Ehrlich's gegen

saure, basische und neutrale Farbstoffe*). Als saure Farbstoffe bezeichnet Ehrlich diejenigen, in welchen die Färbung auf der Säure
beruht, so Eosin, Aurantia, Indulin, Nigrosin; als basische solche, bei
welchen die Base als wirksamer Factor auftritt, wie Fuchsin, Bismarckbraun, Safranin, Gentiana, Dahlia, Methylviolett, und endlich als neutrale diejenigen, bei welchen eine färbende Base und eine färbende
Säure zusammenwirken, wie im Methylenblau und Methylgrün.

Nach dem Verhalten gegenüber diesen Farbstoffen unterscheidet
Ehrlich fünferlei Granulationen, welche mit den griechischen Buchstaben α—ε bezeichnet werden.

1. α-Granulationen (eosinophile oder acidophile
Leukocyten (s. Taf. Fig. 1a und 3b). Sie zeichnen sich aus durch
die grosse Fähigkeit, saure Anilinfarbstoffe aufzunehmen. Sie finden
sich im normalen Blut in polymorphkernigen oder polynucleären Leukocyten von normaler Grösse und zwar treten diese eosinophilen Zellen
in sehr wechselnder Menge sowohl bei verschiedenen Personen als auch
beim nämlichen Individuum zu verschiedenen Zeiten auf. In gehäufter
Menge findet man sie in der Regel im leukämischen Blute, ohne dass
aber dies Verhalten allein für die Differentialdiagnose von entscheidender Bedeutung ist, da auch bei anderen Zuständen eine Anhäufung von
eosinophilen Zellen im Blut zu beobachten ist.

Wichtig ist das Auftreten von eosinophilen Körnern in grossen,
einkernigen, als Markzellen (s. oben, Nr. 2) bezeichneten Leukocyten,
das bisher nur im leukämischen Blut constatirt werden konnte (s. Taf.
Fig. 3 c).

Die eosinophilen Granulationen werden zur Anschauung gebracht
entweder durch die schon beschriebene Doppelfärbung mit Hämatoxylin
und Eosin, wodurch sie sich leuchtend roth färben, oder durch das
Ehrlich'sche dreifache Glyceringemisch. Dieses hat folgende Zusammensetzung:

> Eosin
> Aurantia
> Nigrosin (oder Indulin) $\overline{aa}$ 2,0
> Glycerin . . . . . . 30,0.

In dieser Mischung bleiben die Präparate 16—24 Stunden, werden
dann in viel Wasser abgespült und getrocknet. Die Erythrocyten erscheinen orange, das Protoplasma der Leukocyten schmutziggrau, der
Kern dunkelgrau, die eosinophilen Körner leuchtend roth.

Auch manche Farbmischungen, welche zur Färbung anderer Granulationen verwendet werden, ertheilen den α-Granulationen eine characteristische Färbung, so die Ehrlich'sche Triacidlösung, durch welche
die eosinophilen Körnchen ebenfalls roth gefärbt werden (s. unten Nr. 5).

2. β-Granulationen (amphophile), welche sich sowohl mit sauren als auch
mit basischen Anilinfarben tingiren, kommen im menschlichen Blute nicht vor,
dagegen trifft man sie im Blute von Meerschweinchen, Kaninchen und Hühnern.

3. γ-Granulationen, Mastzellen (s. Taf. Fig. 4). Sie nehmen
begierig basische Anilinfarben auf. Die Körner in der einzelnen Zelle

---

*) Diese Eintheilung der Anilinfarbstoffe ist vom rein chemischen Stand-
punct aus nicht richtig.

sind häufig von verschiedener Grösse. Die Mastzellen finden sich sehr spärlich im normalen, constant und zwar meist in grösserer Menge im leukämischen Blut. Die Annahme, dass ihr Vorkommen bei der Leukämie ein specifisches sei, hat sich als irrig erwiesen.

Eine blauviolette Färbung der γ-Granula erzielt man nach Ehrlich mit folgender Lösung:

Acid. acet. glacial.   12,5
Alcohol absolut. .   50,0
Aq. destill. . .   100,0
mit Dahlia gesättigt.

Darin bleiben die Präparate einige Stunden liegen, worauf sie mit Wasser gewaschen, längere Zeit in Alcohol ausgezogen oder statt dessen kurz in 2%ige Essigsäure gebracht und in Wasser abgespült und dann getrocknet werden.

Schöne Färbungen gibt das Westphal'sche Alaun-Carmin-Dahlia. 1 g Alaun wird in 100 ccm Wasser gelöst und dazu 1 g Carmin gegeben, die Mischung ¼ Stunde lang gekocht, nach dem Erkalten filtrirt und 0,5 ccm Carbolsäure zugesetzt. Dazu bringt man 100 ccm einer gesättigten alcoholischen Dahlialösung, 50 ccm Glycerin und 10 ccm Eisessig, rührt um und lässt einige Zeit stehen. In dieser Alaun-Carmin-Dahlia-Lösung bleiben die Präparate mindestens 24 Stunden und kommen dann auf ebenso lange Zeit in absoluten Alcohol, worauf sie getrocknet werden. Die Kerne erscheinen röthlich gefärbt, die γ-Granula intensiv blau.

4. δ-Granulationen (basophile) (s. Taf. Fig. 5a) kommen in einkernigen Leukocyten im normalen Blut, namentlich aber bei der lymphatischen Leukämie vor. Man färbt die Trockenpräparate einfach 5—10 Minuten lang in concentrirter wässeriger Methylenblaulösung, spült in Wasser ab und trocknet. Die δ-Granula erscheinen hellblau.

5. ε-Granulationen (neutrophile) (s. Taf. Fig. 5b). Sie kommen im normalen Blut in den polymorphkernigen oder polynucleären Leukocyten (s. p. 321 Nr. 3) und bei Leukocytose vor; wichtig für die Diagnose der myelogenen Leukämie ist ihr Erscheinen in den grossen einkernigen Leukocyten. Solche Zellen mit neutrophiler Körnung, die im Knochenmark in grosser Menge vorkommen, scheinen nur bei der myelogenen Leukämie in die Blutbahn zu gelangen. Sie werden als „Markzellen" bezeichnet. Ausser der neutrophilen Körnung führen sie manchmal auch eosinophile Granula.

Die ε-Granulationen werden gefärbt mit der Ehrlich'schen Triacidlösung. Es werden allmälig zusammengemischt:

Aq. destill.	100,0	Methylgrün	125,0
Orange G	135,0	Aq. destill.	100,0
Säurefuchsin	65,0	Alcohol abs.	100,0
Aq. destill.	100,0	Glycerin	100,0.
Alcohol abs.	100,0		

Diese erst nach längerem Stehen brauchbare Flüssigkeit lässt man 2—5 Minuten auf die Trockenpräparate einwirken, spült gut mit Wasser ab und trocknet. Die hämoglobinhaltigen Zellen sind gelbbräunlich, die Kerne sowohl der Leukocyten als auch der Erythrocyten blaugrün, die neutrophile Körnung violett und die eosinophilen Granula leuchtend roth gefärbt.

Diese Farblösung ist von Aronson und Philipp etwas abgeändert worden, eine Abänderung, welche der Ehrlich'schen Triacidfärbung von mancher Seite vorgezogen wird. Man bereitet sich eine gesättigte wässerige Lösung von Orange G, eine solche von Säurefuchsin und eine solche von Methylgrün. Haben sich die Lösungen klar abgesetzt, so werden einerseits von

mit

	Orange G	55,0
	Säurefuchsin	50,0
	Aq. destill	100,0
	Alcohol. abs.	50,0

und andererseits von

mit

	Methylgrün	65,0
	Aq. dest.	50,0
	Alcohol abs.	12,0

gemischt und diese beiden Gemische zusammengegossen. Diese Farbflüssigkeit soll vor dem Gebrauch 1—2 Wochen stehen. (Nach mehreren Wochen wird sie weniger wirksam.) Die Präparate bleiben in der Farbmischung einige Stunden und werden dann mit Wasser ausgewaschen. Es ist gut, während der Färbung von Zeit zu Zeit nach kurzem Abwaschen die Präparate unter dem Mikroskop zu besichtigen, um den Zeitpunct der besten Färbung richtig zu erfassen. Die verschiedenen Zellen und Zelltheile erscheinen in gleicher Weise tingirt wie bei der Färbung mit Ehrlich'scher Triacidlösung.

Synopsis.

(Befund in der Norm und bei Erkrankungen des Blutes und der blutbildenden Organe.)

Um die diagnostische Verwerthung der nach den mitgetheilten Methoden erhaltenen Bilder zu erleichtern, soll hier eine kurze Uebersicht über die characteristischen Merkmale des mikroskopischen Blutbefundes angeführt werden.

A. Normales Blut.

Die Zahl der rothen Blutkörperchen beträgt durchschnittlich 5 Millionen, die der weissen im Mittel 8000 im Cubikmillimeter. Das Verhältniss der weissen zu den rothen ist ca. 1 : 700.

Die Erythrocyten sind von annähernd gleicher Grösse und Form, mit deutlicher Delle, färben sich mit Eosin schön rosaroth. Zwischen den rothen Blutkörperchen liegen einzelne Blutplättchen. Die weissen Blutkörperchen zeigen verschiedene Grösse, man findet kleine, mononucleäre, und grosse, polynucleäre Formen. Hin und wieder liegen grosse polymorphkernige oder polynucleäre eosinophile Zellen im Gesichtsfeld.

B. Chlorose.

Die Zahl der Erythrocyten ist meist normal, manchmal etwas vermindert. Die Leukocyten sind nicht vermehrt. Der Hämoglobingehalt des Blutes ist stark herabgesetzt, das Blut daher blassroth. Bei leichteren Fällen von Chlorose kann der mikroskopische Befund dem des normalen Blutes fast gleich sein. In schwereren Fällen aber treten in der Regel recht augenfällige Veränderungen auf, vor Allem eine oft sehr ausgesprochene Poikilocytose. Nicht selten findet man grössere Mengen von Blutplättchen und eine leichte Vermehrung der eosinophilen Zellen.

C. Secundäre Anämieen.

In der Regel findet man eine Verminderung der rothen Blutkörperchen und ein mit dieser Verminderung annähernd parallel gehendes Absinken des Hämoglobingehaltes im Blut. Die Leukocyten sind entweder in normaler Zahl vorhanden oder vermehrt. Die rothen Blutkörperchen zeigen häufig eine mehr oder minder stark ausgeprägte Poikilocytose. Nicht selten treten kernhaltige Erythrocyten auf, und zwar vorzüglich solche von normaler Blutkörperchengrösse (Normoblasten). Megaloblasten kommen bei einfachen, schweren Anämieen auch vor; doch ist dieser Befund kein häufiger.

D. Progressive perniciöse Anämie.

Das Blut erscheint auffallend blass und dünnflüssig. Die Zahl der rothen Blutkörperchen ist stark, dagegen der Hämoglobingehalt des einzelnen Körperchens meist nicht vermindert, da die Herabsetzung des Hämoglobingehaltes im Blut nicht mit der Abnahme der Erythrocyten parallel geht, sondern viel weniger ausgesprochen sein kann, so dass der Hämoglobingehalt des einzelnen rothen Blutkörperchens sogar höher erscheint, als normal. Die Leukocyten findet man meist in normaler Menge, fast niemals vermehrt.

Unter den rothen Blutkörperchen sieht man zahlreiche Mikrocyten und Makrocyten, welche häufig anämische Degeneration zeigen. Daneben besteht auch beträchtliche Poikilocytose. Dabei zeigen die Blutkörperchen nur geringe Neigung, wie normal im grösseren Tropfen sich in Geldrollenform an einander zu legen. Fast regelmässig sieht man grössere Mengen kernhaltiger Erythrocyten und zwar gewöhnlich ziemlich zahlreiche Megaloblasten.

Die Leukocyten zeigen kein characteristisches Verhalten. Manchmal trifft man eine geringe Vermehrung der eosinophilen Zellen.

Die Blutplättchen sollen nach den Einen stets vermindert, nach den Anderen vermehrt sein.

E. Leukämie.

Die rothen Blutkörperchen zeigen vielfach Abweichungen in ihren Grössenverhältnissen. Nicht selten trifft man kernhaltige und zwar in der Regel nur Normoblasten.

Characteristisch ist die enorme Vermehrung der Leukocyten, aus deren verschiedenen Formen man im Stande ist, einen Rückschluss auf die Form der Leukämie, d. h. auf die Herkunft der weissen Blutkörperchen zu machen.

Man findet theils mononucleäre weisse Zellen von der Grösse der rothen Blutkörperchen, theils grosse polynucleäre, beide Formen oft mit eosinophiler Körnung, unter den polynucleären auch solche mit γ-Granulationen (Mastzellen) und zwar diese meist in verhältnissmässig grosser Menge. Wichtig ist das Auftreten grosser mononucleärer Formen oft mit neutrophilen (ϵ-)Granulationen, welche als Markzellen bezeichnet werden (s. p. 323). Diese Markzellen kommen fast ausschliesslich bei der Leukämie zur Beobachtung. Manchmal zeigen sie eosinophile Körnung.

Trifft man hauptsächlich mononucleäre Leukocyten in der Grösse der rothen Blutkörperchen, so spricht dies für vorwiegende Betheiligung der Drüsen (lymphatische Leukämie). Das reichliche Vorhandensein von grosen weissen Zellen deutet auf Milz und Knochenmark hin; für eine vorwiegende Erkrankung des letzteren sprechen namentlich die grossen, einkernigen, als Markzellen bezeichneten Leukocyten.

In seltenen Fällen sind im leukämischen Blut Charcot-Leyden-sche Krystalle gefunden worden.

Besondere Formelemente im Blut.

Fett (Lipämie). Geringe Fettmengen, welche sich während der Verdauung erhöhen, sind auch im normalen Blut enthalten. Eine pathologische Lipämie kommt vor bei schwerem Diabetes mellitus, bei chronischem Alcoholismus und bei Verletzungen des Knochenmarkes, welche zur Fettembolie Veranlassung geben. Starke Lipämie erkennt man schon makroskopisch an dem milchigen Aussehen des Blutes. Unter dem Mikroskop erscheint das Fett in Form feiner, stark lichtbrechender Körnchen und Tröpfchen, welche sich in Aether auflösen und durch Osmiumsäure schwarz gefärbt werden.

Pigment (Melanämie). Bei lang anhaltender Malariakachexie findet man im Blut körniges, braunes oder schwarzes Pigment, theils in Leukocyten eingeschlossen, theils frei zwischen den Zellen.

Krystalle. Im leukämischen Blut hat man Krystalle von der nämlichen Form wie die im Sputum der Asthmatiker vorkommenden Charcot-Leyden'schen Krystalle gefunden (p. 344).

Parasiten.

Thierische Parasiten.

1. Filaria sanguinis (Fig. 114). Die Filaria sanguinis bildet die Ursache der als Chylurie bekannten, in den Tropen vorkommenden Erkrankung. Im Blut finden sich, aber nur während der Nacht, zahlreiche Embryonen der zu den Nematoden oder Rundwürmern gehörigen Parasiten. Dieselben, von cylindrischer Gestalt, ca. 0,2—0,3 mm lang und 0,004 mm dick, vollführen lebhafte, schlängelnde Bewegungen.

Sie sind in eine sehr zarte Membran eingehüllt, welche das Thier am
einen Ende überragt und dadurch deutlich sichtbar wird.

2. Plasmodium malariae (s. Taf. Fig. 6). Die zu den Protozoen gehörigen Erreger der Malaria sind in fast jedem Fall von Malaria
im Blute nachzuweisen und zwar hauptsächlich während des Fieber-
anfalles.

Die Untersuchung auf Malariaplasmodien hat zunächst im frischen
Blut zu geschehen, das man auch mit einer concentrirten wässerigen
Methylenblaulösung färben kann, wodurch die Bewegungen der Parasiten für längere Zeit nicht beeinträchtigt werden, namentlich wenn
man auf dem erwärmten Objecttisch arbeitet. Man
bringt hiezu auf einen Objectträger einen kleinen
Tropfen der Farblösung und lässt das den Blutstropfen
tragende Deckgläschen rasch auf denselben fallen, worauf man, um die Verdunstung zu verhindern, das
Deckgläschen mit Wachs oder Paraffin umrahmt.

Die Plasmodien sind theils in rothen Blutkörperchen eingeschlossen, theils kommen sie frei im Blute
vor. Sie werden so gross, dass sie über die Hälfte
des Raumes der rothen Blutkörperchen einnehmen.
Sowohl die freien als auch die eingeschlossenen zeigen
lebhafte Eigenbewegung. Die von den Parasiten in
Beschlag genommenen rothen Blutkörperchen blassen
ab und in den Plasmodien selbst treten deutlich sichtbare dunkle Pigmentkörnchen auf, welche sich in leb-

Fig. 111.
Filaria sanguinis.
(Nach Kocher.)

hafter Wirbelbewegung befinden. An den freien Plasmodien sind manchmal Geisselfäden sichtbar.

Die verschiedenen Typen der Malaria sind nach neueren Untersuchungen durch verschiedenartige Species dieser Protozoen hervorgerufen.

Deutlich erkennbar werden die Plasmodien im getrockneten Aufstrichpräparat, das man entweder nach einander mit Eosin und Methylenblau oder einzeitig mit der Chenzinsky'schen Methylenblau-Eosin-
Lösung färbt, welche in folgender Weise bereitet wird: Zu 20 ccm
einer Eosinlösung, welche auf 100 ccm 70%igen Alcohol 0,5 g Eosin
enthält, bringt man 40 ccm einer concentrirten wässerigen Methylenblaulösung und 40 ccm Aqua destill. Man lässt diese Lösung 12 bis
24 Stunden auf die Präparate einwirken. Die Plasmodien erscheinen
dann blau, die rothen Blutkörperchen rosaroth. In so gefärbten Präparaten werden auch Theilungsfiguren an den Parasiten sichtbar.

Pflanzliche Parasiten.

Im Blute ist schon eine beträchtliche Anzahl von verschiedenen
Mikroorganismen gefunden worden, so Streptococcen und Staphylo-
coccen, Tuberkel-, Rotz-, Typhus- und Milzbrandbacillen und Recurrensspirillen. Die einfache mikroskopische Untersuchung ergibt nur
hinsichtlich der beiden letzteren, in seltenen Fällen allenfalls auch
hinsichtlich der Tuberkelbacillen, für die Diagnose werthvolle Anhaltspuncte. Im Uebrigen ist zum sicheren Nachweis die Anlage von Culturen nothwendig.

Zum Nachweis der Tuberkelbacillen bedient man sich desselben Verfahrens, wie es bei der Sputumuntersuchung angewendet wird (s. p. 345).

Die Milzbrandbacillen lassen sich im Blute des lebenden Menschen nicht allzuhäufig nachweisen, häufiger in anderen Geweben, im Secret der Pustula maligna und im Leichenblute. Die Färbung der aufgestrichenen und zur Fixirung dreimal durch die Flamme gezogenen Präparate geschieht einfach mit wässerigen Lösungen von Anilinfarben, wie Methylenblau, Bismarckbraun (Vesuvin), Fuchsin und Gentianaviolett, welche man 1—2 Minuten einwirken lässt und dann mit Wasser abspült. Die Anthraxbacillen erscheinen als grosse Stäbchen, welche häufig zu zweien und mehreren kettenartig an einander gereiht sind und theils frei im Gesichtsfeld liegen, theils in weissen oder auch rothen Blutkörperchen eingeschlossen sind.

Recurrensspirillen (Fig. 115). Bei Febris recurrens lassen sich während des Anfalles ausnahmslos die specifischen Krankheitserreger im Blut, und zwar lediglich in diesem, nachweisen. Nach dem Fieberanfall verschwinden sie vollständig, um beim neuen Anstieg der Temperatur wieder in grosser Menge aufzutauchen. Da die Spirillen die fünffache Grösse des Durchmessers eines rothen Blutkörperchens erreichen können, so lassen sie sich schon im ungefärbten Präparate erkennen. Zur Färbung wendet man wässerige Lösungen von Anilinfarben an. Die Mikroben stellen sehr feine, schraubenartig gewundene Fäden dar, welche im frischen Blutpräparat sehr lebhafte Bewegungen vollführen. Ihr Nachweis stellt die Diagnose auf Febris recurrens absolut sicher.

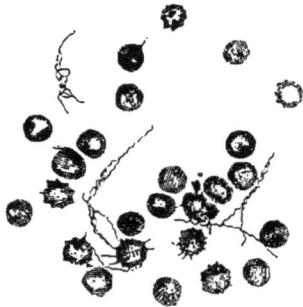

Fig. 115. Recurrensspirillen.
(Nach Heim.)

Spectroskopische Untersuchung des Blutes.

Die qualitative Spectralanalyse gibt in mancher Hinsicht wichtige Auskunft über die Beschaffenheit nicht nur des Blutes, sondern auch anderer Flüssigkeiten, z. B. des Harnes. Da sie mit verhältnissmässig billigen und einfachen Instrumenten ausgeführt werden kann, so bildet sie ein werthvolles diagnostisches Hülfsmittel.

Zum vollständigen Verständniss dieses Untersuchungszweiges soll hier in Kürze das Wichtigste aus der Theorie der Spectralanalyse, der Bau der einfacheren Spectralapparate und ihr Gebrauch besprochen werden.

Princip und Construction der Spectroskope.

Weisses Licht entsteht durch Zusammentritt von bestimmten Farben. Man ist im Stande, dieses zusammengesetzte weisse Licht wiederum in seine einzelnen Componenten zu zerlegen, indem man den Lichtstrahl durch ein Prisma fallen lässt. Dadurch wird der Lichtstrahl gebrochen, d. h. der aus dem Prisma austretende Lichtstrahl hat eine andere Richtung angenommen, als der in das Prisma eintretende. Zu gleicher Zeit aber wird das weisse Licht in die Regenbogenfarben zerlegt, es entsteht ein Spectrum, weil die verschiedenen Farben, welche das weisse Licht zusammensetzen, d. h. die Lichtstrahlen mit verschiedener Schwingungszahl, eine verschiedene Brechbarkeit besitzen. Die Strahlen mit hoher Schwingungszahl werden stärker abgelenkt, als diejenigen mit niedriger Schwingungszahl, Violett stärker als Roth. Jedes rein weisse Licht, das von einem selbstleuchtenden festen oder flüssigen Körper ausgeht, liefert ein derartiges Spectrum, das man, da das Licht in dem Zustande, wie es von dem leuchtenden Körper ausgestrahlt oder emittirt worden ist, zur Zerlegung kommt, als Emissionsspectrum bezeichnet. Weil ferner die Farben desselben ohne Unterbrechung in einander übergehen, so nennt man es ein continuirliches Spectrum. Ist das emittirte Licht nicht rein weiss, so sind im Spectrum nicht alle Regenbogenfarben enthalten. So fehlt z. B. dem Spectrum des gelben Lichtes einer Kerzenflamme (welches erzeugt wird durch glühende Kohlentheilchen) der äussere violette Theil, bei rein rothglühenden Körpern ist nur der gelbrothe Theil des im Uebrigen continuirlichen Spectrums vorhanden.

Ein anderes Emissionsspectrum ist das Linien- und Bandenspectrum, das aus einzelnen parallelen hellleuchtenden Streifen besteht, von der gleichen Farbe, wie sie im continuirlichen Spectrum an demselben Platz sich befindet. Diese Linienspectra entstehen, wenn der glühende Dampf eines chemischen Elementes durch ein Prisma betrachtet wird. Jedes Element gibt ein für dasselbe specifisches Spectrum, in welchem die hellen Linien immer genau die gleiche Lage einnehmen und das von keinem anderen Stoff in der gleichen Weise erzeugt wird. So erzeugt glühender Natriumdampf im Spectrum eine Linie im Gelb, glühender Kaliumdampf eine Linie im äussersten Roth und eine im Violett.

Von diesen Emissionsspectra verschieden sind die Absorptionsspectra, welche aus dem siebenfarbigen Band bestehen, das aber in seiner Continuität unterbrochen erscheint durch einander parallele dunkle Linien, welche senkrecht auf der Längsaxe des Bandes stehen. Das Auftreten der dunklen Linien erklärt sich folgendermassen: Ein gasförmiger glühender Körper erzeugt, wie oben angegeben, ein Linienspectrum; bringt man aber hinter das glühende Gas einen glühenden festen oder flüssigen Körper, z. B. eine Kerzenflamme oder eine leuchtende Gasflamme, welchem selbst ein continuirliches Spectrum zukommt, so erscheinen im Spectrum an Stelle der vorher hellen, farbigen Streifen nunmehr dunkle Linien. Das continuirliche Spectrum enthält Strahlen der verschiedensten Brechbarkeit, oder, was das Nämliche ist, der verschiedensten Schwingungszahlen. Der dazwischen liegende gasförmige, glühende Körper hält alle diejenigen Strahlen, welche die gleiche Schwingungszahl besitzen, wie die aus ihm hervorgehenden Strahlen, zurück, er absorbirt sie. Glühender Natriumdampf erzeugt z. B. einen gelben Streifen im Spectrum. Stellt man aber dahinter eine leuchtende Gasflamme, betrachtet man also das Licht der Gasflamme durch den glühenden Natriumdampf hindurch, so sieht man im Spectrum da, wo der gelbe Natriumstreifen sich befand, eine dunkle Linie; das Natriumlicht hat die Strahlen der gleichen Brechbarkeit aus dem continuirlichen Spectrum der Gasflamme absorbirt.

Das bekannteste derartige Absorptionsspectrum ist dasjenige des Sonnenlichtes, welches eine enorme Anzahl dunkler Linien enthält, die nach ihrem Entdecker Fraunhofer'sche Linien genannt werden. Diese dunklen Linien im Sonnenspectrum entstehen dadurch, dass die Sonnenatmosphäre eine Reihe von Elementen in gasförmigem Zustand enthält; das von dem festen oder flüssigen weissglühenden Sonnenkern ausgehende Licht muss diese glühende Gasatmosphäre passiren und dabei werden ihm diejenigen Strahlen entnommen, welche die gleiche Schwingungszahl besitzen, wie die Lichtstrahlen, welche in dem glühenden Gas der Atmosphäre enthalten sind. Dadurch entstehen im Spectrum dunkle Linien an denjenigen Stellen, an welchen die in der Sonnenatmosphäre enthaltenen Elemente im Linienspectrum ihre hellen farbigen Linien haben.

Diese Fraunhofer'schen Linien, welche nach den obigen Ausführungen immer die nämliche Lage einnehmen, dienen zur näheren Bezeichnung, an welcher Stelle des Spectrums eine Erscheinung auftritt. Sie werden mit Buchstaben bezeichnet.

Ebensolche Absorptionsspectra erhält man, wenn zwischen weisses Licht und das Prisma ein durchsichtiger Körper eingeschaltet wird, welcher eine Reihe von Strahlen aus dem weissen Licht absorbiren kann. Setzt man z. B. zwischen Lichtquelle und Prisma eine dünne Platte von blauem Cobaltglas, so zeigen sich im

Roth und im Orange breite, dunkle Streifen, Grün erscheint vollständig dunkel, Gelb, Blau und Violett sind hell, d. h. das Cobaltglas absorbirt die grünen Strahlen vollständig, die rothen und orangen theilweise, während es Gelb, Blau und Violett vollständig durchlässt.

Zur genaueren Untersuchung der Spectren dienen die Spectro- skope oder Spectralapparate, welche in den verschiedensten mehr oder weniger vollkommenen Formen existiren.

Die gewöhnlich benützten Spectralapparate (Fig. 116) tragen auf einem festen Stativ das Prisma *P*. Durch die Röhre *A*, das Collimator- rohr, fällt das Lampen- oder Sonnenlicht auf das Prisma. Das Rohr hat am einen Ende einen vertical stehenden Spalt, welcher durch Schrauben weiter und enger gemacht werden kann. Durch diesen Spalt hindurch wird das Licht auf eine positive Linse geworfen, welche am Ende des Rohres zunächst dem Prisma liegt. Diese Linse

Fig. 116. Spectralapparat.

hat den Zweck, den Lichtstrahlen eine parallele Richtung zu geben, sie muss also so weit vom Spalt entfernt sein, dass derselbe genau in ihrem Brennpunct liegt. Die parallelen Lichtstrahlen werden durch das Prisma gebrochen und in die Regenbogenfarben zerlegt. Dieses Spectrum wird mittels eines astronomischen Fernrohres (B), welches ein durchschnittlich 7mal vergrössertes, umgekehrtes Bild liefert, be- trachtet. Endlich befindet sich am Spectroskop noch ein drittes Rohr (*C*), das Scalenrohr, welches am einen Ende eine auf Glas eingeritzte Scala trägt; das Bild dieser durch ein davor aufgestelltes Licht erleuch- teten Scala wird durch eine Sammellinse auf das Prisma geworfen, von dort reflectirt und durch das Fernrohr zum Auge des Beobachters geleitet, so dass derselbe Spectrum und Scala zu gleicher Zeit sieht.

Die Scala dient dazu, die Erscheinungen im Gesichtsfelde des Fernrohres ihrer gegenseitigen Lage nach messen zu können.

Ehe man zur Untersuchung schreitet, hat man das Fernrohr durch Aus- oder Einschieben des Tubus seinem Auge anzupassen und den Spalt so weit zu verengern, dass beim Betrachten des Sonnenlichtes die Fraunhofer'schen Linien scharf sichtbar sind.

Für medicinisch-diagnostische Zwecke kommen lediglich Flüssigkeiten zur spectroskopischen Untersuchung. An vollkommenen Instrumenten befinden sich dicht vor dem Spalt Vorrichtungen zur Be-
festigung des· die Lösung enthaltenden Glasgefässes.

Neben den Instrumenten, welche auf diese Art gebaut sind, und
welche speciell zur quantitativen Spectralanalyse noch besondere Ein-
richtungen tragen müssen, reichen für qualitative Untersuchungen, wie
sie zu diagnostischen Zwecken benützt werden, auch billigere, einfachere Apparate aus. Es sind dies die sogenannten Taschenspectro-
skope mit gerader Durchsicht.

Dazu gehört zunächst das billige Spectroskop ohne Linsen von Hering
(Fig. 117). Dieses ist zusammengesetzt aus zwei in einander verschiebbaren Messingröhren, welche an ihrer Innenseite geschwärzt sind. Das innere Rohr *a* trägt an
seinem freien hervorstehenden Ende ein Prisma *d*, welches das Spectrum erzeugt.

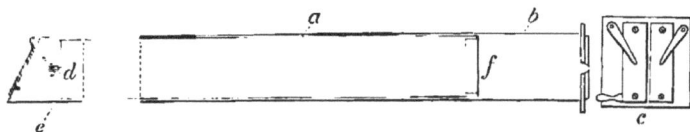

Fig. 117. Spectroskop von Hering. (Nach v. Jaksch.)

Am anderen, in dem äusseren Rohr steckenden Ende befindet sich ein Diaphragma *f*, welches den Zweck hat, überflüssiges Licht abzublenden. Das Licht
fällt durch einen Spalt *c* im äusseren Rohr *b* in das Instrument. Dieser Spalt
ist zum Enger- und Weitermachen eingerichtet und vor ihm kann durch zwei Klam-
mern das zu untersuchende Object von geeigneter Grösse und Form befestigt werden.

Ein etwas complicirteres, aber auch vollkommeneres Instrument ist
das Taschenspectroskop von Browning (Fig. 118), welches ebenfalls
ein Spectroskop mit gerader Durchsicht darstellt. Durch einen Spalt fällt
das Licht zunächst auf eine achromatische Linse *C*, welche die Strahlen

Fig. 118. Spectroskop von Browning. (Nach Krüss)

parallel auf eine Reihe von Prismen aus verschiedenen Glassorten wirft,
und zwar zunächst auf ein solches aus Crownglas, dem ein solches aus
Flintglas, dann eines aus Crown-, ein zweites aus Flint- und wiederum
ein drittes aus Crownglas folgt. Diese Combination hat den Zweck, die
Lichtstrahlen schliesslich in gerader Richtung durch das Instrument zu
leiten, ohne dass aber die Dispersion in Farben dadurch aufgehoben
wird. Wie es gelingt, durch besondere Prismenverbindungen sogenannte
achromatische Prismen herzustellen, d. h. Prismen, welche das Licht
ablenken, dasselbe aber nicht in Farben zerlegen, so kann man auch
durch geeignete Verbindungen Prismen erzielen, welche das Licht in
Farben zerlegen, dabei dasselbe aber in gleicher Richtung austreten
lassen, in welcher es eingetreten ist. Zur Ermöglichung einer genauen
Einstellung besteht das Instrument ebenfalls aus zwei in einander ver-
schieblichen Messingröhren.

Spectrum des Blutfarbstoffes.

Der Blutfarbstoff zeigt ein charactcristisches Absorptionsspectrum,
wenn er in geeigneter Verdünnung zwischen Spectroskop und eine
leuchtende Flamme (Petroleumlicht, leuchtende Gasflamme) oder das
Sonnenlicht gebracht wird.

Zur Aufnahme des Blutfarbstoffes in Lösung können besondere Glasbehälter
von Kastenform mit planparallelen Wandungen dienen, welche direct vor dem
Spalt des Spectralapparates befestigt werden. Bei stärkerer Verdünnung von
einigen Tropfen Blut mit Wasser sieht man dann die Absorptionsstreifen auftreten.

Statt dieser besonderen Gefässe kann man aber für diejenigen
Untersuchungen, welche diagnostischen Zwecken dienen, ein einfaches
Reagensglas benützen, welches man direct vor den Spalt des Browning-
schen oder Hering'schen Spectroskopes hält.

Oxyhämoglobin.

Das im frischen Blut befindliche Oxyhämoglobin zeigt im Spectrum zwei Streifen, welche zwischen den Fraunhofer'schen Linien
D und E ihre Lage haben (Fig. 119, 1). Der erste, nahe an D, im
Gelb gelegene ist intensiver, der zweite, näher an E im Grün liegende
schwächer, aber breiter. Ausserdem ist bei stärkerer Concentration eine
schmale Verdunkelung im Roth und eine breitere im Violett zu bemerken.
Mit der Concentration der Hämoglobinlösung wächst die Breite der Streifen, so dass die bei D und E liegenden bei einem Hämoglobingehalt von
über 0,85 % in ein dunkles Band zusammenfliessen. Zur Erkennung
der beiden characteristischen Streifen ist demnach eine genügende Verdünnung des Blutes nothwendig.

Reducirtes Hämoglobin.

Wird das Blut mit reducirenden Mitteln, am besten mit Schwefelammonium behandelt, so wird dem Oxyhämoglobin Sauerstoff entzogen
und es entsteht sauerstofffreies Hämoglobin, sogenanntes reducirtes
Hämoglobin. Dieses zeigt in gehöriger Verdünnung an Stelle der
beiden Streifen des Oxyhämoglobins zwischen D und E nur einen
solchen (Fig. 119, 2). Dabei ist in stärkerer Concentration das rothe
Ende des Spectrums stärker, das violette dagegen weniger stark verdunkelt. Wird das reducirte Hämoglobin mit Luft geschüttelt, so
nimmt es Sauerstoff auf, es entsteht wieder Oxyhämoglobin, womit
auch die beiden Absorptionsstreifen des letzteren im Spectrum von
Neuem erscheinen.

Methämoglobin.

In schweren Fällen von Hämoglobinämie (s. p. 334), namentlich
bei Vergiftung mit chlorsaurem Kali, Amylnitrit, Antifebrin etc. etc.
bildet sich innerhalb der Gefässbahn aus dem gelösten Oxyhämoglobin
eine andere Sauerstoffverbindung des Hämoglobins, in welcher der
Sauerstoff chemisch fester gebunden erscheint, das Methämoglobin.

Das Methämoglobin ist niemals in den rothen Blutkörperchen enthalten, sondern immer im Plasma gelöst. Es zeigt im Spectrum Absorptions-streifen, welche je nach der Reaction der Lösung, in welcher sich das-selbe befindet, eine etwas verschiedene Lage einnehmen. Characteristisch sind namentlich die Streifen in saurer und neutraler Lösung. Man versetzt desshalb zur Untersuchung auf Methämoglobin das Blutserum mit einigen Tropfen Säure, worauf im Spectrum vier Absorptionsstreifen auftreten (Fig. 119, 3): zunächst ziemlich blass die beiden Streifen des Oxyhämoglobins im Gelb und Grün, zwischen den Fraunhofer'schen Linien D und E, ferner ein kräftiger Streifen im Gelb, nahe am Orange bei der Linie C, endlich ein breiteres dunkles Band im Grün, welches bis an die Linie F im Blau heranreicht. Setzt man zu der Lösung Schwefelammonium, so verschwindet das Spectrum des Methämoglobins und es tritt zuerst dasjenige des Oxyhämoglobins und nach kurzer Zeit das des reducirten Hämoglobins auf.

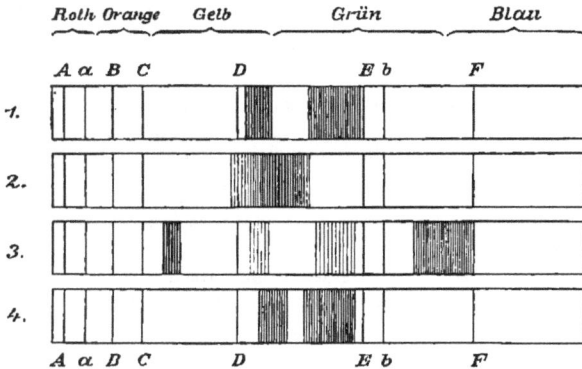

Fig. 119. Absorptionsspectra: 1. Oxyhämoglobin, 2. Reducirtes Hämoglobin, 3. Methämoglobin in saurer Lösung, 4. Kohlenoxydhämoglobin.

Kohlenoxydhämoglobin.

Bei der Vergiftung mit dem z. B. im Leuchtgas enthaltenen Kohlenoxyd entsteht eine feste Verbindung zwischen Kohlenoxyd und Hämoglobin, wodurch das letztere unfähig wird, Sauerstoff aufzunehmen. Das Blut, sowohl das arterielle, wie auch das venöse, nimmt dabei eine hellrothe Farbe an. Das Absorptionsspectrum dieses Kohlenoxyd-hämoglobins besteht aus zwei Linien (Fig. 119, 4), welche denjenigen des Oxyhämoglobins sehr ähnlich sind, nur liegen sie etwas näher an einander als diese und unterscheiden sich von ihnen dadurch, dass sie nach Zusatz reducirender Mittel (Schwefelammonium) zur Lösung be-stehen bleiben.

Ausser mittels des Spectralapparates lässt sich das Kohlenoxydhämoglobin auch durch die Natronprobe Hoppe-Seyler's nachweisen. Bringt man zu normalem oxyhämoglobinhaltigen Blute 10%ige Natronlauge und erwärmt leicht, so entsteht eine schmutzigbraune Färbung. Nimmt man die gleiche Procedur mit Blut vor, in welchem das Hämoglobin als Kohlenoxydhämoglobin enthalten ist, so tritt eine schöne zinnoberrothe Farbe auf.

Untersuchung auf Hämoglobinämie.

In der Norm ist der Blutfarbstoff an die rothen Blutkörperchen gebunden. Lässt man einige Cubikcentimeter solchen normalen Blutes gerinnen, so erscheint das über dem Blutkuchen stehende Serum nur leicht gelb gefärbt. Unter pathologischen Verhältnissen kann es aber zu einer ergiebigen Auflösung von Erythrocyten innerhalb der Gefässe kommen, so dass grössere Mengen von Hämoglobin im Blut gelöst kreisen. Es kommt dies vor bei schweren Verbrennungen und Erfrierungen, bei Vergiftung mit chlorsaurem Kali, Arsenwasserstoff, Toluilendiamin, Schwefelwasserstoff, verschiedenen Antipyreticis, wie Antifebrin, Antipyrin und Phenacetin, bei der Vergiftung mit frischen Morcheln, dann im Verlauf schwerer Infectionskrankheiten, und endlich, ohne dass wir die Ursache kennen, als sogenannte paroxysmale oder intermittirende Hämoglobinämie. In allen diesen Fällen kann bei reichlichem Zugrundegehen von rothen Blutkörperchen zu gleicher Zeit Hämoglobinurie auftreten, indem der gelöste Blutfarbstoff durch die Nieren ausgeschieden wird.

Entnimmt man in einem solchen Falle mittels eines blutigen Schröpfkopfes Blut, und lässt es, am besten auf Eis, gerinnen, so erscheint das abgeschiedene Serum nicht wie in der Norm gelb, sondern rubinroth, und zeigt, mit dem Spectroskop betrachtet, deutlich die beiden Streifen des Oxyhämoglobins, welche sich auf Zusatz von Schwefelammonium zu dem einen des reducirten Hämoglobins vereinigen und durch Schütteln mit Luft von Neuem hervorgerufen werden können. Wie schon erwähnt (p. 332), sieht man manchmal auch die Streifen des Methämoglobins.

Unter dem Mikroskop bemerkt man im frischen Präparate zahlreiche ausserordentlich blasse, des Farbstoffes beraubte rothe Blutkörperchen.

Untersuchung des Auswurfes.

Die Sputa, d. h. diejenigen Massen, welche durch Räuspern oder Husten entleert werden, können aus allen Regionen des Respirationstractus stammen, aus der Nase, dem Pharynx, aus der Trachea, aus den grossen und kleinen Bronchien und aus den Alveolen. Sie enthalten daher neben abgestossenen Epithelien und anderen Gewebsbestandtheilen Secretions-, Exsudations- und Transsudationsproducte dieser Organe, Schleim, Eiter, Blut, Fibrin, seröse Massen in verschiedener Menge und Form. Auch von benachbarten Organen können in Folge Durchbruchs in die Bronchien oder in die Trachea etc. etc. Eiter, Blut, mitunter auch ganz fremdartige Stoffe in den Respirationstractus gelangen und durch Hustenstösse entleert werden.

Manche für die Diagnose wichtige Anhaltspuncte lassen sich häufig schon aus der makroskopischen Betrachtung des Auswurfs, aus

Farbe, Menge, Zähigkeit etc. etc. desselben gewinnen. Sowohl zur genaueren makroskopischen als mikroskopischen Untersuchung ist es sehr zweckmässig, das Sputum in kleineren Portionen auf einem zur Hälfte mit schwarzem Lack überzogenen Teller auszugiessen und mit Präpariernadeln zu vertheilen. Man wird so auf kleinere Gewebe-theilchen und andere Formelemente aufmerksam, welche im grösseren Speiglas leicht dem suchenden Auge entgehen können.

Allgemeine Eigenschaften.

Menge.

Die Menge des Auswurfes ist bei den verschiedenen Erkrankungen der betheiligten Organe eine ausserordentlich wechselnde. In manchen Fällen wird während 24 Stunden nur sehr wenig Sputum producirt, in anderen dagegen in derselben Zeit literweise dasselbe ausgeworfen. Den reichlichsten Auswurf beobachtet man in der Regel bei Perfora-tion eines grösseren Eiterheerdes, eines Empyems oder eines Abscesses, einer grösseren Caverne oder bei der Eröffnung irgend eines grösseren Gefässes in einen Bronchus (Hämoptoë). Aber auch in Folge anderer pathologischer Veränderungen kommen sehr massenhafte Sputa zur Beobachtung, so bei den als Bronchoblennorrhoe bezeichneten Formen des chronischen Bronchialcatarrhs, bei Lungenödem, bei Bronchi-ectasieen.

Luftgehalt.

Durch Beimengung von Luft wird der Auswurf mehr oder weniger schaumig. Die Grösse des Luftgehaltes ist einerseits von der Con-sistenz des Sputums abhängig. Je dünnflüssiger ein Sputum ist, um so leichter kann es sich mit Luft mischen, je zäher dasselbe ist, um so weniger Luft kann es aufnehmen. Daher ist das dünnflüssige Sputum bei Lungenödem stark schaumig, das sehr zähe bei der Pneu-monie dagegen enthält nur sehr wenig Luft.

Andererseits hängt der Luftgehalt des Auswurfes von der Her-kunft desselben ab, ob er aus tieferen Theilen, aus den feineren Bron-chien oder aus höher gelegenen Partieen stammt. Im ersteren Fall ist der Luftgehalt im Allgemeinen ein grösserer. Doch kann dies wegen der 'vielen, durch andere Ursachen bedingten Ausnahmen nicht als diagnostisches Merkmal benützt werden.

Luftarme Sputa sinken in Folge ihres höheren spec. Gewichtes in Wasser unter, während lufthaltige schwimmen. Das Untersinken des eitrigen, geballten Sputums im Wasser wird vielfach als characte-ristisches Merkmal für Secret, welches aus Cavernen stammt, angesehen. Dies ist nicht richtig. Auch ohne das Bestehen von Cavernen kann eben solches luftleeres, geballtes Secret nach aussen entleert werden.

Geruch.

Der Geruch des frischen Auswurfes ist meist fade, nach längerem Stehen wird er in Folge von Zersetzung faulig. Bei einer Reihe von

Krankheiten kann aber auch das ganz frisch entleerte Sputum schon
einen üblen Geruch besitzen, namentlich dann, wenn citrige Massen
längere Zeit in pathologisch verändertem Lungengewebe liegen bleiben,
wie dies der Fall ist bei Cavernen, bei Bronchiectasieen, bei Abscessen
in der Lunge. Stark übelriechende Sputa werden ferner entleert bei
putrider Bronchitis und insbesondere bei Lungengangrän, wobei der
Auswurf einen penetranten, aashaften Geruch annehmen kann.

Consistenz und Farbe.

Die Consistenz des Auswurfs ist zum grössten Theil bedingt durch
den Gehalt an Schleim. Je mehr Mucin oder mucinähnliche Substanz
ein Sputum enthält, desto zäher und klebriger erscheint es. Der Auswurf ist manchmal so dünnflüssig, dass er wie Wasser aus der Spuck-
schaale ausgegossen werden kann, in anderen Fällen ist er dagegen
so zäh und fest zusammenhängend, dass man im Stande ist, das Spuckglas umzudrehen, ohne dass etwas herausfliesst.

Der Auswurf ist von verschiedener Farbe, die ihm durch Beimengung bestimmter Elemente, namentlich Eiter und Blut, verliehen
wird. Sehr stark gelb gefärbte Sputa sieht man oft bei Icterus, indem Gallenfarbstoff dem Auswurf beigemengt wird. Aber auch ohne
allgemeinen Icterus kann der Auswurf durch Umwandlung von Blutfarbstoff in Bilirubin eine intensiv gelbe oder bräunlich- und grünlich-
gelbe Färbung erhalten.

Durch Einathmung gefärbter feinster Staubpartikelchen nimmt
der Auswurf oft ein eigenthümliches Aussehen an. So sieht derselbe
bei Kohlenarbeitern grau oder intensiv schwarz aus, nach Einathmung
von Eisenoxyd wird er ockergelb. Durch Entwicklung bestimmter Pilze
kann das Sputum grasgrün werden.

Nach der Consistenz und der Farbe unterscheidet man vier Grund-
typen des Auswurfs: das seröse, das schleimige, das eitrige und das
blutige Sputum.

Das blutige Sputum zeigt die verschiedensten Farbentöne von
schwarzroth und roth ins Braun und Gelb hinüber. Die Verschieden-
heiten rühren von den Veränderungen her, welche der Blutfarbstoff
erleidet.

Das eitrige Sputum ist gelb, häufig grünlich. (Genauere An-
gaben über die verschiedene Beschaffenheit des blutigen und eitrigen
Auswurfes finden sich in den Abschnitten „Blut im Auswurf" und
„Eiter im Auswurf".)

Das schleimige Sputum ist zäh, fadenziehend, ursprünglich
wasserklar; da es aber immer eitrige Beimengungen enthält, so nimmt
es eine weisslich-gelbe oder gelbe Farbe an.

Das seröse Sputum ist flüssig, farblos oder weisslich getrübt,
fast immer stark schaumig. Man trifft dasselbe an insbesondere beim
Lungenödem, wo es durch Beimengung von verändertem Blutfarbstoff
eine bräunliche Farbe annehmen kann (pflaumenbrüh-ähnliches Sputum
bei entzündlichem Oedem).

Selbstverständlich kommen nicht lediglich rein seröse, schleimige,
eitrige oder blutige Sputa vor, sondern viel häufiger Mischformen, bei
deren Bezeichnung das den Hauptcharacter angebende Wort an die erste

Stelle gesetzt wird. Man spricht von schleimig-eitrigem Auswurf, wenn dem die Hauptmasse bildenden Schleim Eiter beigemengt ist, von eitrig-schleimigem Auswurf, wenn im Eiter schleimige Partikel vorhanden sind.

Eigenthümlich sind die sogenannten „geschichteten" Sputa. Der meist in sehr reichlicher Menge entleerte Auswurf setzt beim Stehen scharf von einander getrennte Schichten von verschiedener Consistenz und Farbe ab, indem das Sputum aus leicht von einander sich abscheidenden Substanzen von sehr verschiedenem spec. Gewicht besteht. Zweischichtung trifft man bei sehr reichlichem eitrigem Auswurf, wie er bei Lungenabscess oder nach Durchbruch eines Empyems vorkommt. Am Boden des Speiglases sammelt sich eine dicke Eitermasse an, darüber steht eine grünlich gefärbte trübe Flüssigkeit. Dreischichtung des Auswurfes findet man bei Lungengangrän und putrider Bronchitis. Zu unterst befindet sich Eiter, auf welchen wie bei der Zweischichtung eine dünnflüssige, grünliche Schicht folgt, zu oberst ist eine schleimige, schaumige, durch die eingeschlossene Luft oben schwimmende Schicht, welche meist zapfen- und fadenförmige Ausläufer in die mittlere Schicht hineinschickt.

Besondere Beimengungen zum Auswurf.

Eiter.

Einzelne Eiterkörperchen sind in jedem Sputum enthalten, ohne dass sie demselben ein besonderes Gepräge verleihen. Häufig aber enthält der Auswurf grössere Mengen von Eiter oder er besteht fast ausschliesslich aus solchem. Sind geringere Mengen von Eiter vorhanden, so ist derselbe dem im Uebrigen meist schleimigen Sputum in streifenförmigen oder mehr rundlichen Massen oft sehr innig beigemengt. Der rein eitrige Auswurf ist gelb, manchmal deutlich grünlich gefärbt und bildet entweder eine ziemlich gleichmässig gemischte Masse oder tritt in geballten Massen auf, wie dies namentlich bei Gegenwart von Cavernen vorkommt, ohne dass es aber für dieselben characteristisch wäre. Die einzelnen kugeligen Klumpen sind luftleer und sinken im Speiglas oder in Wasser gegossen meist rasch zu Boden, zum Theil aber werden sie durch Schleimfäden an der Oberfläche schwimmend, flottirend gehalten. Beim Ausgiessen auf einen Teller breiten sie sich in Kreisform aus und werden deshalb als münzenförmige Sputa bezeichnet. In zahlreichen Fällen sind dem Eiter verschiedene Gewebselemente, Mikroorganismen und Detritusmassen beigemengt.

Die einzelnen Eiterkörperchen zeigen unter dem Mikroskop sehr verschiedenartige Grösse und Form. Sie haben meist zwei oder mehr Kerne und schliessen häufig Pigmentkörnchen ein. Der Zellleib zeigt in der Regel im ungefärbten Präparat feinere oder gröbere Körnchen, welche sehr stark lichtbrechend erscheinen (Verfettung). Besondere Erwähnung verdienen nicht selten vorkommende gröbere mattglänzende Körnchen, Myelintröpfchen (s. Fig. 120), so genannt, weil sie in ihrem Aussehen an zerdrücktes Nervenmark erinnern. Sie finden sich nicht selten auch ausserhalb der Zellen. Die Ansicht, dass solche Myelintröpfchen nur in Alveolarepithelien vorkommen, wird vielfach bekämpft.

Fast in jedem Sputum trifft man einzelne eosinophile Zellen an,
ohne dass dieselben einen bestimmten diagnostischen Schluss erlauben.
Durch ganz besonders reichlichen Gehalt an eosinophilen Zellen ist fast
regelmässig der Auswurf bei Asthma bronchiale ausgezeichnet. Die
Färbung geschieht mit Eosin und Hämatoxylin in der nämlichen
Weise, wie auf p. 319 bei der Untersuchung des Blutes angegeben ist.

Blut.

Die Menge des im Auswurf befindlichen Blutes wechselt sehr.
Man trifft einerseits nur kleinste streifenförmige Blutbeimengung, andererseits kann der Auswurf ausschliesslich aus Blut bestehen. Einzelne
rothe Blutkörperchen findet man in jedem Sputum.

Das mit dem Auswurf entleerte Blut kann aus allen Theilen des
Respirationstractus stammen, vom Pharynx und dem Nasenrachenraum
angefangen bis herab zu den Alveolen des Lungengewebes. Die aus
den grössten Bronchien, aus der Trachea, aus Larynx und Pharynx
kommenden Blutbeimengungen sind meist sehr geringfügig; das Blut
ist in diesen Fällen dem Auswurf in einzelnen isolirten Streifchen beigemengt.

Stärkere Blutungen haben ihren Ursprung in der Regel im Lungengewebe und entstehen durch Arrosion von Lungengefässen oder durch
Diapedese rother Blutkörperchen in grösserem Umfang. Das erstere
tritt am häufigsten bei der Lungentuberculose, aber auch durch andere
Ursachen, so in Folge von Trauma, von Neubildungen ein.

Werden grössere Blutmengen auf einmal ausgeworfen, wie bei
stärkerer Hämoptoë, so erscheint das Blut meist nicht oder nur wenig
verändert. Es ist fast immer hellroth, mag es nun aus einem arteriellen
oder einem venösen Gefäss stammen, da es auch im letzteren Falle beim
Durchtritt durch die Bronchien in der Regel genügend mit Luft in
Berührung kommt, um sich durch Aufnahme von Sauerstoff zu arteria-
lisiren. Aus dem gleichen Grunde ist das Blut in diesen Fällen stark
mit Luft durchsetzt, schaumig.

Die hellrothe Farbe und die schaumige Beschaffenheit des Blutes
bei einer Hämoptoë lässt diese in der Mehrzahl der Fälle von einer
Hämatemesis unschwer unterscheiden, da bei der letzteren meist geronnenes, dunkles, nicht mit Luftblasen gemischtes Blut zu Tage tritt.
Doch stösst man in dieser Hinsicht hin und wieder auf Schwierigkeiten,
da einerseits das Blut bei sehr profusen Magenblutungen, bei welchen
dasselbe der Einwirkung der Salzsäure des Magensaftes durch die rasche
Entleerung nach aussen entgeht, eine hellrothe Farbe haben kann, und
andererseits bei sehr heftigen Blutungen aus einer grösseren Lungenarterie das venöse Blut zu wenig mit Luft sich mischt, als dass es eine
helle Farbe und einen schaumigen Character annehmen könnte.

Bei solchen frischen reichlichen Blutungen zeigen die rothen Blutkörperchen ihre normale Gestalt und vielfach die geldrollenartige Grup-
pirung, und sind mit Blutfarbstoff beladen.

Wird das Blut erst einige Zeit nach seinem Austritt aus den Gefässen ausgeworfen, so nimmt das Sputum durch Veränderung des Blutfarbstoffes verschiedene Färbungen an. So zeigt das einige Tage nach
einer stattgehabten Hämoptoë dem Auswurf noch beigemengte Blut meist

eine dunkle Farbe, wie dies auch der Fall ist beim hämorrhagischen Infarct.

Noch augenfälligere Farbveränderungen treten auf, wenn grössere Mengen von Blutfarbstoff in Lösung gehen. Vor Allem erscheint dann die Färbung des Sputums als eine gleichmässigere, die Farbe selbst wird braunroth, braun oder gelb (rostfarben), wie man dies am häufigsten bei der croupösen Pneumonie zu sehen bekommt.

Unter dem Mikroskop erscheinen dann die Blutkörperchen blass, als sogenannte Blutschatten in vielfach veränderter Form; manchmal verschwinden sie ganz. Häufig findet man in solchen Fällen Krystalle von Hämoglobinderivaten (p. 344).

Epithelien.

Im Auswurf finden sich verschiedene Arten von Epithelien, theils grosse Pflasterepithelien, welche aus dem Mund, dem Pharynx, zum Theil auch aus dem Larynx (wahre Stimmbänder) stammen, theils Cylinderepithelien aus den Bronchien. Die Cylinderepithelien tragen manchmal noch einen Flimmersaum, meist aber haben sie ihn verloren; sie besitzen einen deutlich sichtbaren Kern und zeigen in ihrem Zellleib meist körnige und fette Degeneration.

Als Alveolarepithelien (Fig. 120) bezeichnet man rundliche, ovale oder polygonale Zellen, welche bedeutend grösser als rothe Blutkörperchen sind und in einzelnen Exemplaren fast in jedem Sputum angetroffen werden. In dem grobkörnigen, häufig Fetttröpfchen enthaltenden Protoplasma findet man einen oder auch mehrere Kerne. Besonders oft sieht man in ihnen die schon beschriebenen mattglänzenden Myelintröpfchen, welche oft in grössere Tropfen zusammenfliessen und eigenthümliche Figuren mit Ausläufern darstellen. Es ist übrigens sehr fraglich, ob, wie behauptet wird, diese grossen Zellen immer Epithelien der Lungenalveolen darstellen; vielfach wird dem widerstritten. Man hält sie zum Theil für grosse, in ihrer Form veränderte Leukocyten. In ihrem Zellleib schliessen dieselben häufig schwarzes Pigment (Kohlenstaub) ein.

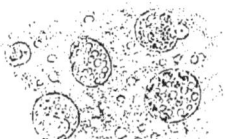

Fig. 120.
Alveolarepithelien mit Myelintröpfchen und Kohlenpigment.

Eine besondere Rolle spielen die „Herzfehlerzellen", welche, wenn sie in grösserer Menge vorhanden sind, für die durch Herzerkrankung mit Stauung im kleinen Kreislauf verursachte braune Induration der Lunge kennzeichnend sind. Es sind dies Zellen von der Grösse, Form und Beschaffenheit der oben beschriebenen Alveolarepithelien, welche vom Blutfarbstoff herstammendes Pigment enthalten. Dasselbe besteht aus goldgelben, feinsten oder gröberen Körnchen, Kugeln, oder grösseren unregelmässigen, gefärbten Schollen und wird nicht nur in den Zellen, sondern auch ausserhalb derselben gefunden (s. Taf. Fig. 7). Das Pigment ist im Gegensatz zum Hämatoidin meist eisenhaltig und wird als Hämosiderin bezeichnet. Die Pigmentkörnchen in den Herzfehlerzellen geben daher in der Regel die Eisenreaction, d. h. die Körnchen und Schollen färben sich mit Schwefelammonium, durch Bildung von Schwefeleisen

grünschwarz, mit Ferrocyankalium und Salzsäure durch Bildung von
Berlinerblau tiefblau. Man macht die Probe entweder am frischen oder
besser am getrockneten Sputumpräparat, indem man auf die bestrichene
Seite des Deckglases einen Tropfen des Reagens bringt, oder dasselbe
zwischen Objectträger und Deckglas eintreten lässt. Salzsäure und
Ferrocyankalium rufen erst nach $1/4$ bis $1/2$ Stunde deutliche Blaufärbung
hervor, erzeugen aber klarere, mehr in die Augen springende Bilder
als das Schwefelammonium. Man verwendet eine 2%ige Ferrocyankaliumlösung, welche mit einigen Tropfen reiner Salzsäure versetzt ist.
(Selbstverständlich ist darauf zu achten, dass zur Untersuchung auf
Hämosiderinzellen weder das Sputum noch die Reagentien mit eisen-
haltigen Instrumenten in Berührung kommen.)

Es ist aber schon bemerkt worden, dass nicht alle Herzfehlerzellen die Eisenreaction geben, was mit der Zeit des Austrittes des
Blutfarbstoffes aus den rothen Blutkörperchen in Zusammenhang zu
bringen ist. Es scheint, dass ganz frisches und sehr altes Pigment die
Eisenreaction nicht gibt.

Einzelne solcher „Herzfehlerzellen" kommen auch bei anderen
Erkrankungen mit hämorrhagischem Auswurf gelegentlich vor, ein ge-
häuftes Auftreten derselben aber ist characteristisch für chronische Herzerkrankungen mit brauner Induration der Lungen. Am häufigsten und
reichlichsten findet man sie bei Mitralstenose und Insufficienz.

Fibringerinnsel.

Fibringerinnsel der verschiedensten Form gelangen bei diphtheri-
tischen Erkrankungen des Pharynx und Larynx in den Auswurf. Es
sind zähe, theils membranartige Massen, theils röhrenförmige Abgüsse des
Kehlkopfes und der Trachea. Unter dem Mikroskop stellen sie eng
mit einander verflochtene, öfter zu dickeren Bündeln vereinigte, stark
lichtbrechende Fäden dar, welche, im Gegensatz zu schleimigen Massen,
durch Essigsäurezusatz sich aufhellen und lösen. In dem Fasernetz
liegen rothe und zahlreiche weisse Blutkörperchen.

Fast regelmässig werden bei der croupösen Pneumonie und bei der
fibrinösen oder croupösen Bronchitis Fibringerinnsel ausgehustet, welche
eine Länge von mehreren Centimetern erreichen können. Sie sind Abgüsse von Bronchien und bilden entweder einfache, massive oder hohle
Stränge, oder, wie es bei den grösseren in der Regel der Fall ist, vielfach verästelte Gebilde, sogenannte Bronchialbäume (Fig. 121).
Dieselben haben eine gelblichweisse Farbe und sind im Sputum oft zu
kleinen Klümpchen zusammengeballt. Man isolirt sie am besten dadurch, dass man den Auswurf mit Wasser ausschüttelt.

Elastische Fasern.

Bei allen destructiven Processen in der Lunge können sich im
Auswurf elastische Fasern finden, welche gegen zerstörende Einflüsse
widerstandsfähiger sind als das übrige Lungengewebe. Am häufigsten
trifft man sie bei der Lungentuberculose, bei welcher sie, namentlich
früher, vor der Entdeckung der Tuberkelbacillen, für die Diagnose eine
wichtige Rolle spielten. Ausserdem kommen sie beim Lungenabscess

und bei der Lungengangrän vor, hier aber seltener, weil bei dieser Erkrankung Fermente sich bilden, welche auch die elastischen Fasern zu lösen im Stande sind. Es sind feine, häufig netzförmig verschlungene Fasern, welche sich durch ihre sehr kräftigen, oft doppelten Contouren und ihr starkes Lichtbrechungsvermögen auszeichnen. Nicht selten zeigen sie in ihrer Anordnung noch den alveolaren Bau des Lungengewebes (Fig. 122).

Das Auffinden derselben ist nicht immer leicht. In grösserer Zahl findet man sie namentlich im Auswurf der Phthisiker in den sogenannten „Linsen" (Corpuscula oryzoidea). Es sind dies bis linsengrosse und linsenartig geformte gelbweisse, leicht zerdrückbare Bröckel, welche ausser Detritusmassen und Leukocyten meist reichliche elastische Fasern und Tuberkelbacillen enthalten. Bringt man ein kleines derartiges Gebilde unter das Deckglas, so lässt es sich durch gelinden Druck in feiner Schicht unter demselben ausbreiten.

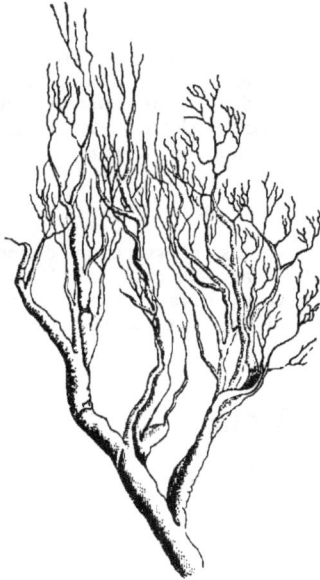

Fig. 121. Bronchialbaum.
(Nach Perls-Neelsen.)

Fig. 122. Elastische Fasern.
(Nach Heim.)

Die elastischen Fasern sind dann leicht schon an ihrem Aussehen kenntlich. Gesichert wird die Diagnose durch ihr Verhalten gegen Kalilauge: sie werden durch dieselbe nicht aufgelöst.

Fehlen im Sputum die „Linsen", so ist das Auffinden elastischer Fasern oft ausserordentlich erschwert. Am besten kommt man zum Ziel, wenn man nicht zu wenig, etwa 10—15 ccm, von dem Auswurf mit dem gleichen Volumen 10%iger Kalilauge so lange kocht, bis sich Alles in eine homogene Masse verwandelt hat. Man verdünnt dann mit der vierfachen Menge Wassers und lässt die Masse 24 Stunden in einem Spitzglas sedimentiren oder centrifugirt, wobei sich eine leicht krümelige Masse absetzt, von welcher zur Untersuchung genommen wird. Doch bleiben bei diesem Verfahren auch die elastischen Fasern nicht unverändert, sondern verlieren ihre scharfen Contouren, quellen etwas auf.

Zu beachten ist, dass im Mund dem Sputum aus der Nahrung
stammende elastische Fasern beigemengt werden können, welche aber
selbstverständlich niemals den maschigen Bau der Lungenalveolen zeigen.

Bindegewebsfetzen.

Grössere zusammenhängende Fetzen von Bindegewebe, in welchen
manchmal auch elastische Gewebsfasern zu erkennen sind, werden in
seltenen Fällen bei Lungengangrän, von Schleim und Eiter umgeben,
ausgeworfen.

Fettiger Detritus.

Detritusmassen, theils matt-, theils hellglänzende, feinere und
gröbere Körnchen, frei geworden durch den Zerfall fettig degenerirter
Zellen, trifft man in jedem Auswurf, insbesondere, wenn derselbe von
eitriger Beschaffenheit ist, an. In grösster Menge erscheint dieser fettige
Detritus während des Lösungsstadiums der croupösen Pneumonie im
Sputum.

Curschmann'sche Spiralen.

Bei Asthma bronchiale, und zwar fast ausschliesslich bei dieser
Krankheit, nur in ganz vereinzelten Fällen auch bei croupöser Pneu-
monie und Bronchitis, enthält der Auswurf Curschmann'sche Spiralen
(Fig. 123), eigenthümliche Gebilde, welche meist schon makroskopisch an

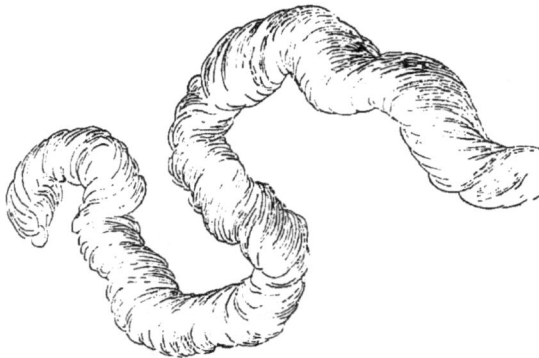

Fig. 123. Curschmann'sche Spirale.

ihrer Form und Farbe zu erkennen sind. Sie erscheinen als schlauchartige,
weisslich-gelbe, durchscheinende, manchmal zu grauweissen Klümpchen
zusammengeballte Partikelchen, und lassen oft schon mit dem blossen
Auge Windungen oder spiralig gerichtete Streifen erkennen. Man sieht
sie am besten, wenn man das Sputum in dünner Schicht auf einer
schwarzen Unterlage ausbreitet.

Beim Versuch, die Spiralen unter das Deckglas zu bringen, gleiten
sie oft unter dem Rand heraus. Unter dem Mikroskop zeigt sich der
spiralige Bau in voller Deutlichkeit. Zahlreiche Fäden bilden in viel-

fachen Windungen eine Spirale, welche von einer schleimigen, sago-ähnlichen Grundsubstanz eingeschlossen ist. Häufig beobachtet man einen im Centrum sich hinschlängelnden weissglänzenden Faden, der an einzelnen Stellen unterbrochen erscheint — „Centralfaden". Diese Spiralen bilden sich nach der Auffassung von Curschmann in Folge einer exsudativen Bronchiolitis aus Secret- und Exsudatmassen. Viel-fach sind dieselben mit weissen Blutkörperchen und mit Charcot-Leyden'schen Krystallen besetzt.

Die Spiralen lassen sich in Glycerin aufbewahren. Auch kann man dieselben färben, am besten mit dem auf p. 319 angegebenen Ehrlich'schen Eosin-Hämatoxylingemisch. Man lässt vom Rande her die Farblösung unter das Deckglas eintreten und spült nach 5 bis 10 Minuten den überflüssigen Farbstoff mittels Glycerin, welches man mit Hülfe von Filtrirpapier unter dem Deckglas hindurchsaugt, ab, worauf das Präparat zur Aufbewahrung mit Mikroskopirlack um-geben wird.

Krystalle.

Fettkrystalle bilden sich hauptsächlich in längere Zeit stag-nirendem, fauligem Sputum aus, kommen daher am häufigsten bei Lungen-gangrän und bei putrider Bronchitis vor. Es sind lange, sehr feine, oft leicht geschwungene Nadeln, welche vielfach büschelartig zusammen liegen; seltener findet man klei-nere, rosetten- oder drusenartig angeordnete Krystalle (Fig. 124). Längere, einzeln liegende, ge-bogene Nadeln können unter Um-ständen mit elastischen Fasern oder feinem Fibringerinnsel ver-wechselt werden, namentlich wenn sie in grösserer Menge nach allen Richtungen hin im Gesichtsfeld liegen, so dass sie ein netzartiges Flechtwerk darstellen. Zur siche-

Fig. 124.
Fettkrystalle: Nadeln, Büschel und Drusen.

ren Unterscheidung dient, dass sie sich niemals wie die elastischen Fasern verzweigen, und dass sie beim Erwärmen des Objectträgers zer-fliessen und durch Aether unschwer gelöst werden, was weder beim Fibringerinnsel noch bei den elastischen Fasern der Fall ist.

In grösster Menge begegnet man den Fettkrystallen in den so-genannten Dittrich'schen Pfröpfen. Diese bilden stecknadelkopf-grosse und grössere gelbe Partikelchen von körniger Beschaffenheit und häufig sehr unangenehmem Geruch. Sie sind der Hauptsache nach aus Fettkrystallen und Pilzen zusammengesetzt.

Cholestearinkrystalle kommen nicht häufig im Auswurf vor; sie sind an ihrer rhombisch-tafelförmigen Gestalt leicht kenntlich. (Ueber die Reactionen des Cholestearins s. p. 375.)

Tyrosin und Leucin. Man findet sie selten, Tyrosin häufiger als Leucin und das letztere immer nur mit dem ersteren zusammen, in länger stagnirendem, eitrigem Auswurf, in welchem sie sich bei der Eiweissfäulniss bilden. Um sie sichtbar zu machen, lässt man einen kleinen Tropfen Eiter auf dem Objectträger eintrocknen. Tyrosin erscheint in Form feinster, meist büschelförmig angeordneter Nadeln, Leucin in Form von Kugeln, welche oft eine concentrische Schichtung oder radiäre Streifung aufweisen (s. p. 426).

Charcot-Leyden'sche Krystalle. Sehr häufig und in besonders reichlicher Menge treten die Charcot-Leyden'schen Krystalle im Sputum bei Asthma bronchiale auf. Doch finden sie sich, allerdings seltener, auch bei anderen Erkrankungen, wie bei fibrinöser Bronchitis und selbst beim einfachen acuten Bronchialcatarrh. Sie bilden sich offenbar durch Zersetzungen bei Stagnation des Secretes der Bronchialschleimhaut. So treten die Krystalle manchmal erst längere Zeit nach Entleerung des Auswurfes auf, wenn man denselben vor dem Eintrocknen schützt.

Die Charcot-Leyden'schen Krystalle sind farblose oder ganz schwach gelb gefärbte Octaëder mit sehr langen feinen Spitzen (Fig. 125). Sie sind unregelmässig verstreut in grösserer oder kleinerer Zahl im Sputum; häufig trifft man sie in den Curschmann'schen Spiralen an, manchmal in solcher Menge, dass dieselben beim Zerdrücken unter dem Deckglas knirschen und lediglich aus solchen Krystallen zu bestehen scheinen.

Fig. 125.
Charcot-Leyden'sche Krystalle.

Fig. 126. Hämatoidinkrystalle.
(Nach Thoma.)

Identisch mit denselben sind die im Blut (bei Leukämie, s. p. 326), in den Fäces (bei Anchylostomiasis, s. p. 381) und dem Sperma gefundenen Krystalle.

Hämatoidinkrystalle. Sie bilden sich aus dem Blutfarbstoff, aber offenbar nur unter ganz bestimmten Bedingungen. Denn nur in verhältnissmässig seltenen Fällen finden sie sich im Sputum, und zwar hauptsächlich beim Lungenabscess. In anderen Sputis mit älteren Blutresten, so namentlich bei der braunen Induration der Lungen, ist der Blutfarbstoff meist in amorphes, körniges Pigment umgewandelt, welches entweder in Zellen eingeschlossen ist oder frei zwischen den Zellen liegt.

Die Hämatoidinkrystalle zeichnen sich durch ihre braunrothe oder rubinrothe Färbung aus. Sie stellen entweder rhombische Täfelchen und längere Säulen dar, oder feine, manchmal leicht gebogene Nadeln, welche sich büschelartig an einander legen können (Fig. 126).

In vereinzelten Fällen hat man im Sputum Krystalle von oxalsaurem Kalk, von kohlensaurem und phosphorsaurem Kalk und von Tripelphosphat gefunden.

Sehr selten werden verkalkte Partikel, sogenannte „Lungensteine" ausgehustet, und endlich kann man im Sputum die verschiedenartigsten Fremdkörper, wie Obstkerne u. dgl., finden.

Parasiten.

Thierische Parasiten.

Distomum pulmonale. Die Anwesenheit dieses zu den Trematoden gehörenden Parasiten in den oberen Luftwegen äussert sich durch regelmässig blutigen Auswurf, wobei es selten zu einer stärkeren Hämoptoë kommt. Stets findet man dann im Auswurf die Eier von ovaler Form, welche eine dicke, gelbliche Schale besitzen. Der Wurm kommt in Ostasien häufig vor.

Echinococcus. Für uns wichtiger ist das allerdings seltene Auftreten von Bestandtheilen von Echinococcen im Auswurf. Man findet ganze Scolices (Tochterblasen), oder nur einzelne Haken oder Theile der Blasenmembran vor (p. 453).

Pflanzliche Parasiten.

Im Auswurf kommen zahlreiche Pilze vor, die vielfach für die Diagnose bedeutungslos sind. Man findet Schimmelpilze, Leptothrixfäden, Bacillen und Coccen der verschiedensten Art.

Tuberkelbacillen. Von grösster Wichtigkeit und für die Diagnose Tuberculose im positiven Sinn unbedingt entscheidend ist der Nachweis der Koch'schen Tuberkelbacillen. In zahlreichen Fällen macht das Auffinden derselben im Sputum nicht die geringsten Schwierigkeiten: in jedem Präparate findet man sie in reichlicher Menge; dies ist besonders der Fall im rein eitrigen, geballten Sputum und namentlich in den sogenannten Linsen (s. p. 341). Manchmal dagegen muss man zahlreiche Präparate durchmustern, ehe es gelingt, einen oder den anderen Tuberkelbacillus aufzufinden. Die grösste Mühe macht das Aufsuchen der Tuberkelbacillen in der Regel im schleimigen, nur wenig eitrigen Auswurf.

Es kommen seltene Fälle vor, bei welchen trotz fleissigsten Suchens und trotz sicheren Bestehens einer Lungentuberculose niemals im Auswurf Tuberkelbacillen gefunden werden.

Nicht selten führt nach vergeblichem Suchen noch das Biedert'sche Verfahren zum Ziel. 10—15 ccm des Auswurfes werden mit dem doppelten Volumen Wasser und 8—10 Tropfen Natronlauge gekocht, bis die ganze Masse gleichmässig dünnflüssig geworden ist. Dann werden noch 50—100 ccm Wasser hinzugefügt, mehrere Male aufgekocht und die Masse nach einigem Stehen in ein Spitzglas gegossen, in welchem sich nach 2—3 Tagen die noch ungelösten Theile, darunter die Tuberkelbacillen, zu Boden senken. Man giesst nach dieser Zeit die oben stehende Flüssigkeit ab und nimmt von dem Bodensatz zur Untersuchung. Die nachfolgende Färbung der Tuberkelbacillen wird durch diese Behandlung mit Natronlauge kaum beeinträchtigt.

Zum Nachweis der Tuberkelbacillen bringt man mittels einer ausgeglühten Platinöse (oder Pincette) ein kleines Partikelchen des zu untersuchenden Sputums auf ein gut gereinigtes Deckglas, wo dasselbe in einer möglichst dünnen Schicht ausgebreitet werden soll. Dies geschieht entweder durch Hin- und Herreiben mit der Platinöse, oder

dadurch, dass man ein zweites Deckglas auf das erste legt und die
beiden mit zwei Pincetten parallel aus einander zieht. Darauf lässt
man die Deckgläschen mit der bestrichenen Seite nach oben an der
Luft liegen, bis die aufgestrichene Masse vollständig eingetrocknet ist.
Das Eintrocknen lässt sich schneller über einer Flamme bewerkstelligen.
Man darf aber nur eine sehr gelinde Wärme einwirken lassen. Unterzieht man das Präparat der nun folgenden Fixirungs- und Färbungs-
procedur, ehe die Sputumschicht völlig trocken geworden ist, so erzielt
man schlechte Resultate.

Zur Fixirung wird das Deckgläschen dreimal rasch durch die
Flamme gezogen. Die Eiweisskörper gerinnen dabei und haften so
fest an dem Deckglas, dass sie bei der nachfolgenden Färbung nicht
weggespült werden.

Von den zahlreichen Färbemethoden, welche zur isolirten Tuberkelbacillenfärbung angegeben worden sind, sollen nur solche hier Erwähnung finden, welche für practische Zwecke sich als geeignet erwiesen
haben. Sie gründen sich alle auf die Eigenschaft der Tuberkelbacillen,
Anilinfarbstoffe viel zäher festzuhalten als andere Mikroorganismen.
Man bringt entweder die Farblösungen in ein Uhrschälchen und lässt
das Deckglas mit der bestrichenen Seite nach unten auf der Flüssigkeit schwimmen, oder, was noch bequemer und sparsamer ist, man

Fig. 127. Pincette nach C o r n e t.

bedient sich der C o r n e t'schen Pincette (Fig. 127) und beschickt die
bestrichene Seite des in die Pincette eingeklemmten Deckgläschens mit
einigen Tropfen der Farblösung.

Färbung nach K o c h - E h r l i c h.   Sie geschieht mit Gentiana-
violett- oder Fuchsin-Anilinwasser. Man bereitet sich, am besten jedesmal frisch, gesättigtes Anilinwasser, indem man in ein Reagensglas
eine etwa 1,5—2 cm hohe Schicht reines Anilinöl giesst, das Röhrchen
dann mit destillirtem Wasser vollfüllt und tüchtig einige Minuten schüttelt.
Dann wird filtrirt, von dem Filtrat, welches keine öligen Tropfen enthalten darf, einige Cubikcentimeter in ein Uhrschälchen gefüllt und mit
3—4 Tropfen einer concentrirten alcoholischen Fuchsin- oder Gentianaviolettlösung versetzt. Diese Mischung muss man bei gewöhnlicher
Temperatur 12—24 Stunden auf das Präparat einwirken lassen; erwärmt man dieselbe aber, bis sich Dämpfe entwickeln oder bis Bläschen
am Rande aufsteigen, so genügen schon 5—10 Minuten vollständig,
um eine gute Färbung zu erzielen. Das ganze Präparat nimmt eine
intensiv rothe resp. blauviolette Farbe an. Nun kommt dasselbe in verdünnte Salpetersäure (oder Schwefelsäure, auch Salzsäure), welche nach
der ursprünglichen Vorschrift auf 1 Theil Säure 3 Theile Wasser enthält. Darin werden sie unter leichtem Hin- und Herbewegen so lange
belassen, bis die rothe oder violette Farbe vollständig verschwunden
ist, was meist nach einigen Secunden der Fall ist. Nur an den dicker
aufgestrichenen Stellen haftet die Farbe hartnäckiger; diese Stellen

werden dann bei der Durchsuchung nicht berücksichtigt. Durch die
Säure wird allen Gewebselementen und allen Mikroorganismen die
Farbe entzogen, mit Ausnahme der Tuberkelbacillen, welche dieselbe festhalten. Die Säure wird gut mit Wasser abgespült und das
Präparat zwischen Filtrirpapier oder bei gelinder Wärme über der
Flamme getrocknet. Während alle übrigen Formelemente im Präparat
farblos sind, erscheinen die Tuberkelbacillen roth resp. violett gefärbt.
Zur leichteren Aufsuchung derselben erweisen sich Doppelfärbungen
als sehr zweckmässig. Man bringt hiezu die Präparate nach der Säure-
behandlung und nach dem Abspülen mit Wasser für 1—2 Minuten in
eine zweite Farblösung. Hat man mit Fuchsin gefärbt, so nimmt man
am besten eine verdünnte wässrige Methylenblaulösung, hat man mit
Gentianaviolett gefärbt, so wendet man eine wässrige Bismarck-
braunlösung an. Die Grundsubstanz färbt sich dadurch hellblau resp.
braun, und die roth resp. violett gefärbten Tuberkelbacillen heben sich
sehr deutlich von derselben ab. Es wird dann mit Wasser der überschüssige Farbstoff abgespült, das Präparat getrocknet und in Canadabalsam eingeschlossen.

Färbung nach Ziehl-Neelsen. Die Färbung mit dem Ziehl-
schen Carbolfuchsin wird häufiger angewendet als die Koch-Ehrlich'sche
Färbung, weil sie bei gleicher Zuverlässigkeit entschieden bequemer ist.
Die grössere Bequemlichkeit besteht darin, dass man die Farblösung
nicht jedesmal frisch herzustellen hat. Die Zusammensetzung der Farblösung ist folgende: Man löst 1 g Fuchsin in 10 ccm absolutem Alcohol
und setzt dazu 100 ccm 5%iger Carbolsäure. Diese Farbmischung
bleibt viele Monate brauchbar. Man lässt sie in der Wärme, wie oben
beschrieben, einige Minuten einwirken, entfärbt mit Säure, spült tüchtig
mit Wasser ab und färbt mit Methylenblau nach.

Färbung nach Gabbet. Diese Färbung erweist sich als sehr
brauchbar, obwohl bemerkt werden muss, dass sie von verschiedenen
Seiten als nicht so unbedingt zuverlässig bezeichnet wird, wie die beiden
vorhergehenden. Der Vortheil derselben besteht darin, dass Entfärbung
und Nachfärbung in einem Act geschehen. Es wird zuerst 2 Minuten
in erwärmtem Ziehl'schen Carbolfuchsin gefärbt, kurz in Wasser abgespült und dann mit einer Methylenblaulösung nachgefärbt, welche
auf 100 ccm 25%iger Schwefelsäure 1—2 g Methylenblau enthält. Durch
die Schwefelsäure werden alle Bestandtheile des Sputums mit Ausnahme der Tuberkelbacillen entfärbt, nehmen aber zugleich durch das
Methylenblau eine hellblaue Tinction an. Das Präparat wird darauf
tüchtig in Wasser abgespült, getrocknet und in Canadabalsam eingelegt.

Die Tuberkelbacillen stellen sehr zarte, schmale, oft leicht gekrümmte Stäbchen dar, welche manchmal durch helle, rundliche Lücken
unterbrochen erscheinen (Fig. 128). Um sie in einem Präparate aufzusuchen, bedarf man stärkerer Objective und namentlich einer sehr
hellen Beleuchtung. Aus dem letzteren Grunde ist der Abbe'sche Be-
leuchtungsapparat hiefür kaum zu entbehren. Mit stärkeren Trocken-
systemen ist man zwar auch im Stande, Tuberkelbacillen zu suchen
und zu finden, doch wird diese Arbeit durch die Anwendung von Im-
mersionslinsen wesentlich erleichtert.

Einen sehr geringen Werth für die Diagnose besitzt meist der
Nachweis anderer pathogener Mikroorganismen im Sputum. Es hat

dies seinen Grund einestheils darin, dass dieselben in ihrem Verhalten gegen Farbstoffe nicht so scharf präcisirt sind wie die Tuberkelbacillen, so dass sie bei einfacher mikroskopischer Betrachtung leicht mit anderen Arten verwechselt werden können; andererseits aber trifft man manche wohl characterisirte zwar in der Regel bei bestimmten Erkrankungen im Auswurf an, doch sind sie noch nicht allgemein als die für die betreffende Erkrankung specifischen Erreger anerkannt, wie dies für die Fränkel'schen Pneumoniediplococcen und die von R. Pfeiffer beschriebenen Influenzabacillen gilt. Die ersteren hat man schon im Mundschleim völlig gesunder Menschen gefunden.

Die Fränkel'schen Pneumoniecoccen sind von einer schleimigen Kapsel eingeschlossen, in welcher sie fast regelmässig zu zweien, seltener zu dreien oder in längeren Ketten liegen. Die Coccen selbst sind am einen Ende leicht zugespitzt und berühren sich, wenn sie paarweise liegen, in der Regel mit dem breiteren Pol. Sie lassen sich einfach durch Carbolfuchsin, welches man 1—1½ Minuten in der Wärme

Fig. 128.
Tuberkelbacillen im Sputum.
(Nach Heim.)

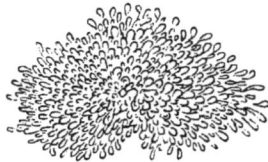

Fig. 129. Actinomyceskörnchen.

einwirken lässt, färben, wobei die ungefärbt bleibende Hülle deutlich sichtbar wird.

Durch die Gram'sche Methode werden die Fränkel'schen Pneumoniecoccen nicht entfärbt. Die Gram'sche Färbung geschieht in folgender Weise: Die auf gewöhnliche Weise hergestellten Aufstrichpräparate werden zuerst mit Gentianaviolett-Anilinwasserlösung gefärbt und kommen dann 1—2 Minuten in verdünnte Lugol'sche Lösung (1 g Jodkalium, 20,0 Aq. destill., Jod, so viel sich löst, das Ganze mit dem dreifachen Volumen destillirten Wassers verdünnt). Nachdem hier das Präparat eine schwarze Färbung angenommen hat, kommt es in absoluten Alcohol, bis es nur mehr einen schwach grauen Ton hat, und wird, nachdem der Alcohol vollständig verdunstet ist, in Canadabalsam eingelegt. Nur bestimmte Bacterienformen, darunter die Pneumoniecoccen von Fränkel, erscheinen schwarzblau gefärbt, die übrigen Elemente sind entfärbt.

In seltenen Fällen kommen im Sputum Milzbrandbacillen, Rotzbacillen und Actinomyceskörnchen vor.

Die Actinomyceskörnchen sind makroskopisch als eben sichtbare bis stecknadelkopfgrosse gelbe Partikelchen zu erkennen. Schon im ungefärbten Präparat sieht man ein dichtes Netzwerk von Fäden, aus welchem zahlreiche glänzende, keulenförmige Fortsätze hervorragen (Fig. 129). Schöne Färbungen erzielt man mit dem Gram'schen Verfahren.

Beschaffenheit des Auswurfs bei bestimmten Erkrankungen.

Der Auswurf bei der gewöhnlichen catarrhalischen Bronchitis zeigt ein sehr verschiedenartiges Verhalten: er ist entweder schleimig oder schleimig-eitrig, dünnflüssig oder zäh, spärlich oder reichlich. Beim einfachen acuten Catarrh der Bronchien ist der Auswurf im Anfang meist spärlich, zäh, schleimig, um dann im weiteren Verlauf reichlicher, weniger zäh und mehr eitrig zu werden, bis er gegen Ende der Erkrankung wieder an Menge abnimmt. Durch die Entleerung grosser Mengen eitrigen Sputums sind die als Bronchoblennorhoe bezeichneten Formen des chronischen Catarrhs characterisirt. Das entleerte Sputum scheidet sich beim Stehen in der Regel in zwei Schichten: in eine untere eitrige und eine obere serös-schleimige.

Bei croupöser oder fibrinöser Bronchitis erscheinen zeitweise im Auswurf massive oder röhrenförmige fibrinöse Gerinnsel, Abgüsse grösserer oder kleinerer Bronchien. Daneben sieht man nicht selten kleine Blutbeimengungen, und unter dem Mikroskop oft Charcot-Leyden'sche Krystalle. Als Rarität wurden auch Curschmann'sche Spiralen beobachtet.

Kranke mit Bronchiectasieen werfen ein reichliches, eitrig-schleimiges Sputum aus, und zwar zeigt sich häufig die sogenannte „maulvolle Expectoration", d. h. bei den einzelnen Hustenstössen werden sehr voluminöse Secretmassen ausgehustet. Da das Secret meist längere Zeit in den erweiterten Bronchien stagnirt, so enthält dasselbe zahlreiche verschiedenartige Bacterien, stark verfettete Leukocyten und häufig Krystalle von Fett, seltener von Leucin und Tyrosin.

Kommt es bei längerer Stagnation des Secretes zu weiteren Zersetzungen, zu putrider Bronchitis, so wird der Auswurf übelriechend und nimmt annähernd den Character desjenigen bei Lungengangrän an (p. 350). Nur behält er seine eitrige Beschaffenheit bei und enthält niemals Fetzen von Lungengewebe.

Die Lungentuberculose liefert die verschiedenartigsten Formen des Auswurfes, in welchem sich meist grössere oder geringere Eiterbeimengungen finden. Man trifft aber auch rein schleimiges Sputum bei der Phthisis pulmonum an. Einigermassen characteristisch für das Vorhandensein von Cavernen ist das geballte, rein eitrige, luftleere, münzenförmige Sputum, doch kommt, wie schon erwähnt, diese Form auch bei anderweitigen Erkrankungen zur Beobachtung. Hat die Tuberculose schon zu stärkerer Zerstörung von Lungengewebe geführt, so treten die sogenannten Linsen und einzeln liegende elastische Fasern nicht selten auf.

Bekannt ist das sehr häufige Vorkommen von Blut im Auswurf Tuberculöser, das theils in grösserer Menge auftritt, theils in kleineren Pünctchen oder Streifchen, oder gleichmässig und innig dem Sputum beigemengt erscheint.

Das sichere Kriterium für das Bestehen einer Lungentuberculose bildet der Nachweis von Tuberkelbacillen im Sputum.

Man ist vielfach geneigt, die Schwere eines Falles nach der Zahl der im Aufstrichpräparat vorgefundenen Tuberkelbacillen zu beurtheilen,

oder bei einem Fall nach den Schwankungen der Zahl derselben eine
Besserung oder Verschlechterung des Zustandes anzunehmen. Dies
kann zu starken Täuschungen führen. Denn abgesehen davon, dass
der Gehalt an Tuberkelbacillen in einzelnen Theilen des Sputums und
in dem zu verschiedenen Tageszeiten entleerten Sputum ein ganz verschiedener sein kann, kommen auch Fälle schwerster Art vor, bei
welchen man niemals oder nur sehr spärlich Tuberkelbacillen nachzuweisen im Stande ist, während man dieselben bei beginnenden
Phthisen oft in grosser Zahl antrifft.

Der Auswurf bei der croupösen Pneumonie zeigt in der Mehrzahl der Fälle ein wohlcharacterisirtes Aussehen, auf das allein hin
schon unter Umständen die Diagnose gestellt werden kann. Einer
glasigen, durchsichtigen Grundsubstanz ist meist sehr gleichmässig Blut
beigemengt, doch wechseln auch stärker und schwächer bluthaltige und
selbst blutfreie Portionen mit einander ab. Durch Farbenveränderung
des aus den Blutkörperchen ausgetretenen Blutfarbstoffes erhält das
Sputum ein gelbrothes, gelbes oder „rostfarbenes“ Aussehen, während
manchmal die ursprüngliche Farbe des Blutes erhalten bleibt. Dabei
ist das Sputum ausserordentlich zäh, fest zusammenhängend und am
Spuckglas klebend, so dass es auch beim vollständigen Umkehren desselben nicht ausfliesst. Ist die Pneumonie von Icterus begleitet, so
können die Sputa eine ockergelbe oder selbst grüne Farbe annehmen,
was übrigens auch ohne allgemeinen Icterus, lediglich durch besondere
Veränderung des Blutfarbstoffes im Auswurf eintreten kann.

Tritt im Verlauf einer Pneumonie ein entzündliches Lungenödem auf, so macht sich dies auch durch Veränderung des Auswurfs
geltend. Derselbe verliert seine zähe, klebrige Beschaffenheit, wird
dünnflüssig und stark schaumig, dabei reichlicher, und nimmt eine
dunkelbraune Farbe an. Man bezeichnet diese Form als „pflaumen-
brühartiges“ Sputum. Das Auftreten desselben macht die Prognose
immer sehr dubiös.

Das nicht entzündliche Lungenödem verleiht dem meist in
reichlicher Menge entleerten Auswurf eine seröse, dünnflüssige, stark
schaumige Beschaffenheit. Dabei enthält das Sputum nur wenig corpusculäre Elemente: Leukocyten und einzelne rothe Blutkörperchen. Kocht
man dasselbe unter Säurezusatz, so tritt ein starker Eiweissnieder-
schlag auf.

Die Menge des bei Asthma bronchiale während des Anfalls
entleerten Auswurfes schwankt in ziemlich weiten Grenzen. Das Sputum ist schleimig, sehr zäh und zeigt eine grauweissliche Farbe. Characteristisch ist das häufige Auftreten von Curschmann'schen Spiralen
und Charcot-Leyden'schen Krystallen. Bemerkenswerth ist auch
das reichliche Vorkommen von cosinophilen Zellen.

Bei Lungengangrän wird das Sputum sehr übelriechend, missfarbig, dabei reichlich und dünnflüssig. Beim Stehen schichtet es sich
in drei Lagen. Die unterste wird von Eiter gebildet, in welchem sich
zahlreiche Dittrich'sche Pfröpfe, theils makroskopisch, theils mikroskopisch sichtbare Gewebspartikel aus der Lunge, Detritusmassen, Fett-,
Leucin- und Tyrosinkrystalle und massenhaft Bacterien vorfinden.
Elastische Fasern kommen selten darin vor. Die zweite Schicht ist
dünnflüssig, schmutzig gefärbt; die dritte, oberste enthält lufthaltige

Bestandtheile, zähe, schleimige Massen, welche vielfach in die mittlere Schicht mit fadenförmigen und fetzigen Ausläufern hineinragen.

Ein rein eitriges Sputum wird beim Lungenabscess entleert. Es enthält häufig Theile von Lungengewebe, elastische Fasern, Krystalle von Fett, Leucin und Tyrosin und nicht selten auch von Hämatoidin. Wie bei der Bronchoblennorrhoe zeigt es Zweischichtung.

Ganz ähnlich verhält sich der Auswurf nach Perforation eines Empyems in die Lunge, wobei nur elastische Fasern sehr selten gefunden werden.

Der hämorrhagische Infarct führt in der Regel zu einem blutigen Sputum von sehr dunkler Farbe und zäher Beschaffenheit. Mikroskopisch sieht man oft in grosser Zahl die „Herzfehlerzellen" (p. 339).

Untersuchung des Mundhöhlensecretes.

Die chemische Untersuchung des Speichels hat bis jetzt für diagnostische Zwecke noch keine Bedeutung erlangt. Werthvolle Aufschlüsse ertheilt hie und da die mikroskopische Untersuchung des Belages der in der Mundhöhle befindlichen Gebilde, so namentlich der Zunge und der Tonsillen.

In der Mundhöhle auch des gesunden Menschen kommen zahlreiche Mikroorganismen, Coccen und Bacterien, ferner Leptothrixfäden vor, welche keine klinische Bedeutung haben.

Dagegen ist von Wichtigkeit das Auftreten des Soorpilzes, Oidium albicans (Fig. 130), welcher auf der Schleimhaut der Zunge, der Wangen oder des weichen Gaumens von Kindern und schlecht genährten Erwachsenen in Form von weissen, leicht abhebbaren Auflagerungen vorkommt. Bringt man ein kleines Flöckchen des Belages unter das Mikroskop, so sieht man zwischen den grossen Pflasterepithelien der Mundschleimhaut ein Geflecht von stark verzweigten Fäden — das Mycel — und zahlreichen theils freien, theils in den Fäden eingeschlossenen und aus ihnen herauswachsenden Sporen von glänzendem Aussehen. Deutlicher noch werden die Pilzfäden und Sporen durch Zusatz verdünnter Kali- oder Natronlauge zum Präparat.

Von Bedeutung ist der sichere Nachweis der Diphtheriebacillen im Belag des weichen Gaumens oder der Tonsillen. Dieser Belag erscheint unter dem Mikroskop als dichtes Netz von fibrinösen Fasern, in welchem nach Zusatz 1—2%iger Essigsäure zahlreiche Leukocyten und Epithelzellen sichtbar werden. Dazwischen liegen meist in Nestern und Haufen oft neben Bacterien und Coccen, die Löffler'schen Diphtheriebacillen. Indessen wird die einfache mikroskopische Untersuchung nur dann zur Diagnose verwendbar sein, wenn die characteristischen Diphtheriebacillen fast ausschliesslich oder wenigstens in starker numerischer Ueberzahl vor anderen Mikroorganismen im Präparate vorhanden sind. Einzelne diphtherieähnliche Bacillen sind für die Diagnose nicht verwerthbar; die Entscheidung ist in solchem Falle durch Anlegung von Culturen zu erbringen.

Zur Untersuchung nimmt man mit einer ausgeglühten Platinnadel ein Stückchen von dem Belag und verreibt es auf einem Deckgläschen, lässt eintrocknen und zieht dann das Deckgläschen zur Fixirung ein

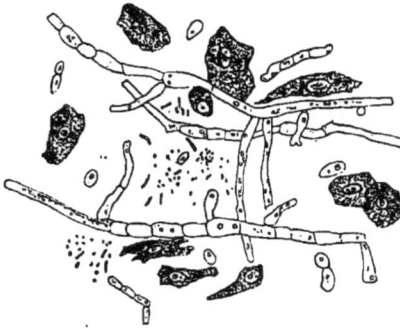

Fig. 130. Oidium albicans (Soorpilz).
(Nach Biedert.)

Fig. 131. Diphtheriebacillen.
(Nach Heim.)

paar Mal rasch durch die Flamme. Die Färbung geschieht am einfachsten mit Löffler'scher alkalischer Methylenblaulösung, bestehend aus 30 ccm concentrirter alcoholischer Lösung von Methylenblau auf 100 ccm 0,1%oiger Kalilauge. Man lässt die Farbe ca. 5 Minuten einwirken, wodurch sich die Bacillen schön blau färben. Die Diphtheriebacillen sind ungefähr ebenso lange, aber doppelt so breite Stäbchen wie die Tuberkelbacillen, und zeigen an ihren Enden oft keulenartige Auftreibungen, so dass sie als „hantelförmig" bezeichnet werden (Fig. 131).

Untersuchung des Mageninhaltes.

Zur Untersuchung des Mageninhaltes benützt man theils erbrochene Massen, theils den künstlich ausgeheberten Mageninhalt. Die genauere chemische Untersuchung wird ausschliesslich mit dem ausgeheberten Mageninhalt ausgeführt, während in Bezug auf die mikroskopische Untersuchung das Erbrochene die gleiche, in vielen Fällen sogar bessere Auskunft als das Ausgeheberte gibt.

Untersuchung erbrochener Massen.

Allgemeine Eigenschaften des Erbrochenen.

Die Menge des Erbrochenen schwankt ausserordentlich. Sehr grosse Quantitäten werden entleert bei Magenectasieen.

Die Reaction des Erbrochenen ist fast ausnahmslos eine saure. Der Geruch kann intensiv sauer sein; bei Mangel an Säure und insbesondere bei Anwesenheit von Blut ist er fade, süsslich. Haben sich im Magen ausgedehnte Gährungsprocesse ausgebildet, bei welchen grössere Mengen niederer Fettsäuren sich bilden, so nehmen die erbrochenen Massen den diesen Säuren zukommenden unangenehmen Geruch an. Faulig stinkend wird das Erbrochene bei ulcerativen Processen im Magen, namentlich bei verjauchenden Carcinomen. Von grosser Bedeutung ist der bei Stenosen des Darmes oder bei abnormen Communicationen zwischen Magen und Darm auftretende fäculente Geruch. Dieser fäculente Geruch verschwindet häufig, wenn das Erbrochene einige Zeit gestanden ist, und wird dann erst wieder nach tüchtigem Umschütteln deutlich. (Siehe auch die Untersuchung des ausgeheberten Mageninhaltes bei Vergiftungen: Phosphor, Carbolsäure.)

Das Erbrochene enthält neben dem Secret der Magenschleimhaut schleimige Massen und mehr oder weniger veränderte Reste der aufgenommenen Nahrung. Das Ganze kann eine dünne oder dickflüssige, ziemlich homogene Masse darstellen, oder es enthält kleinere und grössere unverdaute Brocken. Unter dem Mikroskop bieten sich dem Auge die mannigfachsten Bilder dar: man sieht die an ihrer Querstreifung kenntlichen Muskelfasern, feine Fetttröpfchen, vielfach gewundene Pflanzenfasern und Pflanzenzellen, welche oft die Stärkereaction (Blaufärbung durch Jod) geben, ferner aus der gleichen Reaction zu erkennende Stärkekörnchen mit concentrischer Schichtung, und verschiedenartige Mikroorganismen, Bacillen, Coccen, Spirillen, auch Hefezellen. Ausserdem findet man meist einzelne Leukocyten, hin und wieder auch ein rothes Blutkörperchen, Plattenepithelien aus der Mundhöhle und selten cylindrische Epithelien der Magenschleimhaut. Alle diese Dinge bilden auch Bestandtheile des normalen Speisebreies.

Nachweis besonderer Beimengungen zum Erbrochenen.

Bei bestimmten Magenerkrankungen finden sich in dem normalen Speisebrei fremdartige Körper und Stoffe oder solche, welche auch in der Norm vorkommen, in vermehrter Menge.

Blut.

Kleine streifenförmige Blutbeimengungen zum Erbrochenen haben diagnostisch keine Bedeutung; sie können durch leichte Schleimhautverletzungen beim Brechen u. dgl. hervorgerufen sein.

Dunkelrothes bis schwarzrothes, massiges, meist zu Klumpen geronnenes Blut wird sehr häufig beim Bestehen eines Magengeschwüres erbrochen. Ist die Blutung sehr profus und wird das Blut rasch, ohne längeren Aufenthalt im Magen nach aussen entleert, so dass die Salzsäure des Magensaftes keine oder nur eine geringe Einwirkung auf dasselbe ausüben kann, so kann dasselbe flüssig, hellroth sein. Unter dem Mikroskop sind in diesem Falle auch Blutkörperchen zu sehen, welche vielfach blass, ausgelaugt, in veränderter, meist zackiger Form erscheinen. Bei geringeren Blutungen, wie sie ebenfalls bei Magengeschwüren, häufiger aber bei Carcinoma ventriculi, dann bei Stauungszuständen in der Magenschleimhaut vorkommen, bleibt das Blut längere Zeit im Magen. Durch die Einwirkung des Magensaftes wird es hiebei zu schwarzbraunen, leicht körnigen, „kaffeesatzähnlichen" Massen verändert, welche kein Hämoglobin mehr, sondern Hämatin enthalten. Die Blutkörperchen sind dabei vollkommen zerstört. Dagegen findet man unter dem Mikroskop braune und schwärzliche Körnchen und Schollen von verändertem Blutfarbstoff. Zur sicheren Erkennung des Blutes bedarf man des chemischen Nachweises.

Häminprobe. Ein bis zwei Tropfen der schwarzbraunen Masse werden vorsichtig auf einem Objectträger eingetrocknet, die eingetrocknete Masse mit einigen Körnchen feingepulverten Kochsalzes verrieben und ein oder zwei Tropfen Eisessig zugesetzt. Nach dem Auflegen eines Deckgläschens wird der Objectträger über einer kleinen Flamme ungefähr 1 Minute lang erhitzt, mit der Vorsicht, dass der Eisessig nicht oder nur ganz wenig ins Kochen geräth. Der verdampfende Eisessig wird durch Zusatz neuer Tropfen ersetzt. Dadurch wird das Hämatin in salzsaures Hämatin oder Hämin übergeführt und man sieht unter dem Mikroskop die characteristischen sogenannten Teichmann'schen Krystalle. Es sind gelbe oder braune rhombische Täfelchen oder Stäbchen (Fig. 132). Wenn sie schlecht ausgebildet sind, was namentlich bei unvorsichtigem Erhitzen vorkommt, so erscheinen sie „hanfsamenförmig".

Eiter.

Leukocyten in grösserer Zahl kommen im Erbrochenen zur Beobachtung bei phlegmonöser Gastritis. Einzelne weisse Blutkörperchen sieht man in jedem Erbrochenen.

Gallenbestandtheile.

Häufig ist dem Erbrochenen Galle beigemischt, die vom Duodenum in den Magen gelangt, wodurch dasselbe eine gelbliche oder grünliche Farbe annimmt. Das galligen Erbrechen ist nicht für eine bestimmte Erkrankung pathognomonisch, es tritt in allen möglichen Fällen ein, wiewohl es relativ häufig bei Erkrankungen des Peritoneums beobachtet wird.

Zum Nachweis der Galle im Erbrochenen lässt sich die Gmelin'sche Probe meist nicht verwenden, da das Erbrochene, wenn es Galle enthält, schon ursprünglich eine grüne Farbe besitzt, so dass man das Auftreten des grünen Ringes nach Salpetersäurezusatz nicht beobachten kann. Man stellt daher mit dem Filtrat die Huppert'sche Probe an (s. p. 418). Da sich aber in vielen Fällen der Gallenfarbstoff zum grössten Theil ungelöst im Rückstand befindet, so empfiehlt es sich immer, das Erbrochene mit verdünnter Alkalilauge zu behandeln, wobei der Gallenfarbstoff in Lösung geht, zu filtriren und erst dieses Filtrat der Probe nach Huppert zu unterziehen.

Der Nachweis der Galle durch die Pettenkofer'sche Probe auf Gallensäuren ist complicirt, da die Reaction nicht direct mit dem Erbrochenen angestellt werden kann. Denn dieses enthält immer Eiweisskörper, Peptone und andere organische Körper, welche mit Schwefelsäure und Rohrzucker eine der Pettenkofer'schen sehr ähnliche Farbenreaction geben. Man muss desshalb die Gallensäuren erst isoliren: die erbrochene Flüssigkeit wird zuerst auf dem Wasserbad stark eingeengt und mit absolutem Alcohol ausgezogen; aus dem Filtrat wird der Alcohol verjagt, der Rückstand mit Bleiessig und Ammoniak behandelt, wiederum filtrirt und der Rückstand mit Wasser gewaschen, dann mit Alcohol gekocht und noch heiss abfiltrirt. Das Filtrat wird mit einigen Tropfen kohlensaurem Natron versetzt und zur Trockene eingedampft. Darauf zieht man mit kaltem absolutem Alcohol aus, filtrirt und fügt zum Filtrat Aether im Ueberschuss, wodurch die gallensauren Alkalien ausgefällt werden. Mit dem Niederschlage stellt man die auf p. 417 beschriebene Pettenkofer'sche oder Neukomm'sche Probe an.

Harnstoff und kohlensaures Ammoniak.

Bei Urämie finden sich im Erbrochenen manchmal grössere Mengen von Harnstoff und dem aus diesem sich bildenden kohlensauren Ammoniak.

Harnstoff kommt nicht zu häufig in grösseren Mengen im Erbrochenen vor, da er sich sehr leicht in kohlensaures Ammoniak umsetzt. Um denselben nachzuweisen, wird das Erbrochene eingedampft, mit Alcohol ausgezogen und filtrirt, das Filtrat wiederum eingedampft, der Rückstand in wenig Wasser gelöst und mit Salpetersäure versetzt. Es krystallisirt dann nach einiger Zeit salpetersaurer Harnstoff in sechsseitigen, sich über einander schiebenden Tafeln aus (s. p. 452).

Fig. 132. Häminkrystalle.   Fig. 133. a Sarcine, b Hefezellen.

Zur Erkenuung des aus dem Harnstoff sich bildenden Ammoniumcarbonates setzt man zum Erbrochenen etwas Natronlauge. Das sich verflüchtigende Ammoniak lässt sich an seinem stechenden Geruch erkennen, oder daran, dass sich bei der Annäherung eines mit Salzsäure befeuchteten Glasstabes dichte weisse Nebel von Salmiak bilden.

Geringe Mengen von kohlensaurem Ammoniak lassen sich dadurch nachweisen, dass man den mit Natronlauge versetzten Mageninhalt in ein Becherglas bringt und dieses mit einer Uhrschale bedeckt, an deren untere Seite ein mit Wasser angefeuchtetes Stückchen Curcumapapier geklebt ist. Die durch die Natronlauge frei werdenden Ammoniakdämpfe färben das Curcumapapier braun.

Pilze.

Neben einer Reihe von Mikroorganismen, welche sich in jedem Erbrochenen finden können und keine besondere Bedeutung haben, kommen insbesondere bei Stagnation des Mageninhaltes in Folge von Narbenbildung u. dgl., am regelmässigsten aber in Folge von Pyluruscarcinom, länglich-runde, oft zu längeren, zweigförmig sich gabelnden Reihen angeordnete Hefepilze und Sarcina ventriculi (Fig. 133) vor. Die in einer grösseren und einer kleineren Form existirende Sarcine stellt kugelförmige Gebilde dar, welche „waarenballen-ähnlich" neben und über einander gelegen erscheinen.

Sind Hefepilze in sehr reichlicher Menge vorhanden, so ereignet es sich nicht selten, dass durch die sich entwickelnde Gährung das Erbrochene nach einigem Stehen zu schäumen beginnt.

Gewebstheile.

Nur höchst selten trifft man im Erbrochenen Partikelchen von Neubildungen, speciell Carcinomen des Oesophagus oder des Magens an. Häufiger bleiben solche Stückchen beim Einführen der Schlundsonde in einem Sondenfenster hängen. Sie sind aber nur dann für die Diagnose von Werth, wenn sie mit Sicherheit den alveolären Bau der carcinomatösen Zellhaufen erkennen lassen.

Untersuchung des Erbrochenen bei einigen Vergiftungen.

Bei vielen Vergiftungen kann die chemische Untersuchung des Erbrochenen oder des ausgeheberten Mageninhaltes für die Erkennung des aufgenommenen Giftes entscheidend sein. Der Nachweis einer grösseren Zahl von Giften erfordert aber einen complicirten chemischen Apparat, so dass ihn der practische Arzt nicht erbringen kann. Diese umständlichen chemischen Methoden können hier nicht näher beschrieben werden; doch gibt es einzelne Gifte, welche sich auf einfachere Art erkennen lassen.

Der Nachweis von Blei und Quecksilber geschieht in der nämlichen Weise wie im Harn (s. p. 429).

Bei Phosphorvergiftung hat das Erbrochene nicht selten den dem Phosphor eigenthümlichen knoblauchartigen Geruch. Im Dunkeln leuchten die erbrochenen Massen, doch behalten sie diese Eigenschaft nur verhältnissmässig kurze Zeit, und verlieren sie sofort, wenn sie mit Alcohol, Terpentin oder Chloroform versetzt werden.

Zum Nachweis des Phosphors kann folgendes einfache Verfahren dienen: Man bringt das mit Wasser etwas verdünnte Erbrochene in einen Kolben, in welchen zwei Streifen Filtrirpapier gehängt werden, so dass sie nicht in die Flüssigkeit eintauchen, von welchen der eine mit salpetersaurem Silber, der andere mit essigsaurem Blei getränkt ist. Schon bei gewöhnlicher Temperatur, rascher bei gelindem Erwärmen des Kölbchens auf dem Wasserbad, schwärzt sich bei Gegenwart von Phosphor das Silberpapier, indem die Phosphordämpfe stark reducirend auf das Silbersalz einwirken, so dass sich aus demselben metallisches Silber auf dem Papierstreifen niederschlägt. Das Einhängen von Bleipapier geschieht, um einer Täuschung durch etwa entweichenden Schwefelwasserstoff, der das Silberpapier ja ebenfalls durch Bildung von Schwefelsilber schwärzen würde, vorzubeugen. Bleibt das Bleipapier weiss (schlägt sich kein Schwefelblei auf demselben nieder), schwärzt sich dagegen das Silberpapier, so ist Phosphor vorhanden.

Arsenvergiftungen finden statt durch Einnahme grösserer Mengen von arseniger Säure, von Fowler'scher Lösung oder von arsenhaltigen Mineralwässern.

Die in der Kälte sehr schwer lösliche arsenige Säure (weisser Arsenik) findet man häufig im erbrochenen (oder ausgeheberten) Mageninhalt noch in Substanz, in Form von weissen körnigen Bröckeln, vor. Diese werden mit einer Pincette herausgenommen, mit kaltem Wasser gewaschen und dann getrocknet. Beim Erhitzen des Pulvers mit Jod auf Kohle in der Löthrohrflamme tritt der Geruch nach Knoblauch auf. Man kann auch das erhaltene weisse Pulver mit einem Stückchen Kohle

in einem Reagensglas erhitzen; im oberen kalten Theil des Reagensgläschens bildet sich dann ein Metallspiegel von Arsen.

Genauer und bei Vergiftungen mit Solutio Fowleri oder arsenhaltigen Mineral-
wässern allein anzuwenden, ist ein umständliches Verfahren, bei welchem zuerst
alle organische Substanz zerstört und das Arsen durch Schwefelwasserstoff als
Arsensulfid gefällt wird, aus welchem metallisches Arsen frei gemacht wird, ein
Verfahren, das aber eines zu complicirten Apparates bedarf, um allgemein in der
Praxis angewendet werden zu können.

Untersuchung des künstlich entleerten Mageninhaltes.

Aus dem makroskopischen und mikroskopischen Aussehen und
der allgemeinen Beschaffenheit des durch die Sonde entleerten Mageninhaltes bieten sich für die Diagnose keine weiteren Anhaltspuncte dar,
als man sie aus der Untersuchung des Erbrochenen entnehmen kann.
Dagegen lassen sich aus den chemischen Eigenschaften des unter bestimmten Verhältnissen künstlich entleerten Mageninhaltes besondere
Schlüsse auf die secretorische und motorische Thätigkeit der Magenschleimhaut machen.

Physiologische Vorbemerkungen.

Da der Magensaft nicht continuirlich, sondern nur auf eine statt-
gehabte Reizung der Magenschleimhaut abgesondert wird, so muss vor
der künstlichen Entleerung des Magensaftes die Schleimhaut zur Absonderung angeregt werden. Dies kann auf verschiedene Weise geschehen; für klinische Zwecke benützt man jetzt allgemein die Reizung
durch Einführung von Nahrungsstoffen, weil man auf diese Weise
meist eine reichliche Menge von Magensaft erhält.

Um aus der Beschaffenheit des entleerten Speisebreies richtige
Schlüsse auf das Verhalten des Magens machen zu können, ist zunächst
die Kenntniss der unter normalen Verhältnissen nach Einfuhr bestimmter Stoffe sich abspielenden chemischen Vorgänge nothwendig.

Führt man gemischte Kost in den Magen ein, so beginnt sofort
die Secretion des Magensaftes, der auch sogleich seine verdauende
Wirkung auf die in den Magen gelangten Substanzen entfaltet. Die
Eiweisskörper werden durch die Salzsäure in Acidalbuminat (Syntonin)
verwandelt, wodurch ein beträchtlicher Theil der abgesonderten Salzsäure gebunden wird (sogenannte „gebundene Salzsäure"). Daher kommt
es, dass im Anfang der Verdauung der Magensaft nicht oder nur
schwach salzsauer reagirt. Dagegen entwickelt sich aus den eingeführten Kohlehydraten durch Gährungsvorgänge Milchsäure, welche
nach einiger Zeit eine stärker saure Reaction des Magensaftes hervorrufen kann. In dieser ersten Verdauungsperiode ist, wenn die Nahrung
Kohlehydrate enthielt, die Milchsäure ein normaler Bestandtheil des
Speisebreies, ein Bestandtheil, welcher aber nicht von der Magenschleimhaut secernirt wird, sondern welcher durch die Thätigkeit von Mikroorganismen aus der eingeführten Nahrung sich entwickelt. Enthält
die Nahrung keine Kohlehydrate, so fehlt im normalen Magensaft die
Milchsäure.

Man findet also im Anfang der Verdauung keine, oder nur Spuren
freier Salzsäure, wohl aber Milchsäure, ferner Stärke und aus dieser
hervorgegangenes Dextrin und Zucker, dagegen nur sehr geringe Mengen
von Pepton.

In der zweiten Periode nimmt die Magensaftsecretion zu, es entsteht aus dem eingeführten Eiweiss in grösserem Umfange Pepton und
es tritt, nachdem alles Eiweiss in Syntonin verwandelt ist, freie Salzsäure in reichlicherer Menge auf, während sich daneben aus den Kohlehydraten immer noch Milchsäure entwickelt.

In einer dritten Periode findet man reichliche Mengen freier
Salzsäure, wodurch der weiteren Gährung der Kohlehydrate ein Ziel
gesetzt wird, so dass in dieser Zeit der Mageninhalt unter normalen
Verhältnissen nur sehr wenig oder gar keine Milchsäure mehr aufweist.
Am Schluss der Magenverdauung ist weitaus der grösste Theil des
eingeführten Eiweisses in Propepton oder Pepton umgewandelt.

Die Verdauungsproducte werden durch die Contractionen des Magens
durch den Pylorus in den Dünndarm befördert, doch findet auch von
der Magenschleimhaut aus eine Resorption bestimmter Stoffe statt; so
werden Wasser und verschiedene in Wasser gelöste Stoffe, Zucker und
auch Pepton vom Magen aus resorbirt.

Diese Vorgänge sind natürlich je nach der Quantität und je nach
der Zusammensetzung der eingeführten Nahrungsstoffe verschieden. Es
ist daher erforderlich, zur chemischen Untersuchung des künstlich entleerten Mageninhaltes immer die gleiche Menge und die gleiche Art
von Nahrungsstoffen als digestiven Reiz zu benützen. Lässt man diese
Vorschrift ausser Acht, so ist ein Vergleich der in den verschiedenen
Fällen erhaltenen Resultate nicht angängig.

Gewinnung des Mageninhaltes.

Man benützt gegenwärtig allgemein zwei verschiedene „Probe-
mahlzeiten". 1. Das „Probefrühstück" nach E w a l d und B o a s. Dieses
wird dem Kranken Morgens, bei leerem Magen, gereicht und besteht
aus einer Semmel (durchschnittlich 35 g) und 300—400 ccm Wasser
oder, was von Vielen lieber genommen wird, ebenso viel leichtem Thee-
aufguss (ohne Zucker und Milch). Diese kleinen Mengen von Nahrungsstoffen werden rasch verdaut; schon nach 1 Stunde lassen sich grössere
Mengen freier Salzsäure im Magensaft nachweisen. Daher muss der
Mageninhalt zur chemischen Untersuchung nach 1 bis längstens 1½ Stunden ausgehebert werden. Nach 2 Stunden hat sich der Magen gewöhnlich wieder vollständig entleert.

2. Das „Probemittagsmahl" nach L e u b e und R i e g e l. Es besteht aus einem Teller Suppe (Fleischbrühe), einem grossen Beefsteak
und einer Semmel, wozu ein Glas Wasser getrunken wird. Bei dieser
grösseren Eiweissmenge dauert es natürlich viel länger bis freie Salzsäure in erheblicher Quantität auftritt. Es findet dies erst nach 4 bis
5 Stunden statt, und es darf daher erst nach dieser Zeit der Magen
entleert werden.

Die E w a l d'sche Methode ist wesentlich bequemer, da die Aus-
heberung schon nach kürzerer Zeit erfolgen kann. Ausserdem wird
das kleine Frühstück wohl von allen Magenkranken leicht genommen,

während das Verzehren der reichlichen Leube'schen Mittagsmahlzeit nicht selten grosse Schwierigkeiten bereitet und von schwerer Kranken überhaupt nicht verlangt werden kann. In manchen Fällen aber gibt die Leube'sche Mahlzeit bessere Auskunft, da das kleine Frühstück der Verdauung wenig Schwierigkeiten darbietet. Erst nach ergiebigeren Mahlzeiten werden oft in solchen Fällen Abnormitäten in der Zusammensetzung des Speisebreies offenbar.

Die Technik der Sondeneinführung wurde im ersten Theile abgehandelt.

Der Mageninhalt kann auf zweierlei Weise entleert werden. Man wendet entweder die Aspiration oder die einfache Expression an.

Expressionsmethode. Sie ist die einfachere Methode, da sie ausser der Magensonde kein weiteres Instrumentarium erfordert. Durch leichtes Pressen und Husten der Kranken und geringes Auf- und Niederbewegen der Sonde wird der Mageninhalt in die eingeführte Sonde gedrückt und in einem Gefäss aufgefangen. Diese Methode ist weit schonender als die im Folgenden beschriebene Aspirationsmethode und, da sie in den allermeisten Fällen zum Ziele führt, dieser entschieden vorzuziehen. Nur selten, wenn sehr wenig und dickflüssiger Speisebrei sich im Magen befindet, wird man auf grössere Schwierigkeiten stossen.

Aspirationsmethode. Diese besteht darin, dass das eine Ende der Magensonde mit einem Saugapparat in Verbindung gesetzt wird, durch welchen der Inhalt des Magens heraufbefördert wird. Als Saugapparat verwendet man die von Kussmaul angegebene und in zahlreichen Modificationen existirende Magenpumpe mit verstellbarem Ventil, oder man bedient sich eines Aspirators, wie er zur Aspiration von Pleuraexsudaten benützt wird. Zur Noth kann man sich auch mit einem einfachen birnförmigen Ballonaspirator behelfen, welcher in comprimirtem Zustand an der zur Sonde führenden Röhre befestigt wird und bei seiner Wiederausdehnung den Mageninhalt ansaugt. Dabei ist aber sehr unbequem, dass man nach jedem Ansaugen den Ballon losmachen und nach dem Zusammendrücken von Neuem befestigen muss. Nach Boas wendet man daher einen starken Gummiballon an, welcher an beiden Seiten in einen Schlauch übergeht. Der eine Schlauch wird mit der Sonde verbunden, am anderen befindet sich ein Hahn, mit welchem man den Schlauch absperren kann. Bei geöffnetem Hahn wird durch Compression die Luft aus dem Ballon entfernt, dann der Hahn geschlossen und nun durch Sistirung der Compression der Mageninhalt angesaugt.

Zum Auffangen des entleerten Magensaftes dient eine Flasche, in welche durch einen doppelt durchbohrten Stopfen zwei nicht zu enge Glasröhren einmünden. Die eine Röhre wird mit dem aus dem Munde herausragenden Sondenende, die andere mit dem Saugapparat verbunden.

Die Aspirationsmethode ist keine ganz harmlose Methode, da schon manchmal Verletzungen, wie Abreissungen von Schleimhautstückchen des Magens vorgekommen sind.

Untersuchung des Mageninhaltes.

Die chemische Untersuchung des so entleerten Mageninhaltes gibt eine Reihe von Anhaltspuncten für die Diagnose. Es muss aber davor gewarnt werden, allein auf das Ergebniss einer, etwa gar nur einmaligen chemischen Untersuchung desselben hin eine sichere Diagnose aufbauen zu wollen. Wir kennen keine chemische Eigenschaft des Mageninhaltes, welche ausschliesslich bei einer bestimmten Erkrankung des Magens vorkommt, denn die verschiedenartigsten krankhaften Processe können die nämliche Verdauungsstörung hervorrufen.

Die chemische Untersuchung erstreckt sich auf Stoffe, welche in der Norm im Speisebrei enthalten sind, und welche bei Erkrankungen in ihrer Quantität und Wirksamkeit Veränderungen erfahren, und auf solche, welche nur unter pathologischen Verhältnissen im Magen sich finden.

Qualitative Prüfung auf Säure.

Zunächst prüft man die Reaction des filtrirten Mageninhaltes mit Lakmuspapier, das fast ausnahmslos gebläut wird, d. h. der Mageninhalt reagirt in der Regel sauer. Diese saure Reaction des Magensaftes kann herrühren:

Von freier Säure, und zwar von freier Salzsäure oder von freier organischer Säure (Milchsäure, Buttersäure, Essigsäure).

Von anderen sauer reagirenden Verbindungen, und zwar von sauren Salzen, oder von an Eiweiss gebundener Salzsäure.

Es ist wichtig zu entscheiden, ob die saure Reaction von freier Säure herrührt oder nicht, und weiter, ob die etwa vorhandene freie Säure Salzsäure oder organische Säure (meistens Milchsäure) ist.

Die Entscheidung, ob die saure Reaction von freier Säure herrührt, oder von anderen sauer reagirenden Verbindungen, ist möglich mit Hülfe gewisser Farbstoffe, welche lediglich von freien Säuren, nicht aber von anderen sauer reagirenden Stoffen verändert werden. Ein solcher Farbstoff ist das Congoroth, welches durch freie Säure gebläut wird, während es bei Einwirkung saurer Salze seine rothe Farbe beibehält. Man verwendet entweder wässrige Lösungen des Farbstoffs in der Concentration von ungefähr 0,01 : 100, oder käufliches Congopapier, d. h. Filtrirpapier, welches mit einer Lösung von Congoroth gefärbt ist, und auf welches man mittels eines Glasstabes einen Tropfen des zu untersuchenden Mageninhaltes bringt. Tritt auch nur eine geringe Blaufärbung ein, so ist freie Säure vorhanden. Salzsäure färbt Congoroth dunkelblau, während die am häufigsten im Magen vorkommende organische Säure, die Milchsäure, in der Concentration, wie sie sich für gewöhnlich findet, nur einen blassblauen Fleck auf dem Congopapier erzeugt. Man kann danach das Congoroth auch zur Prüfung auf freie Salzsäure verwenden. Doch sind die im Folgenden anzuführenden Reactionen auf freie Salzsäure zuverlässiger, und es empfiehlt sich daher, das Congopapier nur anzuwenden zur Probe, ob eine erfolgte Röthung von Lakmuspapier durch freie Säure, oder durch andere sauer reagirende Substanzen hervorgerufen ist.

Freie Salzsäure.

Unter normalen Verhältnissen enthält der Mageninhalt, wie oben näher ausgeführt ist, in einer bestimmten Verdauungsperiode freie Salzsäure. Unter pathologischen Verhältnissen aber kann die Salzsäuresecretion geringer werden, bis zu einem Grade, dass bei Aushebung des Mageninhaltes nach der gewöhnlichen Zeit sich in demselben keine freie Salzsäure nachweisen lässt, während an deren Stelle reichliche Mengen von organischen Säuren getreten sein können.

Ein solches Absinken der Salzsäuresecretion beobachtet man bei den verschiedensten Erkrankungen des Magens: bei chronischem Catarrh der Schleimhaut, mag derselbe nun primär sein oder secundär, hervorgerufen durch Stauung (Herzerkrankungen, Pfortaderstauung etc. etc.) bei fieberhaften Erkrankungen, bei cachectischen Zuständen u. s. w. Am häufigsten aber fehlt die freie Salzsäure beim Carcinom des Magens, und zwar schon in den frühesten Stadien, nicht selten noch ehe ein Tumor nachweisbar ist. Es ist daher der negative Ausfall der Salzsäurereaction für die Diagnose des Magencarcinoms von grosser Bedeutung, ohne dass aber damit ein untrügliches Zeichen gegeben wäre, denn, wie erwähnt, kann auch bei anderen Erkrankungszuständen Salzsäure im Magensaft gelegentlich während einer längeren Periode fehlen, und andererseits findet man auch bei carcinomatöser Erkrankung des Magens bisweilen freie Salzsäure vor.

Der qualitative Nachweis der freien Salzsäure ist practisch von sehr grossem Werthe, im Allgemeinen von viel grösserem, als die ohne vollständige Laboratoriumseinrichtung kaum durchführbare quantitative Bestimmung derselben. Für practische Zwecke genügt es meist, die Höhe des Salzsäuregehaltes des Magensaftes nach dem Ausfall der qualitativen Proben abzuschätzen. Wenn man nach der für das Probefrühstück oder für die Probemahlzeit angegebenen Zeit im filtrirten Magensaft eine deutliche Salzsäurereaction erhält, so ist die Salzsäureproduction annähernd normal oder, wenn die Proben sehr kräftig ausfallen, übernormal, es besteht Hyperacidität. In diesem letzteren Falle kann die quantitative Salzsäurebestimmung unter Umständen von Werth sein, wenn man den Grad der Hyperacidität erfahren will. Erhält man ein undeutliches oder negatives Resultat, so ist damit gezeigt, dass im gegebenen Falle zu wenig Salzsäure von der Magenschleimhaut abgesondert wurde, dass Sub- oder Anacidität besteht. Dabei kann die Schleimhaut immerhin noch ganz beträchtliche Mengen von Salzsäure geliefert haben, aber doch zu wenig, als dass nach Sättigung der Eiweisskörper u. s. w. im Magensaft noch freie Salzsäure sich vorfände, wie dies bei normaler Secretionsthätigkeit der Drüsenzellen der Fall sein muss.

Von den zahlreichen Reagentien auf freie Salzsäure sollen hier nur diejenigen Erwähnung finden, welche allgemeineren Eingang in die Praxis gefunden haben.

Probe mit Phloroglucin-Vanillin (Günzburg'sches Reagens). Das Günzburg'sche Reagens hat folgende Zusammensetzung:

Phloroglucin . . 2,0
Vanillin . . . 1,0
Alcohol . . . 30,0.

(Das Reagens färbt sich bei langem Stehen am Licht tief braunroth und ist dann nicht mehr brauchbar. Es ist in dunklen Gläsern aufzubewahren.) Man mischt in einem Porzellanschälchen oder auf einem Porzellantiegeldeckel einige Tropfen des filtrirten Magensaftes mit ebenso viel Tropfen des Reagens und verdampft über einer kleinen Flamme mit der Vorsicht, dass sich die Mischung nicht bis zum Sieden erhitzt. Bei Anwesenheit auch nur sehr geringer Mengen von Salzsäure (bis zu 0,01 °/o herab) entsteht eine schöne purpurrothe Färbung. Da organische Säuren in keiner Concentration diese Farbenreaction geben, so ist die Probe vollkommen zuverlässig. Ein geringer Nachtheil derselben liegt darin, dass sie auch bei sehr geringen Mengen von freier Salzsäure intensiv auftritt.

Probe mit Methylanilinviolett. Man stellt sich aus einer concentrirten wässrigen oder alcoholischen Lösung von Methylviolett durch Verdünnen mit Wasser eine Lösung her, welche noch deutlich hellviolett gefärbt ist, bringt in je ein Reagensglas die gleiche Menge der violetten Flüssigkeit und fügt zu der einen die gleiche Menge filtrirten Magensaftes. Die andere dient zur Vergleichung und wird daher mit Wasser auf das gleiche Niveau aufgefüllt. Enthält der Magensaft Salzsäure bis zu 0,03 °/o herab, so wird das Methylviolett rein blau gefärbt. In geringerer Concentration bedingt Salzsäure eine Grünfärbung oder eine einfache Entfärbung des Methylviolettes. Organische Säuren bedingen in der Concentration, wie sie in der Regel im Magensaft vorkommen, keine Farbenänderung, erst bei stärkerer Concentration entfärben sie die Lösung.

Probe mit Tropäolin 00. Zur Anstellung dieser Probe verwendet man am besten Streifen von Filtrirpapier, welche für kurze Zeit in eine concentrirte Lösung des gelben Farbstoffes eingelegt und darauf getrocknet wurden. (Tropäolinpapier ist käuflich.) Man bringt einen Tropfen des Magensaftes auf das Papier, worauf bei einem Salzsäuregehalt von noch 0,05 °/o ein tief braunrother Fleck entsteht.

Empfindlicher und noch sicherer wird die Probe, wenn man einige Tropfen des Magensaftes mit ebenso viel Tropfen einer concentrirten alcoholischen Tropäolinlösung in einem Porzellanschälchen mischt und gelinde erwärmt, worauf ein blauvioletter Fleck entsteht. Organische Säuren, welche in stärkerer Concentration Tropäolinpapier ebenfalls braunroth zu färben vermögen, geben diese letztere Reaction niemals.

Milchsäure.

Auf dem Höhepunct der Verdauung enthält der Inhalt des gesunden Magens keine oder nur geringe Mengen von Milchsäure, da zu dieser Zeit die fermentativen Vorgänge durch die in grösserer Menge vorhandene freie Salzsäure gehemmt werden. Findet man demnach 1—1½ Stunden nach einem Ewald'schen Probefrühstück, oder 4—5 Stunden nach einer Leube'schen Probemahlzeit Milchsäure in deutlich nachweisbarer Menge, so ist man berechtigt, auf das Vorhandensein von Zersetzungsvorgängen im Magen in abnormer Intensität zu schliessen.

Der Nachweis der Milchsäure geschieht mit dem Uffelmann-schen Reagens. Dasselbe muss jedesmal zum Gebrauche frisch be-

reitet werden, indem man zu etwa 20 ccm einer 1°/₀igen Carbolsäure-
lösung 1 Tropfen Eisenchloridlösung bringt, worauf eine violettblaue
Färbung entsteht. Die Flüssigkeit wird so lange mit Wasser verdünnt,
bis sie eine hell amethystblaue Färbung angenommen hat. (Nach
längerem Stehen wird die Lösung missfarbig.) Dazu setzt man etwa
2 ccm des filtrirten Magensaftes, worauf bei Gegenwart von Milchsäure
die Farbe in Gelb umschlägt. Characteristisch ist nur der gelbe Ton,
da eine einfache Entfärbung auch durch Salzsäure bedingt wird.

Man kann die Reaction auch mit einer sehr verdünnten, kaum
noch gelb gefärbten wässrigen Eisenchloridlösung anstellen. Bei Zusatz von Milchsäure wird die Flüssigkeit deutlich gelb. Andere organische Säuren und Salzsäure bewirken in den Verdünnungsgraden, wie
sie im Magen vorkommen, keine Gelbfärbung.

In dieser einfachen Ausführung ist die Uffelmann'sche Probe
für das Vorkommen oder Fehlen von Milchsäure nicht absolut beweisend, indem einerseits eine ähnliche Gelbfärbung auch durch Zucker
und Alcohol und durch phosphorsaure Salze hervorgerufen werden
kann, und da andererseits bei Gegenwart von Milchsäure und Salzsäure
die Milchsäurereaction durch diejenige der Salzsäure verdeckt werden
kann. Zur völligen Sicherstellung des Resultates werden einige Cubikcentimeter des Magensaftes mit säurefreiem Aether geschüttelt, der
Aether, welcher die organischen Säuren aufnimmt, abgehoben, verdampft, der Rückstand in wenig Wasser gelöst und mit dieser Lösung
die Uffelmann'sche Probe angestellt.

Buttersäure, Essigsäure.

Neben Milchsäure finden sich bei abnormen Gährungsvorgängen im Magen
häufig Buttersäure, Essigsäure und andere flüchtige Fettsäuren in bedeutenderer
Menge vor. Im Verdunstungsrückstand des aus dem Mageninhalt gewonnenen
Aetherauszuges lassen sie sich an ihrem Geruch erkennen. Ihr genauer chemischer Nachweis ist schwierig und hat diagnostisch keinen besonderen Werth, da
ihr Vorhandensein nur den diagnostischen Schluss zulässt, den wir schon aus dem
Auftreten grösserer Mengen von Milchsäure zu machen im Stande sind.

Quantitative Säurebestimmung.

Gesammtacidität.

Die Acidität des Mageninhaltes ist, wie schon angeführt, nicht
allein durch freie Säuren anorganischer (Salzsäure) oder organischer
Natur (Milchsäure, Buttersäure, Essigsäure) hervorgerufen, sondern
auch durch andere sauer reagirende Stoffe, wie Acidalbuminat (gebundene Salzsäure) und saure Salze, insbesondere saure Phosphate.
Die letzteren spielen jedoch keine hervorragende Rolle. Mit der Bestimmung der Gesammtacidität ist demnach über die Menge der für
die Eiweissverdauung bedeutsamen Salzsäure nichts ausgesagt, sondern
wir bekommen dadurch streng genommen nur eine Vorstellung von der
Quantität der im Mageninhalt vorhandenen sauer reagirenden Stoffe.
Da aber die saure Reaction der Hauptsache nach durch freie oder
locker gebundene anorganische oder organische Säure bedingt ist, so
bekommen wir durch die Bestimmung der Gesammtacidität doch ein
ziemlich getreues Bild der Gesammtsäureproduction im Magen.

Die Bestimmung der Gesammtacidität geschieht durch Titrirung mittels $\frac{1}{10}$-Normalkalilauge (oder Natronlauge). Man filtrirt den Mageninhalt und misst von dem Filtrat 10 ccm mit einer Pipette in ein Becherglas oder Kölbchen ab (wenn nur geringe Mengen vorhanden sind, kann man sich auch mit 5 ccm begnügen). Dazu bringt man einige Tropfen einer 1%igen alcoholischen Phenolphtaleïnlösung und lässt nun so lange unter gutem Umrühren der Flüssigkeit aus einer graduirten Bürette $\frac{1}{10}$-Normallauge zufliessen, bis eben eine dauernde rothe Färbung auftritt. Dieser Punct zeigt an, dass alkalische Reaction eingetreten ist, dass also alle sauer reagirenden Substanzen des Magensaftes durch die Lauge gesättigt sind. Die Menge der verbrauchten Cubikcentimeter Lauge dient in der weiter unten angegebenen Weise zur Bezeichnung der Gesammtacidität des Magensaftes.

Unter Normalflüssigkeiten versteht man Flüssigkeiten, welche im Liter das Aequivalentgewicht der gelösten Substanz enthalten. So ist z. B. das Aequivalentgewicht der Salzsäure HCl = 36,5 (Wasserstoff H = 1, Chlor Cl = 35,5), also enthält eine Normalsalzsäure 36,5 g reine Salzsäure im Liter. Oder da das Aequivalentgewicht der Natronlauge NaOH = 40 (Natrium Na = 23, Sauerstoff O = 16, Wasserstoff H = 1), das der Kalilauge KOH = 56 (Kalium K = 39), so enthält eine Normalnatronlauge 40 g Aetznatron, eine Normalkalilauge 56 g Aetzkali im Liter. 1 ccm einer Normalsäurelösung wird genau durch 1 ccm Normallauge neutralisirt. $\frac{1}{10}$-Normallösungen sind solche, welche nur den zehnten Theil des Aequivalentgewichtes der wirksamen Substanz im Liter enthalten. So sind im Liter einer $\frac{1}{10}$-Normalkalilauge 5,6 g Aetzkali, im Liter einer $\frac{1}{10}$-Normalnatronlauge 4,0 g Aetznatron.

Zur Herstellung der Normallösungen geht man am besten von der Oxalsäure aus, welche ein Aequivalentgewicht von 63 hat, wonach im Liter Normaloxalsäurelösung 63 g Oxalsäure gelöst sein müssen. Die Oxalsäure hat die Formel CO . OH . CO . OH + $2H_2O$. Daraus berechnet sich ihr Moleculargewicht zu 126:

$$
\begin{array}{rcl}
2\,C & = & 24 \\
4\,O & = & 64 \\
2\,H & = & 2 \\
4\,H & = & 4 \\
2\,O & = & 32 \\
\hline
     &   & 126
\end{array}
$$

Da sie eine zweibasische Säure ist, so hat man nur die Hälfte des Moleculargewichts = 63 in Anrechnung zu bringen. Man wägt auf der chemischen Waage 63 g gut ausgebildeter, nicht verwitterter Krystalle chemisch reiner Oxalsäure ab, löst dieselben in Wasser und füllt genau auf einen Liter auf. Nun stellt man sich eine Lauge her, welche etwas stärker ist als Normallauge, indem man ca. 45 g Aetznatron oder ca. 60 g Aetzkali zum Liter auflöst. Diese Lösung muss so stark verdünnt werden, dass 1 ccm der Lauge genau durch 1 ccm der Normaloxalsäure neutralisirt wird. Zu diesem Zwecke misst man mit einer Pipette 10 ccm der Normaloxalsäure in ein Kölbchen ab, versetzt mit ein paar Tropfen Phenolphtaleïnlösung und lässt so lange von der Lauge aus einer Bürette zufliessen, bis die entstehende Rothfärbung nach dem Umschütteln nicht mehr verschwindet. Man liest die gebrauchte Menge der Lauge ab und berechnet daraus, um wie viel dieselbe zur Herstellung einer Normallauge zu verdünnen ist. Hat man z. B. 9,5 ccm der Lauge zur Neutralisation gebraucht, so hat man 950 ccm derselben auf 1000 ccm aufzufüllen, um eine Normallauge zu erhalten. Man hat dann noch einmal mit einer grösseren Quantität, z. B. 50 ccm, zu prüfen, ob die Mischung richtig getroffen ist.

Die Herstellung von Normallösungen ist umständlich und erfordert neben einer feinen Waage eine gewisse Uebung im chemischen Arbeiten. Es empfiehlt sich daher für die Praxis, dieselben aus chemischen Fabriken oder vom Apotheker zu beziehen. Man lasse sich dieselben aber in nicht zu grossen Quantitäten kommen (höchstens etwa literweise), weil sie mit der Zeit leicht ihren Titer ändern. Auch müssen dieselben immer in gut verschlossenen Gefässen aufbewahrt werden.

Die Gesammtacidität lässt sich nach dem gefundenen Resultat auf zweierlei Weise ausdrücken, entweder in sogenannten Aciditätsprocenten oder dadurch, dass man die gefundene Acidität auf Salzsäure berechnet.

Bei der Berechnung auf Aciditätsprocente wird einfach angegeben, wie viel Cubikcentimeter der $\frac{1}{10}$-Normallauge man zur Neutralisation von 100 ccm Magensaft braucht. Waren zur dauernden Rothfärbung von 10 ccm mit Phenolphthaleïnlösung versetzten Magensaftes z. B. 5,5 ccm $\frac{1}{10}$-Normallauge erforderlich, so beträgt die Acidität 55 %. Der 1—1½ Stunden nach einem Probefrühstück oder 4—5 Stunden nach einer Probemahlzeit entleerte normale Magensaft hat eine Acidität von 40—65 %.

Bei der Berechnung auf Salzsäure wird der gefundene Werth so ausgedrückt, als ob die saure Reaction des Magensaftes ausschliesslich durch Salzsäure hervorgerufen wäre. Man hat sich dabei zu erinnern, dass 1 ccm einer $\frac{1}{10}$-Normallauge genau 1 ccm einer $\frac{1}{10}$-Normalsalzsäure neutralisirt. Hat man also z. B. wiederum 5,5 ccm $\frac{1}{10}$-Normalkalilauge zur Neutralisation von 10 ccm Magensaft gebraucht, so haben diese 10 ccm dieselbe Acidität wie 5,5 ccm einer $\frac{1}{10}$-Normalsäure. Da nach der Definition der Normallösungen 1 l Normalsalzsäure 36,5 ccm, 1 ccm demnach 0,0365 ccm reine Salzsäure enthält, so entspricht 1 ccm einer $\frac{1}{10}$-Normalsalzsäure 0,00365 ccm Salzsäure. Die 10 ccm Magensaft sind also in diesem Beispiel gleichwerthig mit 5,5 × 0,00365 = 0,02 Salzsäure, oder in Procenten ausgedrückt, die Acidität des Magensaftes entspricht 0,2 % Salzsäure. Dabei hat man sich aber immer zu vergegenwärtigen, dass diese 0,2 % Salzsäure keinen reellen Werth darstellen, sondern dass die Summe der im Magensaft enthaltenen sauer reagirenden Substanzen, auf Salzsäure umgerechnet, diesen Werth repräsentirt.

Salzsäure.

Zur Bestimmung des Salzsäuregehaltes des Magensaftes ist eine grössere Anzahl von Methoden vorgeschlagen worden, welche aber zum Theil zu complicirt sind, als dass sie dem Practiker für die Diagnose werthvoll sein könnten. Während bei einem Theil der Methoden die gesammte im Mageninhalt vorhandene Salzsäure, sowohl die freie als auch die gebundene, bestimmt wird, zielen die anderen darauf hin, lediglich die Quantität der freien Salzsäure zu ermitteln. Man hat daher vor Allem zu überlegen, was ein rein diagnostischer Zweck erfordert, ob die Bestimmung der freien Salzsäure, oder diejenige der freien und gebundenen zusammen.

Nach Einführung von Ingestis wird Salzsäure von der Magenschleimhaut abgesondert und sogleich von den Eiweisskörpern in Beschlag genommen. Die Absonderung ist nun unter normalen Verhältnissen immer so gross, dass nach einer bestimmten Zeit, nachdem alle Affinitäten des Eiweisses gesättigt sind, noch ein Ueberschuss von freier Säure vorhanden ist. Findet man nach der vorgeschriebenen Zeit keine freie Salzsäure im Mageninhalt vor, so ist das ein abnormer Zustand, es besteht Subacidität, wobei es ziemlich gleichgültig bleibt, ob viel gebundene Salzsäure vorhanden ist oder wenig. Das Fehlen der freien Salzsäure zeigt an, dass eben im gegebenen Falle die Secretion der Salzsäure nicht ausreichend war. Es wird daraus klar, dass für rein practisch-diagnostische Zwecke die leicht ausführbare Bestimmung der freien Salzsäure von grösserem Werthe ist, als diejenige der gesammten Salzsäure.

Hat man mit den qualitativen Proben keine freie Salzsäure nachweisen können, so erscheint es dem Gesagten entsprechend viel zweckmässiger, nach dem Vorgange v. Noorden's diejenige Salzsäuremenge zu bestimmen, welche zur Sättigung aller Affinitäten noch nothwendig wäre, d. h. die Menge, welche gegenüber normalen Verhältnissen fehlt, als diejenige, welche überhaupt, aber als gebundene Salzsäure vorhanden ist.

Um die Quantität dieser fehlenden Salzsäure zu erfahren, lässt man zu einer abgemessenen Menge (z. B. 10 ccm) des filtrirten Magensaftes so lange $^1/_{10}$ Normalsalzsäure aus einer Bürette zufliessen, bis eine deutliche Reaction mit Methylviolett zu erkennen ist; dann ist freie Salzsäure vorhanden, und die zugefügte Menge der Salzsäure gibt an, wie viel von derselben nothwendig war, um normale Zustände zu schaffen. Verlässiger noch wird diese quantitative Bestimmung, wenn man als Indicator das untrügliche Günzburg'sche Reagens anwendet.

Fallen die qualitativen Proben auf freie Salzsäure deutlich positiv aus, so kann es von einiger Bedeutung sein, den Grad der Acidität des Magensaftes kennen zu lernen, um daraus zu erfahren, ob nicht etwa eine Hyperacidität besteht. Auch hier erscheint es von grösserem Werth, nicht die Gesammtmenge der abgesonderten Salzsäure, sondern vielmehr den vorhandenen Ueberschuss der freien Salzsäure zu erfahren.

Hierüber gibt eine einfache und leicht ausführbare, von Mörner und Boas angegebene Methode eine für diagnostische Zwecke hinreichend genaue Auskunft. 10 ccm des filtrirten Mageninhaltes werden in einem Kölbchen mit etwa 20 ccm Aether ausgeschüttelt, der obenstehende Aether dann durch Abgiessen oder mittels einer Pipette entfernt und diese Procedur einige Male wiederholt, um die organischen Säuren wegzubringen. (Dieses Ausschütteln mit Aether ist nicht immer absolut nothwendig, da namentlich bei Hyperacidität, also bei reichlichem Salzsäuregehalt, die Menge der vorhandenen organischen Säuren meist eine verschwindend kleine ist.) Man versetzt dann die Flüssigkeit mit ca. 5 ccm einer wässrigen Congolösung, welche sich sofort blau färbt, und lässt nun so lange $^1/_{10}$-Normalnatronlauge zufliessen, bis die Farbe in Roth umgeschlagen ist. Durch die Zahl der verbrauchten Cubikcentimeter Natronlauge wird direct die Menge der in 100 ccm des Magensaftes vorhandenen freien Salzsäure angegeben.

Als normales Verhalten kann man einen Salzsäuregehalt von 0,1—0,2% erachten. Wo sich Werthe unter 0,1% ergeben, da handelt es sich um zu geringe Salzsäureabsonderung, um Subacidität, da wo sich höhere Werthe als 0,2% finden, besteht Hyperacidität.

Prüfung auf Pepsin.

Neben der Salzsäure sondert die Magenschleimhaut das für die Verdauung, speciell der Eiweisskörper, eine wichtige Rolle spielende Pepsin ab. Nun hat man durch vielfache Versuche erfahren, dass da, wo die Salzsäure in genügender oder in zu reichlicher Menge secernirt wird, immer auch wirksames Pepsin in der erforderlichen Quantität vorhanden ist. Auch bei Subacidität und Anacidität trifft man häufig noch reichlich Pepsin im Magensafte an. Ein völliges Fehlen des Pepsins ist ein ziemlich seltener Befund und verräth immer eine schwere Erkrankung des Magens. So kommt dies vor bei Carcinom und bei Atrophie der Magenschleimhaut.

Die Untersuchung auf Pepsin ist nicht von der Wichtigkeit, wie die Untersuchung auf freie Salzsäure. Hat man die letztere im Mageninhalt nachweisen können, so ist eine Prüfung auf Pepsin vollkommen überflüssig, da, wie erwähnt, einseitiger Mangel an Pepsin nicht beobachtet wird.

Am besten prüft man auf die Gegenwart von Pepsin in der Weise, dass man untersucht, ob der Magensaft die dem Pepsin zukommende Wirkung entfaltet, d. h. man sieht zu, ob der Magensaft im Stande ist, Eiweiss in regelrechter Weise zu verdauen. Man muss sich aber daran erinnern, dass die Wirkung des Pepsins auf Eiweiss nur dann zur vollen Geltung kommt, wenn freie Salzsäure daneben vorhanden ist. Man hat daher vorher auf freie Salzsäure zu prüfen und muss in jedem Falle zwei Proben anstellen, zu deren einer man Salzsäure zusetzt. Als Verdauungsobject wendet man Fibrin oder Eiereiweiss an, welche beide man sich leicht in grösserer Menge verschaffen und lange Zeit aufbewahren kann. Reines Fibrin gewinnt man durch Schlagen von Blut und tüchtiges Auswaschen des sich abscheidenden Gerinnsels mit Wasser. Um den Verdauungsvorgang besser sichtbar zu machen, werden die in kleine Stückchen zerschnittenen Fibrinflocken gefärbt, indem man sie 1—2 Tage in eine concentrirte ammoniakalische oder neutrale wässrige Lösung von Carmin bringt. Darauf wird das Fibrin so lange mit Wasser gewaschen, bis es keinen Farbstoff mehr abgibt, ausgepresst und in Glycerin gelegt, worin es sich jahrelang unverändert erhält. Zum Gebrauch werden einige Flocken herausgenommen und das Glycerin aus ihnen durch Wasser ausgewaschen.

Leichter zu beschaffen ist Eiereiweiss. Aus dem Weissen eines hartgesottenen Eies werden mittels eines Korkbohrers Cylinder von etwa 1 cm Durchmesser ausgeschnitten und diese mit einem scharfen Messer wiederum in feine ca. 1 mm dicke Scheibchen zerlegt. Die Aufbewahrung geschieht wie beim Fibrin in Glycerin.

Die Verdauungsprobe wird folgendermassen angestellt. In zwei Reagensgläser bringt man je ca. 10 ccm filtrirten Magensaftes und einige Fibrinflocken oder ein Eiereiweissscheibchen, in das eine ausserdem noch 1—2 Tropfen officineller Salzsäure. Es muss in dieses Gläschen so viel Salzsäure eingebracht werden, dass die Reaction auf freie Salzsäure mit einem der oben erwähnten Reagentien auf Salzsäure deutlich positiv ausfällt. Enthält der Magensaft genügende Mengen von Salzsäure und Pepsin, so vollzieht sich, wenn man Fibrin angewendet hat, schon bei Zimmertemperatur binnen kurzer Zeit die Verdauung. Es macht sich dies dadurch kenntlich, dass in Folge der Lösung des Carminfibrins die Flüssigkeit eine rothe Farbe annimmt. Nach längstens 1 Stunde ist das Fibrin vollkommen gelöst. Tritt die Lösung nur in demjenigen Röhrchen ein, welches mit einigen Tropfen Salzsäure versetzt wurde, so enthält der Magensaft zwar genügend Pepsin, aber es mangelt ihm an Salzsäure. Nur wenn in beiden Röhrchen das Fibrin nicht oder nur langsam und unvollständig gelöst wird, kann man von Mangel an Pepsin sprechen.

Die Scheibchen aus Eiereiweiss werden viel schwerer und langsamer verdaut. Es ist dabei erforderlich, die Röhrchen im Thermostaten bei einer Temperatur von ca. 38° aufzustellen. Etwa 10 ccm normalen Magensaftes lösen unter diesen Verhältnissen ein Eiweissscheibchen in 1—2 Stunden auf. Gerade die schwerere Verdaulichkeit der Eiweissscheibchen lässt dieselben geeigneter erscheinen, Auskunft über die peptische Fähigkeit des Magensaftes zu geben, indem ein minder wirksamer Magensaft sehr lange Zeit braucht, um merkliche Veränderungen an dem Eiweissscheibchen hervorzurufen, während derselbe die leichter angreifbaren Fibrinflocken noch verhältnissmässig rasch zur Lösung bringen kann.

Prüfung auf Labferment.

Neben dem Pepsin wird von der Magenschleimhaut als zweites Ferment das Labferment secernirt, welches die Milch zur Gerinnung bringt, d. h. das Caseïn der Milch ausfällt. Der Nachweis desselben hat bis jetzt noch keine besondere diagnostische Bedeutung erlangt, da seine Absonderung parallel mit der Salzsäuresecretion zu gehen scheint.

Ungefähr 10 ccm filtrirten Magensaftes werden mit einer verdünnten Lösung von kohlensaurem Natron (oder Natronlauge) genau neutralisirt und dazu die gleiche Menge frischer, amphoter (nicht sauer) reagirender Milch gesetzt. Im Thermostaten bei ca. 38° gerinnt bei Gegenwart von Labferment die Milch innerhalb $^1/_4 — ^1/_2$ Stunde. Nach der Gerinnung ist die Milch noch einmal auf ihre Reaction zu prüfen. Reagirt sie sauer, so braucht die Ausfällung des Caseins nicht durch Labferment bedingt zu sein, sondern sie kann lediglich durch Säurebildung hervorgerufen sein. Es ist dann die Probe noch einmal mit anderer Milch anzustellen.

Prüfung des Verhaltens von Eiweiss und Stärke.

Die immer etwas umständliche Prüfung auf das Verhalten der Eiweisskörper im Magen, speciell auf die Anwesenheit von Zwischenstufen zwischen Eiweiss und Pepton und auf Pepton selbst hat wenig diagnostischen Werth. Im Grunde ist die Probe auf Pepton nur eine umständliche und wenig sichere Probe auf Salzsäure, unsicher desswegen, weil auch organische Säuren bei Gegenwart von Pepsin ein Peptonisirung bewirken können.

Ebenso wird durch die Untersuchung auf den Verlauf der Kohlehydratverdauung im Magen nur eine Ergänzung zur Untersuchung auf Säure geliefert. Bei zu reichlichem Säuregehalt des Mageninhaltes, sei es nun anorganische oder organische Säure, wird die Umwandlung von Stärke in Dextrin und Zucker behindert und man findet demnach längere Zeit nach der Aufnahme der Nahrung noch reichliche Mengen von Stärke im Mageninhalt. Es lässt sich dies durch Zusatz einiger Tropfen verdünnter Jodjodkaliumlösung, welche besteht aus 1 Theil Jod, 2 Theilen Jodkalium auf 300 Theile Wasser, erkennen. Bei Gegenwart von Stärke erhält man eine tiefblaue, bei Gegenwart von Erythrodextrin eine purpurrothe Färbung.

Prüfung der motorischen Thätigkeit des Magens.

Wenn 2 Stunden nach dem Probefrühstück und 6 Stunden nach der Probemittagsmahlzeit durch die Schlundsonde sich keine Speisereste mehr entleeren lassen, so kann die motorische Thätigkeit des Magens als normal gelten. Werden nach dieser Zeit noch Nahrungsreste vorgefunden, so ist damit angezeigt, dass der Uebertritt derselben in den Dünndarm in abnormer Weise verzögert ist. Doch kommen Fälle vor, bei welchen mittels der Schlundsonde sich nichts aushebern lässt und dennoch nicht unbeträchtliche Massen im Magen noch enthalten sind. Sicherer geht man daher, wenn man nach der angegebenen Zeit in den Magen etwa 1 l Wasser, am besten in 2 Portionen zu je 500 ccm nach einander einfliessen lässt. Sind noch Speisereste im Magen, so werden dieselben, wenn auch nicht mit der ersten, so doch sicher mit der zweiten Spülflüssigkeit herausbefördert.

Prüfung der Resorptionsthätigkeit des Magens.

Vom Magen aus findet Resorption gelöster Stoffe statt, und zwar beginnt die Resorption im normalen Magen schon sehr kurze Zeit nach der Nahrungsaufnahme. Bei vielen Magenerkrankungen, am regelmässigsten bei der Ectasie, wird die Resorption wesentlich verzögert.

Die Prüfung hierauf geschieht in der Weise, dass man unmittelbar vor der Nahrungsaufnahme in einer Gelatinekapsel 0,2 g Jodkali verabreicht. Beim gesunden Menschen lässt sich schon nach 6 bis längstens nach 15 Minuten das von der Magenschleimhaut resorbirte und zum Theil mit dem Speichel wieder ausgeschiedene Jodkali in diesem nachweisen. Mit Stärkekleister getränktes Papier, das mit dem Speichel benetzt wird, färbt sich auf Zusatz von rauchender Salpetersäure blau. Bei Magenkranken können 1—2 Stunden vergehen, ehe die Reaction eintritt.

Untersuchung der Fäces.

Allgemeine Eigenschaften.

Menge, Form, Farbe und Consistenz der Fäces.

Die Menge der in 24 Stunden entleerten Fäces ist eine ausserordentlich wechselnde. Unter normalen Verhältnissen ist sie abhängig von der Quantität, aber auch von der Qualität der aufgenommenen Nahrung. Es gibt Nahrungsmittel, welche in Folge ihrer schlechten Ausnützung im Darmkanal sehr reichliche Kothentleerungen verursachen, während andere fast vollständig verdaut und resorbirt werden. Im Allgemeinen gehören die Vegetabilien zu der erstgenannten Gruppe, während die animalischen Nahrungsstoffe, insbesondere das Muskelfleisch, nur wenig Fäces liefern. Die Fäces bestehen aber nicht nur aus unverdauten und unresorbirten Nahrungsresten, sondern sie setzen sich zum Theil auch zusammen aus den Secreten der grossen und kleinen Verdauungsdrüsen, hauptsächlich der Leber, des Pankreas und der Darmdrüsen. Denn auch bei vollständiger Abstinenz wird Koth gebildet.

Ein starkes Absinken der Kothmenge beobachtet man demnach vorzüglich bei geringer Nahrungsaufnahme und bei reichlichem Erbrechen, wenn ein grösserer Theil der aufgenommenen Speisen durch den Mund wieder entleert wird. Grössere Mengen Koth als in der Norm werden unter pathologischen Verhältnissen entleert bei stärkeren Diarrhöen, wobei einerseits die Resorption der aufgenommenen Nahrungsstoffe eine geringere wird, andererseits die Secretion der Verdauungssäfte gesteigert ist.

Parallel mit der Häufigkeit der Entleerungen geht in der Regel die Consistenz der Stühle. Während als Norm eine ein- bis zweimalige Defäcation von breiiger Beschaffenheit im Tag gelten kann, findet man bei bestimmten Erkrankungen des Darmes sehr häufige, dünne, wässerige Entleerungen, die bis zu 20 und mehr in 24 Stunden betragen können; andererseits kann Tage lang Verstopfung bestehen, wobei dann die entleerten Fäces eine sehr harte Consistenz aufweisen. Häufigere dünne Entleerungen sind bedingt durch Reizungen des Darmes, welche eine vermehrte Peristaltik und vermehrte Secretion verursachen, wie dies namentlich bei catarrhalisch-entzündlichen Zuständen der Darmschleimhaut der Fall ist. Diese Reize sind theils infectiöser, theils chemischer Natur. So treffen wir häufig Durchfall einerseits bei acuten Infectionskrankheiten, welche im Darm localisirt sind, wie Typhus abd., Cholera, Dysenterie, oder bei einfachen Catarrhen der Darmschleimhaut, andererseits ohne locale Erkrankung im Darm bei Urämie. Verstopfung, mangelhafte Fortbewegung des Darminhaltes, kann ihre Ursache haben in einfacher mechanischer Verlegung des Darmlumens, wobei die Kothentleerung völlig sistiren kann (Axendrehungen und Knickungen etc. des Darmes, Incarceration von Hernien, ringförmige Carcinome). Sie kann aber auch bedingt sein durch ungenügende Darmperistaltik, wobei entweder Erkrankungen des Darmes selbst (chronische Catarrhe, Peritonitis) oder Erkrankungen des Centralnervensystems die Schuld tragen können (Meningitis).

Die Form der Entleerungen richtet sich im Allgemeinen nach ihrer Consistenz. Je härter die Fäces sind, um so vollkommener bewahren sie die im Dickdarm angenommene Form. Bei Stenosen im unteren Theil des Dickdarms werden manchmal kleine schafkothähnliche Kothballen entleert, ohne dass das Vorkommen solcher Fäces ein characteristisches Kennzeichen für die genannte Affection darstellt, da ähnliche Formen auch bei gewöhnlicher Obstipation zur Beobachtung kommen.

Die normale braune Farbe des Kothes ändert in pathologischen Zuständen ab; sie wird theils heller, theils dunkler, theils treten andere Farben auf. Vielfach ist die Farbe durch die aufgenommene Nahrung bedingt. Bemerkenswerth ist, dass auch gewisse Arzneimittel dem

Koth eine besondere Färbung verleihen; so erscheinen die Fäces nach Einnahme von Calomel grün, nach Einnahme von Eisenpräparaten und Wismuth schwarz, indem sich Schwefeleisen und Schwefelwismuth bildet. Rheum, Santonin und Senna färben den Koth gelb.

Auch bestimmte Erkrankungen verleihen den Fäces ein besonderes Aussehen. Wird aus irgend einer Ursache wenig oder keine Galle in den Darm entleert, so nehmen die Stühle eine gelblichgraue, lehmartige Farbe an, die zum Theil von dem Mangel an Gallenfarbstoff, zum Theil von dem in Folge der mangelhaften Fettresorption überreichlichen Fettgehalt herrührt. Blutbeimengungen, wenn sie von den unteren Darmparthieen stammen, färben die Entleerungen hellroth. Kommen sie aus höheren Regionen, besonders aus dem Magen, so nehmen die Fäces durch die Veränderungen, welche der Blutfarbstoff erleidet, eine schwarzbraune bis schwarze Farbe an (s. p. 354). Dem Typhus abdominalis sind dünne, gelbe, „erbsensuppenähnliche" Stühle eigen, die sich beim Stehen in zwei Schichten absetzen, in eine untere, welche die gelben, festeren Massen enthält, und in eine obere, trübe, dünnflüssige. Bei Cholera asiatica erfolgen farblose, „reiswasserähnliche" oder „mehlsuppenartige" Entleerungen.

Geruch und Reaction der Fäces.

Der bekannte, hauptsächlich durch Scatol und Indol bedingte Geruch des Kothes kann manche Abänderung erfahren. So wird derselbe in Folge fauliger Zersetzungen, am häufigsten bei ulcerirenden Carcinomen des Darmes, aashaft, während bei sehr reichlichen Diarrhöen, z. B. bei Ruhr und Cholera, vollständig geruchlose Fäces zur Entleerung kommen.

Die Prüfung der Reaction der Fäces hat für die Diagnose keinen Werth, da dieselbe eine sehr wechselnde, bald saure, bald alkalische ist. Sie ist zum grossen Theil abhängig von der Art der aufgenommenen Nahrung. So bedingt z. B. der reichliche Genuss von Kohlehydraten eine stark saure Reaction in Folge der sich entwickelnden sauren Gährung.

Untersuchung auf normale und pathologische Bestandtheile.

Die chemische Untersuchung der Fäces gibt gegenüber derjenigen des Harns für die Diagnose verhältnissmässig wenig Anhaltspuncte. Zur mikroskopischen Untersuchung, welche ergebnissreicher ist, wird ein kleines Kothpartikelchen auf einen Objectträger gebracht, wenn nötbig mit etwas Wasser angefeuchtet und mit einem Deckglas bedeckt. Häufig, z. B. bei der Untersuchung auf thierische Parasiten, ist es besser, um gleich etwas grössere Mengen zur Untersuchung zu bekommen, etwas von den Fäces in dünner Schicht über die ganze Fläche eines Objectträgers auszubreiten und unbedeckt mit ganz schwacher Vergrösserung zu durchsuchen. Sind die Kothmassen sehr dünn, so bringt man einen Theil in ein Spitzglas, wartet, bis die corpusculären Bestandtheile zu Boden gesunken sind, und entnimmt dann wie bei der Harnuntersuchung eine kleine Probe vom Bodensatz mit einer Pipette.

Nahrungsreste.

Pflanzenreste. Nach Aufnahme grüner Pflanzentheile findet man auch im normalen Koth grössere Mengen unverdauter Pflanzenreste, welche sich dem Auge in den wechselndsten Formen präsentiren (Fig. 134). Nicht selten schliessen die Pflanzenzellen unveränderte Stärkekörnchen ein.

Unversehrte freie Stärkekörperchen kommen im normalen Koth nur ausnahmsweise vor. Grössere Mengen derselben weisen immer auf stärkeren Catarrh der Darmschleimhaut hin. Man erkennt die Stärkekörnchen an ihrer concentrischen Schichtung und an der auf Zusatz von verdünnter Jodjodkaliumlösung auftretenden Blaufärbung.

Fleischreste. Bei gemischter Kost enthält der Koth fast regelmässig einzelne nicht verdaute Muskelfasern, welche zwar gequollen sind, aber bei stärkerer Vergrösserung noch deutlich ihre Querstreifung zeigen. In grösserer Menge finden sie sich bei Diarrhöen. Ist die Verdauung des Fleisches in irgend einer Weise gestört, so sieht man auch reichlich Bindegewebsfasern. Ferner treten im Koth bei Fleischnahrung regelmässig elastische Fasern auf,

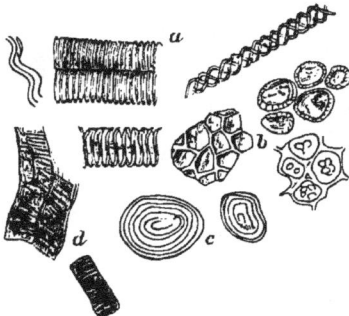

Fig. 134. Pflanzenfasern (a) und Pflanzenzellen (b), Stärkekörnchen (c) und quergestreifte Muskelfasern (d) in den Fäces.

welche sich von den Bindegewebsfasern ausser durch ihre Form und ihren eigenthümlichen Glanz dadurch unterscheiden, dass sie durch Essigsäure nicht verändert werden, während die Bindegewebsfasern durch Essigsäure aufquellen und unsichtbar werden.

Fett. Fett findet man bei fettreicher Nahrung auch unter normalen Verhältnissen und zwar gewöhnlich nicht in Tropfen, sondern in Form von krystallinischen Nadeln, welche häufig büschelartig an einander liegen. Wird in Folge schlechter Fettverdauung und Resorption der Koth sehr fettreich, so nimmt er eine lehmige Beschaffenheit und eine gelblichgraue Farbe an, wie man dies bei Abschluss der Galle vom Darm und bei Erkrankungen des Pankreas zu sehen bekommt (im ersteren Falle ist die Farbe des Kothes auch durch den Mangel an Gallenfarbstoff bedingt).

Ein reichlicher Fettgehalt des Kothes lässt sich leicht daran erkennen, dass man eine kleine Portion desselben auf einem Objectträger ganz gelinde erwärmt, wodurch das Fett zum Schmelzen gebracht wird, worauf bei leicht schräger Lage des Objectträgers bald grössere oder kleinere Tröpfchen herabzufliessen beginnen.

Blut.

Blut kann dem Darminhalt aus allen Theilen des Verdauungstractus beigemengt werden. Ist dasselbe in grösserer Menge vorhanden, so verleiht es den Fäces eine characteristische Färbung. Bei Blutungen, welche aus dem Magen stammen, werden durch Veränderungen des Blutfarbstoffes die Entleerungen schwarz, theerartig, während das Blut, wenn es in den Dickdarm und insbesondere in das Rectum ergossen wurde, seine rothe Farbe beibehält. In diesem Falle sieht man auch unter dem Mikroskop noch deutlich die in ihrer Form meist nur wenig veränderten Blutkörperchen. Ein weiteres Erkennungszeichen zur Auffindung des Ortes einer Blutung ist die Art, wie das Blut den Fäces beigemengt ist. Ist das Blut, namentlich bei festen Ausleerungen, innig mit dem Koth vermischt, so ist daraus zu schliessen, dass die Blutung im Darmtractus erfolgte, noch ehe die Fäces geformt waren; haftet das Blut dagegen nur aussen den geformten Fäces an, so stammt es aus den untersten Darmabschnitten.

Oefter findet man bei Blutungen im Koth die an ihrer Gestalt und ihrer gelbrothen Farbe unschwer kenntlichen Hämatoidinkrystalle (s. Fig. 126 p. 344).

Ergiebige Blutungen in den Verdauungstractus lassen sich demnach leicht aus der Farbe des Stuhles erkennen, geringe aber erfordern eine sorgfältigere Untersuchung. Man kann das Blut auf spectroskopischem Wege nachweisen, indem man nach den Streifen des Methämoglobins und Hämatins sieht, welche im Darm aus dem Hämoglobin entstehen (s. p. 332). Doch ist der Nachweis dieser Streifen im Koth schwierig, da zahlreiche andere Absorptionsstreifen störend auf die sichere Erkennung einwirken. Empfehlenswerther ist daher der Versuch die Teichmann'schen Häminkrystalle darzustellen (s. p. 354).

Eiter.

Der sichere Nachweis von Eiter im Stuhl, welcher auf mikroskopischem Wege zu führen ist, hat, wenn nicht grosse Eitermengen vorhanden sind, recht beträchtliche Schwierigkeiten, hauptsächlich desswegen, weil die Eiterkörperchen theils durch die Verdauungssecrete, theils durch Fäulnissvorgänge hochgradig verändert werden, so dass sie in den reichlichen Detritusmassen des Kothes nicht mehr aufzufinden sind. Ausserdem enthält auch der normale Koth einzelne, aus der Darmwandung ausgewanderte Leukocyten und endlich können anderweitige, aus der Nahrung herstammende Zellen und Zellkerne zu Verwechselung Veranlassung geben. Am häufigsten finden sich grössere Mengen von Eiter im Stuhlgang beim Durchbruch perityphlitischer Abscesse, aber auch bei geschwürigen Processen im Darm, so bei Tuberculose und Dysenterie.

Schleim.

Geringe Mengen von Schleim finden sich auch im Koth des gesunden Menschen; grössere Massen sprechen für eine catarrhalische Erkrankung der Darmschleimhaut. Stärkere Schleimbeimengungen zu den Fäces geben diesen an ihrer Oberfläche eine glasige, zähe Beschaffenheit. Die schleimigen Massen bilden kleinere oder grössere fetzige Stückchen oder sagoähnliche Klümpchen. Die ersteren können eine recht beträchtliche Grösse erreichen, und völlige röhrenförmige oder bandartige Ausgüsse des Dickdarmes repräsentiren (Enteritis membranacea). Diese fetzigen Gebilde zeigen unter dem Mikroskop eine fein gestreifte Grundsubstanz, in welche häufig grössere Mengen von Darmepithelien und Leukocyten eingeschlossen sind. Chemisch erweist sich diese Grundsubstanz als zum grössten Theil aus Schleim bestehend: durch Essigsäure tritt starke Trübung auf.

Die Schleimklümpchen dürfen nicht mit ähnlich aussehenden pflanzlichen Gebilden verwechselt werden, was namentlich dann leicht vorkommt, wenn dieselben durch Gallenfarbstoff gelb oder grünlich gefärbt erscheinen. Die aus der Pflanzennahrung herrührenden sago-ähnlichen Klümpchen zeigen unter dem Mikroskop, im Gegensatz zu den wirklichen Schleimklümpchen, eine körnige Beschaffenheit. Da sie meist Stärke enthalten, so färben sie sich durch Jod blau. Die grünlichen und gelben Schleimpartikelchen geben in Folge der Tingirung mit Gallenfarbstoff die Gmelin'sche Gallenfarbstoffreaction.

Gallenbestandtheile.

a) Gallenfarbstoff. Der normale Koth enthält keinen unveränderten Gallenfarbstoff, kein Bilirubin oder Biliverdin, sondern reducirten Gallenfarbstoff, Hydrobilirubin. Dieses entsteht durch Einwirkung der Fäulniss im Darmkanal aus jenem. Da im Darm des Fötus keine Mikroorganismen vorhanden sind, so enthält das Meconium auch kein Hydrobilirubin, sondern unverändertes Bilirubin.

Nachweis des Hydrobilirubins. Der Koth wird mit Alcohol, der mit einigen Tropfen Schwefelsäure versetzt ist, extrahirt, wobei das Hydrobilirubin in den Alcohol übergeht. Man filtrirt, verdünnt das Filtrat mit dem gleichen Volumen Wasser und zieht das Hydrobilirubin aus dieser Lösung mit Chloroform aus. Nach Zusatz von einigen Tropfen einer 10%igen Chlorzinklösung und Ammoniak im Ueberschuss zeigt der Chloroformauszug deutliche Fluorescenz und es lassen sich im Spectrum die characteristischen Absorptionsstreifen des Hydrobilirubins erkennen (s. p. 420).

Von Méhu wird folgende brauchbare Methode angegeben: Man extrahirt den Koth mit Wasser, filtrirt und fügt zu einem Liter des gewonnenen Filtrates 2 ccm Schwefelsäure und schwefelsaures Ammoniak in Substanz. Es entsteht ein Niederschlag, welcher das Hydrobilirubin enthält. Derselbe wird abfiltrirt, mit einer warmen gesättigten Lösung von Ammoniumsulfat gewaschen und auf dem Wasserbad getrocknet. Aus dem Rückstand zieht man mit heissem, ammoniakhaltigem Alcohol das Hydrobilirubin aus und erhält dann durch Zusatz von einigen Tropfen Chlorzinklösung wiederum die grüne Fluorescenz und das characteristische Absorptionsspectrum.

Nachweis von unverändertem Gallenfarbstoff. Unveränderter Gallenfarbstoff tritt bei Dünndarmcatarrhen mit reichlichen Diarrhöen auf, wobei die Fäces ausgestossen werden, noch ehe es zu einer vollständigen Umwandlung des Gallenfarbstoffes zu Hydrobilirubin kommen konnte. Solche Entleerungen zeigen dann häufig schon ohne Weiteres eine grünliche Farbe. Bei Gegenwart grösserer Mengen von Gallenfarbstoff gelingt der Nachweis einfach durch die Gmelin'sche Probe. Man bringt auf die Fäces einen Tropfen unreiner Salpetersäure, worauf um den Tropfen herum grüne, rothe und violette Ringe sich bilden. Sind nur geringe Mengen von Gallenfarbstoff vorhanden, so muss man die Fäces zunächst mit Alcohol extrahiren, filtriren und aus dem Filtrat den Alcohol verjagen. Den Rückstand löst man in Wasser, das durch einige Tropfen Kalilauge schwach alkalisch gemacht ist, und stellt damit die Salpetersäure-Ringprobe an.

b) **Gallensäuren.** Cholalsäure findet sich immer im normalen Koth. Bei Diarrhöen tritt sie in vermehrter Menge auf und lässt sich dann im wässrigen Auszug der Fäces ohne weitere vorbereitende Operationen mittels der **Pettenkofer**'schen Probe nachweisen (s. p. 417).

c) **Gallensteine.** Der Nachweis von Gallensteinen im Koth ist in vielen Fällen für die Diagnose Cholelithiasis von entscheidendem Werthe. Doch findet man dieselben relativ selten, weil kleinere Steine bei der Passage durch den Darm häufig zerfallen. Um die Steine aufzusuchen, werden die Fäces mit viel Wasser angerührt und durch ein feines Sieb getrieben, auf welchem die Concremente zurückbleiben. Die Gallensteine sind meist schon an ihrer Form und Farbe, namentlich aber aus ihrer Beschaffenheit auf dem Durchschnitt kenntlich. Sie

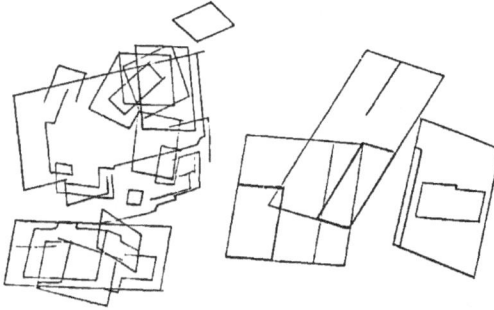

Fig. 135. Cholestearinkrystalle.

sind entweder rund oder facettirt; im letzteren Falle handelt es sich meist um Steine, welche aus der Gallenblase stammen und gegenseitig ihre Flächen abgeschliffen haben. In der Regel bestehen die Steine entweder vorzugsweise aus Cholestearin, zeigen dann eine krystallinische Structur, sind glänzend, weiss oder gelb, maulbeerförmig und fühlen sich fettig an. Oder es bildet an Kalk gebundener Gallenfarbstoff den Hauptbestandtheil, dann sind es meist kleinere, dunkelgrünroth oder schwarz gefärbte Steine. Da sich fast ausnahmslos in den Gallensteinen Gallenfarbstoff oder Cholestearin findet, so genügt zur sicheren Erkenntniss, dass es sich um einen Gallenstein handelt, der Nachweis eines dieser beiden Stoffe. Der Stein wird gepulvert und das Pulver mit gleichen Theilen Alcohol und Aether übergossen, worin sich das Cholestearin löst. Die Lösung wird klar abgegossen und der Alcohol und Aether auf dem Wasserbad verjagt. Das zurückbleibende Cholestearin ist an seiner Krystallform unter dem Mikroskop leicht kenntlich. Es bildet schöne rhombische Tafeln, welche sich vielfach über einander verschieben (Fig. 135) und in Aether und heissem Alcohol leicht löslich sind. Lässt man Schwefelsäure unter das Deckglas eintreten, so färben sie sich an den Rändern roth; nach Zusatz

von Jodjodkaliumlösung ändert die Farbe in Violett um. Der vom
Alcohol-Aetherauszug verbleibende Rückstand enthält den an Kalk gebundenen Gallenfarbstoff. Dieser wird zunächst durch verdünnte Salzsäure aus seiner Kalkverbindung frei gemacht und dann in Chloroform
gelöst. Mit dem Chloroformauszug wird die Gmelin'sche Gallenfarbstoffreaction angestellt.

Krystalle.

Im normalen und im pathologischen Koth kommen eine Reihe
von Krystallen anorganischer und organischer Verbindungen vor, welche
sich in ähnlicher Weise wie die krystallinischen Sedimente des Harnes
bestimmen lassen. Die Krystalle stammen entweder direct aus der
Nahrung oder sie haben sich erst im Darmkanal gebildet. Es soll hier
nur auf die häufigeren und wichtigeren Formen hingewiesen werden.

a) Phosphorsaurer Kalk. Er findet sich häufig im Koth in
denselben Krystallformen wie im Harn (Fig. 161 p. 434). Oft sind die
Krystalle, wie auch diejenigen anderer Kalkverbindungen, durch Aufnahme von Gallenfarbstoff intensiv gelb gefärbt.

b) Oxalsaurer Kalk. Sehr gewöhnlich, besonders wenn sich
auch reichliche Pflanzentheile im Koth finden, sieht man die Briefcouvertformen des oxalsauren Kalkes (Fig. 160 p. 434). Derselbe stammt
aus den in der Nahrung aufgenommenen grünen Pflanzentheilen.

c) Phosphorsaure Ammoniakmagnesia. Das Tripelphosphat kommt im Koth in den nämlichen Formen wie im Harn, am
gewöhnlichsten in Sargdeckelkrystallen vor (Fig. 162 p. 435) und zwar
schon unter normalen Verhältnissen. Reichlicher ist es meist in diarrhoischen Stühlen enthalten.

d) Fettkrystalle. Einzelne nadelförmige Fettkrystalle enthält
häufig auch der normale Koth. In grösserer Menge erscheinen dieselben bei schlechter Fettresorption, so z. B. bei Diarrhöen, besonders

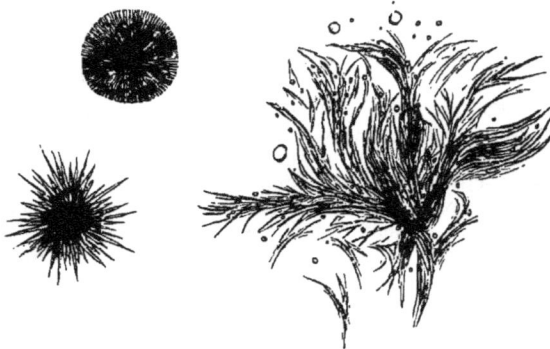

Fig. 136. Fettkrystalle. (Nach Perls-Neelsen.)

bei Kindern. Die feinen Nadeln (Fig. 136) liegen theils einzeln zerstreut im
Gesichtsfeld, theils sind sie zu Büscheln oder Drusen vereinigt. Sie bestehen aus Verbindungen der verschiedensten Fettsäuren (Milchsäure,

Buttersäure, Essigsäure u. s. w.) mit Calcium und Magnesium oder auch mit Natrium. Es sind also Kalk-Magnesia- und Natronseifen. In besonders reichlicher Menge treten sie auf in den sogenannten acholischen Stühlen, welche, von graugelbem fettigem Aussehen, bei Gallenabschluss vom Darm zur Beobachtung kommen (s. p. 371). Ganz ähnlich aussehende Kothmassen mit zahlreichen Fettkrystallen werden übrigens auch manchmal bei Pankreaserkrankungen entleert.

e) Cholestearin wird in seltenen Fällen in einzelnen Krystallen im Koth gefunden.

f) Hämatoidin. Die gelbrothen Krystalle des Hämatoidins (s. Fig. 126 p. 344) treten nicht selten einige Zeit nach einer stattgehabten Blutung in dem Koth auf; namentlich beobachtet man sie bei chronischen Stauungscatarrhen der Darmschleimhaut, die mit öfter sich wiederholenden kleinen Blutungen einhergehen.

g) Charcot-Leyden'sche Krystalle. Den im Sputum (s. p. 344) vorkommenden Charcot-Leyden'schen Krystallen vollkommen gleichartige Gebilde finden sich bei gewissen Erkrankungen in den Fäces vor. So wurden sie beobachtet bei Typhus abdominalis, selten auch bei einfachen Dünndarmcatarrhen. In grösserer Menge trifft man sie in der Regel bei Anchylostomiasis. Im normalen Koth kommen sie nicht vor. Von grösseren Fettsäurekrystallen, mit welchen sie allenfalls verwechselt werden könnten, unterscheiden sie sich durch ihre Unlöslichkeit in Wasser, Alcohol, Aether und Chloroform.

Kothsteine.

Sie bestehen entweder einfach aus harten Kothballen, oder es haben sich um harte Kothpartikelchen, um Fremdkörper, wie kleine Fruchtkerne, Salze, zumeist Erdphosphate oder Tripelphosphat angelagert. Um sie aufzusuchen, wird der Koth in gleicher Weise, wie beim Suchen nach Gallensteinen, mit Wasser aufgeschlemmt und durch ein Sieb getrieben.

Parasiten.

Die Fäces beherbergen eine grosse Zahl pflanzlicher und thierischer Organismen. Während die letzteren fast ausschliesslich pathogener Natur sind, treten von den ersteren zahlreiche Species auch im Stuhlgang des gesunden Menschen auf. Der Nachweis der wichtigeren thierischen Parasiten lässt sich durch makroskopische und mikroskopische Untersuchung leicht und einfach erbringen; die sichere Classification der pflanzlichen Mikroorganismen dagegen erfordert in der Regel complicirtere Untersuchungsmethoden. Es können hier nur diejenigen Erwähnung finden, welche durch das Mikroskop mit annähernder Sicherheit sich erkennen lassen und welchen eine pathogene Bedeutung zukommt.

Thierische Parasiten.

Von den verschiedenen Classen und Ordnungen der Würmer kommen in Betracht: Cestoden oder Bandwürmer, Nematoden oder Fadenwürmer und Trematoden oder Saugwürmer.

Cestoden oder Bandwürmer. Die Cestoden sind glatte Würmer, welche sich aus einer grösseren oder kleineren Zahl selbständiger Glieder zusammensetzen, von welchen das vorderste Glied, der

Kopf oder Scolex, einen besonderen Bau aufweist. Aus diesem Kopf, welcher Saugnäpfe, bei manchen Arten auch einen Hakenkranz trägt, entwickeln sich durch Knospung und Theilung die übrigen, einander ähnlich gebauten Glieder oder Proglottiden des Bandwurmes, die in ihrem Aussehen bei einigen Arten an Kürbiskerne erinnern. Die ein-

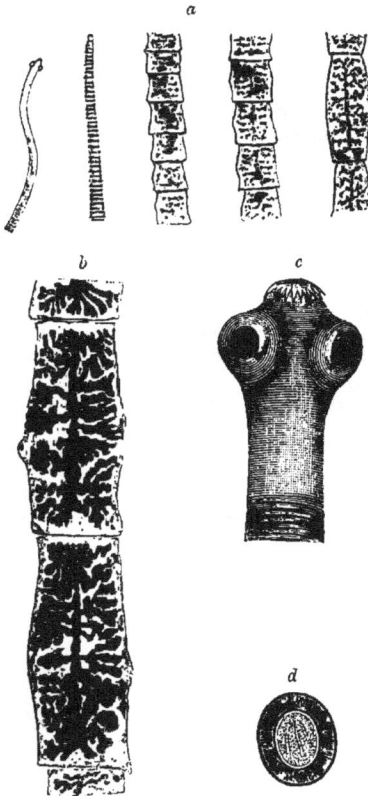

zelnen Glieder tragen männliche und weibliche Geschlechtsorgane, von welchen der vielfach verzweigte Uterus am meisten in die Augen springt und neben anderen Eigenthümlichkeiten durch seinen verschiedenen Bau als Unterscheidungsmerkmal einzelner Arten dient. Die reifen Glieder enthalten eine sehr grosse Anzahl von Eiern mit Embryonen. Mit den Fäces gelangen sowohl einzelne Glieder, als auch reife Eier nach aussen.

Die Diagnose Helminthiasis erfordert die makroskopische Untersuchung der Fäces auf Bandwurmglieder oder die mikroskopische (mit schwacher Vergrösserung) auf Bandwurmeier.

Da eine Bandwurmkur nur dann als gelungen zu bezeichnen ist, wenn der Bandwurmkopf abgegangen ist, so ist nach dem Abgang des Bandwurms nach dem Kopf zu fahnden. Zu diesem Zwecke übergiesst man die Stuhlentleerung mit viel Wasser und lässt nach leichtem Umrühren absitzen, worauf das Flüssige abgegossen wird. Nach öfterem Wiederholen dieser Procedur bleibt schliesslich der Bandwurm zurück. Es ist darauf zu achten, dass derselbe möglichst wenig zerrissen wird, da das Suchen nach dem isolirten, kleinen Kopfe sehr un-

Fig. 137. Taenia solium. *a* Kopf und Proglottiden in natürl. Grösse, *b* Glieder, *c* Kopf vergrössert, *d* Ei. (Nach Perls-Neelsen und Thoma.)

sicher ist. Zum Auffinden des Kopfes ist zu bemerken, dass die jüngsten, kleinsten Bandwurmglieder am Kopfe sitzen, und dass die Glieder, je weiter sie sich vom Kopf entfernen, um so grösser werden.

Von den Bandwürmern sind vier von klinischer Bedeutung: die Taenia solium, die Taenia saginata oder mediocanellata, die Taenia nana und der Botriocephalus latus.

a) Taenia solium (Fig. 137). Dieser Bandwurm, welcher eine Länge von über 3 m erreichen kann, besitzt einen kleinen, etwa stecknadelkopfgrossen, rundlichen Kopf, mit vier bei ganz schwacher Vergrösserung

gut siehtbaren Saugnäpfen, zwischen welchen sich ein aus durchschnittlich 26 Haken befindlicher Hakenkranz befindet. Vom Kopf leitet ein
ca. 3 cm langer, sehr schmaler Hals zu den jüngsten und kleinsten
Gliedern über. Die reifen Glieder sind etwa 10 mm lang und 6 mm
breit und tragen in sich den Uterus, welcher verhältnissmässig wenige
(7—10) dendritisch sich verästelnde Seitenzweige hat. Die Geschlechtsöffnung liegt am Seitenrande der Glieder,
etwas unterhalb der Mitte. Alle diese Merkmale sind schon makroskopisch zu sehen,
wenn man ein reifes Glied zwischen zwei
Objectträgern nicht zu stark platt drückt.
Die Eier der Taenia solium sind oval, etwa

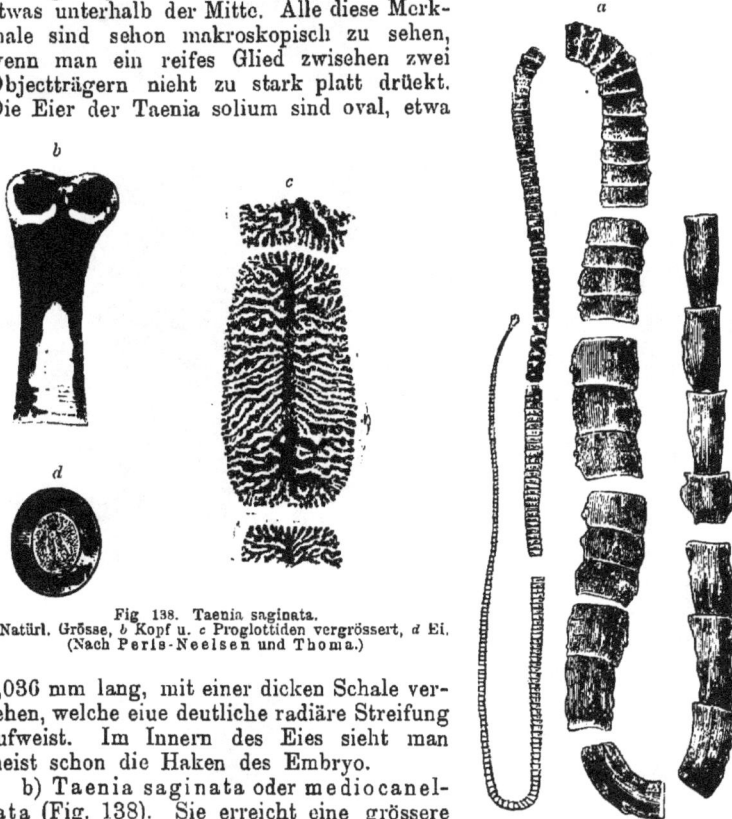

Fig. 138. Taenia saginata.
a Natürl. Grösse, *b* Kopf u. *c* Proglottiden vergrössert, *d* Ei.
(Nach Perls-Neelsen und Thoma.)

0,036 mm lang, mit einer dicken Schale versehen, welche eine deutliche radiäre Streifung
aufweist. Im Innern des Eies sieht man
meist schon die Haken des Embryo.

b) Taenia saginata oder mediocanellata (Fig. 138). Sie erreicht eine grössere
Länge als der vorige (bis zu 8 m) und trägt
am Kopf ebenfalls vier Saugnäpfe, aber keine Haken. Der Hals ist nicht
so schlank, wie bei Taenia solium. Die reifen Proglottiden sind in allen
Dimensionen grösser. Characteristisch für dieselben sind die sehr zahlreichen Verzweigungen des Uterus; man zählt 20—30 Aeste. Wie bei
Taenia solium ist auch hier die Geschlechtsöffnung seitlich gelegen.
Die Eier sind denjenigen von Taenia solium ausserordentlich ähnlich.

c) Taenia nana. Dieser, wenigstens in unseren Gegenden sehr seltene
Bandwurm wird nur 10—15 mm lang. Er trägt am Kopf vier Saugnäpfe und einen
mit Haken versehenen, einstülpbaren, 0,06 mm langen Rüssel (Rostellum). Der

Wurm ist am Kopfende sehr dünn und wird nach rückwärts rasch breiter. Der Uterus ist nicht verzweigt. Die Schale des sehr kleinen Eies ist dick und zeigt keine radiäre Streifung. Im Inneren sind die Häkchen des Embryo sichtbar.

d) Bothriocephalus latus (Fig. 139). Der Bothriocephalus ist der längste beim Menschen vorkommende Bandwurm. Er kann bis zu 9 m

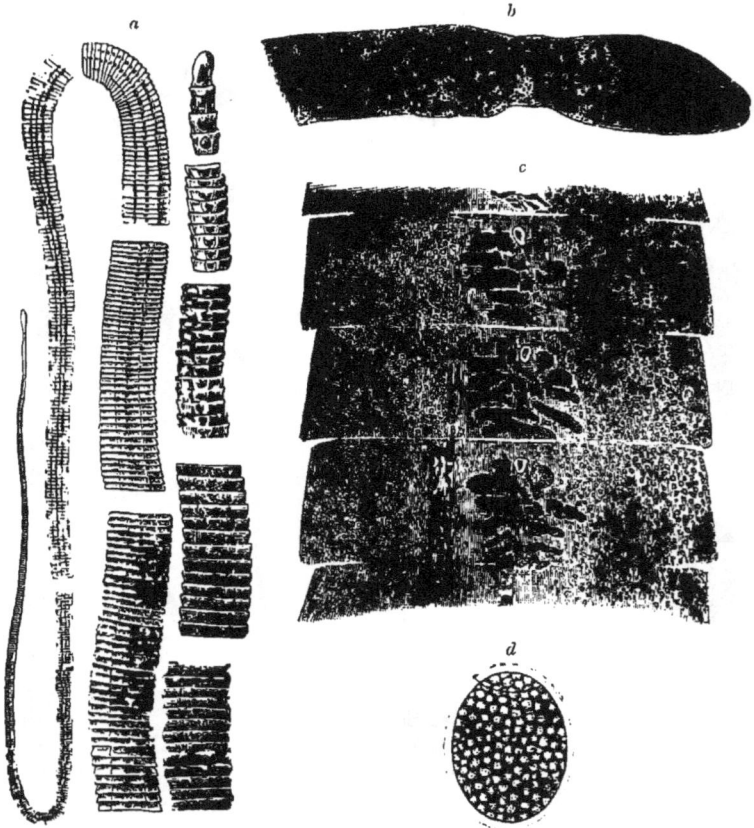

Fig. 139. Bothriocephalus latus. *a* natürl. Grösse, *b* Kopf und *c* Proglottiden vergrössert, *d* Ei. (Nach Perls-Neelsen und Thoma.)

lang werden. Der ca. 2 mm lange Kopf hat eine längliche, flach-keulenförmige Gestalt und trägt an beiden Kanten je eine spaltförmige Sauggrube. Die reifen, kurzen Proglottiden sind durchschnittlich 10—12 mm breit. Die ältesten Glieder haben eine annähernd quadratische Form. Der in der Mitte eines jeden Gliedes liegende Uterus ist vielfach gewunden und stellt eine sternförmige Figur dar. Die Geschlechtsöffnung liegt nicht seitlich, wie bei den Tänien, sondern in der Mitte der Fläche und zwar näher dem vorderen als dem hinteren Rande der

Glieder. Die Eier sind von denjenigen der Tänien leicht zu unterscheiden. Sie sind wesentlich grösser, haben eine ganz dünne Schale, an deren einem Ende man ein kleines Deckelchen deutlich erkennt. Das Ei macht durch seinen grobkörnigen Inhalt einen maulbeerähnlichen Eindruck.

Nematoden (Spulwürmer). Die Nematoden sind schlanke, drehrunde, ungegliederte Würmer.

a) Ascaris lumbricoides (Fig. 140). Die Männchen des gemeinen Spulwurms werden bis zu 25, die Weibchen bis zu 40 cm lang. Der cylindrische Leib verjüngt sich gegen das Kopf- und Schwanzende zu und ist an letzterem beim Männchen nach der Bauchseite eingerollt. Der Kopf trägt drei als Lippen bezeichnete zapfenförmige, fein gezähnte Hervorragungen. Die Eier sind rund, mit einer unregelmässig contourirten Hülle versehen; im Inneren erscheinen sie gekörnt.

b) Oxyuris vermicularis (Fig. 141). Die Männchen des Pfriemenschwanzes werden ca. 4, die Weibchen etwa 10 mm lang. Die ersteren sind am hinteren Ende kurz abgestutzt, die letzteren tragen einen

Fig. 141. Oxyuris vermicularis. (Nach Perls-Neelsen.)

pfriemenartigen Schwanz. Am Kopfe befinden sich drei lippenartige Fortsätze. Die Eier, 0,05 mm lang und ungefähr halb so breit, sind doppelt oder dreifach contourirt und nicht gleichmässig oval, sondern auf der einen Seite etwas mehr vorgewölbt und am einen Pol stumpfer als am anderen.

c) Anchylostomum duodenale (Strongylus oder Dochmius duodenalis) (Fig. 142). Die Thiere haben einen walzenförmigen Körper, der sich gegen das Kopfende hin zuspitzt. Die Mundöffnung am Kopfe ist ausgebaucht und trägt dorsal zwei kleinere, ventral zwei grössere zahnartige Gebilde. Das Schwanzende des etwa 10 mm langen Männchens bildet eine dreilappige Tasche (Bursa), dasjenige des bis zu 18 mm langen Weibchens endigt in eine conische Spitze. Die Eier, 0,05 mm lang und 0,03 mm breit, sind oval, haben eine glatte Oberfläche und zeigen im Innern in der Regel mehrere grosse Furchungskugeln. Sind die Eier ihrem Aussehen nach nicht mit Sicherheit als Anchylostomeneier zu erkennen, so breitet man die Fäces in nicht zu dünner Schicht auf einer Glasplatte aus und lässt sie an einem feuchten und warmen Ort, am besten unter einer mit nassem Filtrirpapier ausgekleideten Glasglocke, 24—48 Stunden stehen. Nach dieser Zeit ist der Furchungs-

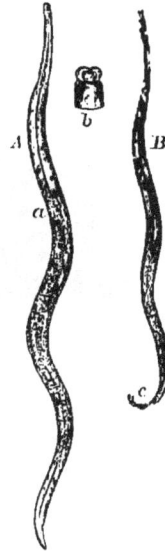

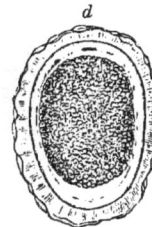

Fig. 140. Ascaris lumbricoides. A Weibchen, B Männchen; bei a weibliche Geschlechtsöffnung, c die beiden Spicula d. Männchens, b Kopf; d Ei. (Nach Perls-Neelsen.)

process deutlich ausgeprägt, in der Regel findet man sogar völlig ausgebildete, freie Embryonen, welche in rascher, schlängelnder Bewegung
das Gesichtsfeld durcheilen. (In der Mehrzahl der Fälle enthalten die
Fäces bei Anchylostomiasis auch reichliche Charcot-Leyden'sche
Krystalle.)

    d) Trichocephalus dispar (Fig. 143). Der 40—50 mm lange Peitschen-
wurm hat ein kurzes, dickes, hinteres Ende, das vordere bildet einen langen dünnen

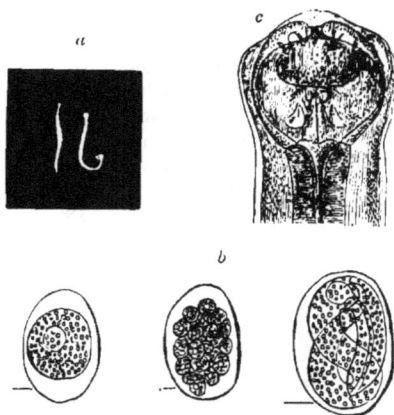

Fig. 142. Anchylostomum duodenale.
a Männchen und Weibchen, b Ei in der Entwicklung, c Kopf.
(Nach Perls-Neelsen und Biedert.)

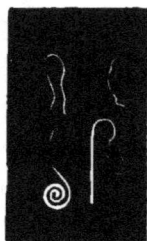

Fig. 144.
Trichina spiralis.
A Weibchen, Junge ge-
bärend; B Männchen.
(Nach Perls-Neelsen.)

Fig. 143. Trichocephalus dispar. (Nach Perls-Neelsen.)

Fig. 145.
Cercomonas intestinalis.
(Nach Perls-Neelsen.)

Faden, der leicht spiralig gewunden ist. Die länglich ovalen Eier sind an beiden
Polen abgeplattet und tragen hier kleine Deckel. Dem Peitschenwurm kommt
keine besondere klinische Bedeutung zu.

    e) Trichina spiralis (Fig. 144). In seltenen Fällen finden sich
nach dem Genusse trichinösen Fleisches in den Fäces reife Trichinen
oder Embryonen vor. Die männliche Trichine ist ca. 1,5 mm, die weibliche doppelt so lang. Das Hinterende des Wurmes ist etwas verdickt
und abgerundet und trägt beim Männchen zwei conische Zapfen, zwischen welchen vier papillöse Hervorragungen stehen.

f) **Anguillula intestinalis**. Kommt im Darminhalte vor, scheint aber kaum eine pathologische Bedeutung zu haben.

In sehr seltenen Fällen sind das zu den **Trematoden** gehörige **Distomum hepaticum** und **lanceolatum** resp. ihre Eier im Koth gefunden worden; ihre Anwesenheit im Darm führt nur ausnahmsweise zu ernsteren Störungen.

Eine geringe Bedeutung haben die im Darm nicht allzu selten vorkommenden Protozoën, welche als **Geisselträger** oder **Flagellaten** bezeichnet werden, runde oder ovale einzellige Organismen, welche einen oder mehrere Geisselfäden tragen, mit deren Hülfe sie lebhafte Bewegungen auszuführen vermögen. Als **Cercomonas** (Fig. 145) bezeichnet man die mit einer Geissel versehenen, während man diejenigen mit mehreren Geisseln mit dem Namen **Trichomonas** belegt. Auch andere Infusorienarten sind gelegentlich in den Fäces vorgefunden worden.

Pflanzliche Parasiten.

In den Fäces finden sich sehr häufig Hefepilze, selten Sprosspilze und regelmässig zahlreiche Spaltpilze der verschiedensten Form. Von grosser diagnostischer Bedeutung sind die pathogenen Spaltpilze. Doch genügt zur Erkennung eines bestimmten Krankheitserregers, womit die Diagnose in vielen Fällen gesichert ist, nur selten die einfache mikroskopische Untersuchung der Fäces. Es ist hiezu nothwendig, die übrigen von der Bacteriologie gebotenen Hülfsmittel, wie das Anlegen von Culturen etc. heranzuziehen. Denn aus der blossen Besichtigung der Gestalt lässt sich nur selten das Einzelindividuum classificiren, zumal wenn, wie im Koth, eine Unzahl von Mikroorganismen schon unter normalen Verhältnissen vorhanden sind. Man findet die verschiedensten Arten von nicht pathogenen Bacillen und Coccen einzeln im Gesichtsfeld zerstreut, oder in grösseren, oft rasenförmig sich ausbreitenden Conglomeraten. Im Allgemeinen haben sie keine Bedeutung, können aber hie und da doch, wie z. B. das Bacterium coli commune, zu bestimmten Erkrankungen Veranlassung geben. Es können hier nur diejenigen pathogenen Bacterien Erwähnung finden, welche practisch von grösserer diagnostischer Bedeutung sind. Im Uebrigen muss auf die Lehrbücher der Bacteriologie verwiesen werden.

1. **Cholerabacillen.** Der specifische Erreger der asiatischen Cholera, der Kommabacillus, findet sich in den Reiswasserstühlen, speciell in den in denselben enthaltenen Schleimflocken, beim ausgesprochenen Choleraanfall in grossen Massen fast in Reincultur. In solchem Falle kann aus dem mikroskopischen Bild allein, aber immer mit einiger Reserve, die Diagnose gestellt werden. Zur vollständigen Sicherung ist die Anlegung von Culturen unbedingt erforderlich.

Zur mikroskopischen Untersuchung wird, wie bei der Sputumuntersuchung, ein Trockenpräparat angefertigt, wobei man namentlich auf die kleinen Schleimflöckchen zu achten hat. Die Färbung geschieht mit Anilinfarben, am besten mit verdünntem Carbolfuchsin, aber auch mit Methylenblau oder Gentianaviolett, worin die Präparate 5 Minuten gelassen werden. Die Cholerabacillen stellen leicht gekrümmte Stäbchen dar, welche Aehnlichkeit mit einem „Komma" haben. Sie sind kleiner und dicker als die Tuberkelbacillen. Manchmal sind zwei, seltener mehrere mit ihren Enden an einander gelagert, so dass dadurch S-förmige und wellenförmige Fäden entstehen. Durch die Gramsche Methode (p. 348) werden die Kommabacillen entfärbt. Im hängenden Tropfen zeigen sie lebhafte Eigenbewegung.

2. Typhusbacillen. Für die Diagnose hat der Nachweis der Typhusbacillen bisher nur eine untergeordnete Bedeutung erlangt, zum Theil desswegen,
weil derselbe meist erst in der 2. oder 3. Woche gelingt, zum Theil desswegen,
weil eine einfache Herstellung von Trockenpräparaten zur Erkennung der von
vielen anderen Bacillen in ihrer Gestalt sich wenig unterscheidenden Typhusbacillen nicht genügt.

3. Tuberkelbacillen. Tuberkelbacillen gelangen in die Fäces
bei tuberculösen Darmgeschwüren und sind in diesem Falle von grosser
diagnostischer Bedeutung. Doch können Irrthümer dadurch entstehen,
dass Phthisiker ihre Sputa verschlucken. Die Untersuchung auf Tuberkelbacillen in den Fäces wird in der nämlichen Weise ausgeführt, wie im
Sputum. In festen, geformten Stühlen, welche allerdings bei der Darm-
tuberculose selten sind, ist das Suchen nach Tuberkelbacillen kaum
je erfolgreich. Häufiger gelingt der Nachweis in diarrhoischen Entleerungen; namentlich enthalten die häufig vorhandenen flockigen,
theils blutigen, theils eitrigen Beimengungen die Bacillen oft in grösserer Zahl.

Untersuchung des Harnes.

Im Allgemeinen wird zur Untersuchung die auf 24 Stunden ent-
fallende Harnmenge gesammelt. Für die Bestimmung der Harnmenge
und für quantitative Analysen im Harn ist genau darauf zu achten,
dass der Harn von einer bestimmten Stunde bis zur gleichen Stunde
des folgenden Tages gewonnen wird. Am besten wählt man als Ausgangspunct eine Morgenstunde vor dem ersten Frühstück. Die ganze
Harnmenge muss vor der Untersuchung gut durchgeschüttelt werden,
damit sich die in ihrer Zusammensetzung manchmal stark differiren-
den Harnportionen der verschiedenen Tageszeiten vollständig mischen.
Davon wird dann zur Untersuchung eine Probe genommen.
     Für die qualitative Untersuchung genügt in der Regel eine zu
beliebiger Zeit entleerte Harnportion. In besonderen Fällen kann es
sogar vortheilhaft werden, die von verschiedenen Tageszeiten stammen-
den Harnmengen gesondert zu untersuchen. Es kommt häufig vor,
dass der Harn zu gewissen Stunden Stoffe enthält, welche ihm zu anderer Zeit fehlen. So sehen wir bei leichteren Diabetesfällen oft den
vor dem Frühstück entleerten Harn zuckerfrei, während er nach einer
Mahlzeit reichliche Mengen von Zucker enthalten kann. Oder es findet
sich im Tagesharn Eiweiss, während der Nachtharn frei davon ist.
Will man sich über diese und ähnliche Verhältnisse, welche für die
Diagnose von grosser Bedeutung sein können, genauer orientiren,
so ist eine getrennte Untersuchung der verschiedenen Harnportionen
geboten.
     Der Harn soll in möglichst frischem Zustande zur Untersuchung
kommen. Lässt man ihn viel länger als 24 Stunden stehen, so können
vielfach Veränderungen in ihm vor sich gehen; es finden·chemische
Umsetzungen statt und flüchtige Stoffe können verschwinden, so dass

in länger aufbewahrtem Harn ihr Nachweis nicht mehr gelingt, während man sie im frischen Harn in reichlicher Menge vorfindet. Die Forderung, möglichst frischen Harn zu verwenden, gilt nicht nur für die chemische, sondern auch für die mikroskopische Untersuchung, denn auch die Sedimente verändern sich und gewisse morphotische Elemente können sich bei längerem Stehen völlig auflösen.

Allgemeine Eigenschaften des Harnes.

Veränderungen beim Stehen.

Der frisch entleerte normale Harn ist für gewöhnlich klar. Doch kann es vorkommen, dass auch der völlig gesunde Mensch trüben Harn entleert. Dies tritt namentlich dann ein, wenn der Harn bei seiner Entleerung eine alkalische Reaction aufweist, was unter physiologischen Verhältnissen durch kohlensaure Alkalien oder durch basisch phosphorsaures Alkali bedingt sein kann (s. p. 387). Den Grund der Trübung bilden in diesen Fällen Phosphate der Erdalkalien, welche bei alkalischer Reaction ausfallen.

Unter pathologischen Verhältnissen wird der Harn häufig trübe entleert. Diese Trübung kann ebenfalls durch alkalische Reaction des Harnes und Ausfallen von Phosphaten bedingt sein, oder sie wird verursacht durch organisirte Elemente, durch Epithelien, weisse und rothe Blutkörperchen, Harncylinder, Mikroorganismen, verschiedene Krystalle u. s. w.

Nach einigem Stehen senkt sich auch aus dem anscheinend vollständig klar entleerten Urin eine leichte wolkige Trübung zu Boden, welche aus verschiedenartigen Epithelien, weissen Blutkörperchen etc., untermischt mit einzelnen Krystallen, besteht und als Nubecula bezeichnet wird. Häufig setzt sich aus dem Harn ein gelblich gefärbter Niederschlag ab, das Sedimentum lateritium oder Ziegelmehlsediment, welches der Hauptsache nach aus harnsauren Salzen mit einzelnen Krystallen von Harnsäure und oxalsaurem Kalk besteht. Dieses Ziegelmehlsediment bildet sich nur so lange der Harn sauer reagirt. Die Urate verdanken ihre Abscheidung zum Theil lediglich der Abkühlung des Urins beim Stehen, indem die harnsauren Salze in der Wärme leicht löslich sind und beim Erkalten namentlich aus concentrirten Harnen ausfallen. Zum Theil aber beruht ihre Abscheidung auf chemischen Veränderungen, welche beim Stehen des Harnes in demselben vor sich gehen und wodurch die leichter löslichen neutralen harnsauren Salze in schwerer lösliche saure harnsaure Salze übergeführt werden.

Lässt man den Harn längere Zeit, über 24 Stunden, insbesondere bei höherer Aussentemperatur stehen, so trübt er sich durch Wucherung von Mikroorganismen, welche in demselben einen sehr günstigen Nährboden finden. Durch die Einwirkung der Spaltpilze wird der Harnstoff in kohlensaures Ammoniak umgewandelt, was dem Harn eine alkalische Reaction verleiht. Es entwickelt sich der stechende Geruch des Ammoniaks und es bilden sich Niederschläge von Phosphaten der alkalischen Erden, von phosphorsaurer Ammoniakmagnesia (Tripelphosphat) und von harnsaurem Ammoniak. Diese alkalische Gährung des Harnes tritt um so früher auf, je weniger concentrirt und je weniger sauer der Harn entleert wurde und insbesondere wenn er Eiweisssubstanzen enthält. Selbstverständlich ist die Haltbarkeit des Harnes auch abhängig von der Sauberkeit der Gefässe, in welchen er aufbewahrt wird.

Farbe des Harnes.

Der normale Harn hat eine gelbe Farbe. Die Färbung ist bedingt durch die im Allgemeinen noch wenig bekannten Harnfarbstoffe. Die Nüancen des Gelb wechseln zwischen Dunkelrothgelb und hellstem Blassgelb und stehen in directer Abhängigkeit von der Concentration des Harnes, wenn nicht besondere dunkle Farbstoffe in den Harn gelangen. Während z. B. bei der Schrumpfniere und beim Diabetes mellitus und insipidus die reichlich entleerte Harnmenge nur eine blassgelbe Färbung aufweist, erhält der spärlich entleerte Urin bei Stauungen und beim Fieber eine dunkelrothe Färbung, ohne dass demselben abnorme Harnfarbstoffe beigemengt zu sein brauchen. Von den normalen Harnfarbstoffen ist das Urobilin näher bekannt, welches, wenn es in abnorm reichlichen Mengen auftritt, eine dunkle, braunrothe Färbung des Harnes hervorrufen kann (s. p. 420).

Bei Krankheiten können färbende Stoffe auftreten, welche dem normalen Harn fremd sind. Solche sind

1. der Farbstoff des Blutes, das Hämoglobin, welches dem Harn eine rothe, braune oder braun- bis schwarzrothe Färbung verleiht (p. 401),

2. der Gallenfarbstoff, welcher eine intensiv gelbe oder gelbgrüne bis braune und braungrüne Tönung verursachen kann (p. 418),

3. Melanin, welches eine braune oder schwarze Färbung bedingt. Characteristisch für die bei melanotischen Geschwülsten vorkommende Melanurie ist, dass sich der dunkle Farbstoff erst bei längerem Stehen des Harnes an der Luft aus dem Chromogen bildet (p. 421).

Ein ähnliches Nachdunkeln verursachen auch noch andere Substanzen, wenn sie sich in grösserer Menge im Harn finden, so Brenzcatechin und das früher mit demselben identificirte Alcapton (Uroleucinsäure), ferner die Scatoxylschwefelsäure. Solche Harne können nach einigem Stehen eine violett- bis schwarzrothe Färbung annehmen (s. p. 422).

Zu einer ungewöhnlichen Färbung des Harnes kann es auch dadurch kommen, dass dem Organismus von aussen Stoffe eingeführt werden, welche durch die Nieren wieder ausgeschieden werden und dem Nierensecret eine bestimmte Färbung verleihen. So erhält der Harn nach der Resorption von Carbolsäure, verschiedenen Theerpräparaten, nach der Aufnahme von Salol, ferner von Folia uvae ursi nach einigem Stehen eine dunkelgrüne oder grünlichschwarze Färbung, welche namentlich auf Zusatz von Natronlauge deutlich hervortritt. Es beruht dies auf dem Uebertritt an sich farbloser Phenolschwefelsäuren in den Harn, welche bei alkalischer Reaction rasch zu dunkel gefärbten Verbindungen oxydirt werden. Nach Gebrauch von Senna, Chrysarobin und von Rheumpräparaten erscheint der Harn intensiv gelb gefärbt und nimmt nach Zusatz von

Alkalien eine rothe Farbe an. Endlich verleiht Santonin dem Harn eine exquisit gelbe oder gelbgrüne Farbe, welche nach Zusatz von Natronlauge ebenfalls in Roth übergeführt wird.

Geruch des Harnes.

Der normale Harn hat einen specifischen, nicht unangenehmen Geruch. Derselbe kann durch Aufnahme gewisser Stoffe characteristische Veränderungen erleiden. Dies ist z. B. der Fall nach Spargelgenuss, nach Einnahme von Copaivabalsam und Cubeben. Terpentin verleiht dem Harn einen ausgesprochenen Geruch nach Veilchen.

Bei der durch Bacterienwirkung erzeugten ammoniakalischen Gährung entwickelt sich der Geruch nach Ammoniak, welcher meist von einem sehr unangenehmen, intensiven Fäulnissgeruch begleitet ist.

In seltenen Fällen riecht der Harn nach Schwefelwasserstoff. Dies kommt vor, wenn sich innerhalb der Harnwege selbst oder in deren nächster Umgebung, namentlich in der Blase, Fäulnissvorgänge entwickelt haben.

Reaction des Harnes.

Der normale Harn reagirt gewöhnlich sauer, d. h. er röthet blaues Lakmuspapier. Diese saure Reaction ist nicht durch das Vorhandensein freier Säure bedingt, sondern sie beruht auf der Gegenwart saurer Salze, speciell, wie man im Allgemeinen annimmt, des sauren phosphorsauren Natriums (Mononatriumphosphat, NaH_2PO_4). Der Grad der Acidität des Harnes schwankt in den verschiedenen Tageszeiten und hängt von verschiedenen Umständen ab. Namentlich steht er im Zusammenhang mit dem Umfang der Eiweisszersetzung im Organismus. Bei erhöhtem Eiweissumsatz, gleichgültig, ob die Erhöhung durch vermehrte Fleischzufuhr oder durch gesteigerte Zersetzung von Körpereiweiss bedingt ist, nimmt die saure Reaction zu. So sehen wir insbesondere bei fieberhaften Erkrankungen, welche eine Erhöhung der Eiweisszersetzung verursachen, den Harn stärker sauer werden. Unter Umständen aber verliert auch der normale Harn seine saure Beschaffenheit und kann neutral oder alkalisch oder amphoter reagiren.

Die neutrale und die amphotere Reaction, bei welch letzterer rothes Lakmuspapier gebläut, blaues dagegen geröthet wird, entsteht dadurch, dass der Harn zugleich einerseits Mononatriumphosphat, andererseits Dinatriumphosphat (Na_2HPO_4) enthält, von welchen das erstere auf Lakmus sauer reagirt, während das letztere alkalische Reaction zeigt, d. h. rothes Lakmuspapier bläut. Eine diagnostische Bedeutung kommt dieser amphoteren oder der neutralen Reaction nicht zu.

Alkalisch kann der Harn aus zweierlei Ursachen werden:

1. Die alkalische Reaction kann bedingt sein durch die Anwesenheit von alkalisch reagirenden Salzen der fixen Alkalien, von Di- und Trinatriumphosphat (Na_2HPO_4 und Na_3PO_4) oder von Natriumcarbonat (Na_2CO_3). Das letztere Salz, welches einen regelmässigen Bestandtheil des Harnes des Pflanzenfressers ausmacht, findet sich im Urin des Menschen nach Genuss von kohlensauren Alkalien (Mineralwässer) oder

von pflanzensauren Alkalien (Pflanzenkost, Weine), welche sich im
Organismus zu kohlensauren Alkalien umsetzen. Das Auftreten von
grösseren Mengen des normalen und einfachsauren Alkaliphosphates
steht unter Anderem mit der Absonderung des Magensaftes in Zusammenhang. Durch reichliche Salzsäuresecretion wird das Blut und
damit der Harn relativ reicher an Alkali. Daher wird häufig in den
ersten Stunden nach einer reichlichen Nahrungsaufnahme ein alkalischer Harn entleert. Ebenso kann anhaltendes Erbrechen eine alkalische Reaction des Urines zur Folge haben, wenn die von der Magenschleimhaut reichlich secernirte Salzsäure dadurch schnell nach aussen
entleert wird. Auch die rasche Resorption grösserer Transsudate und
Exsudate kann das Gleiche bedingen, indem deren Alkali der Körper
durch den Harn verlässt. Ein weiterer Grund für die alkalische Reaction des Harnes kann darin liegen, dass stark alkalisch reagirende
Flüssigkeiten, z. B. Eiter, sich dem Harne beimischen

2. Die alkalische Reaction des Harnes kann bedingt sein durch
flüchtiges Alkali: kohlensaures Ammoniak. Dies ist immer die Folge
von Zersetzungsvorgängen im Harne, welche schon innerhalb der Harnwege oder erst nach der Entleerung eingetreten sind.

Reagirt der frisch entleerte Harn durch kohlensaures Ammoniak
alkalisch, so liegen immer pathologische Verhältnisse vor. Daher ist
die Entscheidung, ob der frische Harn durch fixes oder durch flüchtiges Alkali alkalisch reagirt, von diagnostischer Bedeutung. Der in
ammoniakalischer Gährung befindliche Harn ist trübe, setzt ein reich-
liches Sediment von Erdphosphaten mit zahlreichen Krystallen von
phosphorsaurer Ammoniakmagnesia (p. 435) ab und entwickelt den
stechenden Geruch nach Ammoniak. Hält man über das Gefäss einen
mit Salzsäure benetzten Glasstab, so entstehen dichte Nebel von Salmiak. Bringt man über den Harn einen Streifen angefeuchteten rothen
Lakmuspapieres, so färbt sich derselbe nach einiger Zeit durch das
entweichende Ammoniak blau. Beim Trocknen an der Luft verschwindet die blaue Farbe wiederum. — Ist die alkalische Reaction
dagegen durch fixes Alkali verursacht, so fehlt der stechende ammoniakalische Geruch; über den Harn gehaltenes feuchtes Lakmuspapier
bläut sich nicht und die demselben beim Eintauchen in den Harn ver-
liehene blaue Farbe verschwindet nicht beim Trocknen an der Luft.

Die quantitative Bestimmung der Harnacidität und Alkalescenz hat für diagnostische Zwecke bis jetzt noch keine Bedeutung erlangt.
Wegen der eigenthümlichen, schon erwähnten Reactionsverhältnisse der
phosphorsauren Alkalien gibt die einfache Aciditätsbestimmung durch Titrirung
mit Lauge keine verlässlichen Resultate. Man muss zu umständlichen Methoden
greifen, welche hier, da sie wohl niemals diagnostisch zu verwerthen sind, keine
Erwähnung finden können.

Menge des Harnes.

Der gesunde Mensch entleert in 24 Stunden im Mittel 1500 bis
2000 ccm Harn, doch kann sich die Menge auch unter physiologischen
Verhältnissen innerhalb weiter Grenzen bewegen. Die Wasserausschei-
dung durch die Nieren ist von verschiedenen Umständen abhängig:

1. Von der Flüssigkeitsaufnahme. Reichliches Trinken vermehrt
die Harnmenge.

2. Von der Wasserabgabe durch Haut und Lunge und — was allerdings nur in selteneren Fällen von grösserer Bedeutung wird — durch den Darm. Je reichlicher auf diesen Wegen Wasser den Körper verlässt, um so mehr wird die Nierensecretion herabgedrückt.

3. Von dem Blutdruck und der Strömungsgeschwindigkeit des Blutes in den Nierengefässen. Erkrankungen, welche zu Stauungen im Gefässsystem führen, bedingen eine Verminderung der Harnabscheidung.

4. Von der Beschaffenheit der Nierenepithelien. Erkrankungen derselben verringern die Harnmenge, wie sich dies z. B. bei der parenchymatösen Nephritis zeigt. Es ist aber hiebei zu beachten, dass nicht jede Erkrankung des Nierengewebes zu Verringerung der Harnmenge führen muss. Gewisse Formen von Nierenerkrankung bedingen im Gegentheil eine gesteigerte Harnsecretion. Dies ist der Fall bei der als chronische interstitielle Nephritis, als Nierenschrumpfung bezeichneten Form, welche mit Herzhypertrophie, Erhöhung des Blutdruckes und Beschleunigung der Strömungsgeschwindigkeit einhergeht, woraus eine Vermehrung der Harnmenge resultirt.

5. Von nervösen Einflüssen, welche vielleicht wiederum zuerst auf die Gefässe einwirken. Hieher gehört die als Urina spastica bezeichnete Polyurie bei Hysterie und die reichliche Wasserabsonderung bei Diabetes insipidus.

6. Von Veränderungen in der chemischen Zusammensetzung des Harnes. Gewisse Stoffe bedürfen zu ihrer Ausschwemmung aus dem Organismus grösserer Wassermengen, wobei sie den Geweben Wasser entziehen; darauf ist die Wirkung der diuretischen Salze zurückzuführen und damit lässt sich zum Theil die Polyurie beim Diabetes mellitus erklären.

Die Bestimmung der Harnmenge wird in graduirten Messcylindern vorgenommen.

Specifisches Gewicht des Harnes.

Das specifische Gewicht des Harnes ist abhängig von der Menge der im Harn gelösten festen Substanzen, von welchen in der Norm der Harnstoff und das Chlornatrium als die in reichlichster Menge vorhandenen Stoffe hauptsächlich in Betracht kommen. Das specifische Gewicht beträgt im Mittel 1015—1020 (das specifische Gewicht des Wassers bei 15 ° C. mit 1000 bezeichnet), unterliegt aber schon unter physiologischen Verhältnissen sehr beträchtlichen Schwankungen. Im Allgemeinen fällt und steigt es mit dem Sinken und Steigen der Harnmenge: reichliche Wasseraufnahme erniedrigt, spärliche Wasseraufnahme und reichliche Wasserabgabe durch Haut und Lungen erhöht dasselbe. Alle pathologischen Zustände, welche eine Verringerung der Harnmenge im Gefolge haben, verleihen dem specifischen Gewicht des Harnes einen höheren Werth, so Stauungszustände, Fieber, gewisse Nephritisformen (acute Nephritis, chronische parenchymatöse Nephritis). Characteristisch ist das durch den Zuckergehalt bedingte hohe specifische Gewicht bei sehr reichlicher Harnmenge beim Diabetes mellitus.

Für diagnostische Zwecke ist die Bestimmung des specifischen Gewichtes des Harnes auf aräometrischem Wege vollkommen ausreichend. Es kommen Aräometer zur Anwendung, welche eine Scala

von 1000—1040 tragen und welche, da sie speciell für die Bestimmung
des specifischen Gewichtes des Harnes verfertigt werden, den Namen
U r o m e t e r tragen (Fig. 146). Empfehlenswerth ist der Gebrauch von
zwei Urometern, von welchen das eine eine Graduirung von 1000 bis
1020, das andere eine solche von 1020—1040 aufweist. Die Theilstriche der Scala dürfen nicht zu nahe an einander liegen, weil sonst
eine genaue Ablesung wesentlich erschwert wird.

Da man aus der Bestimmung des specifischen Gewichtes Schlüsse
auf die Concentration des Harnes machen will, so sollte streng genommen das specifische Gewicht nur in dem
klaren, eventuell filtrirten Harn geprüft werden.
Denn durch corpusculäre Elemente, welche im
Harn suspendirt, aber nicht gelöst sind, muss
das specifische Gewicht erhöht werden, obwohl
diese mit der Concentration des Harnes eigentlich nichts zu thun haben. Andererseits müssten
krystallinische Abscheidungen vor der Bestimmung des specifischen Gewichtes erst aufgelöst
werden, da sonst der Harn leichter erscheint,
als seinem ursprünglichen Gehalt an festen Stoffen
entspricht. Doch kommt dies Alles für die Diagnose kaum in Betracht. Es genügt hiefür fast
ausnahmslos, den Harn unfiltrirt zu verwenden.
Der Harn wird in einen trockenen Glascylinder
gegossen, so dass sich dabei womöglich kein
Schaum bildet. Schäumt der Harn dennoch, so
wird der Schaum mittels Filtrirpapier abgesaugt.
Dann wird das ebenfalls trockene Urometer langsam in den Harn eingesenkt. Der Glascylinder
muss so weit sein, dass das Urometer nirgends
die Wandung berührt, sondern frei in der Flüssigkeit schwimmt.

Die Urometer sind nur auf eine ganz bestimmte Temperatur (+ 15° C.) geaicht, da
Temperaturunterschiede auch das specifische Gewicht des Harnes ändern. Will man daher ein
genaues Resultat erhalten, so muss der Harn
auf die betreffende Temperatur gebracht werden
oder man muss bei der Bestimmung eines höher
oder niedriger temperirten Harnes eine Correctur anbringen, indem man
für je 3 Wärmegrade über 15° zum abgelesenen Werth 1 addirt, für je
3 Wärmegrade unter 15° dagegen 1 subtrahirt. Um diese Correctur zu erleichtern, ist an feineren Instrumenten eine Thermometerscala angebracht.

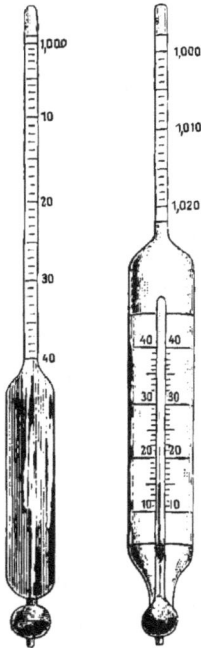

Fig. 146. Urometer.

Man sucht vielfach aus dem specifischen Gewicht die in einer bestimmten
Harnmenge enthaltenen festen Stoffe quantitativ zu bestimmen. Es sind empirisch
Zahlen aufgestellt worden, welche dies ermöglichen sollen. Eine solche Zahl stellt
der H ä s e r'sche Coëficient, welcher 2,33 beträgt, dar. Man multiplicirt mit dieser
Zahl die beiden letzten Stellen der als specifische Gewicht des Harnes erhaltenen
Zahl, um dadurch die Menge der in 1000 ccm Harn enthaltenen festen Substanzen
zu erfahren. Wenn diese Methode im normalen Harn auch annähernd richtige
Werthe ergeben mag, so sind ihre Resultate bei pathologischen Zuständen sehr
unsichere.

Nachweis besonderer, für die Diagnose wichtiger Stoffe.

Eiweiss.

Mit dem Ausdruck „Albuminurie" bezeichnet man klinisch das Auftreten von genuinem Eiweiss im Harn, und zwar speciell das Auftreten der im Blute vorgebildeten Eiweissarten, des Serumalbumins und des Serumglobulins (oder Paraglobulins). Es sind dies nicht die einzigen Eiweisskörper, welche sich im Harn vorfinden; es können ausserdem noch Fibrin, ferner Nucleoalbumin (mucinähnliche Substanz), Albumosen (Pepton nach Brücke) und endlich Hämoglobin in den Harn übergehen. Man spricht aber dann nicht von Albuminurie im engeren Sinne, sondern von Hämoglobinurie, von Albumosurie (Peptonurie) u. s. w.

Das im Harn zu Tage tretende Eiweiss kann aus jedem Abschnitt der Harnwege, von den Nieren selbst bis herab zur Urethra stammen. Von ächter oder renaler (nephrogener) Albuminurie spricht man, wenn der Harn schon vom Nierenparenchym eiweisshaltig abgesondert wird, während man die Albuminurie, bei welcher dem von den Nieren eiweissfrei secernirten Harn in den unteren Harnwegen, im Nierenbecken, in den Ureteren, in der Blase oder in der Urethra Eiweiss beigemengt wird, als falsche oder accidentelle Albuminurie bezeichnet. Selbstverständlich kann auch zu gleicher Zeit neben einer renalen eine accidentelle Albuminurie bestehen, was man als gemischte Albuminurie bezeichnet.

Die accidentelle Albuminurie entsteht durch Beimengung von Substanzen, welche Eiweiss in löslicher Form enthalten, so von Blut, Eiter oder Exsudatmasse u. dgl. zum Harn. In der Regel ist dabei der Eiweissgehalt des Harnes ein geringer. Nur bei starken Blutungen in den Harnwegen oder bei Durchbruch eines grösseren Abscesses kann auch hier die Eiweissmenge eine beträchtliche werden. In jedem solchen Falle aber steht die Eiweissmenge in directem Verhältniss zur Quantität der im Harn befindlichen corpusculären Elemente. Den endgültigen Entscheid, ob es sich in einem gegebenen Falle um ächte oder falsche Albuminurie handelt, liefert demnach nicht die chemische Untersuchung allein, sondern die chemische und mikroskopische Untersuchung neben einander.

Es ist Sache der Uebung, richtig abzuschätzen, ob der Eiweissgehalt der Menge der im Harn befindlichen Eiterkörperchen oder Blutkörperchen entspricht, oder ob daneben das Eiweiss noch eine andere Herkunft haben muss. Man wird darin sich bald eine gewisse Erfahrung aneignen können, welcher man wenigstens in den meisten Fällen vertrauen kann.

Das Auftreten einer ächten Albuminurie ist bedingt durch Veränderungen an den Nierenepithelien, speciell an den Epithelien der Glomeruli, wodurch dieselben für das in den Glomerulis circulirende Bluteiweiss durchgängig werden. Diese Veränderungen brauchen nicht immer primär in den Epithelien selbst zu liegen. Vielmehr können sie auch verursacht sein durch Störungen der Blutcirculation in den Nieren, durch Veränderungen des Blutdruckes und der Strömungsgeschwindigkeit, nach einigen Autoren auch durch Abnormitäten in

der chemischen und morphotischen Zusammensetzung des Blutes, ohne
dass es zunächst zu anatomisch nachweisbaren Veränderungen an den
Epithelien kommen muss. Bei länger dauernder Einwirkung der genannten Schädlichkeiten freilich bleiben auch hier die sichtbaren Zeichen
der Störung nicht aus. Wir sehen daher nicht nur bei den verschiedenen Nephritisformen eine ächte Albuminurie auftreten, sondern auch
bei Stauungen im Blutkreislauf, mögen dieselben nun durch Erkrankungen des Herzens und der Gefässe oder durch Erkrankungen der
Lungen, oder durch anderweitige Ursachen bedingt sein („Stauungsalbuminurie"). In gleicher Weise sind auch die Eiweissausscheidungen,
welche man bei schweren anämischen Zuständen, bei vorgeschrittener
Kachexie, bei epileptischen Anfällen und Apoplexieen etc. etc. beobachtet, der Hauptsache nach auf Circulationsstörungen in den Nieren
zurückzuführen. Bei der „febrilen Albuminurie" spielt neben den Veränderungen der Blutcirculation wohl auch die Infection, die Schädigung
der Nierenepithelien durch dieselbe, eine Rolle.

Vielfach wird dem Bestehen einer physiologischen Albuminurie
das Wort gesprochen. Man sieht, wenn auch nicht sehr häufig, bei
sonst anscheinend ganz gesunden Personen unter bestimmten Umständen
einen mitunter nicht unbeträchtlichen Eiweissgehalt des Harnes auftreten, so nach angestrengter Muskelthätigkeit (Märsche), nach kalten
Bädern, nach ausgiebigen Mahlzeiten. Diese Eiweissausscheidung verschwindet fast ausnahmslos nach kurzer Zeit wieder. Wenn nun auch
diese sogenannten „transitorischen Albuminurieen" für das betreffende
Individuum gar keine schädlichen Folgen haben, so dürfte es dennoch
zweckmässig sein, sie als pathologisch aufzufassen und den Begriff der
physiologischen Albuminurie gänzlich fallen zu lassen. Die Epithelien
der Nierenglomeruli haben die physiologische Aufgabe, das Eiweiss
zurückzuhalten. Wenn sie dieser Aufgabe unter Umständen, die bei
der Mehrzahl der Menschen keine Albuminurie zur Folge haben, nicht
genügen, so besteht eben eine wenn auch noch so geringfügige functionelle Störung. Aus einer einfachen, rasch vorübergehenden Eiweissausscheidung eine tiefere Erkrankung des Nierenparenchyms zu diagnosticiren, ist natürlich nicht statthaft, wie wir ja auch die febrile
und die Stauungsalbuminurie oder das Auftreten von Eiweiss im Harn
nach nervösen Einflüssen nicht als Zeichen einer bestehenden Nephritis
ansehen dürfen*).

Von einigen Autoren wird die Angabe gemacht, dass jeder normale Harn Eiweiss enthalte, aber nur in so geringer Menge, dass sich
dasselbe mittels der gewöhnlichen Eiweissproben nicht nachweisen lasse.
Nach neueren Untersuchungen handelt es sich bei diesen Spuren von
Eiweiss nicht um eine ächte, renale Albuminurie, sondern es liegt
wahrscheinlich eine Verwechslung mit dem in den Harnwegen dem
Harn beigemengten mucinähnlichen Körper (Nucleoalbumin s. p. 401) vor.

Es ist zu bemerken, dass dem Harn eiweisshaltige Substanzen
auch aus den äusseren Genitalien beigemengt werden können, wie Blut.
Eiter, Sperma oder Secret des Uterus und der Vagina.

---

*) Eine gesonderte Stellung nimmt die bei Neugeborenen sehr häufig, nach
einigen Autoren sogar regelmässig vorkommende Albuminurie ein. Diese lässt
sich wohl erklären durch die tiefgreifenden Veränderungen, welche die Blutcirculation beim Uebergang vom intrauterinen zum extrauterinen Leben erleidet.

Zur Anstellung der Eiweissproben darf, soll das Resultat ein verlässliches sein, nur ganz klarer Harn verwendet werden. Ist der Harn trübe, so muss er eventuell mehrere Male filtrirt werden. Manchmal, namentlich wenn die Trübung durch Bacterienwucherung verursacht ist, kommt es vor, dass der Harn nicht klar durch das Filter geht. In solchen Fällen gelingt es dennoch, den Harn zu klären, wenn man ihm Substanzen zusetzt, welche einen massigen Niederschlag in ihm hervorrufen, wodurch die feine Trübung mit niedergerissen wird. Diesem Zwecke dient vorzüglich das Schütteln des Harnes mit Magnesia usta. Hat man den Harn auf diese Weise geklärt, so ist wohl darauf zu achten, dass derselbe hiebei stark alkalisch wird und dass daher bei Anstellung der Eiweissproben ein stärkerer Säurezusatz nothwendig wird.

Auch das Bestreichen der Innenseite des Filters mit einem Brei von spanischer Erde führt gewöhnlich zum Ziel.

Eiweisshaltiger Harn macht sich in der Regel kenntlich durch starkes Schäumen beim Schütteln, wobei der Schaum sehr beständig ist. Bemerkenswerth ist ferner, dass derselbe die Ebene des polarisirten Lichtes nach links dreht.

Man kennt eine grosse Menge von Reactionen, welche die im Harn auftretenden Eiweisskörper geben. Eine beträchtliche Anzahl derselben kann aber zur Erkennung des Eiweisses im Harn keine Verwerthung finden, weil sie für die Eiweissstoffe nicht characteristisch sind, sondern auch anderen im Harn entweder regelmässig oder nur unter besonderen Umständen erscheinenden chemischen Verbindungen zukommen. Zu diesen für den Nachweis im Harn unsicheren Reactionen gehört namentlich die Mehrzahl der Farbenreactionen des Eiweisses, wesshalb fast ausschliesslich von den Fällungsreactionen Gebrauch gemacht wird.

I. Serumalbumin und Serumglobulin.

Der getrennte Nachweis von Serumalbumin und Serumglobulin hat bis jetzt keine diagnostische Bedeutung. Globulin ist allein im Harn noch nicht gefunden worden und gelangt bei allen Eiweissproben mit dem Albumin zur Ausfällung.

A. Qualitativer Nachweis.

1. Kochproben.

a) Kochprobe mit nachfolgender Ansäuerung des Harnes. Einige Cubikcentimeter Harn werden in einem Reagensglas zum Kochen gebracht und darauf angesäuert; bei geringem Eiweissgehalt des Harnes bildet sich eine weissliche Trübung, bei stärkerem Gehalt ein weisser, flockiger Niederschlag. Die Ansäuerung geschieht entweder mit einigen Tropfen concentrirter Salpetersäure bis zur stark sauren Reaction (5—10 Tropfen) oder durch vorsichtiges, tropfenweise erfolgendes Zusetzen von stark verdünnter Essigsäure (1 Theil des officinellen Acid. acet. dilut. auf 9 Theile Wasser).

Die Ansäuerung hat aus zwei Gründen zu geschehen:

1. Beim Kochen des Harnes ohne nachfolgende Ansäuerung kann sich eine Trübung oder ein Niederschlag bilden, ohne dass der Harn Eiweiss enthält. Diese Trübung besteht entweder aus phosphorsauren

oder aus kohlensauren Salzen der alkalischen Erden. Das Ausfallen der Phosphate findet in Folgendem seine Erklärung: reagirt der Harn sehr schwach sauer oder neutral oder gar schwach alkalisch, so enthält er Calcium und Magnesium als Dicalcium- und Dimagnesiumphosphat ($CaHPO_4$, neutraler phosphorsaurer Kalk und $MgHPO_4$, neutrale phosphorsaure Magnesia) in Lösung. Aus diesen Diphosphaten bilden sich beim Kochen Monophosphate (saure Salze, $Ca[H_2PO_4]_2$ und $Mg[H_2PO_4]_2$) und Triphosphate (basische Salze, $Ca_3[PO_4]_2$ und $Mg_3[PO_4]_2$), von welchen die letzteren in neutraler und alkalischer Flüssigkeit unlöslich sind und herausfallen. Das Ausfallen der Carbonate hat seinen Grund darin, dass der Harn des Menschen häufig (bei Pflanzenkost) saures Calcium- und Magnesiumcarbonat ($Ca[HCO_3]_2$ und $Mg[HCO_3]_2$) in Lösung enthält. Diese sauren Carbonate gehen beim Kochen unter Kohlensäureentwicklung in unlösliche neutrale kohlensaure Salze ($CaCO_3$ und $MgCO_3$) über. In beiden Fällen lösen sich die Niederschläge auf Zusatz von Säure sofort auf.

2. Der Harn kann eiweisshaltig sein, ohne dass sich beim einfachen Kochen ein Niederschlag bildet. Dies tritt ein bei alkalisch reagirenden Harnen mit geringem Eiweissgehalt, da hier das Eiweiss in Alkalialbuminat umgewandelt ist, welches in der Siedehitze nicht gerinnt, wohl aber bei Säurezusatz herausfällt.

Zum Ansäuern des Harnes empfiehlt sich concentrirte Salpetersäure viel mehr, als verdünnte Essigsäure. Denn schon ein geringer Ueberschuss von Essigsäure hat eine Wiederauflösung des Eiweissniederschlages zur Folge, indem sich lösliches Acidalbuminat bildet, wesshalb man mit dem Zusatz von Essigsäure sehr vorsichtig verfahren muss. Salpetersäure dagegen löst das Eiweiss in der Kälte gar nicht, in der Siedehitze erst in sehr beträchtlichem Ueberschuss wieder auf. Viel mehr ist bei Benützung der Salpetersäure darauf zu achten, dass man nicht zu wenig Säure zusetzt, weil sich sonst eine lösliche Verbindung von Säure mit Eiweiss bildet, welche erst durch stärkeren Säurezusatz gefällt wird. In keinem Fall darf die Säure vor dem Kochen zugesetzt werden, weil sonst die Gefahr der Lösung des Eiweisses eine sehr grosse ist.

Nach dem Gebrauch von Terpentin, von Copaivabalsam und Styrax gehen Harzsäuren in den Harn über, welche gleichfalls beim Kochen mit Säure eine Trübung bilden und zur Vortäuschung von Eiweiss Veranlassung geben. Zur Unterscheidung setzt man der Probe, aber erst nach dem Erkalten, ungefähr das doppelte Volumen Alcohol zu, worin sich eine etwa durch diese Harzsäuren gebildete Trübung auflöst, während Eiweiss ungelöst bleibt. (Ueber den Nachweis der Harzsäuren s. p. 430.)

Beim Erkalten der Probe können sich Niederschläge bilden, welche nicht von genuinem Eiweiss herrühren. In sehr concentrirten Harnen können nämlich Harnsäure und bei Zusatz von Salpetersäure auch Harnstoff als salpetersaurer Harnstoff herausfallen. Beide sind schon durch ihr Aussehen von Eiweiss leicht zu unterscheiden, indem die Harnsäure einen körnigen, gefärbten Niederschlag bildet und der salpetersaure Harnstoff in grossen deutlichen Krystallen sich ausscheidet. Ausserdem sind dieselben durch ihre leichte Löslichkeit beim Erwärmen und endlich dadurch kenntlich, dass sie nicht ausfallen, wenn die Probe im verdünnten Harn angestellt wird.

Ausser von Harnsäure und salpetersaurem Harnstoff kann ein erst beim Erkalten auftretender Niederschlag auch von Albumosen herrühren. Dieser Niederschlag verschwindet beim Erwärmen, um beim Erkalten wieder aufzutreten (s. p. 399).

Endlich ist noch eine Verwechslung mit mucinähnlicher Substanz (Nucleoalbumin) möglich. Hiebei bildet sich aber der Niederschlag bei Essigsäurezusatz schon in der Kälte (s. p. 401).

b) Kochprobe mit vorhergehendem Zusatz von Essigsäure und Kochsalz. Der Harn wird mit Essigsäure stark angesäuert, dann mit einer gesättigten Kochsalzlösung im Verhältniss von mindestens 1 Theil auf 6 Theile Harn versetzt und aufgekocht, wodurch etwa vorhandenes Eiweiss ausgefällt wird. Ist viel Eiweiss im Harn enthalten, oder setzt man zu viel Kochsalzlösung zu, so kann schon in der Kälte ein Niederschlag entstehen, welcher dann beim Erhitzen an Masse zunimmt. Löst sich der in der Kälte entstandene Niederschlag in der Wärme wieder auf, so ist er durch die Gegenwart von Albumosen bedingt.

Zweifel, welche durch Ausfallen von Harnsäure oder Harzsäuren erweckt werden könnten, werden auf die gleiche Weise wie bei Probe a, nämlich durch Zusatz von Alcohol beseitigt. Mucin, welches durch Essigsäure ebenfalls gefällt wird, fällt nicht aus, wenn man zuerst die Kochsalzlösung zusetzt, weil es in concentrirten Salzlösungen löslich ist.

2. Proben in der Kälte.

a) Salpetersäureprobe (Heller'sche Ringprobe). Durch concentrirte Salpetersäure wird Eiweiss in der Kälte gefällt. Zum Nachweis des Eiweisses im Harn mittels dieser Reaction benützt man die sehr empfindliche Heller'sche Ringprobe. Man schichtet den Harn vorsichtig über concentrirte Salpetersäure, indem man denselben aus einem schief gehaltenen Reagensglas in ein anderes ebenfalls schief gehaltenes, welches die Salpetersäure enthält, einlaufen lässt, oder ihn mittels einer Pipette langsam auf die Salpetersäure bringt. Ist Eiweiss vorhanden, so bildet sich an der Berührungsstelle der beiden Flüssigkeiten ein scharf begrenzter weisser Ring. Sind nur sehr geringe Mengen von Eiweiss im Harn enthalten, so wird der weissliche Ring erst nach einiger Zeit deutlich. Durch die concentrirte Salpetersäure werden auch die Albumosen ausgefällt.

Ringbildungen, welche von Harnsäure, salpetersaurem Harnstoff oder Harzsäuren herrühren, lassen sich in gleicher Weise, wie bei Probe 1a erkennen. Der von Harnsäure gebildete Ring liegt nicht an der Berührungsstelle der beiden Flüssigkeiten, sondern höher oben, da wo die Salpetersäure noch wenig mit Harn vermischt, also noch stärker concentrirt ist.

Unterhalb des Eiweissringes erhält man in der Regel einen gefärbten, rothen oder violetten, aber durchsichtigen Ring, welcher von den Indigofarbstoffen des Harnes herrührt.

b) Probe mit Essigsäure und Ferrocyankalium. Versetzt man einen eiweisshaltigen Harn mit 3—5 Tropfen Essigsäure, so dass er stark sauer reagirt und fügt 1—3 Tropfen einer 10—20%igen Ferrocyankaliumlösung hinzu, so entsteht eine deutliche Trübung oder ein flockiger Niederschlag. Auch hiebei kann durch andere Substanzen als Eiweiss eine Trübung hervorgerufen werden und zwar wiederum durch mucinähnliche Substanz, durch Harzsäure und Harnsäure. Mucinähnliche Substanz erzeugt schon beim Zusatz von Essigsäure eine Trübung, kommt dagegen nicht zum Ausfallen, wenn man den Harn zuerst mit Ferrocyankalium und dann erst mit Essigsäure versetzt. Harzsäuren werden wiederum durch ihre Löslichkeit in Alcohol erkannt. Die Abscheidung von Harnsäure erfolgt nur aus sehr concentrirten Harnen und bei der schwachen Ansäuerung erst nach geraumer Zeit.

In stark concentrirten Harnen kann die Probe trotz Vorhandenseins von geringen Eiweissmengen negativ ausfallen; nach dem Verdünnen des Harnes wird dann aber sofort die Trübung auftreten.

Die Reaction mit Essigsäure und Ferrocyankalium, welche schon in der beschriebenen Ausführung sehr geringe Mengen von Eiweiss anzeigt, wird noch empfindlicher, wenn man sie in ähnlicher Weise, wie die Heller'sche Ringprobe, anstellt, d. h. wenn man einige Cubikcentimeter einer verdünnten Essigsäure mit einigen Tropfen Ferrocyankaliumlösung versetzt und dieses Gemisch sorgfältig über den Harn schichtet, wobei sich dann eine ringförmige, scharf begrenzte Trübung zeigt. Auch hier wird der Ring, wenn sehr wenig Eiweiss vorhanden ist, erst nach einigem Zuwarten deutlich.

3. Ausser diesen Proben ist noch eine ganze Reihe anderer angegeben worden, welche sich zwar zum Theil ebenfalls als zuverlässig erwiesen haben, welche aber vor den angeführten keine besonderen Vortheile voraus haben. Einige derselben sind dem Bestreben entsprungen, dem Arzt die Möglichkeit zu geben, die nöthigen Reagentien ohne besondere Umstände stets bei sich zu führen. Man hat daher die Anwendung von Lösungen entbehrlich zu machen gesucht. Ein solches festes Reagens auf Eiweiss ist die Metaphosphorsäure, von welcher man ein kleines Stückchen in den zu untersuchenden Harn wirft. Die Probe ist aber wenig empfindlich. Auch muss die Metaphosphorsäure in sehr gut verschliessbaren Gefässen aufbewahrt werden, da sie begierig Wasser anzieht und in Orthophosphorsäure übergeht, durch welche das Eiweiss nicht gefällt wird.

Die von Stütz verfertigten Gelatinekapseln zur Prüfung auf Eiweiss sind mit Chlornatrium-Quecksilberchlorid, Kochsalz und Citronensäure in Substanz gefüllt. Der Inhalt einer solchen Kapsel wird in den Harn geschüttet und verursacht bei Gegenwart von Eiweiss einen flockigen Niederschlag.

Die zuerst von Geissler, dann von verschiedenen anderen Seiten in mehrfachen Modificationen angegebenen Reagenspapiere auf Eiweiss haben sich keine allgemeine Anerkennung erwerben können.

4. Von den Färbungsreactionen mögen hier nur die zwei bekanntesten Erwähnung finden, da sie, wenn sie auch als allgemeine Reactionen zur Erkennung von Eiweiss im Harn nicht zweckmässig sind, doch anderweitig vielfach Verwendung finden. Dies ist die Biuretprobe und die Millon'sche Reactiou.

a) Biuretprobe. Fügt man zu einer eiweisshaltigen Flüssigkeit zuerst Kali- oder Natronlauge und dann tropfenweise eine Kupfersulfatlösung, so findet eine mehr oder weniger ausgiebige Lösung des zuerst ausfallenden Kupferhydroxyds statt. Die Lösung nimmt dabei eine röthlichviolette oder mehr violettblaue Färbung an.

b) Millon'sche Reaction. Das Millon'sche Reagens stellt eine Lösung von salpetersaurem Quecksilberoxyd in Salpetersäure, welche geringe Mengen von salpetriger Säure enthält, dar, und gibt mit Eiweisslösungen einen Niederschlag, welcher sich schon bei Zimmertemperatur, rascher aber beim Erwärmen roth färbt. Zur Herstellung des Reagenses wird 1 Theil Quecksilber in 2 Theilen Salpetersäure (vom specifischen Gewicht 1,42) zunächst in der Kälte, dann unter Erwärmen gelöst und die Lösung mit dem doppelten Volumen Wasser verdünnt, worauf man die Flüssigkeit einige Stunden stehen lässt und dann von dem gebildeten Niederschlage abgiesst oder abfiltrirt.

B. Quantitativer Nachweis.

Die Menge des ausgeschiedenen Eiweisses ist unter verschiedenen pathologischen Verhältnissen eine sehr verschiedene. Geringe Mengen finden sich meist im Harn bei der Stauungsalbuminurie, bei der febrilen Albuminurie etc. etc., während die eigentlichen Parenchymerkrankungen der Niere in der Regel einen grösseren Eiweissgehalt des Harnes im Gefolge haben. Aber auch bei den verschiedenen Nierenerkrankungen kommen grosse Differenzen zwischen den einzelnen Formen vor. So ist die acute und die chronische parenchymatöse Nephritis durch eine beträchtliche Eiweissausscheidung characterisirt, während bei der genuinen Schrumpfniere nur verhältnissmässig wenig Albumen im Harn auftritt. Als mittlerer Eiweissgehalt gilt ein solcher von 0,1—0,5 %. 1 % und mehr sind schon als sehr hohe Werthe zu bezeichnen.

Eine exacte quantitative Eiweissbestimmung ist immer eine umständliche Sache. Sie geschieht im Harn am besten durch vollständiges Ausfällen des Eiweisses durch Kochen mit vorsichtigem Zusatz verdünnter Essigsäure, wobei man gut thut, den Harn vorher mit Wasser zu verdünnen. Der Essigsäurezusatz ist richtig getroffen, wenn die Eiweissflocken in einer vollständig klaren Flüssigkeit umherschwimmen. Es wird noch heiss durch ein vorher gewogenes Filter filtrirt. Das Filtrat darf mit Essigsäure und Ferrocyankalium keine Trübung mehr geben. Der Niederschlag wird zuerst mit heissem Wasser so lange gewaschen, bis das Waschwasser mit einigen Tropfen von salpetersaurem Silber keine Trübung mehr gibt (Chlorreaction), dann mit Alcohol und Aether. Schliesslich wird das Filter mit dem Niederschlag bei 110° längere Zeit getrocknet und nach dem Abkühlen im Exsiccator gewogen. Durch Abziehen des Gewichtes des Filters erhält man die Menge des trockenen Eiweisses. Zur bequemen Ausführung der Bestimmung wählt man die Harnmenge so, dass das trockene Eiweiss ca. 0,2—0,3 g beträgt.

Diese umständliche, exacte Eiweissbestimmung ist aber für die Praxis nur von untergeordnetem Werthe. Kleinere Schwankungen im Eiweissgehalt sind sowohl in Bezug auf Diagnose und Prognose, als auch auf eventuelle Massnahmen im Heilplan vollkommen bedeutungslos, und grössere Unterschiede kann man mit genügender Sicherheit durch weit bequemere, wenn auch ungenauere Methoden, wie sie mehrfach in die Praxis eingeführt sind, erkennen.

Fig. 147. Albuminometer von Esbach.

1. Bestimmung nach Esbach. Diese bequeme Bestimmung beruht auf der volumetrischen Messung des ausgefällten Eiweisscoagulums. Zur Ausfällung dient hiebei eine Lösung von 10 g Picrinsäure und 20 g Citronensäure in 1000 ccm Wasser. Das Albuminometer (Fig. 147) besteht aus einem aus starkem Glas gefertigten Reagensröhrchen, welches mit einer Anzahl Theilstrichen versehen ist. Zuerst wird bis zu der mit U (Urin) bezeichneten Marke der Urin eingefüllt und darauf die Picrinsäurelösung bis zur Marke R (Reagens) eingegossen. Dann wird das mit einem Gummipfropfen fest verschlossene Röhrchen einige Male langsam umgekehrt, ohne dass man schüttelt, weil sich sonst starker, bleibender Schaum bildet. Das ausgefällte Eiweiss senkt sich allmälig zu Boden und nach 24stündigem Stehen wird die Höhe des Eiweissniederschlages an den mit den Zahlen ½—7 bezeichneten Theilstrichen abgelesen. Diese Zahlen geben direct den auf 1000 ccm

des verwendeten Harnes treffenden Eiweissgehalt an. Die Eintheilung des Röhrchens geht, wie erwähnt, nur bis 7 %oo; sie ist desswegen nicht weiter geführt, weil bei stärkerem Eiweissgehalt das ausgefüllte Coagulum sich schlecht absetzt. Enthält der zu untersuchende Urin daher mehr als 0,7 % Eiweiss, so muss er mit dem gleichen Volumen oder eventuell mehr Wasser verdünnt werden. Man hat dann selbstverständlich den abgelesenen Werth mit der Verdünnungszahl zu multipliciren, um den Gehalt an Eiweiss in 1000 ccm des Harnes zu erfahren. Aus diesem Grunde tragen einzelne Albuminometer die Marke $\dfrac{U}{2}$, bis zu welcher der Harn, falls eine Verdünnung nothwendig ist, eingefüllt und dann bis zur Marke U mit Wasser verdünnt wird. Die Gegenwart von Harzsäuren macht die Probe sehr ungenau. Das Gleiche ist der Fall nach Einnahme von Antipyreticis.

2. Bestimmung nach Roberts-Stolnikow (Brandberg). Die ringförmige Trübung bei der Heller'schen Eiweissprobe tritt um so früher auf, je reicher der Harn an Eiweiss ist. Ist das Verhältniss des Eiweisses zur Flüssigkeit wie 1 : 30 000, mit anderen Worten, enthält der Harn 0,0033 % Eiweiss, so stellt sich die Trübung nach 2½—3 Minuten ein. Das Princip der Methode ist nun dies, dass man sich eine Reihe von Verdünnungen des Harnes herstellt und nun zusieht, bei welcher von denselben die Ringbildung mit Salpetersäure in der genannten Zeit eintritt.

Der Harn wird auf das 10fache verdünnt, indem man zu 1 Theil Harn 9 Theile Wasser fügt, also z. B. zu 5 ccm Harn 45 ccm Wasser. Diese Mischung dient als Ausgangspunct für die weiteren Verdünnungen, welche man sich in der Weise herstellt, dass man aus einer Bürette zu 2 ccm des ¹/₁₀-Harnes eine bestimmte Menge Wasser zufliessen lässt.

Als solche Verdünnungen werden zweckmässig zunächst folgende hergestellt:

	Verdünnung des ursprünglichen Harnes	Menge des zu 1 ccm des ¹/₁₀-Harnes zu fügenden Wassers
1.	20fach	1
2.	30 „	2
3.	80 „	7
4.	150 „	14
5.	200 „	19
6.	300 „	29

Von jeder dieser Verdünnungen werden einige Cubikcentimeter in gewöhnlichen Reagensgläsern auf concentrirte Salpetersäure geschichtet.

Das Einfüllen der Salpetersäure in die Reagensgläser muss mit einer Pipette geschehen, damit die Säure direct auf den Boden des Glases gelangt, ohne die Wandung zu benetzen. Das Ueberschichten des Harnes ist sehr langsam und vorsichtig zu bewerkstelligen, am besten ebenfalls mit einer Pipette, deren Spitze möglichst nahe über dem Niveau der Salpetersäure an die Wand des schräg gehaltenen Reagensglases angesetzt wird.

Tritt der Ring in einer dieser Proben nach 2½—3 Minuten auf, so dient diese in der unten angegebenen Weise zur Berechnung des Eiweissgehaltes im unverdünnten Harn. Erscheint derselbe dagegen bei einer Probe früher, bei der nächstfolgenden Verdünnung aber später, so sind zwischen diesen beiden Verdünnungen zur genauen Bestimmung noch weitere anzulegen.

Diejenige Probe, welche in der angegebenen Zeit den Ring zeigt, enthält 0,0033 % Eiweiss. Um daraus den Eiweissgehalt des unverdünnten Harnes zu erfahren, hat man nur 0,0033 mit der Zahl, welche den Grad der Verdünnung angibt, zu multipliciren. Ist z. B. der Ring in der angegebenen Zeit bei 30facher Verdünnung aufgetreten, so sind in 100 Harn = 30 × 0,0033 (= 0,099) = 0,1 % Eiweiss.

Wird diese, allerdings etwas umständliche Methode sorgfältig ausgeführt, so ergibt sie viel genauere Resultate, als die Bestimmung nach Esbach.

II. Fibrinogen und Fibrin.

Ausser Serumalbumin und Serumglobulin kommt von den genuinen Eiweisskörpern im Harn noch das zu den Globulinen gehörige Fibrinogen vor. Es tritt auf bei Hämaturie und Chylurie, wenn das in Blut und Lymphe enthaltene Fibrinogen in den Harn gelangt, oder wenn Exsudatflüssigkeit, welche ebenfalls fibrinogenhaltig ist, mit dem Harn sich mischt. Dieses letztere kommt vor bei heftigen Entzündungen der Harnwege, hervorgerufen durch Cantharidenvergiftung oder durch diphtheritische und tuberculöse Erkrankungen. Das Fibrinogen geht im Harn durch Zutritt von Fibrinferment in Fibrin über. Dies kann schon innerhalb der Harnwege erfolgen und es finden sich dann im frisch entleerten Harn Fibringerinnsel vor; oder es bildet sich das Fibrin erst beim Stehen des Harnes an der Luft. In seltenen Fällen ist das Fibrinogen in so reichlicher Menge vorhanden, dass der Harn sich vollständig in eine gallertige Masse umwandeln kann. Das Fibrin ist an seiner feinfaserigen Beschaffenheit unter dem Mikroskope leicht zu erkennen. Um den Character der Gerinnsel auf chemischem Wege zu bestimmen, wird der Harn durch ein Colirtuch getrieben und das zurückbleibende Gerinnsel mit Wasser gut ausgewaschen. Durch längeres Kochen mit verdünnter Lauge oder Mineralsäure (ca. 0,5%) oder mit concentrirter organischer Säure wird das Fibrin gelöst, indem es in Alkali- resp. Acidalbuminat übergeht. Die erkaltete Lösung unterzieht man zur weiteren Sicherstellung einer der angegebenen Fällungsproben auf Eiweiss, oder man stellt eine Färbungsreaction an, da man es mit verhältnissmässig reinem Eiweiss in farbloser Lösung zu thun hat. Am geeignetsten erscheint hiezu die Millon'sche Reaction und die Biuretprobe (p. 396).

III. Albumosen (Propepton).

Mit dem Namen Albumosen bezeichnet man verschiedene Zwischenproducte zwischen Eiweiss und Pepton, welche insbesondere bei der Pepsinverdauung des Eiweisses entstehen. Diese Albumosen sind in verdünnten Salzlösungen, wie der Harn eine solche darstellt, löslich und fallen in der Siedehitze nicht heraus. Sowohl durch Salpetersäure als auch durch Essigsäure und Ferrocyankalium werden sie in der Kälte gefällt, lösen sich aber beim Erwärmen wieder auf. Das gleiche Verhalten zeigen sie in ihren Lösungen bei Sättigung mit Kochsalz, Ansäuern mit Essigsäure und Kochen.

Danach wird zum Nachweis von Albumosen im Harn derselbe gekocht und mit einigen Tropfen concentrirter Salpetersäure versetzt. Entsteht in der Siedehitze kein Niederschlag, bildet sich dagegen ein solcher beim Erkalten, so hat man Albumosen vor sich. Oder man sättigt den Harn mit gepulvertem Kochsalz und säuert stark mit Essigsäure an. Enthält der Harn Albumosen, so löst sich der entstandene Niederschlag beim nachfolgenden Kochen auf, um beim Erkalten wieder aufzutreten. Auch mit Essigsäure und Ferrocyankalium geben die Albumosen einen beim Erwärmen sich lösenden Niederschlag. Doch empfiehlt sich die Anwendung dieser Probe nicht, weil sich beim Erwärmen mit Säuren das Ferrocyankalium leicht zersetzt, wobei sich ein weisser, später blau werdender Niederschlag (Berlinerblau) absetzt.

Befindet sich, wie es häufig der Fall ist, im Harn neben Albumosen ächtes
Eiweiss, so wird dasselbe durch Kochen und vorsichtigen Zusatz von Essigsäure
ausgefüllt und abfiltrirt und das Filtrat auf Albumosen geprüft. Zweckmässiger
aber ist folgendes Verfahren, welches direct über das Vorhandensein von Albumosen neben Eiweiss Aufschluss erthcilt. Der Harn wird mit gepulvertem Kochsalz gesättigt, mit Essigsäure stark angesäuert und gekocht. Gewöhnliches Eiweiss
fällt dabei in der Siedehitze aus, während die Albumosen in Lösung bleiben. Man
filtrirt heiss und lässt die Lösung dann erkalten. Bildet sich beim Erkalten neuerdings eine Trübung, so ist dieselbe durch die Gegenwart von Albumosen verursacht.

IV. Pepton.

Bis in die neueste Zeit herein wird vielfach nach Pepton im Harn unter
pathologischen Verhältnissen gesucht und von Peptonurie gesprochen. Man hat
diese Peptonurie diagnostisch zu verwerthen gesucht und hat namentlich ihr
Auftreten als characteristisch bezeichnet für krankhafte Processe, welche zu
starker Ansammlung und zu ausgiebigem Zerfall von Leukocyten Veranlassung
geben. Man nannte dies p y o g e n e P e p t o n u r i e. Ausserdem unterschied man
aber auch noch andere Formen derselben, so eine h ä m a t o g e n e Form, bei
welcher man abnormer Peptonbildung im Blut die Schuld für das Uebertreten
des Peptons in den Harn beimass, eine e n t e r o g e n e Form, bei welcher in Folge
einer Erkrankung der Darmschleimhaut die normal stattfindende Rückbildung des
Peptons in Eiweiss behindert sein sollte; ferner eine h e p a t o g e u e, eine n e p h r o-
g e n e, eine p u e r p e r a l e Peptonurie.
Mit der Umwandlung der Defiuition des Begriffes Pepton durch K ü h n e ist
auch die Lehre von der Peptonurie völlig umgestossen worden. Man hat früher
Pepton als einen Eiweisskörper definirt, welcher durch Essigsäure und Ferrocyankalium nicht gefällt wird. Nach den Untersuchungen K ü h n e's aber ist damit
noch kein einheitlicher Eiweisskörper bezeichnet. Es lässt sich in einer Lösung
des Körpers, welchen man früher mit Peptou bezeichnet hat, und welcher mit
Essigsäure und Ferrocyankalium keinen Niederschlag gibt, noch eine Fällung erzielen, wenn man die Lösung mit schwefelsaurem Ammoniak sättigt, während
noch ein Eiweisskörper in Lösung bleibt. Nur diesem letzteren Eiweisskörper,
welcher also durch schwefelsaures Ammouiak sich nicht aussalzen lässt, kommt
gegenwärtig der Name Pepton zu.
Die meisten Angaben über Peptonurie sind daher heut zu Tage nicht mehr gültig.
Der bei den früheren Untersuchungen als Pepton bezeichnete Körper gehört nach
unseren heutigen Anschauungen in die Gruppe der Albumosen. Es ist noch nicht
entschieden, ob es überhaupt eine Peptonurie im modernen Sinne nach der Definition K ü h n e's gibt. Nach den neuesten Untersuchungen von S t a d e l m a n n
ist dies sehr zweifelhaft geworden. Wie dem auch sei, eine besondere diagnostische
Bedeutung kommt bis jetzt der echten Peptonurie nicht zu.
Zum Nachweis von Pepton (K ü h n e) im Harn muss man denselben zunächst
in der Siedehitze mit schwefelsaurem Ammoniak sättigen, wodurch alle im Harn
vorkommenden Eiweisskörper mit alleiniger Ausnahme des Peptons gefällt werden;
nur dieses bleibt in Lösung. Man filtrirt heiss und lässt die Lösung dann erkalten.
Die erkaltete Flüssigkeit wird von den sich abscheidenden Krystallen abgegossen
und auf Pepton geprüft. Dazu kann man entweder die Biuretprobe benützen,
indem man zuerst Kalilauge oder Natronlauge bis zur stark alkalischen Reaction und
dann tropfenweise verdünnte Kupfervitriollösung zusetzt: ist Pepton zugegen, so wird
der sich bildende Niederschlag von Kupferhydroxyd gelöst, wobei die Flüssigkeit
eine rothe oder rothviolette Färbung annimmt. Oder man bringt das Peptou zur
Fällung, am besten wohl mit Gerbsäure, in der Form der von A l m é n angegebenen
Gerbsäuremischung, welche folgende Zusammensetzung hat: 4,0 Gerbsäure, 8,0 Essigsäure (25%ig) auf 190 ccm 40—50%igem Weingeist. Von dieser Mischung werden
einige Tropfen zugesetzt und dadurch etwa vorhandenes Peptou ausgefällt.
Zur Prüfung auf Pepton im älteren Sinn (B r ü c k e) werden nach H o f m e i s t e r
etwa 500 ccm Harn mit 10 ccm einer concentrirten Lösung von phosphorsaurem
Natron versetzt und so lange Eiseuchloridlösung zugefügt, bis eine bleibende blut-
rothe Färbung entsteht. Hierauf setzt man Alkali zu, bis die Reaction neutral
oder ganz schwach sauer erscheint, erhitzt zum Sieden und filtrirt nach dem Erkalten und stellt mit dem Filtrat, welches mit Essigsäure und Ferrocyankalium
keine Trübung geben darf, die Biuretreaction an.

V. Nucleoalbumin (mucinähnliche Substanz).

Aechtes Mucin ist im Harn noch nicht nachgewiesen worden. Neuere Untersuchungen haben den auch im normalen Harn gefundenen, früher als ächtes Mucin angeschenen Körper als das in seinen Reactionen dem Mucin ähnliche Nucleoalbumin gekennzeichnet. Diese Substanz findet sich in geringer Menge nicht selten im Harn. Es ist höchst wahrscheinlich, dass ihr Auftreten, wenigstens in manchen Fällen, Veranlassung zur Aufstellung des Begriffes der physiologischen Albuminurie gegeben hat, indem dieselbe manche Reactionen mit dem Serumalbumin und Serumglobulin gemein hat. Man darf annehmen, dass das Nucleoalbumin erst in den Harnwegen dem Harn beigemischt wird und dass dasselbe von der Epithelbekleidung der Harnwege stammt. In dem eine verdünnte Salzlösung darstellenden Harn ist die mucinähnliche Substanz in geringer Menge löslich. Der ungelöste Theil bildet einen Antheil der aus jedem Harn beim Stehen sich absetzenden sogenannten Nubecula. Vermehrung des Nucleoalbumins findet man gelegentlich bei jeder Erkrankung der Harnwege, welche mit reichlicherer Desquamation von Epithel einhergeht.

Das Nucleoalbumin wird durch Essigsäure in der Kälte gefällt und namentlich in salzarmen Flüssigkeiten auch durch einen Ueberschuss von Essigsäure nicht wieder gelöst. Man verdünnt daher den Harn zum Nachweis desselben mit 1—2 Theilen Wasser und setzt dann Essigsäure bis zur stark sauren Reaction zu. Im Gegensatz zu gewöhnlichem Eiweiss bildet sich der vom Nucleoalbumin herrührende Niederschlag schon in der Kälte und löst sich bei stärkerem Zusatz von Essigsäure nicht wieder auf. Da unter Umständen auch Harnsäure und Harzsäuren durch Essigsäure in der Kälte ausgefällt werden, so muss man zur Unterscheidung eine andere Probe des Harnes mit einer Mineralsäure (z. B. Salzsäure) versetzen, durch welche ein etwa entstehender Niederschlag von Nucleoalbumin rasch wieder gelöst wird, während die von Harnsäure und Harzsäuren herrührende Fällung auch im Ueberschuss der Mineralsäure bestehen bleibt.

Blutfarbstoff.

Ist Blutfarbstoff im Harn enthalten, so kann derselbe in rothen Blutkörperchen eingeschlossen oder er kann im Harne gelöst sein. Im ersteren Falle spricht man von Hämaturie, von Blutharnen, im letzteren von Hämoglobinurie.

Die Hämaturie kann ihren Ursprung an jeder Stelle der Harnwege haben, von den Nieren bis herab zur Harnröhre. Sie verdankt ihre Entstehung dem Austritt von Blut aus den Gefässen der Niere, des Nierenbeckens, des Harnleiters u. s. w., bedingt durch Verletzungen (Concremente) oder Entzündungen, durch Neubildungen, durch Thrombosirung der Gefässe und Varicen. Es kann aber das Blut auch von benachbarten Organen in die Harnwege durchbrechen. Häufig wird auch bei der Hämaturie eine grössere oder kleinere Menge des Blutfarbstoffes aus den Blutkörperchen ausgezogen und befindet sich in gelöstem Zustande im Harn. Dies trifft namentlich nach längerem Stehen des Harnes zu. Der Blutfarbstoff ist zum grössten Theil als Oxyhämoglobin im Harn enthalten und gibt diesem wenigstens bei frischen Blutungen eine hell- oder dunkelrothe Farbe. Der Harn ist dabei trübe und undurchsichtig durch die in ihm suspendirten rothen Blutkörperchen. Im auffallenden Lichte zeigt er oft einen grünlichen Schimmer.

Aus welchem Theil des Harnapparates eine Blutung stammt, lässt sich in vielen Fällen lediglich durch die Harnuntersuchung nicht erkennen. Manchmal ergibt aber die mikroskopische Untersuchung gewisse Anhaltspuncte hiefür (p. 442).

Die Hämoglobinurie kommt zu Stande durch Auflösung von
rothen Blutkörperchen innerhalb des Gefässsystems und Uebertritt des gelösten Hämoglobins in den Harn. Sie kann theils als selbständige, in ihrem
Wesen noch unaufgeklärte Krankheit, als sogenannte periodische Hämoglobinurie auftreten, theils als secundäre Erscheinung bei einer Reihe
anderer Krankheiten, so bei Vergiftungen (durch Kali chloricum, Arsenwasserstoff und Schwefelwasserstoff, durch Morcheln), bei schweren
Infectionskrankheiten, bei Transfusion von Thierblut, bei Einwirkung
sehr hoher und sehr niedriger Temperaturen auf den Organismus. Bei
der Hämoglobinurie ist der Blutfarbstoff in der Regel zum grössten
Theil als Methämoglobin im Harn enthalten, welches dem Harn eine
braunrothe bis schwarzbraune Färbung verleihen kann. Enthält der
Harn nur geringe Mengen von Methämoglobin, so behält er annähernd
seine normale Farbe bei, da die Färbekraft des Methämoglobins eine
viel geringere ist als diejenige des Oxyhämoglobins. Der Harn kann
beim Bestehen einer Hämoglobinurie vollkommen klar sein, häufig aber
ist er, nur meist in geringerem Grade, wie bei der Hämaturie, trübe durch
Beimengung morphotischer Elemente, wie Epithelien, Cylinder, Leukocyten.

Die endgültige Entscheidung, ob man es mit einer Hämaturie oder
mit einer Hämoglobinurie zu thun hat, liefert der Nachweis rother
Blutkörperchen durch das Mikroskop.

Selbstverständlich enthält der Harn bei Hämaturie und Hämoglobinurie immer Eiweiss, dessen Menge der Menge des vorhandenen
Blutes resp. Blutfarbstoffes entspricht, wenn nicht der Harn obendrein
durch andere Ursachen eiweisshaltig geworden ist.

Durch die nachfolgenden Proben wird der Blutfarbstoff im Harn
nachgewiesen, einerlei, ob derselbe gelöst oder noch in den Blutkörperchen enthalten ist.

1. Heller'sche Probe. Der Harn wird mit Alkalilauge alkalisch
gemacht und zum Kochen erhitzt. Ist Blutfarbstoff vorhanden, so färbt
sich der dabei entstehende Niederschlag der Erdphosphate roth, indem
diese Salze beim Ausfallen den durch das Kochen mit Lauge in Hämatin
umgewandelten Blutfarbstoff mit niederreissen. Trifft man den Zusatz
von Lauge nicht ganz richtig, setzt man zu viel oder zu wenig zu, oder
erhitzt man zu stark, so färbt sich der Niederschlag braunroth. Reagirt der Harn schon ursprünglich alkalisch, so gelingt die Probe nicht,
weil aus dem alkalischen Harn die Erdphosphate schon ausgefallen sind,
so dass beim Kochen mit Lauge kein Niederschlag entsteht. Um in
diesem Falle einen Niederschlag hervorzurufen, setzt man dem Harn
das gleiche Volumen normalen sauren Harnes zu, in welchem die Erdphosphate noch gelöst sind, und stellt dann die Probe an.

Die Chrysophansäure, welche nach dem Gebrauch von Senna,
Rheum oder Chrysarobin in den Harn übergeht, und ebenso das Santonin
färben sich mit Alkalilauge roth und fallen beim Erwärmen mit den
Erdphosphaten ebenfalls aus, indem sie diesen eine rothe Färbung verleihen, ähnlich wie das Hämoglobin. Doch tritt bei Gegenwart von
Chrysophansäure und Santonin die Rothfärbung schon in der Kälte
nach Zusatz der Lauge auf, und nach Zusatz von Essigsäure wird der
Harn wiederum entfärbt; ist dagegen Hämoglobin vorhanden, so lösen
sich auf Essigsäurezusatz nur die Phosphate auf, während der Hämo-
globinniederschlag in rothen Flocken bestehen bleibt.

2. Häminprobe. Man sammelt den bei der Heller'schen Blutprobe erhaltenen Niederschlag auf einem kleinen Filter, wäscht denselben mit Wasser, oder besser, namentlich wenn er sich nur wenig
gefärbt zeigt, mit verdünnter Essigsäure aus, wodurch die Phosphate
in Lösung gehen, und trocknet ihn vorsichtig. Ein kleiner Theil davon
wird zur Darstellung der Teichmann'schen Häminkrystalle verwendet
(s. p. 354).

3. Probe von Schönbein-Almén. Zu dieser Probe benöthigt
man Terpentinöl, welches längere Zeit der Luft und dem Tageslichte
ausgesetzt war, wodurch dasselbe stark ozonhaltig wird, und Guajaktinctur, zu deren Herstellung auf 1 Theil Guajakharz 18 Theile Spiritus
verwendet werden. Die Tinctur soll wo möglich immer frisch bereitet
werden, doch lässt sie sich in dunklem Glase auch längere Zeit aufbewahren, muss aber dann mit einer bluthaltigen Flüssigkeit auf ihre
Brauchbarkeit von Zeit zu Zeit geprüft werden. Man bereitet sich
durch tüchtiges Schütteln gleicher Volumina des Terpentinöls und der
Guajaktinctur eine Emulsion und schichtet dieselbe in einem Reagens-
glase vorsichtig über den Harn, welcher sauer reagiren muss. An der
Berührungsstelle bildet sich bei Gegenwart von Hämoglobin ein schön
blauer Ring und beim Umschütteln theilt sich die Farbe, wenn es sich
nicht um zu kleine Mengen handelt, der ganzen Flüssigkeit mit. Das
Hämoglobin vermittelt die Einwirkung des im Terpentinöl enthaltenen
Ozons auf die Guajaktinctur, welche sich mit Ozon blau färbt*).

Auch Eiter ist im Stande, Guajaktinctur zu bläuen, und zwar,
wenn die Tinctur nicht ganz frisch bereitet ist, schon ohne Zusatz von
Terpentinöl. Die durch Eiter hervorgerufene Bläuung ist aber un-
beständig und verschwindet namentlich rasch beim Erwärmen.

Die Guajakprobe ist ausserordentlich empfindlich, so dass ihr
negativer Ausfall sicher beweisend für die Abwesenheit von Blutfarbstoff ist. Dagegen ist sie, wenn sie positiv ausfällt, nicht absolut entscheidend, weil auch andere Stoffe im Harn eine Blaufärbung bedingen
können.

4. Spectroskopischer Nachweis. Die spectroskopische Unter-
suchung ist zum Nachweis von Blut im Harn wohl verwendbar. Die
Anwendung des Spectralapparates findet sich bei der Untersuchung des
Blutes beschrieben (p. 330). Man hat im Harn auf die Streifen des
Oxyhämoglobins und Methämoglobins zu achten, welche auf Zusatz von
Schwefelammonium dem Streifen des reducirten Hämoglobins Platz
machen (p. 333). Ist der Urin sehr dunkel, so muss er vorher mit Wasser
entsprechend verdünnt werden.

Zucker.

In Spuren enthält oft auch der normale Harn Zucker, aber nur in so
geringer Menge, dass die meisten gebräuchlichen qualitativen Zuckerproben
ein negatives Resultat ergeben. Es kann allerdings auch beim Gesunden
zu einer sicher nachweisbaren Glucosurie kommen, dann, wenn dem
Organismus sehr viel Zucker auf einmal einverleibt wird, z. B. 200 g

---

*) Es ist nicht sicher, ob es sich dabei wirklich um Ozon handelt oder
nicht vielmehr um ein Oxydationsproduct des Terpentinöls.

Traubenzucker, wenn also gewissermassen eine Ueberschwemmung des Organismus mit Zucker stattgefunden hat. Auch in mancherlei Krankheiten sieht man öfter vorübergehend einen mässigen Zuckergehalt des Harnes auftreten, so bei Lebererkrankungen, bei Circulationsstörungen, bei pathologischen Veränderungen im Gehirn und namentlich in der Medulla oblongata, bei gewissen Vergiftungen (Curare, Kohlenoxyd). Alle diese Zuckerausscheidungen sind aber nicht beständig und werden als transitorische Glucosurieen oder einfach als Glucosurieen oder Melliturieen bezeichnet. Sie sind principiell zu unterscheiden von der andauernden, in leichten Fällen unter bestimmten Ernährungsverhältnissen schwindenden Zuckerausscheidung beim Diabetes mellitus, welche oft sehr beträchtliche Grade erreichen kann.

Man spricht von Glucosurie desswegen, weil sich in der Regel Traubenzucker = Dextrose oder Glucose im Harn findet. Es kommt aber nicht ausschliesslich Traubenzucker im Harn vor. Man hat auch schon andere Zuckerarten, z. B. Lävulose und Milchzucker (Lactose) gefunden, den letzteren häufig bei Wöchnerinnen (puerperale Lactosurie).

Qualitative Proben auf Traubenzucker.

Der Nachweis des in grösserer Menge vorhandenen Traubenzuckers bietet kaum Schwierigkeiten. Wohl aber stellen sich solche ein, wenn der Zucker nur in geringer Quantität sich im Harn findet. Es geben dann sehr häufig einzelne Zuckerproben ein zweifelhaftes Resultat, so dass man sich nicht auf den Ausfall einer einzigen verlassen darf, sondern mehrere derselben zu Rathe ziehen muss.

Die Zuckerproben dürfen nur in eiweissfreiem Harn angestellt werden. Enthält der zu untersuchende Harn Eiweiss, so muss derselbe vorher entfernt werden. Es geschieht dies am einfachsten durch Kochen und vorsichtigen Zusatz von verdünnter Essigsäure. Mit dem erkalteten Filtrat werden dann die Zuckerreactionen angestellt.

Der Harn muss ferner in möglichst frischem Zustand auf Zucker untersucht werden, da einerseits nach längerem Stehen der Zucker durch Zersetzung aus dem Harn verschwinden kann, und da andererseits bei der Harnzersetzung sich Ammoniaksalze bilden, welche störend auf den Ausfall der Zuckerreaction einwirken können.

Die Mehrzahl der gebräuchlichen Zuckerproben beruht auf der Fähigkeit des Zuckers, verschiedene Metalloxyde in alkalischer Lösung zu Oxydulen zu reduciren.

1. Trommer'sche Probe. Dem Traubenzucker kommt die Eigenschaft zu, Kupferoxydhydrat (Cu[OH]$_2$, Cuprihydroxyd) in alkalischer Flüssigkeit zunächst in gewisser Menge in Lösung zu erhalten und dann beim Erwärmen zu reduciren. Der Zucker selbst wird dabei oxydirt, er nimmt Sauerstoff auf, welchen er dem Kupferoxydhydrat entzieht, wodurch dieses eben zu Kupferoxydul (Cu$_2$O, Cuprooxyd) oder Kupferoxydulhydrat (CuOH, Cuprohydroxyd) reducirt wird; das erstere besitzt eine hellrothe, das letztere eine gelbe Farbe.

Die Ausführung der Probe gestaltet sich folgendermassen: Man setzt in einem Reagensglas zum Harn ca. $\frac{1}{4}$ Volumen Kali- oder Natronlauge, so dass derselbe sicher stark alkalisch reagirt, und fügt dann unter Umschütteln tropfenweise eine verdünnte (10%ige) Lösung von schwefelsaurem Kupfer hinzu. Dabei bildet sich zunächst ein flockiger Niederschlag von Kupferoxydhydrat (Cu[OH]$_2$), welcher sich aber beim Schütteln, falls Zucker vorhanden ist, alsbald mit schöner lazurblauer Farbe auflöst. Es wird so lange mit dem Zusatz von Kupfervitriol fortgefahren, bis eben eine Spur des Niederschlages von Kupferoxydhydrat auch beim Schütteln bestehen bleibt. Nun wird, zweckmässig nur die oberste Schicht der Flüssigkeit, bis zum beginnenden Kochen erhitzt. Bei Gegenwart von Traubenzucker bildet sich, schon ehe die Siedetemperatur erreicht ist, in der erwärmten oberen Parthie ein gelber oder rother feinkörniger Niederschlag, welcher sich von der darunter liegenden, weniger erwärmten blauen Flüssigkeit scharf absetzt und allmälig in die Tiefe weiter fortschreitet. Dieser rothe oder gelbe Niederschlag besteht aus Kupferoxydul oder Kupferoxydulhydrat.

Bei reichlichem Zuckergehalt des Urins gibt die Trommer'sche Probe, wenn sie richtig in der vorgeschriebenen Weise angestellt wird, exacte und zuverlässige Resultate. Ist aber nur wenig Zucker vorhanden, so stellen sich oft der Ausführung und der richtigen Deutung des Ausfalls der Reaction erhebliche Schwierigkeiten entgegen.

Es können folgende Fälle eintreten:

a) Mitunter wird Kupferoxydhydrat mit dunkelblauer Farbe in nicht unbeträchtlicher Menge in Lösung erhalten, ohne dass sich im Harn Zucker vorfindet. Diese Erscheinung beruht darauf, dass theils schon in der Norm, theils unter pathologischen Verhältnissen Stoffe in den Harn übertreten, welchen ebenso wie dem Zucker die Fähigkeit zukommt, Kupferoxydhydrat in alkalischer Flüssigkeit aufzulösen. Solche Substanzen sind die Harnsäure, das Kreatinin, Ammoniaksalze und Eiweiss. Daher ist die Lösung von Kupferoxydhydrat nicht beweisend für das Vorhandensein von Traubenzucker.

b) Es kann beim Kochen eine mehr oder weniger starke Reduction eintreten, ohne dass der Harn Zucker enthält. Der Grund hiefür ist darin zu suchen, dass sich im Harn Substanzen finden, welche ähnlich wie der Zucker Kupferoxyd zu reduciren vermögen, wie Harnsäure, Brenzcatechin, eine Reihe von Arzneimitteln, welche in den Harn übertreten. Die durch die genannten Substanzen bedingte Reduction ist aber meist eine so geringe, dass es in der Regel gar nicht zur Abscheidung von Kupferoxydul kommt, sondern das Kupferoxydul bleibt in Lösung und es färbt sich nur die Flüssigkeit gelb oder gelbroth (s. unter c). Nur der durch die alkalische Reaction hervorgerufene Phosphatniederschlag reisst in diesen Fällen öfter eine kleine Menge von Oxydul mechanisch mit sich nieder und erscheint dadurch schwach röthlich gefärbt. Ferner tritt die durch Harnsäure u. s. w. bedingte Reduction erst beim Kochen oder nach längerem Kochen des Harnes auf, während die durch Zucker hervorgerufene Reduction erfolgt, schon ehe die Flüssigkeit den Siedepunct erreicht hat.

c) Der Harn kann geringe Mengen von Zucker enthalten, ohne dass beim Kochen Kupferoxydul herausfällt; vielmehr beobachtet man nur eine Gelbfärbung der Flüssigkeit. Dies beruht darauf, dass dieselben Substanzen, welche Kupferoxydhydrat in alkalischer Lösung nicht ausfallen lassen, wie Harnsäure, Kreatinin, Ammoniaksalze, auch Kupferoxydul zu lösen vermögen. Wenn nun sehr wenig Zucker im Harn enthalten und der Harn dabei concentrirt ist, also grössere

Mengen der genannten Stoffe enthält, so kann es vorkommen, dass das Oxydul nicht ausfüllt, sondern in Lösung gehalten wird.

Daraus ergibt sich, auf welche Puncte bei Ausführung der Trommer'schen Probe speciell im zuckerarmen Harn besonders zu achten ist.

1. In Bezug auf den Zusatz von Kupfervitriol. Es muss, wie schon erwähnt, so viel Kupfersulfatlösung zugesetzt werden, dass nach dem Umschütteln gerade noch eine Spur von Kupferoxydhydrat ungelöst bleibt. Setzt man zu viel zu, so geht beim Kochen der blaue Niederschlag von Kupferoxydhydrat in braunschwarzes Kupferoxyd über, welches einen etwa entstehenden Niederschlag von Kupferoxydul vollständig verdecken kann. Die bei richtigem Zusatz bleibenden spärlichen Flocken von Kupferoxydhydrat thun der Probe keinen Eintrag, da der Zucker in der Wärme etwas mehr Kupferoxyd zu reduciren vermag, als er in der Kälte löst.

Setzt man dagegen zu wenig Kupferlösung zu, so kann aus den schon angeführten Gründen bei niedrigem Zuckergehalt das gebildete Kupferoxydul in Lösung erhalten bleiben, so dass kein rother Niederschlag, sondern nur eine Gelbfärbung der Flüssigkeit auftritt, was für die Gegenwart von Zucker nicht characteristisch ist. Man muss also danach trachten, dass möglichst viel Kupferoxydul entsteht, d. h. man muss so viel Kupfersulfatlösung zusetzen, dass eben noch Flocken von Kupferoxydhydrat bestehen bleiben.

2. In Bezug auf die Erhitzung. Die Erwärmung des Harnes soll nur bis zum beginnenden Sieden geschehen. Keinesfalls darf längere Zeit gekocht werden. Denn der Zucker reducirt schon unter Siedetemperatur, während die anderen im Harn vorkommenden reducirenden Substanzen erst nach längerem Kochen ihre Wirksamkeit entfalten.

Nach diesen Ausführungen wird verständlich, warum die Trommer'sche Zuckerprobe im normalen Harn, welchem etwas Zucker beigemischt wird, häufig nicht so schön ausfällt, als im diabetischen Harn mit viel geringerem Zuckergehalt. Der diabetische Harn ist in der Regel stark verdünnt, so dass die Stoffe, welche der Reaction Eintrag thun, in wesentlich geringerer Concentration darin enthalten sind, als im Harn des gesunden Menschen.

Daher kommt es auch, dass die Trommer'sche Probe, welche im unverdünnten Harn ein zweifelhaftes Resultat ergab, manchmal in dem stark (auf das 4—5fache) verdünnten Harn zum Ziele führt.

2. Modification der Trommer'schen Probe nach Worm-Müller. Diese Modification ist empfindlicher, aber auch umständlicher als die ursprüngliche Trommer'sche Probe. Sie kann in manchen Fällen, in welchen die Trommer'sche Probe ein zweifelhaftes Resultat ergab, zum sicheren Entscheid führen. Sie weicht von der Trommer'schen Probe darin ab, dass 1. der Lauge Seignettesalz zugesetzt wird, was den Zweck hat, das gebildete Kupferhydroxyd, auch wenn Kupferlösung im Ueberschuss zugesetzt wird, in Lösung zu erhalten, und dass 2. die Reaction unterhalb der Siedetemperatur angestellt wird.

Erforderlich ist dazu eine Kupfervitriollösung von 2,5% und eine alkalische Lösung von Seignettesalz (weinsaures Kalinatron), welche durch Auflösen von 10 g des Salzes in 100 ccm einer 4%igen Natron-

lauge hergestellt wird. Man mischt 1—2 ccm der Kupferlösung mit
2,5 ccm Seignettesalzlösung in einem Reagensglas und erhitzt dieses
Gemisch, und zu gleicher Zeit in einem anderen Reagensglas 5 ccm des
zu prüfenden Harnes zum Sieden. Beide Gläser werden zugleich von
der Flamme weggenommen und die beiden Flüssigkeiten, nachdem man
20—25 Secunden gewartet hat, zusammengegossen. Es tritt dann, je
mehr Zucker vorhanden ist, um so eher, die Ausscheidung von Kupferoxydul ein. Kommt es nach 4—5 Minuten langem Stehen der Flüssigkeit zu keiner Ausscheidung von Kupferoxydul, so muss die Probe mit
steigenden Mengen der Kupferlösung wiederholt werden, da bei geringem Zuckergehalt die Reaction nur bei ganz bestimmter Concentration
positiv ausfällt. Man nimmt dann der Reihe nach 2,5, 3, 3,5 ccm der
Kupferlösung, bis die Reaction eintritt, oder bis nach dem Erhitzen
und Zusammengiessen die Mischung ihre blaugrüne Farbe beibehält,
d. h. bis Kupfer im Ueberschuss vorhanden ist.

3. Probe mit dem Nylander'schen Reagens (Probe von
Böttger, modificirt von Almén und Nylander). Die Probe beruht darauf, dass salpetersaures Wismuth in Natronlauge von Zucker-
lösungen reducirt wird, wobei sich schwarzes Wismuthoxydul abscheidet.
Die ursprüngliche Böttger'sche Probe kann auch im Harn auftreten,
ohne dass Zucker vorhanden ist; in der Modification von Almén und
Nylander aber ist ihr positiver Ausfall beweisend für Zucker.

Die Herstellung der Wismuthlösung ist folgende: In 100 ccm
einer 10%igen Natronlauge (vom specifischen Gewicht 1,115) werden
4 g Seignettesalz unter gelindem Erwärmen gelöst und dazu 2 g Bis-
muthum subnitricum (Bi[OH]$_2$NO$_3$) gebracht. Durch die Einwirkung
der Natronlauge wird das basisch salpetersaure Wismuth in Wismuth-
oxydhydrat (Bi[OH]$_3$) verwandelt, welches durch das zugesetzte Seignettesalz in Lösung gehalten wird. Beim Erkalten der Lösung setzt sich
etwas ungelöstes Wismuthsalz zu Boden, von welchem die Flüssigkeit
klar abgegossen oder durch Glaswolle abfiltrirt wird. Die Lösung zersetzt
sich am Lichte und muss daher in dunklen Gläsern aufbewahrt werden.

Der Harn wird im Verhältniss von 10:1 mit dem Nylander-
schen Reagens versetzt und 2—3 Minuten lang gekocht. Ist Traubenzucker vorhanden, so bildet sich ein sehr fein vertheilter schwarzer
Niederschlag von Wismuthoxydul, während im zuckerfreien Harn nur
ein weisser oder durch mitgerissenen Farbstoff gelb gefärbter Phosphatniederschlag auftritt. Ist der Zuckergehalt ein sehr geringer, so erkennt man die Schwarzfärbung erst nach einigem Stehen, wenn sich
das Wismuthoxydul mit den Erdphosphaten zu Boden gesenkt hat und
diesen eine grauschwarze Färbung ertheilt.

Enthält der Harn Eiweiss, so muss dasselbe vorher entfernt werden,
weil Eiweiss beim Kochen mit dem Nylander'schen Reagens zersetzt
wird. Der im Eiweiss enthaltene Schwefel verbindet sich mit dem
Wismuth zu Schwefelwismuth, welches, wenn es in grösserer Menge
entsteht, eine braunschwarze Trübung hervorruft, die wohl mit einem
Wismuthoxydulniederschlag verwechselt werden kann. Sehr geringe
Mengen von Eiweiss beeinträchtigen die Reaction nicht, da ein spär-
licher Schwefelwismuthniederschlag eine braunrothe Färbung aufweist,
welche sich von dem schwarzen Wismuthoxydul unschwer unterscheiden lässt.

Wie die Trommer'sche Probe, so gibt auch die Nylander'sche Probe in einem in alkalischer Gährung befindlichen Harn keine sicheren Resultate.

Bemerkenswerth ist, dass der Harn nach dem Gebrauch von Senna und Rheum, dann von Terpentin, Salol und Antipyrin die Nylander'sche Lösung zu reduciren vermag. Nach dem Genuss von Senna und von Rheum tritt aber schon sofort nach dem Zusatz des Reagens eine Rothfärbung auf (s. p. 430). Bei Anstellung der Trommer'schen Probe verursachen diese Körper keine Reduction.

4. Moore-Heller'sche Probe. Setzt man zum Harn ca. $\frac{1}{3}$ seines Volumens Natron- oder Kalilauge und kocht einige Zeit, so färbt sich derselbe bei Gegenwart von nicht zu geringen Mengen von Zucker braun. Nur eine Braunfärbung ist für Zucker characteristisch, da auch normaler Harn beim Kochen mit Laugen sich dunkelgelb färben kann. Die Probe ist im Harn wenig empfindlich.

5. Gährungsprobe. Die Gährungsprobe ist sehr empfindlich und, wenn sie mit den nöthigen Vorsichtsmassregeln angestellt wird, vollkommen sicher. Sie hat nur den Nachtheil, dass man auf das Resultat oft mehrere Stunden warten muss. Sie beruht darauf, dass der Zucker mit Hefe vergährt, in Alcohol und Kohlensäure umgewandelt wird ($C_6H_{12}O_6 = 2C_2H_5OH + 2CO_2$). Andere gährungsfähige Stoffe als Zucker kommen im Harn nicht vor. Die bei der Gährung entwickelte Kohlensäure wird aufgefangen, während der Alcohol sich im Harn löst.

Die Gährungsröhrchen kann man sich in der von Moritz angegebenen Weise leicht selbst herstellen, indem man Reagensgläser aus nicht zu schwachem Glas mit einem einfach durchbohrten Pfropfen versieht, durch welchen ein abgebogenes Glasrohr gesteckt wird (Fig. 148). Das Reagensglas wird mit dem Harn gefüllt, ein etwa kirschkerngrosses Stückchen käuflicher Hefe zugefügt, der Stopfen mit dem Glasröhrchen aufgesetzt und dann das Reagensglas umgedreht und in ein grösseres Becherglas gestellt. Die Füllung mit Harn und die Schliessung des Röhrchens muss so geschehen, dass sich in der Kuppe des Röhrchens keine Luft ansammelt. Das Röhrchen lässt man 24 Stunden bei Zimmertemperatur, noch besser im Thermostaten bei 27° C. stehen. Nach dieser Zeit ist der Gährungsprocess meist beendet. Die sich entwickelnde Kohlensäure sammelt sich in der Kuppe des Röhrchens an und verdrängt durch das Glasrohr eine entsprechende Menge Harn, welcher in das Becherglas abfliesst.

Damit man aber zu einem sicheren Resultat gelangt, ist es unbedingt nothwendig, neben dem mit Harn gefüllten Röhrchen noch zwei Controlgährungsröhrchen aufzustellen. Das eine (b) wird mit normalem Harn, das andere (c) mit einer Zuckerlösung (auf das Röhrchen eine Messerspitze Rohrzucker oder Traubenzucker) gefüllt, und in beide ein Stückchen Hefe geworfen. Diese Vorsichtsmassregel ist nothwendig, weil einerseits die käufliche Hefe häufig Kohlehydrate enthält, so dass Kohlensäure sich ansammeln kann, auch ohne dass der Harn Zucker

Fig. 148.
Gährungsröhrchen
von Moritz.

enthält, und weil andererseits die käufliche Hefe manchmal unwirksam ist, so dass auch da, wo Zucker vorhanden ist, keine Gährung eintritt. Nur dann, wenn im Röhrchen *c* Kohlensäureentwicklung stattfindet, im Röhrchen *b* dagegen nicht, ist die Ansammlung von Kohlensäure im Röhrchen *a* für die Gegenwart von Zucker im Harn beweisend.

Die Prüfung, ob das entwickelte Gas in der That Kohlensäure ist, was durch Einbringen von Lauge geschehen könnte, wonach die Kohlensäureblase verschwinden würde, ist überflüssig.

Zweckmässig zur Anstellung der Gährungsprobe sind die Schrötter'schen Gaseprouvetten, U-förmig gebogene Röhrchen, welche einen langen, oben zugeschmolzenen und einen kurzen, offenen, kugelförmig erweiterten Schenkel haben. Das Röhrchen ist an einem hölzernen Fuss befestigt (Fig. 149). Der lange Schenkel wird unter Zusatz von Hefe mit dem Harn vollständig gefüllt, so dass sich keine Luftblase in demselben befindet. Die sich entwickelnde Kohlensäure sammelt sich in der Kuppe des langen Schenkels an und verdrängt eine entsprechende Menge von Flüssigkeit in den kurzen weiten Schenkel.

Fig. 149.
Schrötter'sche
Eprouvette.

6. Probe mit Phenylhydrazin. Erwärmt man eine Traubenzuckerlösung mit Phenylhydrazin in essigsaurer Lösung, so bilden sich beim Erkalten characteristische, gelbgefärbte, nadelförmige Krystalle von Phenylglucosazon. Die Ausführung der Probe ist folgende:

Man bringt in einem Reagensglas zu ca. 10 ccm Harn 0,5 g (2 Messerspitzen) salzsaures Phenylhydrazin und 1 g (3 Messerspitzen)

Fig. 150. Krystalle von Phenylglucosazon.

essigsaures Natron und erhitzt $1/2 - 1$ Stunde lang im kochenden Wasserbad. Sollte sich nach einigem Erwärmen nicht alles zugesetzte Salz gelöst haben, so verdünnt man noch mit etwas Wasser. Es ist gut, während des Erhitzens das Reagensglas von Zeit zu Zeit zu schütteln. Dann lässt man erkalten, was, wenn es sich um geringe Zuckermengen handelt, am besten langsam geschieht. Beim Erkalten

setzt sich ein mehr oder weniger massiger gelber Kryatallbrei zu
Boden. Unter dem Mikroskop findet man büschelförmig angeordnete,
sehr lange und schmale Nadeln von intensiv gelber Farbe (Fig. 150).
War wenig Zucker vorhanden, so scheiden sich die Nadeln häufig nicht
büschelförmig, sondern in Rosetten mit regelmässiger radiärer Anordnung der Krystalle ab. Daneben findet man auch isolirte Nadeln, in
der Regel auch gelbe und braungelbe Schollen und Körnchen, welch
letztere für die Gegenwart von Zucker nicht beweisend sind. Einzelne
Nadeln finden sich nebst diesen amorphen Massen fast in jedem normalen Harn.

Aehnliche Krystalle wie der Zucker geben mit Phenylhydrazin auch die in
geringer Menge auch im normalen Harn vorkommenden, in grösseren Quantitäten
aber nach Einnahme gewisser Stoffe, z. B. Chloralhydrat, Naphthalin, Campher,
Terpentin, in den Harn übertretenden Glucuronsäuren. Doch sind die Glucuron-
säurekrystalle, welche meist in Rosettenform auftreten, plumper, kürzer und
dicker als die Phenylglucosazonkrystalle. Die Angabe, dass die Glucuronsäure-
krystalle bei einstündigem Erhitzen sich wieder auflösen, wird von anderer Seite
bestritten.

Quantitative Zuckerbestimmung.

1. **Methode von Roberts.** Eine für practische Zwecke genügend genaue Bestimmung des im Harn befindlichen Zuckers erzielt
man mit der von Roberts angegebenen Methode, wobei das specifische
Gewicht des Harnes vor und nach der Gährung bestimmt und daraus
der Zuckergehalt berechnet wird. Durch das Verschwinden des Zuckers
bei der Gährung sinkt das specifische Gewicht des Harnes und Roberts
hat festgestellt, dass das Absinken des specifischen Gewichtes um
einen Theilstrich des Aräometers dem Verschwinden einer Zucker-
menge von 0,23 g aus 100 ccm Harn entspricht. Man hat demnach
vom Werth des specifischen Gewichtes vor der Gährung denjenigen
des specifischen Gewichtes nach der Gährung zu subtrahiren und die
Differenz mit 0,23 zu multipliciren, um den Gehalt des Harnes an
Zucker in Procenten zu erfahren.

In einem Kolben, welcher mindestens 400 ccm fasst, werden etwa
200 ccm des Harnes, dessen specifisches Gewicht mit einem empfindlichen
Aräometer genau bestimmt wurde, mit etwas Hefe versetzt und das
Gefäss mit einem durchbohrten Pfropfen, durch welchen eine in eine feine
Spitze ausgezogene, nicht zu kurze Glasröhre gesteckt ist, versehen. Dies
ist nothwendig, damit einerseits die entwickelte Kohlensäure entweichen
kann und andererseits ein Verdunsten des Harnes möglichst verhindert
wird. Der Harn muss sauer reagiren, da sonst die Wirksamkeit der
Hefe beeinträchtigt wird; im gegebenen Falle ist daher der Harn mit
einigen Tropfen Weinsäure anzusäuern. Nach 24—48stündigem Stehen
(am besten bei einer Temperatur von 27° C.) ist meist aller Zucker
vergohren, wovon man sich durch Anstellung einer Zuckerreaction in
einer Probe der Flüssigkeit zu überzeugen hat. Ist kein Zucker mehr
vorhanden, so wird durch ein trockenes Filter filtrirt und wiederum
das specifische Gewicht bestimmt, wobei selbstverständlich auf die
Temperatur des Harnes zu achten und, wenn nöthig, eine Correctur
anzubringen ist (s. p. 390). Aus den vor und nach der Gährung gefundenen Werthen lässt sich in der angegebenen Weise die Menge
des aus dem Harn verschwundenen Zuckers berechnen. War z. B. das

specifische Gewicht vor der Gährung = 1032, nach der Gährung = 1010, so ist der Zuckergehalt des Harnes (1032—1010) $\times$ 0,23 = 5,06 % gewesen.

Mit dieser Methode kann man bei exactem Arbeiten den Zuckergehalt des Harnes bis auf 0,1 % genau bestimmen. Neben der Einfachheit der Ausführung ist ein grosser Vorzug, dass die Methode keine besondere Uebung erfordert. Ein nicht Geübter wird mit der Roberts'schen Zuckerbestimmung eher richtige Resultate erhalten als mit der Fehling'schen Titrirung.

Die von Einhorn für practische Zwecke eingeführte quantitative Bestimmung des Zuckers durch Messung der bei der Gährung gebildeten Kohlensäure in Gährungsröhrchen in Form der Schrötter'schen Gaseprouvetten (s. p. 409), welche eine Gradeintheilung tragen, an der die angesammelte Kohlensäure und direct der aus deren Menge berechnete Zuckergehalt des Harnes abgelesen werden kann, ergibt sehr ungenaue Resultate, weil dabei alle Cautelen, welche bei der Messung von Gasen berücksichtigt werden müssen, vernachlässigt sind, wie Temperatur und Luftdruck, Tension des Wasserdampfes u. s. w.

2. **Titrirung nach Fehling.** Diese Methode beruht im Princip auf der Trommer'schen Probe. Eine bestimmte Menge Zucker kann nur immer eine bestimmte Menge von Kupferoxydhydrat reduciren. Es wird nun einer abgemessenen Menge von Kupfervitriollösung von bekanntem Gehalt an schwefelsaurem Kupfer bei Siedetemperatur so lange Harn zugesetzt, bis alles Kupfer in der Lösung zu Oxydul reducirt ist, was man an dem Verschwinden der Blaufärbung erkennt. Aus der zur vollständigen Reduction verbrauchten Harnmenge kann man den Zuckergehalt berechnen.

Dazu sind zwei getrennt aufzubewahrende Flüssigkeiten nöthig.

1. Eine Kupferlösung, welche in 500 ccm 34,639 g schwefelsaures Kupfer enthält. Zur Herstellung dieser Lösung ist nur vollkommen reines, womöglich einige Male umkrystallisirtes, nicht verwittertes Kupfervitriol zu verwenden. Der Kupfergehalt dieser Lösung ist ein derartiger, dass 1 ccm derselben von 10 mg Traubenzucker vollständig reducirt wird.

2. Eine alkalische Seignettesalzlösung. Es werden hiezu 173 g Seignettesalz unter Zusatz von 100 ccm Natronlauge vom specifischen Gewicht 1,34 in Wasser gelöst, worauf mit Wasser auf 500 ccm aufgefüllt wird.

Zur Ausführung der Titrirung werden in eine kleine Kochflasche je 5 ccm von beiden Flüssigkeiten gebracht und mit 30—40 ccm Wasser verdünnt. Zu der zum Sieden erhitzten Lösung lässt man aus einer Bürette den Harn zufliessen. Der Harn darf aber nicht mehr als höchstens 1 % Zucker enthalten; ist er zuckerreicher, so muss er entsprechend verdünnt werden. Man lässt so lange Harn zu der Kupferlösung zufliessen, bis diese ihre blaue Farbe verloren hat; dann ist alles Kupferoxyd reducirt. Die exacte Bestimmung dieses Punctes ist häufig nicht leicht und erfordert jedenfalls Uebung.

Die Berechnung ist einfach nach folgender Ueberlegung: da die Kupferlösung so hergestellt ist, dass 1 ccm derselben 0,01 g Traubenzucker entspricht, so enthält, da 5 ccm der Kupferlösung verwendet werden, die verbrauchte Harnmenge 0,05 g Traubenzucker. Man hat also, um den Zuckergehalt des untersuchten Harnes in Procenten zu erfahren, 0,05 mit 100 zu multipliciren und mit der Menge des verbrauchten Harnes zu dividiren. Musste der Harn verdünnt werden, so hat noch eine Multiplication mit der Verdünnungszahl stattzufinden. In kurzer Formulirung stellt sich die Berechnung folgendermassen dar:

$$x = \frac{0,05 \cdot 100}{n} \cdot a = \frac{5 a}{n}$$

wobei x den gesuchten Procentgehalt des Harnes, n die Menge des verbrauchten, allenfalls verdünnten Harnes und a die Verdünnungszahl angibt. Gesetzt, der Harn wäre auf das 5fache verdünnt worden und man hätte 7,5 ccm des verdünnten Harnes zur vollständigen Reduction gebraucht, so hat man $\frac{5}{7,5} \cdot 5 = 3,3 \%$ Zucker.

3. **Bestimmmung durch Polarisation.** Die rascheste Orientirung über den Gehalt eines Harnes an Zucker bringt die Untersuchung mittels des Polarisationsapparates, welche für diagnostische Zwecke weitaus die bequemste und in den allermeisten Fällen auch eine genügend genaue ist. Sie hat nur den Nachtheil, dass sie ein kostspieliges Instrument erfordert.

Diese quantitative Bestimmung des Traubenzuckers beruht darauf, dass derselbe die Fähigkeit hat, die Ebene des polarisirten Lichtes nach rechts zu drehen. Aus dem Grad der Drehung lässt sich die Menge des im Harn befindlichen Zuckers berechnen.

Zum richtigen Verständniss soll hier in Kürze das Princip der Polarisation des Lichtes auseinander gesetzt werden.

Im gewöhnlichen Lichte gehen die Schwingungen senkrecht zur Fortpflanzungslinie nach allen Richtungen hin vor sich; Licht, welches nur nach einer bestimmten Richtung auf dem Strahle senkrecht schwingt, nennt man polarisirtes Licht. Polarisation des Lichtes kann man auf verschiedene Art erreichen, so durch Reflexion oder Doppelbrechung. Alle durchsichtigen Krystalle des regulären Systems sind doppelt brechend. Sie zerlegen einen auffallenden Lichtstrahl in zwei Strahlen von verschiedener Brechbarkeit, welche beide polarisirt sind, d. h. in welchen beiden die Schwingungen in nur einer Ebene senkrecht zur Fortpflanzungslinie vor sich gehen. Die Schwingungen des einen, stärker gebrochenen Strahles, der als gewöhnlicher oder ordentlicher Strahl bezeichnet wird, stehen auf dem Hauptschnitte des Krystalls senkrecht, die Schwingungen des anderen, weniger gebrochenen, ungewöhnlichen oder ausserordentlichen Strahles sind dem Hauptschnitte parallel. (Alle doppelt brechenden Krystalle haben Richtungen, in welchen die eintretenden Strahlen nur einfach gebrochen werden. Diese Richtungen nennt man optische Axen. Jeder Schnitt, welcher durch die optische Axe geht, heisst Hauptschnitt.)

Zur bequemen Erzeugung polarisirten Lichtes dient das sogenannte Nicol'sche Prisma, bestehend aus zwei mittels Canadabalsam an einander gekitteten, in eine an der Innenseite geschwärzte Messinghülse gefassten Kalkspathkrystallen (Fig. 151, $\alpha \beta \gamma$ und $\beta \gamma \delta$). Der Lichtstrahl $a b$ wird bei seinem Eintritt in den einen Krystall in zwei Strahlen zerlegt: in den ordentlichen Strahl $b c$ und in den ausserordentlichen Strahl $b d$. Beide sind polarisirt. Der erstere ($b c$) wird stärker gebrochen und fällt so schief auf die schwächer brechende Balsamschicht, dass er von derselben vollständig reflectirt (Reflexionswinkel ist gleich dem Einfallswinkel) und zur schwarzen Hülle geworfen wird, welche ihn absorbirt. Der zweite Strahl ($b d$). welcher eine schwächere Brechung erfährt, geht durch und tritt auf der anderen Seite des zweiten Krystalls als polarisirter Strahl aus. Wird nun hinter dieses erste Nicol'sche Prisma ein zweites gestellt, dessen Hauptschnitt mit dem des ersten zusammenfällt, so ist das aus dem ersten Prisma austretende polarisirte Licht im Stande, auch das zweite Nicol'sche Prisma zu durchdringen. Denn das dem ersten gleichgelagerte (gleich „orientirte") Nicol'sche Prisma lässt, wie das erste, das seinem Hauptschnitt parallel schwingende Licht ungehindert durch.

Wird aber das zweite Prisma um 90° gedreht, so dass also sein Hauptschnitt senkrecht auf demjenigen des ersten Prisma steht, so wird das aus dem ersten Nicol austretende Licht vom zweiten Nicol ausgelöscht. Man nennt in einer solchen Combination den ersten Nicol Polarisator, den zweiten Analysator.

Es gibt nun eine Reihe von Körpern, welche im Stande sind, die Schwingungsrichtung eines polarisirten Lichtstrahles zu verändern, sie zu drehen. Solche Körper heissen optisch-activ. Wird ein solcher Körper zwischen zwei Nicols eingeschoben, so verändert das Gesichtsfeld seine Helligkeit (oder seine Farbe) und die ursprüngliche Erscheinung kann erst durch Drehung des Analysators nach einer bestimmten Richtung wieder hergestellt werden. Erscheint die ausgeführte Drehung dem beobachtenden Auge gleich gerichtet mit der Drehung eines Uhrzeigers, so nennt man die dieselbe rechtsdrehend; geht die Drehung in umgekehrten Sinne, so spricht man von linksdrehender Substanz. Rechtsdrehend ist eine Lösung von Traubenzucker, linksdrehend eine Lösung von Fruchtzucker. Jede optisch-active Lösung dreht das polarisirte Licht unter gleichen Verhältnissen um immer den gleichen Winkel. Ausser von der Natur der Substanz und der Natur des Lösungsmittels ist die Grösse dieses Winkels abhängig:

1. Von der Concentration der verwendeten Lösung und von der Länge der durchstrahlten Schicht. Denn je mehr optisch-active Molekel der Lichtstrahl zu durchlaufen hat, um so stärker wird er gedreht werden.

Der Drehungswinkel ist direct proportional der Länge der Schicht der optisch-activen Substanz und dem Concentrationsgrad der Lösung. Specifische Drehung einer Substanz ist die mit 100 multiplicirte Zahl, welche angibt, um einen wie grossen Winkel durch eine 1%ige Lösung der Substanz in einer Schicht von

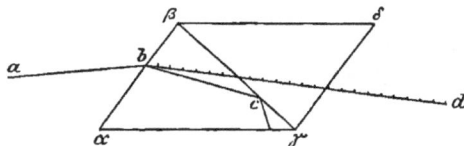

Fig. 151. Gang der Lichtstrahlen durch ein Nicol'sches Prisma.

1 dem Länge das polarisirte Licht gedreht wird. Der specifische Drehungswinkel wird bei rechtsdrehenden Substanzen mit [+ α], bei linksdrehenden mit [− α] bezeichnet.

2. Von der Wellenlänge des zur Beobachtung benützten Lichtes. Verwendet man Strahlen mittlerer Brechbarkeit, d. h. beobachtet man mit dem gelben Natriumlicht, so wird die bei diesem gelben Licht gefundene Drehung bezeichnet mit $[α_D]$ (D = Fraunhofer'sche Linie im Gelb).

(3. Bei bestimmten Substanzen von der Temperatur.)

Kennt man demnach die specifische Drehung einer Substanz, so kann man aus der Grösse des Drehungswinkels bei einer bestimmten Länge der vom Licht durchdrungenen Schicht den Gehalt der Lösung an optisch-wirksamer Substanz berechnen.

Zur Bestimmung des Zuckergehaltes im Harne durch Drehung sind verschiedene „Saccharimeter" construirt worden, welche sich hauptsächlich durch die Art und Weise von einander unterscheiden, wie die Drehung der Schwingungsebene dem Beobachter deutlich sichtbar gemacht wird. Bei den meisten Instrumenten wird durch besondere Anordnung der optischen Bestandtheile beim Einsetzen einer Traubenzuckerlösung den beiden ursprünglich gleich aussehenden Hälften des Gesichtsfeldes eine verschiedene Beschaffenheit gegeben; die eine Hälfte wird verdunkelt oder sie nimmt eine andere Farbe an.

Ein für klinische Zwecke genügende Genauigkeit bietendes, einfaches Instrument, welches den Vortheil hat, dass man mit nicht homogenem Licht (Petroleumlicht, leuchtende Gasflamme) arbeiten kann, ist

das Saccharimeter von Soleil-Ventzke (Fig. 152). Der Gang des von
einer in geringer Entfernung vor dem Apparat aufgestellten Lampe erzeugten Lichtes ist dabei folgender: Dasselbe trifft zuerst auf ein Nicol-
sches Prisma bei d und wird durch dasselbe polarisirt. Hinter dem Prisma
bei b befindet sich eine Quarzplatte, welche senkrecht zur optischen
Axe geschnitten ist und das polarisirte Licht in seine farbigen Bestandtheile zerlegt. Durch eine Linse werden dann die Strahlen parallel
auf eine zweite Quarzplatte geworfen. Diese ist aus zwei neben einander liegenden Platten zusammengesetzt, von welchen die eine aus
linksdrehendem, die andere aus rechtsdrehendem Quarz besteht, und
zwar dreht die eine Hälfte die Strahlen mittlerer Brechbarkeit genau
ebenso viel um 90° nach rechts, wie die andere sie nach links dreht.
In den freien Raum O wird die 10 cm lange Röhre, mit dem zu untersuchenden Harn gefüllt, eingeschaltet. Bei a befindet sich ein zweiter
Nicol, der Analysator, hinter demselben ein Fernrohr, vor demselben,
zwischen ihm und dem Raum zur Aufnahme der mit Harn gefüllten
Röhre, ein Keil aus linksdrehendem Quarz. Ist der Analysator ge-
kreuzt zum ersten Nicol, dem Polarisator gestellt, so werden rechts

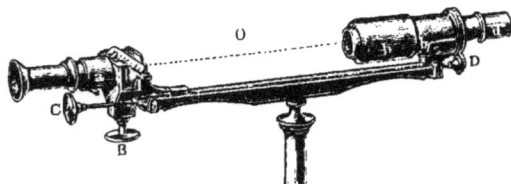

Fig. 152. Saccharimeter von Soleil-Ventzke. (Nach Krüss.)

und links in gleicher Weise die Strahlen mittlerer Brechbarkeit fort-
genommen, so dass die beiden Hälften des Gesichtsfeldes gleich gefärbt
erscheinen. In dieser Stellung steht eine am Apparat angebrachte
Scala auf 0 ein. Schaltet man nun aber eine Zuckerlösung ein, so
wird durch diese die Ebene des polarisirten Lichtes nach rechts gedreht, wodurch die beiden Hälften des Gesichtsfeldes in verschiedener
Farbe erscheinen. Diese Wirkung des Zuckers kann man durch Vorschieben des linksdrehenden Quarzkeiles annulliren. Dieses Verschieben
geschieht mittels der an der Unterseite des Fernrohres angebrachten
Schraube B. Die Bewegung wird auf die Scala übertragen und kann
so gemessen werden. Die Scala ist so eingerichtet, dass an ihr
direct der Gehalt der untersuchten Lösung in Procenten abgelesen
werden kann.

Beim Wild'schen Polaristrobometer sind im Gesichtsfeld
quer verlaufende Interferenzstreifen, welche bei der Einstellung auf 0
kaum mehr sichtbar sind. Durch Einschaltung einer drehenden Substanz werden sie deutlich sichtbar, worauf so lange gedreht wird, bis
sie wieder verschwinden.

Bei den Halbschattenapparaten von Laurent und Lippich wird
auf gleiche Helligkeit der beiden Hälften des Gesichtsfeldes eingestellt.
Sie bedürfen beide gelben homogenen Lichts (Natrium).

Das Spectro-Polarimeter von Fleischl hat in der oberen

und unteren Hälfte des Gesichtsfeldes je einen dunklen Streifen, die
beide bei der Nullstellung so über einander stehen, dass sie einen
einzigen durch das ganze Gesichtsfeld gehenden Streifen darstellen.
Durch Einschaltung einer Zuckerlösung rücken die beiden Streifen aus
einander, und müssen dann durch Drehung an einer Schraube wieder
vereinigt werden.

Zur polarimetrischen Untersuchung muss der Harn in bestimmter
Weise vorbereitet werden. Zunächst muss derselbe vollständig klar sein,
da die geringste Trübung das Gesichtsfeld in hohem Grade zu verdunkeln vermag. In der Regel muss der Harn auch entfärbt werden,
da trotz des bei Zuckerausscheidung sehr diluirten Harnes doch noch
so viel Farbstoff vorhanden ist, dass er die Beobachtung stört. (Die
Entfärbung des Harnes soll nicht nothwendig sein für die Untersuchung
mit dem Fleischl'schen Spectro-Polarimeter.) Die Entfärbung des
Harnes geschieht durch Schütteln desselben mit Thierkohle. Am voll-
kommensten und raschesten entfärbt die Flemming'sche Blutkohle.
Der von der Kohle abfiltrirte Harn wird nun in die dem Apparat
beigegebene Röhre gefüllt. Es sind dies Glasröhren, welche an beiden
Enden durch planparallele Glasplatten, die durch Metallhülsen mit
Schraubengewinden festgehalten werden, verschliessbar sind. Man hat
beim Einfüllen sorglich darauf zu achten, dass keine Luftblase in der

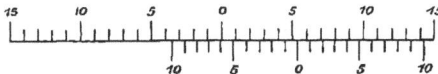

Fig. 153. Scala mit Nonius.

Röhre bleibt. Die Glasplatten müssen fest schliessen, dass sie keine
Flüssigkeit austreten lassen, dürfen andererseits aber auch nicht durch
zu festes Anschrauben der Metallhülsen stark gepresst werden.

Zur Zuckerbestimmung mit dem Apparat von Soleil-Ventzke
wird in geringer Entfernung vom Apparat eine Gasflamme aufgestellt,
das Fernrohr dem Auge angepasst, indem man das Ocular so weit
heraus- oder hereinschiebt, dass die Trennungslinie der Quarzplatten in
der Mitte des Gesichtsfeldes scharf erscheint, und endlich durch Drehen
bei a auf die empfindliche Uebergangsfarbe von Blau in Roth eingestellt. Beide Hälften des Gesichtsfeldes erscheinen gleich gefärbt.
Fügt man die Röhre mit zuckerhaltigem Harn ein, so gibt sich der
Gehalt an drehender Substanz in derselben an der Farbenänderung der
einen Gesichtsfeldhälfte zu erkennen. Man dreht nun so lange an der
Schraube B, bis die beiden Felder wieder gleiche Farbe aufweisen.
An der mit Nonius versehenen Scala wird direct der procentische Gehalt der untersuchten Flüssigkeit an Zucker abgelesen.

Zur Ablesung an der mit Nonius versehenen Scala ist Folgendes
zu bemerken: Die Scala zeigt vom Nullpunct nach beiden Seiten eine
Eintheilung in Grade (Fig. 153). An der Scala vorüber wird bei der
Drehung der Schraube B der Nonius verschoben, welcher ebenfalls
von einem mittleren Nullpunct aus nach beiden Seiten in Grade eingetheilt ist, aber so, dass die Theilstriche enger an einander liegen, als
auf der Scala, indem auf 9 Theilstriche der Scala 10 Theilstriche des

Nonius treffen. Der Nullstrich des Nonius zeigt die ganzen Zahlen an.
Die Zehntel sind ausgedrückt durch den Theilstrich des Nonius, welcher
mit einem darüber stehenden der Scala zusammenfällt. In Fig. 153
steht z. B. der Nullstrich des Nonius zwischen 5 und 6 der Scala, es
sind also über 5 % und da der Theilstrich 3 des Nonius mit einem
Theilstrich der Scala in einer Linie liegt, so sind es 5,3 %.

In manchen Fällen ergibt die polarimetrische Untersuchung wesentlich andere Resultate als die Bestimmung durch Vergährung. Dies hat
seinen Grund darin, dass der Zucker nicht die einzige im Harn vorkommende optisch-active Substanz ist. Unter gewissen Umständen
finden sich grössere Mengen von linksdrehenden Körpern im Harn.
Bei der Polarisation werden dann zu geringe Werthe für Traubenzucker ermittelt, weil die durch denselben bedingte Drehung nach
rechts durch die linksdrehenden Substanzen mehr oder weniger verringert wird.

Auch der normale Harn dreht in der Regel die Ebene des
polarisirten Lichtes nach links, aber nur so wenig, dass man darauf
keine Rücksicht zu nehmen braucht.

Unter pathologischen Verhältnissen aber und nach Einnahme gewisser Stoffe finden sich linksdrehende Substanzen in grösserer Menge
vor, so dass durch sie eine Zuckerbestimmung durch Polarisation ein
Resultat ergibt, das recht beträchtlich von dem wahren Werth abweichen kann.

Zu diesen links drehenden, in grösserer Menge im Harn vorkommenden Substanzen gehören

1. Das Eiweiss. Es muss daher zur polarimetrischen Untersuchung
der Harn von Eiweiss befreit werden. Ein genau abgemessenes Volumen Harn wird zum Sieden erhitzt und vorsichtig mit Essigsäure angesäuert. Nach dem Erkalten füllt man auf das ursprüngliche Volumen
auf, filtrirt und bestimmt im Filtrat den Zuckergehalt.

2. β-Oxybuttersäure, welche bei schweren Fällen von Diabetes
mellitus im Harn in grösserer Menge auftritt. Ihre Gegenwart wird
durch die auf p. 426 angegebenen Proben erkannt. Ist β-Oxybuttersäure vorhanden, so muss im frischen Harn eine polarimetrische Zuckerbestimmung gemacht werden, worauf man den Harn mit Hefe versetzt
und nach beendeter Gährung wiederum polarisirt. Der nun erhaltene
Werth der Linksdrehung muss der anfangs gefundenen Rechtsdrehung
zugezählt werden.

3. Gepaarte Glucuronsäuren, wie sie nach Einnahme von Chloralhydrat, Campher, Terpentinöl als Urochloralsäure, Camphoglucuron-
säure, Terpenglucuronsäure in den Harn übergehen. Sie sind wie die
β-Oxybuttersäure nicht gährungsfähig.

Gallenbestandtheile.

Tritt Galle in den Harn über, so können sich in ihm als characteristische Gallenbestandtheile Gallenfarbstoff und gallensaure Alkalien
oder auch der erstere allein vorfinden. Das Erscheinen von Gallenfarbstoff im Harn ist meist von einer mehr oder minder ausgesprochenen
Gelbfärbung der äusseren Haut, Icterus, begleitet. Das Eindringen von
Gallenfarbstoff in die Haut und andere Gewebe und der Uebertritt in

den Harn erfolgt dadurch, dass die normale Entleerung der Galle in das Duodenum behindert oder aufgehoben ist, worauf ein grösserer oder kleinerer Theil der Galle durch die Lymphgefässe der Leber resorbirt wird, dadurch in die Blutbahn gelangt und theils in den verschiedensten Körpergeweben abgelagert, theils durch die Nieren ausgeschieden wird. Das Hinderniss, welches dies erwirkt, kann an jeder Stelle des Gallengangsystems liegen. Einfache Schwellung und Entzündung der Schleimhaut der Gallengänge, Gallensteine und Tumoren, welche die Gallenwege comprimiren, können die Ursache sein, ebenso wie Erkrankungen der Leber, die zu einer Verengerung oder Unwegsamkeit der Gallencapillaren oder der grösseren Gallengänge innerhalb der Leber führen, wie Cirrhose, Syphilis, Carcinom, acute gelbe Atrophie u. s. w.

Der Gallenfarbstoff, zunächst das Bilirubin, bildet sich in der Leber aus dem Blutfarbstoff, dem Hämoglobin und man hat den Icterus, welcher durch Resorption des in der Leber aus dem Blutfarbstoff hervorgegangenen Gallenfarbstoffes entsteht, als hepatogenen oder Resorptionsicterus bezeichnet. Dieser Form wurde der anhepatogene oder hämatogene Icterus gegenübergestellt, welcher, ohne dass Veränderungen in der Leber oder in den Gallengängen bestehen, dadurch zu Stande kommen soll, dass eine grössere Menge von Hämoglobin innerhalb der Blutbahn durch Zerstörung von rothen Blutkörperchen frei wird und eine Umwandlung in Bilirubin erfährt. Neuere Untersuchungen haben gezeigt, dass auch der Icterus, welcher im Gefolge eines ausgiebigen Zerfalles rother Blutkörperchen auftritt, wie z. B. bei Vergiftung mit Arsenwasserstoff oder Toluilendiamin, durch Vermittlung der Leber zu Stande kommt. Durch den in grosser Menge in die Leber gelangenden Blutfarbstoff erhält die Galle eine consistente, zähflüssige Beschaffenheit, so dass bei dem geringen Druck, welcher im Gallengangsystem herrscht, ausserordentlich leicht eine Gallenstauung und dadurch eine Resorption von Gallenbestandtheilen erfolgen kann. Die Existenz eines hämatogenen Icterus ist danach sehr zweifelhaft geworden.

Es ist keine Frage, dass auch ausserhalb der Leber Gallenfarbstoff entstehen kann, da das aus extravasirtem Blut sich bildende Hämatoidin, wie allgemein angenommen wird, mit dem Bilirubin identisch ist. Zur Hervorrufung eines Icterus und zum nachweisbaren Uebergang dieses Farbstoffes in den Harn sind aber die gebildeten Mengen immer viel zu gering.

1. Gallensäuren. Der Nachweis der Gallensäuren im Harn hat gegenwärtig nur noch eine geringe diagnostische Bedeutung, da die Gallenstauung und -Resorption viel leichter und sicherer aus der Anwesenheit von Gallenfarbstoff im Harn dargethan wird. Früher wurde die Abwesenheit von Gallensäuren als beweisend für das Bestehen eines hämatogenen Icterus angesehen, während man einen hepatogenen Icterus dann annahm, wenn neben Gallenfarbstoff sich Gallensäuren fanden. Man findet indessen bei sicherem Stauungsicterus häufig keine Gallensäuren im Harn, weil, neben dem schwierigeren Nachweis, nach der einen Ansicht bei der Gallenstauung die Bildung der Gallensäuren herabgesetzt ist, während Andere glauben, dass die Gallensäuren im Organismus rasch zersetzt werden.

Die Gallensäuren lassen sich mittels der Pettenkofer'schen Probe nachweisen. Man setzt zu einigen Cubikcentimetern der gallensäurehaltigen Flüssigkeit ⅔ des Volumens concentrirter Schwefelsäure so langsam, dass sich das Gemisch nicht über 60° erwärmt, dann fügt man einige Tropfen einer 10%igen Rohrzuckerlösung unter Umschütteln zu, worauf eine prachtvolle rothe und dann violette Färbung auftritt. Da eine Reihe anderer im Harn vorkommender Körper mit concentrirter Schwefelsäure ähnliche Färbungen geben, so ist der positive Ausfall der Probe nicht beweisend. Sicherer wird die Probe in der von Neukomm angegebenen Modification. Einige Tropfen des zu untersuchenden Harnes werden in einem Porzellanschälchen mit einem Tropfen der Rohrzuckerlösung und wenig verdünnter Schwefelsäure vermischt, die Hauptmasse der Flüssigkeit abgegossen und das Zurückbleibende vorsichtig zur Trockene abgedampft, wobei sich bei Gegenwart von Gallensäuren ein schön violettrother Fleck bildet.

Um ganz sicher zu gehen, ist es nothwendig, die Gallensäuren durch ein umständliches Verfahren aus dem Harn zu isoliren.

2. Gallenfarbstoff. Der Gallenfarbstoff verleiht dem Harn eine eigenthümliche Färbung, welche in den verschiedensten Nuancen von Gelb, Grün und Braun variiren kann. Die Färbung theilt sich auch dem beim Schütteln entstehenden Schaum mit. Enthält der Harn Sedimente, so zeigen häufig auch diese eine starke Färbung.

Gmelin'sche Probe. Der zu untersuchende Harn wird in einem Reagensglas vorsichtig, wie bei der Heller'schen Ringprobe auf Eiweiss, über Salpetersäure, welche etwas salpetrige Säure enthält, geschichtet. Eine derartig beschaffene, leicht gelb gefärbte Salpetersäure erhält man, wenn man reine Salpetersäure längere Zeit am Lichte stehen lässt, oder rascher, wenn man dieselbe mit einem Stückchen Zucker oder Holz erwärmt, oder aber, indem man reiner Salpetersäure ein paar Tropfen rauchender Salpetersäure zusetzt. Man darf nicht zu viel rauchende Salpetersäure zufügen, weil sonst die Reaction undeutlich werden kann. Durch die Einwirkung dieser Säure auf den gallenfarbstoffhaltigen Harn wird das Bilirubin oxydirt und es entstehen an der Berührungsstelle der beiden Flüssigkeiten grüne, blaue, rothe und gelbe Farbenringe, von welchen aber nur der grüne Ring (Biliverdin) beweisend für die Anwesenheit von Gallenfarbstoff ist. Violette und blaue Ringe werden auch durch Indol- und Scatolfarbstoffe hervorgerufen.

Eine empfindlichere Modification der Gmelin'schen Reaction stellt die Probe von Rosenbach dar. Nicht zu kleine Mengen (nicht unter 100 ccm) des Harnes werden durch ein gewöhnliches Filter filtrirt und dann das noch feuchte Filter mit gelber Salpetersäure betupft. Das Filtrirpapier hat sich beim Filtriren des Harnes mit Gallenfarbstoff beladen und es entstehen um den Salpetersäuretropfen herum die beschriebenen Farbenringe.

Sehr geringe Mengen von Gallenfarbstoff lassen sich durch die Gmelin'sche Probe nach der Angabe von Penzoldt im Harn nachweisen, wenn man den Gallenfarbstoff zuerst aus dem Harn auszieht und den Auszug der Reaction unterwirft. Zu diesem Zwecke werden 20—30 ccm Harn im Reagensglas mit Essigsäure angesäuert und etwa 5 ccm Chloroform zugesetzt. Bei öfterem langsamen Umdrehen des mit dem Daumen verschlossenen Reagensglases nimmt das Chloroform aus dem angesäuerten Harn den Gallenfarbstoff auf und färbt sich dadurch gelb. Nach dem Abgiessen des Harnes wird das Chloroform mit dem gleichen Volumen Wasser und einem Tropfen Alkalilauge versetzt, wodurch beim Schütteln der Farbstoff dem Chloroform wieder entzogen wird. In der wässrigen Lösung wird die Gmelin'sche Gallenfarbstoffreaction ausgeführt.

Probe von Huppert. Die Anwendung dieser Probe empfiehlt sich namentlich dann, wenn der Harn durch andere Farbstoffe sehr dunkel gefärbt ist, insbesondere wenn er Blutfarbstoff neben dem Gallenfarbstoff enthält. Man fügt zum Harn so viel Kalkmilch (Calciumhydroxyd in Wasser aufgeschlemmt), bis kein Niederschlag mehr entsteht. An Stelle der Kalkmilch kann man auch Chlorcalcium- oder Chlorbaryum- lösung und Natronlauge zusetzen. Der im normalen Harn sich bildende Niederschlag hat eine weisse Farbe, der im gallenfarbstoffhaltigen Harn entstehende ist gelb und enthält die Kalk-, resp. Baryumverbindungen des Gallenfarbstoffes. Der Niederschlag wird abfiltrirt, ein Theil vom Filter weggenommen, noch feucht mit Alcohol übergossen, mit ver- dünnter Schwefelsäure angesäuert und zum Sieden erhitzt, wodurch der Niederschlag entfärbt wird und die Flüssigkeit eine smaragd- oder blaugrüne Farbe annimmt, indem sich der vom Kalk oder Baryt ge- trennte Gallenfarbstoff in Alcohol löst.

Harnfarbstoffe.

I. Urobilin. (Hydrobilirubin.)

Das Urobilin oder eine Vorstufe desselben, das Urobilinogen, welches unter Einwirkung der Luft in Urobilin übergeht, findet sich in geringer Menge auch im normalen Harn und stellt den am besten gekannten Harnfarbstoff dar. Es stammt in letzter Linie von dem Hämoglobin ab, welches in der Leber zu Bilirubin umgewandelt und als solches in den Darm ergossen wird. Hier wird nun das Bilirubin durch Einwirkung von Mikroorganismen reducirt zu Urobilin oder Hydrobilirubin. Dieses wird zum Theil mit dem Koth entleert, zum Theil aber gelangt es zur Resorption und durch die Nieren zur Aus- scheidung.

Die Urobilinausscheidung ist demnach zunächst abhängig von der Menge des in den Darmkanal ergossenen Gallenfarbstoffes. Das Uro- bilin ist daher im Harn insbesondere dann vermehrt, wenn eine reich- liche Production von Gallenfarbstoff aus Hämoglobin statt hat, so bei fieberhaften Infectionskrankheiten, bei Stauungszuständen (Herzfehler). Häufig beobachtet man Gallenfarbstoff und reichliche Mengen von Uro- bilin im Harn neben einander, was wohl verständlich ist, wenn man bedenkt, dass beide Stoffe ihren Uebertritt in den Harn den gleichen Umständen verdanken können, nämlich einer Ueberladung der Galle mit Gallenfarbstoff. Dadurch kann es leicht an einer Stelle im Gallengang- system zur Verstopfung und zu Anstauung von Galle mit nachfolgender Resorption von Gallenfarbstoff kommen, während von anderen Bezirken die gallenfarbstoffreiche Galle noch in den Darm entleert wird und hier die Ursache zu einer reichlichen Bildung von Urobilin bildet. Nicht selten sieht man auch dann, wenn der durch Verstopfung eines grösseren Gallenganges hervorgerufene Icterus im Abblassen ist, die Bilirubinurie einer ergiebigen Urobilinurie Platz machen, weil plötzlich nach Be- seitigung des Hindernisses die Galle in grosser Menge in den Darm gelangt.

Es kommen aber auch Fälle vor, bei welchen der Harn aus- schliesslich Hydrobilirubin, dagegen keinen Gallenfarbstoff enthält, und bei welchen dennoch eine leichte Gelbfärbung der Conjunctiven und der Haut zu beobachten ist. Man hat diese Fälle als Urobilinicterus be- zeichnet, ausgehend von der Anschauung, dass hiebei auch das in der

Haut abgelagerte Pigment Urobilin sei. Es ist aber viel wahrscheinlicher, dass es sich in der Haut um Gallenfarbstoff handelt. Dieser
gelangt nur in so geringer Menge in den Harn, dass er vollständig
in Hydrobilirubin verwandelt wird.

Es können sich ziemlich beträchtliche Mengen von Urobilin im
Harn vorfinden, ohne dass derselbe dadurch eine characteristische oder
auch nur abnorm dunkle Farbe annimmt. Allerdings sind urobilinreiche
Harne häufig dunkel braunroth gefärbt, können sogar wie ächt icterische
Harne einen gelben Schaum geben; doch verdanken sie diese dunklere
Färbung meist anderen Farbstoffen, welche mit dem Urobilin in ver-
mehrter Menge in den Harn übertreten. Harne, welche sehr viel Uro-
bilin enthalten, zeigen ausgesprochene Fluorescenz.

Die kleinen Mengen von Urobilin, welche im normalen Harn sich
vorfinden, lassen sich nicht ohne Weiteres nachweisen. Das Urobilin

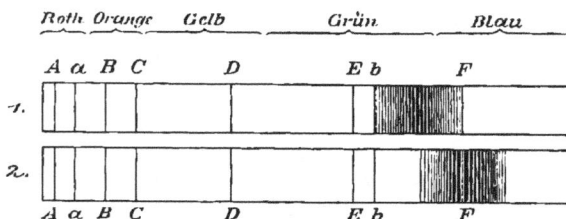

Fig. 154. Absorptionsspectrum des Urobilins. *1.* in alkalischer, *2.* in saurer Lösung.

muss in diesem Falle durch ein umständliches Verfahren aus dem Harn
isolirt werden. Ist aber das Urobilin im Harn vermehrt, so lässt es
sich direct erkennen.

1. Fluorescenzprobe nach Jaffé. Der Harn wird mit
wenigen Tropfen einer wässrigen 10%igen Chlorzinklösung und mit
Ammoniak im Ueberschuss versetzt. Beim Zusatz des Ammoniaks fällt
zunächst mit den Erdphosphaten das Zinksalz des Urobilins aus, löst
sich aber, wenn man mehr Ammoniak zusetzt, wieder auf. Man lässt
nun den Phosphatniederschlag sich absetzen oder filtrirt denselben ab,
wonach die Lösung bei reichlicherem Urobilingehalt, gegen einen dunklen
Hintergrund gehalten, grüne Fluorescenz zeigt.

2. Spectralprobe. Das Urobilin zeigt im Spectrum einen characteristischen Absorptionsstreifen. Man kann bei reichlichem Urobilingehalt den Harn direct spectroskopisch untersuchen, doch darf derselbe
nicht zu dunkel sein und namentlich keine Gallenfarbstoffe enthalten.
Diese müssen vorher durch Ausfällen mit Kalkmilch oder mit Lauge
und Chlorcalcium (wie bei der Huppert'schen Probe auf Gallenfarbstoff s. p. 418) entfernt werden. Deutlicher erscheint der Streifen in
der bei der Probe nach Jaffé erhaltenen ammoniakalischen Flüssigkeit. Er liegt hier zwischen Grün und Blau, eingeschlossen von den
beiden Fraunhofer'schen Linien *b* und *F* (Fig. 154). In saurer
Lösung rückt der Streifen mehr gegen die blaue Region vor, so dass
er zu beiden Seiten der Linie *F* zu sehen ist.

2. Melanin.

Im Harn von Kranken mit melanotischen Tumoren finden sich als Seltenheit dunkle Farbstoffe, welche man mit dem Sammelnamen Melanin bezeichnet. In der Regel enthält der frisch entleerte Urin noch keinen derartigen Farbstoff, vielmehr entsteht derselbe erst an der Luft aus dem Chromogen. Daher kommt es, dass der Harn hell und klar entleert wird, nach einiger Zeit aber sehr stark nachdunkelt und nach längerem Stehen sogar ein schwarzes Sediment absetzen kann. Dieses Dunkelwerden wird beschleunigt durch den Zusatz von Oxydationsmitteln, z. B. von concentrirter Salpetersäure oder Kaliumbichromat mit Schwefelsäure oder von einigen Körnchen Kaliumpermanganat. Nach Zusatz von Eisenchlorid färbt sich melaninhaltiger (oder melanogenhaltiger) Harn schwarz.

Aehnliche dunkle Farbstoffe finden sich noch bei anderweitigen Erkrankungen, so bei schweren und lang dauernden Malariaaffectionen.

3. Indican.

Bei der Fäulniss des mit der Nahrung zugeführten Eiweisses entstehen im Darm Phenole und zwei zu den Indigosubstanzen in naher Beziehung stehende Stoffe, das Indol und das Scatol. Diese werden von der bei der Eiweisszersetzung im Organismus sich bildenden Schwefelsäure in Beschlag genommen und gehen als sogenannte gepaarte oder Aetherschwefelsäuren in den Harn über, von welchen die wichtigsten die Phenol- und die Kresolschwefelsäure, die Scatoxyl- und die Indoxylschwefelsäure oder das Indican sind. Sie kommen auch im normalen Harn vor, aber in geringer Menge. Namentlich gilt dies von den beiden letzteren. Dagegen finden sich diese regelmässig vermehrt, wenn es zu einer reichlicheren Resorption von Fäulnissproducten kommt, mögen diese nun aus dem Darm oder von anderen Stellen des Organismus herstammen. Eine Vermehrung der gepaarten Schwefelsäuren im Harn, und zwar speciell der Indoxylschwefelsäure, wird daher beobachtet bei Stauungen des Darminhaltes verbunden mit lebhafter Darmfäulniss, wie bei Ileus, bei Peritonitis, bei tuberculösen Entzündungen des Darmtractus, bei starker Enteritis aus anderen Ursachen, bei Carcinomen des Verdauungskanales, nicht aber bei einfacher Obstipation. Ferner tritt sie ein, wenn im Organismus aus jauchigen Herden grössere Mengen von Fäulnissproducten in den Säftestrom aufgenommen werden.

Zur Erkennung der Vermehrung der Aetherschwefelsäuren im Harn bedient man sich für gewöhnlich der Reaction auf nur eine derselben, auf die Indoxylschwefelsäure oder das Indican. Mit den gleich zu beschreibenden Methoden lässt sich dieses im normalen Harn meist nicht nachweisen, da es in zu geringer Menge darin enthalten ist. Fällt die Reaction deutlich aus, so kann man daraus auf eine Erhöhung des Indicangehaltes schliessen. Ist der Harn sehr reich an Indican, so kann sich, wenn derselbe alkalisch wird, Indigo krystallinisch in sternförmig angeordneten Nadeln oder in Plättchen von tief blauer Farbe abscheiden.

Probe von Jaffé. Gleiche Volumina Harn und concentrirte Salzsäure werden im Reagensglas gemischt und einige Cubikcentimeter

Chloroform zugesetzt. Dann wird von einer halbgesättigten, frisch bereiteten Chlorkalklösung tropfenweise zugefügt, wobei man nach Zusatz
eines jeden Tropfens das mit dem Daumen verschlossene Reagensglas
einige Male umkehrt. Ist reichlich Indican vorhanden, so färbt sich
das zu Boden sinkende Chloroform blau, indem durch die Salzsäure das
Indican in Indoxyl und Schwefelsäure gespalten und das erstere durch
den Chlorkalk zu Indigoblau oxydirt wird, das, in Wasser unlöslich,
vom Chloroform aufgenommen wird. Als Oxydationsmittel kann man
auch eine ca. 1%ige Lösung von übermangansaurem Kali benützen,
muss aber davon mehr zusetzen als von der Chlorkalklösung.

Ist man mit dem Zusatz der Chlorkalklösung nicht sehr vorsichtig, so verschwindet die blaue Farbe wieder oder tritt unter Umständen gar nicht auf, weil das Indigoblau weiter zu gelbem Isatin
oxydirt wird. Andererseits soll man so lange Chlorkalk zufügen, bis
das Maximum der Blaufärbung erreicht ist, da man daraus ungefähr
die Menge des vorhandenen Indicans abschätzen kann.

Als Oxydationsmittel schlägt O b e r m a y e r an Stelle der Chlorkalklösung
Eisenchlorid vor, wodurch einer zu starken Oxydation und damit der Entstehung
von Isatin vorgebeugt werden soll. Die Ausführung der Probe ist folgende: Der
Harn wird zuerst mit einer 20%igen Bleizuckerlösung versetzt, wodurch Farbstoffe
und andere die Reaction undeutlich machende Körper ausgefällt werden. Dem
Filtrat wird dann die gleiche Menge einer concentrirten Salzsäure, welche 0,4 %
Eisenchlorid enthält, und etwas Chloroform zugesetzt. Die Blaufärbung tritt hiebei
erst nach einiger Zeit und häufigerem Umkehren des Reagensglases ein.

Ist der Harn eiweisshaltig, so ist es gut, ihn vor der Prüfung
auf Indican zu enteiweissen.

Enthält ein Harn viel Scatoxylschwefelsäure, so dunkelt er
beim Stehen nach und nimmt eine rothe oder dunkelviolette Farbe an.
Durch Zusatz von Salzsäure färbt er sich roth oder violett, durch Salpetersäure kirschroth.

4. Rosenbach'sche Reaction.

Von R o s e n b a c h wurde neuerdings eine Harnreaction beschrieben, welche
nach ihm selbst ihre Entstehung der Bildung von Indigroth verdankt, nach S a l-
k o w s k i aber durch die Gegenwart von Scatoxylschwefelsäure hervorgerufen sein
soll. Setzt man dem kochenden Harn tropfenweise unter Umschütteln concentrirte
Salpetersäure zu, so färbt sich derselbe allmälig burgunderroth und der Schaum
nimmt eine blaurothe Farbe an. Das letztere ist das Characteristische an der
Reaction. Setzt man noch weiter Salpetersäure zu, so geht die Farbe rasch
in Roth und weiterhin in Gelb über. Wird nun tropfenweise Ammoniak oder
kohlensaures Natron zugeträufelt, so entsteht ein blaurother Niederschlag, welcher
sich im Ueberschuss mit braunrother Farbe auflöst.

Die der Reaction anfangs zugeschriebene diagnostische Bedeutung hat sich
als trügerisch erwiesen.

5. Diazoreaction.

Welche Körper im Harn die von E h r l i c h angegebene Diazoreaction geben, ist vorläufig noch unbekannt. Die Untersuchungen
von E h r l i c h und mit diesen übereinstimmende neuere Erfahrungen
haben gezeigt, dass die Reaction sowohl diagnostisch als auch prognostisch von Bedeutung werden kann. Sie tritt im Harn des gesunden
Menschen niemals auf. Fast regelmässig findet sie sich bei Typhus
abdominalis und exanthematicus, bei Masern, Miliartuberculose und bei
schwerer, weit vorgeschrittener Lungentuberculose. Namentlich in Be-

zug auf den Abdominaltyphus muss ein constantes Fehlen der Diazoreaction die Diagnose Typhus immer zweifelhaft erscheinen lassen, während umgekehrt eine deutliche Diazoreaction bei zweifelhaften, speciell leichten Fällen, den Verdacht auf Typhus erweckt. Bei der Lungenphthise gilt sie als schlechtes prognostisches Zeichen. Gelegentlich wurde sie auch beobachtet bei Pneumonie, Scharlach und Diphtherie, bei Meningitis und Erysipel und bei verschiedenen Erkraukungen, welche zu Kachexie führten, so Carcinom, Malaria, chronische Herzfehler, Leukämie u. dgl.

Die Probe erfordert zwei Lösungen:

1. Eine Natriumnitritlösung in der Concentration von 0,5 %.

2. Eine Lösung, welche im Liter 50 ccm Salzsäure und 1 g Sulfanilsäure enthält.

Zur Anstellung der Probe mischt man 5 ccm der Lösung 1 mit 250 ccm der Lösung 2, wobei eine geringe Menge von Sulfodiazobenzol entsteht, welches den wirksamen Stoff darstellt. Diese Mischung muss jedesmal frisch hergestellt werden.

Die Anwendung von Sulfodiazobenzol selbst ist nicht zu empfehlen, da dieser Körper sehr explosibel ist.

Der Harn wird mit dem gleichen Volumen der Mischung versetzt und mit Ammoniak stark übersättigt. Der normale Harn nimmt dabei zuerst eine gelbe Farbe an, die nach dem Zusatz von Ammoniak in Orange übergeht. In den oben genannten Fällen tritt dagegen die characteristische Diazoreaction auf, welche darin besteht, dass nach der Uebersättigung mit Ammoniak eine deutliche Rothfärbung entsteht, welche sich auch dem durch Schütteln erzeugten Schaum mittheilt. Nach längerem Stehen der Probe bildet sich ein Niederschlag, der, nachdem er sich zu Boden gesenkt hat, in seiner obersten Schicht grünlich gefärbt erscheint.

Die Probe muss genau nach der Vorschrift ausgeführt werden, wenn sie in diagnostischer Hinsicht das leisten soll, was ihr von vielen Autoren zugeschrieben, von anderen allerdings bestritten wird. Insbesondere dürfen keine grösseren Mengen der wirksamen Substanz, des Sulfodiazobenzols, zur Anwendung kommen; auch darf der Ammoniakzusatz nicht langsam, tropfenweise geschehen, sondern er muss rasch erfolgen. Da die Ursachen der Entstehung der Reaction unserer Erkenntniss sich vollständig entziehen, so können Abänderungen in der Ausführung der Reaction nur zu Unklarheit führen.

Aceton.

Aceton oder Dimethylketon, $CH_3 . CO . CH_3$, ist ein Spaltungsproduct des Eiweisses. In sehr geringen Mengen findet es sich gelegentlich auch im Harn des Gesunden vor. Grössere Mengen aber erscheinen im Harn unter pathologischen Verhältnissen, und zwar speciell dann, wenn es sich um gesteigerte Zersetzung von Eiweiss im Organismus handelt, so bei Inanitionszuständen, bei fieberhaften Erkrankungen, bei Diabetes mellitus, bei Carcinom.

Das Aceton, von obstartigem Geruch, ist eine sehr flüchtige Substanz. Die Untersuchung auf Aceton hat daher im möglichst frischen

Harn zu geschehen. Man kann zunächst die Proben im Harn selbst vornehmen. Doch können sich hiebei nicht unbeträchtliche Mengen des Körpers dem Nachweis entziehen. Es ist daher vortheilhaft, den Harn einer Destillation zu unterwerfen und die Proben im Destillat auszuführen. Die Destillation kann aus einem gewöhnlichen Fractionir- kölbchen bewerkstelligt werden, einem Kölbchen, an dessen Hals seit- wärts eine etwas nach abwärts gerichtete Glasröhre angeschmolzen ist. Ueber diesen seitlichen Ansatz wird ein Reagensglas geschoben, und dieses mit Bindfaden oder Draht befestigt. In das Kölbchen kommen minde- stens 50 ccm Harn, welchem etwas Säure, am besten Phosphorsäure, zugesetzt wird. Man erhitzt über einem Drahtnetz zu gelindem Sieden, bis einige Cubikcentimeter in das vorgelegte Reagensglas übergegangen sind, mit welchen die im Folgenden beschriebenen Reactionen ange- stellt werden. Eine besondere Kühlung ist nicht nothwendig.

1. Probe von Legal. Man setzt 2—3 Tropfen einer concen- trirten frisch bereiteten Lösung von Nitroprussidnatrium und einige Tropfen Natronlauge zum Harn, worauf sich derselbe dunkelroth färbt. Diese dunkelrothe Färbung ist nicht beständig. Sie macht nach einigen Minuten einer Gelbfärbung Platz. Sie ist nicht characteristisch für Aceton, da sie auch hervorgerufen wird durch das einen Bestandtheil des normalen Harnes bildende, aus der Fleischnahrung stammende Krea- tinin. Bringt man aber, noch ehe die Rothfärbung verschwunden ist, starke Essigsäure, am besten Eisessig, im Ueberschuss hinzu, so geht das Purpurroth bei Gegenwart von Aceton in ein ebenfalls nicht be- ständiges Carmoisinroth über, während normaler Harn durch den Zusatz von Essigsäure sofort entfärbt wird. Man kann auch warten, bis die durch Nitroprussidnatrium und Natronlauge erzeugte Rothfärbung ab- geblasst ist, und dann, ohne zu mischen, 2—3 Tropfen concentrirte Essigsäure zusetzen. Ist Aceton vorhanden, so tritt da, wo sich die Flüssigkeiten mengen, eine längere Zeit haltbare Rothfärbung auf.

2. Jodoformprobe von Lieben. Man setzt zum Harn Natron- lauge und Jodjodkaliumlösung. Bei Gegenwart von Aceton bildet sich ein krystallinischer Niederschlag von Jodoform, das durch seinen Ge- ruch und die Form seiner Krystalle (sechsseitige Täfelchen) sich zu erkennen gibt. Diese Reaction gelingt aber im Harn nur, wenn reich- liche Mengen von Aceton vorhanden sind; zum Nachweis geringer Quantitäten ist die Destillation des Harnes und die Ausführung der Probe mit dem Destillat nothwendig. Es ist übrigens zu bemerken, dass das Jodoform öfters nicht krystallinisch, sondern amorph ausfällt. Diese Reaction kommt auch anderen Körpern, so dem Alcohol und dem Aldehyd zu.

3. Jodoformprobe von Gunning. Sie ist, da sie keine andere im Harn vorkommende Substanz gibt, für Aceton sicher beweisend. Der Harn wird mit einigen Tropfen Jodtinctur und so viel Ammoniak versetzt, bis ein schwarzer Niederschlag von Jodstickstoff entsteht. Dieser verschwindet nach einigem Stehen und es tritt, wenn Aceton vorhanden ist, an seiner Stelle ein gelber Jodoformniederschlag auf.

4. Probe von Reynold. Sie beruht auf der Fähigkeit des Acetons, frisch gefälltes Quecksilberoxyd zu lösen. Eine Sublimat- lösung wird mit alcoholischer Kali- oder Natronlauge (Aetzkali oder Aetznatron in Alcohol gelöst) im Ueberschuss versetzt, so dass alles

Quecksilber als gelbes Quecksilberoxyd ausfällt. Dann wird der Harn zugesetzt, gut geschüttelt und filtrirt. Ist Aceton vorhanden, so löst dieses etwas Quecksilberoxyd auf, so dass sich im Filtrat Quecksilber befindet, welches man durch Schwefelammonium als schwarzes Quecksilbersulfid ausfällen kann.

Acetessigsäure.

Acetessigsäure, Diacetsäure ($CH_3 . CO—CH_2 . CO . OH$) ist im normalen Harn noch nicht gefunden worden. Sie tritt auf unter den gleichen Verhältnissen wie das Aceton, wird aber viel seltener gefunden als dieses. Nur bei Kindern wird Diaceturie in fieberhaften Krankheiten häufig beobachtet. Während die Acetonurie beim Diabetes mellitus ein relativ harmloses Symptom darstellt, ist das Erscheinen von Acetessigsäure als ein prognostisch schlechtes Zeichen zu betrachten.

Die Acetessigsäure zerfällt schon beim Kochen, noch leichter beim Kochen mit Säuren in Aceton und Kohlensäure. Im Harn zersetzt sie sich auch beim einfachen Stehen, woraus sich ergibt, dass die Untersuchung auf Acetessigsäure nur im ganz frischen Harn vorgenommen werden soll.

Zum Nachweis der Acetessigsäure im Harn dient die Gerhardt'sche Reaction, welche auf dem Auftreten einer nicht beständigen bordeauxrothen Färbung nach Zusatz von Eisenchlorid beruht. Die Färbung tritt am deutlichsten zu Tage, wenn man den auf Zusatz von Liquor ferri sesquichlorati entstandenen Niederschlag von phosphorsaurem Eisen abfiltrirt. Die Rothfärbung ist aber noch nicht beweisend für das Vorhandensein von Acetessigsäure, da eine Reihe von anderen, in den Harn übertretenden Stoffen sich mit Eisenchlorid ebenfalls roth färben, wie Essigsäure und Ameisensäure, Rhodanverbindungen, Salicylsäure, verschiedene Antipyretica u. s. w. Die Entscheidung ist von dem Ausfall der beiden folgenden Controlproben abhängig: a) Eine Harnprobe wird gekocht und dann der Eisenchloridreaction unterworfen. War die im ungekochten Harn entstandene Rothfärbung durch die zuletzt angeführten Substanzen bedingt, so wird sie auch nach dem Kochen wiederum auftreten; war sie dagegen durch Acetessigsäure bedingt, so tritt sie nach dem Kochen nicht mehr auf, weil in der Siedetemperatur die Acetessigsäure sich zersetzt. b) Eine zweite Harnprobe wird mit verdünnter Schwefelsäure angesäuert, um die etwa vorhandene Acetessigsäure aus ihren Salzen frei zu machen. Dann wird mit Aether, worin sich die Säure löst, ausgeschüttelt, der Aether abgehoben und mit verdünnter Eisenchloridlösung versetzt, wonach bei Anwesenheit von Acetessigsäure Rothfärbung auftritt, welche nach einigem Stehen wieder verschwindet.

β-Oxybuttersäure.

Die β-Oxybuttersäure ($CH_3 . CH . OH . CH_2 . CO . OH$) wird am häufigsten im Harn von Diabetikern gefunden. Doch hat man sie auch bei Masern, Scharlach und Abdominaltyphus, ferner beim Coma dyspepticum und Coma carcinomatosum und bei sehr weit vorgeschrittener Inanition angetroffen.

Wir kennen bis jetzt noch keine leicht ausführbare Methode, um sie im Harn nachzuweisen. Da sie die Ebene des polarisirten Lichtes nach links ablenkt, so ist ihr Vorhandensein wahrscheinlich, wenn der Harn, nachdem er der Hefegährung unterworfen war, links dreht (s. p. 416).

Zur weiteren Prüfung kann man den vergohrenen Harn mit dem gleichen Volumen concentrirter Schwefelsäure versetzen und, wie auf p. 424 beschrieben, destilliren. Die β-Oxybuttersäure geht dabei in α-Crotonsäure ($CH_3 . CH : CH . CO . OH$) über, welche sich in der Vorlage, nachdem man dieselbe unter Wasser abgekühlt hat, häufig krystallinisch ansammelt. Dieser Krystallbrei schmilzt bei $+72^0$. Manchmal aber bilden sich keine Krystalle. Man muss dann das Destillat mit Aether ausschütteln, den Aether verdunsten und den Rückstand auf seinen Schmelzpunct prüfen.

Leucin und Tyrosin.

Leucin oder Amidocapronsäure ($CH_3 . CH_2 . CH_2 . CH[NH_2] . CO . OH$) und Tyrosin oder Paraoxyphenylamidopropionsäure ($C_6H_4 . OH . CH_2 . CH[NH_2] . CO . OH$) bilden sich bei der Eiweissfäulniss im Darm und können daher in geringen Mengen immer im Koth nachgewiesen werden. Im Harn treten sie namentlich häufig auf bei acuter gelber Leberatrophie, ohne aber für dieselbe pathognomisch zu sein, da sie einerseits bei dieser Krankheit fehlen können, andererseits auch schon bei anderen Krankheiten im Harn gefunden wurden, so bei Phosphorvergiftung, bei perniciöser Anämie und Leukämie, bei schwerem Typhus abdominalis

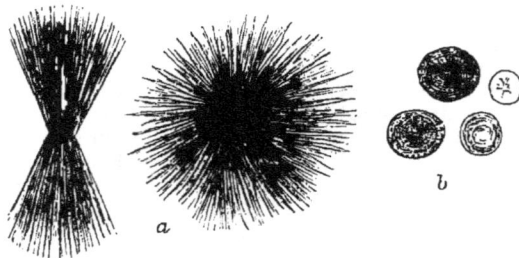

Fig. 155. Krystalle von Tyrosin (a) und Leucin (b).

und Pocken. Welche Umstände bei diesen Krankheiten ihren Uebertritt in den Harn bedingen, ist noch nicht sichergestellt.

Das schwerer lösliche Tyrosin findet sich nicht zu selten als Sediment im Harn, während dies bei dem leichter löslichen Leucin kaum je der Fall ist.

Zu ihrem Nachweis wird der Harn stark eingedampft, oder besser, zuerst mit Bleiessig (basisch essigsaurem Blei) ausgefällt, das Filtrat vom Blei befreit, indem man Schwefelwasserstoff durchleitet, und dann auf dem Wasserbad eingeengt. Häufig scheiden sich schon hiebei Leucin und Tyrosin in Krystallen ab, welche unter dem Mikroskop characteristische Formen zeigen.

Besser aber krystallisiren sie aus, wenn man den stark eingedampften Harn mit heissem ammoniakhaltigem Alcohol auszieht, filtrirt und den Alcohol erst auf dem Wasserbad, dann bei gewöhnlicher Temperatur verdunsten lässt.

Das Leucin scheidet sich dabei in Kugeln mit radiärer Streifung und concentrischer Schichtung ab (Fig. 155). (Reines Leucin krystallisirt in weissen, sehr dünnen Blättchen; die Streifung und Schichtung der unreinen Leucinkugeln deutet auf die Zusammensetzung derselben aus feinsten Blättchen hin.) Die Leucinkugeln können eine gewisse Aehnlichkeit mit Fetttröpfchen haben; sie zeigen aber eine schwächere Lichtbrechung und sind in Aether nicht löslich.

Die Krystalle des Tyrosins bilden feine Nadeln, welche büschel- und kugelförmig angeordnet sind (Fig. 155). Sie sind in Alcohol und Aether unlöslich, in Wasser sehr schwer löslich, lösen sich dagegen ziemlich leicht in Alkalien, Ammoniak und Mineralsäuren.

Cystin.

Das Cystin oder ein cystinähnlicher Körper kommt in Spuren auch im normalen Harn vor. Enthält der Harn grössere Mengen dieses schwefelhaltigen, vom Harnstoff sich herleitenden Körpers, so spricht man von Cystinurie. Das Cystin findet sich entweder vollständig gelöst im Harn, oder es setzt sich zum Theil als Sediment ab, oder es kann Concremente, Cystinsteine, bilden. Das Cystin verdankt seinen Uebertritt in den Harn höchst wahrscheinlich bestimmten Fäulnisserregern im Darm.

Ist das Cystin im Harn vollständig gelöst, so wird der Harn mit Essigsäure, in welcher das Cystin unlöslich ist, stark angesäuert. Der Niederschlag, welcher sich nach 24 Stunden gebildet hat, zeigt häufig schon neben Krystallen von Harnsäure und oxalsaurem Kalk die dünnen, farblosen, sechsseitigen Täfelchen des Cystins (Fig. 156).

Fig. 156. Cystin.

Ist nur wenig Cystin vorhanden, so muss man den Niederschlag mit Salzsäure digeriren, wodurch das Cystin und das Calciumoxalat, nicht aber die Harnsäure in Lösung gehen. Man filtrirt und fällt im Filtrat den oxalsauren Kalk durch Ammoniak aus und filtrirt wiederum ab. Das in Lösung bleibende Cystin krystallisirt dann beim Verdunsten des Ammoniaks in schön ausgebildeten Krystallen aus.

Ueber Cystinsediment und Cystinsteine s. p. 436 und 439.

Fett.

Fett findet sich im Harn bei der Chylurie, welche durch Beimengung von Chylus zum Harn bei der durch Filaria sanguinis (vgl. p. 326) hervorgerufenen Tropenkrankheit entsteht. In ausgesprochenen Fällen sieht der Harn hiebei milchig aus und setzt beim Stehen an seiner Oberfläche eine rahmartige Schicht ab. Durch Ausschütteln mit Aether lässt sich das Fett dem mit etwas Kali- oder Natronlauge versetzten Harn entziehen, so dass derselbe, wenn er sich auch nicht vollständig klärt, so doch wesentlich durchsichtiger wird. Daneben enthält der Harn auch noch andere Bestandtheile des Chylus, so Eiweiss, Cholestearin, Lecithin, ferner von körperlichen Bestandtheilen rothe und weisse Blutkörperchen.

Ferner wird in seltenen Fällen Fett mit dem Harn ausgeschieden von Diabetikern, bei Phosphorvergiftung, auch bei starker fettiger Degeneration in den

Nieren. Es sammeln sich dabei die Fetttröpfchen an der Oberfläche an und sind schon makroskopisch oder mikroskopisch leicht zu erkennen.

Es ist zu beachten, dass dem Harn Fett von aussen beigemengt werden kann durch das Einölen von Cathetern oder auch durch das Aufbewahren desselben in unreinen Gefässen.

Schwefelwasserstoff.

In sehr seltenen Fällen enthält der Harn Schwefelwasserstoff (Hydrothionurie). Dieser kann in den Harnwegen selbst entstehen durch Zersetzung der im Harn normalerweise enthaltenen schwefelhaltigen Substanzen, oder er kann von benachbarten Organen, wo er bei Fäulnissvorgängen sich bildet, in die Harnwege gelangen. Meist liegt der Entstehungsort im Darm und das Gas diffundirt entweder in die Blase oder es bestehen abnorme Communicationen zwischen Darm und Harnwegen.

Die Gegenwart von Schwefelwasserstoff im Harn verräth sich meist schon durch den characteristischen Geruch nach faulen Eiern. Um das Gas chemisch nachzuweisen, überdeckt man das den Harn enthaltende Reagensglas mit einem Streifen Filtrirpapier, welcher mit alkalischer Bleizuckerlösung (Bleizuckerlösung und Ammoniak oder Kalilauge) getränkt ist, wobei sich das Papier schwärzt, indem sich schwarzes Schwefelblei bildet. Das Entweichen des Gases kann man beschleunigen durch gelindes Erwärmen des Harns.

Reactionen des Harnes nach Aufnahme von Giften und Medicamenten.

In den Harn gelangen häufig Stoffe, welche entweder zu Heilzwecken, oder bei Vergiftungen absichtlich oder zufällig in den Organismus eingeführt werden. Die Kenntniss der diesen Stoffen zukommenden Reactionen ist wichtig, sowohl zu ihrem Nachweis als auch zur Verhütung von Täuschungen bei der Untersuchung auf normale und pathologische Harnbestandtheile.

1. Halogenverbindungen. Jod. Nach äusserlichem oder innerlichem Gebrauch von Jod (Jodkali, Jodoform) geht in den Harn Jodkali über, und zwar in sehr kurzer Zeit. Schon eine Viertelstunde nach innerlicher Darreichung lässt es sich im Harn auffinden.

Dem Harn werden einige Tropfen Stärkekleister (bereitet durch Aufkochen von 1 Theil Stärke mit 40—50 Theilen Wasser) zugesetzt und derselbe vorsichtig über concentrirte Salpetersäure, welche salpetrige Säure enthält (leicht gelb gefärbt ist), geschichtet. Die salpetrige Säure spaltet etwa vorhandenes Jod aus seinen Verbindungen ab und das frei gewordene Jod bildet mit der Stärke blaue Jodstärke: es entsteht an der Berührungsstelle der beiden Flüssigkeiten ein tief blauer Ring, welcher nach einiger Zeit wieder verschwindet. Die Probe kann auch so angestellt werden, dass man den Harn mit einem kleinen, etwa erbsengrossen Stückchen Stärke kocht und nach dem Erkalten über Salpetersäure schichtet.

Oder man fügt zum Harn 5—10 Tropfen gelber Salpetersäure und einige Cubikcentimeter Chloroform und mischt durch mehrmaliges Umkehren des mit dem Daumen verschlossenen Reagensgläschens. Das frei gewordene Jod geht in das Chloroform über und färbt dasselbe schön rosa- oder violettroth.

Brom. Auch Brom geht als Bromalkali in den Harn über und wird in ähnlicher Weise nachgewiesen wie das Jod. Man benützt zur Spaltung des Bromalkali im Harn Chlorkalklösung und Salzsäure wie bei der Jaffé'schen Indicanreaction oder Chlorwasser, von welchem

einige Tropfen dem Harn zugesetzt werden, worauf man wieder mit
Chloroform das Brom aufnimmt. Das Chloroform wird braungelb gefärbt. Die Probe ist aber nicht sehr empfindlich.

Chlorsaure Salze. Die chlorsauren Salze werden nur zum Theil
unverändert mit dem Harn ausgeschieden, zum Theil gehen sie in
Chloride über. Der Harn wird mit $^1/_4$ Volumen concentrirter Salzsäure
erwärmt, wodurch sich derselbe rothviolett färbt. Ist chlorsaures Salz
in ihm enthalten, so tritt bei weiterem Erhitzen Entfärbung ein: die
Flüssigkeit wird hellgelb oder ganz farblos, indem durch die Salzsäure
aus den chlorsauren Alkalien Chlor frei wird, welches die Harnfarbstoffe bleicht.

Bromsaure Salze geben die gleiche Reaction.

2. Metalle. Eine Anzahl von Metallen geht nach ihrer Aufnahme in den Organismus in den Harn über. Wichtig für die Diagnose kann insbesondere der Nachweis von Quecksilber und Blei im
Nierensecret werden.

Quecksilber. Zu 250—500 ccm Harn bringt man nach Ansäuerung mit 5—10 ccm verdünnter Salzsäure ca. $^1/_4$—$^1/_2$ g Messing-
wolle (oder Zinkstaub, ausgeglühte Kupferdraht, unächtes Blattgold)
und erwärmt ungefähr 1 Stunde auf dem Wasserbad. Bei dieser Procedur amalgamirt sich das Quecksilber mit dem angewandten Metall.
Der Harn wird dann abgegossen und das Metall zuerst mit sehr verdünnter Natronlauge, dann mit Wasser, Alcohol und Aether gewaschen
und getrocknet. Darauf bringt man dasselbe in eine am einen Ende
zugeschmolzene Glasröhre aus schwer schmelzbarem Glas (Kaliglas).
Das andere Ende der Röhre wird in eine nicht zu feine Capillare ausgezogen und nun das Röhrchen am geschlossenen Ende zur schwachen
Rothgluth erhitzt, wobei es so gehalten wird, dass das sich verjüngende
Ende nach oben steht. Beim Erhitzen verflüchtigt sich das Quecksilber und sammelt sich in der nicht erwärmten Capillarröhre in feinsten
Tröpfchen an. Um das Quecksilber deutlicher sichtbar zu machen,
bringt man nach dem Erkalten in die Capillare ein Körnchen Jod und
erwärmt gelinde, so dass die Joddämpfe über den Quecksilberbeschlag
hinstreichen, wobei sich rothgelbes Quecksilberjodid bildet.

An Stelle der Glasröhre kann man ein gewöhnliches Reagensglas
benützen. Die Probe wird dadurch nur etwas weniger empfindlich, weil
sich der Quecksilberbeschlag auf eine viel grössere Fläche vertheilt.

Blei. Zum Nachweis von Blei wird ein Stück bleifreien Magne-
siumbandes in den Harn gelegt. Nach längerem Stehen (24 Stunden)
schlägt sich auf diesem metallisches Blei nieder. Der Belag wird weggenommen, durch Salpetersäure gelöst und mit Schwefelsäure versetzt,
wobei sich ein schneeweisser Niederschlag von schwefelsaurem Blei bildet.

3. Carbolsäure. Die Carbolsäure erscheint nach innerlicher
Darreichung oder auch nach Resorption von Wundflächen aus im Harn
als Aetherschwefelsäure, und zwar in grösserer Menge als Hydrochinon-
schwefelsäure. Derartiger Harn erscheint dunkelbraun oder schwarzgrün, namentlich nach einigem Stehen an der Luft. Nach dem Ansäuern mit verdünnter Schwefelsäure erhält man mit Eisenchlorid eine
dunkelviolette Färbung.

4. Salicylsäure und Salol. Die Salicylsäure tritt theils unverändert, theils als Salicylursäure in den Harn über. Dieser nimmt nach

Zusatz von Eisenchlorid eine intensiv dunkelviolette Farbe an. Die gleiche Reaction gibt das Salol (salicylsaures Phenol), das ausserdem in Folge seines Phenolgehaltes bewirkt, dass der Harn beim Stehen nachdunkelt.

Die Reaction gelingt nur, wenn das Eisenchlorid nicht stark sauer ist, weil die Eisenverbindung der Salicylsäure durch freie Säure zerlegt wird.

5. Antipyrin. Nach Einnahme von Antipyrin erscheint der Harn dunkelgelb oder blutroth, im auffallenden Lichte grün, im durchfallenden roth und färbt sich mit Eisenchlorid nach und nach dunkelbraunroth. Die rothe Farbe verschwindet wieder auf Säurezusatz.

6. Antifebrin. Der Harn wird mit Chloroform ausgeschüttelt, der Chloroformauszug verdampft und dem Rückstand etwas salpetersaures Quecksilberoxyd zugesetzt. Beim Erhitzen entsteht eine grüne Färbung.

7. Phenacetin. Der Harn färbt sich dunkelgelb und erhält durch Eisenchlorid allmälig eine braunrothe Farbe, die nach einigem Stehen in Schwarzgrün übergeht. Die Reaction gelingt übrigens nur, wenn grössere Mengen von Phenacetin aufgenommen worden sind.

8. Tannin. Nach Einnahme von grösseren Mengen Tannin, das theilweise als Gallussäure ausgeschieden wird, färbt sich der Harn auf Eisenchloridzusatz schwarzblau.

9. Chrysophansäure. Diese Säure gelangt nach Darreichung von Senna- und Rheumpräparaten in den Harn und verleiht diesem eine röthlichbraune Farbe. Auf Zusatz von Alkalilauge wird der Harn blutroth und man kann diesen rothen Farbstoff mit Aether ausziehen. Kalkmilch oder Barytwasser ruft einen rothen Niederschlag hervor.

10. Santonin. Der intensiv gelbe Harn färbt sich mit Kali- oder Natronlauge roth, entfärbt sich aber nach 24stündigem Stehen wieder. Zum Unterschied von Chrysophansäure wird der rothe Farbstoff von Aether nicht aufgenommen.

11. Copaivabalsam. Der Harn wirkt Kupferoxyd gegenüber in hohem Grade reducirend, während er Wismuthoxyd nicht zu reduciren vermag. Auf Zusatz einer Mineralsäure trübt sich der Harn, indem Harzsäuren ausfallen, und färbt sich violettroth.

12. Alkaloide. Es entstehen durch Essigsäure und Jodquecksilberkalium Niederschläge, welche sich in Alcohol leicht lösen. (Unterschied von Eiweisskörpern.)

Harnsedimente und Concremente.

Der Harn kann schon bei der Entleerung ein Sediment enthalten oder es scheidet sich ein solches erst nach einigem Stehen ab. Häufig lässt sich die Natur eines Sedimentes schon aus seinem makroskopischen Aussehen und aus einfachen chemischen Reactionen bestimmen, zur sicheren Erkennung ist aber meist noch eine mikroskopische und oft auch mikrochemische Untersuchung nothwendig.

Um Sediment zur mikroskopischen Untersuchung zu gewinnen, lässt man dasselbe, wenn es nicht sehr reichlich ist, in einem hohen Spitzglas sich zu Boden setzen. Nach einigen Stunden hat sich meist eine genügende Menge am Grunde des Glases angesammelt. Man senkt nun ein fein ausgezogenes Glasröhrchen (oder eine Pipette), während man die obere Oeffnung mit einem Finger verschlossen hält, auf den Grund des Glases und lässt etwas von dem Sediment durch leichtes Lüften des Fingers in das Röhrchen aufsteigen, worauf der Finger wieder aufgesetzt und das Röhrchen herausgenommen wird. Das Röhrchen wird aussen mit Filtrirpapier abgetrocknet, und dann ein Tropfen des Sedimentes auf den Objectträger gebracht.

Anstatt den Harn in einem Spitzglas stehen zu lassen, kann man das Sediment auch so sammeln, dass man eine grössere Menge Harn durch ein nicht zu grosses Filter laufen lässt und, wenn eben noch eine kleine Menge Flüssigkeit sich auf dem Filter befindet, mit der Pipette etwas herausnimmt.

Beiden Methoden haftet der Nachtheil an, dass es geraume Zeit währt, bis man Sediment zur Untersuchung erhält. Dadurch können Veränderungen eintreten, namentlich können bestimmte morphotische Elemente durch Quellung oder Auswaschung undeutlich werden oder sich sogar ganz auflösen. Ist das Sediment nur sehr gering, so kommt man auf diesem Wege nur sehr schwer oder gar nicht zum Ziele.

In dieser Hinsicht ist die Benützung kleiner Centrifugen, welche entweder durch die Hand oder durch Wasserkraft getrieben werden, von grossem Vortheil. Man erhält auch aus kleinen Mengen anscheinend ganz klaren Harnes nach 30—60 Minuten währendem Centrifugiren genügende Quantitäten Sediment zur mikroskopischen Untersuchung.

Bei reichlicherem Sediment darf man nicht versäumen, aus verschiedenen Tiefen die Proben zu entnehmen, da sich die einzelnen Körper in Folge ihres verschiedenen specifischen Gewichts etagenförmig über einander lagern können.

Zur mikrochemischen Untersuchung wird ebenfalls mittels einer spitz ausgezogenen Glasröhre ein Tropfen des Sediments auf einen Objectträger gebracht, mit einem Deckglas bedeckt und unter das Mikroskop gelegt. Man bringt dann, während man beobachtet, auf den Objectträger an den Rand des Deckgläschens einen Tropfen des zuzufügenden Reagenses und lässt diesen unter das Deckglas eintreten. Um dies zu beschleunigen, kann man von der entgegengesetzten Seite des Deckglases durch Anlegen eines kleinen Streifens Filtrirpapier die Flüssigkeit ansaugen, muss aber dabei, namentlich wenn nur spärliche corpusculäre Elemente unter dem Deckglas sich befinden, vorsichtig zu Werke gehen, da durch einen zu raschen Flüssigkeitsstrom die im Gesichtsfeld liegenden Körper leicht davongetrieben werden können. Auf diese Weise kann man die Löslichkeitsverhältnisse der Krystalle gut beobachten.

Ist reichlich Sediment vorhanden, so kann man mit demselben zur vorläufigen Orientirung im Reagensglas oder in einem Uhrschälchen Proben anstellen.

Man unterscheidet organisirte und nicht organisirte Harnsedimente. Zu den ersteren rechnet man Schleim und Fibringerinnsel, rothe und weisse Blutkörperchen, die verschiedenartigen Epithelien und andere Gewebsbestandtheile, Harncylinder, Samenfäden, Mikroorganismen. Als nicht organisirte Sedimente bezeichnet man die verschiedenen aus dem Harn ausfallenden chemischen, sowohl organischen als anorganischen Verbindungen.

I. Nichtorganisirte Sedimente.

Die nicht organisirten Sedimente sind theils krystallinisch, theils amorph. und werden an ihrer Krystallform und aus ihren Löslichkeitsverhältnissen erkannt.

1. Urate. a) Sedimentum lateritium. Das sogenannte Sedimentum lateritium ist von ziegelrother Farbe und setzt sich häufig als feiner rother Beschlag an der Wandung des Uringlases fest. Den Hauptbestandtheil desselben bildet das saure harnsaure Natron, welches sich aus dem neutralen harnsauren Natron durch Umsetzung mit dem sauren phosphorsauren Natron bildet. In geringerer Menge kommen auch die sauren harnsauren Verbindungen des Kalium, Calcium und Magnesium vor. Das Sedimentum lateritium findet sich ausschliesslich im sauren Harn. Geht der Harn in ammoniakalische Gährung über, so wird aus den genannten Verbindungen saures harnsaures Ammoniak. Die Urate sind an sich farblos; ihre ziegelrothe Farbe erhalten sie dadurch, dass sie beim Ausfallen Harnfarbstoff mechanisch mit niederreissen. Unter dem Mikroskop bildet das saure harnsaure Natron feine,

Fig. 157.
Saures harnsaures Natron.

Fig. 158.
Saures harnsaures Ammoniak.

haufen- oder streifenförmig angeordnete amorphe Körnchen (Fig. 157). Aehnliche Formen zeigen die Erdphosphate.

Ausser an seinem Aussehen ist das Sedimentum lateritium leicht kenntlich daran, dass es sich bei gelindem Erwärmen rasch und vollständig auflöst. Ebenso löst es sich in Alkalien und in Essigsäure. Auf Essigsäurezusatz bilden sich nach einiger Zeit an Stelle der amorphen Urate Krystalle von Harnsäure (s. p. 433).

Die Bildung des Sedimentum lateritium ist von zwei Momenten abhängig: von der Concentration und von der Acidität des Harns. Je concentrirter und je saurer der Harn ist, um so rascher und reichlicher fällt dasselbe aus. Weitere diagnostische Schlüsse sind aus dem Ausfallen der harnsauren Salze nicht zu ziehen.

b) Saures harnsaures Ammoniak. Das saure harnsaure Ammoniak fällt aus dem durch ammoniakalische Gährung alkalisch gewordenen Harn aus. Ausnahmsweise kann es sich auch im neutralen Harn vorfinden, beim Uebergang der sauren Reaction in die alkalische. Am häufigsten tritt es in dunkelgelb gefärbten Kugeln auf, welche sich häufig zu zweien an einander legen und dadurch Biscuitformen bilden, oder noch öfter zu grösseren Conglomeraten zusammengeballt sind. Sehr oft tragen diese Kugeln spitzige Fortsätze und stellen so „Stechapfel-" oder „Morgensternformen" dar. Seltener erscheint das Ammoniumurat in zu kugeligen Drusen angeordneten Krystallnadeln (Fig. 158).

2. Harnsäure. Die Harnsäure scheidet sich aus dem sauren Harn, wenn sie aus ihren Salzen frei gemacht wird, krystallinisch aus. Dies ist z. B. der Fall, wenn man Salzsäure oder Essigsäure zum Harn oder zu einem Uratsediment setzt. Sie krystallisirt aber auch spontan aus saurem Harn aus.

Häufig sind die durch Harnfarbstoff roth oder dunkelgelb gefärbten Harnsäurekrystalle schon mit blossem Auge als solche zu erkennen. Die Harnsäure zeichnet sich durch ihre vielfach modificirten Krystallformen aus, welche sich von rhombischen viereckigen Tafeln ableiten. Aus diesen rhombischen Tafeln entstehen nämlich durch Abschneiden zweier einander gegenüber liegender Winkel sechsseitige, durch Abrundung derselben aber elliptische Tafeln, welche man auch als „Wetzsteinformen" bezeichnet und welche die am häufigsten auftretenden Formen sind. Wenn solche Wetzsteinformen auf der abgerundeten Kante liegen,

Fig. 159. Harnsäure.

so präsentiren sie sich als rechtwinklige Prismen. Ausserdem treten tonnenähnliche Formen und durch Aneinanderlagerung zweier und mehrerer Krystalle die verschiedensten Variationen, wie „Rosettenformen", „Sanduhrformen", „Flügelformen" 'auf. Auch spiessige Nadeln kommen vor, welche sich sehr häufig an einander oder an andere Krystallformen der Harnsäure anlegen, wodurch Balken, Kugeln mit spiessigen Fortsätzen und sogenannte „Kammformen" entstehen (Fig. 159).

Die Harnsäurekrystalle sind nicht wie die Urate in der Wärme und in Säuren löslich; dagegen werden sie leicht gelöst von Alkalilauge. Setzt man dann Salzsäure oder Essigsäure im Ueberschuss zu, so fällt die Harnsäure wiederum krystallinisch aus, und zwar in diesem Falle meist in wohl ausgebildeten rhombischen oder sechsseitigen Tafeln oder in Wetzsteinform.

Harnsäure oder harnsaure Salze geben beide die Murexidprobe. Man löst etwas von dem Sediment auf einem Porcellantiegeldeckel oder in einer kleinen Schale mit concentrirter Salpetersäure unter

Erwärmen und verdunstet dann vorsichtig zur Trockne. Es bleibt ein rothgelber Rückstand, welcher auf Zusatz eines Tropfens Ammoniak purpurroth, auf Zusatz von Kali- oder Natronlauge mehr blau wird.

3. Oxalsaurer Kalk. Der oxalsaure Kalk wird im Harn wahrscheinlich durch das zweifachsaure Alkaliphosphat in Lösung gehalten. Je mehr solches Salz der Harn enthält, je saurer er also ist, um so mehr Calciumoxalat vermag er in Lösung zu erhalten. Die Ausscheidung der Krystalle des oxalsauren Kalkes hängt also erst in zweiter Linie von der Quantität ab, in welcher das Salz im Harn enthalten ist. Geht beim Stehen des Harnes ein Theil des sauren phosphorsauren Natrons in neutrales phosphorsaures Natron über (s. p. 432), so fällt der oxalsaure Kalk, welcher durch diese bestimmte Menge in Lösung gehalten wurde, aus.

In der Regel krystallisirt das Calciumoxalat in Octaëdern, welche gewöhnlich als „Briefcouvertformen" bezeichnet werden. Doch kommen auch prismatische Formen vor, deren Endflächen pyramidenartig zugespitzt erscheinen; diese haben Aehnlichkeit mit den Krystallen des

Fig. 160. Oxalsaurer Kalk.
(Nach Perls-Neelsen.)

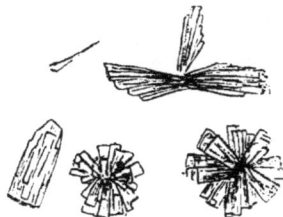

Fig. 161.
Neutraler phosphorsaurer Kalk.

Tripelphosphates (Fig. 160). Nicht characteristisch sind die seltenen ovalen oder kreisrunden Scheiben, welche in der Mitte eine Delle tragen und daher, wenn sie auf der schmalen Kante liegen, sanduhr- oder hantelförmig aussehen. (Aehnliche Formen können auch Harnsäure, harnsaures Ammoniak und kohlensaurer Kalk aufweisen.)

In organischen Säuren, z. B. Essigsäure, ist der oxalsaure Kalk unlöslich, dagegen wird er leicht gelöst von Mineralsäuren, z. B. Salzsäure.

4. Phosphate der alkalischen Erden. Die Phosphate der Alkalien bilden kein Harnsediment, da sie in jeder Form und bei jeder Reaction leicht löslich sind. Dagegen findet man häufig Niederschläge der alkalischen Erden, welche als neutrales und basisches Calcium- und Magnesiumphosphat schwer löslich sind.

a) Dicalciumphosphat ($CaHPO_4$) findet sich selten als Sediment in sehr schwach saurem, neutralem oder in amphoterem Harn. Es bildet kleine keilförmige, am stumpfen Ende schief abgeschnittene Krystalle, welche häufig in Drusen oder Büscheln beisammen liegen (Fig. 161). Dieselben sind in verdünnten Säuren leicht löslich.

b) Tricalcium und Trimagnesiumphosphat ($Ca_3[PO_4]_2$ und $Mg_3[PO_4]_2$). Sie kommen nur im alkalischen Harn vor. (Ueber ihr Ausfallen beim Kochen des Harnes s. p. 394.) Das von diesen Erdphosphaten gebildete Sediment ist amorph, bestehend aus kleinen Körnchen und

Kügelchen, welche sich durch Zusatz von Säure lösen. Von den ähnlich gebildeten Uraten unterscheiden sie sich dadurch, dass sie nicht gefärbt sind. Auch der Umstand, dass aus der sauren Lösung des Uratsedimentes allmälig Harnsäure auskrystallisirt, kann als Unterscheidungsmerkmal dienen.

Sehr selten findet sich das Trimagnesiumphosphat in krystallinischer Form, in grossen länglichen, stark lichtbrechenden Tafeln, welche den nadelförmigen Krystallen des schwefelsauren Kalkes ähnlich sehen. Sie sind in Essigsäure löslich.

c) Ammoniummagnesiumphosphat (Tripelphosphat, NH_4MgPO_4). Die Krystalle der phosphorsauren Ammoniakmagnesia kommen im alkalischen Harn zur Abscheidung; ausnahmsweise können sie sich auch in schwach saurem oder amphoterem Harn, in welchem die ammoniakalische Gährung eben erst begonnen hat, finden, wenn eine genügende Menge von Ammoniaksalzen vorhanden ist. Es sind

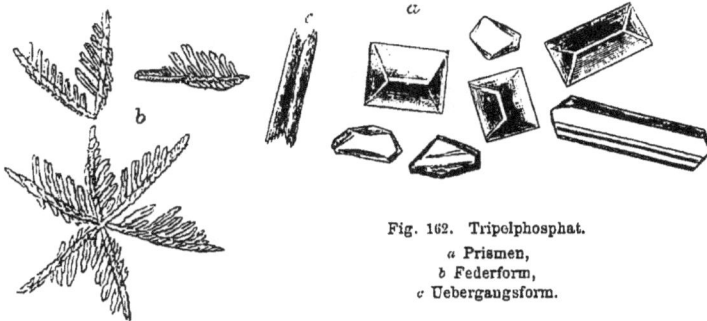

Fig. 162. Tripelphosphat.

a Prismen,
b Federform,
c Uebergangsform.

grosse, farblose Prismen des rhombischen Systems, welche als „Sargdeckelkrystalle" bezeichnet werden. Seltener stellen sie unregelmässige feder- oder fahnenähnliche Gebilde dar (Fig. 162). Sie sind in organischen und anorganischen Säuren leicht löslich.

5. Calciumcarbonat. Der kohlensaure Kalk, welcher im Harn des Pflanzenfressers als regelmässiges Sediment vorkommt, fällt im Menschenharn seltener aus und zwar nur dann, wenn derselbe alkalisch reagirt. Es kommen daher daneben stets Phosphatniederschläge, insbesondere Krystalle von Tripelphosphat zur Beobachtung. Das Calciumcarbonat tritt entweder in amorphen Körnchen auf, welche sich häufig zu Schollen an einander lagern, oder es stellt grössere, concentrisch gestreifte Kugeln dar (Fig. 163). Auch Krystalle in Hantel- und Biscuitform kommen zur Beobachtung. Auf der Oberfläche des Harnes bildet es oft ein feines Häutchen. Es löst sich in Essigsäure unter Gasentwicklung (Kohlensäure) auf.

6. Calciumsulfat. Schwefelsaurer Kalk findet sich nur sehr selten in stark saurem Harn als Sediment. Er bildet lange, dünne, farblose Nadeln oder meist drusenartig zusammenliegende Tafeln mit schief abgeschnittenen Enden. Characteristisch ist seine Unlöslichkeit in Ammoniak und Essigsäure und seine Schwerlöslichkeit in Wasser, Salpetersäure und Salzsäure.

7. **Hippursäure.** Sie bildet in seltenen Fällen lange, vier-
seitige rhombische Prismen, Säulen oder auch feine Nadeln, welche
Aehnlichkeit mit Tripelphosphat- und Harnsäurekrystallen haben können
(Fig. 164). Die Krystalle sind in Essigsäure unslöslich, lösen sich dagegen in Alcohol.

8. **Tyrosin** (s. p. 426).

9. **Cystin** (s. auch p. 427). Das Cystinsediment im Harn stellt
dünne farblose, sechsseitige Täfelchen dar. Die Cystintafeln können in
der Form unter Umständen mit Harnsäurekrystallen verwechselt werden.
Zur Unterscheidung dient, dass dieselben farblos sind, während die
Harnsäurekrystalle im Harn gelb gefärbt erscheinen, und ferner, dass
die Cystinkrystalle die Murexidprobe nicht geben. Zum sicheren Nachweis
wird das Sediment mit Ammoniak, worin sich Cystin leicht löst, übergossen, dann wird abfiltrirt und das Filtrat mit Essigsäure angesäuert,

Fig. 163. Kohlensaurer Kalk.   Fig. 164. Hippursäure.

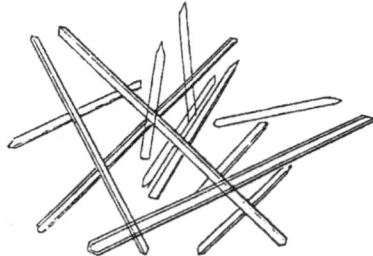

wodurch das Cystin in der characteristischen Form ausfällt. Kocht
man die Fällung mit Alkalilauge, so spaltet sich aus dem schwefelhaltigen Cystin Schwefelalkali ab, welches sich durch Zusatz eines Blei-
salzes als schwarzes Schwefelblei ausfällen lässt.

10. **Bilirubin** (Hämatoidin). Das Bilirubin wird sehr selten
im Harn krystallinisch beobachtet. Es bildet rhombische Täfelchen
von gelber, rother oder grünlichrother Farbe, welche sich manchmal
büschelförmig zusammenlegen. Bisweilen tritt es auch amorph auf
(s. p. 344).

11. **Fett** (s. p. 427). Das Fett zeigt sich unter dem Mikroskop
in feinen, sehr stark lichtbrechenden Kügelchen, welche sich durch
ihre leichte Löslichkeit in Aether auszeichnen.

12. **Indigo** (s. p. 421).

Synopsis.

Zur leichteren Orientirung bei der Bestimmung der nicht organisirten Sedimente möge Folgendes dienen:

Krystallinisches Sediment bilden:

Harnsäure,
saures harnsaures Ammoniak,

oxalsaurer Kalk,
neutraler phosphorsaurer Kalk,
basisch phosphorsaure Magnesia*,
phosphorsaure Ammoniakmagnesia,
kohlensaurer Kalk*,
schwefelsaurer Kalk,
Hippursäure,
Tyrosin,
Cystin,
Bilirubin*,
Indigo.
(Die mit * bezeichneten fallen auch amorph aus.)

Amorphes Sediment bilden:

saures harnsaures Natron (Kalium, Calcium, Magnesium),
basisch phosphorsaurer Kalk,
basisch phosphorsaure Magnesia,
kohlensaurer Kalk,
Bilirubin.

In saurem Harn treten von den häufigeren Sedimenten auf:

saures harnsaures Natron,
Harnsäure,
schwefelsaurer Kalk,
oxalsaurer Kalk.

In (schwach saurem) neutralem oder amphoterem Harn treten auf:

neutraler phosphorsaurer Kalk (Dicalciumphosphat),
basisch phosphorsaure Erden,
phosphorsaure Ammoniakmagnesia,
oxalsaurer Kalk.

In alkalischem Harn treten auf:

basisch phosphorsaurer Kalk,
basisch phosphorsaure Magnesia,
phosphorsaure Ammoniakmagnesia,
kohlensaurer Kalk,
oxalsaurer Kalk,
saures harnsaures Ammoniak.

Es ist zu bemerken, dass sich im alkalischen Harn auch Sedimente finden können, welche dem sauren Harn zugehören, z. B. Harnsäure und saures harnsaures Natron. Dies kommt dann vor, wenn nach dem Ausfallen dieser Verbindungen der Harn in alkalische Gährung übergegangen ist. Die Lösung derselben erfordert dann oft geraume Zeit, so dass das Sediment noch bei deutlich alkalischer Reaction bestehen bleiben kann. Es mag dies zum grossen Theil darin begründet sein, dass es von schleimigen Massen umschlossen ist, welche die lösende Flüssigkeit nur schwer an dasselbe herantreten lassen.

In der Wärme lösen sich leicht auf die Urate.
Alle übrigen Sedimente bleiben bestehen.

Löslich in Essigsäure sind:

die Urate (saures harnsaures Ammoniak inbegriffen),
die Erdphosphate (neutrale und basische),
die Erdcarbonate,
das Tripelphosphat.

An Stelle der gelösten Urate treten nach einiger Zeit Harnsäurekrystalle. Die kohlensauren Erden lösen sich unter Gasentwicklung, indem Kohlensäure frei wird.

Unlöslich in Essigsäure sind:

die Harnsäure,
der oxalsaure Kalk.

Der oxalsaure Kalk wird durch Zusatz von Salzsäure gelöst, während die Harnsäurekrystalle bestehen bleiben. (Die Harnsäure ist in Salzsäure sehr schwer löslich, wenn auch nicht unlöslich.)

II. Harnconcremente.

Die verschiedenen chemischen Verbindungen können innerhalb der Harnwege ausfallen, im Nierenbecken oder in der Harnblase liegen bleiben, durch fortwährende Anlagerung sich vergrössern und auf diese Weise sich zu Nieren- oder Blasensteinen ausbilden. Diese grösseren Concremente oder Steine können einheitlich zusammengesetzt sein — einfache Steine — oder sie bestehen aus verschiedenen Substanzen, welche dann meist in concentrischen Schichten um einen Kern gelagert sind — gemischte Steine. Entsteht das Concrement im normalen unzersetzten Harn, so spricht man von primärer Steinbildung, kommt es aber aus irgend welchen Ursachen zur ammoniakalischen Gährung des Harnes in der Blase, wobei die ausfallenden Erdphosphate und Tripelphosphat zur Entstehung von Concrement führen können, so spricht man von secundärer Steinbildung.

Man unterscheidet folgende Formen:

1. Harnsäure- und Uratsteine. Sie bestehen entweder aus Harnsäure allein oder aus Harnsäure und Uraten. Sie sind hart, von gelber oder braunrother Farbe, haben eine glatte Oberfläche. Manchmal finden sich Steine, welche lediglich aus Ammoniumurat bestehen. Diese zeichnen sich durch ihre hellgelbe Farbe aus. Die Uratsteine werden von allen Steinen am häufigsten gefunden.

2. Oxalatsteine. Die kleinen Steine von oxalsaurem Kalk sind glatt, die grösseren dagegen, die als Maulbeersteine bezeichnet werden, höckerig. Durch Blutfarbstoff, der sich auf ihnen abgesetzt hat, oder welchen sie einschliessen, erscheinen sie hell- bis dunkelbraun gefärbt. Sie sind sehr hart.

3. Phosphatsteine. Sie sind zusammengesetzt aus phosphorsauren Erden und aus phosphorsaurer Ammoniakmagnesia. Ihre Ober-

fläche ist rauh, die Farbe grauweiss, die Consistenz weich. Die Steine bröckeln leicht aus einander oder blättern sich an der Oberfläche ab.

4. Carbonatsteine. Die selten vorkommenden Steine aus kohlensaurem Kalk sind kenntlich an ihrer kreidigen Beschaffenheit.

3. Cystinsteine. Die Cystinsteine sind sehr selten. Sie sind hart, von gelblicher Farbe, mit glatter Oberfläche.

Als Raritäten kommen endlich noch Steine von Xanthin, Cholestearin und Indigo vor.

Die gemischten Steine können in den verschiedensten Variationen die oben aufgeführten Substanzen enthalten. Am häufigsten haben sie einen Kern von Harnsäure und Uraten oder von oxalsaurem Kalk, um welche sich phosphorsaure Erden und phosphorsaure Ammoniakmagnesia schichtenweise anlagern.

Wenn auch in der Regel schon aus dem Aussehen und der groben Beschaffenheit der Steine erkannt werden kann, welche Substanzen ihre Hauptmasse ausmachen, so ist zu einer genauen Erkenntniss doch die chemische Untersuchung nothwendig. Zu diesem Zwecke werden die kleineren Steine zu einem feinen Pulver zerrieben, von den grösseren gemischten Steinen nach dem Durchsägen von den verschiedenen Schichten Proben herausgenommen.

Man erhitzt zunächst eine kleine Probe auf dem Platinblech (weniger gut auf einem Porzellantiegeldeckel) zum Glühen. Dabei verkohlt zunächst die organische Substanz und verbrennt dann vollständig, während die anorganische Substanz einen bedeutenden Rückstand hinterlässt. Man muss dabei beachten, dass wohl niemals ein Concrement vollständig verbrennt und dass ebenso immer ein leichtes Kohlen stattfindet, weil der organischen Substanz regelmässig eine geringe Menge anorganischer beigemengt ist, wie auch umgekehrt.

A. Bleibt nur ein geringfügiger Rückstand, so besteht der Stein aus Harnsäure, harnsaurem Ammoniak (harnsaures Natron hinterlässt einen beträchtlicheren Rückstand), Cystin oder Xanthin.

a) Das Cystin verbrennt mit blaugrüner Flamme und entwickelt einen scharfen, stechenden Geruch. Zur sicheren Constatirung des Cystins zieht man einen Theil des Pulvers mit Ammoniak aus, filtrirt und lässt das Filtrat verdunsten, wobei sich dann die characteristischen Cystinkrystalle abscheiden (s. Fig. 156).

b) Zum Nachweis der Harnsäure wird mit dem Pulver die Murexidprobe angestellt. Fällt dieselbe positiv aus, so enthält der Stein Harnsäure oder harnsaures Ammoniak. Zur Unterscheidung dieser beiden fügt man zum Pulver einige Tropfen Natronlauge, wobei das Ammoniumurat viel Ammoniak entwickelt, was durch den Geruch oder die Bräunung angefeuchteten Curcumapapieres nachgewiesen werden kann.

c) Fällt die Murexidprobe negativ aus und ist kein Cystin nachzuweisen, so kann der Stein aus Xanthin bestehen. Etwas von dem Pulver wird in Salpetersäure gelöst und zur Trockne abgedampft. Es bleibt ein citronengelber Fleck, der sich auf Zusatz von Natronlauge zuerst gelbroth und, wenn man erwärmt, purpurroth färbt.

B. Bleibt beim Glühen ein bedeutender Rückstand, so besteht der Stein aus oxalsaurem Kalk, harnsaurem Natron, kohlensaurem Kalk oder Erdphosphaten und Tripelphosphat.

a) Der nach dem Glühen gebliebene Rückstand wird mit Säure angefeuchtet; braust er auf, so besteht der Stein aus oxalsaurem Kalk, der sich beim Glühen zu kohlensaurem Kalk umgesetzt hat.

b) Zur Trennung der Urate versetzt man eine neue Probe mit verdünnter Salzsäure und erwärmt. Nach dem Erkalten bleibt die aus den Uraten abgeschiedene Harnsäure zum grössten Theil ungelöst und kann nach dem Abfiltriren der Flüssigkeit durch die Murexidprobe nachgewiesen werden.

c) In Lösung gehen durch Zusatz von Salzsäure zu der gepulverten Substanz kohlensaurer Kalk, oxalsaurer Kalk, Erdphosphate und Tripelphosphat. Braust das Pulver mit Salzsäure auf, so enthält es kohlensauren Kalk. Die Lösung wird dann verdünnt, mit Ammoniak alkalisch gemacht und mit verdünnter Essigsäure schwach angesäuert. Nach einigem Stehen scheidet sich entweder amorph oder krystallinisch der oxalsaure Kalk als weisses Pulver aus. Gelöst bleiben die Erdphosphate und das Tripelphosphat. Setzt man der Lösung oxalsaures Ammoniak zu, so scheidet sich der in den Phosphaten enthaltene Kalk als oxalsaurer Kalk ab (Magnesiumphosphat allein kommt fast niemals vor). Tripelphosphat entwickelt mit Alkalilauge Ammoniak.

III. Organisirte Sedimente.

Aus jedem Urin setzt sich nach längerem Stehen eine wolkige Trübung zu Boden, welche aus Schleim besteht, in dem die verschiedenartigsten Elemente eingeschlossen sein können. Meist findet man darin einige Epithelien und weisse Blutkörperchen, ferner Urate und spärliche Harnsäurekrystalle. Der Schleim ist unter dem Mikroskop nur sehr schwer sichtbar. Er bildet theils wolkige, theils gerinnsel- und bandartige Massen, welche durch Zusatz verdünnter Essigsäure deutlicher sichtbar gemacht werden können.

1. Epithelien.

Einzelne Epithelien finden sich regelmässig im normalen Harn vor. Grössere Mengen aber deuten immer auf entzündliche oder destructive Processe im uropoëtischen System hin. Man trifft sie daher bei den verschiedenartigsten Erkrankungen aller Theile der Harnwege. Die im Harn vorgefundenen Epithelien lassen zum Theil aus ihrer Form noch erkennen, aus welcher Region des Harnapparates sie herstammen. Doch ist die Entscheidung hierüber häufig nicht möglich und muss immer mit grosser Vorsicht getroffen werden, da die Epithelien theils durch Degenerations- und Entzündungsvorgänge vielfach verändert werden, theils auch durch längeren Aufenthalt im Harn ihre ursprüngliche Gestalt einbüssen können. Die Epithelzellen der Nierenkanälchen zeigen cubische oder rundliche Formen mit einem grossen Kern (Fig. 165 b). Im Allgemeinen lassen sie sich von den weissen Blutkörperchen wohl unterscheiden, können aber unter Umständen denselben ausserordentlich ähnlich sein. Häufig tragen sie Zeichen körniger und fettiger Degeneration. Das Epithel des Nierenbeckens, des Ureters und der

Harnblase ist im Wesentlichen gleich gebaut. Das Epithel ist hier ein geschichtetes. Die Zellen der oberflächlichen Schicht erscheinen platt, rundlich oder vielkantig; sie sind gross und besitzen häufig zwei und mehr Kerne. Dies gilt namentlich für das oberflächliche Epithel des Harnleiters und der Harnblase. Die Zellen der tieferen Schichten

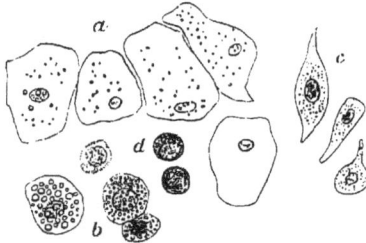

Fig. 165. Epithelien und Leukocyten im Harn. *a* Plattenepithelien, *b* rundliche, fettig degenerirte Zellen der Nierenkanälchen, *c* Zellen mit Fortsätzen, *d* Leukocyten.

sind unregelmässig, polygonal, oft spindelförmig und keulenförmig, mit Fortsätzen versehen (Fig. 165 c). Es ist keineswegs richtig, dass diese mit Fortsätzen versehenen Zellen ausschliesslich aus dem Nierenbecken stammen.

Die weibliche Harnröhre trägt Platten- oder Cylinderepithel, die männliche in den verschiedenen Regionen verschiedenes Epithel: In den Anfang der Harnröhre setzt sich das Epithel der Blase fort, dann werden die Zellen cylindrisch und von der Fossa navicularis an platt.

2. Eiterkörperchen.

Die Menge der im Harn auftretenden Eiterkörperchen ist eine sehr wechselnde. Oft trifft man nur einzelne an, in anderen Fällen sind sie so reichlich vorhanden, dass sie ein starkes Sediment im Harn bilden können. Sie treten bei entzündlichen Vorgängen in allen Regionen des Harnapparates in den Harn über, oder sie gelangen durch den Durchbruch eines Abscesses in die Harnwege in denselben. In diesem Falle ist ihr Auftreten meist ein sehr massenhaftes und plötzliches. Ist der Harn nicht in ammoniakalischer Zersetzung, so sind die Eiterkörperchen in ihrer Form meist gut erhalten. Dies trifft in der Regel dann zu, wenn die Eiterbeimengung in den höher gelegenen Theilen, in der Niere selbst oder im Nierenbecken statt hat. Wird der Harn dagegen ammoniakalisch entleert oder entwickelt sich ammoniakalische Gährung schon nach kurzer Zeit, wie es in der Regel bei Blasenerkrankungen der Fall ist, so quellen die Eiterkörperchen auf und zerfallen, so dass man unter dem Mikroskop neben gequollenen Zellen reichlichen körnigen Detritus und freie Kerne vielfach zu Gesicht bekommt. Dieses Aufquellen gibt dem Eitersediment eine gallertige, zähe Beschaffenheit, so dass dasselbe beim Ausgiessen Klumpen und langgezogene Fäden bildet.

Wirft man in dieses gallertige Sediment ein Stückchen Aetzkali und rührt um, so wird dasselbe zu einer zähen, schleimigen Masse (Eiterprobe von Donné).

Häufig sind die Leukocyten Harncylindern (s. unten) angelagert.
Characteristisch für Gonorrhoe sind die sogenannten **T r i p p e r -
f ä d e n**, fadenartige Gebilde, welche aus Eiterkörperchen gebildet sind,
die durch eine zähe, schleimige Masse unter einander verklebt sind
und sehr häufig Gonococcen enthalten (s. p. 447).

Jeder eiterhaltige Harn ist selbstverständlich auch eiweisshaltig.
Die Eiweissmenge steht im directen Verhältniss zu der Menge der vorhandenen Eiterkörperchen. Je mehr der Harn von diesen enthält, um
so deutlicher werden die Eiweissproben im Harnfiltrat ausfallen. Häufig
gesellt sich aber zur Eiterbeimengung zum Harn noch eine ächte renale
Albuminurie. Dann wird der Eiweissgehalt beträchtlich, beträchlicher
als man nach der Menge der Eiweisskörperchen erwarten sollte. Eine
gewisse Uebung lässt meist unschwer aus diesem Verhältniss erkennen,
ob der Eiweissgehalt des Harnes von der Eiterbeimengung herrührt oder
ob eine wirkliche Albuminurie besteht. Die Entscheidung wird im
letzteren Sinne gesichert, wenn sich zahlreichere Nierenepithelien oder
Harncylinder auffinden lassen.

3. R o t h e   B l u t k ö r p e r c h e n.

Rothe Blutkörperchen können bei Blutungen in allen Theilen des
Harnapparates in den Urin gelangen. Ist durch die chemische Untersuchung Blutfarbstoff im Harn nachgewiesen, so entscheidet ihr mikroskopischer Nachweis, ob man es mit einer Hämaturie oder mit einer
Hämoglobinurie zu thun hat.

In vielen Fällen, wenn die Blutung frisch erfolgt ist, zeigen die
rothen Blutkörperchen ihre normale Form und Farbe. Nach einiger
Zeit aber verändern sie sich. Sie werden durch Auslaugung des Farbstoffes blass, so dass sie nur mehr als schwache, leicht zu übersehende
Schatten unter dem Mikroskop sichtbar sind. Auch verändern sie
häufig ihre Gestalt, sie quellen auf und erscheinen dadurch grösser,
oder sie werden durch Schrumpfung kleiner und nehmen unregelmässige, gezackte Formen an.

Zur Beurtheilung, woher die Blutung stammt, ob aus den
Nieren, dem Nierenbecken, der Blase u. s. w., ist anzuführen, dass ein
grosser Eiweissgehalt des Harnes, namentlich aber das Auffinden von
Blutkörperchencylindern (s. p. 443) für Nierenblutung spricht. Grössere
Blutcoagula finden sich bei Nierenblutungen selten im Harn.

4. H a r n c y l i n d e r.

Unter Harncylindern versteht man verschiedenartige, mikroskopisch
sichtbare cylindrische Gebilde von wechselnder Länge und Dicke. Sie
stellen Ausgüsse der Harnkanälchen dar und sind ausschlaggebend für
die Diagnose auf pathologische Veränderungen im Nierengewebe selbst.
Sie treten als regelmässige Begleiter der ächten renalen Albuminurie
auf. Doch finden sich in seltenen Fällen Cylinder (hyaline) im eiweissfreien Harn.

Man unterscheidet verschiedene Arten von Cylindern: 1. solche,
welche grösstentheils aus zelligem Material bestehen, wie die **E p i -
t h e l i a l - und B l u t k ö r p e r c h e n c y l i n d e r**, 2. granulirte oder

körnige Cylinder, 3. sogenannte hyaline und 4. wachsartige Cylinder.

Es ist nicht immer möglich, einen Harncylinder diesem Schema unterzuordnen. Häufig finden sich Uebergangsformen und nicht selten beobachtet man an ein und demselben Cylinder die Merkmale der verschiedenen Arten vereint. Daneben sieht man die Cylinder mit anderweitigen, im Harn vorkommenden Elementen besetzt, so z. B. mit verschiedenartigen Krystallen, mit Eiterkörperchen, Mikroorganismen.

1. Zellencylinder. — a) Epithelialcylinder (Fig. 166 e). Die Epithelialcylinder setzen sich, wie ihr Name sagt, aus abgestossenen Epithelien der Nierenkanälchen zusammen. Diese desquamirten Nierenepithelien werden bei ihrem Durchtritt durch die engeren Parthieen der Harnkanälchen an einander gepresst, so dass sie als massive cylinderartige Gebilde in den Harn gelangen, vielleicht zusammengehalten durch eine Kittsubstanz. Es kann sich aber auch das Epithel grösserer Strecken im Zusammenhang loslösen und, seine Form beibehaltend, in den Harn gelangen. Man spricht dann von Epithelschläuchen.

b) Blutkörperchencylinder (Fig. 166 f). Sie entstehen aus rothen Blutkörperchen in ähnlicher Weise wie die Epithelcylinder. Cylinder, welche ausschliesslich aus Leukocyten bestehen, sind sehr selten, dagegen lagern sich weisse Blutkörperchen in grösserer oder kleinerer Zahl ausserordentlich häufig den verschiedenen Cylinderformen an.

2. Granulirte oder Körnchencylinder (Fig. 166 d). Sie gehen höchst wahrscheinlich aus Zellcylindern hervor, indem durch degenerative Vorgänge die Zellen ihre Structur verlieren und in eine körnige Masse ohne sichtbare Zellgrenzen und Zellkerne umgewandelt werden. Man kann häufig in einem Gesichtsfeld verschiedene Cylinder sehen, von welchen die einen noch ihre Zusammensetzung aus Zellen deutlich erkennen lassen, während an anderen die Zellstructur verwaschen, an wieder anderen schon völlig geschwunden ist und der körnigen Masse Platz gemacht hat. Auch an ein und demselben Cylinder können die verschiedenen Uebergangsformen zur Beobachtung kommen. Man unterscheidet nach der Beschaffenheit der Körnchen grobkörnige und feinkörnige Cylinder. Oft bestehen die Körnchen aus feinsten, stark lichtbrechenden Fetttröpfchen, und man spricht dann von Fettkörnchencylindern (Fig. 166 c). Ob diese Cylinder auch aus geronnenem Eiweiss, das dem eiweisshaltigen Harn entstammt, hervorgehen können, ist noch unentschieden.

3. Hyaline Cylinder (Fig. 166 a). Sie sind helle, durchsichtige Gebilde von vollständig homogener Beschaffenheit. Sie werden daher unter dem Mikroskop leicht übersehen, wenn sie nicht, wie es häufig der Fall ist, durch Auflagerungen von Epithelien, weissen und rothen Blutkörperchen, Fettkörnchen oder Krystallen sich deutlich abheben. Durch Färbung kann man sie leichter sichtbar machen. Das geschieht, indem man vom Rande des Deckglases aus sehr verdünnte Farblösungen, am besten Anilinfarben oder Jod zufliessen lässt.

Auch die hyalinen Cylinder können aus Zellcylindern durch Degeneration entstehen, doch wird gerade für die hyalinen und die gleich zu beschreibenden wachsartigen Cylinder die Entstehung aus nicht zelligem Material fast allgemein angenommen.

4. **Wachsartige Cylinder** (Fig. 166 b). Die seltener vorkommenden wachsartigen Cylinder zeichnen sich, neben meist bedeutenderer Länge und Breite, durch ihr stärkeres Lichtbrechungsvermögen und
ihre schärferen Umrisse vor den hyalinen und körnigen Cylindern aus.
Während sich die gewöhnlichen hyalinen Cylinder mit Lugol'scher
Lösung gelb färben, nehmen die wachsartigen manchmal eine roth-
braune Farbe an, welche auf Zusatz von Schwefelsäure in ein dunkles
Violett übergeht; auch färben sie sich dann mit Methylviolett roth, d. h.
sie geben die gleichen Farbenreactionen, wie die amyloide Substanz. Für
die Entstehung der wachsartigen Cylinder gilt das für die Entstehung
der hyalinen Cylinder Gesagte.

Cylindroide. Bisweilen trifft man lange, schmale, bandartige
Gebilde im Harn an, die meist vielfach gekrümmt und gewunden sind
und Aehnlichkeit mit echten Cylindern haben. Sie werden als Cylindroide

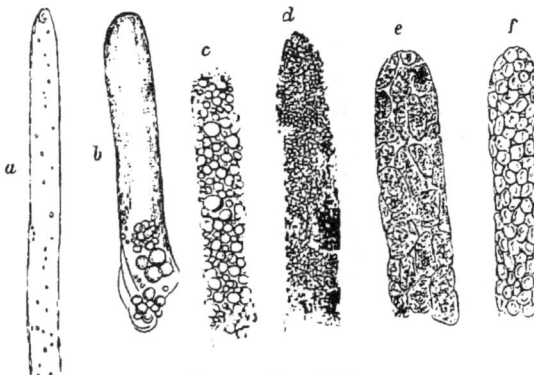

Fig. 166. Harncylinder.
a hyaliner Cylinder, *b* Wachscylinder, *c* Fettkörnchencylinder,
d granulirter Cylinder, *e* Epithelcylinder, *f* Blutkörperchencylinder.

Fig. 167.
Uratcylinder.

bezeichnet. Man findet sie im eiweisshaltigen Harn bei Nephritis, bei
Stauungszuständen, beim Fieber, aber auch im eiweissfreien Harn. Für
Nierenaffectionen sind sie nicht characteristisch.

Uratcylinder (Fig. 167). Auch Urate kommen in cylinder-
förmigen Conglomeraten, sogenannten Uratcylindern, vor. Man findet
sie namentlich häufig im Stauungs- und Fieberharn; sie bilden sich
aber auch beim Eindampfen des normalen Harnes bei niederer Temperatur. Sie sind nur desswegen von einiger Bedeutung, weil sie mit
feingranulirten Cylindern verwechselt werden können. Von diesen unterscheiden sie sich ausser durch ihre gelbe Farbe dadurch, dass sie meist
keine so scharfen und regelmässigen Contouren besitzen.

Diagnostische Bedeutung der Cylinder. Die Anwesenheit
von Cylindern im Harn weist immer auf eine Erkrankung innerhalb
des Nierengewebes hin. Auch das seltene Vorkommen von hyalinen
Cylindern ohne Albuminurie zeigt einen von der Norm abweichenden
Zustand der Nieren an, vielleicht nur abnorme Circulationsverhältnisse.
Man findet hyaline Cylinder ohne Eiweiss relativ häufig beim Icterus,

wobei dann die Cylinder durch den Gallenfarbstoff eine gelbe Tinction annehmen können. Im Allgemeinen zeigt das reichlichere Auftreten von Cylindern im Harn eine ächte Nierenerkrankung an. Doch kommen dieselben auch im Fieber, bei Stauungszuständen, bei schweren Anämieen etc. zur Beobachtung, allerdings meist in geringerer Menge, wobei in der Regel die hyalinen Cylinder vorherrschen. Jede Cylinderart kann gelegentlich bei jeder Nierenerkrankung auftreten. Es ist ein verfehltes Beginnen, lediglich aus der Form eines Cylinders auf die Art und Schwere der Nierenerkrankung einen sicheren Schluss machen zu wollen. Allerdings zeichnen sich gewisse Nierenerkrankungen durch das reichliche Auftreten bestimmter Cylinderformen aus.

Epithelialcylinder bekunden meist eine tiefere Parenchymerkrankung, ebenso die körnigen Cylinder, welche ja in der Regel aus den Epithelialcylindern hervorgehen. Am reichlichsten treten diese Cylinder auf bei der acuten und chronischen parenchymatösen Nephritis.

Aus dem Auftreten von wachsartigen Cylindern, welche die Amyloidreaction geben, glaubte man früher auf amyloide Entartung der Nieren schliessen zu können. Dies ist nicht zutreffend. Häufig geben die wachsartigen Cylinder die genannte Reaction, ohne dass bei der Section eine Amyloidniere gefunden wird, und ebenso häufig trifft man bei Sectionen Amyloidniere an, ohne dass die Reaction an den Harncylindern je positiv ausfiel. Vielleicht verdanken die Wachscylinder ihr Aussehen und ihre Beschaffenheit nur dem längeren Liegenbleiben in den Harnkanälchen, wobei die eigenthümliche Umwandlung ihrer Substanz gelegentlich zu Stande kommt.

5. Spermatozoën.

Die Samenfäden sind unter dem Mikroskop leicht an ihrer aus Köpfchen und Schwanz bestehenden Gestalt kenntlich, häufig zeigen sie Bewegungen (vgl. p. 449).

6. Besondere Bestandtheile von Neubildungen etc.

Bei ulcerativen, namentlich septischen Processen in den Harnwegen werden zuweilen grössere Schleimhautfetzen abgestossen und mit dem Harn entleert.

Wichtiger sind die allerdings nicht allzu häufig zur Beobachtung kommenden Zellen von Neubildungen, Papillomen und Carcinomen aus der Blase. Eine sichere Diagnose erlauben diese aber nur, wenn sie in zusammenhängenden grösseren Partikelchen entleert werden, so dass sie die den genannten Geschwulstbildungen eigenthümliche Structur entweder ohne weitere Vorbereitung oder noch besser in Schnitten erkennen lassen. Einzeln liegende Zellen von krebsähnlichem Aussehen dürfen niemals für sich allein die Veranlassung zur Diagnose Carcinom geben.

Oefter erhält man solche kleine Geschwulstpartikelchen beim Catheterisiren, wobei dieselben im Catheterfenster hängen bleiben.

Parasiten.

a) Thierische Parasiten.

Filaria sanguinis. Wie im Blut, finden sich auch im Harn bei der tropischen Chylurie Embryonen von Filaria sanguinis (s. p. 326). Distomum haematobium (Fig. 168). Die im Harn vorkommenden Eier dieses Trematoden (Saugwurmes), der Ursache der Bilharzia-Krankheit, sind 0,12 mm lang und 0,4 mm breit. Sie haben eine länglichrunde Gestalt und tragen am einen Pol, oder auch etwas abgerückt von demselben, einen kleinen Stachel. Echinococcus. Beim Vorhandensein von Echinococcusgeschwülsten im Harnapparat können sich im Harn einzelne Häkchen, oder selten ganze Scolices, oder Bruchstückchen der Wandung der Echinococcusblase vorfinden (s. p. 453).

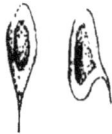

Fig. 168.
Eier
von Distomum
haematobium.
(Nach Thoma.)

b) Pflanzliche Parasiten.

Der Harn bildet einen günstigen Nährboden für eine grosse Menge von Mikroorganismen. Nach einigem Stehen an der Luft beherbergt er daher regelmässig solche. Dieselben können sich so stark vermehren, dass sie den Harn trüben. Diese Bacterientrübung zeichnet sich vor anderen Trübungen dadurch aus, dass sie weder beim Erwärmen, noch durch Zusatz von Säuren oder Alkalien, noch durch Filtriren verschwindet.

Durch Mikroorganismen (Mikrococcus und Bacterium ureae) wird die ammoniakalische Gährung des Harnes hervorgerufen, indem durch dieselben der Harnstoff in kohlensaures Ammoniak umgesetzt wird. In einem solchen Harne findet man die mannigfachsten Arten von Pilzen: Haufen von Coccen, welche häufig in Kettenform an einander gereiht sind, verschieden grosse und verschieden dicke Stäbchen, darunter auch sehr lange, spiralige Formen.

Im diabetischen Harne siedeln sich häufig Hefepilze an, welche unter Kohlensäureentwicklung den Zucker zum Verschwinden bringen.

Von grösserem Interesse sind diejenigen Fälle, bei welchen der Harn bacterienhaltig entleert wird, wie dies im stärksten Maasse und am häufigsten bei Erkrankungen der unteren Harnwege stattfindet, wobei die Bacterien abnorme Zersetzungen des Harnes noch innerhalb des Organismus hervorrufen. Aber auch eine Reihe von pathogenen, specifischen Bacterien sind in den letzten Jahren im Harne aufgefunden worden. Zum Nachweis der meisten von diesen aber bedarf es umständlicher Methoden, wie der Anlegung von Culturen, der Impfung u. s. w., dass in dieser Hinsicht auf die Lehrbücher der Bacteriologie verwiesen werden muss.

Von grossem diagnostischem Werthe ist der Nachweis von Tuberkelbacillen im frischen Harn, womit die Diagnose auf Tuberculose des Urogenitalsystems mit Sicherheit erbracht ist. Der genauere Sitz der Erkrankung lässt sich dann in der Regel durch sorgfältige

Beachtung der Nebenumstände und aus der Beschaffenheit des Harnes (Eiweiss, Blut, Formelemente) erkennen. Man lässt den Harn gut sedimentiren oder, was gerade für die Untersuchung auf Tuberkel-bacillen sehr vortheilhaft ist, man centrifugirt ihn. Von dem Sediment werden dann Deckglaspräparate in der Weise angefertigt, wie es auf p. 345 bei Besprechung der Sputumuntersuchung angegeben ist. Es ist dabei namentlich auf kleine, krümelige Bröckchen im Sediment zu fahnden, welche oft ganze Rasen von Tuberkelbacillen enthalten. Ge-wöhnlich ist der Nachweis von Tu-berkelbacillen im Harn eine kleine Geduldsprobe, da zur Auffindung eines oder des anderen Bacillus oft eine grosse Anzahl von Präparaten angefertigt werden muss.

Gonococcen. Die specifischen Erreger der Gonorrhoe finden sich im eitrigen Sediment des Harnes, namentlich in den sogenannten „Trip-perfäden". Leichter und sicherer, als im Harn, lassen sie sich in dem aus der Harnröhre frisch ausgedrückten eitrigen Secret nachweisen.

Fig. 169. Gonococcen. (Nach Heim.)

Die Gonococcen liegen meist im Zellleib von Leukocyten, wo sie sich vermehren, so dass eine Zelle oft eine grosse Zahl der Coccen beherbergt. In der Regel trifft man sie zu zweit, manchmal auch zu vieren an einander stossend (Fig. 169).

Gute Färbungen derselben erzielt man mit concentrirter wässe-riger Methylenblaulösung, welche man etwa $\frac{1}{2}$ Minute auf das Präparat einwirken lässt, worauf mit Wasser abgespült und getrock-net wird.

In seltenen Fällen sind Actinomycesdrusen im Harn ge-funden worden (s. p. 348).

Beschaffenheit des Harnes bei Erkrankungen der Nieren und der Harnwege.

1. Stauungsniere. Die Harnmenge ist gering, dementsprechend das specifische Gewicht hoch, die Farbe dunkel. Der Eiweissgehalt des Harnes ist verschieden, erreicht aber niemals einen hohen Grad. Mikroskopisch sieht man meist spärliche, fast ausschliesslich hyaline Cylinder und einzelne rothe Blutkörperchen.

2. Acute Nephritis. Die 24stündige Menge des Harnes ist sehr stark herabgesetzt, es kann zu vollständiger Anurie kommen. Das specifische Gewicht ist hoch. Der Harn ist in Folge der fast regelmässigen Blutbeimengung bald heller, bald dunkler roth oder bräunlich gefärbt, erscheint trübe und setzt beim Stehen ein sehr reich-liches Sediment ab. Dieses enthält neben weissen und rothen Blut-körperchen und Epithelien zahlreiche Harncylinder der verschiedensten Art: hyaline Cylinder, besetzt mit Eiterkörperchen und Blutkörperchen

und körnigen Massen, granulirte, wachsartige, Epithel- und Blut-körperchencylinder. Seltener ist der Harn frei von Blut (nicht hämor-rhagische Form). Der Eiweissgehalt des Harnes ist bedeutend und kann über 1 % betragen.

3. Chronische parenchymatöse Nephritis (grosse weisse Niere). Die Harnmenge ist meist nur um ein Geringes herabgesetzt. Das specifische Gewicht ist nur wenig erhöht, der Harn blassgelb, trübe. Der Eiweissgehalt ist beträchtlich. Das reichliche Sediment von weisser Farbe zeigt weisse und rothe Blutkörperchen, Epithelien und zahl-reiche verschiedenartige Cylinder, unter welchen namentlich die Fett-tröpfchencylinder an Zahl hervorragen. Wie an den Cylindern, so lassen sich an den Epithelien und Leukocyten die Zeichen der fettigen Degeneration deutlich erkennen.

4. Secundäre Schrumpfniere. Kennzeichnend für diese Form der Nierenerkrankung ist die mindestens normale, meist aber etwas vermehrte Harnmenge bei beträchtlichem Eiweissgehalt. Trotz grös-serer Menge des Harnes ist daher das specifische Gewicht normal oder nur wenig unter der Norm. Der Harn ist wenig gefärbt, trübe, mit ziemlich starkem Sediment, das zum grössten Theil aus Cylin-dern der verschiedensten Beschaffenheit besteht. In der Regel lässt sich mikroskopisch und chemisch auch ein geringer Blutgehalt nach-weisen.

5. Primäre (genuine) Schrumpfniere. Es wird eine sehr grosse Menge, mehrere Liter, blassen, hellgelben, klaren Urins mit niedrigem specifischen Gewicht und geringem Eiweissgehalt entleert. Derselbe setzt nur ein sehr spärliches Sediment ab, so dass man oft erst nach längerem Suchen einen oder den anderen, meist hyalinen Cylinder und vereinzelte Leukocyten findet. Rothe Blutkörperchen fehlen fast immer.

6. Amyloide Degeneration der Nieren. Die Beschaffenheit des Harnes ist in den verschiedenen Fällen eine sehr verschiedene. Die Menge ist gewöhnlich annähernd normal, kann aber auch vermindert oder vermehrt sein; ebenso ist das specifische Gewicht ein wechselndes. Die Farbe des Harnes ist immer eine hellgelbe, sein Eiweissgehalt ge-wöhnlich reichlich. In der Regel ist der Harn klar und bildet beim Stehen nur ein sehr geringes Sediment, in welchem sich spärliche hyaline Cylinder und einzelne Leukocyten finden. Sehr selten nur geben die Harncylinder die Reactionen des Amyloids. Blut fehlt im Harn.

7. Pyelitis. Die Harnmenge ist fast immer vermehrt, der Harn blass, trübe; die Trübung rührt vom Eitergehalt her. In dem meist mässigen Sediment finden sich Eiterkörperchen, welche, manchmal zu kleinen Pfröpfen zusammengeballt, Abgüsse der Ausführungsgänge der Harnkanälchen in das Nierenbecken darstellen können. Trotz des Eiter-gehaltes reagirt der Harn in den meisten Fällen sauer, doch wird auch alkalische Reaction beobachtet. Der Eiweissgehalt ist abhängig von der Eiterbeimengung zum Harn. Wo derselbe ein höherer ist, als der Zahl der Leukocyten entspricht, da ist neben der Pyelitis eine Nephritis an-zunehmen, was zur Sicherheit wird, wenn sich Cylinder auffinden lassen. Immer enthält der Harn, wie bei allen Entzündungen der Harnwege, reichliche Mengen von mucinähnlicher Substanz.

8. Cystitis. Der Harn ist trübe durch Beimengung von Eiterkörperchen, zahlreichen Epithelien der Blase und Mikroorganismen,
welch letztere unter dem Mikroskop in grosser Zahl, oft als umfang-
reiche zusammenhängende Rasen zu sehen sind. Sie bedingen die Umsetzung des Harnstoffes in kohlensaures Ammoniak, wodurch der Harn
nur sehr schwach sauer oder neutral oder sogar schon alkalisch entleert wird. Immer tritt die alkalische Reaction beim Stehen des Harnes
nach kurzer Zeit ein. Derselbe nimmt dann den stechenden Geruch
nach Ammoniak an und es fallen zahlreiche Krystalle von Tripelphosphat und harnsaurem Ammoniak aus. Bei schwererer, eitriger Cystitis
bildet sich im Harn ein dicker, sehr zäher, fadenziehender Bodensatz.
Dieser entsteht durch Quellung und Auflösung von Eiterkörperchen in
dem alkalischen Harn.

Untersuchung der Ejaculationsflüssigkeit.

Die Ejaculationsflüssigkeit ist gebildet aus dem eigentlichen Sperma,
dem Secret des Hodens, und aus dem Secret der Prostata. In der
Norm enthält sie eine grosse Menge von Spermatozoën, welche
aus einem plattgedrückten Köpfchen und aus einem fadenförmigen
Schwanz bestehen, und im frischen Zustande lebhafte, schlängelnde
Bewegungen ausführen. Die Bewegungsfähigkeit derselben geht beim
Eintrocknen der Flüssigkeit oder durch Zusatz von Wasser rasch verloren. Aus der Prostata stammen die sogenannten Amyloidelemente
oder Prostatakörner und die Böttcher'schen Krystalle. Die Pro-
statakörner zeigen eine ähnliche concentrische Schichtung, wie die
Stärkekörnchen; das Centrum ist fein gekörnt und von der geschichteten
Peripherie scharf abgegrenzt, so dass es häufig den Eindruck eines
Kernes macht. Die Böttcher'schen Krystalle stellen Octaëder dar, die
sich in ihrem Aussehen und in ihren chemischen Eigenschaften ebenso
verhalten wie die Charcot-Leyden'schen Krystalle im Sputum, im
Blut und in den Fäces. Ausserdem findet man einzelne feingranulirte
Rundzellen und Cylinder- und Plattenepithelien.

Unter pathologischen Zuständen kommt eine Verminderung der
Zahl und eine Abnahme der Bewegungsfähigkeit der Spermatozoën vor.
Fehlen dieselben vollständig, so spricht man von Azoospermie. Das
Ejaculat enthält in solchen Fällen lediglich Rundzellen und Epithelien,
Prostatakörner und Böttcher'sche Krystalle. Es ist zu bemerken, dass
die Azoospermie vorübergehend nach häufigem Coitus vorkommt.

Untersuchung von Punctionsflüssigkeiten.

Die Technik der Punction ist auf p. 166 beschrieben.

1. Transsudate.

Transsudate sind Ergüsse in seröse Höhlen, welche im Gegensatz zu den Exsudaten nicht durch entzündliche Veränderungen an der serösen Auskleidung zu Stande kommen. Häufig bilden sich aber beim Bestehen eines Transsudates entzündliche Veränderungen an der serösen Haut aus. Es entsteht dadurch eine Combination von Transsudat und Exsudat und man spricht dann von „entzündlichem Transsudat", welches in seinen Eigenschaften in der Mitte zwischen Transsudat und Exsudat steht. Der Diagnose eines solchen entzündlichen Transsudates stellen sich oft beträchtliche Schwierigkeiten entgegen.

Die Transsudate bilden eine hellgelbe, grünlich schimmernde, durchsichtige, alkalisch reagirende Flüssigkeit, welche nur wenige Formelemente, Endothelzellen, weisse, auch einzelne rothe Blutkörperchen enthält. Sie zeigen wenig Neigung zur Gerinnung, sondern scheiden beim Stehen meist nur ein spärliches Faserstoffgerinnsel ab, welches von Blutbeimengungen zum Transsudat herrührt. In Folge des geringen Eiweissgehaltes ist das specifische Gewicht niedrig. Dasselbe wechselt mit dem Entstehungsort des Transsudates. Es liegt nach den Beobachtungen von Reuss:

bei Transsudaten in die Pleurahöhle   unter 1015
„   „   „ die Peritonealhöhle   „   1012
„   „   „ das Unterhautzellgewebe   „   1010
„   „   „ die Meningealhöhle   „   1008,5.

Der Eiweissgehalt beträgt:

bei Transsudaten in die Pleurahöhle   unter   2,5 %
„   „   „ die Peritonealhöhle   „   1,5—2,0 %
„   „   „ das Unterhautzellgewebe   „   1,0—1,5 %
„   „   „ die Meningealhöhle   „   0,5—1,0 %.

Die Eiweissbestimmung geschieht nach den bei der Harnuntersuchung angegebenen Methoden (p. 397).

2. Exsudate.

Die Exsudate bilden entzündliche Ausschwitzungen der serösen Häute. Man unterscheidet seröse, eitrige, blutige und jauchige Exsudate.
a) Die serösen Exsudate ähneln in ihrer Farbe den Transsudaten, reagiren ebenfalls alkalisch, zeigen aber wegen ihres höheren Gehaltes an geformten Elementen meist eine geringere oder stärkere Trübung. Das

seröse Exsudat gerinnt kurze Zeit, bis längstens 24 Stunden nach der Entleerung. Der Eiweissgehalt ist ein hoher, so dass bei der Anstellung von Eiweisskochproben im Reagensröhrchen gewöhnlich Alles zu einer festen Masse erstarrt. Dementsprechend ist auch das specifische Gewicht ein wesentlich höheres, als dasjenige der Transsudate. Dieses Verhalten bietet einen differential-diagnostisch wichtigen Unterschied. Exsudate, gleichviel wo sie sich gebildet haben, weisen in der Regel ein höheres specifisches Gewicht auf als 1018; ihr Eiweissgehalt liegt fast immer über 4 %.

b) **Eitrige Exsudate.** Sie sind gelb, undurchsichtig, je nach der Menge der Eiterkörperchen dünn- oder dickflüssig, und setzen ein verschieden massiges Sediment ab. Die Eiterzellen zeigen meist starke Verfettung. In der Regel enthalten sie zahlreiche Mikroorganismen.

c) **Blutige Exsudate.** Sie sind durch ihren Blutgehalt mehr oder weniger roth gefärbt. Ausser durch zahlreiche rothe Blutkörperchen unterscheiden sie sich mikroskopisch nicht von den serösen Exsudaten. Sie kommen am häufigsten vor bei Tuberculose und bei Neubildungen in den serösen Höhlen.

d) **Jauchige Exsudate** sind gekennzeichnet durch ihren aashaften Geruch und ihren Gehalt an Schwefelwasserstoff. Der letztere wird am Geruch oder an den bei der Harnuntersuchung (p. 428) angegebenen Reactionen erkannt.

Besondere Beimengungen zu Exsudaten.

Fett. Kleine Mengen von Fett in Gestalt von Fettkügelchen finden sich häufig in Exsudatflüssigkeiten vor. Ausgezeichnet durch grossen Fettgehalt sind bisweilen Exsudate in die Peritonealhöhle. Die Flüssigkeit ist in solchen Fällen vollständig undurchsichtig, milchig getrübt, und setzt beim Stehen oft eine ziemlich starke Rahmschicht auf. Versetzt man die Flüssigkeit mit Kalilauge und schüttelt sie einige Male mit Aether aus, so wird ihr das Fett entzogen, sie wird weniger undurchsichtig, in manchen Fällen sogar vollkommen klar. Ein derartiger **Ascites chylosus** kommt bei Verstopfung des Ductus thoracicus, in ganz ähnlicher Weise aber auch bei vollständiger Wegsamkeit dieses grossen Lymphganges vor.

Cholestearin. Alte Exsudate enthalten manchmal grosse Mengen von Cholestearinkrystallen, so dass sie ein glitzerndes Aussehen annehmen. Die Cholestearinkrystalle sind unter dem Mikroskop an ihrer Gestalt und an der Rothfärbung durch Schwefelsäure leicht kenntlich (p. 375).

Gewebsbestandtheile. In seltenen Fällen gelingt es, Bestandtheile von Neubildungen in einer Punctionsflüssigkeit nachzuweisen. Namentlich hat man bei hämorrhagischen Pleuraexsudaten auf Carcinomzellen zu fahnden. Wie überall, spricht aber auch hier für die Diagnose Carcinom mit Sicherheit nur das Auffinden von wirklichen Krebszellennestern; doch müssen zahlreiche grosse, verschiedenartig geformte, zu Haufen liegende, wenn auch nicht krebsig angeordnete Zellen den Verdacht auf Carcinom rege halten.

Parasiten. Sehr selten beobachtet man in eitrigen Exsudaten der Pleurahöhle **Actinomyceskörnchen** (p. 348).

Wichtig ist das Vorkommen von Tuberkelbacillen in eitrigen und hämorrhagischen Pleuraexsudaten. Doch ist zu erwähnen, dass ihr Nachweis nicht häufig gelingt.

Das metapneumonische eitrige Exsudat enthält in der Regel Fränkel'sche Pneumoniecoccen (p. 348).

3. Hydronephrosenflüssigkeit.

Der Inhalt ist fast immer wasserklar, selten leicht gelblich gefärbt, das specifische Gewicht ist niedrig, schwankend zwischen 1008 und 1020. Nicht selten fallen die Eiweissreactionen schwach positiv aus. Zur sicheren Erkennung dient der Nachweis von Harnbestandtheilen in der entleerten Flüssigkeit, und zwar speciell von Harnstoff und Harnsäure. Doch ist zu beachten, dass diese Stoffe einerseits in der Hydronephrosenflüssigkeit fehlen können, wenn in Folge der Erkrankung die Harnsecretion in der betreffenden Niere sistirt, und dass andererseits dieselben in geringen Mengen auch in anderen Flüssigkeiten auftreten können, so Harnstoff in Echinococcuscysten, Harnsäure in Ovarialcysten. Der Nachweis grösserer Mengen von Harnstoff oder Harnsäure aber ist entscheidend für die Diagnose.

Zur Prüfung auf Harnstoff wird die Flüssigkeit neutralisirt und auf dem Wasserbad zur Syrupsconsistenz eingedampft. Ist eine grössere Menge von Harnstoff in der Flüssigkeit enthalten, so kann man von diesem Syrup einen Tropfen auf einem Objectträger mit concentrirter Salpetersäure zusammenbringen und nach Bedeckung mit einem Deckgläschen auf diese Weise schon unter dem Mikroskop die characteristischen rhombischen oder durch Abschneiden zweier einander gegenüberliegender Winkel sechsseitigen Täfelchen von salpetersaurem Harnstoff (Fig. 170) entstehen sehen.

Bei geringerem Harnstoffgehalt aber muss man den Syrup erst mit Alcohol extrahiren, das Alcoholextract wiederum zur Syrupsdicke einengen, in möglichst wenig Wasser lösen und davon eine Probe zur Darstellung von salpetersaurem Harnstoff, wie oben angegeben, verwenden.

Um auf Harnsäure zu prüfen, entfernt man zuerst etwa vorhandenes Eiweiss durch Kochen mit Essigsäurezusatz, dampft das erhaltene Filtrat bis auf ein kleines Volumen ein, säuert dies stark mit Salzsäure an und lässt 12—24 Stunden stehen. Die Harnsäure krystallisirt dann in characteristisch geformten Krystallen aus, welche die Murexidprobe geben (p. 433).

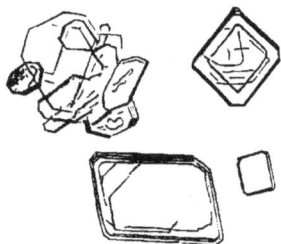

Fig. 170. Salpetersaurer Harnstoff.

4. Inhalt von Ovarialcysten.

Die aus Ovarialcysten entleerte Flüssigkeit zeigt ein sehr verschiedenartiges Aussehen. Die Farbe wechselt zwischen hellgelb, weisslich-grau, braun und grün, die Consistenz ist theils dünnflüssig, theils zäh, dickflüssig, fadenziehend. Das specifische Gewicht schwankt zwischen 1002 und 1055, und mit ihm ist der Eiweissgehalt ein sehr wechselnder. Characteristisch für Ovarialcysten ist ein in denselben fast niemals fehlender Körper, das Pseudomucin oder Metalbumin. Um dasselbe nachzuweisen, hat man erst die Flüssigkeit durch Kochen mit vorsichtigem Zusatz von Essigsäure vom Eiweiss zu befreien. Ist Pseudomucin vorhanden, so hat das gewonnene Filtrat eine mehr oder weniger ausgesprochene opalescirende Beschaffenheit.

Bei der Entfernung des Eiweisses ist immer grosse Sorgfalt nöthig, weil, wenn der Zusatz von Essigsäure nicht richtig getroffen ist, Eiweiss in Lösung bleibt und dem Filtrat Opalescenz verleihen kann. Es ist daher das Filtrat noch weiter in folgender Weise zu bearbeiten. Dasselbe wird auf dem Wasserbad auf ein kleines Volumen eingeengt und mit überschüssigem Alcohol gefällt. Es entsteht ein flockiger Niederschlag, welcher von der Flüssigkeit abgepresst und mit Wasser übergossen wird, worin sich das Pseudomucin wieder löst. Diese Lösung wird mit Essigsäure im Ueberschuss versetzt, falls eine Trübung entstanden ist, filtrirt und dem Filtrat so viel concentrirte Salzsäure zugefügt, dass es ca. 5 % von derselben enthält. Dann wird im Reagensglas gekocht bis sich die Flüssigkeit braun gefärbt hat, erkalten gelassen, mit concentrirter Natronlauge versetzt, einige Tropfen Kupfersulfatlösung zugesetzt und wiederum gekocht. Ist Pseudomucin vorhanden, so tritt eine deutliche Abscheidung von Kupferoxydul auf.

Wenn die Ovarialflüssigkeit dickflüssig und stark opalescirend ist, d. h. sehr viel Pseudomucin enthält, so genügen zu der beschriebenen Reaction etwa 10 ccm. Bei dünnflüssigem Cysteninhalt bedarf man hiezu 300—500 ccm.

5. Inhalt von Echinococcuscysten.

Der Inhalt der Echinococcuscysten ist wasserklar und enthält kein Eiweiss. Doch treten in demselben nach wiederholten Punctionen ge-

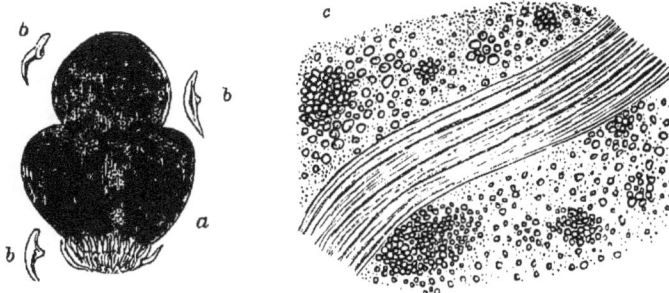

Fig. 171. Echinococcus. *a* und *b* Scolex und Haken; *c* Blasenwandung (nach Perls-Neelsen).

ringe Mengen von Eiweiss auf. Das niedrige specifische Gewicht schwankt zwischen 1007 und 1015.

Der sichere Beweis, dass eine Flüssigkeit einer Echinococcus-blase entstammt, wird durch das Auffinden von Häkchen und Scolices der Tänie oder Theilen der den Echinococcussack auskleidenden Membran erbracht (Fig. 171). Die Scolices haben vier Saugnäpfe und einen doppelten Hakenkranz. Die Blasenwandung ist ausgezeichnet durch ihren geschichteten Bau.

Von chemischen Eigenthümlichkeiten kommt dem Inhalt der Echinococcuscysten ein reicher Gehalt an Chlornatrium zu. Dasselbe

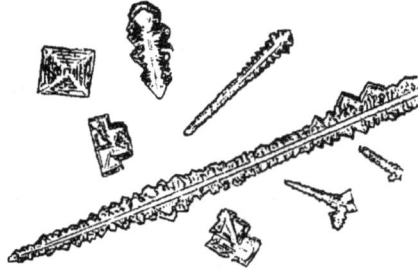

Fig. 172. Kochsalzkrystalle.

krystallisirt, wenn man einen Tropfen der Flüssigkeit auf einem Object-träger langsam verdunsten lässt, in wohl ausgebildeten Krystallen aus (Fig. 172).

In der Regel findet man auch Bernsteinsäure. Um sie nach-zuweisen, wird die Flüssigkeit zum Syrup eingedampft, mit Salzsäure angesäuert und mit Aether extrahirt. Den abgehobenen Aether lässt man verdunsten und löst den zurückgebliebenen Krystallbrei in Wasser. Ist Bernsteinsäure vorhanden, so entsteht auf Zusatz von Eisenchlorid ein gallertiger, rostfarbener Niederschlag von bernsteinsaurem Eisen.

Sachregister.

Schluchzen 132.
Schlüsselbeingrube 9. 20.
Schlundreflex 224.
Schlundsonde 198.
Schmerz der Muskeln 223.
— pleuraler 161.
Schmerzempfindung 221.
Schmerzhafte Stellen, Auffinden 29.
Schmerzleitung, verlangsamte 223.
Schmerzreflexe 225.
Schnarchen 132.
Schnauben 132.
Schönbein-Almén, Blutprobe 403.
Schrei 135.
Schreibekrampf 283.
Schrift 213.
Schriftsprache 282.
Schrötter'sche Gaseprouvette 409.
Schrumpfniere, Harnbeschaffenheit 448.
Schütteln 206.
Schwäche, grosse 8.
— reizbare 233.
Schwangerschaftsleukocytose 313.
Schwanken 230.
Schwarte, pleuritische 162.
Schwefelsaurer Kalk im Harn 435.
Schwefelwasserstoff im Harn 428.
Schweiss, gefärbter 17.
— gelber 16.
— kritischer 17.
Schweissbildung, vermehrte, verminderte 16. 209.
Schwingungen, stehende 65.
Schwirren 33.
S.E. = Siemens'sche Einheit.
Secretion 209.
Secundäre Anämie, Blutbefund 325.
Sedes involuntariae 230.
Sediment im Harn 430.
Sedimentum lateritium 385. 432.
Seelenblindheit 281.
Sehnenfäden, Schall 66.
Selbstinduction 236.
Sensibilität, elektromusculäre 223.
Sensibilitätselektrode 221.
Septum ventriculorum, Defect 190.
Serumalbumin 393.
Serumglobulin 393.
Seufzen 132.
Sexualreflex 228. 231.
— rascher Ablauf 233.
Siemens'sche Einheit 244. 248.
Silbenstolpern 282.
Singultus 132.
Sinn, stereognostischer 223.
Sinnescindrücke 210.
Sinnesnerven 215.
Sinus pleurocostalis 162.
Skelett 11.
Soleil-Ventzke, Saccharimeter 414.
Soorpilz 351.
Souffle voilé 101. 148.
Spannung, elektrische 235. 242.
Spannungsreihe 234. 235.

Spannungsströme 280.
Spasmus 205.
Spectralapparat 330.
Spectroskop von Browning 331.
— von Hering 331.
Spectrum 329.
Specula 25.
Speichelsecretion 209. 299.
Speiseröhre 198—201.
Spermatorrhoe 234.
Spermatozoën 445. 449.
Sphincter ani 230. 231.
— vesicae 228. 229.
Sphygmochronograph 55.
Sphygmograph 55.
Sphygmomanometer 58.
Spiegel 25.
Spirale, primäre, secundäre 242.
Spirometer 45.
Spitzenantheil des Herzchocs 31.
Spitzenpercussion 76.
Spontangeräusch 127.
Sprache, häsitirende 282.
— Untersuchung 281.
Sprachfehler 282.
Spulwürmer 381.
Stäbchenplessimeterpercussion 81. 150.
Stärke im Mageninhalt 368.
Stammeln 282.
Stand und Beruf der Kranken 4.
Standbatterieen 240. 252.
Status, elektrischer 270.
Stauungsniere, Harnbeschaffenheit 447.
Stelle, indifferente 260.
Stenose 118.
— der Luftwege 21.
Stenosengeräusch 121. 127.
Sternallinie 9.
Sternum, Schall 75.
Sternutatio 133.
Stertor 132.
Stethoskop 59. 92.
Stethoskope, binaurale 93.
— flexible 93. 115.
— starre 92.
Stimmbänder, Bewegung 294.
— Schwingungen 69.
Stimme 134.
— articulirte 105.
— Auscultation 105.
— Fortleitung 97.
— meckernde 106.
— Metallklang 106.
Stimmfremitus 29.
— bei Emphysem 160.
Stimmgabel 64.
Stirne, Temperatur 28.
Stirnspiegel 286.
Stöhnen 131.
Stöpselrheostat 248.
Stottern 282.
Striae graviditatis 25.
Stridor 132.
Strom, absteigender 259.

X.

Xanthin 439.

Z.

Z = Zuckung.
Zählapparat von Thoma-Zeiss 313.
Zahnrad 262.
Zeichensprache 283.
Zeitdauer von Strömen 201.
Ziegelmehlsediment im Harn 335.
Ziegenmeckern 106. 164.
Ziehl-Neelsen, Tuberkelbacillenfärbung 347.
Zinkpol 252.
Zittern 206.

Zone, extrapolare, indifferente intrapol. 258.
Zucker im Harn 209. 403.
— quantitative Bestimmung 410.
Zuckungen 212.
— fibrilläre 208.
— minimale 270.
— prompte 271.
— träge 271. 278.
Zuckungsgesetz der menschl. Nerven 260.
— Pflüger'sches 259.
Zuckungsträgheit, faradische 278.
Zunge 299.
Zungenhalter 301.
Zungenpfeife 68.
Zwangsbewegungen 207. 214.
Zwangslage 207.
Zwerchfellphänomen 23.
Zwerchfellstand 74. 75. 158.

a   1   c

b

2.   3.
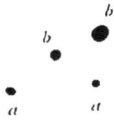   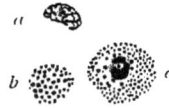

4.   5.

6.   7.

www.ingramcontent.com/pod-product-compliance
Lightning Source LLC
Chambersburg PA
CBHW020900210326
41598CB00018B/1729